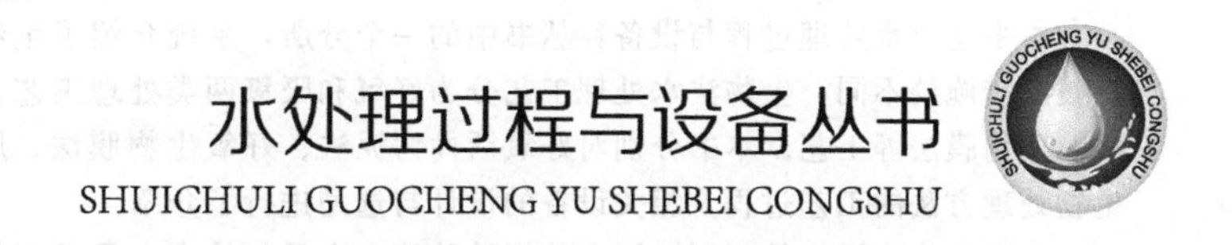

生物法水处理过程与设备

廖传华 韦 策 赵清万 周 玲 编著

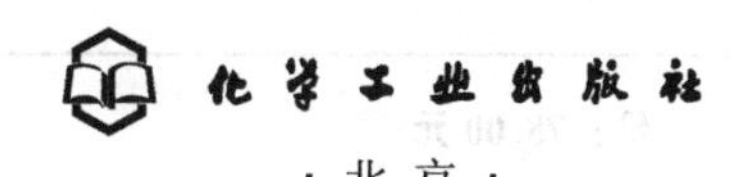

化学工业出版社
·北京·

本书是《水处理过程与设备》丛书中的一个分册，系统介绍了生物法水处理工艺及相关设备，根据采取的技术措施的不同，生物法水处理工艺分为好氧和厌氧两类处理工艺，这两类处理工艺又各自包括活性污泥法、生物膜法等工艺。本书分别对好氧活性污泥法、好氧生物膜法、厌氧活性污泥法、厌氧生物膜法等各种生物处理方法的工艺过程及相关设备的设计与选型进行了介绍。

本书可作为污水处理厂、污水处理站的管理人员与技术人员及环保公司的工程设计、调试人员的参考用书，也可作为环境科学与工程、市政工程等专业师生的教学参考书。

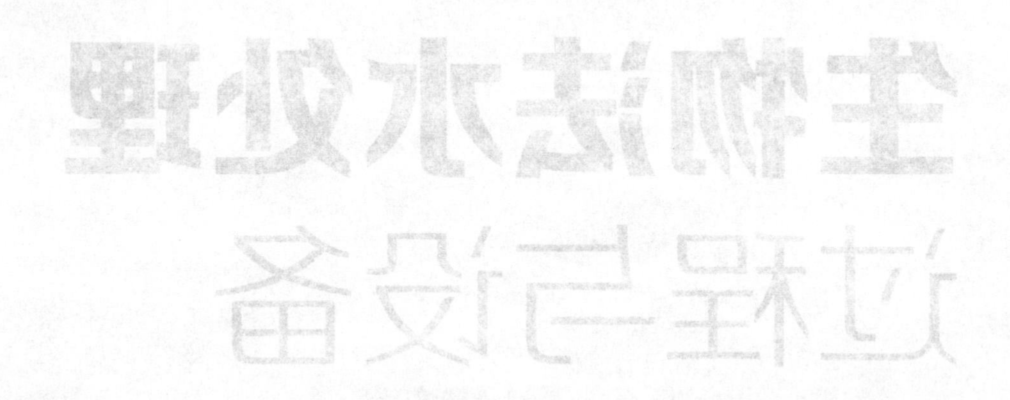

图书在版编目（CIP）数据

生物法水处理过程与设备/廖传华等编著. —北京：化学工业出版社，2016.3（2022.2 重印）

（水处理过程与设备丛书）

ISBN 978-7-122-26263-9

Ⅰ.①生… Ⅱ.①廖… Ⅲ.①水处理-生物处理 Ⅳ.①TU991.2②X703.1

中国版本图书馆 CIP 数据核字（2016）第 025814 号

责任编辑：卢萌萌　仇志刚　　装帧设计：刘丽华

责任校对：王素芹

出版发行：化学工业出版社（北京市东城区青年湖南街 13 号　邮政编码 100011）

印　　装：天津盛通数码科技有限公司

787mm×1092mm　1/16　印张 20¾　字数 567 千字　　2022 年 2 月北京第 1 版第 7 次印刷

购书咨询：010-64518888　　售后服务：010-64518899

网　　址：http://www.cip.com.cn

凡购买本书，如有缺损质量问题，本社销售中心负责调换。

定　　价：78.00 元

前言

FOREWORD

水是生命之源，生产之要，生态之素，生活之基，人类社会的发展一刻也离不开水。当前我国水资源面临的形势十分严峻，随着经济社会的快速发展和人口的增长，水污染加剧、水生态环境恶化等问题日益突出，已成为制约经济社会可持续发展的主要瓶颈。由于水污染而产生的环境事件、公共安全事件甚至重大社会事件，严重影响人民的身体健康和社会的和谐稳定，直接威胁到人类的生存空间。

针对废水的水质特性及排放标准要求，本书系统介绍了生物法水处理工艺及相关设备。生物处理方法是通过采取一定的人工技术措施，创造有利于微生物生长、繁殖的良好环境，加速微生物的增殖及其新陈代谢的生理功能，从而使废水中的有机性污染物得以降解、去除，同时通过生物絮凝去除胶体颗粒的废水处理技术。根据采取的技术措施的不同，生物法水处理工艺分为好氧和厌氧两类处理工艺，这两类处理工艺又各自包括活性污泥法、生物膜法等工艺。本书分别对好氧活性污泥法、好氧生物膜法、厌氧活性污泥法、厌氧生物膜法等各种生物处理方法的工艺过程及相关设备的设计与选型进行了介绍。

全书共分11章。第1章概述性地介绍了我国当前的水资源分布、废水的水质特性及废水的生物处理方法；第2章介绍了有机废水好氧生物处理的基本生物过程及其分类；第3章介绍了好氧活性污泥法处理工艺；第4章介绍了几种新型好氧活性污泥法处理工艺；第5章介绍了几种好氧生物膜法处理技术；第6章介绍了有机废水厌氧生物处理的基本生物过程及其分类；第7章介绍了厌氧活性污泥法处理工艺及相关设备；第8章介绍了厌氧生物膜法处理工艺及相关设备；第9章介绍了厌氧生物处理系统的设计及其运行管理；第10章介绍了有机废水生物脱氮除磷技术；第11章介绍了废水的自然生物处理系统。

本书由南京工业大学廖传华、韦策，南京三方化工设备监理有限公司赵清万，南京凯盛国际工程有限公司周玲编著，其中第1章、第2章、第6章、第9章由廖传华编著，第3章、第4章、第5章由韦策编著，第7章、第8章由赵清万编著，第10章、第11章由周玲编著。

全书的编著工作得到了南京工业大学副书记朱跃钊教授、南京工业大学副校长巩建鸣教授等领导的大力支持，南京清涛环境科技有限公司王丽红、南京三方化工设备监理有限公司许开明、南京工业大学耿文华教授及吕浩副教授对本书的编著工作提出了大量宝贵的建议，研究生高豪杰、张阔、李智超、郭丹丹、石鑫光、闫月婷、张龙飞、罗威、王慧斌、刘理力、金丽珠、朱亚松、赵忠祥、闫正文、王太东、李洋、刘状、汪威、李亚丽、廖炜、宗建军等在资料收集与处理方面提供了大量的帮助，在此一并表示衷心的感谢。

历时四年，终于成稿。虽经多次审稿、修改，但水处理过程涉及的知识面广，由于作者水平有限，不妥及疏漏之处在所难免，恳请广大读者不吝赐教，作者将不胜感激。

编著者

2015年11月

目录

CONTENTS

第4章 新型好氧活性污泥法处理工艺

第5章 好氧生物膜法处理技术

第6章 有机废水的厌氧生物处理

第7章 厌氧活性污泥法处理工艺

第8章　厌氧生物膜法处理工艺

第9章　厌氧生物处理系统的设计及其运行管理

第10章　有机废水生物脱氮除磷技术

第11章 废水的自然生物处理系统

第1章 绪论

水是生命之源，生产之要，生态之素，生活之基，人类社会的发展一刻也离不开水。在现代社会中，水更是经济可持续发展的必要物质条件。然而，随着社会经济的快速发展、城市化进程的加快，由水污染的加剧而导致的水资源供需矛盾更加突出。在我国，水已成为制约可持续发展的重要因素，水危机比能源危机更为严峻，加强对水和废水的处理与回用，实现按质分级用水、减少污染物的排放已成为我国社会生存和可持续发展的重要前提之一。

1.1 中国的水资源现状

我国位于世界最大的大陆，即亚欧大陆的东侧，濒临世界最大的海洋，即太平洋，南北跨纬度50°，东西跨经度60°，土地面积约为960×10^4km²，地域辽阔、地形复杂、气候多样、江河众多、资源丰富，是一个人口众多、社会生产力正在迅速发展的国家。

1.1.1 水资源的分布

(1) 河流水系

我国江河众多，流域面积1000km²以上的河流约5800条，因受地形、气候的影响，在地区上的分布很不均匀。绝大多数河流分布在我国东部气候湿润、多雨的季风区，西北内陆气候干燥、少雨，河流很少，有面积广大的无流区。

按照河川径流循环的形式，河流可分为直接注入海洋的外流河和不与海洋沟通的内陆河两大类。从大兴安岭西麓起，沿东北—西南走向，经内蒙古高原的阴山、贺兰山、祁连山、巴颜喀拉山、唐古拉山、冈底斯山，直至我国西端的国境线，为我国内陆河和外流河的主要分水界。在此分水界以东，除松辽平原、鄂尔多斯台地以及雅鲁藏布江南侧有几块面积不大的闭流区外，河流都分别注入太平洋和印度洋。外流河区域约占全国土地总面积的65%。在分水界以西，除额尔齐斯河下游流经俄罗斯入北冰洋外，其余的河流都属于内陆河，内陆河区域约占全国土地总面积的35%。我国的河流水系和流域面积如表1-1所列。

① 外流河流　我国的外流河大都发源于青藏高原东、南部边缘地带；内蒙古高原、黄土高原、豫西山地和云贵高原的东、南地带；长白山地、山东丘陵、东南沿海低山地丘陵的3个地带。发源于青藏高原的河流都是源远流长、水量很大，蕴藏着巨大水力资源的巨

川大河，主要有长江、黄河、澜沧江、怒江、雅鲁藏布江等。发源于内蒙古高原、黄土高原、豫西山地和云贵高原的河流，主要有黑龙江、辽河、滦河、海河、淮河、珠江、元江等河流，除黑龙江、珠江外，就长度、流域面积和水量而言，均次于源自青藏高原的河流。发源于东部沿海低山地的河流，主要有图们江、鸭绿江、沂沭泗河、钱塘江、瓯江、闽江、九龙江、韩江、东江和北江等河流，这些河流的长度和流域面积都较小，但大部分河流的水量和水力资源都十分丰富。

表 1-1 中国河流水系和流域面积

区域	水系	流域	流域面积/km^2	占全国总面积的比例/%
外流河	太平洋	黑龙江及绥芬河	875342	9.25
		辽河、鸭绿江及沿海诸河	245207	2.59
		海河、滦河	319029	3.37
		黄河	752443	7.95
		淮河及山东沿海诸河	327443	3.46
		长江	1808500	19.11
		浙闽台诸河	241155	2.54
		珠江及沿海诸河	578141	6.11
		元江及澜沧江	240194	2.53
		小计	5387454	56.95
	印度洋	怒江及滇西诸河	154756	1.63
		雅鲁藏布江及藏南诸河	369588	3.9
		藏西诸河	52930	0.55
		小计	577274	6.1
	北冰洋	额尔齐斯河	50000	0.52
	合计		6014728	63.58
内陆河	内蒙古内陆河		309923	3.27
	河西内陆河		517822	5.47
	准噶尔内陆河		322316	3.4
	中亚细亚内陆河		79516	0.84
	塔里木内陆河		1121636	11.85
	青海内陆河		301587	3.18
	羌塘内陆河		701489	7.41
	松花江、黄河、藏南闭流河		90353	0.95
	合计		3444642	36.41
	总计		9459370	100.00

② 内陆河流　我国内陆河的水系，由于地理、地形和水源补给条件的不同，在水系发育、分布方面存在很大的差异，大致可划分为：内蒙古、河西、准噶尔、中亚细亚、塔里木、青海和羌塘等内陆河流域。内蒙古内陆河地形平缓，河流短促、稀少，存在着大面积无流区。河西、准噶尔、中亚细亚、塔里木内陆河，气候干燥，但地形起伏较大，在祁连山、天山、昆仑山等高山冰雪融化水和雨水的补给下，发育了一些比较长的内陆河，如塔里木河、伊犁河和黑河等。另有许多短小的河流顺山坡流到山麓，消失在山前或盆地的砂砾带中。青海柴达木盆地的地形和高寒气候使盆地四周分布着许多向中央汇集的短小河流，在盆地中广泛分布着盐湖和沼泽。藏北羌塘内陆河流域的特色是星罗棋布地分布着许多湖泊和以湖泊为汇集中心的许多小河。

我国主要江河的长度和流域面积见表 1-2。

表 1-2　中国主要江河的长度和流域面积

江河名称	长度/km	流域面积/km^2	江河名称	长度/km	流域面积/km^2
长江	6300	1808500	辽河	1390	219014
黄河	5464	752443	海河	1090	264617
黑龙江	3101	886950	淮河	1000	269150
澜沧江	2354	164766	滦河	877	54412
珠江	2210	442585	鸭绿江	790	32466
塔里木河	2179	198000	元江	686	75428
雅鲁藏布江	2057	240480	闽江	541	60992
怒江	2013	134882	钱塘江	410	41700
松花江	1956	545594			

注：国外部分的长度和流域面积不计在内。

(2) 湖泊

我国是一个多湖泊的国家，据初步统计，面积在 1km^2 以上的湖泊有 2800 多个，湖泊总面积达 75610km^2，占全国总面积的 0.8%左右；全国湖泊的储水量约为 $7510\times10^8m^3$，其中淡水的储量为 $2150\times10^8m^3$，仅占湖泊储水量的 28.7%。

我国的湖泊大致以大兴安岭、阴山、贺兰山、祁连山、昆仑山、唐古拉山和冈底斯山一线为界，此线的东南为外流湖泊区，以淡水湖分布为主，此线西北的湖泊为内陆湖泊区，以咸水湖或盐湖分布为主，但青藏高原还分布着一些淡水湖泊。

我国内流湖泊的总面积为 38150km^2，储水量为 $5230\times10^8m^3$，其中淡水的储量为 $390\times10^8m^3$；外流湖泊的面积为 37460km^2，储水量为 $2270\times10^8m^3$，其中淡水的储量为 $1760\times10^8m^3$。外流湖泊的淡水储量为内流湖泊的 4.5 倍。

我国主要湖泊的面积和水量分布见表 1-3。

表 1-3　中国主要湖泊的面积和水量分布

湖泊分布地区	湖水面积/km^2	占全国湖泊总面积的比例/%	储水量/10^8m^3	其中淡水储量/10^8m^3	占湖泊淡水总量的比例/%
青藏高原	36560	48.4	5460	880	40.9
东部平原	23430	31.0	820	820	38.2
蒙新高原	8670	11.5	760	20	0.9
东北平原	4340	5.7	200	160	7.4
云贵高原	1100	1.4	240	240	11.2
其他	1510	2.0	30	30	1.4
合计	75610	100.0	7510	2150	100.0

(3) 冰川

我国是世界上中低纬度山岳冰川最多的国家之一，南起云南省的玉龙雪山（27°N），北抵新疆的阿尔泰山（49°10′N），纵横数千公里的西部高山，据初步查明现代冰川的面积约为 56500km^2，占亚洲中部山岳冰川面积的一半，其中以昆仑山冰川覆盖面积为最大，其次是喜马拉雅山，最小为阿尔泰山。分布于内陆河区域的冰川面积为 33600km^2，约占全国冰川面积的 60%；分布于外流河区域的冰川面积为 22855km^2，约占全国冰川面积的 40%。全国冰川的总储水量约为 $50000\times10^8m^3$。

我国冰川分为大陆性和季风海洋性两大类型。

① 大陆性冰川　它是在干冷的大陆性气候条件下发育的，具有降水少、气温低、雪线高、消融弱、冰川运动速度慢等特点，主要分布在喜马拉雅山中段的北坡和西段、昆仑山、帕米尔、喀喇昆仑山、天山、阿尔泰山、祁连山和唐古拉山等。

② 季风海洋性冰川　它是在季风海洋性气候条件下形成的，具有气候温和、降水充沛、气温高、消融强烈、冰川运动速度快等特点，主要分布在喜马拉雅山东段和中段、念青唐古拉

山东段以及横断山脉部分地区。

我国各山系的冰川面积见表1-4。冰川是“高山固体水库”，星罗棋布地分布在全国的西北、西南河流的源头。每当湿润年，山区大量的固态积水储存在天然水库中，而遇到干旱年，由于山区晴朗的天空，气温升高，消融增强，冰川释放大量融水以调节因干旱而缺水的河流。所以，对以冰川融水补给为主的河流具有干旱年不缺水，湿润年水量接近或略小于正常年的特点，这是冰川消融水补给占有相当比例的西北山区河流独具的特色。

表 1-4 中国各山系的冰川面积

山脉	主峰高度/m	雪线高度/m	冰川面积/km²		
			内陆河	外流河	合计
祁连山	5826	4300～5240	1931.5	41	1972.5
阿尔泰山	4374	3000～3200		293.2	293.2
天山	7435	3600～4400	9549.7		9549.7
帕米尔	7579	5500～5700	2258		2258
喀喇昆仑山	8611	5100～5400	3265		3265
昆仑山	7160	4700～5800	11447.1	192	11639.1
喜马拉雅山	8848	4300～6200	989.4	10065.6	11055
羌塘高原	6547	5600～6100	3188		3188
冈底斯山	7095	5800～6000	845.9	1342.1	2188
念青唐古拉山	7111	4500～5700	122.8	7413.2	7536
横断山	7556	4600～5500		1456	1456
唐古拉山	6621	5200～5800		2082	2082
总计			33597.4	22885.1	56482.5
所占比例/%			59.48	40.52	100

1.1.2 水资源量

根据地形地貌特征，可将全国的水资源分布按流域水系划分为10大片和69个分区，各分区的名称及分区范围如表1-5所示。

表 1-5 中国的水资源分区

分区	计算面积/km²	范围
全国	9459370	
松花江区	875342	额尔古纳河、嫩江、松花江、黑龙江、乌苏里江、绥芬河
辽河区	245207	辽河、浑太河、鸭绿江、图们江及辽宁沿海诸河
海河区	319029	滦河、海河北系四河、海河南系三河、徒骇河、马颊河及冀东沿海诸河
黄河区	752443	黄河及黄河闭流区(鄂尔多斯高原)
淮河区	327443	淮河、沂河、沭河、泗河及山东沿海诸河
长江区	1808500	金沙江、岷沱江、嘉陵江、乌江、长江、汉江及洞庭湖水系、鄱阳湖水系、太湖水系
珠江区	578141	南北盘江、红柳黔江、郁江、西江、北江、东江、珠江三角洲、韩江和粤东沿海诸河、桂南粤西沿海诸河、海南岛和南海诸岛
东南诸河区	241155	钱塘江、闽江和浙东诸河、浙南诸河、闽东沿海诸河、闽南诸河、台湾诸河
西南诸河区	577274	雅鲁藏布江、怒江、澜沧江、元江和藏西诸河、藏南诸河、滇西诸河
西北诸河区	3444642	内蒙古内陆诸河(包括河北省内陆河)、河西内陆河、准噶尔内陆河、中亚细亚内陆诸河、塔里木内陆诸河、羌塘内陆诸河、额尔齐斯河

我国河川年径流量（地表水资源量）居世界第六位，列在巴西、俄罗斯、加拿大、美国、印度尼西亚之后，平均年径流深284mm，低于全世界的平均年径流深（314mm），人均占有河川径流量仅为世界人均占有量的1/4，耕地亩均占有河川径流量仅为世界亩均占有量的3/4。

根据水利部门水资源评价工作的结果，全国多年平均水资源总量为$28412\times10^8m^3$，总的分布趋势是南多北少，数量相差悬殊。南方的长江、珠江、东南诸河、西南诸河流域片，平均年径流深均超过500mm，其中，东南诸河超过1000mm，淮河流域平均年径流深225mm，黄河、海河、松辽河等流域的平均年径流深100mm，内陆诸河平均年径流深仅有32mm。从水资源地表径流模数来看，南方4个流域片平均为$65.4\times10^4m^3/(km^2\cdot a)$，北方6个流域片平均为$8.8\times10^4m^3/(km^2\cdot a)$，南北方相差7.4倍。全国平均年地表径流模数最大的是东南诸河流域片，为$108.1\times10^4m^3/(km^2\cdot a)$，而最小的是内陆诸河流域片，为$3.6\times10^4m^3/(km^2\cdot a)$，两者相差30倍。

我国水资源的地区分布与人口、土地资源、矿藏资源的配置很不适应。南方4个流域片，耕地占全国的36%，人口占全国的54.4%，拥有的水资源占到了全国的81%，特别是其中的东南诸河流域片，耕地只占全国的1.8%，人口为全国的20.8%，人均占有水资源量为全国平均占有量的15倍。松辽河、海河、黄河、淮河4个流域片，耕地为全国的45.2%，人口为全国的38.4%，而水资源仅为全国的9.6%。

我国大部分地区受季风影响较大，水资源的年际、年内变化大。我国南方地区最大的年降水量与最小的年降水量的比值达2～4倍，北方地区达3～6倍，最大年径流量与最小年径流量的比值，南方为2～4倍，北方为3～8倍。南方汛期的降水量可占全年降水量的60%～80%，北方汛期的降水量可占全年降水量的80%以上。大部分水资源量集中在6～9月（汛期），以洪水的形式出现，利用困难，而且易造成洪涝灾害。南方是伏秋干旱，北方是冬春干旱，降水量少，河道径流枯竭，甚至河流断流，造成旱灾。

1.2 水的循环

地球上的水总是处于川流不息的循环运动中。根据水循环的路径，可分为自然循环和社会循环两种。

1.2.1 水的自然循环

由于自然因素造成水由蒸汽转化为液态，又由液态转化为固态，反过来又相应地由固态转化为液态，进而转化为气态。这样，水蒸气→水→冰（或雪）周而复始地循环运动，通过云气运动或大气环流、地面径流、地下渗流、冷凝、冷冻等过程构成水的自然界大循环。影响水自然循环的因素有太阳辐照、冷却、地球重力作用等。水的自然循环如图1-1所示。

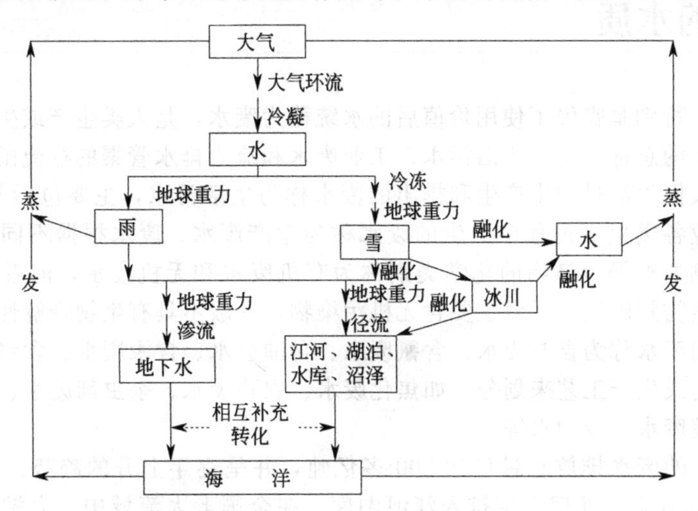

图1-1 水的自然循环

1.2.2 水的社会循环

由于社会生活和生产活动的需要，人类往往从天然水体中汲取大量的水，按其用途不同可分为生活用水和生产用水。在生活和生产活动过程中随时都有杂质混入，使水体受到不同程度的污染，构成了相应的生活污水和生产废水，随后又不断地排入天然水体中。这样由于人为因素，通过反复汲取和排放构成了水的社会循环，如图 1-2 所示。

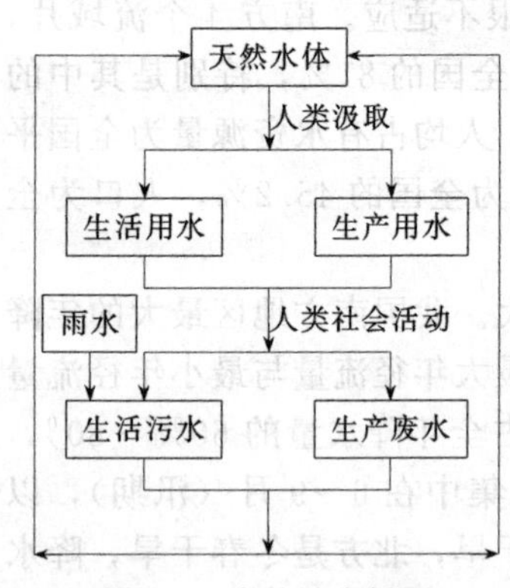

图 1-2 水的社会循环

在以上两个循环的每个环节中，或因自然因素，或因人为因素，致使水体受到不同程度的污染。特别在社会循环中，随着各国工农业生产的发展和用水标准的逐步提高，需水量迅速上升，生活污水和生产废水的排放量也不断增加。如不妥善处理污（废）水而任意排入天然水体，水体污染将日益加剧，破坏原有自然生态环境引起环境问题，以致造成公害。众所周知的有1885 年英国泰晤士河因河水水质污染造成水生生物绝迹；1955 年日本由镉引起中毒的“骨痛病”；1956 年汞中毒引起的水俣病等极为严重的公害事件。其他各地虽未发生如此严重的事件，但因污染造成的损失以及给人类健康带来的威胁也是相当可观的。据美国环保局报道，1960 年美国因水污染造成粮食损失达 10 亿美元，1960—1970 年期间的统计数据显示全美因水污染而引起的死亡人数为 20 人。在 20 世纪 80 年代中期，美国的 39 个州有 $2.2\times10^4 km^2$ 的河流、16 个州约有 $0.26\times10^4 km^2$ 的湖泊、8 个州有 $0.24\times10^4 km^2$ 的河口受到有毒污染物的影响。20 世纪 70 年代以来，尽管我国在水污染防治方面做了很大的努力，但水污染的发展趋势仍未得到有效遏制。由于污（废）水的处理率仅为 40%～50%，相当数量的污（废）水未经处理直接或间接排入水体，严重污染了水资源。2004 年的统计数据表明，全国有 2/3 的湖泊水体存在不同程度的富营养化；2005 年发生的松花江水体的硝基苯污染事件，造成沿流域城市停水数天；2007 年太湖蓝藻暴发，严重污染水质，引起周边城市用水困难。由此可见，虽然经过多年的努力，但我国污（废）水排放引起水体污染的状况目前还没有得到彻底改观，环境保护工作任重而道远。目前，世界各地水体的原有物理、化学和生物特性都已不同程度地发生了变化，水体污染已成为国际社会关注的重大环境问题。

1.3 废水的水质

污染后的水，特别是丧失了使用价值后的水统称为废水，是人类生产或生活过程中废弃排出的水及径流雨水的总称，包括生活污水、工业废水和流入排水管渠的径流雨水等。在实际应用过程中往往将人们生活过程中产生和排出的废水称为生活污水，主要包括粪便水、洗涤水、冲洗水；将工农业各类生产过程中产生的废水称为生产废水。废水根据不同的分类，称谓很多，也较复杂。例如根据污染物的化学类别称为有机废水和无机废水，前者主要含有机污染物，大多数具有生物降解性；后者主要含无机污染物，一般不具有生物降解性。根据所含毒物的种类不同，可把废水称为含酚废水、含氰废水、含油废水、含汞废水、含铬废水等。还可根据生产废水的部门或生产工艺来划分，如焦化废水、农药废水、杀虫剂废水、洗涤剂废水、食品加工废水、电镀废水、冷却水等。

目前我国每年的废水排放总量已达 500 多亿吨，并呈逐年上升的趋势，相当于人均排放 40 吨，其中相当部分未经处理直接排入江河湖库。在全国七大流域中，太湖、淮河、黄河的水质最差，约有 70%以上的河段受到污染；海河、松辽流域的污染也相当严重，污染河段占

60%以上。河流污染情况严峻，其发展趋势也令人担忧。从全国情况看，污染正从支流向干流延伸，从城市向农村蔓延，从地表向地下渗透，从区域向流域扩展。据检测，目前全国多数城市的地下水都受到了不同程度的点状和面状污染，且有逐年加重的趋势。在全国118个城市中，64%的城市地下水受到严重污染，33%的城市地下水受到轻度污染。从地区分布来看，北方地区比南方地区更为严重。日益严重的水污染不仅降低了水体的使用功能，而且进一步加剧了水资源短缺的矛盾，很多地区由资源性缺水转变为水质性缺水，对我国正在实施的可持续发展战略造成了严重影响，而且还严重威胁到城市居民的饮水安全和人民群众的健康。

水质是指水与水中杂质或污染物共同表现的综合特性。水质指标表示水中特定杂质或污染物的种类和数量，是判断水质好坏、污染程度的具体衡量尺度。为了满足水的特定目的或用途，对水中所含污染物的种类与浓度的限制和要求即为水质标准。

1.3.1 生活污水和城市污水的水质及计算

(1) 生活污水和城市污水的水质

生活污水主要来自家庭、商业、机关、学校、旅游服务业及其他城市公用设施。城市污水是城市中的生活污水和排入城市下水道的工业废水的总称，包括生活污水、工业废水和降水产生的部分城市地表径流。因城市功能、工业规模与类型的差异，在不同城市的城市污水中，工业废水所占的比例会有所不同，对于一般性质的城市，其工业废水在城市污水中的比例大约为10%～50%。由于城市污水中工业废水只占一定的比例，并且工业废水需要达到《污水排入城镇下水道水质标准》(CJ 343—2010) 后才能排入城市下水道（超过标准的工业废水需要在工厂内经过适当的预处理，除去对城市污水处理厂运行有害或城市污水处理厂处理工艺难以去除的污染物，如酸、碱、高浓度悬浮物、高浓度有机物、重金属等），因此，城市污水的主要水质指标有着和生活污水相似的特性。

生活污水和城市污水水质浑浊，新鲜污水的颜色呈黄色，随着在下水道中发生厌氧分解，污水的颜色逐渐加深，最终呈黑褐色，水中夹带的部分固体杂质，如卫生纸、粪便等，也分解或液化成细小的悬浮物或溶解物。

生活污水和城市污水中含有一定量的悬浮物，悬浮物浓度一般在100～350mg/L范围内，常见浓度为200～250mg/L。悬浮物成分包括漂浮杂物、无机泥沙和有机污泥等。悬浮物中所含有机物大约占生活污水和城市污水中有机物总量的30%～50%。

生活污水中所含有机污染物的主要来源是人类的食物消化分解产物和日用化学品，包括纤维素、油脂、蛋白质及其分解产物、氨氮、洗涤剂成分（表面活性剂、磷）等，生活与城市活动中所使用的各种物质几乎都可以在污水中找到其相关成分。生活污水和城市污水所含有机污染物的生物降解性较好，适于生物处理。生活污水和城市污水的有机物含量为：一般浓度范围 BOD_5＝100～300mg/L，COD＝250～600mg/L；常见浓度 BOD_5＝180～250mg/L，COD＝300～500mg/L。由于工业废水中污染物的含量一般都高于生活污水，工业废水在城市污水中所占比例越大，有机物的浓度，特别是COD的浓度也越高。

生活污水中含有氮、磷等植物生长的营养元素。新鲜生活污水中氮的主要存在形式是氨氮和有机氮，其中以氨氮为主，主要来自食物消化分解产物。生活污水和城市污水的氨氮浓度（以N计）一般范围是15～50mg/L，常见浓度是30～40mg/L。生活污水中的磷主要来自合成洗涤剂（合成洗涤剂中所含的聚合磷酸盐助剂）和食物消化分解产物，主要以无机磷酸盐形式存在。生活污水和城市污水的总磷浓度（以P计）一般范围是4～10mg/L，常见浓度是5～8mg/L。

生活污水和城市污水中还含有多种微生物，包括病原微生物和寄生虫卵等。表1-6所示是典型的城市污水和生活污水的水质。

表 1-6　典型的城市污水和生活污水水质　　单位：mg/L

指标	一般浓度范围	常见浓度范围	指标	一般浓度范围	常见浓度范围
悬浮物	100～300	200～250	氨氮(以 N 计)	15～50	30～40
COD	250～600	300～500	总磷(以 P 计)	4～10	5～8
BOD_5	100～300	180～250			

(2) 城市污水水质计算

在水处理设计计算中，城市污水的设计水质可以参照相似城市的水质情况，也可以根据规划人口、人均污染物负荷和工业废水的排放负荷进行计算。

生活污水总量可按综合生活污水定额乘以人口计算：

$$Q_d=\frac{q_w P}{1000} \tag{1-1}$$

式中　Q_d——生活污水总量，m^3/d；

q_w——综合生活污水定额，L/(人·d)，可按当地生活用水定额的 80%～90%采用；

P——人口，人。

生活污水的污染可以通过人口当量计算。《室外排水设计规范》（GB 50014—2006）给出的生活污水的人口排放当量数据为：BOD_5人口排放当量为 20～50g/(人·d)，SS=40～65g/(人·d)，总氮人口排放当量为 5～11g/(人·d)，总磷人口排放当量为 0.7～1.4g/(人·d)。

排入城市污水的工业废水的污染负荷或水质、水量可参照已有同类型工业的相关数据。

城市污水中污染物的浓度可按下式计算：

$$C=\frac{\alpha P+1000F}{Q_d+Q_i} \tag{1-2}$$

式中　C——污染物浓度，mg/L；

α——污染物人口排放当量，g/(人·d)；

F——工业废水的污染物排放负荷，kg/d；

Q_i——工业废水水量，m^3/d。

1.3.2 工业废水的水质

工业废水是工厂厂区生产活动中的废弃水的总称，包括生产污水、厂区生活污水、厂区初期雨水和洁净废水等。设有露天设备的厂区初期雨水中往往含有较多的工业污染物，应纳入污水处理系统接受处理。工厂的洁净废水（也称生产净废水）主要来源于间接冷却水的排放，所含污染物较少，一般可以直接排放。上述工业废水中的前三项（生产污水、厂区生活污水和厂区初期雨水）统称为工业污水。在一般情况下，“工业废水”和“工业污水”这两个术语经常混合用，本书主要采用“工业废水”这一术语。

工业废水的性质差异很大，不同行业产生的废水的性质不同，即使对于生产相同产品的同类工厂，由于所用原料、生产工艺、设备条件、管理水平等的差别，废水的性质也可能有所差异。几种主要工业行业废水的污染物和水质特点如表 1-7 所列。

表 1-7　几种主要工业行业废水的污染物和水质特点

行业	工厂性质	主要污染物	水质特点
冶金	选矿、采矿、烧结、炼焦、金属冶炼、电解、精炼	酚、氰、硫化物、氟化物、多环芳烃、吡啶、焦油、煤粉、As、Pb、Cd、Mn、Cu、Zn、Cr、酸性洗涤水	COD 较高，含重金属，毒性大
化工	化肥、纤维、橡胶、染料、塑料、农药、涂料、洗涤剂、树脂	酸、碱、盐类、氰化物、酚、苯、醇、醛、酮、氯仿、农药、洗涤剂、多氯联苯、硝基化合物、胺类化合物、Hg、Cd、Cr、As、Pb	BOD 高，COD 高，pH 变化大，含盐高，毒性强，成分复杂，难降解

续表

行业	工厂性质	主要污染物	水质特点
石油化工	炼油、蒸馏、裂解、催化、合成	油、酚、硫、砷、芳烃、酮	COD高,含油量大,成分复杂
纺织	棉毛加工、纺织印染、漂洗	染料、酸、碱、纤维物、洗涤剂、硫化物、硝基化合物	带色,毒性强,pH变化大,难降解
造纸	制浆、造纸	黑液、碱、木质素、悬浮物、硫化物、As	污染物含量高,碱性大,恶臭
食品、酿造	屠宰、肉类加工、油品加工、乳制品加工、蔬菜水果加工、酿酒、饮料生产	有机物、油脂、悬浮物、病原微生物	BOD高,易生物处理,恶臭
机械制造	机械加工、热处理、电镀、喷漆	酸、油类、氰化物、Cr、Cd、Ni、Cu、Zn、Pb	重金属含量高,酸性强
电子仪表	电子器件原料、电信器材、仪器仪表	酸、氰化物、Hg、Cd、Cr、Ni、Cu	重金属含量高,酸性强,水量小
动力	火力发电、核电站	冷却水热污染、火电厂冲灰、水中粉煤灰、酸性废水、放射性污染物	水温高,悬浮物含量高,酸性,放射性

对工业废水也可以按其中所含主要污染物或主要性质分类，如酸性废水、碱性废水、含酚废水、含油废水等。对于不同特性的废水，可以有针对性地选择处理方法和处理工艺。

工业废水的总体特点是：

① 水量大，特别是一些耗水量大的行业，如造纸、纺织、酿造、化工等。

② 水中污染物的浓度高，许多工业废水所含污染物的浓度都超过了生活污水，个别废水，例如造纸黑液、酿造废液等，有机物的浓度达到了几万毫克每升、甚至几十万毫克每升。

③ 成分复杂，不易处理，有的废水含有重金属、酸碱、对生物处理有毒性的物质、难生物降解有机物等。

④ 带有颜色和异味。

⑤ 水温偏高。

1.4 水污染物排放标准的分类与制定原则

水体受废物（废水）污染后会造成严重的环境问题。为保护水体环境，必须对水体的污染严加控制，制定水体卫生防护标准就是控制废水排放时的污染物种类和数量的有效措施。对已污染的水体必须借助一定的水质控制方法或水污染控制过程，以消除污染物及由污染物带来的危害，从而达到控制污染、保护水体的目的。

为防止污水和各类生产废水任意向水体排放，污染水环境，各国政府除颁布一系列法律规定外，还制定了水质污染控制标准。控制标准分排放标准和环境质量标准两类。污染物排放标准适用于污染源系统，是为实施水环境管理目标，确保水环境质量标准的实现，而对污染源排放污染物的允许水平所做的强制实行的具体规定；环境质量标准则是针对水环境系统，规定污染物在某一水环境中的允许浓度，以达到控制划定区域的水环境质量、间接地控制污染源排放的目标。

环境质量标准和排放标准是水环境管理的两个方面，环境质量标准是目标，排放标准可看作是实现环境质量目标的控制手段，两类标准各有不同的控制对象和不同的适用范围，但又是相互联系、互为因果的。如果水环境中污染物本底高，排放标准势必要求严格；反之，水环境中污染物本底低，则排放标准就能满足环境质量标准的目标。

我国的水污染物排放标准可分为国家污水综合排放标准、国家行业水污染物排放标准和地方水污染物排放标准三大类。

《污水综合排放标准》是一项最重要的水污染物排放标准，它是为了加强对污染源的监督管理而制定和发布的。现行的《污水综合排放标准》中已经包括了对许多行业的水污染物排放要求。根据综合排放标准与行业排放标准不交叉执行的原则，除了一些特定行业（目前有12个）执行相应的国家行业排放标准外，其他一切排放污水的单位一律执行国家《污水综合排放标准》。

在国家标准的基础上，地方还可以根据当地的地理、气候、生态特点，并结合地方的社会经济情况，制定地方排放标准。在执行国家标准不能保证达到地方水体环境质量目标时，地方（省、自治区、直辖市人民政府）可以制定严于国家排放标准的地方水污染物排放标准。地方排放标准不得与国家标准相抵触，即地方标准必须严于国家标准。

制定水污染物排放标准的原则是：

① 根据受纳水体的功能分类，按功能区制定宽严不同的标准，密切了环境质量标准与排放标准的关系。

② 根据各行业的生产和排污特点，根据工艺技术水平和现有污染治理的最佳实用技术，实现宽严不同的标准，对技术上难以治理的行业污水，适当放宽了排放标准。

③ 对于不同时期的污染源区别对待，对标准颁发一定时期后新建设项目的污染源要求从严。

④ 按污染物的毒性区分污染物，不同污染物执行宽严程度不同的标准值。对于具有毒性并且易在环境中或动植物体内蓄积的污染物，列为第一类污染物，从严要求。对于其他易在环境中降解或其长远影响小于第一类的污染物，列为第二类污染物。

⑤ 根据污染负荷总量控制和清洁生产的原则，对部分行业还规定了单位产品的最高允许排水量或最低允许水重复利用率。

(1)《污水综合排放标准》

我国的第一部水污染物排放标准是1973年建设部发布的《工业“三废”排放试行标准》(GB J7—1973，“废水”部分)。1988年国家环保局发布了《污水综合排放标准》(GB 8978—1988)。现行的《污水综合排放标准》(GB 8978—1996）于1996年修订，1996年10月4日由国家环境保护局和国家技术监督局联合发布，自1998年1月1日起实施，代替GB 8978—1988和原17个行业的行业水污染物排放标准。

《污水综合排放标准》(GB 8978—1996）按照污水排放去向，分年限（1997年12月31日之前建设的单位和1998年1月1日之后建设的单位）规定了69种污染物（其中第一类污染物13种，第二类污染物56种）的最高允许排放浓度及部分行业最高允许排水量。

第一类污染物的种类共13种，主要为重金属、砷、苯并芘、放射性等，不分行业和污水排放方式，也不分受纳水体的类别，一律在车间或车间处理设施排放口处要求达标。第一类污染物的最高允许排放浓度见表1-8。

表1-8 《污水综合排放标准》(GB 8978—1996) 中的第一类污染物的最高允许排放浓度

序号	污染物	最高允许排放浓度/(mg/L)	序号	污染物	最高允许排放浓度/(mg/L)
1	总汞	0.05	8	总镍	1.0
2	烷基苯	不得检出	9	苯并芘	0.00003
3	总镉	0.1	10	总铍	0.005
4	总铬	1.5	11	总银	0.5
5	六价铬	0.5	12	总α放射性	1Bq/L
6	总砷	0.5	13	总β放射性	10Bq/L
7	总铅	1.0			

第二类污染物的最高允许排放浓度按照污水排入的水域，分成三个不同级别的标准。

① 排入《地表水环境质量标准》(GB 3838—2002) 中Ⅲ类水域（划定的保护区和游泳区除外）和排入《海水水质标准》(GB 3097—1997) 中二类海域的污水，执行一级标准。

② 排入《地表水环境质量标准》(GB 3838—2002) 中Ⅳ、Ⅴ类水域和排入《海水水质标

准》(GB 3097—1997) 中三类海域的污水，执行二级标准。

③ 排入设置二级污水处理厂的城镇排水系统的污水，执行三级标准。

④ 排入未设置二级污水处理厂的城镇排水系统的污水，必须根据排水系统出水受纳水域的功能要求，分别执行一级或二级标准。

⑤《地表水环境质量标准》(GB 3838—2002) 中的Ⅰ、Ⅱ类水域和Ⅲ类水域中划定的保护区，《海水水质标准》(GB 3097—1997) 中一类海域，禁止新建排污口，现有排污口应按水体功能要求，实施污染物总量控制，以保证受纳水体水质符合规定用途的水质标准。

第二类污染物的种类共56种，要求在排污单位的排放口处达标。第二类污染物的最高允许排放浓度 (1998年1月1日后建设的单位) 见表1-9。

表1-9 《污水综合排放标准》(GB 8978—1996) 中的第二类污染物的最高允许排放浓度 (1998年1月1日后建设的单位) 单位：mg/L

序号	污染物	适用范围	一级标准	二级标准	三级标准
1	pH值	一切排污单位	8～9	6～9	6～9
2	色度(稀释倍数)	一切排污单位	50	80	
3	悬浮物(SS)	采矿、选矿、选煤工业	70	300	
		脉金选矿	70	400	
		边远地区砂金选矿	70	800	
		城镇二级污水处理厂	20	30	
		其他排污单位	70	150	400
4	五日生化需氧量(BOD_5)	甘蔗制糖、苎麻脱胶、湿法纤维板、染料、洗毛工业	20	60	600
		甜菜制糖、酒精、味精、皮革、化纤浆粕工业	20	100	600
		城镇二级污水处理厂	20	30	—
		其他排污单位	20	30	300
5	化学需氧量(COD)	甜菜制糖、合成脂肪酸、湿法纤维板、染料、洗毛、有机磷农药工业	100	200	1000
		味精、酒精、医药原料药、生物制药、苎麻脱胶、皮革、化纤浆粕工业	100	300	1000
		石油化工工业(包括石油炼制)	60	120	—
		城镇二级污水处理厂	60	120	500
		其他排污单位	100	150	500
6	石油类	一切排污单位	5	10	20
7	动植物油	一切排污单位	10	15	100
8	挥发酚	一切排污单位	0.5	0.5	2.0
9	总氰化合物	一切排污单位	0.5	0.5	1.0
10	硫化物	一切排污单位	1.0	1.0	1.0
11	氨氮	医药原料药、染料、石油化工工业	15	50	—
		其他排污单位	15	25	—
12	氟化物	黄磷工业	10	15	20
		低氟地区(水体含氟量<0.5mg/L)	10	20	30
		其他排污单位	10	10	20
13	磷酸盐(以P计)	一切排污单位	0.5	1.0	—
14	甲醛	一切排污单位	1.0	2.0	5.0
15	苯胺类	一切排污单位	1.0	2.0	5.0
16	硝基苯类	一切排污单位	2.0	3.0	5.0
17	阴离子表面活性剂(LAS)	一切排污单位	5.0	10	20
18	总铜	一切排污单位	0.5	1.0	2.0
19	总锌	一切排污单位	2.0	3.0	5.0
20	总锰	合成脂肪酸工业	2.0	5.0	5.0
		其他排污单位	2.0	2.0	5.0

续表

序号	污染物	适用范围	一级标准	二级标准	三级标准
21	彩色显影剂	电影洗片	1.0	2.0	3.0
22	显影剂及氧化物总量	电影洗片	3.0	3.0	6.0
23	元素磷	一切排污单位	0.1	0.1	0.3
24	有机磷农药(以P计)	一切排污单位	不得检出	0.5	0.5
25	乐果	一切排污单位	不得检出	1.0	2.0
26	对硫磷	一切排污单位	不得检出	1.0	2.0
27	甲基对硫磷	一切排污单位	不得检出	1.0	2.0
28	马拉硫磷	一切排污单位	不得检出	5.0	10
29	五氯酚及五氯酚钠(以五氯酚计)	一切排污单位	5.0	8.0	10
30	可吸附有机卤化物(AOX)(以Cl计)	一切排污单位	1.0	5.0	8.0
31	三氯甲烷	一切排污单位	0.3	0.6	1.0
32	四氯化碳	一切排污单位	0.03	0.06	0.5
33	三氯乙烯	一切排污单位	0.3	0.6	1.0
34	四氯乙烯	一切排污单位	0.1	0.2	0.5
35	苯	一切排污单位	0.1	0.2	0.5
36	甲苯	一切排污单位	0.1	0.2	0.5
37	乙苯	一切排污单位	0.4	0.6	1.0
38	邻二甲苯	一切排污单位	0.4	0.6	1.0
39	对二甲苯	一切排污单位	0.4	0.6	1.0
40	间二甲苯	一切排污单位	0.4	0.6	1.0
41	氯苯	一切排污单位	0.2	0.4	1.0
42	邻二氯苯	一切排污单位	0.4	0.6	1.0
43	对二氯苯	一切排污单位	0.4	0.6	1.0
44	对硝基氯苯	一切排污单位	0.5	1.0	5.0
45	2,4-二硝基氯苯	一切排污单位	0.5	1.0	5.0
46	苯酚	一切排污单位	0.3	0.4	1.0
47	间甲酚	一切排污单位	0.1	0.2	0.5
48	2,4-二氯酚	一切排污单位	0.6	0.8	1.0
49	2,4,6-三氯酚	一切排污单位	0.6	0.8	1.0
50	邻苯二甲酸二丁酯	一切排污单位	0.2	0.4	2.0
51	邻苯二甲酸二辛酯	一切排污单位	0.3	0.6	2.0
52	丙烯腈	一切排污单位	2.0	5.0	5.0
53	总硒	一切排污单位	0.1	0.2	0.5
54	粪大肠菌群数	医院、兽医院及医疗机构含病原体污水	500个/L	1000个/L	5000个/L
		传染病、结核病医院污水	100个/L	500个/L	1000个/L
55	总余氯(采用氯化消毒的医院污水)	医院①、兽医院及医疗机械含病原体污水	<0.5②	>3(接触时间≥1h)	>2(接触时间≥1.5h)
		传染病、结核病医院污水	<0.5②	>6.5(接触时间≥1.5h)	>5(接触时间≥1.5h)
56	总有机碳(TOC)	合成脂肪酸工业	20	40	—
		苎麻脱磁针工业	20	60	—
		其他排污单位	20	30	—

① 指50个床位以上的医院。

② 加氯消毒后须进行脱氯处理，达到本标准。

注：其他排污单位指除在该控制项目以外所列的一切排污单位。

(2) 行业水污染物排放标准

为了加强对污染源的监督管理，综合并简化国家行业排放标准，大部分行业的水污染物排放标准已经纳入了《污水综合排放标准》(GB 8978—1996)，目前仍单独执行国家行业水污染物排放标准的有12个行业，见表1-10。

表 1-10 行业水污染物排放标准

序号	行业	标准
1	造纸工业	《制浆造纸工业水污染物排放标准》(GB 3544—2008)
2	船舶	《船舶污染物排放标准》(GB 3552—1983)
3	船舶工业	《船舶工业污染物排放标准》(GB 4286—1984)
4	海洋石油开发工业	《海洋石油勘探开发污染物排放标准》(GB 4914—2008)
5	纺织染整工业	《纺织染整工业水污染物排放标准》(GB 4287—2012)
6	肉类加工工业	《肉类加工工业水污染物排放标准》(GB 13457—1992)
7	合成氨工业	《合成氨工业水污染物排放标准》(GB 13458—2013)
8	钢铁工业	《钢铁工业水污染物排放标准》(GB 13456—2012)
9	航天推进剂	《航天推进剂水污染物排放标准》(GB 14374—1993)
10	兵器工业	《兵器工业水污染物排放标准》(GB 14470.1～14470.2—2002,GB 14470.3—2011)
11	磷肥工业	《磷肥工业水污染物排放标准》(GB 15580—2011)
12	烧碱、聚氯乙烯工业	《烧碱、聚氯乙烯工业水污染物排放标准》(GB 15581—1995)

(3)《污水排入城镇下水道水质标准》

除了以上污水综合排放标准和行业水污染物排放标准外，对于排入城镇下水道的生产废水和生活污水，为了保护下水道设施，尽量减轻工业废水对城镇污水水质的干扰，保障城镇污水处理厂的正常运行，并为了防止没有城镇污水处理厂的城镇下水道系统的排水对水体的污染，建设部还制定了《污水排入城市下水道水质标准》，该标准于1986年首次制定，1999年修订，现该标准废止。被2010年7月29日由住房和城乡建设部发布的《污水排入城镇下水道水质标准》(CJ 343—2010)代替。

该标准规定：严禁向城镇下水道排放腐蚀性污水、剧毒物质、易燃易爆物质和有害气体；严禁向城镇下水道倾倒垃圾、积雪、粪便、工业废渣和排入易于凝集造成下水道堵塞的物质；医疗卫生、生物制品、科学研究、肉类加工等含有病原体的污水必须经过严格消毒，以上污水以及放射性污水，除了执行该标准外，还必须按有关专业标准执行；对于超过标准的污水，应按有关规定和要求进行预处理，不得用稀释法降低浓度后排入下水道。

《污水排入城镇下水道水质标准》(CJ 343—2010)规定了排入城镇下水道污水中35种有害物质的最高允许排放浓度，如表1-11所列。其中适用于设有城镇污水处理厂的城镇下水道

表 1-11 污水排入城镇下水道水质标准 (CJ 343—2010)

序号	项目名称	单位	最高允许浓度	序号	项目名称	单位	最高允许浓度
1	pH值		6.0～9.0	19	总铅	mg/L	1
2	悬浮物	mg/(L·15min)	150(400)	20	总铜	mg/L	2
3	易沉固体	mg/L	10	21	总锌	mg/L	5
4	油脂	mg/L	100	22	总镍	mg/L	1
5	矿物油类	mg/L	20	23	总锰	mg/L	2.0(5.0)
6	苯系物	mg/L	2.5	24	总铁	mg/L	10
7	氰化物	mg/L	0.5	25	总锑	mg/L	1
8	硫化物	mg/L	1	26	六价铬	mg/L	0.5
9	挥发性酚	mg/L	1	27	总铬	mg/L	1.5
10	温度	℃	35	28	总硒	mg/L	2
11	生化需氧量(BOD_5)	mg/L	100(300)	29	总砷	mg/L	0.5
12	化学需氧量(COD_{Cr})	mg/L	150(500)	30	硫酸盐	mg/L	600
13	溶解性固体	mg/L	2000	31	硝基苯类	mg/L	5
14	有机磷	mg/L	0.5	32	阴离子表面活性剂(LAS)	mg/L	10.0(20.0)
15	苯胺	mg/L	5	33	氨氮	mg/L	25.0(35.0)
16	氟化物	mg/L	20	34	磷酸盐(以P计)	mg/L	1.0(8.0)
17	总汞	mg/L	0.05	35	色度	倍	80
18	总镉	mg/L	0.1				

注：括号内的数值适用于有城镇污水处理厂的城镇下水道系统。

的几项重要指标是：SS≤400mg/L，BOD_5≤300mg/L，COD≤500mg/L，氨氮（以N计）≤35mg/L，磷酸盐（以P计）≤8mg/L。以上限值的前三项与《污水综合排放标准》（GB 8978—1996）中三级标准的要求相同。

(4)《城镇污水处理厂污染物排放标准》

城镇污水处理厂在水污染控制中发挥着重大作用。为了促进城镇污水处理厂的建设与管理，加强对污水处理厂污染物的排放控制和污水资源化利用，国家环境保护总局和国家质量监督检验检疫总局于2002年12月24日发布了《城镇污水处理厂污染物排放标准》（GB 18918—2002），自2003年7月1日起实施。原在《污水综合排放标准》（GB 8978—1996）中对城镇二级污水处理厂的限定指标不再执行。

该标准规定了城镇污水处理厂出水、废水排放污泥处置中污染物的控制项目和标准值，适用于城镇污水处理厂污染物的排放管理，居民小区和工业企业内独立的生活污水处理设施污染物的排放管理也按该标准执行。

在水污染物的控制项目中，将污染物分为基本控制项目和选择控制项目两类。基本控制项目主要包括影响水环境和污水处理厂一般处理工艺可以去除的常规污染物（计12项）和部分第一类污染物（计7项）。选择控制项目共43项，由地方环境保护行政主管部门根据污水处理厂接纳的工业污染物的类别和水环境质量要求选择控制。

根据城镇污水处理厂排入地表水域的环境功能和保护目标，以及污水处理厂的处理工艺，将基本控制项目的常规污染物标准值分为一级标准、二级标准、三级标准，一级标准又分为A标准和B标准。第一类重金属污染物和选择控制项目不分级。标准执行条件如下。

① 当污水处理厂出水引入稀释能力较小的河流作为城镇景观用水和一般回用水等用途时，执行一级标准的A标准。

② 当出水排入GB 3838—2002地表水Ⅲ类功能水域（划定的饮用水水源保护区和游泳区除外）、GB 3097—1997海水二类功能水域和湖、库等封闭或半封闭水域时，执行一级标准的B标准。

③ 当城镇污水处理厂出水排入GB 3838—2002地表水Ⅳ、Ⅴ类功能水域或GB 3097—1997海水三、四类功能海域时，执行二级标准。

④ 非重点控制流域和非水源保护区的建制镇的污水处理厂，根据当地经济条件和水污染控制要求，采用一级强化处理工艺时，执行三级标准。但必须预留二级处理设施的位置，分期达到二级标准。

《城镇污水处理厂污染物排放标准》基本控制项目的最高允许排放浓度如表1-12所列。与《污水综合排放标准》（GB 8978—1996）中原对城镇二级污水处理厂的排放要求相比，二级标准对总磷的浓度限值有所放宽，更为符合水处理技术现状和水环境要求的实际情况。

表1-12 《城镇污水处理厂污染物排放标准》（GB 18918—2002）基本控制项目的最高允许排放浓度（日均值） 单位：mg/L

序号	基本控制项目	一级标准		二级标准	三级标准
		A标准	B标准		
1	化学需氧量(COD_{Cr})	50	60	100	120①
2	生化需氧量(BOD_5)	10	20	30	60①
3	悬浮量(SS)	10	20	30	50
4	动植物油	1	3	5	20
5	石油类	1	3	5	15
6	阴离子表面活性剂	0.5	1	2	5
7	总氮(以N计)	15	20	—	—
8	氨氮(以N计)②	5(8)	8(15)	25(30)	—

续表

序号	基本控制项目		一级标准		二级标准	三级标准
			A标准	B标准		
9	总磷（以P计）	2005年12月31日前建设的	1	1.5	3	5
		2006年1月1日起建设的	0.5	1	3	5
10	色度(稀释倍数)		30	30	40	50
11	pH值		6～9			
12	粪大肠菌群数/(个/L)		10^3	10^4	10^4	—

① 下列情况下按去除率指标执行：当进水COD大于350mg/L时，去除率应大于60%；当进水BOD_5大于160mg/L时，去除率应大于50%。

② 括号外的数值为水温＞12℃时的控制指标，括号内的数值为水温＜12℃时的控制指标。

(5)《城市污水再生利用》系列标准

为了贯彻水污染防治和水资源开发利用的方针，提高城市污水利用率，做好城市节约用水工作，合理利用水资源，实现城市污水资源化，促进城市建设和经济建设的可持续发展，原建设部于2002年12月20日发布了《城市污水再生利用》系列标准，自2003年5月1日起实施。

现行《城市污水再生利用》系列标准包括：

①《城市污水再生利用　分类》(GB/T 18919—2002)；

②《城市污水再生利用　城市杂用水水质》(GB/T 18920—2002)；

③《城市污水再生利用　景观环境用水水质》(GB/T 18921—2002)；

④《城市污水再生利用　地下水回灌水质》(GB/T 19772—2005)；

⑤《城市污水再生利用　工业用水水质》(GB/T 19923—2005)；

⑥《城市污水再生利用　农田灌溉用水水质》(GB 20922—2007)；

⑦《城市污水再生利用　绿地灌溉水质》(GB/T 25499—2010)。

1.5 废水处理工艺

废水处理是在生活污水和生产废水排入水体前对其进行相应的处理，最终达到排放标准。废水处理的范畴包括：通过工艺改革减少废（污）水种类和数量；通过适当的处理工艺减少废（污）水中有毒、有害物质的量及浓度直至达到排放标准；处理后的废（污）水的循环和再利用等。

1.5.1 废水处理程度的分级

废（污）水的性质十分复杂，往往需要由几种单元处理操作组合成一个处理过程的整体。合理配置其主次关系和前后位置，才能经济、有效地达到预期目标。这种单元处理操作的合理配置整体称为废水处理系统。在论述废水处理的程度时，常对处理程度进行分级表示。根据所去除污染物的种类和所使用处理方法的类别，废水处理程度的分级如下。

(1) 预处理

预处理一般指工业废水在排入城市下水道之前在工厂内部的预处理。

(2) 一级处理

废水（包括城市污水和工业废水）的一级处理，通常是采用较为经济的物理处理方法，包括格栅、沉砂、沉淀等，去除水中悬浮状固体颗粒污染物质。由于以上处理方法对水中溶解状和胶体状的有机物去除作用极为有限，废水的一级处理不能达到直接排放入水体的水质要求。

（3）二级处理

废水的二级处理通常是指在一级处理的基础上，采用生物处理方法去除水中以溶解状和胶体状存在的有机污染物质。对于城市污水和与城市污水性质相近的工业废水，经过二级处理一般可以达到排入水体的水质要求。

（4）三级处理、深度处理或再生处理

这些处理是在二级处理的基础上继续进行的处理，一般采用物理处理方法和化学处理方法。对于二级处理仍未达到排放水质要求的难于处理的废水的继续处理，一般称为三级处理。对于排入敏感水体或进行废水回用所需进行的处理，一般称为深度处理或再生处理。

1.5.2 工业废水的处理方式

根据工业废水的水量规模和工厂所在位置，工业废水的处理方式有单独处理和与城市污水合并处理两大方式。

（1）工业废水单独处理方式

在工厂内把工业废水处理到直接排入天然水体的污水排放标准，处理后的出水直接排入天然水体。这种方式需要在工厂内设置完整的工业废水处理设施，属于在工业企业内进行处理的工业废水分散处理方式。

（2）工业废水与城镇污水合并处理方式

在工厂内只对工业废水进行适当的预处理，达到排入城镇下水道的水质标准。预处理后的出水排入城镇下水道，在城镇污水处理厂中与生活污水共同集中处理，处理后出水再排入天然水体。

在上述两大处理方式中，工业废水与城镇污水集中处理的方式能够节省基建投资和运行费用，占地省，便于管理，并且可以取得比工业废水单独处理更好的处理效果，是我国水污染防治工作中积极推行的技术政策。

对于已经建有城镇污水处理厂的城市，城镇中产生污水量较小的工业企业应争取获得环保和城建管理部门的批准，在交纳排放费用的基础上，将工业废水排入城市下水道，与城镇生活污水合并处理。对于不符合排入城镇下水道水质标准的工业废水，在工厂内也只需进行适当的预处理，在达到《污水排入城镇下水道水质标准》后，再排入城镇下水道。

为达到排入城镇下水道水质标准的要求，工业废水的厂内处理主要有：

① 酸性或碱性废水的中和预处理。

② 含有挥发性溶解气体的吹脱预处理。

③ 重金属和无机离子的预处理，如氧化还原、离子交换、化学沉淀等。

④ 对高浓度有机废水的预处理，如萃取、厌氧生物处理等。

⑤ 对高浓度悬浮物的一级处理，如沉淀、隔油、气浮等。

⑥ 对溶解性有机污染物的二级生物处理（必要时）等。

对于尚未设立城镇污水处理厂的城市中的工业企业和排放废水水量过大或远离城镇的工业企业，一般需要设置完整独立的工业废水处理系统，处理后废水直接排放或进行再利用。

1.6 废水的生物处理方法

有机废水的生物处理技术是现代生物工程的一个组成部分。在自然界广泛存活着巨量的借有机物生活的微生物，微生物通过其本身新陈代谢的生理功能，能够氧化分解环境中的有机物并将其转化为稳定的无机物。废水的生物处理技术就是利用微生物的这一生理功能，并采取一定的人工技术措施，创造有利于微生物生长、繁殖的良好环境，加速微生物的增殖及其新陈代谢的生理功能，从而使废水中的有机性污染物得以降解、去除，同时通过生物絮凝去除胶体颗粒的废水处理技术。

1.6.1 有机物的生物降解

在自然界中，有机物被分解的方式大体可以分为光分解、化学分解和生物分解三种类型，其中生物分解在物质循环中起的作用最为重要。动物、植物及微生物都能分解有机物，而绝大部分有机物都要通过微生物最终转化为无机物，即完全降解。在废水处理领域所说的生物降解指的就是微生物的降解，微生物通过氧化还原作用、脱羧作用、脱氨作用、水解作用等生物化学过程把有机物逐步转化为无机物，从而使废水得到净化。

参与废水中有机物生物降解的微生物有细菌、真菌、藻类、原生动物、微型后生动物等。

(1) 细菌

细菌是废水生物处理中应用到的最重要的微生物，是类似植物的单细胞生物，缺乏叶绿素和明显的细胞核，大小只有几微米，有球菌、杆菌、弧菌和丝状菌四大类型。

荚膜是细菌的一种特殊构造，是围绕在细胞壁外的一层黏液，由多糖物质构成。当荚膜物质融合在一起，内含多个细菌时，称菌胶团，一方面防止动物吞食，起保护作用；另一方面也增强了对不良环境的抵抗能力。菌胶团是活性污泥的重要组成部分，有较强的吸附和氧化有机物的能力，在废水生物处理中具有重要作用。一般说来，活性污泥性能的好坏可以根据所含菌胶团的多少、大小及结构的紧密程度来确定。新生菌胶团颜色较浅，生命力旺盛，氧化分解有机物的能力较强。老化的菌胶团由于吸附了很多杂质，颜色变深，生命力较差。一种细菌在适宜条件下形成一定形态结构的菌胶团，而遇到不适宜环境时，菌胶团就会发生松散，甚至呈现单独细菌，影响处理效果。因此，为了使废水处理达到较好的效果，要求菌胶团结构紧密，吸附沉降性能好，这就必须满足胶团菌对营养和环境条件的要求。

(2) 真菌

真菌也是类似植物的低等生物，但其结构比细菌复杂，个体比细菌大，具有明显的细胞核，但没有叶绿素，不能进行光合作用，营寄生或腐生，形态分为单细胞和多细胞两种。真菌能够分解碳水化合物、脂肪和蛋白质等有机物。废水生物处理构筑物中也会存在真菌，生物膜中的真菌数量比活性污泥中真菌含量要多，但是数量都没有细菌多，不是废水处理的主要微生物。但是，某些真菌对某些特点的废水有特殊的处理能力，因此真菌在废水处理中也有其特殊的应用。

(3) 藻类

藻类是一种低等植物，有单细胞的，也有多细胞的，主要有蓝藻、绿藻、褐藻、硅藻和金藻等。藻类一般是无机营养的，其细胞中含有叶绿素及其他辅助色素，能进行光合作用。在有光的时候，吸收CO_2合成细胞质，同时释放氧气；在无光的时候通过呼吸作用获取能量，同时放出CO_2。藻类在废水处理中主要应用在氧化塘工艺中，其作用是供应氧气，但是藻类对废水处理有很多不利影响，二沉池中往往容易滋生藻类，使出水变浑浊。另外，如果水体中氮、磷的含量较高，藻类大量繁殖，容易产生富营养化污染，造成多种危害。

(4) 原生动物

原生动物是最低等的单细胞动物，它们的个体都很小，长度一般在100～300μm。原生动物虽然只有一个细胞，但在生理上却是一个完整的有机体，能和多细胞动物一样行使营养、呼吸、排泄、生殖等机能。水处理中常见的原生动物主要有肉足类、鞭毛类和纤毛类，它们以吞食细菌、真菌、藻类和有机颗粒为主，少数原生动物能进行光合作用。在废水处理中原生动物的作用表现在两方面：一方面，原生动物吞食游离细菌和有机颗粒，对水质净化起到积极的作用；另一方面，原生动物可以作为评价活性污泥性能好坏的指标生物，通过观察不同原生动物种群的生长情况可以判断污水处理设施的运转情况和水质净化效果。因此，原生动物在废水处理中的作用仅次于细菌。

(5) 后生动物

后生动物由多个细胞组成，形体较大，在废水处理中常见的后生动物主要有轮虫、甲壳类动物和昆虫及其幼虫。后生动物以细菌、小的原生动物和有机颗粒为食，有一定的水质净化作用。后生动物也可作为指标微生物。

1.6.2 微生物的代谢

细菌是废水生物处理的主要微生物，细菌的代谢活动是废水得以净化的根本原因。细菌要维持其生命活动必须进行新陈代谢，不断从外界摄取生长繁殖所需的营养物质，同时把产生的代谢产物排泄到外界环境中去。自然界中的所有有机物几乎都可以被这种或那种细菌作为营养物质，但是就一种细菌来说，它们对营养物有特定的要求。有的细菌营养要求简单，可以把CO_2或碳酸盐作为碳源，把铵盐或硝酸盐作为氮源合成菌体，生命活动所需的能量来自无机物或阳光，这类细菌称为自养型；有的细菌需要有机物质作为碳源，这类细菌称为异养菌。绝大部分细菌是异养菌，有机废水的生物处理主要依靠的是异养菌。

细菌的新陈代谢包括两个作用，即同化作用和异化作用。同化作用吸收能量，进行合成反应，把摄取的营养物质转变为细胞物质；异化作用是把细胞物质或细胞内的营养物质分解，放出能量，供给细菌生命活动需要。无论是同化作用还是异化作用，都需要一种生物催化剂——酶的参与，在多种酶的作用下，完成生命活动所需的各种生物化学反应。

在水解酶的作用下，在细胞外促使有机物发生水解反应，变成容易进入细胞的物质，当有机分子进入细胞内部后，在不同的细菌中、不同的环境下有机物转化的途径是不同的，好氧菌在有氧条件下，通过氧化酶、脱氢酶的作用，将有机物氧化为稳定的无机物，如CO_2、水、硝酸盐等（但也可能形成中间产物，如有机酸等），氧化比较彻底，最终产物积累较小，获得的能量较多；厌氧菌在无氧条件下，通过脱氢酶不完全分解有机物，产物大都不是稳定的无机物，而是中间产物，如有机酸、甲烷、H_2S等，此类氧化不彻底，细菌获得的能量少，但细菌对原始底物消耗较多，并且不受氧供应的限制。

1.6.3 生物降解的环境条件

微生物除了对营养物质和氧有要求外，还要求适宜的环境条件，如温度、酸碱度等。

(1) 温度

大多数微生物的适宜生长温度为20～40℃，好氧生物处理应用到的微生物，适宜温度大都在这个范围之内，但也有喜欢高温的微生物，适宜的繁殖温度是50～60℃，此类微生物一般为厌氧菌。高于适宜温度，微生物的生命活动将受到影响甚至导致死亡，温度越高，死得越快；低温会降低微生物的代谢活力，但不一定导致微生物死亡。

(2) 酸碱度

各种微生物都有适宜的酸碱度，在酸性太强或碱性太强的环境中，它们都不能存活，大多数微生物繁殖的pH值在6～9。好氧处理中，废水的pH值在6.5～8.5为宜。

(3) 有毒物质

微生物的生命活动会受到某些物质的干扰、抑制或破坏，导致代谢受阻甚至死亡，微生物生存环境中这些物质的浓度在一定条件下不能超过一定范围，但如果缓慢提高有毒物质的浓度，使微生物逐渐适应，那么它们可以承受比一般浓度高的浓度。对水处理微生物有毒的物质主要有杀菌剂（如氯气、漂白粉、抗生素等）、重金属（如铅、铜、铬等）、有毒有机物（如苯、有机磷、酚、甲醛等）以及氰化物、氨、硫化氢等。

1.6.4　生物处理技术的分类

按微生物对氧的需求，生物处理法可分为好氧处理、缺氧处理和厌氧处理3类；按微生物的生长方式分悬浮生长、固着生长、混合生长3类。此外，还可以按操作条件（负荷、温度、连续性等）和用途分类。

选用生物处理方法前必须判断废水的可生化降解性（在微生物作用下，某种物质改变原来的结构和性质的难易程度），鉴定和评价方法如表1-13所列。

表1-13　鉴定和评价有机污染物可生化降解性的方法

分类	方法	方法要点	方法评价
根据氧化所耗氧量	水质指标法	采用BOD_5/COD作为评价指标：＞0.45好；0.3～0.45较好；0.2～03较差；＜0.2不宜。方法改进：以BOD_{28}/Th-OD来评价	比较简单，但精度不高，可粗略反映有机物的降解性能
	瓦呼仪法	根据有机物生化呼吸线与内源呼吸线的比较来判断有机物的生化降解性能。测试时，接种物可采用活性污泥，接种量SS为1～3g/L	较好地反映微生物氧化分解特性，但试验水量少对结果有影响
根据有机物去除效果	静置烧瓶筛选试验	以10mL沉淀后的生活污水上清液作接种物，90mL含有5mg酵母膏和5mg受试物的BOD标准稀释水作为反应液，两者混合，室温下培养，1周后测受试物浓度，并以该培养液作为下周培养的接种物，如此连续4周，同时进行已知降解化合物的对照试验	操作简单，但在静态条件下混合及充氧不好
	振荡培养试验法	在烧瓶中加入接种物营养液及受试物等，在一定温度下振荡培养，在不同的反应时间内测定反应液中受试物含量，以评价受试物的生化降解性	生物作用条件好，但吸附对测定有影响
	半连续活性污泥法	测试时，采用试验组及对照组两套反应器间歇运行，测定反应器内COD、TOD或DOC的变化，通过两套反应器结果比较来评价	试验结果可靠，但仍不能模拟处理厂实际运行条件
	活性污泥模型试验	模拟连续流活性污泥法生物敞开工艺，采用试验组与对照组，通过两套系统对比和分析来评价	结果最为可靠，但方法较为复杂
根据CO_2、CH_4量	斯特姆测试法	采用活性污泥上清液作接种液，反应时间为28d，温度25℃，有机物降解以CO_2产量占理论CO_2产量的百分率来判断	系统复杂，可反映有机物无机化程度
	史氏发酵管测厌氧产CH_4速率	受试物与接种物加入100mL密闭的反应器中，测量所产甲烷的体积。CO_2用NaOH吸收，用排水集气法收集CH_4，至产气量不变为止，产气快，累计产气量大者易生化降解	
根据微生物理生化指标		主要有：ATP测试法、脱氢酶测试法、细菌标准平板计数测试法等	试验结果可靠，但测试程序较为复杂

影响有机物生化降解的因素主要有：

① 有机物种类（化学组成、理化性质、浓度、共存基质等）。

② 微生物种类与活性（微生物的来源、数量、种属间的关系、龄期等）。

③ 系统环境（pH值、DO、温度、营养物等）。各类有机物的可降解性见表1-14。

表1-14　各类有机物的可降解性及特例

类别	可生物降解性特征	特　　例
碳水化合物	易于分解，大部分化合物的BOD_5/COD＞50％	纤维素、木质素、甲基纤维素、α-纤维素生物降解性较差

续表

类别	可生物降解性特征	特 例
烃类化合物	对生物氧化有阻抗，环烃比脂肪烃更甚。实际上大部分烃类化合物不易被分解，小部分如苯、甲苯、乙基苯以及丁苯异戊二烯，经驯化后可被分解，大部分化合物的 $BOD_5/COD \leqslant 20\% \sim 50\%$	松节油、苯乙烯较易分解
醇类化合物	能够被分解，主要取决于驯化程度，大部分化合物的 $BOD_5/COD > 40\%$	特丁醇、戊醇、季戊四醇表现高度的阻抗性
酚类化合物	能够被分解，需短时间的驯化，一元酚、二元酚、甲酚及许多酚能够被分解，大部分酚类化合物的 $BOD_5/COD > 40\%$	2,4,5-三氯苯酚、硝基酚具有较高的阻抗性，较难分解
醛类化合物	能够被分解，大多数化合物的 $BOD_5/COD > 40\%$	丙烯醛、三聚丙烯酸需长期驯化；苯醛、3-羧基丁醛在高浓度时表现高度阻抗
醚类化合物	对生物降解的阻抗较大，比酚、醛、醇类物质难于降解。有一些化合物经长期驯化后可以分解	乙醚、乙二醚不能被分解
酮类化合物	可生物降解性较醇、酚差，但较醚为好，有一部分酮类化合物经长期驯化后，能够被分解	
氨基酸	生物降解性能良好，BOD_5/COD 可大于 50%	胱氨酸、酪氨酸需较长时间驯化才能被分解
含氮化合物	苯胺类化合物经长期驯化可被分解，硝基化合物中的一部分经驯化后可降解。胺类大部分能够被降解	*N*,*N*-二乙基苯胺、异丙胺、二甲苯胺实际上不能被降解
氰或腈	经驯化后容易被降解	
乙烯类	生物降解性能良好	巴豆醛高浓度时可被降解，低浓度时产生阻抗作用的有机物
表面活性剂类	直链烷基、芳基硫化物经长期驯化后能够被降解，“特型”化合物则难于降解，高相对分子质量的聚乙氧酯和酰胺类更为稳定，难于生物降解	
含氧化合物	氧乙基类（醚链）对降解作用有阻抗，其高分子化合物阻抗更大	
卤素有机物	大部分化合物不能被降解	氯丁二烯、二氯乙酸、二氯苯醋酸钠、二氯环己烷、氯乙醇等可被降解

第2章 有机废水的好氧生物处理

在自然界广泛存活着巨量的借有机物生活的微生物。根据其生存条件，可将生物分为三大类：好氧生物，是指必须在有分子态氧（O_2）的存在下才能进行正常的生理生化反应的一大类生物，没有氧气它们就无法生存，这些好氧生物包括绝大多数的细菌、几乎所有的动物以及人类；厌氧生物，只能在无分子态氧存在的条件下才能进行正常的生理生化反应，氧或其他氧化剂对它们具有毒害作用，如厌氧细菌、产甲烷细菌等；兼性生物，它们既可在有氧环境中生活，又可在无氧环境中生活。在自然界中，很多细菌属于兼性细菌。

好氧生物处理是指利用好氧和兼性的微生物（主要是好氧细菌和兼性细菌）在有氧气的条件下来去除水中的有机污染物和其他污染物质的处理工艺。

2.1 废水好氧生物处理的基本生物过程

2.1.1 好氧生物处理的生化反应

在废水的好氧生物处理过程中，主要涉及以下三大类生化反应。

（1）分解反应

又称氧化反应、异化代谢、分解代谢，其反应如下：

$$C,H,O,N,S+O_2 \xrightarrow{\text{异养微生物}} CO_2+H_2O+NH_3+SO_4^{2-}+\text{能量} \tag{2-1}$$

（2）合成反应

也称合成代谢、同化作用，其反应如下：

$$C,H,O,N,S+\text{能量} \xrightarrow{\text{微生物}} C_5H_7NO_2 \tag{2-2}$$

（3）内源呼吸

也称细胞物质的自身氧化，其反应如下：

$$C_5H_7NO_2+O_2 \xrightarrow{\text{微生物}} CO_2+H_2O+NH_3+SO_4^{2-}+\text{能量} \tag{2-3}$$

当废水进入好氧生物反应器中时，如果其中存在着足够浓度的好氧微生物，并且系统也能够为微生物提供足够的氧气，则废水中的有机污染物就会在上述三种反应的作用下得以净化，同时微生物也会得以增长。上述三个反应的相互关系如图 2-1 所示。

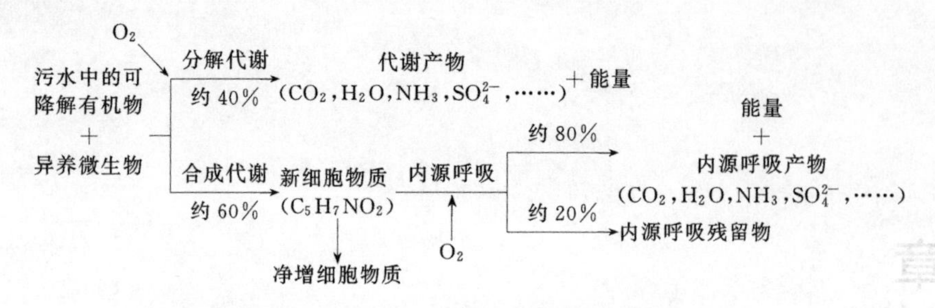

图 2-1 废水好氧生物处理中异养微生物的代谢途径示意

2.1.2 好氧生物处理过程中的代谢过程

废水好氧生物处理过程中主要涉及两大类微生物：异养微生物和自养微生物。因此，相应地涉及两大类基本生物过程，即好氧异养代谢和好氧自养代谢过程。

(1) 好氧异养代谢过程

好氧异养代谢过程是废水好氧生物处理工艺中最主要的一种代谢过程，是去除废水中有机污染物的主要途径。

(2) 好氧自养代谢过程

在废水好氧生物处理工艺中，通常会遇到的自养细菌主要有氨氧化细菌和硝化细菌，有时也会将它们统称为硝化细菌，它们的主要功能就是在好氧条件下将废水中的氨氮氧化成硝态氮——亚硝酸根（NO_2^-）或硝酸根（NO_3^-），其中的氨氧化细菌将氨氮氧化成亚硝酸根（NO_2^-），而硝化细菌能进一步将亚硝酸根（NO_2^-）氧化成硝酸根（NO_3^-），因此，这两种细菌可以去除废水中的氨氮，同时也为后续的生物反硝化提供了可能，为最终从废水中将氮素污染物彻底去除提供了基础。

2.1.3 有机物好氧生物降解过程

有机废水中可能存在的有机物主要有蛋白质、碳水化合物、脂肪、有机酸、醇类、醛类、酮类、酚类、腈等，这些物质主要由碳、氢、氧、氮、磷、硫等几种元素组成，它们好氧分解的最终产物是稳定的 CO_2、水、硝酸盐、硫酸盐和磷酸盐等。

(1) 碳水化合物的降解

碳水化合物首先经过水解反应变成单糖才能被微生物吸收。在酶的作用下，一部分单糖用于合成细胞物质；另一部分则被最终分解为 CO_2 和水。

(2) 脂肪的降解

脂肪是比较稳定的有机物，但也能被某些微生物分解，无论通过何种形式，脂肪分解的第一步都是先水解为甘油和脂肪酸，其部分合成微生物的细胞物质，部分在有氧条件下转化为丙酮酸，通过三羧酸循环，最终被氧化成 CO_2 和水。

(3) 芳香族化合物的降解

芳香族化合物都是苯的衍生物，大都具有一定的毒性，但在适当的条件下也可以被微生物降解，如苯酚在微生物作用下可以经一系列中间产物转化为丁二酸和乙酸，最终转化为 CO_2 和水。

(4) 蛋白质的降解

在蛋白酶的作用下蛋白质首先水解为氨基酸才能进入细菌细胞，在细胞内氨基酸可以作为合成菌体蛋白的原料，也可以转化为其他氨基酸，或者通过脱氨基作用分解为氨和有机酸，有机酸通过脱羧作用最终转化为 CO_2 和水。

2.1.4 好氧生物处理中合成代谢与分解代谢的关系

在好氧微生物的代谢过程中，分解代谢与合成代谢既相互矛盾又相互依存，可以从如下的几个方面加以解释。

在生物体内分解代谢和合成代谢这两个过程不仅是完全不可分割的，而且还是相互依赖和依存的，分解代谢可以为合成代谢提供所需要的能量和小分子的前体物如单糖和氨基酸等，而合成代谢则给分解代谢提供物质基础，如分解代谢过程中需要各种生化反应的催化剂——酶，实际上就是各种形式的蛋白质，是合成代谢的重要产物之一。

从总体上说，分解代谢是一个产能过程，但实际上在分解代谢的过程中也需要消耗能量，只是其产生的能量要远大于其所消耗的能量，因此说分解代谢是一个产能过程；而合成代谢则是一个耗能过程，它所消耗的能量主要来自于分解代谢过程中所产生的能量。

在水处理过程中，合成代谢和分解代谢对废水中有机物的去除都有重要贡献，分解代谢可以将废水中的一部有机物彻底分解为多种无机终产物如 CO_2、H_2O、NH_3、SO_4^{2-} 等，而合成代谢则可以将一部分有机物合成同化为新的细菌细胞物质，通过从系统中排放剩余污泥而最终达到去除有机物的目的。

2.1.5 废水好氧生物处理途径

废水好氧生物处理，即废水中的污染物从水中的分离，通过两个途径来完成，一是通过微生物的分解代谢，有机物被转化为稳定的无机物如 CO_2、水、NH_3 等；另一条途径是通过微生物的合成代谢，将有机物转化为微生物体，通过排放剩余活性污泥的形式从废水中分离出来，一般通过合成代谢去除的污染物占主导地位。有机物好氧降解过程如图 2-2 所示。

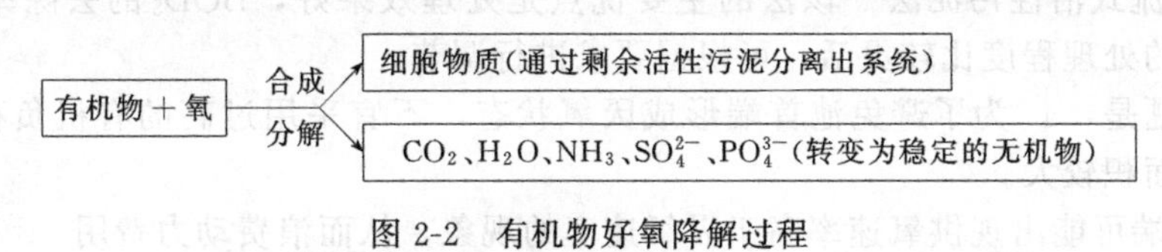

图 2-2 有机物好氧降解过程

2.2 废水好氧生物处理的基本方法与分类

好氧生物处理是废水生物处理中最主要、应用最广泛的处理技术。根据微生物生长的场所的不同，废水的好氧生物处理法可分为活性污泥法、好氧生物膜法和氧化塘法。

2.2.1 好氧活性污泥法

活性污泥法是目前应用最广泛的废水生物处理方法，其特点是所利用的好氧微生物以悬浮生长的状态存在于反应器（即曝气池）中，但是悬浮生长的微生物也不是完全自由的单体，多种群多个体的微生物聚集在一起形成菌胶团，菌胶团肉眼可见，也是一个生物群落。曝气设备在提供充足氧气的同时也提供足够的搅拌混合，在搅动的条件下微生物悬浮在水中，废水成为褐色泥浆状，称为活性污泥。

（1）活性污泥法处理工艺

废水与活性污泥在曝气池内充分接触，从而使其中的微生物的生物代谢作用能够充分进行，得到了净化的处理出水与活性污泥混合在一起，形成了曝气池内的混合液。当反应经过一定时间后，混合液就会靠重力流入曝气池后续的沉淀池（称为二次沉淀池，简称为二沉池），在二沉池中混合液中的活性污泥与处理出水进行分离，处理出水经二沉池的出水装置被排出，其主要的水质标准基本上已经达到排放标准，有时还需要进行进一步的消毒处理后就可以直接排放，或者经过一定的深度处理后进行回用。在二沉池中经过沉淀后的污泥，其中的大部分会通过污泥回流系统回流到曝气池中，为曝气池补充生物量，以保证曝气池中维持稳定、足够的污泥浓度；另外的一部分则会被剩余污泥排放系统以剩余污泥的形式排入后续的污泥处理系统。

活性污泥是活性污泥法的核心，其活性体现在构成活性污泥的物质是具有生命活性的微生物，正是它们的代谢作用才使水中的有机物得以去除，废水得到净化。

活性污泥法自诞生以来得到了广泛应用，发展迅速，目前常用的以活性污泥法为主体的处理方法已有四大类共十多种，见表 2-1。

表 2-1 活性污泥法分类

类 型	名 称
传统活性污泥法及其强化	传统活性污泥法、A-B 法、A/O 法和 A^2/O 法
氧化沟法	Carrousel 型氧化沟、Orbal 型氧化沟、交替氧化沟、一体化氧化沟
SBR 法	典型 SBR 法、ICEAS 法、CASS 法、DAT-IAT 法、UNITANK 法
MBR 法	淹没式 MBR 法、分离式 MBR 法

(2) 活性污泥法的主要运行方式

根据运行工况、曝气方式等的不同，活性污泥法又可以分为很多类型，如传统推流式活性污泥法、完全混合活性污泥法、阶段曝气活性污泥法、吸附-再生活性污泥法、延时曝气活性污泥法、高负荷活性污泥法、纯氧曝气活性污泥法、浅层低压曝气活性污泥法、深水曝气活性污泥法、深井曝气活性污泥法等。

① 传统推流式活性污泥法　该法的主要优点是处理效果好，BOD_5 的去除率可达 90%～95%，对废水的处理程度比较灵活，可根据要求进行调节。

存在的问题是：a. 为了避免池首端形成厌氧状态，不宜采用过高的有机负荷，因而池容积较大，占地面积较大。

b. 在池末端可能出现供氧速率高于需氧速率的现象，从而浪费动力费用。

c. 对冲击负荷的适应性较弱。

② 完全混合活性污泥法　该法的主要特点是可以方便地通过对 F/M 的调节，使反应器内的有机物降解反应控制在最佳状态；进水一进入曝气池，就立即被大量混合液所稀释，所以对冲击负荷有一定的抵抗能力；适合于处理较高浓度的有机工业废水。

③ 阶段曝气活性污泥法　该法又称为分段进水活性污泥法或多点进水活性污泥法，主要特点是废水沿池长分段注入曝气池，有机物负荷分布较均衡，改善了供氧速率与需氧速率间的矛盾，有利于降低能耗；废水分段注入，提高了曝气池对冲击负荷的适应能力。

④ 吸附-再生活性污泥法　该法又称生物吸附法或接触稳定法，主要特点是将活性污泥法对有机污染物降解的两个过程——吸附、代谢分别在各自的反应器内稳定进行。其主要优点包括：

a. 废水与活性污泥在吸附池内的接触时间较短，吸附池容积较小，再生池接纳的仅是浓度较高的回流污泥，因此，再生池的容积也较小。吸附池与再生池容积之和低于传统法曝气池的容积，基建费用较低。

b. 具有一定的承受冲击负荷的能力，当吸附池的活性污泥遭到破坏时，可由再生池的污泥予以补充。

主要缺点是：处理效果低于传统法，特别对于溶解性有机物含量较高的废水，处理效果更差。

⑤ 延时曝气活性污泥法　该法又称完全氧化活性污泥法，其主要特点如下。

a. 有机负荷率非常低，污泥持续处于内源代谢状态，剩余污泥少且稳定，无需再进行处理。

b. 处理出水水质稳定性较好，对废水冲击负荷有较强的适应性。

c. 在某些情况下，可以不设初次沉淀池。

缺点是：池容大，曝气时间长，建设费用和运行费用都较高，而且占地大。一般适用于处理水质要求高的小型城镇污水和工业污水厂，水量一般在1000m³/d以下。

⑥ 高负荷活性污泥法　该法又称短时间曝气活性污泥法或不完全曝气活性污泥法，主要特点是：有机负荷率高，曝气时间短，处理效果较差；在工艺流程和曝气池的构造等方面与传统法基本相同。

⑦ 纯氧曝气活性污泥法　该法的主要特点是纯氧中氧的分压比空气约高5倍，纯氧曝气可大大提高氧的转移效率；氧的转移效率可提高到80%～90%，而一般的鼓风曝气仅为10%左右；可使曝气池内活性污泥的浓度高达4000～7000mg/L，能够大大提高曝气池的容积负荷；剩余污泥产量少，SVI值也低，一般无污泥膨胀之虑。

⑧ 浅层低压曝气活性污泥法　该法的理论基础是：只有在气泡形成和破碎的瞬间，氧的转移率最高，因此没有必要延长气泡在水中的上升距离。其曝气装置一般安装在水下0.8～0.9m处，因此可以采用风压在1m以下的低压风机，动力效率较高，可达1.80～2.60kgO_2/(kW·h)。但是其氧转移效率较低，一般只有2.5%，池中设有导流板，可使混合液呈循环流动状态。

⑨ 深水曝气活性污泥法　该法的主要特点是曝气池水深在7～8m以上。由于水压较大，氧转移速率可以提高，相应也能加快有机物的降解速率，且占地面积较小。

⑩ 深井曝气活性污泥法　该法又称超深水曝气法，一般平面呈圆形，直径1～6m，深度一般为50～150m。主要特点是：氧转移率高，约为常规法的10倍以上；动力效率高，占地少，易于维护运行；耐冲击负荷，产泥量少；一般可以不建初次沉淀池；但受地质条件的限制。

(3) 几种新发展的活性污泥法处理工艺

① 氧化沟工艺　氧化沟（oxidation ditch）也称氧化渠，属于循环混合曝气池，是活性污泥法的一种变形。从运行工况来看，属于延时曝气法。

氧化沟工艺的出水水质常常可以达到较高水平，而且很稳定；剩余污泥产量低，稳定性较好，可直接进行脱水处理；运行管理简单，所需机械设备较少，维护与检修简单，因此氧化沟工艺的应用日益广泛。

② 吸附-生物降解（A-B）工艺　A-B法工艺是由德国亚琛大学Bohnke教授于20世纪70年代中期首先开发并应用的，是指吸附（adsorption）-生物降解（biodegradation）工艺，其最大特点是将废水的处理分解成两步，在A段以生物吸附作用为主对废水进行初步处理；在B段，采用常规活性污泥法对废水进行彻底处理。

③ 序批式间歇反应器（SBR）工艺　序批式间歇反应器（sequencing batch reactor）简称为SBR，也称为间歇式活性污泥法，是在20世纪90年代迅速发展起来的一种新型的废水处理工艺。

从工艺角度，SBR工艺与传统活性污泥法相比，具有工艺流程简单、处理效果稳定、占地面积小、耐冲击负荷等特点，而且较少发生丝状菌污泥膨胀的现象。因此，SBR工艺得以大量推广与应用，目前已在欧洲及美国、澳大利亚、日本等国家和地区得到了很大发展，成为传统活性污泥法的革新工艺，在国内也日益引起重视，并在多种废水处理中得到了应用。

与传统活性污泥工艺相比，SBR工艺主要具有以下特点。

① 无需设置二沉池，其曝气池兼具二沉池的功能。

② 无需设置污泥回流设备。

③ 在处理某些工业废水时，一般无需设置调节池，曝气池可以兼作调节池。

④ 由于 SBR 的运行过程中会使得其中的活性污泥交替处在好氧、缺氧状态，且反应器从时间上来看呈典型的推流式，因此其活性污泥的 SVI 值较低，易于沉淀，一般不会产生污染膨胀现象。

⑤ 易于维护管理，如运行管理得当，处理出水水质将优于连续式；通过对运行方式的适当调节，在单一的曝气池内可以实现脱氮和除磷的效果；易于实现自动化控制。

SBR 工艺实际上是对一大类以间歇运行为主要特点的活性污泥法工艺的总称，近年来国内外许多研究者通过试验研究和实际应用，已经成功开发出多种形式的 SBR 工艺。目前，主要的 SBR 工艺有：CAST 工艺、ICEAS 工艺、IDEA 工艺、DAT-IAT 工艺、UNITANK 工艺、ASBR 工艺等。

2.2.2 好氧生物膜法

生物膜法又称固定膜法，是与活性污泥法并列的一类废水好氧生物处理技术，是土壤自净过程的人工化和强化。与活性污泥法一样，生物膜法主要去除废水中溶解性和胶体状的有机污染物，同时对废水中的氨氮还具有一定的硝化能力。

生物膜法是基于好氧生物降解的另一类方法，与活性污泥法不同，微生物聚集生长在人为设置的填（滤）料上，并形成一定厚度的生物膜，废水流经生物膜时，生物膜上的微生物摄取废水中的有机物而生长繁殖，当生物膜老化后自然脱落，并从水中分离出来。也就是说，生物膜法是靠微生物的分解代谢和分离老化的生物膜两条途径使废水得以净化的。事实上，生物膜法和活性污泥法是不能完全分开的，采用生物膜法，特别是采用接触氧化法时，生物膜是去除污染物的主体，但是活性污泥在曝气池中也存在，活性污泥的作用也对污染物的去除有贡献。

因为生物膜法要人为设置填（滤）料，所以使用规模受到限制，一般适用于小型污水处理厂和部分工业废水处理项目，常用的生物膜法工艺有生物滤池（塔）、生物转盘、生物接触氧化、生物流化床、曝气生物滤池等。

(1) 生物滤池工艺

生物滤池是在污水灌溉的实践基础上发展起来的人工生物处理法，首先于 1893 年在英国试验成功，从 1900 年开始应用于废水处理中。主要有以下几种形式：普通生物滤池、高负荷生物滤池、塔式生物滤池、活性生物滤池等。

生物滤池内设置固定滤料，当废水自上而下流过滤料时，由于废水不断与滤料相接触，因此微生物就会在滤料表面附着生长和繁殖，并逐渐形成生物膜。在生物滤池净化废水的过程中，滤料表面的生物膜会由于自然老化而脱落，与出水一同被带出生物滤池，影响出水水质。因此在生物滤池之后一般需设置二沉池，使出水中的生物膜或其他悬浮物在其中沉淀下来，保证出水水质。

与活性污泥工艺的流程不同的是，在生物滤池中常采用出水回流，而基本不会采用污泥回流，因此从二沉池排出的污泥全部作为剩余污泥进入污泥处理流程进行进一步的处理。

(2) 生物转盘工艺

生物转盘工艺是生物膜法的一种，是在生物滤池的基础上发展起来的，有时又称为转盘式生物滤池，与其他废水处理工艺相比，生物转盘工艺具有如下特征。

① 优点　生物转盘的运行能耗较低，运行费用省；无需曝气，无需人工供氧；无需污泥回流；运行费用仅约相当于普通活性污泥法的 1/3～1/2；生物转盘具有生物膜法的特点，即生物量较多，对废水的净化效率高，且对废水的水质、水量的适应性较强，多级串联的生物转

盘工艺的出水水质较好；与其他生物膜法工艺一样，生物膜上由各种微生物组成的食物链较长，因此剩余污泥产量较少，一般仅为活性污泥法的1/2左右；生物转盘在日常运行中，所需要的维护管理较为简单，对废水的处理功能稳定可靠；由于无须人工供氧，所以整个厂区噪声小；由于生物膜有较长时间处于淹没状态，因此不会出现生物滤池中常见的灰蝇。

② 缺点 生物转盘的盘片暴露在空气中，受气候的影响较大，需加盖防风，有时还需保暖；生物转盘的直径受材质影响，一般都不能很大；为了保证供氧效果，还需有约60%的盘片面积处在水面上，导致废水池深度较浅，因此占地面积大，基建投资较高。

(3) 生物接触氧化工艺

生物接触氧化法是一种介于活性污泥法与生物滤池之间的生物膜法处理工艺，又称为淹没式生物滤池。

生物接触氧化工艺的流程与活性污泥法的工艺流程相近，即在接触氧化池中也需要从外界通过人工手段为池中的微生物提供氧气；同时，该工艺流程也与生物滤池工艺相近，即在生物反应池中还装有供微生物附着生长的固体状填料物质，在生物反应池中起净化作用的主要是附着生长在填料上的微生物。

生物接触氧化池内的生物固体浓度为10～20g/L，高于活性污泥法和生物滤池，具有较高的容积负荷，可达3.0～6.0kgBOD_5/(m^3·d)；不需要污泥回流，无污泥膨胀问题，运行管理简单；对水量水质的波动有较强的适应能力；污泥产量略低于活性污泥法。

(4) 生物流化床工艺

好氧生物流化床工艺应用于废水始于20世纪70年代，与生物滤池、生物接触氧化、生物转盘等生物膜法工艺相比，好氧生物流化床是一种新型的生物膜法处理工艺。

在好氧生物流化床反应器中，微生物附着生长的载体是粒径较小、相对密度大于1的惰性颗粒如砂、焦炭、陶粒、活性炭等，废水以较高的上升流速通过反应器，使载体处于流化状态，废水中的污染物通过与载体表面生长的生物膜相接触而被除去，从而实现了净化废水的目的。

与其他好氧生物处理工艺相比，好氧生物流化床在微生物浓度、传质条件、生化反应速率等方面具有如下主要优点。

① 反应器内能维持极高的生物浓度（一般可达40～50gVSS/L），可达到极高的容积负荷[可达3～6kgBOD_5/(m^3·d)以上]。

② 载体呈流化状态，传质条件好，生化反应速率快。

③ 抗冲击负荷能力强，不存在污泥膨胀或滤料堵塞的问题。

④ 适合于处理多种浓度的有机工业废水。

存在的主要问题是：实际生产运行的经验较少，对于床体内的流动特征尚无合适的模型描述，在进行放大设计时有一定的不确定性。

2.2.3 氧化塘法

氧化塘法是模拟自然界湖泊、池塘等静态水域自净作用的废水处理方法。废水放入设计为一定深度和面积的塘中，有机物主要由塘中的细菌降解，细菌所需要的氧气主要由藻类及其他光合微生物的光合作用提供，同时也有部分来自水面上方的空气中。藻类利用细菌分解有机物后的降解产物而生长。

氧化塘、厌氧塘和兼性塘通常统称为稳定塘，它们分别指好氧状态、厌氧状态和两种状态兼有的三种类型的塘。

好氧塘容纳低浓度的废水，通常在较低的负荷下运行，其中氧的产生量大于氧的消耗量。为了利于藻类繁殖，塘一般较浅，以便日光透过水层。为了强化处理能力，在普通氧化塘基础上增加机械曝气装置，就成为“曝气氧化塘”。

氧化塘中，有机质最终实质上转化为藻类，不仅如此，废水中的氮和磷也被藻类吸收。氧化塘处理后的废水，经除去藻类，废水就得到了净化。藻类通常以重力沉降、混凝沉降或过滤除去。

氧化塘占地面积大，负荷低，工艺缺乏控制性，但其投资与运行费用低，易于维护。

2.2.4 氮和磷的生物去除工艺

好氧生物处理工艺除了能够有效去除废水中的有机污染物外，还可以利用某种特殊的细菌，将废水中的无机污染物（如氨氮）进行氧化，使其转化为毒性较弱的形式(如硝酸盐氮)，或者再进一步结合其他生物工艺最终将其转化为无毒的气体（氮气）而进入大气，从而从废水中彻底将氮素去除，消除氮素对环境水体的危害，此即为生物脱氮工艺。

除磷工艺是利用某些特殊的细菌，将废水中的另一种植物性营养元素——磷过量吸收在细胞体内，形成高含磷的剩余污泥，通过排放剩余污泥，达到从废水中去除磷的目的。

2.3 好氧生物处理的影响因素与条件

影响好氧生物处理过程的因素主要有：溶解氧、水温、营养物质、pH 值、有毒物质、有机负荷率、氧化还原电位等。

(1) 溶解氧

溶解氧（dissolved oxygen，DO）是影响好氧生物处理的最主要因素之一，是保证好氧微生物正常生长和发挥其降解功能的基本条件之一。

如供氧不足，溶解氧浓度过低，就会使活性污泥中微生物正常的代谢活动受到不利影响，对有机污染物的净化能力下降，而且还可能导致丝状菌的滋生，引起污泥膨胀。

但溶解氧浓度也不宜过高，因为溶解氧浓度过高，会导致氧利用效率降低，会增加所需要的动力费用；另一方面，混合液中溶解氧浓度过高，如果同时曝气池的有机负荷又较低，则容易导致曝气过度，使活性污泥中的微生物长期处于内源呼吸状态，导致污泥中的无机成分增高、活性下降、凝聚性能变差，最终会使整个系统的运行受到不利影响。

(2) 水温

在一定范围内，随着温度的升高，生化反应的速率会相应加快，微生物的增殖速率也会加快，即在一定范围内，温度升高对好氧生物处理是有利的。但是，微生物细胞的某些组成物质如蛋白质、核酸等对温度比较敏感，温度的突升或突降并超过一定限度时，会使这些物质的结构和功能发生不可逆的破坏，严重影响微生物的活性，甚至可能导致微生物死亡。

一般来说，活性污泥中好氧微生物体内酶促反应的最佳温度为 20～30℃，在此范围内，微生物的生命活动旺盛、代谢能力强；高于或低于这个温度范围，就会使活性污泥的代谢活动受到某种程度的抑制；如果高于 35℃或低于 10℃，抑制程度会很明显；当水温高于 45℃或低于 5℃时，活性污泥的反应速率就可能降低到极低水平。因此，一般认为，活性污泥系统的最高水温和最低水温分别为 35℃和 10℃。

(3) 营养物质

细胞组成中，C、H、O、N 约占 90%～97%，其余 3%～10%为无机元素，主要是 P。生活污水一般不需再投加营养物质，而某些工业废水则需要，一般对于好氧生物处理工艺，应按 BOD：N：P＝100：5：1 投加 N 和 P。但在处理一些特殊废水或者在实验室进行科学研究时，有时还需要投加一些其他的无机营养元素，如 K、Mg、Ca、S、Na 等；更多时候还需要投加一些微量元素，主要的有 Fe、Cu、Mn、Mo、Ni 等。

(4) pH 值

一般好氧微生物的最适宜 pH 值为 6.5～8.5；pH＜4.5 时，真菌将占优势，引起污泥膨胀；另一方面，微生物的活动也会影响混合液的 pH 值。

(5) 有毒物质（抑制物质）

在进行废水处理时，对微生物有毒或能产生抑制作用的物质也是必须进行认真考虑的因素之一。一般认为，对于好氧生物处理来说，主要的有毒或抑制物质有：重金属、氰化物、H_2S、卤族元素及其化合物、酚、醇、醛等有机化合物。

但实践证明，微生物在经过长期的驯化后，可以忍受的有毒物质的浓度可以增大，在某些特殊情况下，某些有毒的有机化合物还能被微生物氧化分解，甚至可能被微生物作为营养物质而利用。

(6) 有机负荷率

活性污泥系统中的微生物主要是以污水中的有机物作为食物的，但当污水中的有机物浓度过高，超过了微生物的降解能力时，就会不利于微生物的生长，反过来也会影响处理系统的去除效果。

(7) 氧化还原电位

氧化还原电位也是影响好氧生物处理的因素之一，一般来说，好氧细菌要求的氧化还原电位为＋300～＋400mV，至少要求大于＋100mV。但在目前的生产性活性污泥系统中，直接利用氧化还原电位对系统进行调节和控制的还很少，只是在实验室进行研究时，有较多应用。

2.4　好氧生物技术处理高浓度难降解有机废水的研究方向

如前所述，好氧生物技术在低浓度有机废水，如生活污水、城市污水、低浓度工业废水领域得到了广泛的应用，但对于高浓度（COD＞20000mg/L）难降解有机废水，目前为止还没有成功应用的报道。为此，必须大力加强好氧生物技术处理高浓度难降解有机废水的研究，研究方向如下。

(1) 高效工程菌的开发和利用

传统的活性污泥法和生物膜法处理废水大多利用的是自然的或是经过一定驯化的微生物菌群，它们的处理效果有一定的局限性，特别是对高浓度难降解废水，有时常规生物法处理效果有限。因此，利用具有特殊分解能力的菌种来处理难降解物质受到了人们的重视，这种菌种被称为高效工程菌。同样条件下，高效工程菌比通过自然驯化培养的细菌活性要高，摄取营养物质的能力和对废水的适应性要强。同时，高效工程菌还可有针对性地去除废水中某些难降解的有机物。

高效菌种的获得有多种途径，最常用的方法是从自然水体以及水处理装置中通过分离、筛选、活性检测、扩大培养等一系列复杂工艺培养而成；此外还可以通过原生质体融合、基因工程等高科技手段获取。目前已经获得的高效工程菌有 EM 菌群、光合细菌以及一些专门降解某类有机物的专性菌，如纤维素降解菌等。EM 菌群是日本琉球大学农学博士比嘉照夫教授研制的一种新复合微生物制剂，这种菌剂由光合细菌、放线菌、酵母菌及乳酸菌等 5 科 10 多属 80 多种有益微生物培养而成，各种微生物在其生长过程中产生的有用物质及其分泌物质成为微生物群体相互生长的基质和原料，通过相互间的这种共生增殖关系，形成了一个复杂而稳定的微生物系统，并发挥多种功能。光合细菌（简称 PSB）具有去除和分解有机物的能力，日本自 20 世纪 60 年代首先开展了用 PSB 处理有机废水的试验研究，先后成功地用光合细菌对粪尿、食品、淀粉、皮革、豆制品、焦化、染料等废水进行处理，充分显示了 PSB 法优于一般活性污泥法，具有重要的开发利用价值。近年来，澳大利亚、美国等也相继进行了这方面的研究，国内也出现了一些工程实例。

高效工程菌的使用方法有微生物强化技术、固定化微生物技术等。微生物强化技术是向生化处理系统接种能快速生长繁殖、高生物活性的工程菌，通过增加活性污泥中微生物的种类和提高质量来改变污泥的生物相，从而改变污泥的活性来提高系统的处理效果、处理能力和运行的稳定性。固定化微生物技术是通过物理、化学手段使游离细菌固定，用于污水处理，按照细胞的制备方法可分为载体结合法、交联法和包埋法。

目前国内外在研究高效工程菌处理难降解污染物方面取得了显著的成效，但同时还存在很多问题，阻碍了它在高浓度难降解废水处理领域的应用，这些技术在我国的实际应用相对较少，但这些新技术的工业化是难降解废水处理的发展趋势。

(2) 组合工艺应用

对于高浓度难降解有机废水，有时单一的好氧生物处理难以达到预期的处理效果，因此需要多种工艺组合起来，形成组合工艺才能达到要求。常用的组合工艺有：

① 几级好氧生物处理工艺串联使用，利用不同阶段不同的生物特性提高废水处理效果。

② 在好氧生物工艺前设置厌氧装置，通过厌氧生物对高浓度难降解废水的适应能力降解废水中污染物，把好氧生物处理作为厌氧处理的后处理。

③ 在好氧生物处理前设置水解酸化工段，通过水解酸化提高废水的可生化性，作为好氧生物处理的预处理。

④ 在好氧生物处理前面设置絮凝沉淀等物理化学方法，作为预处理手段降低废水浓度，提高废水的可生化性。

⑤ 在好氧生物处理后面设置化学氧化等化学方法作为好氧生物处理的后处理，确保废水达标排放。

各种组合工艺都有不同的使用条件，工程设计时要根据水质、水量条件分析，必要时通过试验来确定需要的组合方式。

(3) 完全混合流态的利用

反应器内混合液对进料的稀释作用对高浓度废水的处理是十分重要的，因为受到氧气传质能力的限制，反应器内底物浓度过高会导致供氧不足，影响效果。完全混合反应器有利于高浓度进料被反应器内大量混合液稀释，避免浓度过高引起供氧不足。事实上，众多好氧生物处理工艺能够处理高浓度废水都是利用反应器的自身稀释能力，例如SBR、氧化沟等。但是，在处理高浓度废水时，完全混合系统比较脆弱，效率较低。因此，既能利用完全混合流态特性对高浓度废水进行稀释，又能保证系统高效稳定运行的反应器形式对高浓度难降解有机废水的好氧生物处理是十分重要的，例如氧化沟，特别是Orbal型氧化沟就较好地满足了这方面的要求。

在工程应用中还可以采用多级完全混合反应器串联使用、完全混合流态与推流流态串联使用等组合流态模型来平衡稀释与稳定高效两方面的需要，以达到最优效果。

参考文献

[1] 唐受印，戴友芝．水处理工程师手册［M］．北京：化学工业出版社，2001.
[2] 买文宁．生物化工废水处理技术及工程实例［M］．北京：化学工业出版社，2002.
[3] 王绍文，罗志腾，钱雷．高浓度有机废水处理技术与工程应用［M］．北京：冶金工业出版社，2003.
[4] 王郁，林逢凯．水污染控制工程［M］．北京：化学工业出版社，2008.

第3章 好氧活性污泥法处理工艺

活性污泥法于1914年在英国曼彻斯特建成试验厂以来，已有100多年的历史，随着实际生产上的广泛应用和技术上的不断改进，特别是近几十年来，在对其生物反应和净化机理进行深入研究探讨的基础上，活性污泥法在生物学、反应动力学的理论方面以及在工艺方面都得到了长足的发展，出现了多种能够适应各种条件的工艺流程，当前活性污泥法已成为有机废水处理技术的主体。

3.1 好氧活性污泥法的基本原理

3.1.1 好氧活性污泥处理系统的基本流程

活性污泥处理系统由曝气池、二次沉淀池、污泥回流系统和曝气及空气扩散系统组成。图3-1所示为活性污泥处理系统的基本流程。

来自初次沉淀池或其他预处理装置的废水从活性污泥反应器——曝气池的一端进入，从二次沉淀池连续回流的活性污泥作为接种污泥也同时进入曝气池。从空压机站送来的压缩空气通过铺设在曝气池底部的空气扩散装置，以细小气泡的形式进入废水中，其作用除向废水充氧外，还使曝气池内的废水、活性污泥处于剧烈搅动的状态，形成混合液。活性污泥与废水互相混合、充分接触，使活性污泥反应得以进行。活性污泥反应的进行，使得废水中的有机污染物得到降解而去除，活性污泥本身得以繁衍增长，废水得以净化处理。经过活性污泥净化处理后的混合液由曝气池的另一端流出并进入二次沉淀池，进行固液分离，活性污泥经过沉淀与废水分离，澄清后的废水作为处理水排出系统。经过沉淀浓缩的污泥从沉淀池底部排出，其中一部分作为接种污泥回流至曝气池，余下部分则作为剩余污泥排出系统。

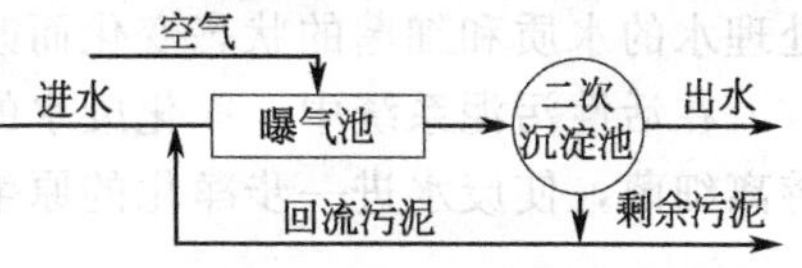

图3-1 活性污泥处理系统的基本流程

曝气池是活性污泥系统中的主体，是污染物发生降解、转化的主要场所，也是活性污泥中的微生物发挥功能的主要场所。

活性污泥系统有效运行的基本条件是：废水中需含有适宜浓度的可溶性易降解有机物，混合液中含有足够的溶解氧，保证活性污泥中的微生物处于好氧状态；活性污泥在池内呈悬浮状态，保证其中的微生物可以与废水中的基质充分反应；活性污泥连续回流，及时排除剩余污泥，使混合液保持一定浓度的活性污泥；进水中不含有毒有害物质，否则会导致对活性污泥的严重抵制。

3.1.2 活性污泥的形态与组成

活性污泥是活性污泥处理系统中的主体作用物质。在活性污泥上栖息着具有强大生命力的微生物群体。在微生物群体新陈代谢功能的作用下，活性污泥具有将有机污染物转化为稳定的无机物质的活力，故称之为“活性污泥”。正常的活性污泥在外观上呈黄褐色的絮绒颗粒状，其粒径一般介于0.02～0.2mm之间，从整体上看，活性污泥具有较大的表面积，每毫升活性污泥的表面积大体介于20～100cm^2之间。活性污泥的含水率很高，一般都在99%以上，其相对密度则因含水率不同而异，介于1.002～1.006之间。活性污泥中固体物质的有机成分主要由栖息在活性污泥上的微生物群体所组成，微生物群体以好氧细菌为主，也存活着真菌、放线菌以及原生动物、后生动物等，这些微生物群体在活性污泥上组成了一个相对稳定的小小生态系统。

活性污泥上的细菌以异养型的原核细菌为主，数量大致为10^7～10^8个/mL。现已基本判明，可能在活性污泥上占优势的细菌主要有以下几种：动胶杆菌属、假单胞菌属、产碱杆菌属、黄杆菌属及大肠埃希氏杆菌等。至于哪种细菌在活性污泥中占优势，则取决于原废水中有机物的性质。含蛋白质多的废水有利于产碱杆菌的生长繁殖，而含糖类和烃类的废水则将使假单胞菌属得到增殖。

这些种属的细菌具有较高的增殖速率，当环境条件适宜时，每个世代时间仅为20～30min。它们都具有较好的分解有机底物并将其转化为无机物质的功能。此外，这些细菌，特别是动胶杆菌具有将千千万万个细菌结合成通称为“菌胶团”的絮凝体状颗粒的功能。菌胶团在活性污泥中具有十分重要的作用，只有在它良好发育的条件下，活性污泥的絮凝、吸附、沉降等功能才能得到正常的发挥。真菌的细胞构造较为复杂，而且种类繁多，与活性污泥处理系统有关的真菌是微小的腐生或寄生的丝状菌，这种真菌具有分解碳水化合物、脂肪、蛋白质及其他含氮化合物的功能，但大量异常的增殖会导致产生污泥膨胀现象。丝状菌的异常增殖是活性污泥膨胀的主要诱因之一。在活性污泥中存活的原生动物有肉足虫、鞭毛虫和纤毛虫三类。原生动物的主要摄食对象是细菌，因此，出现在活性污泥中的原生动物在种属上和数量上是随处理水的水质和细菌的状态变化而改变的。

在活性污泥系统中，净化废水的第一承担者（也是主要承担者）是细菌，而摄食处理水中游离细菌，使废水进一步净化的原生动物是废水净化的第二承担者。

3.1.3 活性污泥净化反应过程

在活性污泥处理系统中，有机底物从废水中去除过程的实质就是有机底物作为营养物质被活性污泥微生物摄取、代谢与利用的过程，也就是所谓的活性污泥反应过程。这一过程的结果是废水得到净化，微生物获得能量合成新的细胞，使活性污泥得到增长。这一过程由物理、化学、物理化学以及生物化学等反应过程组成，大致可分为如下几个净化阶段。

① 初期的吸附去除作用　在活性污泥系统内，在废水开始与活性污泥接触后的较短时间（5～10min）内，废水中的有机底物即被大量去除，出现很高的BOD去除率。这种初期的高速去除现象是由物理吸附和生物吸附交织在一起的吸附作用所导致产生的。活性污泥有着很大的比表面积（2000～10000m^2/m^3混合液），在表面上富集着大量的微生物，在其外部覆盖着多糖类的黏质层，当其与废水接触时，废水中呈悬浮和胶体状态的有机底物即被活性污泥所凝聚和吸附而得到去除，这一现象就是初期吸附去除作用。这一过程进行得较快，能够在30min

内完成，废水的BOD去除率可达70%。被吸附在微生物细胞表面的有机底物在经过数小时的曝气后，才能够相继被摄入微生物体内而加以代谢，因此被初期吸附去除的有机底物的数量是有一定限度的。

② 微生物的代谢作用　被吸附在活性污泥微生物细胞表面上的有机底物，在透膜酶的作用下，通过细胞壁而进入微生物细胞体内。小分子的有机底物能够直接透过细胞壁而进入微生物体内，而如淀粉、蛋白质等大分子有机物则必须在胞外水解酶的作用下，被水解为小分子后才能进入细胞体内。进入细胞内的有机底物在各种胞内酶（如脱氢酶、氧化酶等）的催化作用下，微生物对其进行分解与合成代谢。

微生物对一部分有机底物进行氧化分解，最终形成CO_2和H_2O等稳定物质，并从中获取合成新细胞物质（原生质）所需要的能量。这一过程可用化学方程式表示如下：

$$C_xH_yO_z+\left(x+\frac{y}{4}-\frac{z}{2}\right)O_2 \xrightarrow{\text{酶}} x\,CO_2+\frac{y}{2}H_2O \tag{3-1}$$

微生物对另一部分有机底物进行合成代谢，形成新的细胞物质，所需能量取自分解代谢。这一过程可用化学方程式表示如下：

$$nC_xH_yO_z+n\,NH_3+n\left(x+\frac{y}{4}-\frac{z}{2}-5\right)O_2 \xrightarrow{\text{酶}} (C_5H_7NO_2)_n+n(x-5)CO_2+\frac{n}{2}(y-4)H_2O \tag{3-2}$$

微生物对自身的细胞物质进行氧化分解并提供能量，即内源呼吸或自身氧化。当有机底物充足时，大量合成新的细胞物质，内源呼吸作用并不明显，但当有机底物消耗殆尽时，内源呼吸就成为提供能量的主要方式了，其过程可用下列方程式表示：

$$(C_5H_7NO_2)_n+5nO_2 \longrightarrow 5n\,CO_2+2nH_2O+n\,NH_3 \tag{3-3}$$

图3-2所示为上述微生物分解与合成代谢及其产物的模型图。无论是分解代谢还是合成代谢，都能够去除有机污染物，但产物却有所不同，分解代谢的产物是CO_2和H_2O，而合成代谢的产物则是新的微生物细胞，并以剩余污泥的形式排出活性污泥处理系统。

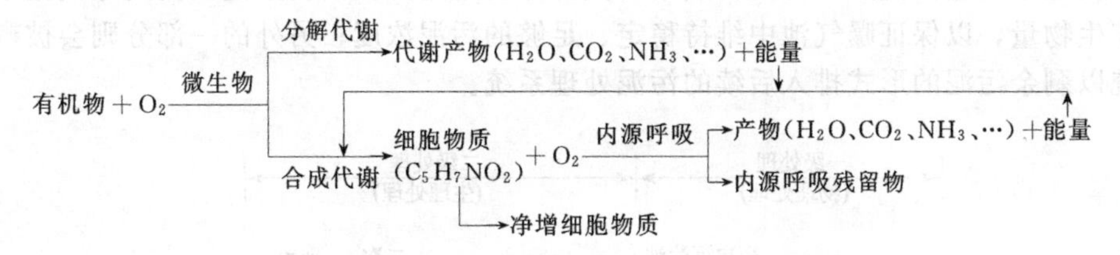

图3-2　有机底物分解代谢与合成代谢及其产物模型图

充分发挥活性污泥微生物的代谢功能是强化活性污泥处理系统净化效果的必由之路，因此，必须充分考虑活性污泥反应的各项影响因素，创造有利于微生物生理活动的环境条件。影响活性污泥反应的环境因素有：BOD负荷率、水温、溶解氧、pH值、营养平衡及有毒物质等。

3.2　活性污泥法的工艺过程及其运行方式

城市污水与工业废水中的污染物是多种多样的，往往需要采用几种方法的组合才能去除不同性质的污染物，达到净化目的与排放标准。现代废水处理技术，按处理程度划分可分为一级、二级和三级处理。一级处理主要去除废水中呈悬浮状态的固体污染物质，物理处理法大部分只能完成一级处理的要求。经过一级处理后的废水，BOD一般只去除30%左右，达不到排放标准。一级处理属于二级处理的预处理。二级处理主要去除废水中呈胶体和溶解状态的有机污染物质（即BOD、COD物质），去除率可达90%以上，使有机污染物达到排放标准的要求。三级处理是在一级、二级处理后，进一步处理难降解的有机物、氮和磷等能够导致水体富营养化的可溶性无机物等，主要方法有生物脱氮除磷法、混凝沉淀法、砂滤法、活性炭吸附法、离子交换法和反渗析法等。三级处理是深度处理的同义语，但两者又不完全相同，三级处理常用于二级处理之后，而深度处理则以废水回收再用为目的，在一级或二级处理后增加的处理工艺。废水再用的范围很广，从工业上的重复利用、水体的补给水源到成为生活用水等。

污泥是废水处理过程中的产物。城市污水处理产生的污泥含有大量的有机物，富有肥分，可以作为农肥使用，但又含有大量细菌、寄生虫卵以及从生产废水中带来的重金属离子等，需要做稳定与无害化处理。污泥处理的主要方法是减量处理（如浓缩、脱水等）、稳定处理（如厌氧消化、好氧消化等）、综合利用（如消化气利用、污泥农业利用等）、最终处理（如干燥焚烧、填地投海、建筑材料等）。

对于某种废水，采用哪几种处理方法组成系统，要根据废水的性质、水量，回收其中有用物质的可能性、经济性、受纳水体的具体条件，并结合调查研究与经济技术比较后决定，必要时还需进行试验。

3.2.1 活性污泥法的工艺流程

活性污泥法城市污水处理的典型流程如图3-3所示。废水与活性污泥在曝气池内充分接触，从而使其中的微生物的生物代谢作用能够充分进行，得到了净化的处理出水与活性污泥混合在一起，形成了曝气池内的混合液。当反应经过一定时间后，混合液就会靠重力流入曝气池后续的沉淀池（称为二次沉淀池，简称为二沉池），在二沉池中混合液中的活性污泥与处理出水进行分离，处理出水经二沉池的出水装置被排出，其主要的水质标准基本上已经达到排放标准，有时还需要进行进一步的消毒处理后就可以直接排放，或者经过一定的深度处理后进行回用。在二沉池中经过沉淀后的污泥，其中的大部分会通过污泥回流系统回流到曝气池中，为曝气池补充生物量，以保证曝气池中维持稳定、足够的污泥浓度；另外的一部分则会被剩余污泥排放系统以剩余污泥的形式排入后续的污泥处理系统。

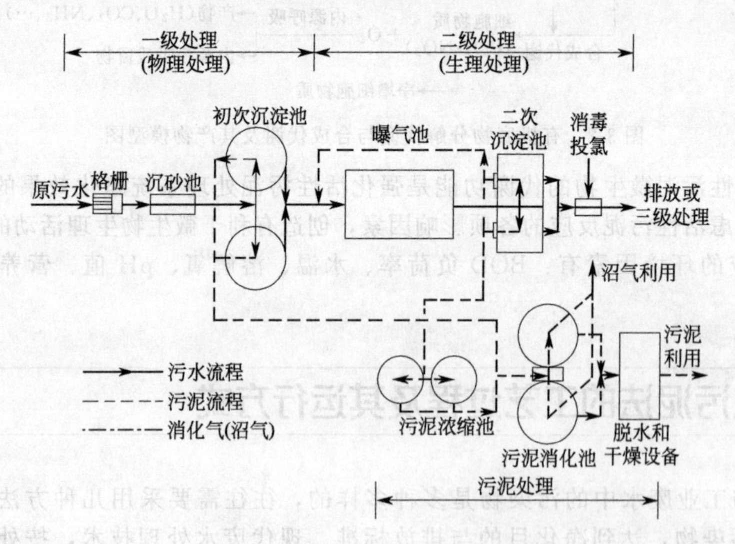

图3-3 城市污水处理典型流程

活性污泥是活性污泥法的核心，其活性体现在构成活性污泥的物质是具有生命活性的微生物，正是它们的代谢作用才使水中有机物得以去除，废水得到净化。

3.2.2　活性污泥的性质与性能指标

(1) 活性污泥的物理性质

活性污泥法中的活性污泥一般呈褐色、(土) 黄色、铁红色，在处理城市污水时，一般呈泥土味。密度略大于1g/mL，一般为1.002～1.006g/mL (或kg/L)，粒径为0.02～0.2mm，比表面积为20～100cm^2/mL，含水率为99.2%～99.8%。

(2) 活性污泥的生化性能

活性污泥的生化性能主要是指其中固体物质的组成情况。

活性污泥中所含的固体物质主要有：活性微生物 (M_a)，微生物内源呼吸的残留物 (M_e)，惰性有机物质 (M_i)，无机物质 (M_{ii})。其中活性微生物是氧化分解有机污染物的主力，是指活性污泥中的微生物，通常以“菌胶团”或“生物絮凝体”的形式存在于混合液中，具有一定的生物絮凝作用，因此只要其所处的环境相对平静，如停止曝气或搅拌，它们就能很快与水分离并沉淀下来。其中主要的微生物包括细菌、真菌、原生动物和后生动物。

活性污泥的生化性能可用如下两个指标来评价。

① 混合液悬浮固体浓度 (mixed liquor suspended solids，MLSS) (单位：mg/L，g/m^3) 表示活性污泥在曝气池中的浓度，即“污泥浓度”。实际上它包括了活性污泥中固体部分的各种物质，即：

$$MLSS=M_a+M_e+M_i+M_{ii} \tag{3-4}$$

② 混合液挥发性悬浮固体浓度 (mixed liquor volatile suspended solids，MLVSS)

$$MLVSS=M_a+M_e+M_i \tag{3-5}$$

当活性污泥系统的运行条件基本相同时，其MLVSS与MLSS的比例较稳定，对于处理城市污水的活性污泥系统来说，该比值一般为0.75～0.85。

(3) 活性污泥的沉降与浓缩性能

良好的沉降与浓缩性能是发育正常的活性污泥所应具有的特征之一。发育良好，并有一定浓度的活性污泥，其沉降要经历絮凝沉淀、成层沉淀和压缩沉淀等全部过程，最后能够形成浓度很高的浓缩污泥层。正常的活性污泥在30min内即可完成絮凝沉淀和成层沉淀过程，并进入压缩沉淀。压缩沉淀的进程比较缓慢，需时较长。根据活性污泥在沉降浓缩方面所具有的上述特性，建立了以活性污泥静置沉淀30min为基础的两项指标以表示其沉降浓缩性能。

① 污泥沉降比 (sludge setting ratio，SV) 又称30min沉淀率，混合液在量筒内静置30min后所形成沉淀污泥的容积占原混合液容积的百分率，以%表示。正常数值为20%～30%。

污泥沉降比能够反映反应器——曝气池正常运行时的污泥量，可用于控制剩余污泥的排放量，还能够通过它及早发现污泥膨胀等异常现象的发生。污泥沉降比测定方法比较简单，且能说明问题，应用广泛，是评定活性污泥质量的重要指标之一。

② 污泥体积指数 (sludge volume index，SVI) 是指曝气池出口处混合液经30min静沉后，每克干污泥所形成的沉淀所占的容积，可按下式进行计算：

$$SVI=\frac{\text{混合液(1L)30min静沉形成的活性污泥容积(mL)}}{\text{混合液(1L)中悬浮固体干重(g)}}=\frac{SV(mL/L)}{MLSS(g/L)} \tag{3-6}$$

SVI值的表示单位为mL/g，但一般都只称数字，把单位简化。

污泥体积指数SVI值能更准确地评价污泥的凝聚性能和沉降性能，一般以70～100mL/g为宜，SVI值过低，说明泥粒细小，无机物含量高，缺乏活性；过高，说明污泥沉降性能不好，并且已有产生膨胀现象的可能。城市污水的SVI值一般为50～150mL/g。

(4) 活性污泥的增殖规律及其应用

① 活性污泥的增殖曲线　活性污泥中微生物的增殖是活性污泥在曝气池内发生代谢反应、废水中的有机物被降解的必然结果，而微生物增殖的结果在宏观上则是活性污泥量的增加。活

性污泥的增长规律实质上就是活性污泥微生物的增殖规律。纯种微生物的增殖规律已有大量的研究结果，并以增殖曲线表示其规律。活性污泥微生物是多菌种混合群体，其增殖规律比较复杂，但还是遵从一定的规律，可以用图 3-4 所示的活性污泥的增殖曲线来描述。实践表明，活性污泥的能量含量，即营养物或有机底物量（F）与微生物量（M）的比值（F/M）是活性污泥微生物增殖的重要影响因素。F/M 值是有机底物降解速率、氧利用速率、活性污泥的凝聚、吸附性能的重要影响因素。

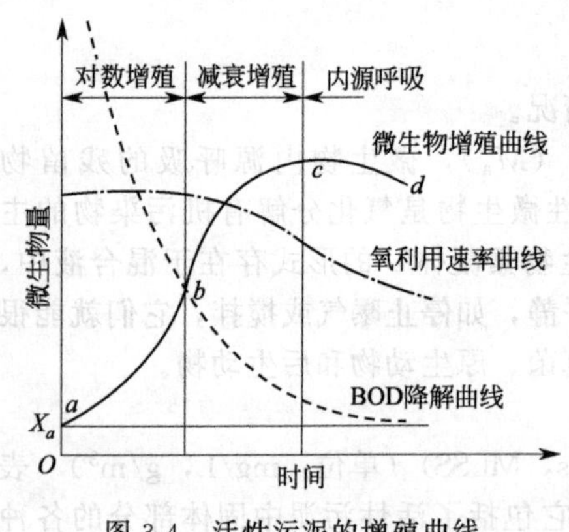

图 3-4　活性污泥的增殖曲线

活性污泥微生物增殖分为适应期、对数增殖期、减衰增殖期和内源呼吸期。

a. 适应期。活性污泥微生物对废水进入反应期内所形成的新的环境条件的适应过程。经过适应期后，微生物从数量上可能没有增殖，但发生了一些质的变化：菌体体积有所增大；酶系统也已经做了相应的调整；产生了一些适应新环境的变异等。BOD_5、COD 等各项污染指标可能并无较大的变化。

b. 对数增殖期。在温度适宜、DO 充足且不存在抑制物质的条件下，活性污泥微生物的增殖速率主要取决于微生物（microorganism）与有机基质（food）的相对数量，即有机基质与微生物的比值，通常称为 F/M 值，单位为 $kgBOD_5/(kgVSS \cdot d)$。

有机废水的 F/M 值是影响有机物去除速率、氧利用速率的重要因素。实际上，F/M 值就是以 BOD_5 表示的进水污泥负荷，即：

$$F/M = N_{sBOD_5} = \frac{QB_i}{VX_v} \tag{3-7}$$

式中　N_{sBOD_5}——以 BOD_5 表示的进水污泥负荷，$kgBOD_5/(kgVSS \cdot d)$；

Q——有机废水的流量，m^3/d；

B_i——有机废水中 BOD_5 的浓度，$kgBOD_5/L$；

V——处理系统的容积，m^3；

X_v——有机废水中微生物的浓度，kgVSS/L。

在对数增殖期，F/M 高［$>2.2kgBOD_5/(kgVSS \cdot d)$］，所以有机底物非常丰富，营养物质不是微生物增殖的控制因素。微生物的增殖速率与基质浓度无关，呈零级反应，它仅由微生物本身所特有的最小世代时间所控制，即只受微生物自身的生理机能的限制。微生物以最高速率对有机物进行摄取，也以最高速率增殖而合成新细胞，此时的活性污泥具有很高的能量水平，其中的微生物活动能力很强，导致污泥质量松散，不能形成较好的絮凝体，污泥的沉淀性能不佳；活性污泥的代谢速率极高，需氧量大。

一般不采用此阶段作为运行工况，但也有采用的，如高负荷活性污泥法。

c. 减衰增殖期。有机底物的浓度和 F/M 值继续下降，并达到成为微生物增殖控制因素的程度，此时微生物的增殖便进入减衰增殖期。有机底物的降解速率下降，微生物增殖速率与残存的有机底物呈比例关系，为一级反应关系。微生物开始衰亡，开始时衰亡速率还较低，活性污泥量还有所增长，但在后期衰亡与增殖两相抵消，活性污泥不再增长。在本期内，营养物质已不太丰富，能量水平低下，细菌与细菌接触因缺乏克服相互间吸引力的能量，将不再分离而结合在一起了，活性污泥絮凝体开始形成，絮凝、吸附以及沉淀的性能都有所提高，污水处理水质改善并得到稳定。

一般来说，大多数活性污泥处理厂是将曝气池的运行工况控制在这一范围内的。

d. 内源呼吸期。废水中有机底物的含量持续下降，F/M 值降到最低值并保持一常数，微生物已不能从其周围环境中获取足够的能够满足自身生理需要的营养，并开始分解、代谢自身的细胞物质，以维持生命活动，微生物增殖进入内源呼吸期。在本期的初期，微生物虽仍在增殖，但其速率远低于自我氧化率，活性污泥量减少，如果这种状态继续下去，能够达到使活性污泥近于消失的程度，实际上由于内源呼吸的残留物多是难于降解的细胞壁和细胞质等物质，因此活性污泥不可能完全消失。在本期内，营养物质几乎消耗殆尽，能量水平极低，微生物活动能力非常低下，絮凝体形成速率提高，其絮凝、吸附、降解以及沉淀的性能大为提高，游离的细菌被栖息于污泥表面的原生动物所捕食，处理水质良好，稳定度大为提高。

一般不用这一阶段作为运行工况，但也有采用的，如延时曝气法。

由上述可知，活性污泥微生物的增殖期主要由 F/M 值所控制。处于不同增长期的活性污泥，其性能不同，处理水质也不同。实际应用中，F/M 值是以 BOD 污泥负荷率［N_s，单位 $kgBOD_5/(kgMLSS \cdot d)$］表示的，即

$$N_s=\frac{F}{M}=\frac{QS_0}{XV} \tag{3-8}$$

式中　Q——废水量，m^3/d；

S_0——原废水中有机底物（BOD_5）浓度，mg/L；

V——反应器（曝气池）容积，m^3；

X——混合液悬浮固体（MLSS）浓度，mg/L。

为了使活性污泥处理系统处于稳定正常状态，条件之一是使曝气池内的活性污泥浓度保持相对稳定状态。而活性污泥反应的结果是使活性污泥在量上有所增长，这样每天必须从系统中排出数量相当于增长量的污泥，使排出量与增长量保持平衡。

曝气池内活性污泥总量与每日排出的污泥量之比，称为污泥龄，即活性污泥在曝气池内的停留时间，又称为生物固体平均停留时间，即：

$$\theta_c=\frac{VX}{\Delta X} \tag{3-9}$$

式中　θ_c——污泥龄或生物固体平均停留时间，d；

V——曝气池的容积，m^3；

X——污泥处理系统内微生物浓度，kgVSS/L；

ΔX——每日的污泥增长量（即排放量），kg/d。

污泥龄是活性污泥处理系统设计与运行管理的重要参数，能直接影响曝气池内活性污泥的性能和功能。

② 活性污泥增殖规律的应用　活性污泥的增殖状况，主要由 F/M 值所控制。处于不同增殖期的活性污泥，其性能不同，出水水质也不同。所以通过调整 F/M 值，可以调控曝气池的运行工况，达到不同的出水水质和不同性质的活性污泥，活性污泥的运行方式不同，其在增殖曲线上所处位置也不同。

③ 有机物降解与微生物增殖　活性污泥微生物增殖是微生物增殖和自身氧化（内源呼吸）两种作用的综合结果，因此，活性污泥微生物在曝气池内每日的净增长量为：

$$\Delta x=aQS_r-bVX_v \tag{3-10}$$

式中　Δx——每日污泥增长量（VSS），kg/d；

Q——每日的废水处理量，m^3/d；

S_r——$S_r=S_0-S_e$；

S_0——进水 BOD_5 浓度，$kgBOD_5/m^3$ 或 $mgBOD_5/L$；

S_e——出水 BOD_5 浓度，$kgBOD_5/m^3$ 或 $mgBOD_5/L$；

X_v——反应器（曝气池）内污泥浓度，mgVSS/L；

a、b——经验值，对于生活污水和性质与之相近的工业废水，$a=0.5\sim0.65$，$b=0.05\sim0.1$（或试验值，通过试验获得）。

从式(3-10) 可以看出，在活性污泥系统中曝气池中每日的净增污泥量与系统每日去除有机物的量直接相关，同时还与系统中的污泥总量有关。

④ 有机物降解与需氧量　活性污泥中的微生物在进行代谢活动时需要氧的供应，氧的主要作用是：将一部分有机物氧化分解；对自身细胞的一部分物质进行自身氧化。因此，活性污泥法中的需氧量为：

$$X_{O_2}=a'QS_r+b'VX_v \tag{3-11}$$

式中　X_{O_2}——曝气池混合液的需氧量，kgO_2/d；

Q——每日的废水处理量，m^3/d；

S_r——$S_r=S_0-S_e$，S_0 为进水 BOD_5 浓度，$kgBOD_5/m^3$ 或 $mgBOD_5/L$，S_e 为出水 BOD_5 浓度，$kgBOD_5/m^3$ 或 $mgBOD_5/L$；

a'——代谢 $1kgBOD_5$ 所需的氧量，$kgO_2/(kgBOD_5 \cdot d)$；

V——反应器（曝气池）容积，m^3；

X_v——反应器（曝气池）内污泥浓度，mgVSS/L；

b'——1kgVSS 每天进行自身氧化所需的氧气量，$kgO_2/(kgVSS \cdot d)$。

a'、b' 二者的取值同样可以根据经验或试验来获得。

3.2.3　活性污泥法的基本工艺参数及影响因素

描述活性污泥系统的工艺参数包括 3 类：曝气池的工艺参数；二沉池的工艺参数；整个系统的工艺参数。这些参数互相联系，任一参数的变化都会影响到其他参数。

(1) 入流水质水量

这是活性污泥系统设计运行的基础参数，必须准确计量。因为供氧的限制，进水的有机物浓度不能太高，且营养应全面。细胞组成中，C、H、O 约占 90%～97%，其余为无机元素，主要是 P。处理生活污水和性质浓度与之相近的工业废水不需加营养物。某些工业废水需加 N、P 使营养比达到 BOD_5：N：P＝100：5：1。进水中的抑制物浓度应低于毒性限。

(2) 混合液悬浮固体浓度 (MLSS)

包括活细胞、无活性又难降解的内源代谢残留物、有机物和无机物，前三类有机物约占固体成分的 75%～85%。混合液挥发性悬浮固体浓度（MLVSS）指标不包括无机物，更能准确地反映活性物质量，但测定稍麻烦。对于给定废水，MLVSS/MLSS 介于 0.75～0.85 之间。

(3) 回流比

为了维持曝气池中的污泥浓度在适当水平，通常采用二沉池沉淀污泥回流。回流污泥量 Q_R 与进水量 Q 之比（一般用百分比来表示）称为回流比 R。计算式为：

$$R=\frac{Q_R}{Q} \tag{3-12}$$

(4) 有机负荷

有进水负荷和去除负荷两种，前者指单位质量的活性污泥在单位时间内要保证一定的处理效果所能承受的有机物量，后者指单位质量的活性污泥在单位时间内去除的有机物量。有时也用单位曝气池容积作为基准。

进水负荷有两种表示方法，分别是容积负荷和污泥负荷。

① 容积负荷（volumetric loading）

COD 容积负荷：

$$N_{\mathrm{VCOD}}=\frac{Q(C_0-C_e)}{V} \tag{3-13}$$

式中 N_{VCOD}——进水的COD容积负荷，kgCOD/(m^3·d)；

C_0——进水COD浓度，kgCOD/m^3 或 mgCOD/L；

C_e——出水COD浓度，kgCOD/m^3 或 mgCOD/L；

Q——每日的废水处理量，m^3/d；

V——反应器（曝气池）的容积，m^3。

BOD容积负荷：

$$N_{\mathrm{VBOD_5}}=\frac{Q(B_0-B_e)}{V} \tag{3-14}$$

式中 $N_{\mathrm{VBOD_5}}$——进水的BOD容积负荷，kgBOD_5/(m^3·d)；

B_0——进水BOD_5浓度，kgBOD_5/m^3 或 mgBOD_5/L；

B_e——出水BOD_5浓度，kgBOD_5/m^3 或 mgBOD_5/L。

② 污泥负荷（sludge loading）

COD污泥负荷：

$$N_{\alpha\mathrm{COD}}=\frac{Q(C_0-C_e)}{\mathrm{MLSS}\cdot V}\ [\mathrm{kgCOD/(kgMLSS\cdot d)}] \tag{3-15}$$

式中 $N_{\alpha\mathrm{COD}}$——进水的COD污泥负荷，kgCOD/(kgMLSS·d)；

MLSS——进水的污泥浓度，kgMLSS/m^3。

BOD污泥负荷：

$$N_{\alpha\mathrm{BOD}}=\frac{Q(B_0-B_e)}{\mathrm{MLSS}\cdot V}\ [\mathrm{kgBOD_5/(kgMLSS\cdot d)}] \tag{3-16}$$

式中 $N_{\alpha\mathrm{BOD}}$——进水的BOD污泥负荷，kgBOD_5/(kgMLSS·d)。

(5) 剩余污泥排放量和污泥龄或污泥停留时间（sludge retention time，单位：d）

微生物在代谢有机物的同时增殖，剩余污泥排放量等于新净增污泥量。用新增污泥替换原有污泥所需的时间称为污泥龄θ_c，即：

$$\theta_c=\frac{M_a+M_c+M_R}{M_w+M_e} \tag{3-17}$$

式中 M_a——曝气池内的活性污泥量；

M_c——二沉池内的污泥量；

M_R——回流系统的污泥量；

M_w——每天排放的剩余污泥量；

M_e——二沉池每天带走的污泥量。

实用中，通常取$\theta_c\approx\frac{M_a}{M_w}$。

污泥负荷和污泥龄与废水处理效率、活性污泥特性、污泥生成量、去除单位有机物的氧消耗量等直接有关，都可以作为活性污泥法的设计参数。当选用较大的θ_c值时，对应的污泥负荷值较小，剩余污泥量大；若选用较小的θ_c值，则对应的污泥负荷值较大，活性污泥吸附有机物后往往来不及氧化，出水水质较差，剩余污泥量大。当θ_c小于某个临界值后，从系统排出的污泥量多于其增殖量，此时无处理效果。

(6) 混合液溶解氧浓度

溶解氧浓度不能过低，否则会影响好氧生物的代谢功能。一般维持曝气池DO=2mg/L左右。氧化还原电势+(300～400)mV，至少要求>+100mV（对于厌氧菌要求<+100mV，对于严格厌氧塘，要求<-100mV，甚至要求<-300mV）。

(7) 水温

在一定范围内，随着温度升高，生化反应速率加快，增殖速率也加快；另一方面细胞组织如蛋白质、核酸等对温度很敏感，温度突升并超过一定限度时，会产生不可逆破坏。

(8) pH 值

一般好氧微生物的最适宜的 pH 值范围为 6.5～8.5。pH 值低于 4.5 时，真菌将占优势，引起污泥膨胀。另一方面，微生物的活动也会影响混合液的 pH 值。

(9) 曝气池和二沉池的水力停留时间（hydraulic retention time，单位：h）

有名义水力停留时间与实际停留时间两种，前者不考虑回流，后者含回流量。

$$\theta=\frac{V}{Q} \tag{3-18}$$

式中 θ——水力停留时间，h；

V——曝气池的容积，m^3；

Q——曝气池的进水流量，m^3/h。

3.2.4 活性污泥法的主要运行方式

在长期的工程实践过程中，根据水质的变化、微生物代谢活性的特点和运行管理、技术经济及排放要求等方面的情况，又发展为多种运行方式和池型，如传统推流式活性污泥法、完全混合活性污泥法、阶段曝气活性污泥法、渐减曝气活性污泥法、吸附-再生活性污泥法、延时曝气活性污泥法、高负荷活性污泥法、纯氧曝气活性污泥法、浅层低压曝气活性污泥法、深井曝气活性污泥法等，后三种方法具体可参见 2.2.1 节的相关内容。

(1) 标准活性污泥系统

又称传统推流式活性污泥法或普通活性污泥法，是早期开始使用并一直沿用至今的运行方式，也是应用最为广泛的好氧生物处理方法之一，其工艺流程和需氧率的变化曲线如图 3-5 所示。

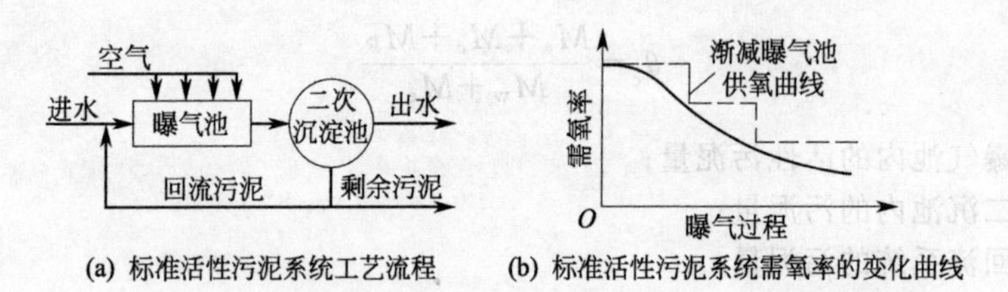

(a) 标准活性污泥系统工艺流程　(b) 标准活性污泥系统需氧率的变化曲线

图 3-5 标准活性污泥法工艺流程和需氧率的变化曲线

从图 3-5 可以看出，原废水从池首端进入池内，回流污泥也同步注入，废水在池内呈推流式流动至池的末端，流出池外进入二次沉淀池，在这里活性污泥与废水分离，由池底部回流至曝气池。

标准活性污泥法工艺具有如下特点：有机底物在曝气池内的降解经历了第一阶段吸附和第二阶段代谢的完整过程，活性污泥也经历了一个从池首端的对数增长，经衰减到池末端的内源呼吸期的完全生长周期。由于有机底物浓度沿池长逐渐降低，需氧速率也是沿池长逐渐降低，因此在池首端和前段混合液中溶解氧浓度较低，甚至可能是不足的，沿池长逐渐增高，在池末端溶解氧含量就已经很充足了，一般都能达到规定的 2mg/L 左右，如图 3-6 所示。标准活性污泥系统对废水处理的效果极好，BOD 去除率可达 90%以上，适用于处理净化程度和稳定程度要求较高的废水。

长期的运行实践表明，这种系统的活性污泥法存在着以下问题。

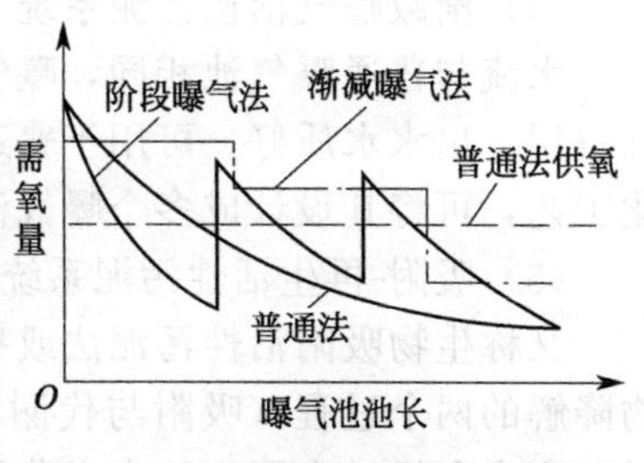

图 3-6　曝气池中需氧量示意图

① 曝气池首端有机底物负荷率高，耗氧速率也高，为了避免缺氧形成厌氧状态，进水有机负荷率不宜过高，因此，曝气池容积大，占用土地较多，基建费用高。

② 对水质、水量变化的适应能力较低，运行效果易受水质、水量变化的影响。

③ 耗氧速率与供氧速率难以沿池长吻合一致，在池前段可能出现耗氧速率高于供氧速率的现象，池后段又可能出现相反的现象，从而浪费动力费用。对此可采用渐减曝气法，即曝气量沿着池长逐渐减小。

④ 对冲击负荷的适应性较弱。

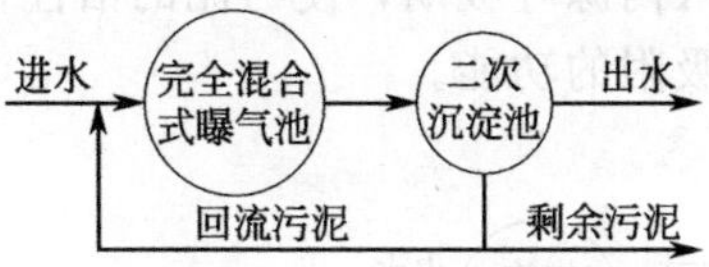

(2) 完全混合活性污泥系统

图 3-7　完全混合活性污泥系统工艺流程

该处理系统的工艺流程如图 3-7 所示，废水与回流污泥进入曝气池后，立即与池内混合液充分混合，水质均匀，池内工况一致，出水浓度等于混合液浓度。该系统的主要特点是应用完全混合式曝气池。

该系统具有如下优点。

① 进入曝气池的废水很快即被池内已存在的混合液所稀释、均化，原废水在水质、水量方面的变化对活性污泥产生的影响将降至极小的程度，正因为如此，这种工艺对冲击负荷有较强的适应能力，适用于处理工业废水，特别是浓度较高的工业废水。

② 废水在曝气池内分布均匀，各部位的水质相同，F/M 值相等，微生物群体的组成和数量几近一致，各部位有机底物的降解工况相同。因此，有可能通过对 F/M 值的调整，将整个曝气池的工况控制在最佳条件，使活性污泥的净化功能得以充分发挥。在处理效果相同的条件下，其负荷率高于推流式曝气池。完全混合式曝气池的另一个特点是池内需氧均匀，动力消耗低于推流式曝气池。

完全混合活性污泥系统的主要缺点是进水可能短流；另外，由于有机底物的生物降解动力低，活性污泥较易产生膨胀现象，处理水质一般低于推流式；合建池构造复杂，运行复杂。

(3) 阶段曝气活性污泥系统

又称分段进水活性污泥法、多段进水活性污泥法或多点进水活性污泥法，是针对传统活性污泥法存在的弊端做了某些改进的活性污泥系统，应用广泛，效果良好。其工艺流程和需氧率的变化曲线如图 3-8 所示。

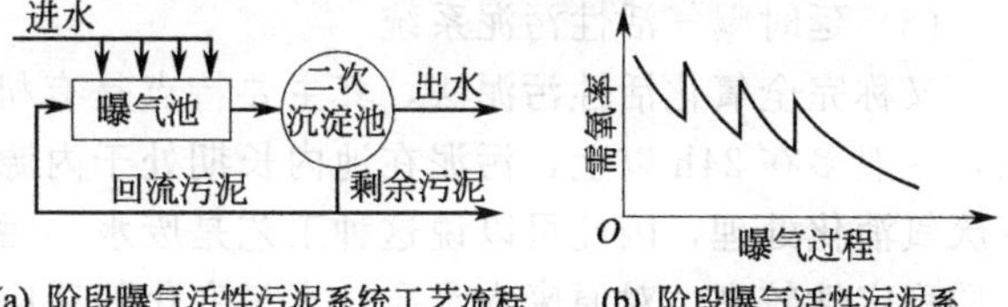

(a) 阶段曝气活性污泥系统工艺流程　(b) 阶段曝气活性污泥系统需氧率的变化曲线

图 3-8　阶段曝气活性污泥法工艺流程和需氧率的变化曲线

该工艺不同于传统法的主要特征是：原废水沿池长分散进入曝气池。这种运行方式的改变可取得如下效果。

① 有机底物浓度沿池长均匀分布，有机物负荷分布较均衡，既一定程度缩小了供氧速率与耗氧速率之间的差距，有利于降低能耗，又能够充分发挥活性污泥的生物降解功能。

② 废水分段注入，提高了曝气池对冲击负荷的适应能力和反应器对水质、水量的冲击负荷的适应能力。

③ 混合液中的活性污泥浓度沿池长逐步降低，出流混合液的污泥浓度较低，减轻了二次沉淀池的负荷，有利于提高二次沉淀池的固液分离效果。

(4) 渐减曝气活性污泥系统

水流与普通曝气池相同，曝气装置和曝气量沿池长减少，与需氧量变化相适应，可节省曝气费用，出水水质好。可用于普通活性污泥法的改造。但这种系统的曝气装置设计复杂，为简化工艺，可将其设计成多个曝气池串联运行。

(5) 吸附-再生活性污泥系统

又称生物吸附活性污泥法或接触稳定法，这种运行方式的主要特点是将活性污泥对有机底物降解的两个过程（吸附与代谢稳定）分别在各自的反应器内进行，其工艺流程如图 3-9 所示。废水和经过在再生池内充分再生、活性很强的活性污泥同步进入吸附池，充分接触 30～60min，使部分呈悬浮、胶体和溶解性状态的有机底物为活性污泥所吸附，有机底物得以去除。混合物继之流入二次沉淀池，进行泥水分离，澄清水排放，污泥则从底部进入再生池，在这里进行第二阶段的分解和合成代谢反应，活性污泥微生物进入内源呼吸期，使污泥的活性得到充分恢复，在其进入吸附池与废水接触后，能够充分发挥其吸附的功能。

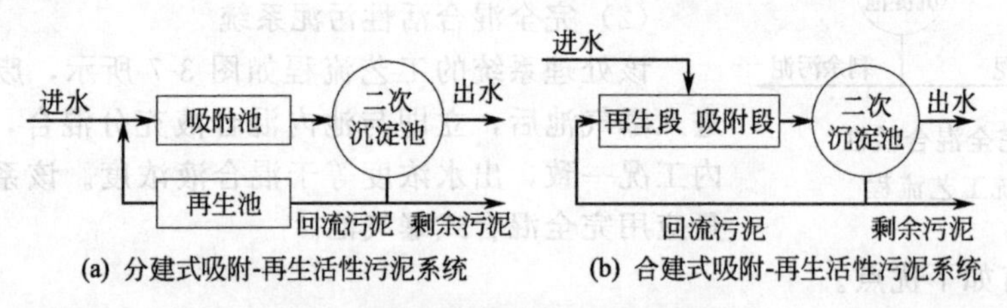

图 3-9 吸附-再生活性污泥系统

与传统活性污泥法相比，吸附-再生系统具有如下优点。

① 废水与活性污泥在吸附池内接触的时间较短（30～60min），因此吸附池的容积一般较小，而再生池接纳的是已排除剩余污泥的回流污泥，因此再生池的容积也比较小，吸附池与再生池的容积之和仍小于传统活性污泥法曝气池的容积，基建费用较低。

② 该工艺对水质、水量的冲击负荷具有一定的承受能力。当吸附池内的污泥遭到破坏时，可由再生池内的污泥予以补救。

但吸附-再生活性污泥系统的处理效果低于传统活性污泥法，特别对于溶解性有机底物含量较多的废水，处理效果更差，不宜采用吸附-再生活性污泥系统进行处理。

(6) 延时曝气活性污泥系统

又称完全氧化活性污泥法，其主要特点是有机负荷率（BOD-SS）非常低，曝气反应时间长，一般多在 24h 以上，污泥在池内长期处于内源代谢状态，剩余污泥量少且稳定，无需再进行厌氧消化处理，因此可以说这种工艺是废水、污泥综合处理系统。另外，该工艺还具有处理水质稳定性较高，对原废水水质、水量变化的适应性较强；在某些情况下，可以不设初次沉淀池等优点。

该工艺的主要缺点是：曝气时间长、池容量大、基建费用和运行费用都较高，而且占有较大的土地面积等。延时曝气法只适用于处理水质要求高且又不宜采用污泥处理技术的小城镇污水和工业废水，水量不宜超过 $1000m^3/d$。延时曝气活性污泥法一般都采用流态为完全混合式的曝气池。

从理论上讲，延时曝气活性污泥系统是不产生污泥的，但在实际上仍有剩余污泥产生，污泥主要是一些难于生物降解的微生物内源代谢的残留物，如细胞膜和细胞壁等。

(7) 高负荷活性污泥系统

又称短时间曝气活性污泥法或不完全曝气活性污泥法。该工艺的主要特点是有机负荷率(BOD-SS) 高，曝气时间短，处理效果较低，一般 BOD_5 的去除率不超过 75%，因此称之为不完全处理活性污泥法。与此相对的 BOD_5 去除率在 90%以上、处理水的 BOD_5 值在 20mg/L 以下的工艺称为完全处理活性污泥法。

该工艺在系统流程和曝气池的构造方面与传统活性污泥法相同，适用于对水质要求不高的废水处理。

表 3-1 为以上各种活性污泥法处理工艺的基本设计参数。

表 3-1　各种活性污泥法处理工艺的基本设计参数（适用于城市污水处理）

设计参数	BOD_5-SS负荷 /[$kgBOD_5$/(kgMLSS·L)]	容积负荷 /[kgBOD/(m^3·d)]	污泥龄/d	MLSS /(mg/L)	MLVSS /(mg/L)	回流比/%	曝气时间 HRT/h	BOD去除率/%
传统活性污泥法	0.2～0.4	0.3～0.6	5～15	1500～3000	1200～2400	25～50	4～8	85～95
完全混合活性污泥法	0.2～0.6	0.8～2.0	5～15	3000～6000	2400～4800	25～100	3～5	85～90
阶段曝气活性污泥法	0.2～0.4	0.6～1.0	5～15	2000～3500	1600～2800	25～75	3～8	85～90
吸附-再生活性污泥法	0.2～0.6	1.0～1.2	5～15	吸附:1000～3000 再生:4000～10000	800～2400 3200～8000	25～100	0.5～1.0 3～6	80～90
延时曝气活性污泥法	0.05～0.15	0.1～0.4	20～30	3000～6000	2400～4800	75～100	18～48	95
高负荷活性污泥法	1.5～5.0	1.2～2.4	0.25～2.5	200～500	160～400	5～15	1.5～3.0	60～75
纯氧曝气活性污泥法	0.4～1.0	2.0～3.2	5～15	6000～10000	4000～6500	25～50	1.5～3.0	75～95
深井曝气活性污泥法	1.0～1.2	3.0～3.6	5	3000～5000	2400～4000	40～80	1.0～2.0	85～90

3.2.5　氧气曝气

用氧气（纯氧或富氧）代替空气曝气是强化污水生物处理效能的一项重要措施。对于高浓度工业废水和难降解有机物质，采用氧气法优于空气法。在有富氧气源的地方（如在放空氧气的空气分离站附近），采用氧气法处理污水将是非常有利的。采用加盖的氧气曝气池还可以减轻废水中挥发性组分对周围环境的污染。氧气曝气的供氧方式有以下几种。

① 车运外购液氧　此法最不经济，仅限于小型处理设施。

② 管道输送外购氧气　当制氧厂距离较近、氧价格低于自制成本时，特别是对于较大的处理设施，一般是经济合理的。专业制氧厂生产技术较高，氧气质量、保证率、价格均比自制理想，处理厂可摆脱自己管理制氧设施的负担。

③ 就地制氧　深冷分离制氧是当前最先进的制氧技术，成本最低，但管理复杂，适合于大型处理设施。采用分子筛制富氧，适用于小型设施，管理较前者容易。

④ 利用附近空分站的放空氧气　我国很多制氮的空分站往往把氧气当废气放空，未能综合利用，因此这是最佳选择。

最常用的氧气曝气池是多段加盖式，用表面曝气机充氧，如图 3-10 所示。其特点如下。

① 一般为三段串联，每段内水流为完全混合式，从整体看为推流式。

② 当采用表面曝气机充氧时，水深一般为 5m 左右，气相空间（超高）1m 左右。

③ 为清扫时吹脱曝气池内的碳氢化合物，曝气池内应设空气清扫装置，换气率为 2～3 次/h。

④ 各段隔墙顶部应留气孔，其断面按运行中氧气的流动以及清扫时空气通量计算。

⑤ 各段隔墙角处应设泡沫孔，孔顶应高于最大流量时的液面，孔底应高于最小流量时的液面，以保证任何时候泡沫均能通过。

⑥ 为保持曝气池液面和气相相对稳定，出水处可做成内堰形式，如图 3-11 所示。

⑦ 混合液在出水处的速率不宜超过 15cm/s，以免带走气体；不宜小于 9cm/s，以免形成沉淀。

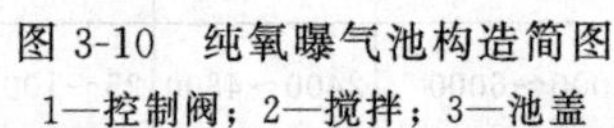

图 3-10 纯氧曝气池构造简图

1—控制阀；2—搅拌；3—池盖

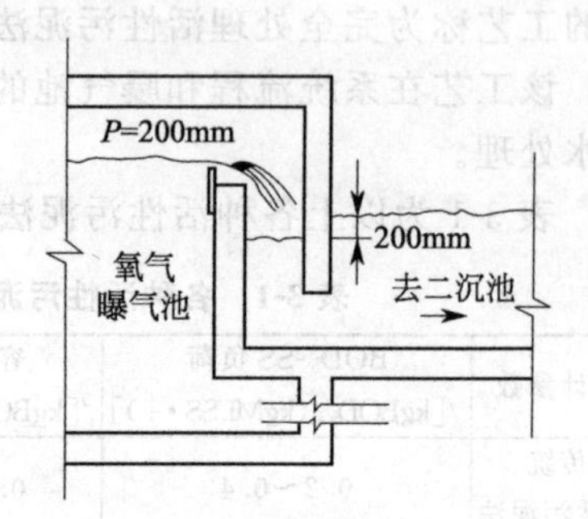

图 3-11 出水内堰示意

⑧ 尾气浓度应控制在含氧量约 40%～50%，其流量约为进气流量的 10%～20%。

⑨ 为避免池盖内压超载，在曝气池首尾两端应设置双向安全阀。首端安全阀的正压可取 $(1.5\sim2.0)\times10^3$ Pa，负压可取 $(0.5\sim1.0)\times10^3$ Pa；尾端安全阀的正压可取 $(1.0\sim1.5)\times10^3$ Pa，负压可取 $(0.5\sim1.0)\times10^3$ Pa。

⑩ 氧气曝气池一般设安全、防爆措施，在池内可燃气体浓度达到爆炸极限的 25%时，发出警报。

氧气曝气与空气曝气工艺参数的比较见表 3-2。

表 3-2 氧气曝气与空气曝气工艺参数的比较

参数	纯氧曝气	空气曝气	参数	纯氧曝气	空气曝气
混合液溶解氧/(mg/L)	6～10	1～2	SVI	30～50	50～150
曝气时间/h	1～2	3～6	回流污泥浓度/(g/L)	20～40	5～15
MLSS/(mg/L)	6～10	1.5～4	污泥回流率/%	20～40	100～150
有机负荷/[$kgBOD_5$/(kgVSS·d)]	0.4～1.0	0.2～0.4	剩余污泥量/[kg/$kgBOD_5$(去除)]	0.3～0.45	0.5～0.75
容积负荷/[$kgBOD_5$/(m^3·d)]	2.4～3.2	0.5～1.0	动力消耗/(kW·h/m^3)		
氧吸收率 E_A/%	80～90	约 10	溶解或混合	0.17～0.52	1.15～1.17
需氧量/[kgO_2/$kgBOD_5$(去除)]	0.9～1.3	1.1～1.5	空气分离	0.46～0.56	—

3.3 曝气池

曝气池是活性污泥系统的核心，曝气池的功能能否正常和充分发挥，决定了整个活性污泥系统的净化效果。

3.3.1 曝气池的类型与构造

(1) 曝气池的类型

根据混合液在曝气池内的流态，可分为推流式、完全混合式和循环混合式三种；根据曝气方式，可分为鼓风曝气池、机械曝气池以及二者联合使用的机械-鼓风曝气池；根据曝气池的形状，可分为长方廊道形、圆形、方形以及环状跑道形四种；根据曝气池与二沉池之间的关系，可分为合建式(即曝气沉淀池）和分建式两种。

① 推流式曝气池 推流式曝气池的表面形状一般呈长方形，废水和回流污泥从其首端进入，在曝气和水流的推动下，混合液均匀向后推流，并从曝气池末端流出，如图 3-12 所示。

池长与池宽之比（L/B）一般为 5～10，视场地情况而定。进水方式不限，出水多用溢流堰，水位较固定。当场地有限时，长池可以两折或多折，污水仍从一端入，另一端出。在池的

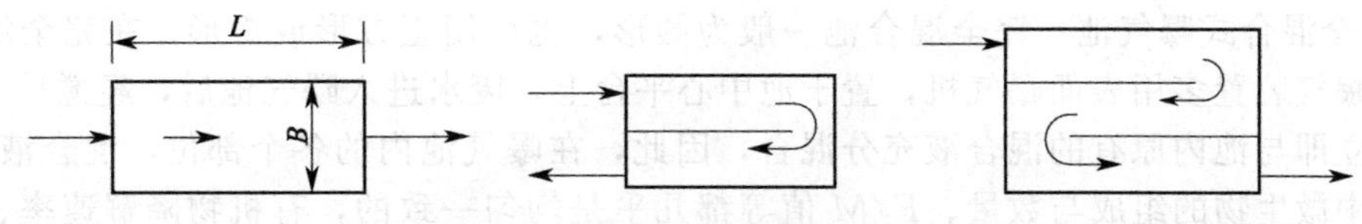

图 3-12　廊道式推流式平面布置

横断面上，有效水深最小为 3m，最大为 9m。超高一般为 0.5m，为了防风和防冻等需要，还可适当加高。当采用表面曝气机时，机械平台宜高出水面 1m 左右。池宽与有效水深之比（B/H）一般为 1～2。

推流式曝气池多用鼓风曝气，但表面曝气也同样能够应用。当池底满铺多孔型曝气装置时，曝气池中水流只有沿池长方向的速度，为平推流，如图 3-13 所示。当鼓风曝气装置位于池横断面的一侧（或两侧）时，由于气泡在池水中造成密度差，产生了旋转流，因此曝气池中水流除沿池长方向外，还有侧向的旋流，组成了旋转推流，如图 3-14 所示。

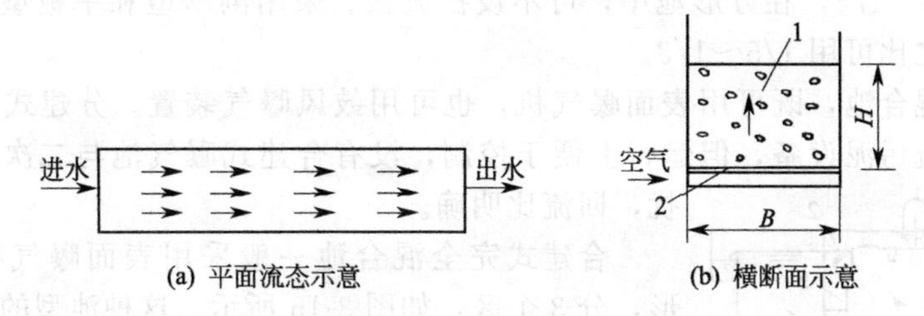

图 3-13　平移推流式

1—气泡；2—小气泡曝气装置满铺

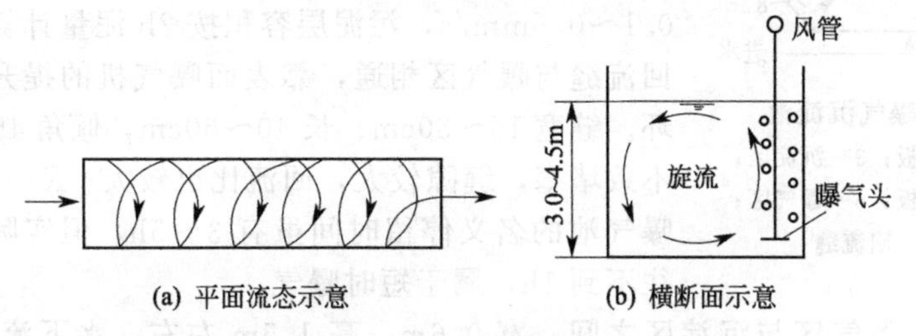

图 3-14　旋转推流式

由于鼓风曝气装置竖向位置的不同，旋转推流又可分为以下三种。

a. 底层曝气。曝气装置设在曝气池底部，由于常用风机风压的关系，这种池型的有效水深常为 3～4.5m，但随所用风机风压提高，也可加深。

b. 浅层曝气。曝气装置设在水面以下 0.8～0.9m 的浅层，采用风压在 1.2m 以下的风机。风压虽小，但风量较大，因此仍能造成足够的密度差，产生旋转推流。这种池型的有效水深一般为 3～4m。

c. 中层曝气。曝气装置居池水中层，与底层曝气相比，在相同的风机设备和处理效果下，池深一般可加大到 7～8m，最大可达 9m，可以节约曝气池用地。此外，中层曝气的鼓风曝气装置可采用固定螺旋或内设喷嘴的曝气筒，设于池横断面的中央，形成两侧旋流。这种池型可采用较大的宽深比（如 $B/H=2$），因此适用于大型曝气池。

在推流式曝气池中，沿着曝气池池长，从首端到尾端，混合液内影响活性污泥净化功能的各种因素，如 F/M 值、活性污泥中微生物的组成和数量、基质的组成和数量等在连续地变化，有机物降解速率、耗氧速率等也在连续地变化：污泥负荷、耗氧速率前高后低，在污泥增长曲线上占一个区段。长池前后的微生物相有差别。各断面存在较大的浓度梯度，因此降解速率较快，运行灵活，可采用多种运行方式，特别适用于处理要求高而水质比较稳定的废水。

② 完全混合式曝气池　完全混合池一般为圆形，也可用正方形或矩形。在完全混合式曝气池中，曝气装置多用表面曝气机，置于池中心平台上，废水进入曝气池后，经搅拌中心的搅拌作用，立即与池内原有的混合液充分混合，因此，在曝气池内的各个部位，混合液的组成、活性污泥中微生物的组成与数量、F/M 值等都几乎是均匀一致的，有机物降解速率、耗氧速率等也几乎是相同的，没有推流式那样明显的上下游区别。在污泥增长曲线上占一点。由于池水对进水的稀释作用，完全混合池耐冲击负荷的能力强，因负荷均匀，供氧与需氧容易平衡，从而可节省供氧动力。

完全混合池可将曝气池与二沉池建成分建式或合建式。

在分建式表面曝气池中，表面曝气机性能与池型结构互相影响。采用泵型叶轮时：a. 应考虑影响充氧量的池型系数 K_1 及影响叶轮功率的池型系数 K_2；b. 当叶轮常用线速度在 4～5m/s 时，曝气池直径与叶轮直径之比宜为 4.5～7.5，曝气池水深与叶轮直径之比宜为 2.5～4.5；c. 在圆形池中，要在水面处设置挡流板，一般为 4 块，宽度为池直径的 1/20～1/5，高度为池深度的 1/5～1/4，在方形池中，可不设挡流板。采用倒伞型和平板型叶轮时，叶轮直径与曝气池直径之比可用 1/5～1/3。

分建式完全混合池，既可用表面曝气机，也可用鼓风曝气装置。分建式虽不如合建式紧凑，仍需专设回流污泥设备，但运行上便于控制，没有合建式曝气池与二次沉淀池的相互干扰，回流比明确。

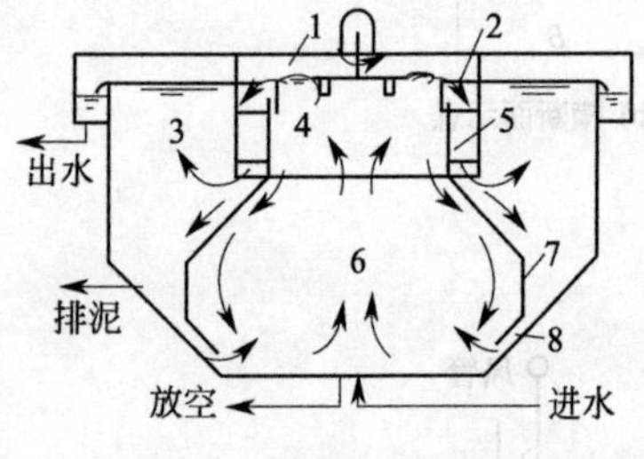

图 3-15　圆形曝气沉淀池

1—活门；2—导流板；3—沉淀区；4—叶轮；5—整流板；6—曝气区；7—裙边；8—回流缝

合建式完全混合池一般采用表面曝气机，池型多为圆形，分 3 个区，如图 3-15 所示。这种池型的特点如下。

a. 曝气区在池中央。

b. 二次沉淀区在池外环，沉淀区高度≥1.5m，沉速 0.1～0.5mm/s，污泥层容积按 2h 泥量计算。沉淀区底部有回流缝与曝气区相通，靠表面曝气机的提升力使回流污泥循环。缝宽 15～30cm、长 40～60cm，倾角 45°。为保证回流缝不致堵塞，缝隙较大，回流比也较大（$R=3\sim5$），因此这种曝气池的名义停留时间虽有 3～5h，但实际水力停留时间往往不到 1h，属于短时曝气。

c. 导流区位于曝气区与沉淀区之间，宽 0.6m，高 1.5m 左右，水下流速 15～20mm/s，设辐射状导流挡板 5～7 块，作用是消能，防止旋流，并释放出混合液中夹带的气泡。曝气池混合液通过回流窗进入导流区，过窗流速 0.1～0.2m/s，窗上设调节闸板。

合建式曝气池由于池型和设备都简化，且表面曝气机动力效率较高，因此一度应用很广，一般认为此法回流比大，污水的稀释倍数大，对冲击负荷的缓冲作用也大。但由于污水在曝气区中停留时间极短，短路机会多，因此一般出水水质低于普通曝气，而与吸附-再生法相近。图 3-16 列举了合建式曝气池的其他几种形式。

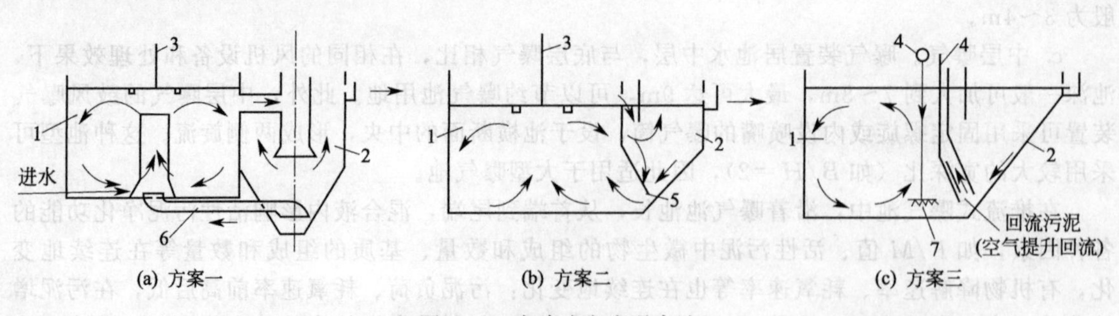

(a) 方案一　(b) 方案二　(c) 方案三

图 3-16　合建式完全混合池

1—曝气池；2—二次沉淀池；3—表面曝气机；4—空气管；5—回流缝；6—回流污泥管；7—曝气装置

合建式曝气区内应避免设置立柱或其他挡流结构，否则涡流过多，电耗增加，动力效率将下降。

③ 两种池型的结合　两种池型结合时可采用一池多机法或采用多段式池型。

a. 一池多机法。在推流池中，可用一系列表面曝气机串联以充氧和搅拌。每个表面曝气机周围的流态为完全混合，而对全池而言，流态则为推流式。此时应使相邻的表面曝气机旋转方向相反，否则两机之间水的流向将发生冲突。也可采用加横向挡板的办法，避免涡流，如图 3-17 所示。

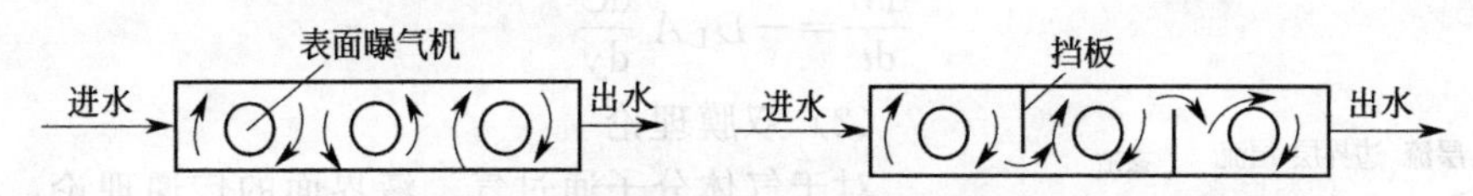

图 3-17　推流曝气池中多台曝气机设置

b. 多段式池型　将图 3-17 中每个区格建立独立的完全混合池，各池可以串联，也可部分或全部并联，个别池也可以专作再生池使用。这种池型可兼有推流式和完全混合式的好处，且具有更大的灵活性。近年氧气曝气、生物脱氮等工艺多采用这种池型。

④ 循环混合式曝气池　当两折或多折池的进口和出口连通，使污水可在曝气池中流动时，即成为氧化沟池型的循环混合式曝气池，曝气池的平面呈环形跑道状，沟槽的横断面一般为方形或梯形，沟内水深一般较浅，也可达到 4.0～4.5m，多采用表面机械曝气器如曝气转刷或转碟，在为沟内混合液充氧的同时，还需推动混合液在沟内循环流动。

（2）曝气池的构造　曝气池平面为矩（方）形和圆（椭圆）形，其构造应满足充氧、混合的要求，取决于采用的曝气方式和曝气装置。在鼓风曝气的矩形池中，曝气器多安装在池一侧，池墙顶部和脚部均做成 45°斜面，以利于形成横向旋流。水深一般 3～5m，超高≥0.5m。池底设放空管，管径一般为 80～100mm。池底坡度 0.2%，坡向放空管。进水多用淹没孔口或从池底中心进入，出水则多采用溢流堰形式。池顶隔墙上设走道、栏杆和照明灯。走道宽≥0.6m，走道下可设进水管渠或风管。最后，在所有类型的曝气池中，设计时均宜在池深 1/2 处预留排液管，供驯化活性污泥时排液用。

3.3.2　曝气的原理与理论基础

在活性污泥法中，曝气的作用主要有以下两种：充氧，向活性污泥中的微生物提供溶解氧，满足其在生长和代谢过程中所需的氧量；搅动混合，使活性污泥在曝气池内处于悬浮状态，与废水充分接触。

（1）Fick 定律

通过曝气，空气中的氧从气相传递到混合液的液相中，这实际上是一个物质扩散的过程，即气相中的氧通过气、液界面扩散到液相主体中。所以，它应该服从扩散的基本定律——Fick 定律。

Fick 定律认为，扩散过程的推动力是物质在界面两侧的浓度差，物质的分子会从浓度高的一侧向浓度低的一侧扩散，即：

$$v_d = -D_L \frac{dC}{dy} \tag{3-19}$$

式中　v_d——物质的扩散速率，即在单位时间内单位断面上通过的物质的量；

D_L——扩散系数，表示物质在某种介质中的扩散能力，主要取决于扩散物质和介质的特性及温度；

C——物质浓度；

y——扩散过程的长度；

$\frac{dC}{dy}$——浓度梯度，即单位长度内的浓度变化值。

式(3-19) 表明，物质的扩散速率与浓度梯度成正比关系。

如果以 M 表示在单位时间内通过界面扩散的物质量，以 A 表示界面面积，则有：

$$v_d=\frac{dM}{dt}\bigg/A \tag{3-20}$$

将式(3-20) 代入式(3-19)，可得：

$$\frac{dM}{dt}=-D_L A\frac{dC}{dy} \tag{3-21}$$

(2) 双膜理论

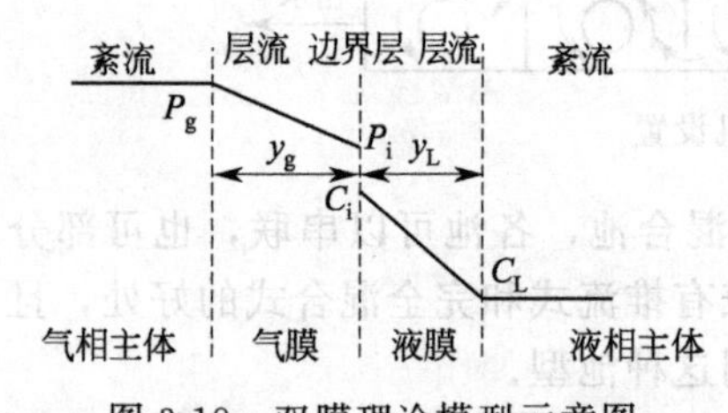

图 3-18 双膜理论模型示意图

对于气体分子通过气、液界面的传递理论，在废水生物处理界普遍接受的是刘易斯（Lewis）和惠特曼（Whitman）于1923年建立的“双膜理论”。

双膜理论模型的示意图如图 3-18 所示。设液膜厚度为 y_L（其值是极小的），因此在液膜内溶解氧浓度的梯度为：

$$-\frac{dC}{dy}=\frac{C_i-C_L}{y_L} \tag{3-22}$$

将式(3-22) 代入到式(3-21)，可得：

$$\frac{dM}{dt}=D_L A\left(\frac{C_i-C_L}{y_L}\right) \tag{3-23}$$

式中 $\frac{dM}{dt}$——氧传递速率，kgO_2/h；

D_L——氧分子在液膜中的扩散系数，m^2/h；

A——气、液两相接触界面面积，m^2；

$\frac{C_i-C_L}{y_L}$——在液膜内溶解氧的浓度梯度，$kgO_2/(m^3\cdot m)$。

设液相主体的容积为 $V(m^3)$，并用其去除式(3-23)，可得：

$$\frac{dM}{dt}\bigg/V=\frac{D_L A}{y_L V}(C_i-C_L)$$

$$\frac{dC}{dt}=K_L\frac{A}{V}(C_i-C_L) \tag{3-24}$$

式中 $\frac{dC}{dt}$——液相主体溶解氧浓度的变化速率（或氧转移速率），$kgO_2/(m^3\cdot h)$；

K_L——$K_L=\frac{D_L}{y_L}$，液膜中氧分子的传质系数，m/h。

由于气、液界面面积难以计量，一般以氧总转移系数（K_{La}）代替 $K_L\frac{A}{V}$，并考虑传质阻力主要在液膜中，气、液界面浓度 C_i 约等于气相主体分压 p_s 对应的液体浓度 C_s，则式(3-24) 可改写为：

$$\frac{dC}{dt}=K_{La}(C_s-C_L) \tag{3-25}$$

式中 K_{La}——氧总转移系数，h^{-1}。

$$K_{La}=K_L\frac{A}{V}=\frac{D_L A}{y_L V} \tag{3-26}$$

K_{La}表示在曝气过程中氧的总传递性，若传递过程中阻力大，则 K_{La}值低，反之，则 K_{La}

值高。

为了提高 dC/dt 值，可以从以下两方面考虑。

① 提高 K_{La}值　加强液相主体的紊流程度，降低液膜厚度，加速气、液界面的更新，增大气、液接触面积等。

② 提高 C_s 值　提高气相中的氧分压，如采用纯氧曝气、深井曝气等。

(3) 氧总转移系数（K_{La}）的求定

氧总转移系数是计算氧转移速率的基本参数，一般通过试验求得。

将式(3-25) 整理，可得：

$$\frac{dC}{C_s - C} = K_{La} dt \tag{3-27}$$

积分后得：

$$\ln\left(\frac{C_s - C_0}{C_s - C_t}\right) = K_{La} t$$

换成以 10 为底的对数，则有：

$$\lg\left(\frac{C_s - C_0}{C_s - C_t}\right) = \frac{K_{La}}{2.3} t \tag{3-28}$$

式中　C_0——当 $t=0$ 时，液相主体中的溶解氧浓度，mg/L；

C_t——当 $t=t$ 时，液相主体中的溶解氧浓度，mg/L；

C_s——在实际水温、当地气压下溶解氧在液相主体中的饱和浓度，mg/L。

由式(3-28) 可见，$\lg\left(\frac{C_s - C_0}{C_s - C_t}\right)$与 t 之间存在着直线关系，直线的斜率即为$\frac{K_{La}}{2.3}$。

测定 K_{La}值的方法与步骤如下。

① 向受试清水中投加 Na_2SO_3 和 $CoCl_2$，以脱除水中的氧；每脱除 1mg/L 的氧，在理论上需 7.9mg/L Na_2SO_3，但实际投药量要高出理论值 10%～20%；$CoCl_2$ 的投量则以保持 Co^{2+} 浓度不低于 1.5mg/L 为准，Co^{2+} 是催化剂。

② 当水中溶解氧完全脱除后，开始曝气充氧，一般每隔 10min 取样一次（开始时可以更密集一些)，取 6～10 次，测定水样中的溶解氧。

③ 计算$\frac{C_s - C_0}{C_s - C_t}$值，绘制 $\lg\left(\frac{C_s - C_0}{C_s - C_t}\right)$与 t 的关系曲线，直线的斜率即为$\frac{K_{La}}{2.3}$。

3.3.3　氧转移速率的影响因素

标准传氧速率——指脱氧清水在 20℃和标准大气压条件下测得的氧转移速率，一般以 R_0 表示，单位为 kgO_2/h。

实际传氧速率——以城市废水或工业废水为对象，按当地实际情况（指水温、气压等）进行测定，所得到的为实际传氧速率，以 R 表示，单位为 kgO_2/h。

影响氧转移速率的主要因素有：废水水质、水温、气压等。

(1) 水质对氧总转移系数（K_{La}）的影响

废水中的污染物质将增加氧分子转移的阻力，使 K_{La}值降低。为此引入系数 α，对 K_{La}值进行修正：

$$K_{Law} = \alpha K_{La} \tag{3-29}$$

式中　K_{Law}——废水中的氧总转移系数；

α——可以通过试验确定，一般 $\alpha=0.8$～0.85。

(2) 水质对饱和溶解氧浓度（C_s）的影响

废水中含有的盐分将使其饱和溶解氧浓度降低，对此，以系数 β 加以修正：

$$C_{sw}=\beta C_s \tag{3-30}$$

式中 C_{sw}——废水的饱和溶解氧浓度，mg/L；

β——一般为0.9～0.97。

（3）水温对氧总转移系数（K_{La}）的影响

水温升高，液体的黏度会降低，有利于氧分子的转移，因此K_{La}值将提高；水温降低，则相反。温度对K_{La}值的影响以下式表示：

$$K_{La(T)}=K_{La(20)}\times 1.024^{(T-20)} \tag{3-31}$$

式中 $K_{La(T)}$、$K_{La(20)}$——水温T和20℃时的氧总转移系数；

T——设计水温，℃。

（4）水温对饱和溶解氧浓度（C_s）的影响

水温升高，C_s值就会下降，在不同温度下，蒸馏水中的饱和溶解氧浓度可以从表3-3中查出。

表3-3 不同温度下蒸馏水中的饱和溶解氧浓度

水温/℃	0	1	2	3	4	5	6	7	8	9	10
饱和溶解氧浓度/(mg/L)	14.62	14.23	13.84	13.48	13.13	12.80	12.48	12.17	11.87	11.59	11.33
水温/℃	11	12	13	14	15	16	17	18	19	20	21
饱和溶解氧浓度/(mg/L)	11.08	10.83	10.60	10.37	10.15	9.95	9.74	9.54	9.35	9.17	8.99
水温/℃	22	23	24	25	26	27	28	29	30		
饱和溶解氧浓度/(mg/L)	8.83	8.63	8.53	8.38	8.22	8.07	7.92	7.77	7.63		

（5）压力对饱和溶解氧浓度（C_s）的影响

压力增高，C_s值提高，C_s值与压力（p）之间存在着如下关系：

$$C_{s(p)}=C_{s(760)}\frac{p-p'}{1.013\times 10^5-p'} \tag{3-32}$$

式中 p——所在地区的大气压力，Pa；

$C_{s(p)}$，$C_{s(760)}$——压力p和标准大气压条件下的C_s值，mg/L；

p'——水的饱和蒸汽压力，Pa。

由于p'很小，一般可忽略不计，则得：

$$C_{s(p)}=C_{s(760)}\frac{p}{1.013\times 10^5}=\rho C_{s(760)}$$

其中：$\rho=\frac{p}{1.013\times 10^5}$。

对于鼓风曝气系统，曝气装置被安装在水面以下，其C_s值以扩散装置出口和混合液表面两处饱和溶解氧浓度的平均值C_{sm}计算，如下所示：

$$C_{sm}=\frac{1}{2}(C_{s1}+C_{s2})=\frac{1}{2}C_s\left(\frac{O_t}{21}+\frac{p_b}{1.013\times 10^5}\right) \tag{3-33}$$

$$O_t=\frac{21(1-E_A)}{79+21(1-E_A)} \tag{3-34}$$

$$p_b=p+9.8\times 10^{-3}H \tag{3-35}$$

式中 O_t——从曝气池逸出气体中含氧量的百分率，%；

E_A——氧利用率，%，一般为6%～12%；

p_b——安装曝气装置处的绝对压力，Pa；

p——曝气池水面的大气压力，Pa；

H——曝气装置距水面的距离，m。

3.3.4 氧转移速率与供气量的计算

（1）氧转移速率的计算

标准传氧速率（R_0）为：

$$R_0=\frac{\mathrm{d}C}{\mathrm{d}t}V=K_{\mathrm{La}(20)}\left[C_{\mathrm{sm}(20)}-C_{\mathrm{L}}\right]V \tag{3-36}$$

式中 C_L——水中的溶解氧浓度，mg/L；

V——曝气池的体积，m^3。

对于脱氧清水，$C_L=0$，则式(3-36) 可表示为：

$$R_0=\frac{\mathrm{d}C}{\mathrm{d}t}V=K_{\mathrm{La}(20)}C_{\mathrm{sm}(20)}V \tag{3-37}$$

为求得水温为 T、压力为 p 条件下的废水中的实际传氧速率（R），需对式(3-36) 加以修正，需引入各项修正系数，即：

$$R=\alpha K_{\mathrm{La}(20)}\times 1.024^{(T-20)}\left[\beta\rho C_{\mathrm{sm}(T)}-C_{\mathrm{L}}\right]V$$

因此，R_0/R 为：

$$\frac{R_0}{R}=\frac{C_{\mathrm{sm}(20)}}{\alpha\times 1.024^{(T-20)}\left[\beta\rho C_{\mathrm{sm}(T)}-C_{\mathrm{L}}\right]} \tag{3-38}$$

一般来说，$R_0/R=1.33\sim1.61$。

将式(3-38) 整理得：

$$R_0=\frac{RC_{\mathrm{sm}(20)}}{\alpha\times 1.024^{(T-20)}\left[\beta\rho C_{\mathrm{sm}(T)}-C_{\mathrm{L}}\right]} \tag{3-39}$$

式中 C_L——曝气池混合液中的溶解氧浓度，一般按 2mg/L 来考虑。

（2）氧转移效率与供气量的计算

① 氧转移效率 氧转移效率计算式为：

$$E_{\mathrm{A}}=\frac{R_0}{O_{\mathrm{c}}} \tag{3-40}$$

式中 E_A——氧转移效率，一般以百分数表示；

O_c——供氧量，kgO_2/h，$O_c=G_s\times21\%\times1.331=0.28G_s$，21%为氧在空气中所占的百分数，1.331 为 20℃时氧的密度，kg/m^3，G_s 为供气量，m^3/h。

② 供气量 G_s 供气量计算式为：

$$G_{\mathrm{s}}=\frac{R_0}{0.3E_{\mathrm{A}}}\times 100 \tag{3-41}$$

对于鼓风曝气系统，各种曝气装置的 E_A 值是制造厂家通过清水试验测出的，随产品向用户提供；对于机械曝气系统，按式(3-38) 求出的 R_0 值又称为充氧能力，厂家也会向用户提供其设备的 R_0 值。

③ 需氧量 活性污泥系统中的供氧速率与耗氧速率应保持平衡，因此，曝气池混合液的需氧量应等于供氧量。需氧量的计算方法见 3.4 节。

3.4 活性污泥系统的工艺计算与设计

活性污泥系统由曝气池、二次沉淀池及污泥回流设备等组成，其工艺计算与设计主要包括以下方面的内容：①工艺流程的选择；②曝气池的计算与设计；③曝气系统的计算与设计；④二次沉淀池的计算与设计；⑤污泥回流系统的计算与设计。

3.4.1 设计的基础资料与工艺流程的选定

进行活性污泥处理系统的工艺计算和设计时，首先应比较充分地掌握与废水、污泥有关的原始资料并确定设计的基础数据。主要是下列各项：①废水的水量、水质及变化规律；②对处理后出水的水质要求；③对处理中所产生污泥的处理要求；④污泥负荷率与 BOD_5 去除率；⑤混合液污泥浓度与污泥回流比。

对于生活污水和城市污水以及性质与其类似的工业废水，人们已经总结出一套较为成熟和完整的设计数据可直接应用，而对于一些性质与生活污水相差较大的工业废水，则需要通过试验来确定有关的设计数据。选定废水和污泥处理工艺流程的主要依据就是前述的各项内容和据此所确定的废水和污泥的处理程度。在选定时，还要综合考虑当地的地理位置、地区条件、气候条件以及施工水平等因素，综合分析工艺在技术上的可行性和先进性以及经济上的可能性和合理性等。特别是对于工程量大、建设费用高的工程，需要进行多种工艺流程比较之后才能确定，以期使工程系统达到优化。

3.4.2 普通曝气池的计算与设计

活性污泥法的核心是曝气池。普通曝气池的计算与设计主要包括：处理效率；曝气池的容积；水力停留时间；需氧量和供气量；池体设计等。

(1) 处理效率 E

$$E=\frac{S_0-S_e}{S_0}\times 100\%=\frac{S_r}{S_0}\times 100\% \tag{3-42}$$

式中 E——BOD_5 去除率，%；

S_0——进水的 BOD_5 浓度，kg/m^3；

S_e——出水的 BOD_5 浓度，kg/m^3；

S_r——去除的 BOD_5 浓度，kg/m^3。

(2) 曝气池容积 V

$$V=\frac{QS_r}{N_r X_a}=\frac{QS_0}{NX_a} \tag{3-43}$$

$$V=\frac{\theta_c YQS_r}{X_a(1+K_d\theta_c)} \tag{3-44}$$

$$V=\theta_c\frac{Q_w X_a+(Q-Q_w)X_e}{X_a} \tag{3-45}$$

式中 V——曝气池容积，m^3；

Q——设计进水流量，m^3/d；

N_r——污泥去除负荷，$kgBOD_5/(kgMLVSS\cdot d)$；

N——污泥进水负荷，$kgBOD_5/(kgMLVSS\cdot d)$；

θ_c——污泥停留（名义）时间，d；

Y——污泥理论产率，kg(生物量)/kg(降解的 BOD_5)，$Y=0.4\sim0.8$；

K_d——污泥内源呼吸率，d^{-1}；

X_a——曝气池污泥浓度（MLVSS），mg/L；

X_e——二沉池出水污泥浓度（MLVSS），mg/L；

Q_w——从曝气池排出的混合液流量，m^3/d。

(3) 水力停留时间 θ、θ_s

$$\theta=V/Q \tag{3-46}$$

$$\theta_s=\frac{V}{(1+R)Q} \tag{3-47}$$

式中　θ——水力停留名义时间，d；

θ_s——水力停留实际时间，d；

R——污泥回流比。

(4) 污泥增长量 ΔX_v

活性污泥系统微生物的增长量可按式(3-48) 进行计算：

$$\Delta X_v=YQS_r+K_dVX_a \tag{3-48}$$

式中　ΔX_v——每日增长的挥发性污泥量，kgMLVSS/d。

(5) 污泥龄 θ_c

$$\theta_c=\frac{VX_a}{Q_wX_a+(Q-Q_w)X_e} \tag{3-49}$$

$$\theta_c=\frac{VX_a}{Q'_wX_R+(Q-Q'_w)X_e} \tag{3-50}$$

$$\frac{1}{\theta_c}=YN_r-K_d \tag{3-51}$$

式中　θ_c——污泥停留时间（污泥龄），d；

Q'_w——二沉池底的排污量，mg/L；

X_R——回流污泥浓度（MLVSS），mg/L。

(6) 曝气池需氧量 O_2

活性污泥法处理系统的日平均需氧量可按式(3-52) 进行计算。

$$O_2=aS_rQ+bVX_v \tag{3-52}$$

式中　O_2——混合液需氧量，kgO_2/d；

a——微生物对有机底物氧化分解过程的需氧率，$kg/kgBOD_5$；

b——活性污泥微生物自身氧化的需氧率，d^{-1}。

微生物对有机底物氧分分解过程的需氧量可按式(3-53) 计算：

$$\Delta O_a=\frac{O_2}{Q(S_0-S_e)}=a+\frac{b}{N_r} \tag{3-53}$$

式中　ΔO_a——去除 1kgBOD 的需氧量，$kg(O_2)/(kgBOD_5\cdot d)$。

活性污泥微生物自身氧化的需氧量可按式(3-54)计算：

$$\Delta O_b=\frac{O_2}{VX_v}=aN_r+b \tag{3-54}$$

式中　ΔO_b——单位重量污泥的需氧量，$kg(O_2)/(kgMLVSS\cdot d)$。

表 3-4 所列是城市废水的 a、b 和 ΔO_b 值，表 3-5 所列是部分工业废水的 a、b 值。

表 3-4　活性污泥法处理城市废水的 a、b 和 ΔO_b 值

运行方式	a	b	ΔO_b
完全混合活性污泥法	0.42～0.53	0.11～0.188	0.7～1.1
吸附-再生活性污泥法			0.7～1.1
标准活性污泥法			0.8～1.1
延时曝气活性污泥法			1.4～1.8

表 3-5　部分工业废水的 a 和 b 值

污水名称	a	b	污水名称	a	b
石油化工废水	0.75	0.16	炼油废水	0.55	0.12
含酚废水	0.56		亚硫酸浆粕废水	0.40	0.185
漂染废水	0.5～0.6	0.065	制药废水	0.35	0.354
合成纤维废水	0.55	0.142	制浆造纸废水	0.38	0.092

(7) 混合液污泥浓度 X

$$L_v = N_r X_v \tag{3-55}$$

$$X_v = fX \tag{3-56}$$

式中 X——混合液悬浮固体（MLSS）浓度，kg/m^3；

X_v——混合液挥发性悬浮固体（MLVSS）浓度，kg/m^3；

f——系数，一般取 0.7～0.8；

N_v——容积负荷，$kgBOD_5/(m^3 \cdot d)$；

(8) 污泥体积指数 SVI

$$SVI = \frac{SV}{X} \times 10^4 \tag{3-57}$$

式中 SVI——污泥体积指数，mL/s；

SV——污泥沉降比（30min），%。

(9) 出水浓度

$$S_e = \frac{K_s(1+K_d\theta_c)}{(YK-K_d)\theta_c - 1} \tag{3-58}$$

式中 K_s——饱和常数，mg/L；

K——BOD_5的降解速率常数，d^{-1}。

(10) 设计参数的选择

在进行曝气池容积计算时，应在一定范围内合理确定 N_r 和 X_v 或 X 值，同时考虑处理效率、污泥体积指数（SVI）和污泥龄（生物固体平均停留时间）等参数。通常对于易生物降解的废水，N_r 值主要从污泥沉淀性能来考虑；而对于难生物降解的废水，则着重从出水水质来考虑。表 3-6 列举的是各种活性污泥系统处理城市污水的设计与运行参数的建议值，表中 θ_c 为污泥龄（d），R 为污泥回流比（%）。

表 3-6 各种活性污泥处理系统设计与运行参数的建议值

运行方式	BOD 污泥负荷 L_r/[$kgBOD_5$/(kgMLVSS·d)]	BOD 容积负荷 L_r/[$kgBOD_5$/(m^3·d)]	污泥龄 θ_c/d	污泥 MLSS 浓度 X/(mg/L)	污泥 MLVSS 浓度 X_v/(mg/L)	污泥回流比 R/%	曝气时间 t_m/d
标准活性污泥法	0.2～0.4	0.3～0.6	5～15	1.5～3.0	1.2～2.4	0.25～0.50	4～8
阶段曝气活性污泥法	0.2～0.4	0.6～1.0	5～15	2.0～3.5	1.6～2.8	0.25～0.75	3～5
吸附-再生活性污泥法	0.2～0.6	1.0～1.2	5～15	吸附池 1.5～3.0 再生池 4.0～10.0	吸附池 0.8～2.4 再生池 3.2～8.0	0.25～1.0	吸附池 0.5～1.0 再生池 3.0～6.0
延时曝气活性污泥法	0.05～0.15	0.1～0.4	20～30	3.0～6.0	2.4～4.8	0.75～1.50	20～48
高负荷活性污泥法	1.5～5.0	1.2～2.4	0.2～2.5	0.2～0.5	0.16～0.40	0.05～0.15	1.5～3.0
完全混合活性污泥法	0.2～0.6	0.8～2.0	5～15	3.0～6.0	2.4～4.8	0.25～1.0	4.0～10.0

一般对于生活污水及性质与其类似的废水，采用表 3-6 中的数据时，SVI 值介于 80～150 之间，污泥沉淀性能良好，出水水质较好；当废水中难降解物质含量较高，或要求降低剩余污泥量以及在低温条件下运行时，N_r 的取值应低于 $0.2kgBOD_5/(kgMLVSS \cdot d)$。混合液悬浮固体浓度 X 可按下式进行计算：

$$X = \frac{rR\ 10^6}{(1+R)SVI} \tag{3-59}$$

式中 R——污泥回流比，%；

r——二次沉淀池中污泥综合系数，一般为1.2左右。

3.4.3　二次沉淀池的计算与设计

二次沉淀池的作用是泥水分离使混合液澄清、浓缩和回流活性污泥，其工作性能与活性污泥处理系统的出水水质和回流污泥的浓度有直接关系。

初次沉淀池的设计原则一般也适用于二次沉淀池，但二次沉淀池有如下一些特点：①活性污泥混合液的浓度较高，有絮凝性能，其沉降属于成层沉淀；②活性污泥的质量较轻，易产生异重流，因此设计二次沉淀池时，最大允许的水平流速（平流式、辐流式）或上升流速（竖流式）都应低于初次沉淀池；③由于二次沉淀池起着污泥浓缩的作用，所以需要适当增大污泥区容积。

二次沉淀池的计算与设计包括：池型的选择；沉淀池（澄清池）面积、有效水深的计算；污泥区容积的计算；污泥排放量的计算等。

（1）二次沉淀池的池型选择

平流式、竖流式和辐流式3种类型的沉淀池均可用于二次沉淀池。为了提高沉淀效率，可在平流式和竖流式沉淀池上加装斜板（管），形成斜板（管）沉淀池。设有机械吸泥及排泥设施的辐流式沉淀池比较适合大型废水处理厂；方形多斗辐流式沉淀池常用于中型废水处理厂；小型废水处理厂，则多采用竖流式沉淀池或多斗平流式沉淀池。

（2）二次沉淀池面积和有效水深的计算

二次沉淀池澄清区的面积和有效水深的计算有水力表面负荷法和固体通量法等。实际工程设计中常用的是水力表面负荷法，计算方法如下。

① 二次沉淀池澄清区面积 A 的计算式为：

$$A=\frac{Q_{\max}}{q}=\frac{Q_{\max}}{3.6u} \tag{3-60}$$

式中　A——二次沉淀池的面积，m^2；

$Q_{\max}$——废水的最大流量，m^3/h；

q——水力表面负荷，$m^3/(m^2 \cdot h)$；

u——活性污泥成层沉淀时的沉速，mm/s。

u 值大小与废水水质和混合液污泥浓度有关，该值一般介于0.2～0.5mm/s之间，相应的 q 值为0.72～1.8$m^3/(m^2 \cdot h)$。

二次沉淀池的固体水力负荷为单位时间内单位面积所承受的水量[$kg/(m^2 \cdot h)$]。用固体表面负荷设计保证污泥能在二次沉淀池中得到足够的浓缩，以便供给曝气池所需浓度的回流污泥。根据经验，一般二次沉淀池的固体负荷可达150$kg/(m^2 \cdot h)$。斜板（管）二次沉淀池可考虑加大到192$kg/(m^2 \cdot h)$。

当废水中的无机物含量较高时，可采用较高的 u 值；而当废水中的溶解性有机物较多时，则 u 值宜低。混合液污泥浓度对 u 值的影响较大，当污泥浓度较高时 u 值较小，反之 u 值较大。表3-7所列举的是混合液污泥浓度与 u 值之间的关系。

表3-7　混合液污泥浓度与 u 值之间的关系

MLSS/(mg/L)	u/(mm/s)	MLSS/(mg/L)	u/(mm/s)
2000	≤0.5	5000	0.22
3000	0.35	6000	0.18
4000	0.28	7000	0.14

二次沉淀池面积以最大流量作为设计流量，而不计回流污泥量。但中心管的计算则应包括回流污泥。

② 二次沉淀池有效水深的计算式为：

$$H=\frac{Q_{\max}t}{A}=qt \tag{3-61}$$

式中 H——澄清区水深，m；

t——二次沉淀池水力停留时间，h。

澄清区水深通常按水力停留时间来确定，一般取值为1.5～2.5h。

根据经验，池子直径加大时，池边水深也应适当加大，否则池的水力效率将下降，池的有效容积将减小。当二次沉淀池直径分别为10～20m、20～30m、30～40m、大于40m时，建议池边水深分别为3.0m、3.5m、4.0m、4.0m。当由于客观原因达不到上述建议值时，为了维持沉淀时间不变，需采取较低的表面负荷值。

(3) 污泥斗容积的计算

污泥斗的作用是储存和浓缩沉淀污泥，由于活性污泥易因缺氧而失去活性并腐败，因此污泥斗容积不能过大，对于分建式沉淀池，一般规定污泥斗的储泥时间为2h，可采用下式计算污泥斗的容积。

$$V_s=\frac{4(1+R)QX}{(X+X_r)24}=\frac{(1+R)QX}{(X+X_r)6} \tag{3-62}$$

式中 Q——废水流量，m^3/h；

X——混合液污泥浓度，mg/L；

X_r——回流污泥浓度，mg/L；

R——污泥回流比，%；

V_s——污泥斗容积，m^3。

污泥斗的平均污泥浓度（X_s）可按式(3-63）和式(3-64）计算：

$$X_r=\frac{X(1+R)}{R} \tag{3-63}$$

$$X_s=0.5(X+X_r) \tag{3-64}$$

(4) 污泥排放量的计算

二次沉淀池中的部分污泥作为剩余污泥排放，其污泥排放量应等于污泥增长量（ΔX_v），可按式(3-48）进行计算：

3.4.4 污泥回流系统的计算与设计

污泥回流系统的计算和设计内容有：污泥回流量的计算；污泥回流设备的选择与设计。

(1) 污泥回流量的计算

污泥回流量是关系到处理效果的重要设计参数，应根据不同的水质、水量和运行方式，确定适宜的回流比（见表3-6）。污泥回流比也可按式(3-59）进行计算，该值的大小取决于混合液污泥浓度和回流污泥浓度，而回流污泥浓度又与SVI值有关。在实际曝气池运行中，由于SVI值在一定的幅度内变化，并且需要根据进水负荷的变化调整混合液污泥浓度，因此在进行污泥回流设备设计时，应按最大回流比设计，并使其具有在较小回流比时工作的可能性，以便使回流污泥可以在一定幅度内变化。

(2) 污泥回流设备的选择与设计

合建式的曝气沉淀池，活性污泥可从沉淀区通过回流缝自行回流到曝气区。但对于分建式曝气池，活性污泥则需通过污泥回流设备回流。污泥回流设备包括提升设备和输泥管渠，常用的污泥提升设备是污泥泵和空气提升器。污泥泵的类型主要有螺旋泵和轴流泵，其运行效率较高，可用于各种规模的废水处理工程；空气提升器的效率低，但结构简单，管理方便，且可在提升过程中对活性污泥进行充氧，因此常用于中小型鼓风曝气系统。选择污泥泵时，首先应考虑的因素是不破坏污泥的特性，运行稳定、可靠等。为保证活性污泥回流系统的连续运行，必须设置备用泵。

空气提升器的结构如图 3-19 所示，其是利用升液管内外液体的密度差而使污泥提升的，空气提升器设在二次沉淀池的排泥井或曝气池进口处专设的污泥井中，污泥回流比可以通过调节进气阀门控制。

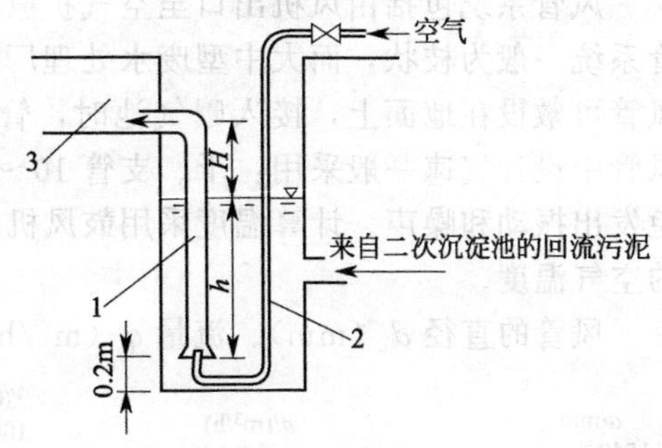

图 3-19 空气提升器示意

1—污泥提升管；2—空气管；3—回流污泥装置

污泥提升管在回流井中的浸没深度 h 至少应为 0.3m，其值可按下式进行计算：

$$h=\frac{H}{n-1} \tag{3-65}$$

式中 H——拟提升高度，m；

n——密度系数，一般取 2～2.5。

空气用量 W (m^3/h) 按下式计算：

$$W=\frac{KQH}{\left(23\lg\frac{h+10}{10}\right)\eta} \tag{3-66}$$

式中 K——安全系数，一般取 1.2；

Q——每个污泥提升管的设计提升流量，m^3/h；

η——效率系数，一般取 0.35～0.45。

空气压力应大于浸没深度（h）0.3kPa 以上。一般空气管最小管径 25mm，污泥提升管最小管径 75mm。一座污泥回流井只宜设一个污泥提升管，而且只与一个二次沉淀池的污泥斗连通，以免造成二次沉淀池排泥量相互间的干扰。

3.5 曝气设备

曝气装置又称为空气扩散装置，是活性污泥处理系统的重要设备。对曝气系统一般有以下要求。

① 供氧量在满足曝气池设计流量时生化反应的需氧量以外，还应使混合液含有一定的剩余 DO 值，一般按 2mg/L 计算。

② 使混合液始终保持悬浮状态，不致产生沉淀，一般应使池中的平均水流速度在 0.25m/s 左右。

③ 设施的充氧能力应便于调节，有适应需氧量变化的灵活性。

④ 在满足需氧要求的前提下，充氧装置的动力效率和氧利用率应力求较高。

⑤ 充氧装置应易于维修，不易堵塞，出现故障时，应易于排除。

⑥ 充氧装置一般选用易于购买的可靠产品，附有清水试验的技术资料。

⑦ 应考虑气候、环境等因素，如结冰、噪声、臭气等问题。此外，还应结合工艺的要求（如池型、水深、有无脱氮要求等）综合考虑曝气设施的选择。

按曝气方式可将其分为鼓风曝气装置和机械曝气装置两种。

3.5.1 鼓风曝气装置

鼓风曝气装置由鼓风机、风机房、空气输送管道系统、空气扩散装置（曝气头）等组成。鼓风曝气装置的主要设计内容有：①选择空气扩散装置，并进行布置；②计算空气管道；③确定鼓风机的型号和台数。

（1）风管系统设计与计算

风管系统包括由风机出口至空气扩散装置的管道，一般用焊接钢管。小型废水处理厂的风管系统一般为枝状，而大中型废水处理厂的风管宜连成环网，以增加灵活性，保证安全供气。风管可敷设在地面上，接入曝气池时，管顶应高出水面至少 0.5m，以免池内水回流入风管。风管中设计气速一般采用：干、支管 10～15m/s；竖管、小支管 4～5m/s。流速不宜过高，以免发出振动和噪声。计算温度采用鼓风机的排风温度，在寒冷地区空气需加温时，采用加温后的空气温度。

风管的直径 d（mm）、流量 q（m^3/h）、流速 v（m/s）之间的关系见图 3-20。计算时根据 q 和 v 由图 3-20 查出 d，然后核算压力损失，再调整确定管径。

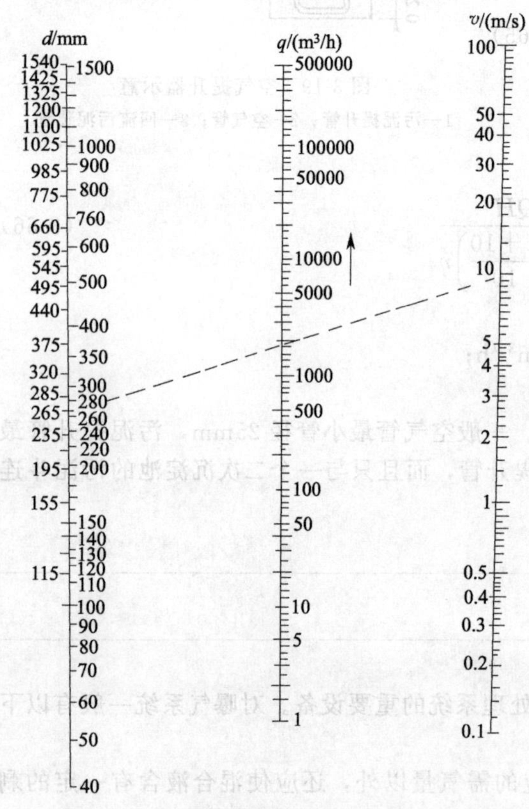

图 3-20 空气管道直径（d）、流量（q）与流速（v）之间的关系（空气管道直径计算图）

空气通过整个鼓风曝气系统的总阻力一般控制在 14.7kPa 以内，其中管道的流动阻力控制在 4.9kPa，空气扩散装置的阻力控制在 4.9～9.8kPa。风管流动阻力包括沿程阻力 h_1 和局部阻力 h_2 两部分：

$$h=h_1+h_2 \tag{3-67}$$

风管沿程阻力 h_1（Pa）可按下式计算：

$$h_1=i\alpha L \tag{3-68}$$

式中 i——单位管长阻力，Pa/m，在温度 20℃、标准压力 1.013×10^5 kPa 时，$i=64.778\dfrac{v^{1.294}}{d^{1.281}}$；

L——风管长度，m；

α——空气容重的修正系数。

α 可由下式计算：

$$\alpha=\left(\frac{P\gamma_T}{1.013\times10^5\gamma_{20}}\right)^{0.852} \tag{3-69}$$

式中 γ_T、γ_{20}——温度为 T 和 20℃时的空气容重，kg/m^3；

P——空气的绝对压力，kPa。

风管的局部阻力 h_2（Pa）可按下式计算：

$$h_2=\xi\frac{v}{2g}\gamma \tag{3-70}$$

式中 ξ——局部阻力系数；

γ——实际空气容重，kg/m^3。

在温度为 20℃、标准压力 1.013×10^5 kPa 时，空气密度为 $1.205kg/m^3$ 条件下，γ 值可用下式换算：

$$\gamma=1.205\times\frac{P}{1.013\times10^5}\times\frac{273}{273+T} \tag{3-71}$$

局部阻力 h_2 也可用当量长度法计算，即将各管件按下式折算成当量长度 L_0（m），计入总管长。

$$L_0=55.5kd^{1.2} \tag{3-72}$$

式中 d——管径，m；

k——长度折算系数，按表 3-8 取值。

表 3-8 长度折算系数 k

管件	弯头	大小头	球阀	角阀	闸阀	三通		
						气流转弯	直流异径管	直流等径管
长度折算系数	0.4～0.7	0.1～0.2	2.0	0.9	0.25	1.33	0.42～0.67	0.33

风机所需压力 P（Pa）（相对压力）可按下式计算：

$$P=h_1+h_2+h_3+h_4+h_5 \tag{3-73}$$

式中 h_3——空气扩散装置安装深度，单位换算为 Pa；

h_4——空气扩散装置的阻力，按产品样本和试验资料确定；

h_5——富余压力，一般取 2～3kPa。

(2) 鼓风机房设计要点

① 鼓风机房设计（建筑、机组布置、起重设备）应遵守排水规范的相关规定，一般可参照泵房的设计。

② 在同一供气系统中，应选用同一类型的鼓风机。鼓风机的备用台数为：工作机少于 3 台时，备用 1 台；工作机多于 4 台时，备用 2 台。备用风机应按设计的最大机组设置。

③ 鼓风机的进风应有净化装置。进风口应高出地面 2m 左右，可设四面为百叶窗的进风箱。进风管的内壁应光洁并作防腐涂层。

④ 在吸风和出风管段上应安装消声器。风机出口与管道连接处应采用软管减震。风管最低点应设油、水排泄口。鼓风机应按产品要求设置回风管和相应阀门，以便开停。一般风机厂均要求设置止回阀，当考虑减少阻力而不设时，则须在并联运行时注意操作，防止回风。

⑤ 风机基础间距应不小于 1.5m。每台风机均设单独基础，且不与机房基础连接。

⑥ 机房应设双电源或其他动力源。供电设备的容量应按全部机组（包括备用及其他用电）同时开动的负荷设计。

⑦ 鼓风机房一般应包括值班室、配电室、工具室和必要的配套公用设施（小型机房可与其他建筑合并考虑），值班室应有隔声措施和面向机器间的观察窗，并设有机房主要设备工况的指示或报警装置。

⑧ 鼓风机房外应采取必要的防噪声措施，使之分别符合《工业企业噪声卫生标准》和《声环境质量标准》(GB 3096—2008) 的相关规定。

(3) 空气扩散装置

空气扩散装置又称曝气器，是活性污泥系统的重要设备，要求供氧能力强，搅拌均匀，构造简单，能耗少，性能稳定，故障少，耐腐蚀，价格低。

表示曝气装置技术性能的主要指标有：动力效率（E_p），每消耗 1kW·h 电能传递到混合液中的氧量，$kgO_2/(kW \cdot h)$；氧利用率（E_A），又称氧转移效率，是指通过鼓风曝气系统传递到混合液中的氧量占总供氧量的百分比，%；充氧能力（R_0），通过表面机械曝气装置在单位时间内传递到混合液中的氧量，kg/h。

鼓风曝气装置种类很多，按气泡大小和空气分散方式可分为：（微）小气泡型、大中气泡型、水力剪切型、水力冲击型和空气升流型等。

① 大中气泡型曝气器 大中气泡型曝气器产生的气泡直径一般大于 2mm。过去用直径为 13mm 或 15mm、下端打扁的竖管，最不易堵，但效率低，$E_A=3\%\sim4\%$；后用直径 25～50mm 的穿孔管，在管上交叉向下开 3～5mm 孔，孔间距 50mm 左右。安在水深 5m 左右时，$E_A=4\%\sim6\%$，$E_p\approx1kgO_2/(kW \cdot h)$。但 3mm 的孔易堵，只有在可提上式（见图 3-21）以及浅层曝气中可用，一般以开 5mm 孔为宜。图 3-22 所示为浅层曝气所用穿孔管栅示意，由于穿孔管仅安装在水面下 800～900mm 处，因此 E_A 只有 2.5%左右，但动力效率可达 $2kgO_2/(kW \cdot h)$ 以上。

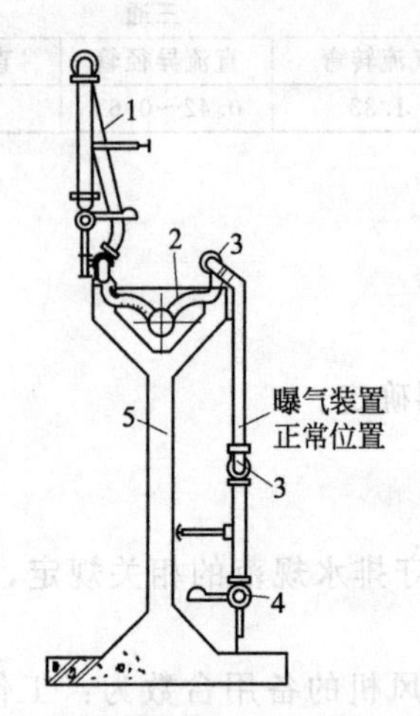

图 3-21　可提上式曝气装置示意

1—曝气装置提上位置；2—软管；
3—活节（另有提升器械未示出）；
4—散气管或盘；5—曝气池壁

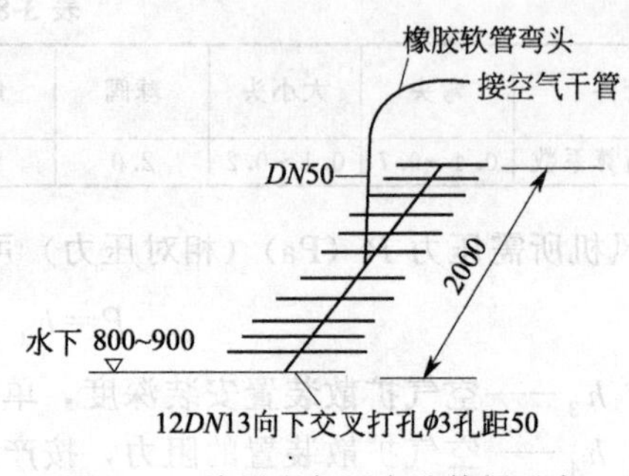

图 3-22　浅层曝气用穿孔管栅示意

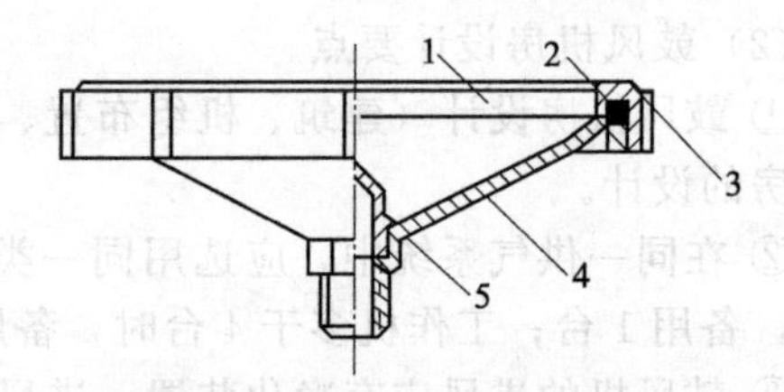

图 3-23　WM-180 型网状膜曝气器

1—网状膜；2—密封圈；3—螺盖；4—本体；5—分配器

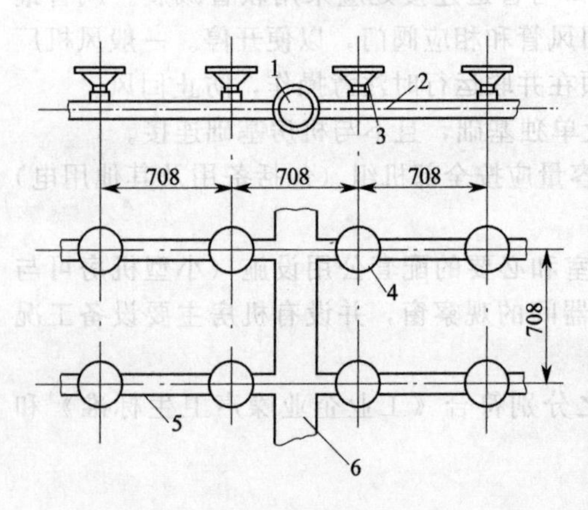

图 3-24　WM-180 型网状膜曝气器安装图

1、6—空气干管；2、5—空气支管；3、4—曝气器

中气泡曝气器产生的气泡直径较小，且不易堵塞，布气均匀，空气不需过滤处理，构造简单，维护方便。其中使用最多的是 WM-180 型网状膜曝气器（见图 3-23 和图 3-24）由主体、螺盖、网状膜、分配器和密封圈等部分组成。主体骨架用工程塑料注塑成型，网状膜由聚酯纤维制成。从底部进空气，经分配器第一次切割并均匀分配到气室内，然后通过网状膜进行第二次切割，形成中小气泡扩散至水中。套袖式曝气器由骨架、套袖、套箍和止回阀四部分组成。骨架长 590mm，直径 58mm，由 ABS 塑料注塑成型，用以支撑套袖。套袖由改性塑料制成，厚 0.8mm，其表面有呈梅花形交错布置的小孔，小孔长 1.5mm，空气由此喷出形成小气泡。也可用纱纶、尼龙或涤纶线缠绕多孔管以分散气泡。

② 小气泡型曝气器　小气泡型曝气器是用微孔透气材料（陶土、钛粉、铁粉、塑料、缠丝等）制成扩散板、扩散盘和扩散管等，产生的气泡直径＜2mm，$E_A=15\%\sim20\%$，$E_p\geqslant 2kgO_2/(kW\cdot h)$。缺点是易堵塞，空气需经过滤净化，扩散阻力较大。

原来的做法是在池底设空气渠道，上铺设扩散板，如图 3-25(a) 所示。这种方式因清理不便，已很少使用。现在多在池底设空气支管，扩散管或扩散盘则安装在支管上，如图 3-25(b) 所示。扩散管还可以成套组装，如图 3-25(d) 所示，必要时可提出水面清洗。图 3-25(c) 所示为圆盘型微孔曝气器。

设计小气泡扩散系统时，除参照产品说明，采用服务面积、充氧能力、动力效率、曝气量、阻力、氧利用率等技术数据外，还应注意以下事项。

a. 活性污泥系统的污泥负荷不宜过高，以小于 $0.4kgBOD_5/(kgMLVSS\cdot d)$ 为宜。

b. 风机进风必须过滤，最好用静电除尘。

c. 供气系统应无油雾进入，采用无油气源（离心风机）。

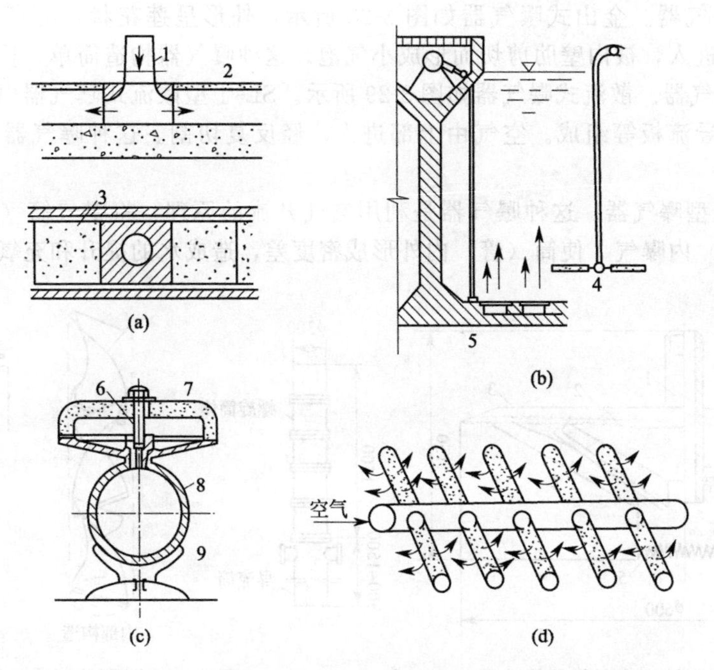

图 3-25　小气泡扩散器及安装

1—空气管；2、3—扩散板；4—扩散管曝气装置；5—扩散板曝气装置；6—气孔；7—扩散罩；8—穿孔布气管；9—管座

d. 输气管用钢管时，内壁应严格防腐，配气管及管件宜用塑料管，钢管与塑料管接口需设伸缩缝。

e. 曝气器一般在池底均布，距池壁不小于 200mm，配气管间距为 300～750mm，池的长宽比一般为（8～16）：1。

f. 全池曝气器表面高度差不超过±5mm，运行中停气时间不应超过 4h，否则宜放干池内污水，充以 1m 深的清水或二级出水，并以小风量持续曝气。

③ 水力剪切型曝气器　水力剪切型曝气器有以下几种。

a. 倒盆式曝气器。倒盆式曝气器如图 3-26 和图 3-27 所示，由塑料盆壳体、橡胶板、塑料螺杆及压盖等组成，空气由上部进入，由壳体与橡胶板之间的缝隙向四周喷出，螺旋上升，气泡直径为 2mm 左右。该缝隙在鼓风时开启，停风时关闭，可防止沉下的污泥漏入缝内，避免堵塞，但启动阻力较大。

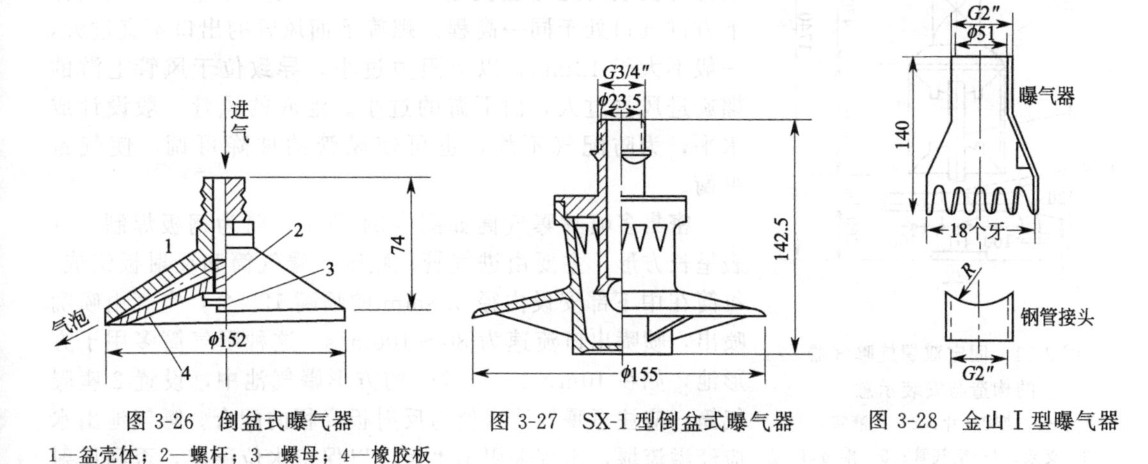

图 3-26　倒盆式曝气器

1—盆壳体；2—螺杆；3—螺母；4—橡胶板

图 3-27　SX-1 型倒盆式曝气器

图 3-28　金山Ⅰ型曝气器

b. 金山式曝气器。金山式曝气器如图 3-28 所示，外形呈莲花状，由高压聚乙烯注塑成型，空气由上部进入，被内壁肋剪切而形成小气泡。这种曝气器构造简单，价格较低。

c. 散流式曝气器。散流式曝气器如图 3-29 所示。SL-Ⅰ型散流式曝气器由齿形布气头、齿形带孔散流罩、导流板等组成。空气由上部进入，经反复切割。这种曝气器由玻璃钢整体成型，耐腐蚀。

④ 空气升流型曝气器　这种曝气器是利用空气升流的原理，将曝气筒（或管）置于曝气池中，在筒（管）内曝气，使筒（管）内外形成密度差，造成水的提升和充氧搅拌。

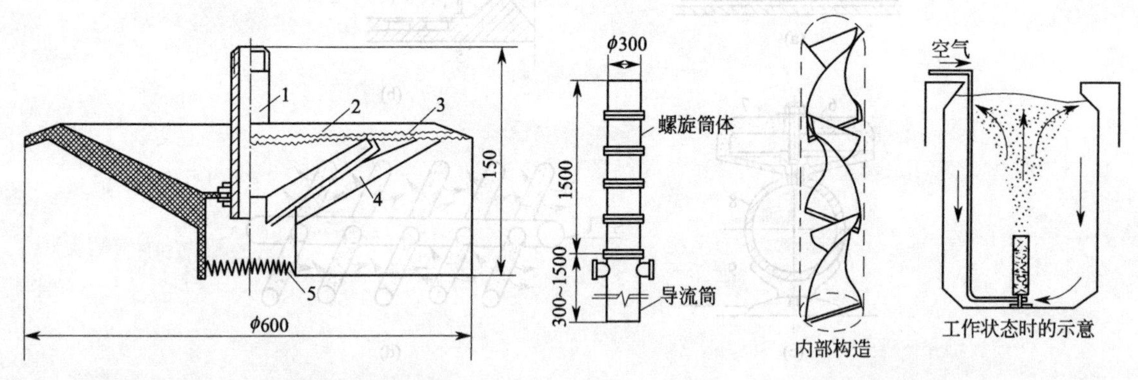

图 3-29　SL-I 型散流式曝气器构造图

1—中心管；2—散流罩；3—切割；4—导流板；5—齿形布气头

图 3-30　固定单螺旋曝气器

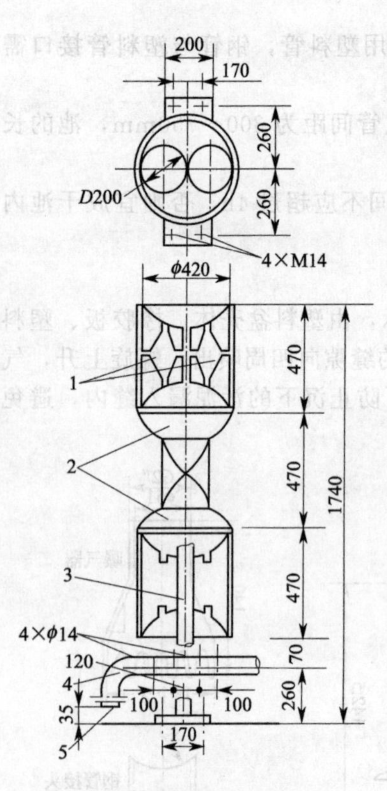

图 3-31　固定双螺旋曝气器的构造与安装示意

1—双螺旋叶片；2—过液室；3—支架；4—空气管；5—排污口

固定螺旋（静态）曝气器由圆形外壳和固定在外壳内的螺旋叶片 5～6 个组成，每个叶片的旋转角为 180°，相邻叶片的旋转方向相反，如图 3-30～图 3-33 所示。空气上流，被叶片反复切割，形成小气泡。这种曝气器具有阻力小、搅拌作用强等优点。单个曝气器的充氧能力可用下式计算：

$$R_0=0.404HG_a^{0.67} \tag{3-74}$$

式中　R_0——单个曝气器的充氧能力，kgO_2/h；

H——曝气器距水面的深度，m；

G_a——曝气器的供气量，m^3/h。

固定螺旋适用于完全混合池，但也能应用于推流池。设计与安装时应尽量使曝气器在池内均匀分布，螺旋筒体下方进气口处于同一高程。螺旋下面风管的出口不宜过大，一般不大于 12mm，以免阻力过小，导致位于风管上游的螺旋进风量过大，而下游的过小。池底的风管一般设计成水平，为防配气不均，也可使风管的坡降可调，使气量平衡。

密集多喷嘴曝气筒如图 3-34 所示，筒为钢板焊制，外表呈长方形，主要由进气管、喷嘴、曝气筒和反射板组成。每筒在中下部安设内径 5.8mm 的喷嘴 120 个，空气由喷嘴喷出，喷嘴出口流速为 80～100m/s。这种曝气筒多用于方形池，如在 10m×10m×7m 的方形曝气池中，设置 2 座曝气筒。应注意曝气池水位与反射板高程的配合。曝气池出水应经溢流堰，不宜采用出水管，以保持水位稳定，否则反射板可能脱水或淹没过多。也可将反射板的高程设计为可以调节。这种曝气筒不易堵塞，在相同条件下，氧利用率接近固定单螺旋，多应于中层曝气，水深可达7～10m。

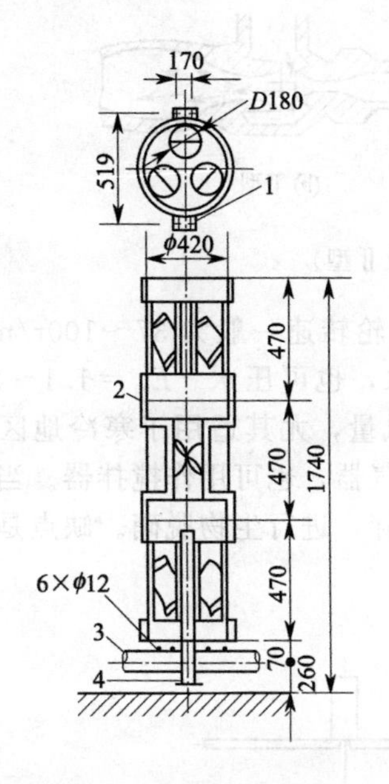

图3-32　固定三螺旋曝气器构造及安装

1—地脚螺栓；2—曝气器；3—布气管；4—支架

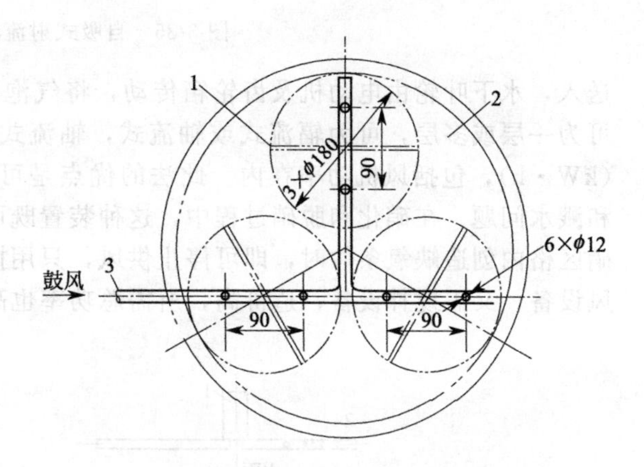

图3-33　固定三螺旋曝气器下部布气管道示意

1—叶片；2—曝气器；3—布气管

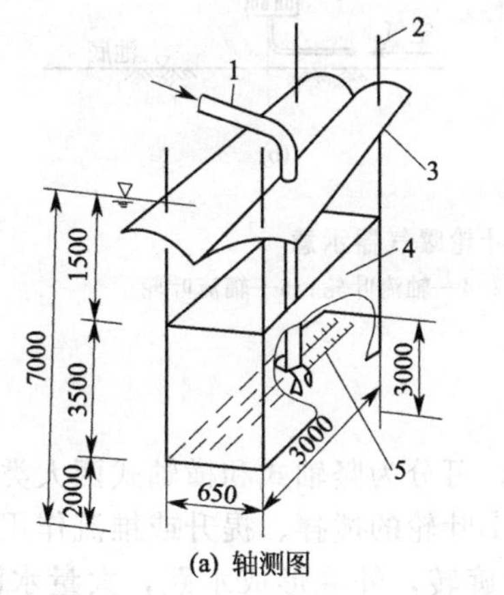

(a) 轴测图

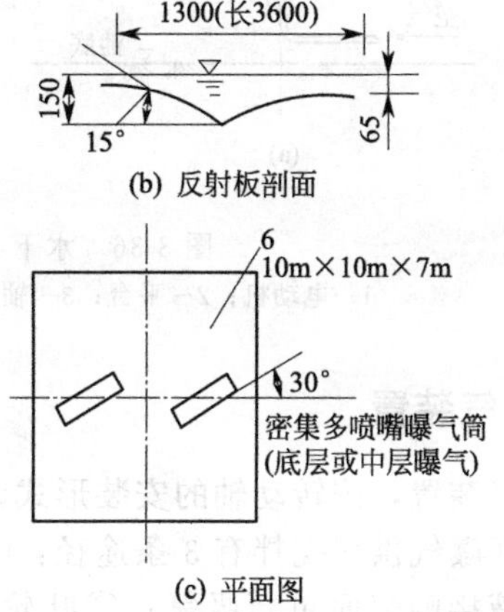

(b) 反射板剖面

(c) 平面图

图3-34　密集多喷嘴曝气筒

1—空气管；2—支柱；3—反射板；4—曝气筒；5—喷嘴；6—曝气池

⑤ 射流器　射流器是一种用途广泛、构造和尺寸多种多样的装置。自吸式射流器由压力管、喷嘴、吸气管、混合室和出水管组成，如图3-35所示。水泵将工作液以0.15～0.2MPa的压力通过压力管及喷嘴射入混合室，空气通过吸气管自动吸入混合。国内工程和试验中用过的射流器，其喷嘴直径为10mm、14mm、20mm、25mm、27.5mm、30mm、42mm、49.5mm、69mm、72mm等，有单吸单喷嘴和多吸多喷嘴型。设计中选择射流器时必须进行生产性中试，以决定在设计条件下所选射流器的充氧和搅拌性能。

国外用射流器充氧、搅拌，应用于活性污泥法的多为鼓风机供气式，$E_p=1.6\sim2.2kgO_2/(kW\cdot h)$。国内多用自吸气式，$E_p$可达$1.1\sim2kgO_2/(kW\cdot h)$。

⑥ 水下叶轮曝气器　水下叶轮曝气器如图3-36所示，空气由水下通过环形穿孔管或喷嘴

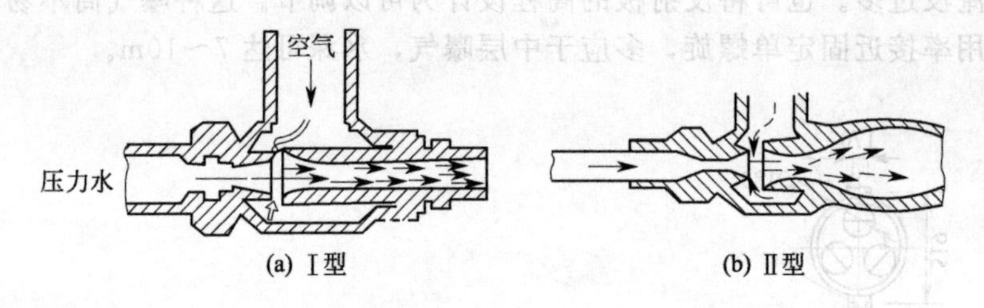

图 3-35 自吸式射流器（Ⅰ型及Ⅱ型）

送入，水下叶轮由电动机及齿轮箱传动，将气泡打碎。叶轮转速一般为 37～100r/min。叶片可为一层或多层，可为辐流式或轴流式，轴流式可以提水，也可压水。$E_p=1.1\sim2.0kgO_2/(kW\cdot h)$，包括风机功率在内。此法的优点是可以调节风量，尤其适用于寒冷地区，无结冰和溅水问题。在硝化和脱硝过程中，这种装置既可用作曝气器，也可用作搅拌器。当需要在脱硝区格内创造缺氧条件时，即可停止供风，只用搅拌器搅拌，进行生物脱硝。缺点是既需设鼓风设备，又需搅拌设备，造价高，所需总功率也高。

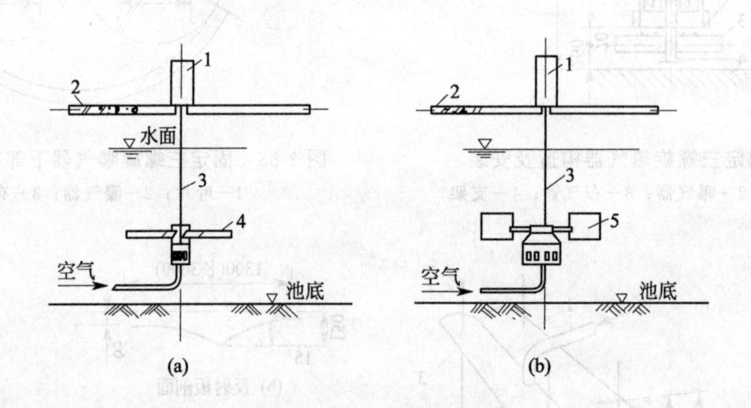

图 3-36 水下叶轮曝气器示意

1—电动机；2—平台；3—轴；4—轴流叶轮；5—辐流叶轮

3.5.2 机械曝气装置

又称表面曝气装置，按转动轴的安装形式，可分为竖轴式和横轴式两大类；按转速可分为低速和高速。表面曝气供氧搅拌有 3 条途径：①叶轮的搅拌、提升或推流作用，使池内液体不断循环流动，气液接触表面更新吸氧；②叶轮旋转，外缘形成水跃，大量水滴甩向空中而吸氧；③叶轮旋转在中心及背水侧形成负压，通过小孔吸入空气。

（1）竖轴辐流式低速表面曝气机

一般所谓表面曝气机专指这种。转速一般为 20～100r/min，最大叶轮直径可达 4m，最大线速度为 4.5～6m/s，动力效率 $1.5\sim3kgO_2/(kW\cdot h)$。表面曝气机可采用无级调速，但造价高，维修麻烦。一般多用双速或三速，双速中的低速一般为常速的 50%。也有采用直流电动机的电压来调整的，效率高，运转稳定，但调压设备大，占地多。

叶轮浸没深度一般在 10～100mm，视叶轮类型而异。浸没深度大时提升水量大，但功率增加，齿轮箱负荷也大。降低浸没深度可减小负荷。可用叶轮或堰板升降机构调节浸没深度。当池深大于 4.5m 时，可考虑设提升筒，以增加提升量，但所需功率也增加。在叶轮下面加轴流式辅助叶轮，也可加大提升量。当污水中含有挥发性物质或有臭气时，可在全池分散进水。

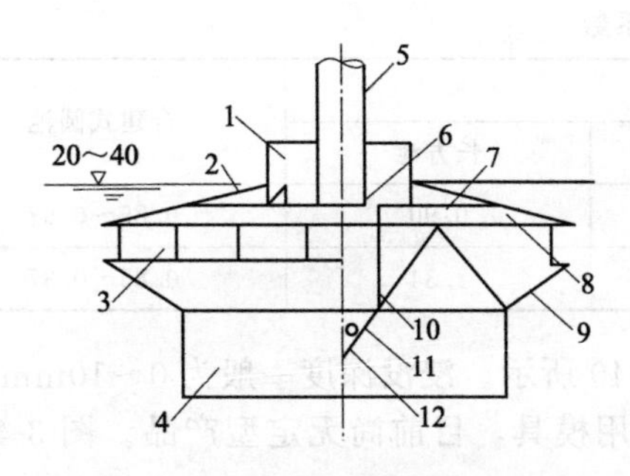

图 3-37　泵型叶轮曝气器的构造图

1—防护圈；2—肋片；3—叶片；4—进水口；5—轴；6—气孔；7—上平板；8—上压罩；9—下压罩；10—引水圈；11—出气孔；12—导流锥顶

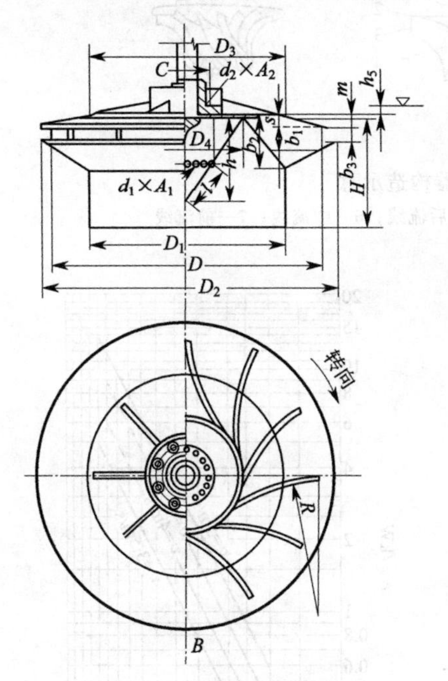

图 3-38　泵型叶轮曝气器结构尺寸图

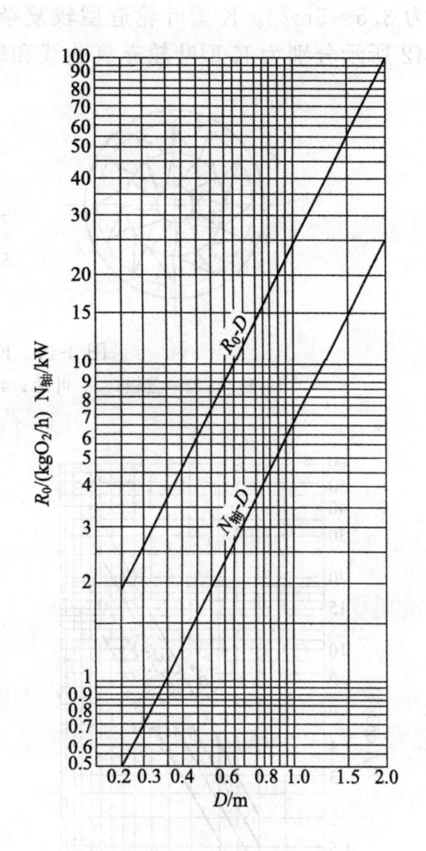

图 3-39　泵型叶轮曝气器计算图

竖轴式机械曝气装置又可分为泵型叶轮曝气器、K 型叶轮曝气器、平板型叶轮曝气器、倒伞型叶轮曝气器、BSK 型（中心吸水，四周出水）、Simplex 型（带提升筒）等。

① 泵型叶轮曝气器　泵型叶轮曝气器的构造如图 3-37 所示，其结构尺寸如图 3-38 和图 3-39 所示。

根据测定，在标准状态下的清水中，泵型叶轮的充氧量 R_0（kgO_2/h）和轴功率 $N_{轴}$（kW）可按下式计算：

$$R_0=0.379v^{2.8}D^{1.88}K_1 \tag{3-75}$$

$$N_{轴}=0.0804v^{3}D^{2.05}K_2 \tag{3-76}$$

式中　v——叶轮线速度，m/s；

D——叶轮的公称直径，m；

K_1、K_2——池型修正系数，见表 3-9。

表 3-9 池型修正系数

池型修正系数	分建式			合建式圆池
	圆池	正方池	长方池	
K_1	1	0.64	0.90	0.85～0.93
K_2	1	0.81	1.34	0.85～0.87

② K 型叶轮曝气器　其叶片为双曲线形，如图 3-40 所示。浸没深度一般为 0～10mm，线速度为 3.5～5m/s。K 型叶轮造型较复杂，制造需专用模具，目前尚无定型产品。图 3-41 和图 3-42 所示分别为 K 型叶轮充氧曲线和轴功率曲线。

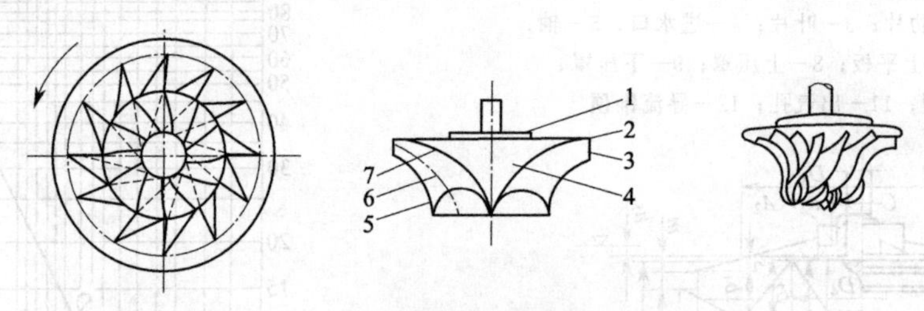

图 3-40　K 型叶轮曝气器构造示意

1—法兰；2—盖板；3—叶片；4—后轮盘；5—后流线；6—中流线；7—前流线

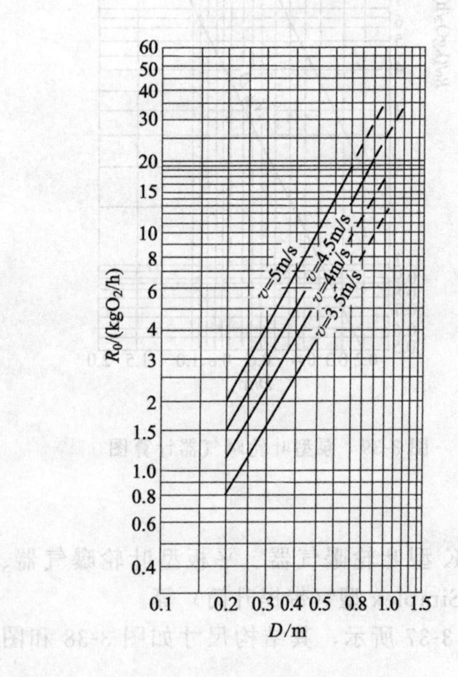

图 3-41　K 型叶轮曝气器直径（D）与充氧量（R_0）关系图

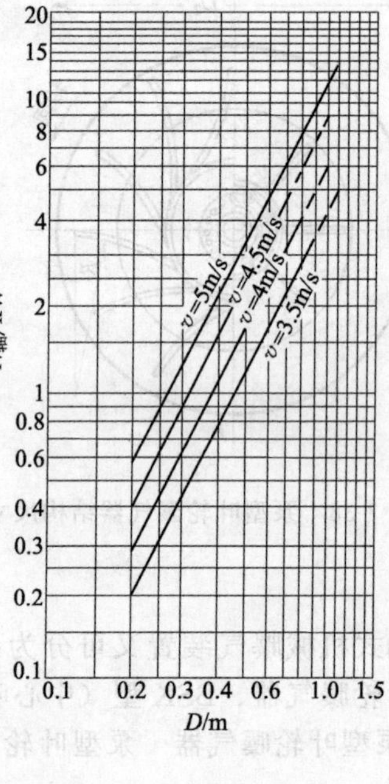

图 3-42　K 型叶轮曝气器直径（D）与轴功率（$N_{轴}$）关系图

③ 平板型叶轮曝气器　平板型叶轮造型简单，加工容易，不易堵塞，如图 3-43 所示。叶片方向与平板半径的夹角为 0°～25°，线速度一般为 4.05～4.85m/s。直径 1000mm 以上的平板型叶轮，浸没深度常用 80mm，多设有浸没深度调节装置。图 3-44～图 3-47 所示为平板叶轮的性能曲线。

④ 倒伞型叶轮曝气器　倒伞形叶轮造型的复杂程度介于泵型与平板型之间，与平板型相比，其动力效率较高，充氧能力则较低，如图 3-48 所示。

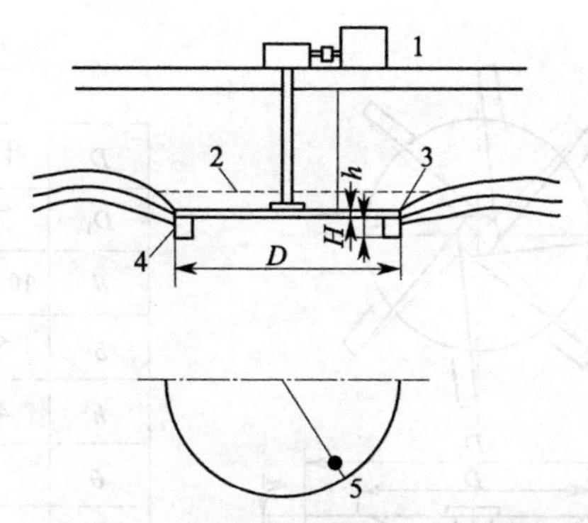

图 3-43 平板型叶轮曝气器的构造图

1—驱动装置；2—停转时水位；3—进气孔；4—叶片；5—进气孔

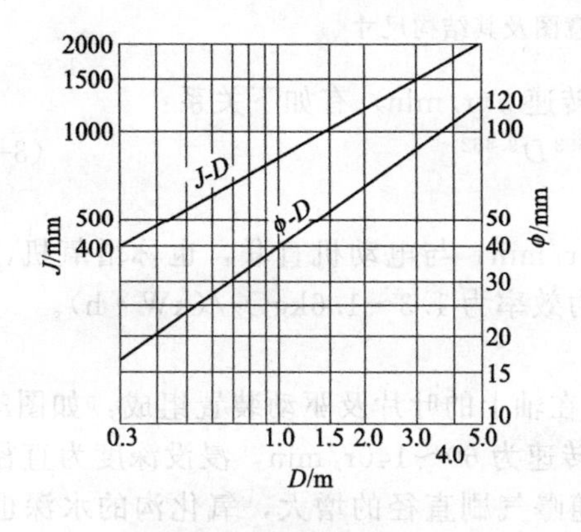

图 3-44 平板型叶轮曝气器开孔直径（ϕ）与叶轮边缘至池壁最小距离（J）计算图（D 为叶轮直径）

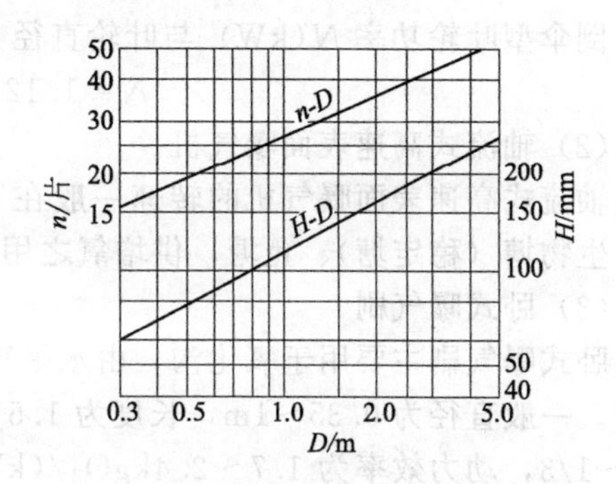

图 3-45 平板型叶轮曝气器叶片数（n）与叶轮高度计算图

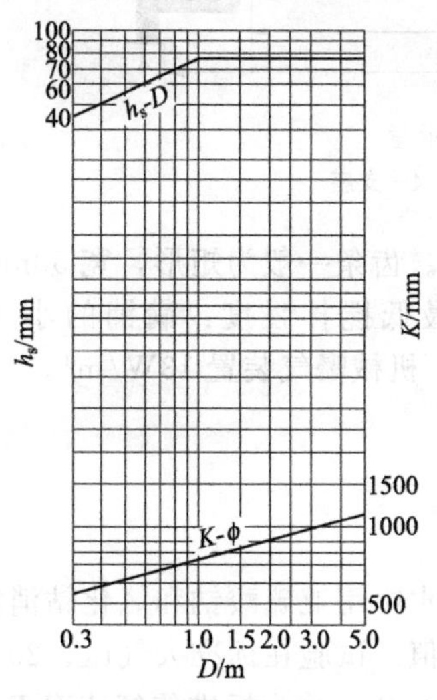

图 3-46 平板型叶轮曝气器浸没深度（h_s）和支架与叶轮顶的最小距离（K）计算图

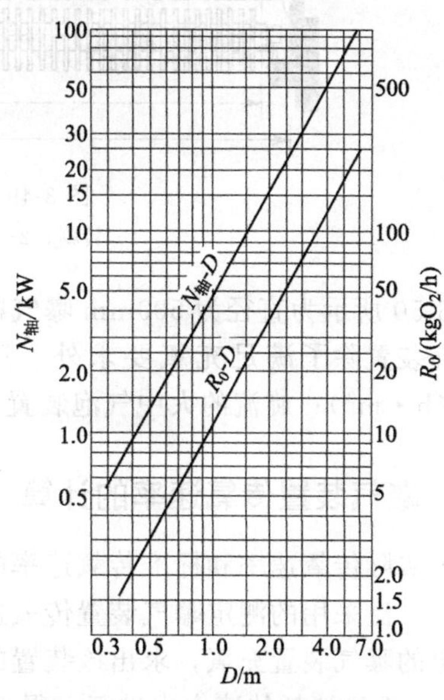

图 3-47 平板型叶轮曝气器轴功率（$N_{轴}$）、充氧量（R_0）与叶轮直径（D）的关系图

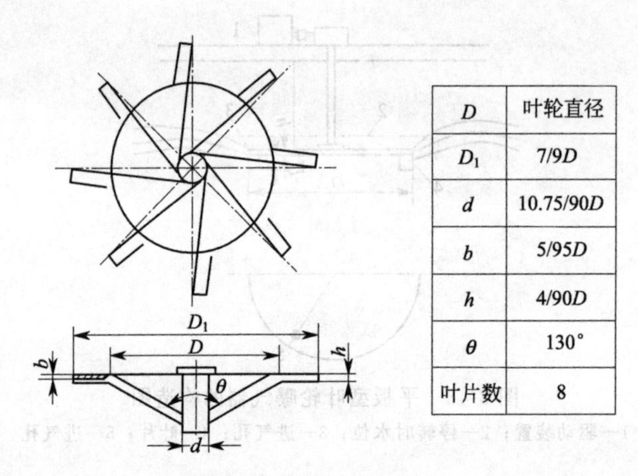

D	叶轮直径
D_1	7/9D
d	10.75/90D
b	5/95D
h	4/90D
θ	130°
叶片数	8

图 3-48 倒伞型叶轮曝气器示意图及其结构尺寸

倒伞型叶轮功率 N(kW) 与叶轮直径 D(m) 和转速 n(r/min) 有如下关系：

$$N=1.12\times10^{-7}n^{3.693}D^{3.462} \tag{3-77}$$

(2) 轴流式高速表面曝气机

轴流式高速表面曝气机的转速一般在 300～1200r/min，与电动机直联，也称增氧机，多浮于生物塘（稳定塘）、鱼塘，供增氧之用。一般动力效率为 1.3～1.6kgO_2/(kW·h)。

(3) 卧式曝气刷

卧式曝气刷主要用于氧化沟，由水平转轴和固定在轴上的叶片及驱动装置组成，如图3-49所示。一般直径为 0.35～1m，长度为 1.5～7.5m，转速为 60～140r/min，浸没深度为直径的 1/4～1/3，动力效率为 1.7～2.4kgO_2/(kW·h)。随曝气刷直径的增大，氧化沟的水深也可加大，一般为 1.3～5m。

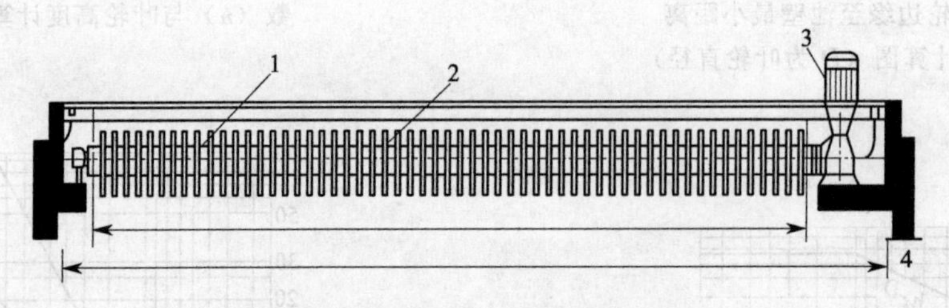

图 3-49 卧式曝气刷的结构示意

1—转刷；2—转刷轴；3—驱动装置；4—支座

图 3-50 所示为直径为 500mm 曝气刷的有关技术数据。齿条一般为矩形，宽 50mm 左右。

曝气装置除了满足充氧要求外，还应当满足下列最低搅拌强度：满铺的小气泡装置 2.2m^3/(h·m^3)；旋流的大中气泡装置 1.2m^3/(h·m^3)；机械曝气装置 13W/m^3。

3.5.3 曝气装置传氧速率的计算

(1) 实际传氧速率和标准传氧速率的折算

目前广泛采用的测定曝气装置传氧速率的方法是在清水中用亚硫酸钠和氯化钴消氯，然后用拟测定的曝气装置充氧，求出该装置的总传氧系数 K_{La} 值。试验在标准大气压、20℃、起始 DO 为零、无氧消耗的清水中进行，得出的传氧速率（kgO_2/h）称为标准传氧速率 R_0。

在实际应用中，充氧的介质不是清水，而是混合液；温度不是 20℃，而是 T；混合液的 DO 也不是 0，而一般按 2mg/L 计算。混合液的饱和溶解氧值、曝气装置在混合液中的 K_{La} 均

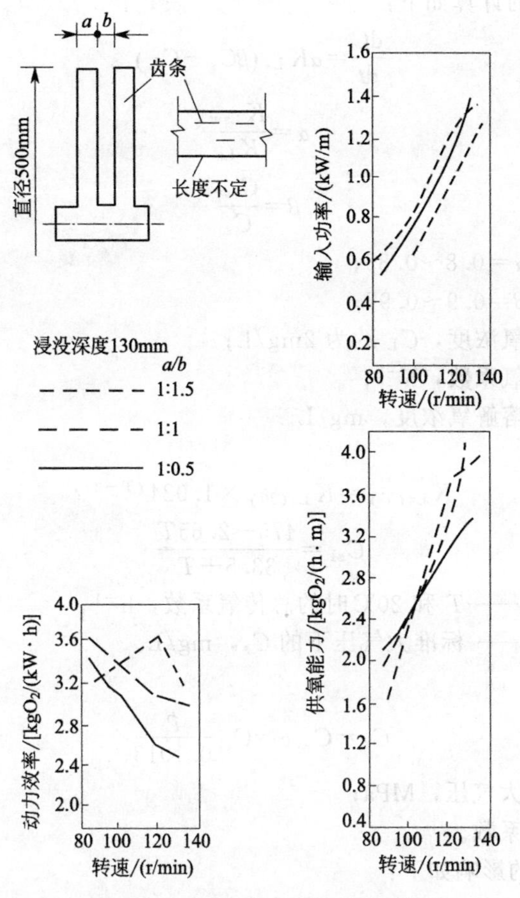

图 3-50 直径 500mm 曝气刷数据

与在清水中的不同，需要修正。因此，在实际应用中，实际的传氧速率数值上与 R_0 不同。为了选择曝气装置和设备，需要把实际传氧速率换算为标准传氧速率，其换算可按式(3-31)进行。

上述需氧量的计算只包括有机物碳化反应阶段的需氧量。如有特殊需氧变化以及其他需氧用途，如气力提升、搅拌等，需另行估算。当进水浓度特低时，需核算搅拌功率是否满足。

(2) 氧传递速率的计算

① 清水传氧速率的计算如下：

$$\frac{dC}{dt}=K_{La}(C_s-C) \tag{3-78}$$

$$K_{La}=\frac{\ln\dfrac{C_s-C_0}{C_s-C_1}}{t_1-t_0} \tag{3-79}$$

$$C_s=14.5115-0.3565T+4.3585\times10^{-3}T^2 \tag{3-80}$$

式中 C_s——清水中的饱和溶解氧浓度，mg/L；

C_0——t_0 时刻的溶解氧浓度，mg/L；

C——t 时刻的溶解氧浓度，mg/L；

C_1——t_1 时刻的溶解氧浓度，mg/L；

K_{La}——氧总传递系数，h^{-1}；

T——清水温度，℃，$T=0\sim4$℃。

② 混合液传氧速率的计算如下：

$$\frac{dC}{dt}=\alpha K_{La}(\beta C_s-C_L) \tag{3-81}$$

$$\alpha=\frac{K_{Law}}{K_{La}} \tag{3-82}$$

$$\beta=\frac{C_{sw}}{C_s} \tag{3-83}$$

式中 α——修正系数，$\alpha=0.8\sim0.85$；

β——修正系数，$\beta=0.9\sim0.97$；

C_L——混合液溶解氧浓度，C_L 约为 2mg/L；

K_{Law}——废水中总传氧系数，h^{-1}；

C_{sw}——废水的饱和溶解氧浓度，mg/L。

③ 水温的影响如下：

$$K_{La(T)}=K_{La(20)}\times1.024^{(T-20)} \tag{3-84}$$

$$C_{s1}=\frac{475-2.65T}{33.5+T} \tag{3-85}$$

式中 $K_{La(T)}$、$K_{La(20)}$——T 和 20℃时的总传氧系数，h^{-1}；

C_{s1}——标准大气压下的 C_s，mg/L。

④ 压力的影响如下：

$$C_s=C_{s1}\rho=C_{s1}\frac{p}{0.1013} \tag{3-86}$$

式中 p——所在地区的大气压，MPa；

ρ——大气压修正系数。

⑤ 曝气头浸没深度的影响如下：

$$C_{sm}=C_s\left(\frac{O_t}{42}+\frac{p_b}{2.026}\right) \tag{3-87}$$

$$O_t=\frac{21(1-E_A)}{79+21(1-E_A)} \tag{3-88}$$

$$p_b=p+9.81\times10^{-3}H \tag{3-89}$$

式中 C_{sm}——扩散器出口和混合液表面两处饱和溶解氧浓度的平均值，mg/L；

O_t——从曝气池逸出气体中含氧量的百分率，%；

E_A——氧吸收率，%；

p_b——扩散器出口处的绝对压力，MPa；

H——扩散器浸没水深，m。

⑥ 供气量的计算如下：

$$q=\frac{R_0}{0.3E_A}\times100 \tag{3-90}$$

式中 q——供气量，m^3/h。

3.6 活性污泥工艺的控制与运行

3.6.1 活性污泥的培养与驯化

活性污泥是通过一定的方法培养与驯化出来的。培养的目的是使微生物增殖，达到一定的污泥浓度；驯化是对混合微生物群进行淘汰和诱导，使具有降解废水活性的微生物成为优势。

(1) 菌种和培养液

除了采用纯菌种外，活性污泥菌种大多取自粪便污水、生活污水或性质相近的工业废水处理厂二沉池剩余污泥。培养液一般由上述菌液和一定诱导比例的营养物如淘米水、尿素或磷酸盐等组成。

(2) 培养和驯化方法

培养和驯化方法有异步法和同步法。异步法主要适用于工业废水，程序是：将经过粗滤的浓粪便水投入曝气池，用生活污水（或河水）稀释成BOD约300～500mg/L，加培养液，连续曝气1～2d，池内出现絮状物后，停止曝气，静置沉淀1～1.5h，排除上清液（约池容的50%～70%）；再加粪便水和稀释水，重新曝气，待污泥数量增加至一定浓度后（约1～2周），开始进工业废水（10%～20%），当处理效果稳定（BOD去除率达80%～90%）和污泥性能良好时，再增加工业废水的比例，每次宜增加10%～20%，直至满负荷。处理城市污水时可采用同步法，即曝气池全部进废水。连续曝气，二沉池不排泥，全部回流。

在培养与驯化期间，应保证良好的微生物生长繁殖条件，如温度（15～35℃）、DO（0.5～3mg/L）、pH（6.5～7.5）、营养比等。培养周期取决于水质及培养条件。

3.6.2 正常运行工艺控制

(1) 曝气系统的控制

控制参数是DO，控制变量是鼓入曝气池的空气量Q_a(m^3/h)，DO控制多大，与污泥浓度、负荷有关。一般说来，负荷较小时，MLVSS较高，DO值也应相应提高。当DO不变时，Q_a主要取决于入流BOD_5。在运行控制中，可用下式估算实际曝气量：

$$Q_a=\frac{f_0(S_0-S_e)Q}{300E_a} \tag{3-91}$$

式中 f_0——耗氧系数，指去除单位BOD所消耗的氧量，与负荷（F/M）有关。当F/M为0.2～0.5kgBOD/(kgMLVSS·d)时，f_0可取1，当$F/M<0.15$kgBOD/(kgMLVSS·d)时，f_0取1.1～1.2；

E_a——曝气效率，与扩散器的种类有关，一般在7%～15%。

Q_a的调节可通过改变鼓风机的投运台数以及调节单台风机的风量来实现。

(2) 回流污泥系统的控制

回流系统的控制有以下3种方式。

① 保持回流量恒定，适用于进水量恒定或波动不大的情况。流量变化较大时，会导致活性污泥在曝气池和二沉池之间的重新分配。当流量增大时，部分曝气池的污泥会转移到二沉池，使曝气池内MLSS降低，而此时曝气池内需要更多的MLSS去处理增加了的污水。另一方面，二沉池内污泥量增加会导致泥位上升，造成污泥流失，同时，水量增加导致二沉池水力负荷增加，进一步增大了污泥流失的问题。水量减少的运行分析与此类似。

② 保持回流比恒定，只要保持剩余污泥排放量基本不变，即可保证相对稳定的处理效果。

③ 定期或随时调节回流量及回流比，能取得较好的处理效果，但操作量大。

调节回流比有以下4种方法。

① 按照二沉池的泥位调节，这种方法不易造成泥位升高而使污泥流失，出水较稳定，但回流污泥浓度不稳定。

② 按照沉降比调节，$R=SV/(100-SV)$。这种方法操作非常方便，但当污泥沉降性能不佳时，不易得到高浓度的回流污泥。

③ 按照回流污泥及混合液的浓度调节，$R=X/(X_R-X)$。采用这种方法要先分析污泥浓

度，比较麻烦，一般作为回流比的校核方法。

④ 按照污泥沉降曲线调节，成层沉降曲线的拐点处所对应的沉降比即为该种污泥的最佳沉降比。对于某种污泥，如果调节回流比使污泥在二沉池的停留时间正好等于该种污泥通过沉降达到最大浓度所需的时间，则此时的回流浓度最大，且回流比小。这种方法简单易行，可获得高回流污泥，同时使污泥在二沉池内的停留时间最短。此法尤其适用于硝化及除磷工艺。

(3) 剩余污泥排放系统的控制

① 用 MLSS 控制排泥

$$V_w=(X-MLSS_0)V_a/X_R \tag{3-92}$$

式中 V_w——剩余污泥排放量，m^3；

X——曝气池进水污泥浓度，$kgMLVSS/m^3$；

$MLSS_0$——要维持的污泥浓度值，$kgMLVSS/m^3$；

V_a——曝气池的容积，m^3；

X_R——回流污泥的浓度，$kgMLVSS/m^3$。

② 用 F/M 控制排泥

$$V_w=[X_vV_a-S_0Q/(F/M)]/X_R \tag{3-93}$$

式中 V_w——剩余污泥排放量，m^3；

X_v——曝气池的污泥浓度，$kgMLVSS/m^3$；

V_a——曝气池的容积，m^3；

S_0——曝气池进水 BOD_5，mg/L；

Q——废水流量，m^3/d；

X_R——回流污泥的浓度，$kgMLVSS/m^3$。

③ 用 θ_c 控制排泥，如果系统污泥仅计曝气池，则有：

$$Q_w=\frac{XV_a}{X_R\theta_c}-\frac{X_e}{X_R}Q \tag{3-94}$$

式中 Q_w——剩余污泥排放量，m^3/d;；

X——曝气池进水污泥浓度，$kgMLVSS/m^3$；

V_a——曝气池的容积，m^3；

X_R——回流污泥的浓度，$kgMLVSS/m^3$；

θ_c——污泥龄，d;

X_e——曝气池的平衡污泥浓度，$kgMLVSS/m^3$；

X_R——回流污泥的浓度，$kgMLVSS/m^3$；

Q——废水流量，m^3/d。

当入流污水水量波动时，因污泥量在曝气池和二沉池中动态分配，因此计算系统总污泥量时，应考虑二沉池的泥量。二沉池的污泥量可按下式进行计算：

$$M_c=A_cH_s(X_R+X)/2 \tag{3-95}$$

式中 M_c——二沉池的污泥量，kgMLVSS;

A_c——二沉池的表面积，m^2；

H_s——二沉池内的污泥层厚，m。

④ 用 SV 控制排泥　当测出的 SV 较高时，可能是污泥浓度增大，也可能是沉降性能恶化，不管哪种情况都应及时排泥。

3.6.3 活性污泥系统的问题及解决对策

(1) 生物相不正常

正常的生物相镜检可见大量有柄纤毛虫，如钟虫属、累枝虫属、盖虫属和聚缩虫属。这类纤毛虫以体柄分泌的黏液固着污泥絮体。如系统出现大量游泳型纤毛虫，如豆形虫属、肾形虫属、尾丝虫属、草履虫属等，则可能是有机负荷太高或溶解氧偏低所致。如出现扭头虫，则表明曝气池已处于厌氧状态，并已经产生硫化氢。

(2) 污泥 SVI 值异常原因及对策

污泥 SVI 值出现异常的原因及对策如表 3-10 所列。

表 3-10　污泥 SVI 值异常原因及对策

异常现象	原因	具体原因	对　策
SVI 值异常高	原废水水质变化	①水温降低	①降低污泥负荷
		②pH 值下降	②加碱调整
		③低相对分子质量溶解性有机物大量进入	③降低负荷
		④N、P 不足	④投加氨水、硫胺、尿素、磷酸盐
		⑤腐败废水大量流入	⑤降低负荷
		⑥消化池上清液大量流入	⑥减少流入量
		⑦原废水 SS 浓度太低	⑦缩短初沉池停留时间
		⑧有害物质流入	⑧去除抑制物
	曝气池管理不善	⑨有机负荷过高或过低	⑨相应采取措施
		⑩溶解氧不足	⑩增加供氧量，短时间闷曝气
	二沉池管理不善	⑪活性污泥在二沉池停留时间过长	⑪缩短停留时间，加大回流量
SVI 值异常低	原废水水质变化	⑫水温上升	—
		⑬土、砂石等流入	
	曝气池管理不善	⑭有机负荷过低	—

(3) 污泥膨胀及其控制

① 丝状菌膨胀　活性污泥絮体中的丝状菌过度繁殖，导致膨胀，促成条件包括进水有机物太少、*F*/*M* 太低，微生物食料不足；进水氮、磷不足；pH 值太低，不利于微生物生长；混合液溶解氧太低，不能满足需要；进水波动太大，对微生物造成冲击。

② 非丝状菌膨胀　非丝状菌膨胀是由菌胶团细菌本身生理活动异常而产生的膨胀。根据具体情况，可分为两种：一种是由于进水中含有大量的溶解性有机物，使污泥负荷太高，而进水中又缺乏足够的 N、P，或者 DO 不足，细菌很快把大量有机物吸入体内，又不能代谢分解，向外分泌出过量的多糖类物质。这些物质分子中含羟基而具有强亲水性，使活性污泥的结合水高达 400%（正常为 100%左右），呈黏性的凝胶状，无法在二沉池分离。另一种非丝状菌膨胀是进水中含有较多毒物，导致细菌中毒，不能分泌出足够量的黏性物质，形不成絮体，也无法分离。

③ 措施　临时控制措施包括污泥助沉法（加混凝剂和助凝剂）和杀菌法。

工艺运行调节控制措施适用于运行控制不当产生的污泥膨胀。DO 太低可增加供氧；pH 值通过调节进水水质调整；污泥缺氧而腐化可增大曝气；N、P 缺乏则应外加。

永久性措施可在曝气池前设生物选择器，通过选择器对微生物进行选择性培养。选择器有 3 种：好氧选择器、缺氧选择器、厌氧选择器。实际上只是在曝气池首端划出一格，容积按水力停留时间 20min 计。在好氧选择器中，对污水进行充分曝气，让菌胶团细菌先抢占有机物，不给丝状菌过度繁殖的机会。在完全混合活性污泥法的曝气池前段，设一个好氧选择器，其控制污泥膨胀的效果非常明显。缺氧选择器与厌氧选择器完全一样，发挥的功能与污泥龄有关。当污泥龄长时，会发生较完全的硝化，选择器内硝酸盐浓度高，此时为缺氧选择器。当污泥龄短时，为厌氧选择器。缺氧选择器中菌胶团细菌利用化合性氧源进行繁殖，而丝状菌没有这个功能而受到抑制。绝大多数丝状菌是绝对好氧的，在厌氧选择器中受到抑制。而绝大多数菌胶团细菌是兼性的，但是在厌氧选择器中丝硫细菌会繁殖，因菌胶团细菌厌氧代谢会产生硫化氢，为丝硫菌的繁殖提供了条件。

（4）二沉池异常情况及对策

二沉池出水异常主要表现在透明度降低、SS和BOD值升高、大肠菌群数增加等。原因要从二沉池本身和污泥特性两方面分析。出水BOD（或COD）值异常增高原因判断顺序如图3-51所示，判明原因后采取相应对策。

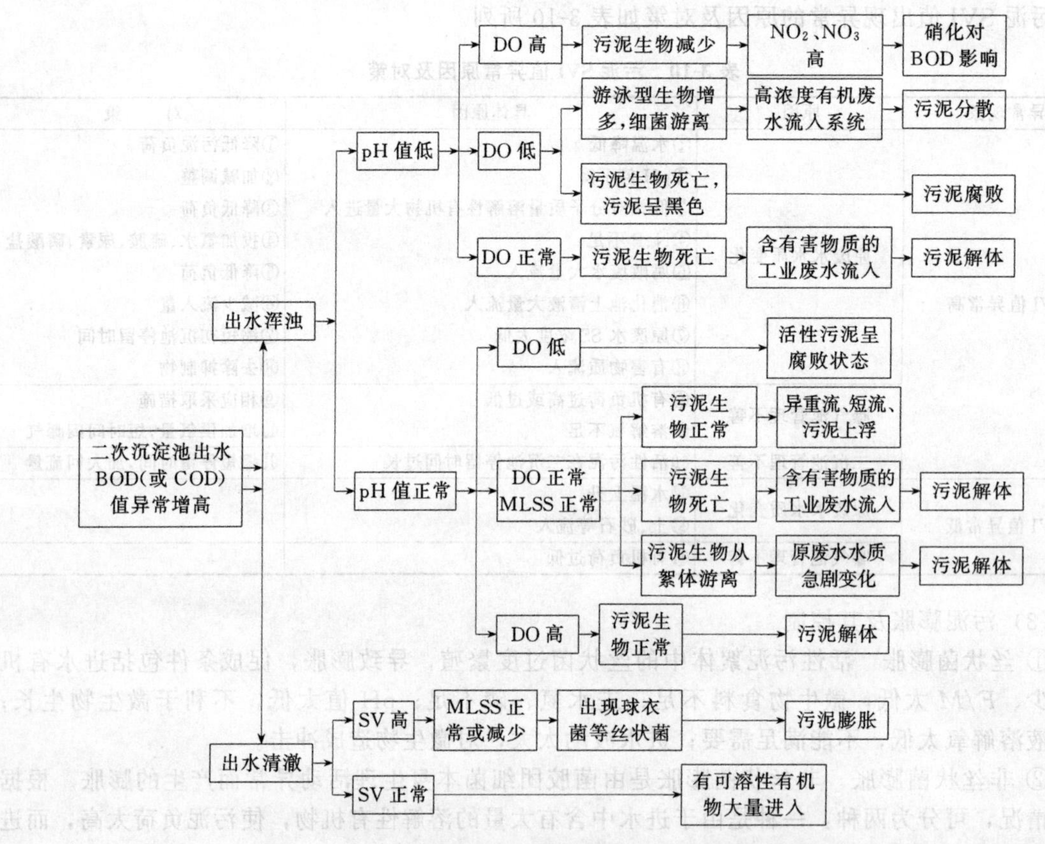

图3-51 二次沉淀池出水BOD(COD)值异常原因判断顺序

参考文献

[1] 唐受印，戴友芝．水处理工程师手册[M]．北京：化学工业出版社，2001.

[2] 买文宁．生物化工废水处理技术及工程实例[M]．北京：化学工业出版社，2002.

[3] 王宝贞，王琳．水污染治理新技术——新工艺、新概念、新理论[M]．北京：科学出版社，2004.

[4] 张可方，李淑更．小城镇污水处理技术[M]．北京：中国建筑工业出版社，2008.

[5] 周正立，张悦．污水生物处理应用技术及工程实例[M]．北京：化学工业出版社，2006.

第4章 新型好氧活性污泥法处理工艺

活性污泥法自20世纪初于英国开创以来得到了广泛应用，发展迅速，已开发的以活性污泥法为主体的处理方法已有四大类共十多种，目前常用的主要有氧化沟工艺、吸附-生物降解（A-B）工艺、序批式间歇反应器（SBR）工艺几种。

4.1 氧化沟工艺

氧化沟（oxidation ditch，简称OD）生物处理技术又称循环曝气池，污水和活性污泥的混合液在环状曝气渠中循环流动，属于活性污泥法的一种变形，1950年由荷兰公共卫生研究所的帕斯维尔（Paasveer）通过研究和设计而首先开发。第一座氧化沟污水处理厂于1954年建造，将曝气、沉淀和污泥稳定等处理过程集于一体，间歇运行，并获得了成功，BOD_5的去除率高达97%，管理十分方便，运行效果稳定。经过多年的应用、研究和改进，氧化沟系统在池型、结构、运行方式、曝气装置、处理规模、适用范围等方面得到了长足的进展，而今已成为欧洲、大洋洲、南非和北美洲广泛使用的一种重要的污水生化处理技术。我国自20世纪80年代起也相继采用氧化沟技术处理城市污水，取得了良好的示范效果，此后氧化沟技术得到广泛研究与应用，目前已成为城市污水处理的重要工艺形式之一。

4.1.1 氧化沟的构造

氧化沟处理系统的构造如图4-1所示，由曝气设备、出水溢流堰和自动控制设备等部分组成。

氧化沟池体的平面形状呈环状沟渠形，平面上多为圆形、椭圆形或其他形状，氧化沟断面形状多为矩形和梯形。池壁多为钢筋混凝土，也可按土质挖成边坡为1∶1.5以上的斜坡，以100mm素混凝土做护砌而成。沟渠水深与所采用的曝气设备有关，一般为2.5～8m。

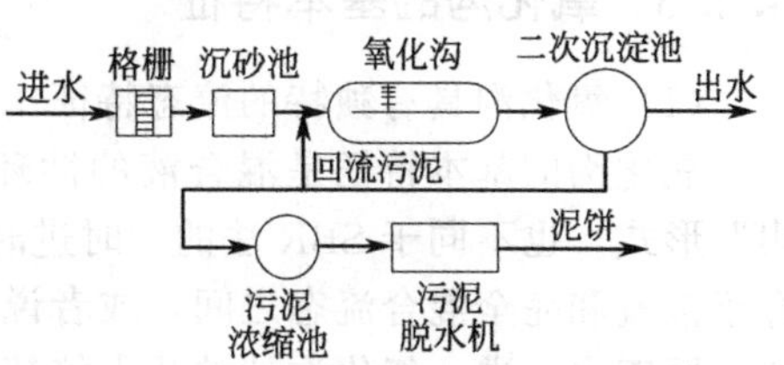

图4-1 氧化沟处理系统的构造

曝气设备是氧化沟的主要装置，它的主要作用有：供氧、推动水流作循环流动、防止活性污泥沉淀以及对反应混合液进行混合。常用的曝气设备有水平轴曝气转刷和竖直轴表面曝气机，此外还有射流曝气器和导管式曝气机等。

曝气设备的安装应考虑通过改变曝气机的转速或淹没深度来调节曝气机的充氧能力，以适应运行的要求，节省电耗。当采用曝气转刷时，氧化沟水深一般不超过 2.5m；当采用表面曝气机时，由于其提升能力较强，沟深可采用 2.5～4.5m。

当有两个以上的氧化沟平行工作时，应设进水分配井以保证均匀配水。当采用交替工作的氧化沟系统时，进水分配井内应设自动控制阀门，按设计好的程序用定时器自动启闭各个进水口，以变换氧化沟的水流方向。氧化沟中的出水溢流堰除排出处理后的出水外，还起着调节池内水深的作用，因此一般溢流堰应设计成可升降的，通过调节出水溢流堰的高度，可改变池内水深，从而改变曝气器的浸没深度，使其充氧量适应不同的运行要求。当采用交替工作的氧化沟时，出水溢流堰还应制成可以利用定时器自动启闭的，并与进水闸门的自动启闭互相呼应，以控制池内水流方向的变更。

自动控制设备一般有溶解氧控制系统、进水分配井、闸门和出水堰的控制等。

4.1.2 氧化沟的工作原理

氧化沟是常规活性污泥法的一种改型和发展，它的基本特征是曝气池呈封闭的沟渠形，污水和活性污泥的混合液在其中做不停地循环流动，其水力停留时间长达 10～40h，污泥龄一般大于 20d，有机负荷很低，仅为 0.05～0.15kgBOD_5/(kgMLSS·d)（本质上属于延时曝气法），容积负荷为 0.2～0.4kgBOD_5/(m^3·d)，活性污泥浓度为 2000～6000mgMLSS/L，出水 BOD_5 为 10～15mg/L，SS 为 10～20mg/L，NH_3-N 为 1～3mg/L。

采用氧化沟处理污水时，可不设初次沉淀池。二次沉淀池可与曝气部分分设，此时需设污泥回流系统；也可与曝气部分合建在同一沟渠中，如侧渠式氧化沟、交替工作氧化沟，此时可省去二次沉淀池及污泥回流系统。氧化沟中的水流速度一般为 0.3～0.5m/s，水流在环形沟渠中完成一个循环约需 10～30min。由于此工艺的水力停留时间为 10～40h，因而可知污水在其整个停留时间内要完成 20～120 个循环工序，这就赋予了氧化沟一种独特的水流特征，即氧化沟兼有完全混合式和推流式的特点，在控制适宜的条件下，沟内同时具有好氧区和缺氧区，从而使得这一技术具有净化深度高、耐冲击和能耗低的特点，同时还具有良好的脱氮效果。

如果着眼于整个氧化沟，并以较长的时间间隔为观察基础，可以认为氧化沟是一个完全混合曝气池，其中的浓度变化极小，甚至可以忽略不计，进水将迅速得到稀释，因此它具有很强的抗冲击负荷能力。如果着眼于氧化沟中的一段，即以较短的时间间隔为观察基础，就可以发现沿沟长存在溶解氧浓度的变化，在曝气器下游溶解氧浓度较高，但随着与曝气器距离的增加，溶解氧浓度不断降低，呈现出好氧区→缺氧区→好氧区→缺氧区的交替变化。氧化沟的这种特征，使沟渠中相继进行硝化和反硝化的过程，达到脱氮的效果，同时使出水中活性污泥具有良好的沉降性能。

由于氧化沟采用的污泥龄很长，剩余污泥量较一般的活性污泥法少得多，而且已经得到好氧消化的稳定，因此不再需要消化处理，可在浓缩、脱水后加以利用或最后处置。

4.1.3 氧化沟的基本特征

(1) 氧化沟具有独特的流态特征

氧化沟的基本特征是混合液的循环流动，既不同于连续流活性污泥法混合液的“前进后出”形式，也不同于 SBR 法的“时进时出”形式，形成氧化沟特殊的流态特征，其水流流态介于推流和完全混合流态之间，或者说基本上是完全混合式，同时又具有推流的特征。如前所述，原废水一进入氧化沟就被几十倍甚至几百倍的循环流量所稀释，因此具备完全混合的流态特征，适合处理高浓度有机废水，能够承受水量和水质的冲击负荷。但是从某一水流断面来看，混合液在沟渠中又以推流的模式前进，由于在氧化沟中曝气装置并不是沿池长均匀布置而只装在某几处，在曝气器下游附近地段水流搅动激烈，溶解氧浓度高，但随着与曝气器距离的增加，水流搅动变缓，溶解氧浓度不断减少，还可能出现缺氧区。这种水流搅动飞速和溶解氧沿池长变化的特征十分有利于发挥污泥的生物凝聚作用，且可利用来进行硝化、反硝化，达到生物脱氮的目的。

(2) 集污水处理和污泥稳定于一身

为防止无机沉渣在氧化沟中积累，原污水应先采用格栅及沉砂池进行预处理。由于氧化沟采用的污泥龄长，剩余污泥量较一般的活性污泥少得多，而且得到了好氧消化稳定，因而无需再做消化稳定，可在浓缩、脱水后利用或最后处理。

氧化沟以其流程简单、管理方便和处理效果好等优点赢得了声誉，在不少的工程项目中得到了广泛的应用。由于技术及装备的发展，氧化沟处理技术取得了突破性的进展。

① 突破了氧化沟是一种延时曝气构筑物的概念，可按多种活性污泥工艺进行设计。它可以是低负荷的延时曝气池，也可以是高负荷曝气池；可以是缺氧/好氧或厌氧/好氧或厌氧/缺氧/好氧或吸附/生物氧化等工艺的组合。总之，可视具体工程条件而设计。

② 氧化沟水力学流态和构筑物形式的研究有了重大进展，出现了间歇曝气工艺的氧化沟、水深达 8m 的深水氧化沟和高效氧化沟。

③ 开发研制了各类氧化沟的专用设备，使工艺技术、装备和运行控制有了一整套技术，保证了各种氧化沟的有效运行。

4.1.4　氧化沟的形式

作为一种经济高效的城市污水处理方法，氧化沟处理技术得到了广泛的应用，尤其是近年来，水资源已被世界各国所重视，水处理工业也随之发展，新型的氧化沟品种不断涌现。概括起来，氧化沟有单沟、双沟、三沟、多沟同心和多沟串联等多种布置形式；有将二沉池与氧化沟分建或合建的；有连续进水或交替进水的；有用转刷曝气机、转盘曝气机或泵型、倒伞型表面曝气机进行充氧和搅拌的；也有加水下潜水搅拌器的。对于设计者来说，掌握各种氧化沟的性能、流态设计是设计的关键。

根据是否设置二沉池，氧化沟可分为设置独立二沉池和不单独设置二沉池的氧化沟两类。

4.1.4.1　设置独立二沉池的氧化沟

此类氧化沟设有二沉池和污泥回流系统，常用的形式有基本型氧化沟、DE 型氧化沟、卡罗塞尔（Carrousel）型氧化沟、奥巴尔（Orbal）型氧化沟。

(1) 基本型氧化沟

基本型氧化沟的工艺流程如图 4-2 所示。氧化沟是一个椭圆形水池，中间隔墙把水分为两条首尾连通的渠道，此种氧化沟只适用于小规模污水处理厂，一般用转刷曝气，水深 1～1.5m，水平流速 0.3～0.4m/s，循环流量为设计流量的 30～60 倍。

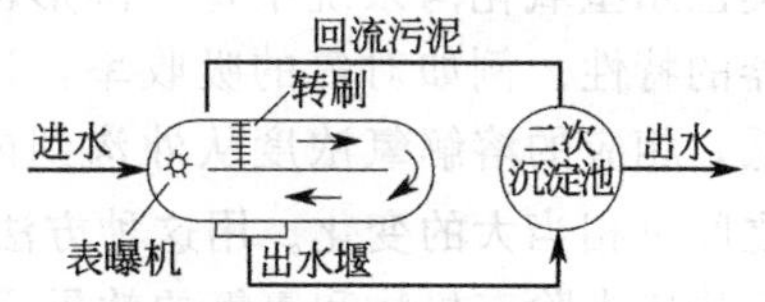

图 4-2　基本型氧化沟的工艺流程

(2) DE 型氧化沟

DE 型氧化沟是由丹麦克鲁格（Kruger）公司发明的，由两个基本型氧化沟串联而成，一般使用转刷曝气，潜水搅拌器搅拌，通过改变进水、出水顺序和曝气转刷转速使两沟交替处在缺氧混合和好氧条件。此种形式的氧化沟主要用于生物脱氮，由于两沟交替工作，避免了 A/O 生物脱氮系统中的混合液内回流。DE 型氧化沟的工作过程如图 4-3 所示。

(3) 卡罗塞尔（Carrousel）型氧化沟

卡罗塞尔（Carrousel）型氧化沟可以看作是由多个基本型氧化沟首尾相连形成的多沟道

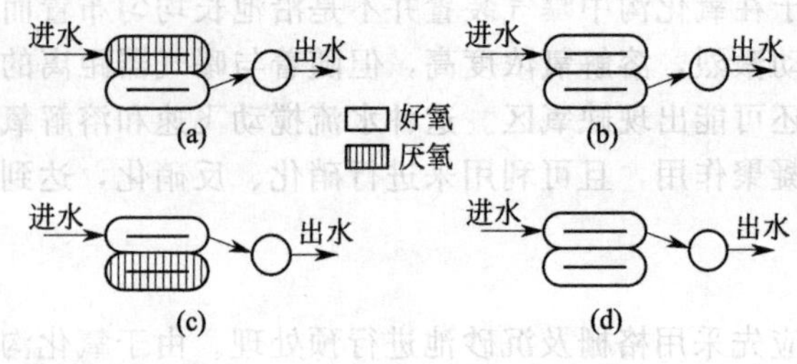

图 4-3 DE 型氧化沟的工作过程

氧化沟，于 20 世纪 60 年代由荷兰 DHV 公司研制成功，用于中小型污水处理厂。

卡罗塞尔型氧化沟采用垂直安装的低速曝气器，每组沟渠安装一个，均安设在一端，因此形成了靠近曝气器下游的富氧区和曝气器上游及外环的缺氧区。这不仅有利于生物凝聚，使活性污泥易于沉淀，而且创造了良好的生物脱氮环境。表面叶轮曝气机有较大的提升作用，使氧化沟的水深一般可达 4～4.5m，沟内水流流速约为 0.3～0.4m/s。由于曝气器周围的局部地区能量强度比传统活性污泥法曝气池中的强度高得多，因此氧的转移效率大大提高。当有机负荷低时，可以停止某些曝气器的运行，在保证水流搅拌混合循环流动的前提下，节约能量消耗。目前使用的氧化沟的处理规模有小至 $200m^3/d$ 的，也有大至 $657000m^3/d$ 的。其 BOD_5 的去除率可达 95%～99%，脱氮效率可达 90%，脱磷效率约为 50%，如配以投加铁盐，除磷效率可达 95%。

卡罗塞尔型氧化沟需另设二沉池和污泥回流装置，其布置如图 4-4 所示，组合形式如图 4-5所示。

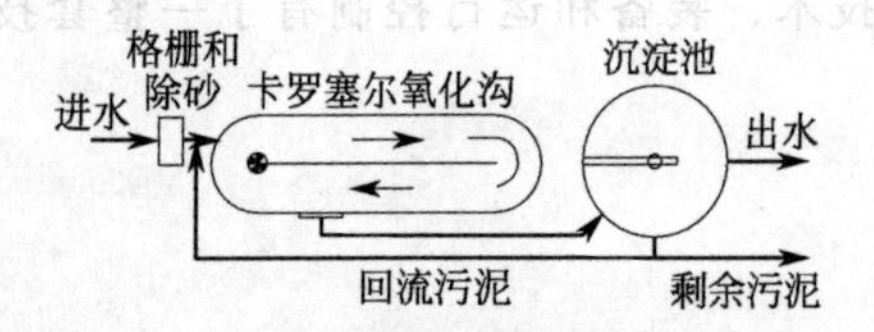

图 4-4 卡罗塞尔型氧化沟流程示意

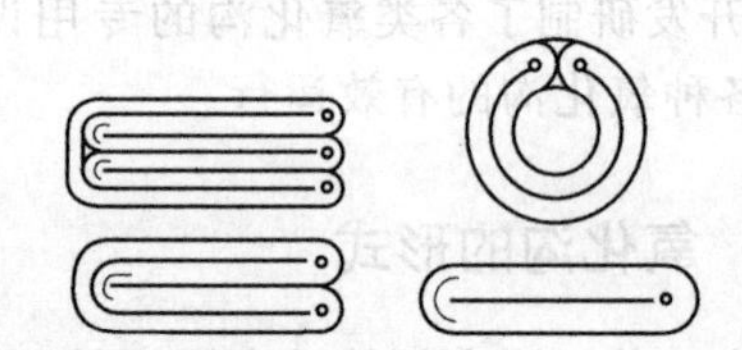

图 4-5 卡罗塞尔型氧化沟组合形式

(4) 奥巴尔（Orbal）型氧化沟

奥巴尔（Orbal）型氧化沟由多个同心的沟渠组成，沟渠呈圆形或椭圆形，进水先引入最外的沟渠，在其中不断循环流动的同时，依次引入下一个沟渠，最后从中心的沟渠排出。其工艺流程如图 4-6 所示。沟中有若干多孔曝气圆盘的水平旋转装置，用于传氧和混合。

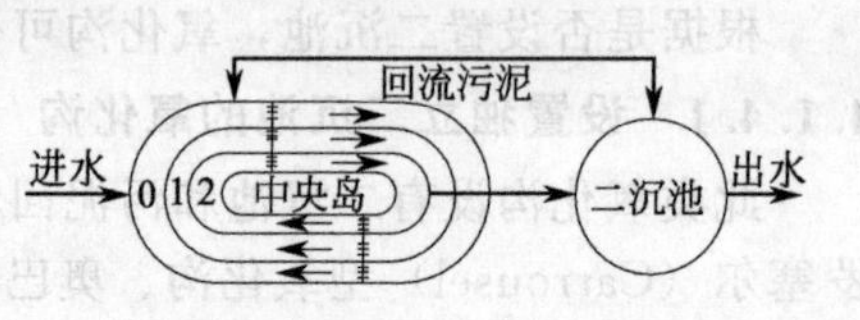

图 4-6 奥巴尔型氧化沟

与卡罗塞尔型氧化沟多沟道首尾相连不同，奥巴尔型氧化沟相当于一系列完全混合反应池串联在一起。但是几个串联的完全反应池与单个渠的动力学是不同的，奥巴尔型氧化沟系统中每一圆形沟渠均表现出单个反应器的特性。例如对氧的吸收率，进水渠最高，出水渠最低，相应的溶解氧浓度从外沟到内沟依次增高，渠与渠之间有相当大的变化。用这种方法，奥巴尔型氧化沟系统具有接近推流反应器的特性，可以达到快速去除有机物和氨氮的效果。奥巴尔型氧化沟系统的这种串联形式可以兼有完全混合式和推流式的优点，因而可取得更好的处理效果。

① 奥巴尔型氧化沟的特点 奥巴尔型氧化沟的特点如下。

a. 曝气设备多采用曝气转盘。曝气转盘上有大量的曝气机和楔形突出物，增加了推进混合和充氧效率，水深可达 3.5～4.5m，并保持沟底流速 0.3～0.9m/s。同时可以借助配置各沟中不同的曝气盘数目，变化输入每一沟的供氧量。

b. 圆形或椭圆形的平面形状，比渠道较长的氧化沟更能利用水流惯性，可节省推动水流的能耗。

c. 多渠串联的形式可减少水流短流现象。

② 奥巴尔型氧化沟的分区 常用的奥巴尔型氧化沟分为 3 条沟渠，第一渠的容积约为总

容积的60%～70%，第二渠的容积约为总容积的20%～30%，第三渠则仅占总容积的10%。在运行时，应保持第一、第二及第三渠道的溶解氧浓度分别为0mg/L、1mg/L及2mg/L，即为所谓三沟DO的0-1-2梯度分布。由于第一渠中氧的吸收率很高，通常高于供氧速率，供给的大部分溶解氧立即被耗掉。因此即使该段提供90%的需氧量，仍可将溶解氧的含量保持在0左右。在第二、第三渠中，氧的吸收率比较低，尽管反应池中供氧量比较低，溶解氧的量却可以保持较高的水平。

为了保持奥巴尔型氧化沟中的这种溶解氧浓度梯度，可简单地通过增减曝气盘的数量来达到调节溶解氧的目的。在氧化沟中保持0-1-2的浓度梯度，可以达到以下目的。

a. 在第一渠中仅提供将BOD物质氧化稳定所需的氧，保持溶解氧为0或接近0，既可节约供氧的能耗，又可为反硝化创造条件。

b. 在第一渠缺氧条件下，微生物可进行磷的释放，以便它们在好氧环境下吸收废水中的磷，达到除磷效果。

c. 在三条沟渠中形成较大的溶解氧阶梯，有利于提高充氧效率。

③ 奥巴尔型氧化沟的脱氮　根据硝化和反硝化的原理，脱氮过程需先将氨氮在有氧条件下转化成硝态氮，然后在无分子态氧存在的条件下把硝态氮还原成氮气，这就要求创造一个好氧和缺氧的环境。奥巴尔型氧化沟特有的三沟溶解氧呈0-1-2的分布正好创造了一个极好的脱氮条件，其独特之处是有大部分硝化反应发生在第一沟。如果硝化只发生在后面两个沟内，则反硝化部分只有回流污泥中的硝酸盐，即使污泥回流比高达100%，也只有50%的硝酸盐进行反硝化。根据中国市政工程华北设计研究院的测试结果，在污泥回流比为60%时，外沟测得的TN去除率即达88%，所以在第一沟内同时发生了硝化和反硝化。对这种现象的解释是：在整个第一沟内存在缺氧和曝气区域。根据中国市政工程华北设计研究院的现场测试结果，在曝气转碟上游1m至下游3m的沟长范围内一般DO＞0.5mg/L，部分区域甚至可达2～3mg/L，可将此看作曝气区域，其他区域则为缺氧区域。生物处理系统为多种微生物群体共生的系统，废水在经过曝气区域时可发生硝化反应，在缺氧区域则进行氮的脱除，加上废水先进入外沟，为反硝化反应提供了充足的碳源，使得在第一沟内氮得到了很好的去除。

4.1.4.2　不单独设置二沉池的氧化沟

此类氧化沟不单独设置二沉池，把氧化沟的某一部分在某些时段作为沉淀池使用，或者把二沉池与氧化沟合建，不设置污泥回流系统。常见的形式有三沟交替式氧化沟、一体化氧化沟等。

(1) 交替工作式氧化沟

交替工作式氧化沟由丹麦Kruger公司创建，分为两池交替工作型（D型）和三池交替工作型（T型），主要用作去除BOD。

图4-7所示为两种不同的二池交替工作型氧化沟。V-R型氧化沟的特点是将曝气沟渠分成A、B两部分，其间有单向活板门相连。利用定时改变曝气转刷的旋转方向，可以改变沟渠中的水流方向，使A和B两部分交替地作为曝气区和沉淀区，因此不需另设二沉池。当沉淀区改为曝气区运行时，已沉淀的污泥会自动与污水混合，因此也不需设置污泥回流装置，这种系统简化了流程，可以节省基建费用和运行费用，操作管理也很方便。当处理食品、纺织工业废水时，活性污泥沉淀性能差，这种系统更具优越性。

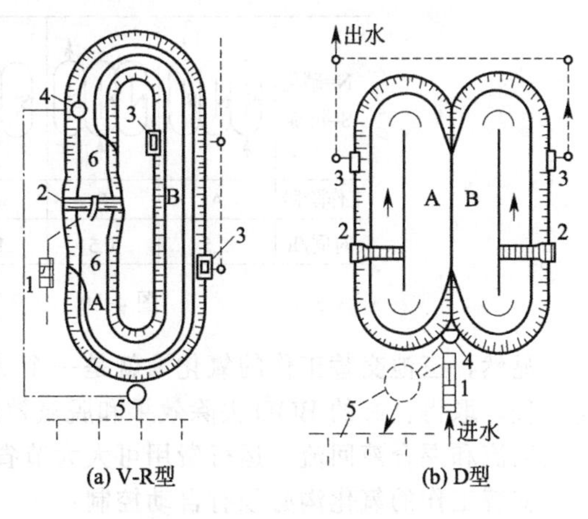

图4-7　二池交替工作型氧化沟

1—沉砂池；2—转刷曝气器；3—出水堰；4—排泥管；5—污泥井；6—氧化沟

D 型氧化沟由两个容积相同的单沟串联组成，两沟被交替用作曝气池和沉淀池，一般以 8h 为一个运行周期。其运行周期分为两部分，前半周期进水引入 N 沟，此时 N 沟曝气，S 沟作为沉淀池，出水从 S 沟引出，在此阶段后期，N 沟停止曝气，为作为出水段做准备；后半周期进水引入 S 沟，S 沟曝气，N 沟作为沉淀池，出水从 N 沟引出，在此阶段后期，S 沟停止曝气，为作为出水段做准备。其操作方式如图 4-8 所示。此种系统可得到十分优质的出水和稳定的污泥，同样也不需设污泥回流系统，但交替运行会导致氧化沟容积和曝气设备的利用率低，转刷利用率只有 37.5%，而且在两沟职能转换时，会有未经充分降解的物质排出系统。

为了克服双沟式氧化沟的缺点，三池交替工作型氧化沟（T 型）是在双沟式氧化沟双沟的中间插入一个沟，如图 4-9 所示，3 个单沟平排而成，左右两侧的 A、C 池交替地用作曝气池和沉淀池，中间的 B 池则一直维持曝气，进水交替地引入 A 池或 C 池，出水相应地从 C 池或 A 池引出。

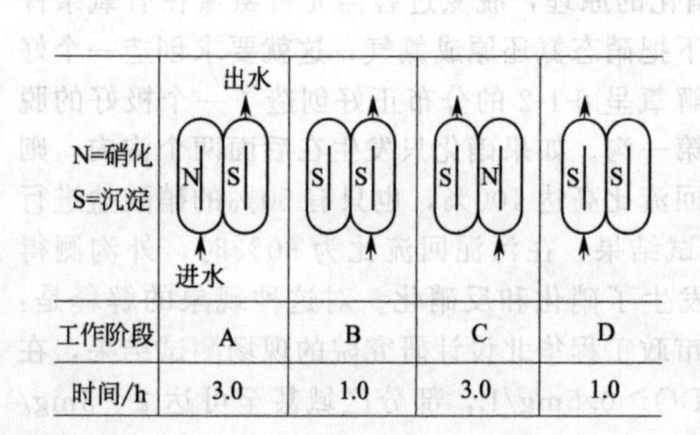

出水
N=硝化
S=沉淀
进水
N S
S S
S N
S S
工作阶段 A B C D
时间/h 3.0 1.0 3.0 1.0

图 4-8　双沟式氧化沟运行方式

出水
A B C
3 3
2 2 2
4 4
1
5
进水

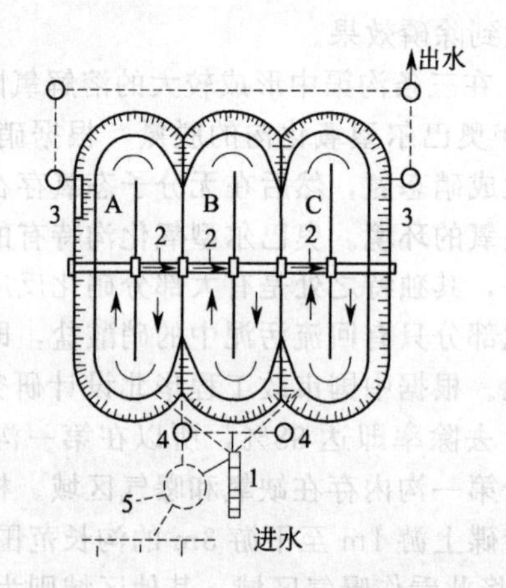

图 4-9　T 型氧化沟

1—沉砂池；2—转刷曝气器；3—溢流堰；4—排泥井；5—污泥井

T 型氧化沟的运行过程可分为 6 个阶段，如图 4-10 所示。交替工作式氧化沟都不需设污泥回流系统，并且用作二沉池的氧化沟一般比外建的沉淀池容积大，因此出水水质更好，转刷的利用率可提高到 58.33%，还有利于生物脱氮。

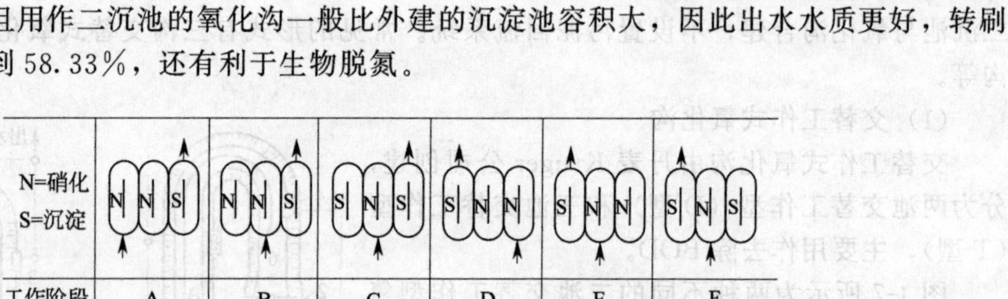

N=硝化
S=沉淀
N N S
N N S
S N S
S N N
S N N
S N S
工作阶段 A B C D E F
时间/h 2.5 0.5 1.0 2.5 0.5 1.0

图 4-10　三池式氧化沟运行方式

显然，三池交替工作的氧化沟就是一个 A-O 活性污泥系统，可以完成有机物的降解和硝化过程，取得良好的 BOD 去除效果和脱氮效果。依靠三池工作状态的转换，这种系统免除了污泥回流和混合液回流，运行费用可大大节省。

交替工作的氧化沟必须有自动控制系统，根据预先设定的程序控制进出水的方向、溢流堰的启闭以及曝气转刷的开动和停止。各工作阶段的时间也应根据水质情况进行调整。

(2) 曝气-沉淀一体化氧化沟

一体化氧化沟是指通过改变氧化沟部分区域结构或在沟内增加设施使其完成泥水分离和污

泥回流的功能，从整体上看，曝气、沉淀和污泥回流过程在同一个构筑物中完成。与单独设置二沉池的氧化沟相比，一体化氧化沟工艺流程短，构筑物、设备少，并且无污泥回流系统，所以在投资、占地、运行费用等方面都有优势；与交替式氧化沟相比，一体化氧化沟有功能相对独立的泥水分离系统，反应器和设备的利用率较高，并且各部分连续运行，控制点少，管理相对方便，因此，此类氧化沟发展迅速，到目前为止，美国已经有近百座此种类型的污水处理厂在运行，此种氧化沟的技术关键是内置沉淀池的固液分离和污泥回流效果。

典型的一体化氧化沟有 BMTS 型氧化沟、船型氧化沟和侧沟型氧化沟。

BMTS 型氧化沟的结构如图 4-11 所示，其中心隔墙稍有偏心，在较宽一侧设沉淀槽。沉淀槽底部是一排三角形的导流板，靠水面设穿孔管收集澄清水。氧化沟中的混合液从沉淀槽底部流过，部分混合液从导流板间隙上升进入沉淀槽，下沉的污泥又从导流板间隙回流至氧化沟内，并被循环水流带走。

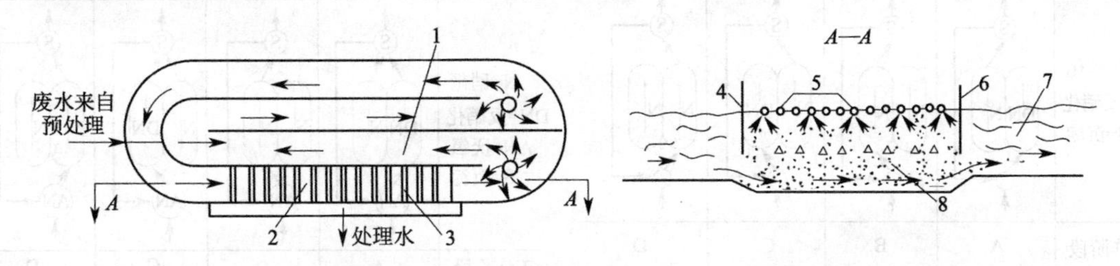

图 4-11　BMTS 型曝气-沉淀一体化氧化沟

1,7—曝气区；2,8—沉淀区；3,5—集水管；4,6—隔墙

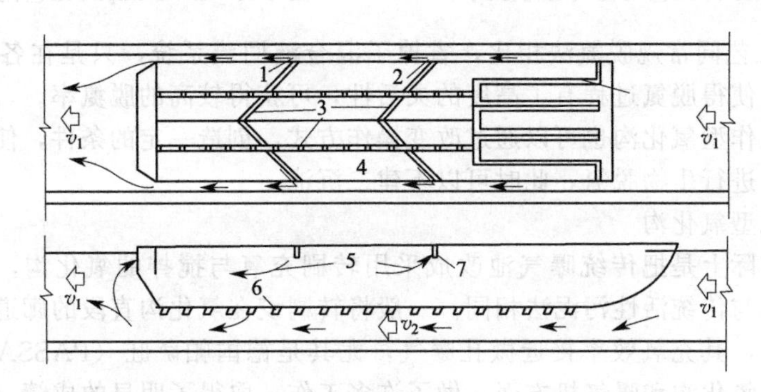

图 4-12　船型一体化氧化沟（槽内流速 v_1 为池底部流速 v_2 的 60%）

1,6—污泥排出口；2,7—浮渣出口；3—浮渣障板；4,5—浮渣回流

船型氧化沟将平流式沉淀器设在氧化沟一侧，但其宽度小于氧化沟的宽度，因此它就像在氧化沟内放置的一条船，如图 4-12 所示。混合液从其底部及两侧流过，在沉淀槽下游一端有进水口，将部分混合液引入沉淀槽，因此沉淀槽内的水流方向与氧化沟内混合液的流动方向相反。沉淀槽内的污泥下沉并由底部的泥斗收集回流至氧化沟，澄清出水则由沉淀槽内流水方向的尾部溢流堰收集排出。

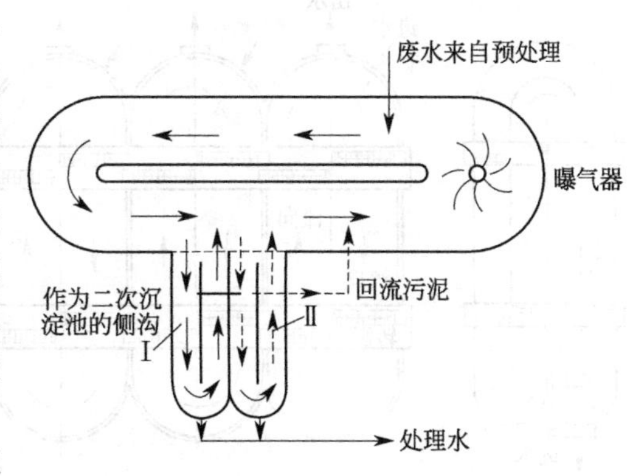

图 4-13　侧沟型曝气-沉淀一体化氧化沟

侧沟型氧化沟是在主沟一侧设两座作为二沉池的侧沟，侧沟交替运行，如图 4-13 所示。

一体化氧化沟也可利用侧沟或中心岛进行泥

水分离，可省去污泥回流泵房。

4.1.4.3 其他氧化沟

（1）生物脱氮（Bio-Denitro）和生物除磷（Bio-Denipho）工艺

随着各国对污水处理厂出水中氮、磷含量的控制要求越来越严格，出现了功能加强的交替工作型氧化沟，主要是由丹麦 Kruger 公司开发的称为 Bio-Denitro 和 Bio-Denipho 工艺。Bio-Denitro 工艺的基本形式是由两座相同的单池和一座沉淀池所组成。如要求同时除磷，则单池前还应增设厌氧池，从而形成 Bio-Denipho 系统。两工艺是根据 A/O 和 A/A/O 生物脱氮除磷原理，创造缺氧/好氧、厌氧/缺氧/好氧的工艺环境，达到生物脱氮除磷的目的。

Bio-Denitro 工艺的运行方式如图 4-14 所示，Bio-Denipho 工艺的运行方式如图 4-15 所示。

N=硝化 DN=反硝化 S=沉淀	DN N	N N	N DN	N N
工作阶段	A	B	C	D
时间/h	1.5	0.5	1.5	0.5

图 4-14 Bio-Denitro 工艺流程及运行方式

N=硝化 DN=反硝化 AN=厌氧 S=沉淀	DN N AN	N N AN	N DN AN	N N AN
工作阶段	A	B	C	D
时间/h	1.5	0.5	1.5	0.5

图 4-15 Bio-Denipho 工艺流程及运行方式

Bio-Denitro 工艺同常规脱氮法相比，省掉了混合液回流系统，只是在各沟中交替进行硝化和反硝化过程，使得脱氮过程有了高度的灵活性，可获得较高的脱氮率。

三沟式交替工作型氧化沟也可以通过改变操作方式，创造一定的条件，使沟中交替发生硝化和反硝化作用，进行生物脱氮，此时可以不建二沉池。

（2）转刷曝气型氧化沟

这种氧化沟实际上是把传统曝气池改成采用转刷充氧与搅拌的氧化沟，如图 4-16 所示，二沉池、回流泵房与传统活性污泥法相同。一般将转刷设在氧化沟直段的廊道上，由于转刷操作与维护比较方便，其充氧效率接近微孔曝气，尤其是德国帕萨旺（PASSAVANT）公司在研究开发转刷曝气氧化沟和曝气机方面，做了许多工作，取得了明显的成绩。

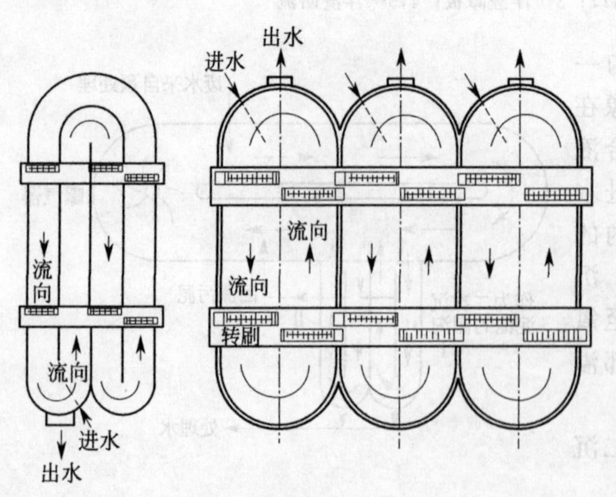

图 4-16 转刷曝气型氧化沟

4.1.5 氧化沟的充氧设备

和其他活性污泥法不同，氧化沟主要依靠机械充氧，一般不单独采用鼓风曝气充氧方式，因为充氧设备不仅要完成充氧的功能，还要作为混合液在沟内循环流动的主要动力。充氧机械主要有水平轴转刷和转碟、垂直轴表面曝气机。

（1）曝气转刷

曝气转刷直径一般为 0.7m 和 1.0m，长度一般为 4.5m 和 9.0m，转速为 70～80r/min，动力效率约为 1.5～2.5kgO_2/(kW·h)，调节转速可以调整充氧量以适应不同的充氧需要。与转刷适应的氧化沟水深一般采用 2.5～3.0m。

（2）曝气转碟

相对于转刷，转碟的直径较大，但是长度一般不超过 6m，转速为 45～60r/min，动力效率略低，一般为 1.8～2.3kgO_2/(kW·h)，但水平推动力及混合能力较大，适应水深 3.5m。

（3）垂直轴表面曝气机

垂直轴表面曝气机的工作原理类似离心式水泵，对水流有很大的提升力，因此适应的水深较大，为 4.0～4.5m，一般安装在弯道上，在 Carrousel 型氧化沟中应用比较普遍，动力效率为 1.8～2.3kgO_2/(kW·h) 以上，可以通过调节转速来满足不同的工况需要。

4.1.6　氧化沟的设计计算与技术参数

氧化沟的设计计算主要包括：确定氧化沟的容积，计算曝气机所需功率，进行碱度校核及二次沉淀池的设计计算。

（1）确定氧化沟的容积

当仅要求去除 BOD 及进行硝化作用时，可按活性污泥动力学公式计算氧化沟的容积 V。氧化沟常用的技术参数如下：有机物容积负荷为 0.2～0.35kgBOD_5/(m^3·d)，有机物污泥负荷为 0.15～0.35kgBOD_5/(kgMLVSS·d)；水力停留时间为 10～24h；MLVSS 浓度一般采用 2000～6000mg/L；污泥龄则应根据处理要求选定，当仅要求降低 BOD_5 时，可采用 $\theta_c=5\sim8$d，当要求进行硝化时，应采用 $\theta_c=10\sim20$d，当希望得到 BOD_5 很低的出水、完全的硝化反应及十分稳定的污泥时，应采用 $\theta_c=30$d。动力学常数 Y 及 K_d 可按半生产性试验数据求得，当无条件进行试验时，可参考表 4-1 选用。氧化沟出水水质为：BOD_5 的浓度 10～15mg/L，SS 的浓度 10～20mg/L，NH_3-N 的浓度≈3mg/L。

表 4-1　氧化沟动力学常数 Y 和 K_d 的参考数据

动力学常数	生活污水	脱脂牛奶废水	合成废水	造纸及纸浆废水	城市废水
Y/(kgVSS/kgBOD_5去除)	0.5～0.67	0.48	0.65	0.47	0.35～0.45
K_d/d^{-1}	0.048～0.06	0.045	0.18	0.20	0.05～0.10

必须说明的是，氧化沟也可以采用不同于上列的技术参数，如采用较高的有机物负荷、较短的水力停留时间，使其运行的特征接近于高负荷活性污泥法或其他类型的活性污泥法。

对于有脱氮要求的氧化沟系统，应在上述计算结果之外考虑反硝化所需的容积 V'，V'可按下式计算：

$$V'=\frac{N_T}{DNR \cdot X'} \tag{4-1}$$

式中　V'——反硝化所需的氧化沟有效容积，m^3；

N_T——要求去除的硝酸盐量，g/d；

DNR——污泥反硝化率，kgN/(kgMLSS·d)；

X'——氧化沟内的污泥浓度，kgMLSS/m^3。

氧化沟所需的总有效容积应为上述二者之和：

$$V_T=V+V' \tag{4-2}$$

（2）计算曝气机所需功率

曝气机所需功率取决于氧化沟处理废水所需的氧量，计算时应考虑到以下需氧反应、产氧反应及影响需氧量的过程：①降低 BOD_5 的需氧反应；②氨氮氧化的需氧反应；③反硝化过程的产氧反应，即反硝化过程对有机物的稳定作用；④污泥增殖及排泥所减少的 BOD_5，此部分并未耗氧，在需氧量计算时应予以扣除；⑤污泥增殖及排放所减少的 NH_3-N，此部分 NH_3-N 也不耗氧，也应予以扣除。

$$O_2=Q\left[\frac{S_0-S_e}{1-e^{-Kt}}-1.42P_x\left(\frac{VSS}{SS}\right)+4.5(N_0-N_e)-0.56P_x\left(\frac{VSS}{SS}\right)-2.6\Delta_{NO_3}\right] \tag{4-3}$$

式中 O_2——需氧量，kgO_2/d；

Q——废水流量，m^3/d；

S_0、S_e——进、出水的 BOD_5 浓度，mg/L；

K——BOD_5 降解速率常数，d^{-1}；

t——BOD 试验天数，d，对于 BOD_5，$t=5d$；

P_x——剩余污泥排放量，kg/d；

$\frac{VSS}{SS}$——污泥中挥发性固体百分数，%；

N_0、N_e——进、出水中的氨氮浓度，mg/L；

Δ_{NO_3}——还原的硝酸盐氮，mg/L。

一旦确定了所需的氧量，就可以根据曝气设备的标准氧转移效率计算氧化沟所需的总功率，并根据氧化沟的平面形状及布置确定曝气设备的数量与尺寸。当要求脱氮时，曝气器布置必须保证沟内有足够的缺氧区，以利于反硝化反应的进行。

(3) 碱度校核

应校核氧化沟中混合液的碱度，以确定其 pH 值是否符合要求，一般去除 BOD_5 所产生的碱度（以 $CaCO_3$ 计，下同）约为 0.1mg/mgBOD_5，氧化氨氮所需的碱度为 7.14mg/mgNH_3-N，还原硝酸盐氮所产生的碱度为 3.0mg/mgNO_3-N，因此，可根据原水碱度及上述各项数据计算剩余碱度，当剩余碱度大于或等于100mg/L时，即可维持混合液 pH≥7.2，符合生物处理的要求。

(4) 二次沉淀池的设计计算

在进行二次沉淀池的设计计算时，建议采用以下数据或参数：表面负荷 12.6～21.0m^3/(m^2·d)；固体负荷 20～100kgSS/(m^2·d)，出水堰负荷 126～190m^3/(m·d)。表 4-2 为我国部分氧化沟污水处理厂（站）的设计或运行参数，可供参考。

表 4-2 国内部分氧化沟污水处理厂（站）的设计或运行参数

序号	项目	邯郸市东郊污水处理厂	桂林市东区污水处理厂	昆明市兰花沟水质净化厂	上海市龙华肉联厂污水处理站	杭州市翠苑小区污水厂	上海市乳品五厂污水处理站
1	设计水量/(m^3/d)	近期 6.6 万 远期 10.0 万	近期 4.0 万	雨季 5.5 万 旱季 16.5 万	设计 1200 实际 2500	5600	500
2	设计水质/(mg/L)						
	BOD	127.8～145.8	100～150	旱季 180	1100 实际 700		650
	COD	268～313	150～200	旱季 360	2500 实际 1520		
	SS	160	150～250	旱季 200	600		128
	TKN		10～15	旱季 30	实际 56.3		
	P		5～7	旱季≤5			
3	氧化沟形式	氧化沉淀合建双沟式	卡罗塞尔型四沟	卡罗塞尔型六沟	卡罗塞尔型四沟	卡罗塞尔型四沟	分流式氧化沟
4	充氧装置或设备	转碟 ϕ1000mm $L=9$m	ϕ3000mm 倒伞型表面曝气机	倒伞型表面曝气机	ϕ3000mm 倒伞型表面曝气机	ϕ3000mm 倒伞型表面曝气机	ϕ700mm 转刷
5	BOD_5负荷						
	污泥负荷/[kgBOD_5/(kgMLVSS·d)]	0.056	0.08	0.05	0.05～0.06	0.067	0.055
	容积负荷/[kgBOD_5/(m^3·d)]	0.223	0.24	0.20	0.23～0.27	0.20	0.33

续表

序号	项目	邯郸市东郊污水处理厂	桂林市东区污水处理厂	昆明市兰花沟水质净化厂	上海市龙华肉联厂污水处理站	杭州市翠苑小区污水厂	上海市乳品五厂污水处理站
6	混合液浓度/(mg/L)	4000	3000	4000	4460	3000	6000
7	停留时间/h	16	15	16.7	设计 51	24	47
8	污泥龄/d	12	25	40		20	27
9	水平流速/(m/s)	0.3	0.3～0.5	≥0.3	≥0.3	≥0.3	
10	总容积/m^3	39900			2570	5600	
11	设计出水水质/(mg/L)						
	BOD_5	10	20	旱季≤15	实际 11.8		<30
	COD		20		92.8		
	SS		30	旱季≤15			<20
	TKN		5	旱季<6			
	P	2	3	旱季<0.5～10	实际 14.2		
12	电耗/(kW·h/m^3)	0.1419	0.18				
13	投资/万元	2500	1803	3250	328	200	
14	占地/亩[①]	70	85.6	134	3500m^2	1526m^2	
15	人员/人		50	100		20	
16	投产日期	1990 年	1989 年	1990	1983 年	1986 年	

① 1 亩＝10000/15m^2。

4.1.7　氧化沟的优缺点及其应用

(1) 氧化沟的优点

完全混合流态和低污泥负荷是氧化沟的基本特征，氧化沟的优点与其基本特征是相适应的，主要体现在以下几个方面。

① 负荷能力强，对高浓度、有毒废水的稀释能力强。氧化沟循环流量大，混合效果好，对水质水量的变化有很强的适应能力，能承受冲击负荷，当处理高浓度废水时，沟内废水可以对进入系统的原废水进行大量稀释，可以避免浓度过高和有毒有害物质对活性污泥系统的破坏，因此氧化沟对高浓度、有毒有害废水的处理有一定的适用性。

② 处理效果好，出水水质稳定。氧化沟水力停留时间长，污泥龄长，负荷低，处理效果好，特别是对难降解有机物去除效果相对较好。

③ 污泥产量少，污泥性质稳定。由于氧化沟采用的污泥龄一般长达20～30d，污泥在沟里得到好氧稳定，污泥产生量也少，污泥处理简化。

无二沉池氧化沟系统类似 SBR 工艺，具备氧化沟的共性优点的同时兼备 SBR 的优势，流程简单，投资较低，运行费用也相对较低。

(2) 氧化沟的缺点

氧化沟具有众多优点的同时，也存在一些问题。

① 氧化沟设计负荷一般在 0.05～0.15kgBOD_5/(kgMLSS·d)，氧化沟总容积比较大。

② 氧化沟采用曝气机械充氧，使用的设备数量多，与使用微孔曝气器的鼓风曝气系统相比，充氧设备的动力效率低，耗电量大。由于受到充氧机械动力传递的限制，与鼓风曝气系统相比，氧化沟水深浅，表面积大。

③ 从运行中发现氧化沟内污泥分布不均匀，在沟道内容易形成污泥沉积，削减了有效生物量和氧化沟有效容积。

④ 低负荷与完全混合流态容易导致污泥膨胀，因此污泥膨胀是困扰氧化沟运行的又一个重要问题。

(3) 氧化沟的应用

氧化沟具有出水水质好、运行稳定、管理方便以及区别于传统活性污泥法的一系列技术特征，使其在近几十年来取得了迅速发展，成为污水处理中用得较多的技术之一。有资料显示，欧洲已有的氧化沟污水处理厂超过2000座，北美超过800座，亚洲有上百座，我国目前正在建造和已投入使用的氧化沟污水处理厂也有数十座。在城市污水处理厂中应用的同时，氧化沟在工业废水处理中的应用也逐渐增多，到目前为止在石化、食品加工、白酒、制药、纺织等行业都已经有成功应用。

4.2 吸附-生物降解工艺

吸附-生物降解（adsorption-biodegradation，简称A-B法）工艺是由德国亚琛大学Bohnke教授于20世纪70年代中期首先开发并应用的，是指吸附（adsorption）-生物降解（biodegradation）工艺，其最大特点是将废水的活性污泥处理过程分成两步，在A段以生物吸附作用为主对废水进行初步处理；在B段，采用常规活性污泥法对废水进行彻底处理。

4.2.1 工艺流程及其特征

吸附-生物降解法的工艺流程如图4-17所示。与传统活性污泥法相比，A-B法主要具有以下特征。

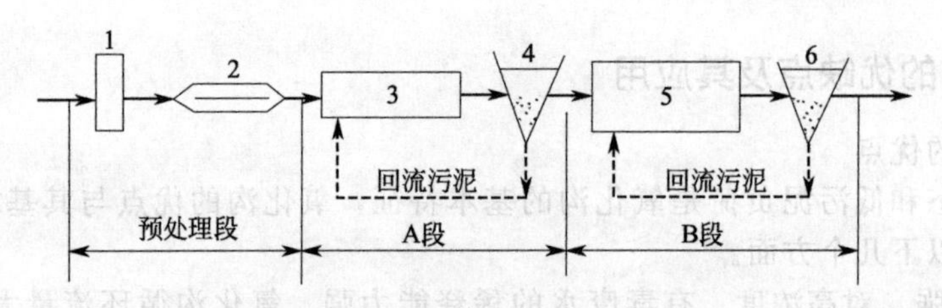

图4-17 A-B法废水处理工艺流程

1—格栅；2—沉砂池；3—吸附池；4—中间沉淀池；5—曝气池；6—二次沉淀池

① A段曝气池（有时与曝气沉砂池合建）具有很高的有机负荷，通常在缺氧甚至厌氧（水解酸化阶段）条件下工作，通过生物吸附能去除原污水中COD的50%～60%。

② A段之前未设初次沉淀池，由吸附池和中间沉淀池组成的A段为一级处理系统，以便利用原污水中存在的微生物和有机物。

③ B段由曝气池和二次沉淀池组成，在低负荷下工作，能将出水的BOD降至较低水平。

④ A、B两段完全分开，各自有独立的污泥回流系统，以培养和保持在各自不同的环境中工作的有效微生物群落，有利于功能稳定。

⑤ 其运行稳定性优于单段活性污泥法。A-B法比普通活性污泥法更能耐受pH值、COD、BOD和毒物等冲击负荷，因为在A段中微生物群落在较高的负荷下工作受到驯化，能适应在高负荷下生存。

⑥ B段由于发生硝化和部分反硝化，活性污泥的沉淀效果好，出水的SS和BOD_5浓度一般不超过10mg/L。

⑦ 节省基建投资15%～20%，降低能耗约15%。

(1) A段的效应

① A段连续不断地接种已适应管网环境变化的细菌，排水管网可看作一个微生物预培养反应器，其中存活大量的细菌，而且还不断地进行增殖、适应、淘汰、优选等过程，从而能够培育出适应性和活性都很强的微生物群体。这些微生物全部进入A段，补充和更新A段污泥。

② A段负荷较高，有利于增殖速率快、抗冲击负荷能力强的微生物（主要是原核细菌）生长繁殖。

③ 废水经 A 段出来后，BOD 的去除率可达 40%～70%，可生化性有所提高，有利于 B 段的工作。

④ 污泥产率较高，吸附能力强，重金属、难降解物质以及 N、P 等都可通过污泥的吸附作用去除。

⑤ A 段对有机物的去除主要是靠污泥絮体的吸附作用，生物降解作用只占 1/3 左右，由于吸附和絮凝作用占主导，因此 A 段对毒物、pH 值、负荷以及温度变化都有一定的适应性。

A 段的设计与运行参数一般为：污泥负荷 2～6kgBOD/(kgMLSS·d)，为常规活性污泥法的 10～20 倍；水力停留时间约 30min；污泥龄约 0.3～0.6d；溶解氧浓度约 0.2～0.7mg/L；污泥浓度约 2～4g/L；SVI<50；污泥回流比约 50～80；中间沉淀池的水力停留时间约 2h。

(2) B 段的效应

① B 段所接收的废水来自 A 段，水质、水量都比较稳定，冲击负荷不再影响本段，净化功能得以充分发挥。

② B 段承受的负荷为总负荷的 30%～60%，曝气池的容积较传统法减少 40%左右。

③ B 段的污泥龄长，N 在 A 段得到了部分去除，BOD/N 有所降低，这样，B 段具有进行硝化反应的条件。

B 段的设计与运行参数一般为：污泥负荷约 0.15～0.3kgBOD/(kgMLSS·d)；水力停留时间约 2～6h；污泥龄约 15～20d；溶解氧浓度为 1～2mg/L；MLVSS 约 3.5g/L；二沉池的水力停留时间约 4h。

4.2.2 A-B 法的应用

青岛海泊河污水处理厂是目前国内规模较大的 A-B 工艺废水处理厂，一期工程的设计水量日平均为 80000m^3。表 4-3 所列数据为该厂原废水的水质和经处理后预期达到的水质。

表 4-3 青岛海泊河污水处理厂原废水与处理水的水质

项 目	BOD_5	COD	NH_3-N	TP	SS
原废水/(mg/L)	800	1500	100	8	1100
处理水/(mg/L)	40	150	—	3	40

由表 4-3 可见，原废水的浓度很高，是一般城市污水浓度的 3～4 倍。此外，经调查还判定，在原废水中 BOD 组成的 50%～55%为悬浮固体组分。该市地形起伏较大，管内流速高达 2m/s 以上，因此，缓冲调节能力差，对此，采用 A-B 工艺是适宜的。图 4-18 所示为该厂废水处理工艺流程。表 4-4 所列数据则为该系统流程中 A-B 工艺各处理单元的结构特征与技术参数。

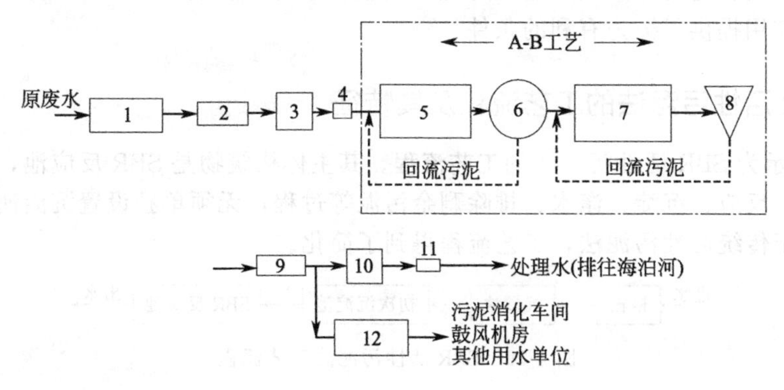

图 4-18 青岛海泊河污水处理厂废水处理工艺流程

1—格栅；2—曝气沉砂池；3—泵站；4,11—计量；5—A 段曝气池；6—中间沉淀池；7—B 段曝气池；8—最终沉淀池；9—加氯间；10—接触池；12—回用水车间

表 4-4 青岛海泊河污水处理厂 A-B 工艺各处理单元的结构特征与技术参数

处理单元名称	结构特征与主要尺寸	技术参数
A 段曝气池	矩形钢筋混凝土结构，分两组共四格，每格尺寸为 31.5m×6.35m×5.8m	水力停留时间 0.8h 污泥负荷 4.0kgBOD$_5$/(kgMLSS·d) 设计 DO 值 0.5mg/L 平均耗氧率 0.38kgO$_2$/kgBOD$_5$
中间沉淀池	矩形，每组四格，每格尺寸为 93.0m×7.0m×4.0m，每组设一套移动桥式吸泥机，桥上设两台 H12K-SD 型吸泥泵	水力负荷 2m^3/(m^2·h) 停留时间 1.3h
B 段曝气池	矩形，每组四格，每格尺寸为 62m×17m×5.8m	水力停留时间 4.2h 污泥负荷 0.37kgBOD$_5$/(kgMLSS·d) 平均耗氧率 0.93kgO$_2$/kgBOD$_5$ DO 值 1.5mg/L
最终沉淀池	矩形，四组八格，每格尺寸为 62m×17m×5.8m	停留时间 3.9h 水力负荷 1.1m^3/(m^2·h)

4.3 序批式间歇反应器工艺

序批式间歇反应器（sequencing batch reactor，简称 SBR）工艺也称为间歇式活性污泥法、序批式活性污泥法，是 20 世纪 70 年代初由美国 Nature Dame 大学的 Irvine 教授等研究开发的好氧生物处理新技术，并于 1980 年在美国国家环保局（USEPA）的资助下，在印第安纳州的 Culver 城改建并投产了世界第一个 SBR 法污水处理厂。从工艺角度，SBR 工艺与传统活性污泥法相比，具有工艺流程简单、处理效果稳定、占地面积小、耐冲击负荷等特点，而且较少发生丝状菌污泥膨胀的现象。因此，SBR 工艺得以大量推广与应用，目前已在欧洲及美国、澳大利亚、日本等国家和地区得到了很大发展，成为传统活性污泥法的革新工艺，在国内也日益引起重视，并在多种废水处理中得到了应用。

其实早在 1917 年 Ardern 和 Lockett 发明活性污泥法之前，首先采用的就是这种处理系统，但由于当时的自动监控技术水平较低，间歇处理的控制阀门十分繁琐，操作复杂且工作量大，特别是后来城市和工业废水处理的规模趋于大型化，使得间歇式活性污泥法逐渐被连续式活性污泥法所代替，因此 SBR 法处理工艺在当时未能得到推广应用的主要原因是 SBR 法所具有的在当时被认为是该工艺缺点的自动化控制要求高的特点。后来随着工业和自动化控制技术的飞速发展，特别是监控技术的自动化程度以及污水处理厂自动化管理要求的日益提高，出现了电动阀、气动阀、定时器及微处理机等先进的监控技术和产品，为 SBR 法再度得到深入的研究和广泛的应用提供了极为有利的条件。

4.3.1 SBR 活性污泥法的工艺流程及其特征

图 4-19 所示为 SBR 活性污泥法的工艺流程。其主体构筑物是 SBR 反应池，在这个池子中依次完成进水、反应、沉淀、滗水、排除剩余污泥等过程，无须单独设置沉淀池，可以省去污泥回流，相对于传统活性污泥法，工艺流程得到了简化。

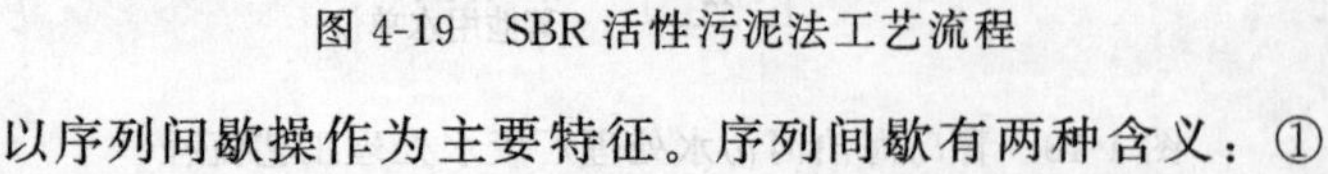

进水 → 格栅 → 沉砂池 → 初次沉淀池 → SBR 反应池 → 出水

图 4-19 SBR 活性污泥法工艺流程

SBR 法的运行以序列间歇操作为主要特征。序列间歇有两种含义：①在空间上是按序排列、间歇的，当废水连续排放时，SBR 系统由多个反应器组成，废水连续按序列进入每个反应器，它们运行时的相对关系是有次序的，也是间歇的；②在时间上也是按序排列、间歇进行的，一般一个运行周期包括进水、反应、沉淀、排水、闲置五个连续的阶段。

在一个运行周期中，各个阶段的运行时间、反应器内混合液体积的变化以及运行状态等都可根据具体污水性质、出水质量与运行功能要求等灵活掌握。比如，在进水阶段，可按只进水、不曝气（搅拌或不搅拌）的限制性曝气运行，也可按边进水边曝气的非限制性曝气方式运行；在反应阶段，可以始终曝气，但若为了生物脱氮也可曝气后搅拌，或者曝气搅拌交替进行；剩余活性污泥可以在闲置阶段排放，也可在排水阶段或反应阶段后期排放。可见，SBR系统的运行控制非常灵活。

与连续活性污泥法相比，SBR法具有如下特点。

① 生化反应推动力大，效率高。在SBR法中发生的过程是一典型的非稳定过程，底物和微生物浓度是变化的。在每个操作阶段，这种变化是连续的，但在阶段交替时，这种变化是不连续的。在间歇运行的SBR工艺的曝气池中，虽然从流态上来看，反应器内的混合液是完全混合的，但从其中有机物降解的角度来看，却是从时间上呈推流式的，并且呈现出理想的推流状态，反应器中的底物浓度，从进水的最高逐渐降解至出水时的最低，整个反应过程中底物没有被稀释，过程推动力始终比完全混合反应高。因此SBR具有较高的处理能力，比完全混合法所需的氧化时间和池容小得多，通常为其1/3。

② 污泥不易膨胀。污泥膨胀是常规活性污泥法的主要弊端。在SBR法的整个反应阶段，不仅底物浓度高，而且浓度梯度也大，只有在反应阶段末进入沉淀阶段前夕，其底物浓度才与完全混合曝气池相同。从供氧状态来看，在进水与反应阶段，缺氧（或厌氧）与好氧状态交替出现，能抑制诱发丝状菌污泥膨胀的丝状菌的过度繁殖。正因为如此，SBR法中污泥膨胀的概率要小于完全混合的连续流传统活性污泥法，限制性曝气比非限制性曝气更不易发生污泥膨胀。在SBR法中，因底物的氧化速率快，在较短的停留时间内就能满足出水要求，而污泥龄短又使剩余污泥的排放速率大于丝状菌的增长速率，丝状菌无法大量繁殖。

③ 对水质、水量变化适应性强，耐冲击负荷，处理能力强。SBR法虽然在时间上是一个理想的推流过程，但在空间上仍属于典型的完全混合池型，因此具有耐负荷冲击能力强的优点，而且由于SBR法在沉淀阶段属于静止沉淀，加之污泥沉降性能好，固液分离好，因此可以在反应器中维持较高的MLSS浓度。在同样条件下，系统MLSS浓度高，F/M值就低，显然具有更强的耐负荷冲击和处理有毒或高浓度有机废水的能力。若采用非限制性曝气运行方式，则更能大幅度提高SBR承受废水毒性和浓度冲击的能力。

④ 脱氮除磷效果显著。SBR法在时间上的灵活控制为其实现脱氮除磷提供了极为有利的条件。它不仅容易实现好氧、缺氧（$DO\approx0$，$NO_x^-\neq0$）与厌氧（$DO\approx0$，$NO_x^-\approx0$）状态交替的环境条件，而且很容易在好氧条件下增大曝气量、反应时间和污泥龄，来强化硝化反应与脱磷菌过量摄取磷的过程；也可以在缺氧条件下方便地通过投加原污水（或甲醇等）或提高污泥浓度的方式提供有机碳源作为电子供体使反硝化过程更快地完成；还可以在进水阶段通过搅拌维持厌氧状态，促使脱磷菌充分释放磷。

⑤ SBR集厌氧（缺氧）和好氧两类特征各异的微生物于一体，可以充分发挥各类微生物降解污染物的能力和潜力。这些微生物在共生环境中互为调节，相互补充，在同一装置中，既进行厌氧消化又进行好氧分解。

⑥ 装置结构简单，处理构筑物少，简化工艺过程。SBR法的主体设备只有一个间歇反应器，与普通活性污泥法相比，不需单独设置二次沉淀池和污泥回流设施，曝气池兼具二沉池的功能；在多数情况下没有设置调节池的必要，并可省去初次沉淀池；曝气池容积小于连续式，建设费用和运行费用都比较低。统计结果表明，采用SBR法处理小城镇污水，要比普通活性污泥法节省基建投资30%以上。处理高浓度废水时一般按延时曝气设计，污泥好氧稳定，无需设置污泥厌氧消化系统。

⑦ 处理效果稳定。当进水浓度加大时，可以通过延长曝气时间或加大曝气强度等措施，

提高处理效率，保证出水水质稳定，达标排放。

SBR 法序批操作的运行方式也带来了相应的弊端。

① 对自动控制设备的依赖性强，而自控系统，尤其是其执行机构如滗水器、控制阀等往往故障率较高，成为该系统正常运转的瓶颈。

② 反应器的利用率偏低，主要体现在两个方面：一是由于变水位运行，有部分池容在一定时间内处于空置状态，不能发挥作用；二是在整个反应周期内用于曝气反应的时间一般只占到总周期的一半，而反应器的大小是按反应阶段的要求设计的，对于其他阶段并非是经济合理的。

③ 单元进、出水是间歇的，在污水厂来水和排水要求连续时需把系统划分为较多的单元才能保证整体的连续性，或者设置较大的出水水量调节池。

4.3.2 SBR的运行过程

图 4-20 所示为 SBR 处理工艺在一个运行周期内的操作过程。在 SBR 工艺中，主要的反应器只有一个曝气池，在该曝气池中循序完成进水、曝气、沉淀、排水等功能，因此在 SBR 工艺中反应池内的运行过程包括 5 个阶段：进水期、反应期、沉淀期、排水排泥期、闲置期。对于难降解废水，可在进水后先进行一段时间的厌氧酸化，再曝气反应。

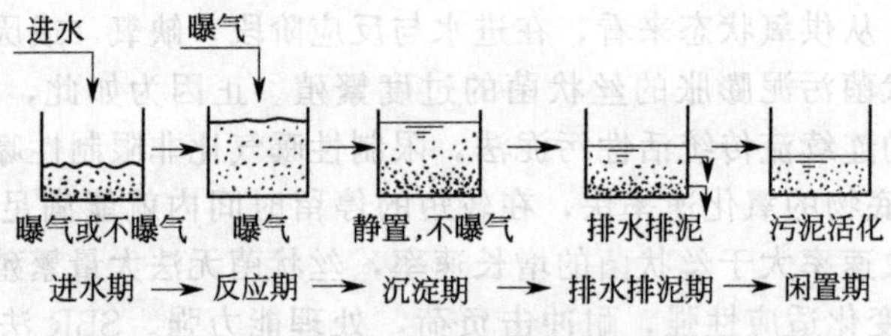

图 4-20 SBR 活性污泥法运行周期内的操作过程

(1) 进水期

将原废水或经过预处理以后的废水引入反应器。此时反应器中已有一定数量的满足处理要求的活性污泥。充水所需的时间随处理规模和反应器容积的大小及被处理废水的水质而定，一般为几个小时。SBR 工艺是间歇进水的，即在每个运行周期之初将废水在一个较短的时间内投入反应器，待反应器充水到一定位置后再进行下一步的反应过程。而在每个运行周期之末，经过反应、沉淀、排水排泥及闲置过程后，反应器中保留了一定数量的活性污泥。很明显，在向反应器充水的初期，反应器内液相的污染物浓度是不大的，但随着污水的不断投入，污染物的浓度将随之不断提高。当然，在废水的投加过程中，反应器内也存在着污染物的混合和被活性污泥吸附、吸收和氧化等作用。随着液相污染物浓度的不断提高，这种吸附、吸收和氧化作用也随之加快。如果在进水阶段向反应器中投入的污染物数量不大或废水中的污染物浓度较低，则所投入的污染物能被及时吸附、吸收和氧化降解，整个运行过程是稳态的，此种情形与连续式活性污泥法中微生物对有机污染物的降解过程类似。但在 SBR 工艺的实际运行过程中，很少会出现这种情况。由于在 SBR 工艺中，废水向反应器的投入时间一般比较短，在充水时间里单位时间内反应器投入的污染物数量比连续式活性污泥法大，投入速率大于活性污泥的吸附、吸收和生物氧化降解速率，从而造成污染物在混合液中积累。在相同的时间里，向反应器投入的污染物数量越大，积累量也越大，则混合液中污染物的浓度就越高。如果所处理的污水中含有有毒物质，则其所造成的抑制程度就会越大。为克服有毒污染物对处理过程的影响或污染物积累过多而造成对后续的反应过程产生不利的影响，应注意控制充水时间的长短。废水浓度越高，污染物毒性越大，其相应的充水时间应越长，以防止对活性污泥微生物产生抑制作用。

为防止在充水时间内污染物的积累对反应过程产生抑制作用，还可考虑在此期间对反应器进行曝气，根据开始曝气的时间与充水过程时序的不同，可分成三种不同的曝气方式：非限量曝气——一边充水一边曝气；限量曝气——充水完毕后再开始曝气；半限量曝气——在充水阶段的后期开始曝气。

采用非限量曝气时，在充水的同时进行曝气，使逐步向反应器投入的污染物能及时得到吸附、吸收和生物降解，从而限制了混合液中的污染物积累，并能在较短的时间内获得较高的处理效果。采用非限量曝气时，在充水的起始阶段，混合液中污染物的浓度不大，降解速率不大，耗氧量也不大，但随着污染物的投入，其在混合液中的积累量也逐渐增大，降解速率增大，耗氧速率也增大，因而在充水的后半期应逐渐加大供氧量。采用限量曝气时，由于在充水前反应器有一个沉淀、排水及闲置过程，混合液中的溶解氧接近于零，所投入的污染物仅能在厌氧条件下得到降解，而这种降解速率是缓慢的，因而会形成污染物的大量积累。如果污染物对活性污泥微生物有毒性，则可能造成抑制作用，即使充水后进行曝气，降解污染物所需的时间也很长。如果污水中的污染物无毒性，易被微生物所利用，则在曝气过程中能被很快降解，此时耗氧速率将比较大。但由于此时反应器混合液中的溶解氧浓度为零，在曝气供氧时的推动力高，从而在一定程度上起着供氧量和耗氧量的平衡作用而提高氧的利用率。

进水时间根据实际排水情况和设备条件而定，一般为2～4h。进水期间可同时曝气使污泥再生，如要脱氮和释磷，则应保持缺氧状态，只低速搅拌不曝气。

(2) 反应期

反应期是在进水期结束后或反应器充满水后，进行曝气，同连续式完全混合活性污泥法一样，对有机污染物进行生物降解。很明显，从反应效率的角度分析，推流式反应器装置比完全混合式好。SBR法反应器是一种理想的时间序列推流式反应装置，这可从两方面加以说明：一是对于单个运行过程而言，反应器在停止进水后，进行曝气使微生物对有机基质进行生物降解。虽然就反应器本身而言属于完全混合型的，但在反应过程中反应器内存在一个污染物的浓度梯度，即F/M梯度，同传统推流式活性污泥法中沿反应器池长存在一个F/M的变化一样，所不同的是SBR法反应器的这种F/M梯度是按废水在反应器内流经的位置变化的。二是对于整个处理系统而言，SBR处理工艺则是严格按推流式运行的。上一个运行周期内进入反应器的废水与下一个运行周期内进入反应器的废水是互不相混的，即是按序批的方式进行反应的。因此SBR处理工艺是一种运行周期内完全混合、运行周期间序批推流的理想处理技术。这种特性使其对污染物质有优良的处理效果，并且具有良好的抗冲击负荷和防止活性污泥膨胀的性能。

在反应阶段，活性污泥微生物周期性地处于高浓度及低浓度基质的环境中，反应器也相应地形成厌氧—缺氧—好氧的交替过程，使其不仅具有良好的有机物处理效能，而且具有良好的脱氮降磷效果。在SBR法反应器的运行过程中，随着反应器内反应时间的延长，其基质浓度也由高到低变化，微生物经历了对数生长期、减速生长期和衰减期，其降解有机物的速率也相应地由零级反应向一级反应过渡。据报道，SBR法处理的COD浓度每升可达几百到几千毫克，其去除率均比传统活性污泥法高，而且可去除一些理论上难以生物降解的有机物，究其原因，可能是因为在SBR法处理工艺中，系统在非稳态的工况下运行，反应器中的生物相十分复杂，微生物的种类繁多，它们交互作用，强化了工艺的处理效能。

反应期所需的反应时间是确定SBR处理工艺的一个非常重要的工艺设计参数，其取值的大小将直接影响处理工艺运行周期的长短。反应时间可通过对不同类型的废水进行研究，求出不同时间内污染物浓度随时间的变化规律来确定。

(3) 沉淀期

和传统活性污泥法处理工艺一样，沉淀过程的功能是澄清出水、浓缩污泥。在SBR法中，澄清出水是更为主要的。SBR法反应器本身就是一个沉淀池，它避免了在连续式活性污泥法中泥水混合液必须经过管道流入沉淀池沉淀的过程，从而有可能使部分刚刚开始絮凝的活性污泥重新被破碎。另外，该工艺中污泥的沉降过程是在静止状态下进行的，因而受外界的干扰较小，具有沉降时间短、沉淀效率高的优点。

一般而言，构成活性污泥微生物的细菌可分为菌胶团形成菌和丝状菌，当菌胶团形成菌占优势时，污泥的絮凝和沉降性能较好；反之，当丝状菌占优势时，则污泥的沉降性能将出现恶化，易发生污泥的丝状菌膨胀问题。在 SBR 法处理工艺中，由于废水是一次性投入反应器的，因而在反应的初期，有机基质的浓度较高，而反应的后期则污染物浓度较低，反应器中存在着随时间而发生的较大的浓度梯度，这一浓度梯度较好地抑制了对基质储存能力差的丝状菌的生长，但有利于菌胶团形成菌的生长，从而可有效防止污泥的膨胀问题，利于污泥的沉降和泥水分离。研究表明，完全混合式活性污泥法最易发生污泥膨胀问题，而推流式活性污泥法发生污泥膨胀的可能性较小，间歇式活性污泥法发生污泥膨胀的可能性最小。

静置沉淀时间一般为 1.5～2h。

(4) 排水排泥期

SBR 法反应器中的混合液在经过一段时间的沉淀后，将反应器中的上清液排出反应器，直至最低水位，然后将相当于反应过程中生长而产生的污泥量排出反应器，以保持反应器内一定数量的污泥。

排水装置可用多层排水管（附阀门）或伸缩式浮动排水器（滗水器）。沉下的污泥作为种泥留在池中，剩余污泥也在这个阶段定期排出。

(5) 闲置期

闲置期的功能是在静置无进水的条件下，使微生物通过内源呼吸作用恢复其活性，并起到一定的反硝化作用而进行脱氮，为下一个运行周期创造良好的初始条件。经过闲置期后的活性污泥处于一种营养物的饥饿状态，单位质量的活性污泥具有很大的吸附表面积，因而一旦进入下个运行周期进水期时，活性污泥便可充分发挥其较强的吸附能力而有效地发挥其初始去除作用。闲置期的设置是保证 SBR 工艺处理出水水质的重要内容。闲置期所需的时间不可过长，以防污泥腐化。其时间的长短也取决于所处理的废水种类、处理负荷和所要达到的处理效果。

在闲置阶段也可进行小量曝气或阶段曝气，以再生污泥。

4.3.3 SBR 过程的动力学分析

在一个 SBR 运行周期中，沉淀与排水排泥阶段可认为不存在生物反应，而且所有 SBR 法，这两个阶段所花费的时间都无太大差异，可以不做讨论。当不考虑废水除氮要求时，闲置期也可以不予考虑。这样，SBR 法的工作周期主要取决于进水和反应两个阶段。在进水阶段内，反应器中同时存在基质积累、生物氧化和微生物增长过程。这些过程受有机物流入速率即进水负荷影响显著。在反应阶段，基质降解速率即为生物氧化速率。混合液中的生物量一方面随有机物同化而增加，另一方面随内源呼吸而减少。

取一个 SBR 法反应器，并定义：q 为进水阶段进入反应器的废水流量，m^3/h；V_0 为进水开始时，反应器内存留的混合液体积，该混合液是上周期排水后残留下来的，一般 V_0 为反应器有效容积的 25%～50%；t_f 为选定的进水时间，h；t 为进水阶段内自进水开始至讨论时刻的时间，h；V 为反应器内混合液体积，m^3，$V=f(t)$，当 $t=0$ 时，$V=V_0$，进水 t 后，$V=V_0+qt$，结束时，$V_{总}=V_0+qt_f$；C_s 为废水浓度，mg/L；C_0 为 V_0 中的有机物浓度，mg/L；C_{01} 为无生物降解作用时，反应器中计算的有机物浓度，mg/L；C 为 t 时刻反应器内混合液中有机物浓度，mg/L；x_0 为 V_0 中活性污泥浓度，mg/L；x 为 t 时刻反应器内混合液中活性污泥浓度，mg/L。设原废水中不含 x。

对 SBR 内有机物和活性污泥作物料衡算。在进水阶段内，有机物的积累速率等于其流入速率与反应速率之差。微生物的积累速率等于其增长速率与内源呼吸的消耗速率之差，即：

$$\frac{\mathrm{d}(VC)}{\mathrm{d}t}=qC_{\mathrm{s}}-Vr \tag{4-4}$$

$$\frac{\mathrm{d}(Vx)}{\mathrm{d}t}=Yr-K_{\mathrm{d}}x \tag{4-5}$$

上述中反应速率 r 一般用 Monod 方程描述。对于混合菌种（SBR 中的生物相比一般活性泥法更丰富）处理多组分底物的实际过程，用如下的 Grau 模式与试验数据吻合更好：

$$r=K_1x\left(\frac{C}{C_{01}}\right)^n \tag{4-6}$$

式中 n——反应级数，在较低的基质浓度下，$n=1$；

K_1——比底物利用率常数，h^{-1}；

Y——产率系数，mg 污泥/mgBOD（利用）；

K_{d}——微生物内源呼吸常数，h^{-1}。

将式(4-6) 代入式(4-4) 和式(4-5) 中，整理，可得：

$$\frac{\mathrm{d}C}{\mathrm{d}t}=\frac{q}{V_0+qt}(C_{\mathrm{s}}-C)-K_1x\left(\frac{C}{C_{01}}\right)^n \tag{4-7}$$

$$\frac{\mathrm{d}x}{\mathrm{d}t}=\frac{1}{V_0+qt}\left[YK_1x\left(\frac{C}{C_{01}}\right)^n-K_{\mathrm{d}}x-xq\right] \tag{4-8}$$

C_{01}可由式(4-7) 简化后积分得到。设 $r=0$ 时，则：

$$\frac{\mathrm{d}C}{\mathrm{d}t}=\frac{q}{V_0+qt}(C_{\mathrm{s}}-C) \tag{4-9}$$

$$C_{01}=C_{\mathrm{s}}-\frac{V_0}{V_0+qt}(C_{\mathrm{s}}-C_0) \tag{4-10}$$

由式(4-6) 可以看出，C_{01}实际上反映了浓度对氧化速率的影响，C_{01}越高，$\mathrm{d}C/\mathrm{d}t$ 越小，即对微生物的抑制作用越强。

在反应阶段（$t>t_{\mathrm{f}}$），$q=0$，SBR 中混合液体积 V 保持不变，式(4-7) 和式(4-8) 相应变为：

$$\frac{\mathrm{d}C}{\mathrm{d}t}=-K_1x\left(\frac{C}{C_{01}}\right)^n \tag{4-11}$$

$$\frac{\mathrm{d}x}{\mathrm{d}t}=\frac{1}{V_0}\left[YK_1x\left(\frac{C}{C_{01}}\right)^n-K_{\mathrm{d}}x\right] \tag{4-12}$$

$$x_{t=t_{\mathrm{f}}}=x_0 \tag{4-13}$$

$$C_{t=t_{\mathrm{f}}}=C_0 \tag{4-14}$$

上述模型中的参数 K_1、n、Y、K_{d} 需由试验确定。

4.3.4 SBR 活性污泥法的设计

迄今为止，间歇式活性污泥法还没有建立完全适合本身特点的计算与设计方法。实际上间歇式活性污泥法是标准活性污泥法的一个变型，从有机物的生物降解过程来看，间歇式活性污泥法是时间的推流，因此标准活性污泥法的计算公式、设计参数都可作为间歇式活性污泥法计算与设计的参考。

(1) 反应器容积的确定

SBR 活性污泥法反应器的容积可按污泥负荷率或容积负荷率为指标进行计算。污泥负荷率的计算式为：

$$N_{\mathrm{s}}=\frac{nQ_0S_0}{XV} \tag{4-15}$$

式中 N_s——污泥负荷率，$kgBOD_5/(kgMLSS \cdot d)$ 或 $kgCOD/(kgMLSS \cdot d)$；

n——在一日内运行的周期数；

Q_0——在每一周期进入反应器的废水量，m^3；

S_0——进入反应器有机废水的平均浓度，$kgBOD_5/m^3$ 或 $kgCOD/m^3$；

V——反应器的有效容积，m^3；

X——反应混合液中污泥浓度，$kgMLSS/m^3$。

由式(4-15) 可得 SBR 法反应器的容积计算式：

$$V=\frac{nQ_0S_0}{XV_s} \tag{4-16}$$

容积负荷率的计算式为：

$$N_v=\frac{nQ_0S_0}{V} \tag{4-17}$$

式中 N_v——容积负荷率，$kgBOD_5/(m^3 \cdot d)$ 或 $kgCOD/(m^3 \cdot d)$。

由式(4-17) 可得 SBR 法反应器的容积计算式为：

$$V=\frac{nQ_0S_0}{N_v} \tag{4-18}$$

SBR 法反应器设计中 N_s 和 N_v 值的选用应参考同类废水的运行参数或通过试验确定。

N_s 可在 0.05～0.3$kgBOD_5/(kgMLSS \cdot d)$ 或 0.1～0.6$kgCOD/(kgMLSS \cdot d)$ 范围内采用，一般选用 0.15$kgBOD_5/(kgMLSS \cdot d)$ 或 0.3$kgCOD/(kgMLSS \cdot d)$ 来设计。

N_v 可在 0.1～0.5$kgBOD_5/(m^3 \cdot d)$ 或 0.2～1.0$kgCOD/(m^3 \cdot d)$ 范围内采用，一般选用 0.5$kgBOD_5/(m^3 \cdot d)$ 或 1.0$kgCOD/(m^3 \cdot d)$ 来设计。

由于 COD 和 MLSS 的监测快速准确，因此在工程设计中 N_s 和 N_v 的单位可采用 $kgCOD/(kgMLSS \cdot d)$ 和 $kgCOD/(m^3 \cdot d)$。

(2) 最小水量和周期进水量校核

SBR 法反应池的最大水量（V_{max}）为反应池的有效容积 V，即 $V_{max}=V$。

反应池内最小水量（V_{min}）为有效容积 V 与周期进水量 Q_0 之差，即 $V_{min}=V-Q_0$。

SBR 法反应池也是最终沉淀池。在沉淀工序中活性污泥在最高水位下静止沉淀。沉淀结束后污泥界面高于最低水位时，污泥就会随上清液流失。为防止污泥流失，污泥界面和排水的最低水位间应留有一定的缓冲层，其高度可为 0.2～1.0m。因此 SBR 的最小水量必须大于反应器中的污泥量。

污泥体积可由污泥体积指数（SVI）进行计算。SVI 是指反应混合液经 30min 静沉后，每克干污泥所形成的沉淀污泥所占的容积，其计算式为：

$$SVI=\frac{SV\times 1000}{MLSS} \tag{4-19}$$

式中 SVI——污泥体积指数，mL/g；

SV——污泥沉降比（30min），%；

MLSS——混合液污泥浓度，mg/L。

由式(4-19) 可得：

$$SV=\frac{SVI \cdot MLSS}{1000} \tag{4-20}$$

反应器内经 30min 静止沉淀后污泥的总体积可认为等于反应器中沉淀结束后的污泥体积（V_x），则：

$$V_x=\frac{SV \cdot V}{100}=\frac{SVI \cdot MLSS \cdot V}{10^6} \tag{4-21}$$

根据以上分析，在SBR法反应器中必须满足$V_{\min}>V$，即：

$$V-Q_0>\frac{\mathrm{SVI}\cdot\mathrm{MLSS}\cdot V}{10^6} \tag{4-22}$$

由式(4-22) 可以得出周期进水量必须满足的条件为：

$$Q_0<\left(1-\frac{\mathrm{SVI}\cdot\mathrm{MLSS}}{10^6}\right)V \tag{4-23}$$

(3) 需氧量与剩余污泥量的计算

需氧量与剩余污泥量的计算与标准活性污泥法相似。

4.3.5 滗水器

滗水器又称滗析器、移动式出水堰，是间歇生化法处理污水工艺的关键设备，能在需滗水时将上清液滗出，而在进水、反应、沉淀等工序时不影响工艺进行。应用中要求滗水器既具备对水量变化的可调节性，有良好的水力和机械性能，又能随水位变化而运动升降。

目前国内外污水处理工程中应用的滗水器主要可分为三种类型：机械式滗水器、虹吸式滗水器和自力（浮力）式滗水器。

(1) 机械式滗水器

目前国内应用的机械式滗水器主要有两种形式，即旋转式和套筒式。

机械旋转式滗水器轴测图如图4-21所示，由电动机、减速机及执行装置、四连杆机构、载体管道、浮子箱（拦渣器）、淹没出流堰口、回转接头等组成。通过电动机带动减速机及执行装置和四连杆机构，使堰口绕出水管作旋转运动，滗出上清液，液面也随之同步下降。浮子箱（拦渣器）可在堰口上方和前后端之间形成一个无浮渣或泡沫的出流区域，并可调节堰口之间的距离，以适应堰口淹没深度的微小变化。图4-22所示为机械旋转式滗水器的外形。

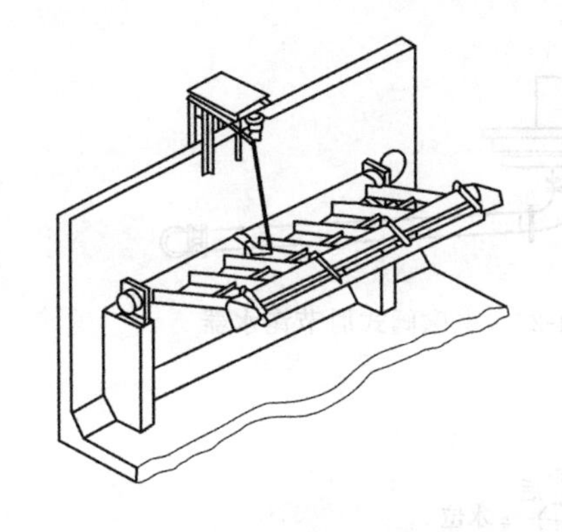

图4-21　机械旋转式滗水器轴测图

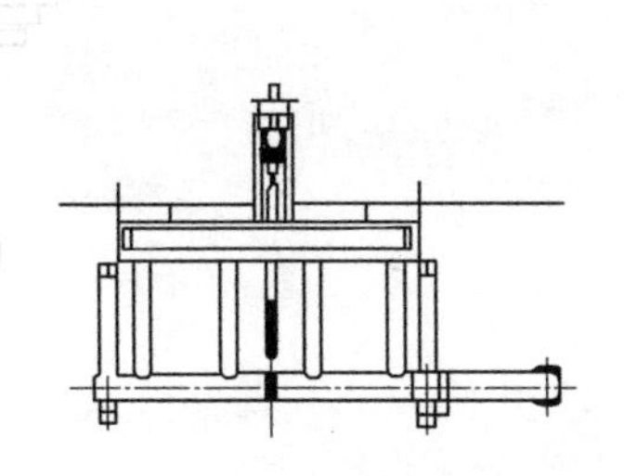

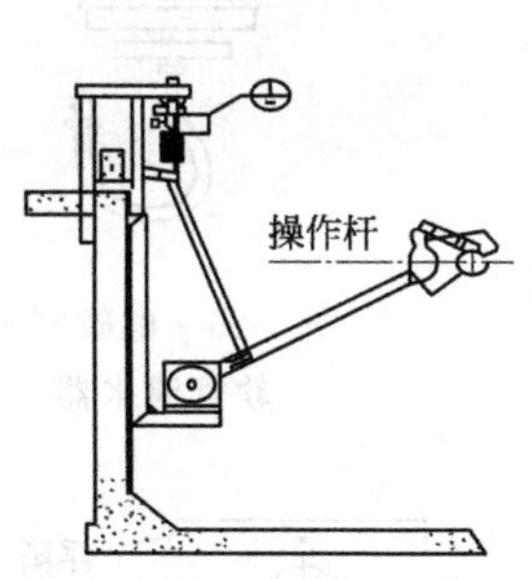

图4-22　机械旋转式滗水器外形图

套筒式滗水器有丝杠式和钢丝绳式两种，在一个固定的池内平台上，通过电动机带动丝杠或滚筒上的钢丝绳，牵引出流堰口上下移动。堰口下的排水管插在有橡胶密封的套筒中，可以随出水堰上下移动，套筒连接在水总管上，将上清液滗出池外。在堰口上也有一个拦浮渣和泡沫的浮箱，采用剪刀式铰链和堰口连接，以适应堰口淹没深度的微小变化。机械套筒式滗水器的外形见图4-23。

(2) 虹吸式滗水器

虹吸式滗水器实际是一组淹没出流堰，由一组垂直的短管组成，短管吸口向下，上端用总管连接。总管与U形管一端高出水面，一端低于反应池的最低水位，高端设自动阀与大气相通，低端接出水管以排出上清液。运行时通过控制进排气阀的开闭，采用U形管水封来形成滗水器中循环间断的真空和充气空间，达到开关滗水器和防止混合液流入的目的。滗水的最低水面限制在短管吸口以上，以防浮渣或泡沫进入。虹吸式滗水器的外形见图4-24。

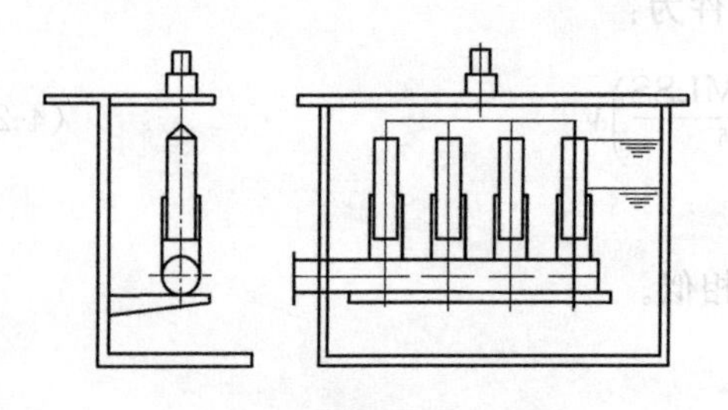

图4-23 机械套筒式滗水器

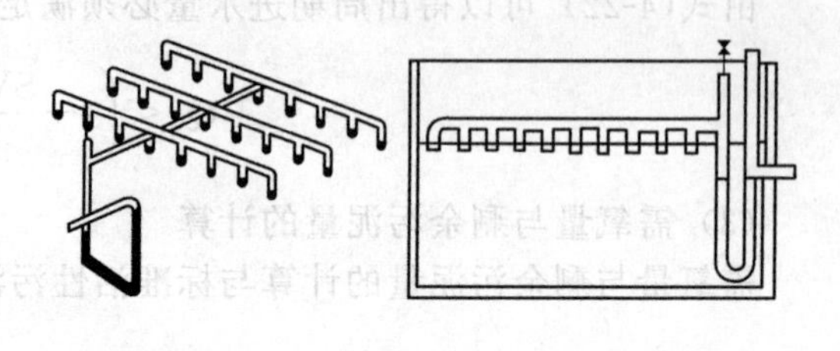

图4-24 虹吸式滗水器外形

(3) 自力（浮力）式滗水器

自动浮动式出水堰即滗水器漂浮在水面上，堰口与池外之间连有一段特殊的载体管道，它能随堰体的升降而变化。当需要滗水时，池内水体不断涌入浮动堰口，通过载体管道流向池外。在水流动过程中，一是堰体本身与浮力形成均衡，二是随水面下降，堰体所处绝对高度也不断下降。要求载体管道不论以何轨迹运动，其连接堰口的部分都必须也以同样速率变化，能达到一这状态，就能实现滗水器的自动升浮要求。

自力（浮力）式滗水器也有多种形式，如前所述的两种机械式滗水器也都可以制成自力式滗水器，不同的是它只依靠堰口上方的浮箱本身的浮力使堰口随液面上下运动，而不需外加机械动力。按堰口形状可分为条形堰式、圆盘堰式和管道式等。堰口下采用柔性软管或肘式接头来适应堰口的位移变化，将上清液滗出池外。浮箱本身也起拦渣作用。为了防止混合液进入管道，在每次滗水结束后，采用电磁阀（见图4-25和图4-26）、自力阀式（见图4-27）关闭堰口，或采用气水置换浮箱（见图4-28）将堰口抬出水面。

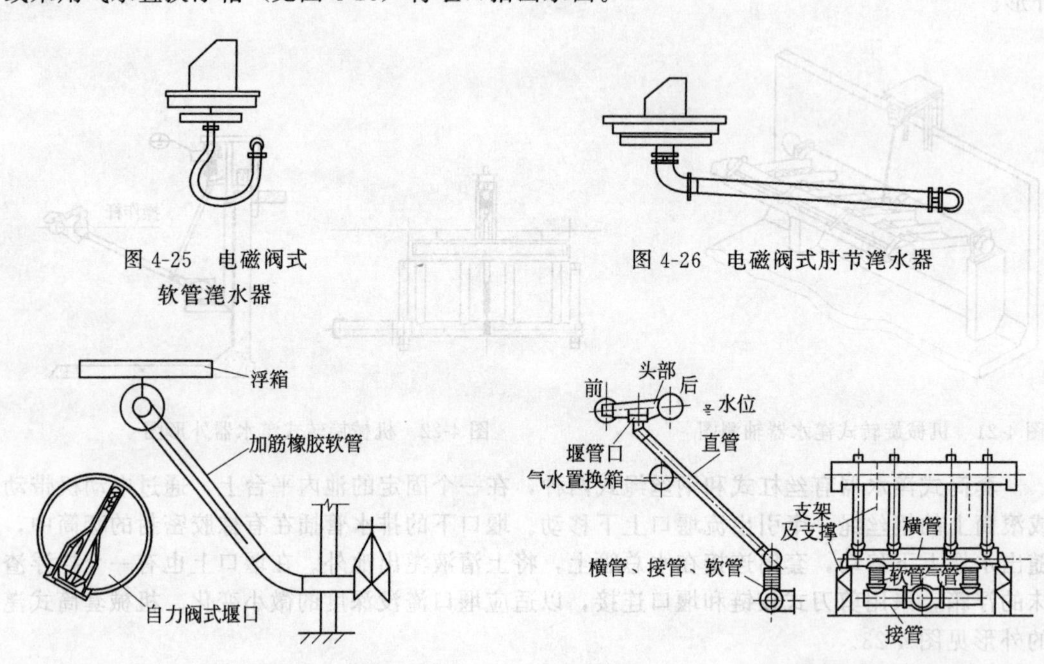

图4-25 电磁阀式软管滗水器

图4-26 电磁阀式肘节滗水器

图4-27 自力阀式滗水器

图4-28 气水置换箱式滗水器

三种滗水器的比较见表4-5。

表 4-5 三种滗水器比较

特征	虹吸式	套筒式	旋转式
滗水器负荷/[L/(m·s)]	1.5～2.0	10～12	20～32
通常滗水范围/m	0.5～1.0	0.8	1.0～2.3
滗水保护高/m	0.3	0.8～1.1	0.3～1.0
特点	①无运动部件 ②仅真空破坏阀为运动部件，易于检修 ③一旦定位后，位置不好改变 ④池子不能太深	①无论是丝杠式还是钢丝绳式均可靠 ②运动部件为机械转动和望远镜阀式的套筒橡胶密封，寿命有一定的限制 ③滗水负荷量较大，深度较深 ④造价相对较高，必须准备易损件	①运行可靠，负荷大，滗水深度行程大 ②纯机械部件，加工精度高，造价高 ③回转密封接头要求质量高，寿命有一定限制 ④外形美观，可做成 9～10cm 以上的大型滗水器，对大型 SBR 厂及大型 SBR 法反应器较适宜

4.4 SBR工艺的发展

随着 SBR 工艺的广泛应用，该项技术得到了迅速发展，针对 SBR 的缺点和不同的使用目的出现了很多变形工艺，如间歇循环延时曝气系统（intermittent cyclic extended aeration system，简称 ICEAS 工艺）、循环活性污泥系统（cyclic activated sludge sysgem，简称 CASS 工艺）、循环活性污泥法（cyclic activated sludge technology，简称 CAST 工艺）、DAT-IAT 工艺（demand aeration tank-intermittent aeration tank）、UNITANK 工艺等。

4.4.1 间歇循环延时曝气系统（ICEAS）

间歇循环延时曝气系统（intermittent cyclic extended aeration system，简称 ICEAS 工艺）是 SBR 工艺最早的一种变形工艺，20 世纪 80 年代初兴起于澳大利亚，1976 年澳大利亚建成世界上第一座 ICEAS 工艺废水处理厂，随后在世界各地得到了广泛的应用。我国最早采用该工艺的是上海中药制药三厂，于 1991 年底投产运行，其运行结果表明：COD 去除率为 95.9%～97.0%，BOD_5 去除率为 99.1%～99.4%，NH_3-N 去除率为 75.1%～78.4%。

（1）ICEAS 工艺流程

ICEAS 工艺是连续进水的，即使在反应池处于沉淀阶段也照样进水。由于反应池有一定长度，从停止曝气开始到沉淀完成、开始滗水，原污水一般才流到反应池全长的 1/3 处；到滗水完成时，原污水最多也只能到达反应池全长的 2/3 处。此时将重新开始曝气，所以不存在原水干扰沉淀、影响滗水的问题，更没有原水短路的可能。

ICEAS 工艺最大的特点是依据污泥微生物选择器理论针对污泥膨胀问题对 SBR 进行了改进，在 SBR 法反应器的前部增加了一个生物选择器，用以促进微生物繁殖、菌胶团形成并抑制丝状菌的生长。这样就将反应器分为前后两个反应区。前面的反应区叫预反应区，按厌氧或好氧设计，一般设置搅拌设施，起到污泥选择的作用，有时兼有脱氮除磷的作用。后一个反应区叫主反应区，按延时曝气设计，曝气、沉淀、滗水、排泥、回流等过程在其间发生，起到去除 COD、硝化和污泥好氧消化等作用。取消进水阶段，改为连续进水，在沉淀和排水期把主反应区的污泥回流到预反应区。ICEAS 工艺过程如图 4-29 所示。

ICEAS 反应池的构造如图 4-30 所示。ICEAS 反应池由预反应区和主反应区组成，主反应区可分为水位变化区、缓冲区、污泥区三部分。运行方式为连续进水，沉淀期和排水期仍保持进水，曝气、沉淀、排水、排泥间歇进行。经预处理的废水连续不断地进入反应池前部的预反应区，在该区内污水中的大部分可溶性 BOD 被活性污泥微生物吸附，并从主、预反应区隔墙

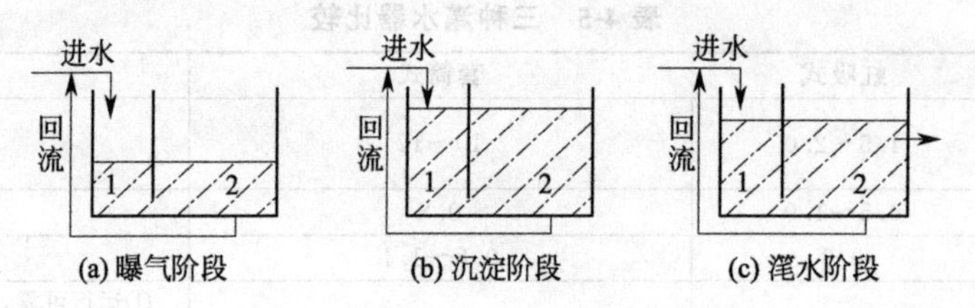

图 4-29　ICEAS 工艺过程简图

1—预反应区；2—主反应区

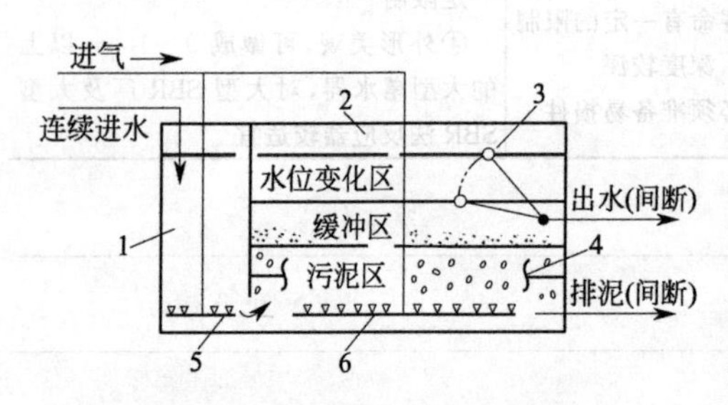

图 4-30　ICEAS 反应池构造

1—预反应区；2—主反应区；3—滗水器；4—水下搅拌器；5—大气泡扩散器；6—微孔曝气器

下部的孔眼以低速（0.03～0.05m/min）进入主反应区。在主反应区内按照曝气、沉淀、排水、排泥的程序周期性运行，使有机废水在交替的好氧—缺氧—厌氧的条件下完成生物降解作用，各过程的历时及相应设备的运行均根据设计由计算机自动控制。ICEAS 系统在处理城市污水和工业废水时的投资和运行费用更低，管理更为方便。但由于进水贯穿于整个运行周期的各个阶段，在沉淀期时，进水在主反应区底部造成水力紊动而影响泥水分离效果，因而进水量受到了一定限制。

ICEAS 处理系统一般由两个以上的反应池组成。二池 ICEAS 处理系统的工艺如图 4-31 所示。

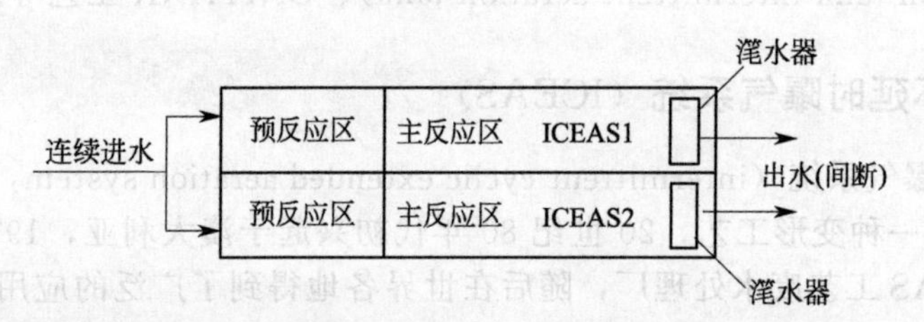

图 4-31　二池 ICEAS 处理系统的工艺组成

ICEAS 处理系统一个典型的运行周期时间为 4h，其中曝气 2h、沉淀 1h、排水和排泥 1h。二池 ICEAS 处理系统在一个周期内操作过程的时间分配如图 4-32 所示。由图 4-32 可知，二池 ICEAS 处理系统中，当第一个 ICEAS 反应池进行曝气（2h）时，第二个 ICEAS 反应池进行沉淀和排水（2h）；当第一个 ICEAS 反应池进行沉淀和排水（2h）时，第二个 ICEAS 反应池进行曝气（2h）。二池交替周期运行，风机可以连续工作，设备闲置率小，操作管理十分方便。在 ICEAS 处理系统中，如果考虑脱氮除磷，其运行周期可以做相应的调整，并在反应池中安装水下搅拌器，在厌氧反应阶段进行搅拌混合。

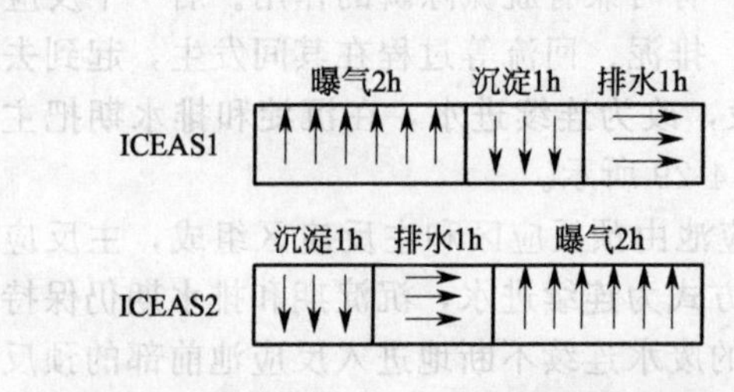

图 4-32　二池 ICEAS 运行周期内的时间分配

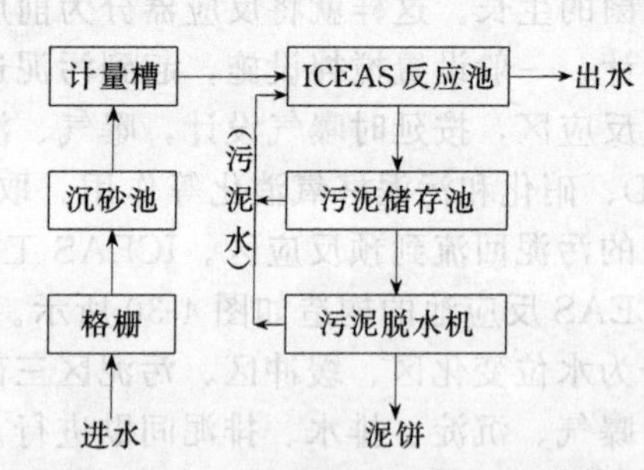

图 4-33　ICEAS 处理系统工艺流程

ICEAS工艺对废水预处理要求不高，只需设格栅和沉砂池。ICEAS系统处理城市污水的工艺流程如图4-33所示。

(2) ICEAS工艺的特征

从反应器设计方面看，ICEAS工艺主要是增加了控制污泥膨胀的预反应区，微生物选择理论认为，沉降性能好的胶菌团比诱发污泥膨胀的丝状菌有更高的增殖速率和饱和常数，因此在低底物浓度条件下丝状菌竞争底物的能力强，有增殖优势；在高底物浓度条件下，胶菌团竞争底物的能力强，易成为优势菌群。在反应器前面设置容积相对较小的一段独立反应区，新鲜废水与回流来的污泥在其中充分接触，这时底物浓度高，有利于胶菌团增殖，进而保持其种群优势，减少污泥中丝状菌的相对含量，避免进入主反应区后随底物浓度的降低丝状菌迅速大量增殖，从而减少污泥膨胀的发生。另外，根据不同的水质情况和处理要求，生物选择区还可以发挥其他一些功能，如反硝化脱氮、改善废水可生化性、创造处理条件等。

从运行方式上看，ICEAS工艺与传统SBR的最大区别在于连续进水，即使在沉淀期和滗水期间进水也不停止。另外ICEAS工艺设置污泥回流，可以在滗水阶段定量回流，也可以回流泵连续运转，在沉淀期和滗水期间作为污泥回流，在曝气期间作为混合液回流。为了减少进水和回流对沉淀和滗水的干扰，防止短流现象的发生，可从两个方面采取措施：一是反应器采用推流流态设计，一般开始滗水时原污水流经位置不超过反应器的前1/3处，滗水完成时原污水流经位置不超过反应器的前2/3处；二是在主反应区和预反应区之间用隔墙隔开，隔墙底部开大孔，污水通过孔洞以极低的速度从预反应区流入主反应区。

ICEAS工艺在控制污泥膨胀和简化SBR控制方面表现突出，实现了SBR工艺在大中型污水处理厂的应用，在国外受到广泛重视，但由于在沉淀和滗水期间进水，主反应区的泥水分离会受到一定程度的影响，因此进水量受到一定程度的限制。该工艺强调延时曝气，污泥负荷低[0.04～0.05kgBOD_5/(kgMLSS·d)]，使SBR工艺投资低的优势得不到充分体现，虽然国内也有应用，如昆明第三污水处理厂，设计高峰处理量达到200000m^3/d，但是应用不广泛。

4.4.2 CASS工艺

CASS (cyclic activated sludge system) 或CASP (cyclic activated sludge process) 工艺的全称为循环式活性污泥法，是由澳大利亚Mervyn C. Goronszy教授在ICEAS工艺的基础上改进开发出来的，并保留了ICEAS工艺的优点。

(1) CASS工艺的基本结构

CASS工艺在运行方式上改为间歇进水，但也不是恢复传统SBR的明确进水时段，而是与曝气段交叉在一起，预反应区进一步分为生物选择区和缺氧区，即反应器分为选择器、缺氧区和主反应区三个区，各区之间的容积比一般为1∶5∶30。选择器相对较小，主要作用是限制丝状菌的过度繁殖，抑制污泥膨胀；缺氧区的设置主要是为了形成从厌氧到好氧的过渡，使细菌受环境突变的影响小，同时可以强化反硝化作用。CASS工艺由于投资和运行费用低，处理效率高，尤其具有优异的脱氮除磷功能，因此越来越得到重视。CASS工艺的基本结构如图4-34所示。

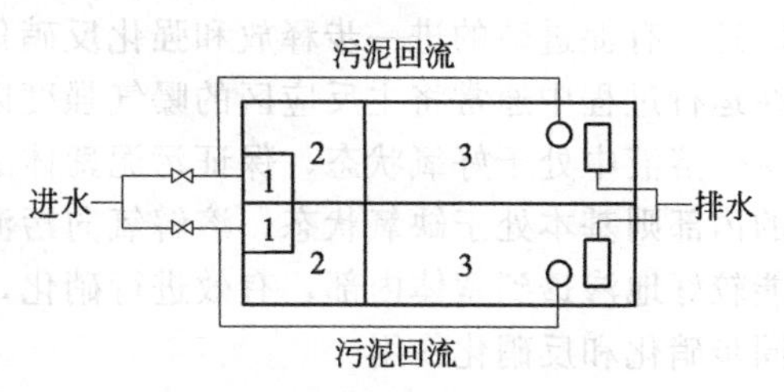

图4-34　CASS工艺的基本结构

1—生物选择器；2—缺氧区；3—主反应区

与SBR工艺和ICEAS工艺不同，CASS工艺对工作过程的划分不十分严格，可以粗略划分为进水/曝气阶段、沉淀阶段和滗水阶段，如图4-35所示，但各阶段的工作内容可以根据需要调整，例如进水可以在进水/曝气阶段与曝气同步进行，也可以在曝气的前期进水或进水一段时间后再曝气，有的还把进水段延长到沉淀阶段甚至全过程连续进水，回流一般设计为与进水同步，但有脱氮除磷要求时也可以不同步，具体各阶段工作内容的设置需要根据要处理的水质条件和处理要求确定，并且也可以根据运行情况进行调整。

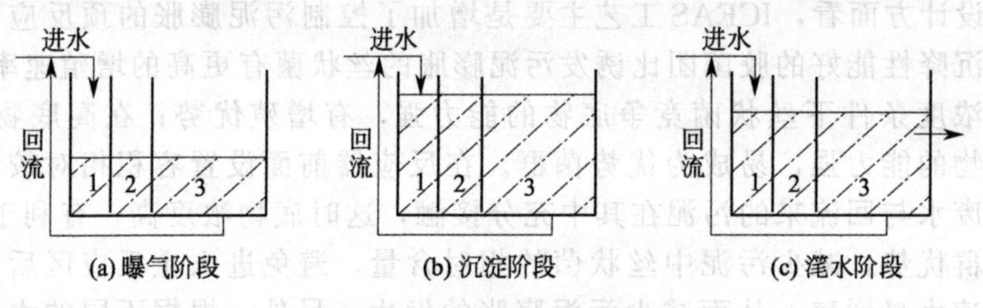

图 4-35 CASS工艺过程简图
1—生物选择器；2—缺氧区；3—主反应区

(2) CASS反应器的构造

CASS反应器是设有一个生物选择器的变容积的生物反应器，在一个反应器中完成有机污染物的生物降解和泥水分离的处理功能。整个系统以推流方式运行，而各反应区则以完全混合的方式实现有机污染物的降解功能。

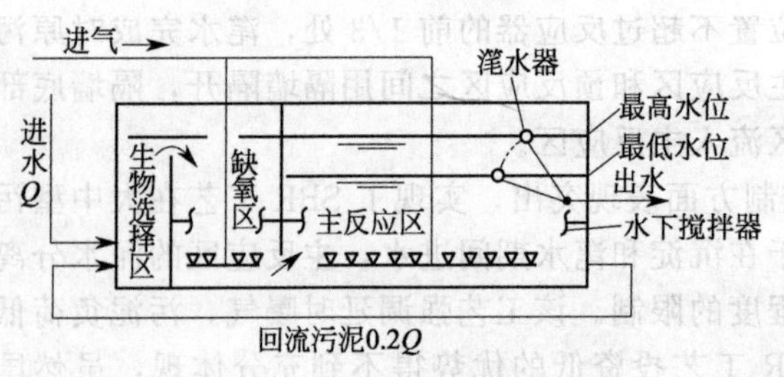

图 4-36 CASS反应器的结构

CASS反应器的构造如图 4-36 所示，CASS反应器由生物选择区、缺氧区、主反应区以及曝气器、滗水器、水下搅拌器等组成。

生物选择区设置在反应器的进水处，是一容积较小的废水污泥接触区（容积约为反应器总容积的 10%）。进入反应器的废水和从主反应区内回流的活性污泥（回流量约为日平均流量的 20%）在此相互混合接触。生物选择器是按照活性污泥种群组成的动力学原理而设置的，创造合适的微生物生长条件并选择出絮凝性细菌。在生物选择区内，通过主反应区污泥的回流并与进水混合，不仅充分利用了活性污泥的快速吸附作用，而且加速对溶解性底物的去除，并对难降解有机物起到良好的水解作用，同时可使污泥中的磷在厌氧条件下得到有效的释放。生物选择器还可有效地抑制丝状菌的大量繁殖，克服污泥膨胀，提高系统的稳定性。兼氧区不仅具有辅助在厌氧或兼氧条件下运行的生物选择区对进水水质、水量变化的缓冲作用，同时还具有促进磷的进一步释放和强化反硝化作用。主反应区则是最终去除有机物的主要场所。在运行过程中通常将主反应区的曝气强度以及曝气池中的溶解氧浓度加以控制，以使反应区内主体溶液中处于好氧状态，保证污泥絮体的外部有一个好氧环境进行硝化；活性污泥絮体结构的内部则基本处于缺氧状态，溶解氧向污泥絮体内部的传递受到限制，而较高的硝酸盐浓度则能较好地渗透到絮体内部，有效进行硝化，从而使主反应区中同时发生有机污染物的降解以及同步硝化和反硝化作用。

(3) CASS工艺的运行程序

CASS的循环运行过程如图 4-37 所示。CASS工艺以时间序列运行，其运行过程包括进水/曝气、污泥沉淀、排水排泥等阶段并组成其运行的一个周期。每个运行周期中曝气和非曝气的时间基本相等，而一个典型的运行周期时间为 4h，其中曝气 2h、沉淀和排水各 1h。

二池 CASS工艺的组成如图 4-38 所示。CASS在进水阶段，一边进水一边曝气，同时进行污泥回流，本阶段运行时间一般为 2h；在沉淀和排水阶段，停止曝气，同时停止进水和污泥回流，保证了沉淀过程在静止的环境中进行，并使排水的稳定性得到保障，沉淀排水阶段的

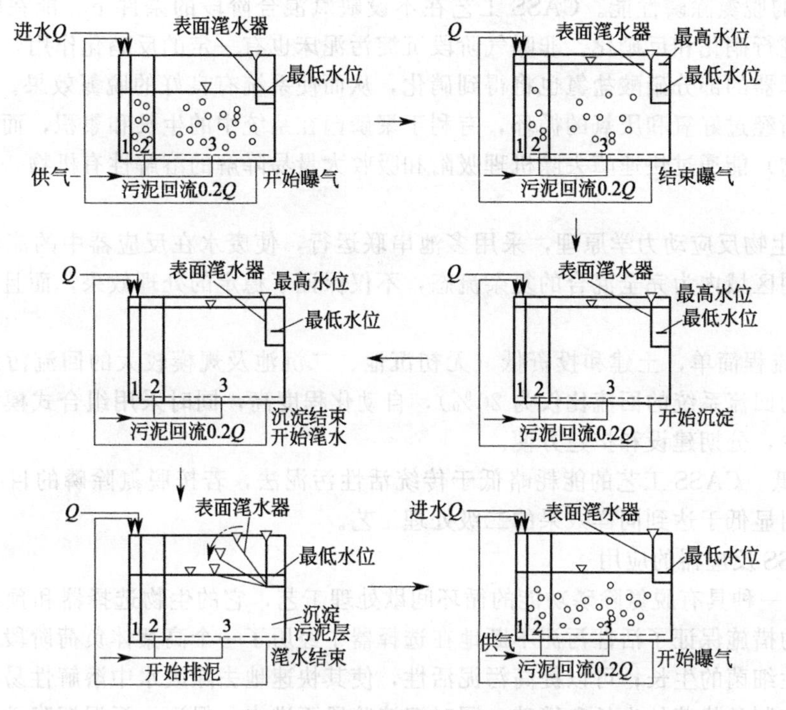

图 4-37　CASS 循环运行过程

1—生物选择器；2—缺氧区；3—主反应区

时间一般为 2h。对于二池 CASS 系统，这样的运行程序保证了整体进水的连续性和风机的连续运行。

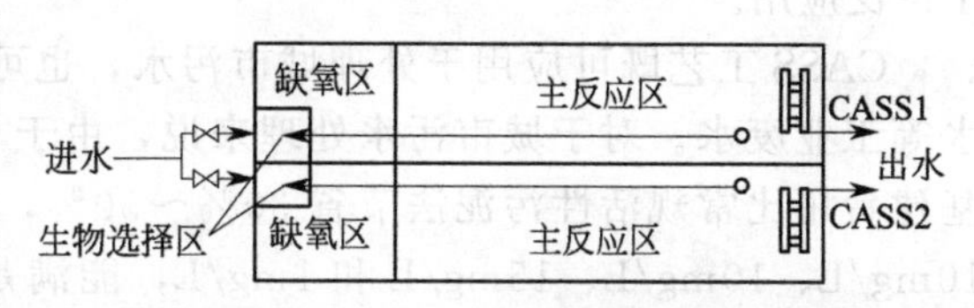

图 4-38　二池 CASS 工艺的组成

CASS 在操作循环的曝气阶段完成有机物的生物降解过程，在非曝气阶段完成废水分离和处理水的排放。排水装置为移动式自动滗水器，借此将每一循环操作中所处理的废水经沉淀后排出系统。一个运行周期结束后，重复上一周期的运行并依此循环不止。循环过程中，反应器内的水位随进水而由初始的设计最低水位逐渐上升到最高设计水位，因而 CASS 是一个变容积的运行过程。

(4) CASS 工艺的特点

CASS 工艺是以生物反应动力学原理及合理的水力条件为基础而开发的一种新的废水处理工艺，CASS 工艺具有以下几个方面的特征和优点。

① 在反应器入口处设置一生物选择器，并进行污泥回流，保证了活性污泥不断地在选择器中经历一个高絮体负荷（S_0/X_0）阶段，从而有利于系统中絮凝性细菌的生长并提高污泥活性，使其快速去除废水中溶解性易降解基质，进一步有效抑制丝状菌的生长和繁殖。这使得 CASS 系统的运行不取决于水处理厂的进水情况，可以在任意进水速率并且反应器在完全混合条件下运行而不发生污泥膨胀。

② 良好的污泥沉淀性能。CASS 反应池中的混合污泥浓度在最高水位时与传统的定容活性污泥法系统基本相同，由于曝气结束后的沉降阶段中整个池子面积均可用于泥水分离，其固体通量和泥水分离效果要优于传统活性污泥法。另外，CASS 沉淀阶段不进水，保证了污泥沉降无水力干扰，取得良好的分离效果。曝气阶段结束后混合液中残余的能量用于沉淀初期的絮凝作用，又可进一步强化絮凝沉降的效果。

③ 可变容积的运行提高了对水质、水量波动的适应性和操作运行的灵活性。

④ 良好的脱氮除磷性能。CASS 工艺在不设缺氧混合阶段的条件下，能在曝气阶段创造条件有效地进行硝化和反硝化。非曝气阶段沉淀污泥床也有一定的反硝化作用，通过污泥回流带回生物选择器的部分硝酸盐氮也将得到硝化，从而使系统有良好的脱氮效果。CASS 系统使活性污泥不断经过好氧和厌氧的循环，有利于聚磷菌在系统中的生长和累积，而选择器中活性污泥（微生物）能通过快速酶去除机理吸附和吸收大量易降解的溶解性有机物，从而保证了磷的去除。

⑤ 根据生物反应动力学原理，采用多池串联运行，使废水在反应器中的流动呈现出整体推流而在不同区域内为完全混合的复杂流态，不仅保证了稳定的处理效果，而且提高了容积利用率。

⑥ 工艺流程简单，土建和投资低（无初沉池、二沉池及规模较大的回流污泥泵站，用于生物选择器的回流系统的回流比仅为 20%），自动化程度高，同时采用组合式模块结构，布置紧凑，占地少，分期建设和扩建方便。

⑦ 能耗低。CASS 工艺的能耗略低于传统活性污泥法，若按脱氮除磷的目标控制运行参数，其能耗明显低于达到同样效果的二级处理工艺。

（5）CASS 反应器的应用

CASS 是一种具有脱氮除磷功能的循环间歇处理工艺，它的生物选择器和预反应区的设置和污泥回流的措施保证了活性污泥不断地在选择器中经历了一个高絮体负荷阶段，从而有利于系统中絮凝性细菌的生长；可以提高污泥活性，使其快速地去除废水中溶解性易降解基质，进一步有效地抑制丝状菌的生长和繁殖；同时沉淀阶段不进水，保证了污泥沉降无水力干扰，在静止环境中进行，可以进一步保证系统具有良好的分离效果。因此，CASS 工艺在国内外得到了广泛应用。

CASS 工艺既可应用于处理城市污水，也可用于处理如造纸、纺织、食品加工和化工废水等工业废水。对于城市污水处理来说，由于 CASS 工艺省去了初次和二次沉淀法，因此其基建费用比常规活性污泥法节省 30%～50%，出水 BOD_5、SS、TN 和 TP 的浓度分别小于 10mg/L、10mg/L、15mg/L 和 1mg/L，能满足日趋严格的出水标准。目前在美国、加拿大、澳大利亚等国已有几百多座污水处理厂采用这种工艺，其中近百座用于处理工业废水，处理规模从每天几千立方米到几十万立方米，运行良好。国内 CASS 工艺主要应用在有脱氮除磷要求的城市污水处理、小区生活污水及啤酒、屠宰、印染、制药等行业废水的处理，处理效果也很好。

CASS 工艺于 20 世纪 70 年代投入市场，起初认为这一工艺只能运用于小规模的污水处理厂，但是实际应用证明，它也适用于大中型的污水处理厂，现在有一些 100 万当量人口的污水处理厂采用 CASS 工艺在运行。

4.4.3 CAST 工艺

CAST（cyclic activated sludge technology）系统也是由澳大利亚 Mervyn C. Goronszy 开发的间歇运行的循环式活性污泥法。实际上 SBR 和 CAST 都是在充排水反应器（fill and draw reactor）基础上开发的间歇式活性污泥法。1984 年 Goronszy 利用微生物在不同絮体负荷条件下的生长速率和污水生物除磷脱氮机理，将生物选择器与可变容积反应器相结合，开发出具有捕获选择器（captive selector）的循环式活性污泥系统（cyclic activated Sludge System，CASS），后来 Goronszy 又将 CASS 系统发展为 CAST 工艺，使构造简化，运行更为可靠。

与 ICEAS 工艺相比，CAST 将主反应区中部分剩余污泥回流至生物选择器中，而且沉淀阶段不进水，一般分为三个反应区：一区为生物选择区，二区为缺氧区，三区为好氧区，各区容积之比为 1∶5∶30。

生物选择器设于主曝气区前端，保持厌氧环境。污水经格栅和沉砂池去除较粗大的无机颗粒和漂浮物，然后进入生物选择器，与主曝气区回流而来的浓缩污泥充分混合，完成一系列的生化反应。废水中的有机物在此之前很少发生生物去除作用，保持较高浓度，回流来的浓缩污泥已经充分曝气，保持在高活性状态，为发生良好的生化反应奠定了基础。同时 CAST 沉淀阶段不进水，污泥沉降过程中无进水水力干扰，即在静止环境中进行，泥水分离效果好。

CAST 工艺通常采用 4h 或 6h 循环周期进行正常运行，在沉淀和滗水时须停止充水/曝气，其每一操作循环由下列 4 个顺序组成。

(1) 充水/曝气

在曝气时同时充水，充水/曝气时间一般占每一循环周期的 50%，如采用 4h 循环周期，则充水/曝气为 2h。

(2) 沉淀

停止进水和曝气，沉淀时间一般采用 1h，形成凝聚层，上层为清液。高水位时 MLSS 约为 3.0～4.0g/L，沉淀后可达 10g/L。

(3) 滗水

继续停止进水和曝气，用表面滗水器排水，滗水器为整个系统中的关键设备，滗水器根据事先设定的高低水位由限位开关控制，可用变额马达驱动，有防浮渣装置，使出水通过无渣区经堰板和管道排出。

(4) 闲置

在实际运行中，滗水所需时间小于理论时间，在滗水器返回初始位置 3min 后即开始为闲置阶段，此阶段可充水。

CAST 系统在运行方式上非常灵活，即使水量、水质有较大的波动时，也能根据进水条件的变化作适当调整，选择合适的操作方案。在高度自动化控制的条件下，这种调整非常容易实现，充分体现了污水处理自动化的优势。

CAST 为变容积的间歇式活性污泥法，综合了推流式和完全混合式活性污泥法以及其他间歇式处理系统的优点，有效防止了污泥膨胀，氮、磷和有机物的处理效果良好，耐冲击负荷的能力也较强。CAST 系统的占地面积小于常规活性污泥法，在基建投资和运行费用方面也很有竞争力，而且运行管理灵活简便，处理过程稳定可靠，因此是一种很有发展前途的污水处理工艺。

4.4.4 DAT-IAT 工艺

DAT-IAT 工艺（demand aeration tank-intermittent aeration tank）是 SBR 工艺中继 ICEAS、CASS、CAST、IDEA 法之后不断完善发展的一种新方法。

(1) 构造及工艺流程

DAT-IAT 工艺的主体构筑物由一个连续曝气池（DAT 段）和一个间歇曝气池（IAT 段）串联而成，如图 4-39 所示。DAT 段连续进水连续曝气，相当于传统活性污泥法的曝气池，其出水连续流入 IAT 池；IAT 段连续进水间歇曝气，在池内完成反应、沉淀、滗水等工序；清水和剩余污泥从 IAT 段排出系统，从 IAT 段向 DAT 段连续回流污泥。其典型工艺流程如图 4-40 所示。

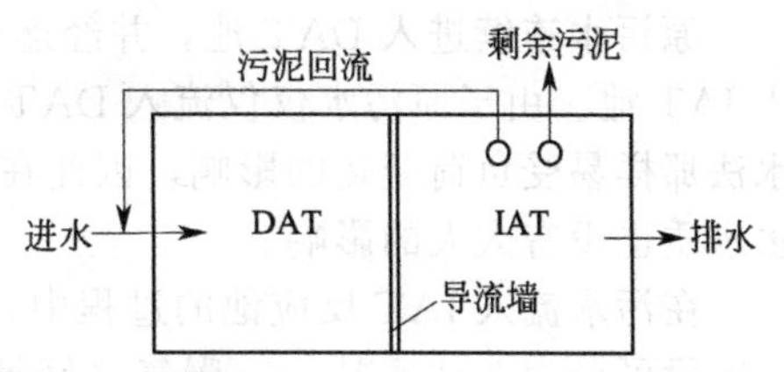

图 4-39　DAT-IAT 工艺基本结构

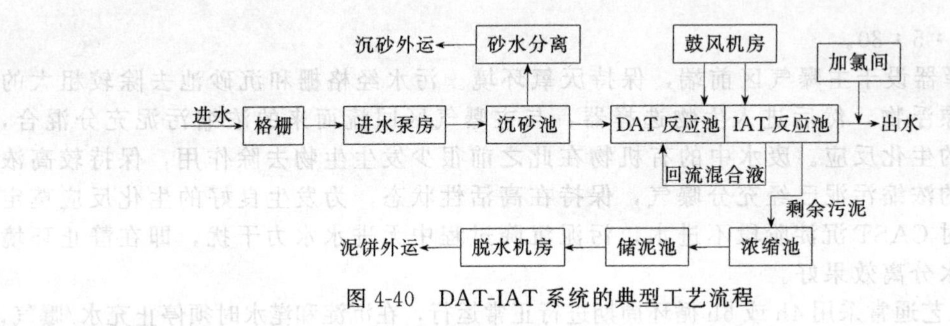

图 4-40 DAT-IAT 系统的典型工艺流程

DAT-IAT 工艺中的 DAT 池为主反应区，也称为需氧池，原污水连续流入，同时有从 IAT 反应区回流的混合液投入，进行连续曝气，充分发挥活性污泥的生物降解作用，大部分可溶性有机污染物被去除。IAT 相当于一个传统的 SBR 池，但其进水是连续的，曝气是周期性的，处理后的上清液和剩余污泥的排除均在 IAT 池内完成。由于 DAT 池对进水水质的调节与均衡作用，使得进入 IAT 池的水质稳定，有机物负荷低，使整个生物处理系统的可调节性进一步增强，有利于有机物的去除。一部分剩余污泥由 IAT 池回流到 DAT 池。与 CASS、CAST 和 ICEAS 工艺相比，DAT 池是一种更加灵活、完备的预反应器，从而使 DAT 池与 IAT 池能够保持较长的污泥龄和很高的 MLSS 浓度，对有机负荷及毒物有较强的抗冲击能力。另外，IAT 池的 C/N 较低，有利于硝化菌的繁殖，能够发生硝化反应，又由于间歇曝气能够在时序上形成好氧—缺氧—厌氧交替出现的环境，因此在去除 BOD_5 的同时取得一定的脱氮除磷效果。

DAT-IAT 从整体上看是连续进水，间歇排水，DAT 段一般采用完全混合流态，恒水位连续运行，序批式特性反映在 IAT 段上。IAT 的操作由进水、反应、沉淀、滗水和闲置五个基本阶段组成，从污水流入开始到闲置阶段结束算作一个周期。在一个周期内上述过程都在一组设有曝气装置或搅拌装置的反应池内依次进行，这种操作周期周而复始进行达到不断进行污水生化降解的目的。因此不需要连续活性污泥法中必须设置的一次沉淀池、回流污泥泵房、二次沉淀池等构筑物。

(2) DAT-IAT 工艺的运行

DAT 的进水不分阶段地进行，IAT 的运行周期可以划分为 4 个阶段：反应、沉淀、滗水和闲置。

① 进水　与普通 SBR 不同的是，DAT-IAT 系统的原污水连续进入 DAT 池，经曝气初期处理后的污水连续进入 IAT 池。连续进水使对进水的控制大大简化，这样的双池系统也起着调节和均质的作用。

进水阶段是 IAT 反应池接纳污水的过程。在污水流入开始之前是上一个周期的排水或闲置状态，因此反应池内污泥混合液起着回流污泥的作用，此时反应池内水位最低。在进水过程所定时间内或者在到达最高水位之前，反应池的排水口一直处于关闭状态以接纳污水的流入。

原污水连续进入 DAT 池，并经连续曝气后通过 DAT 池与 IAT 池之间的双层导流设施进入 IAT 池。由于原污水仅仅流入 DAT 池，DAT 池不直接排放处理水，不像连续进水连续出水法那样易受负荷变化的影响，因此在 DAT-IAT 运行中即使有水量和水质的变化，对处理出水水质也没有太大的影响。

在污水流入 IAT 反应池的过程中，不仅仅是水位的上升，而且也进行着重要的生化反应。此阶段可分为 3 种情况：a. 曝气（好氧反应）；b. 搅拌（厌氧反应或缺氧反应）；c. 静置。在 a. 的情况下，有机物几乎在进水过程中被氧化掉；b. 则相反，抑制好氧反应；c. 是用静止的方法。不管什么方式或其组合方法都是根据废水的性质和一个周期作为整体的处理目标来决定的，在处理装置本身不必改变的条件下，在运行管理上可以实现各种各样的反应操作，这是该种工艺最大的优势。

② 反应 DAT-IAT 系统的反应分两部分，反应首先发生在 DAT 池，该池全天在连续进水的同时连续曝气，去除有机污染物的机理和操作与普通完全混合曝气工艺基本相同。

在污水开始与活性污泥接触后的较短时间内，DAT 池完成物理吸附和生物吸附，污水中呈悬浮和胶体状态的有机污染物即被活性污泥所凝聚和吸附得到去除，完成初期吸附去除。该池的反应机理与 SBR 工艺相近，将吸附在微生物细胞表面的有机物逐步摄入到微生物体内。由于该系统为连续进水，因此对整个反应系统起到了水力均衡作用。

反应的第二部分发生在 IAT 池。经 DAT 池进行初步生物处理后的污水通过两池之间的双层配水装置连续不断地进入到 IAT，按工艺计算要求进行一定时间的曝气或搅拌，从而达到好氧反应的目的（去除剩余的 BOD_5 和硝化），有时为达到更好的沉淀效果，在沉淀前最短时间内进行曝气，以去除附着在污泥上的氮气。存活在 IAT 内的活性污泥微生物继续完成将周围环境污水中的有机污染物作为营养加以摄取、吸收，进一步氧化分解和合成代谢的过程，并将合成代谢产物——剩余污泥从 IAT 池排出系统。

③ 沉淀 沉淀只发生在 IAT 池中。当 IAT 池停止曝气后，活性污泥絮体静态沉淀与上清液分离。DAT-IAT 系统可视为延时曝气，其活性污泥混合液具有质轻、絮体颗粒小、易被出水带走、易受振动等特点，所以在设计中需将由 DAT 池流入 IAT 池过程中的流速设置得非常低，以免对沉淀过程产生扰动。

IAT 池内活性污泥混合液的浓度在 2000～4000mg/L，具有絮凝性能，可以发生成层沉淀，沉淀时泥水之间有较清晰的界面，絮凝体结成整体，共同下沉，达到澄清上清液、浓缩混合液的作用。

④ 排水、排泥 排水只发生在 IAT 池中，当池水位达到设计的最高水位时，沉淀后的上清液由设置在 IAT 池末端的滗水器缓慢地排出池外。当池水位恢复到处理周期开始的最低水位时停止滗水。

IAT 反应池底部沉降的活性污泥大部分供该池下个处理周期使用，一部分污泥用污泥泵连续打回 DAT 池作为 DAT 池的回流污泥，多余的污泥引至污泥处理系统进行污泥处理。

⑤ 闲置 在 IAT 池滗水结束即完成了一个运行周期时，两周期间的间歇时间就是闲置阶段。该阶段可视污水的性质和处理要求决定其时间长短或取消。在以除磷为目的的装置中，剩余污泥的排放一般是在曝气阶段结束、沉淀开始的时候进行。

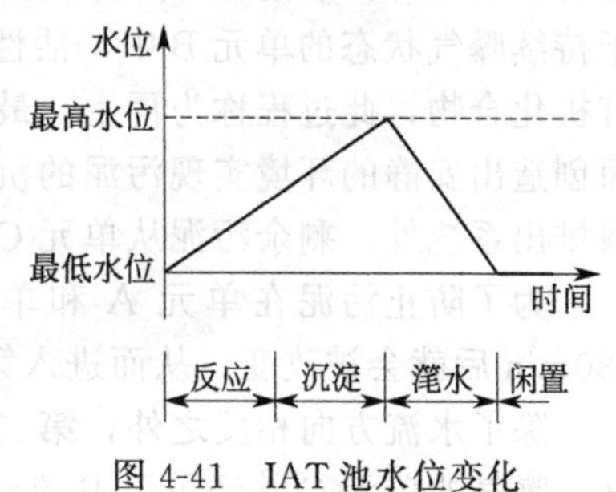

图 4-41 IAT 池水位变化

IAT 池在运行期间水位的连续变化如图 4-41 所示。

(3) DAT-IAT 工艺的优缺点

DAT-IAT 工艺的优点在于其同时拥有 SBR 和传统活性污泥法的特点，它像传统的 SBR 一样间歇曝气，可以根据原污水水质水量的变化调整运行周期，使之处于最佳工况，也可以根据除磷脱氮的要求调整曝气时间，造成缺氧或厌氧环境；同时它又像传统活性污泥法一样连续进水，减少自控点数，提高反应池的利用效率，比较适合浓度高、水质水量变化大的条件。池容利用率高是该工艺的另一个优点，对于曝气池和二沉池合建的污水处理构筑物，在保证沉淀效果的前提下，尽可能提高曝气池容积率，可以减少池容，降低基建投资。DAT 段恒水位连续曝气，提高了全池容的利用率，DAT-IAT 工艺的曝气容积率可达到 66.7%，而传统的 SBR 反应池一般为 50%～60%，因此 DAT-IAT 工艺是一种节省投资的工艺。

DAT-IAT 工艺具有以上优点的同时也会产生如下缺点。

① 由于 IAT 段连续进水（含回流污泥），沉淀受到一定程度的干扰，泥水分离效果易受到影响。

② 为了保证 DAT 段的污泥浓度，特别是在反应段通过混合液回流保证 DAT 段的污泥浓

度，回流比较大，可达到4～5，污泥回流能耗高。

③ 由于DAT段恒水位运行，滗水只在IAT段发生，因此处理水量大时，滗水深度大。

4.4.5 一体化活性污泥系统

一体化活性污泥系统（United Tank，UNITANK）由比利时西格斯（SEGHERS）公司开发成功，可以看作SBR的一种变型，也可以看作介于SBR法与传统活性污泥法之间的一种工艺。

(1) UNITANK工艺的组成

最简单的UNITANK工艺（UNITANK单段好氧）是由一个矩形反应池组成的，此矩形反应池被分成三个单元部分A、B、C，三个单元通过彼此间隔墙上的开口实现水流上的连通，如图4-42所示。

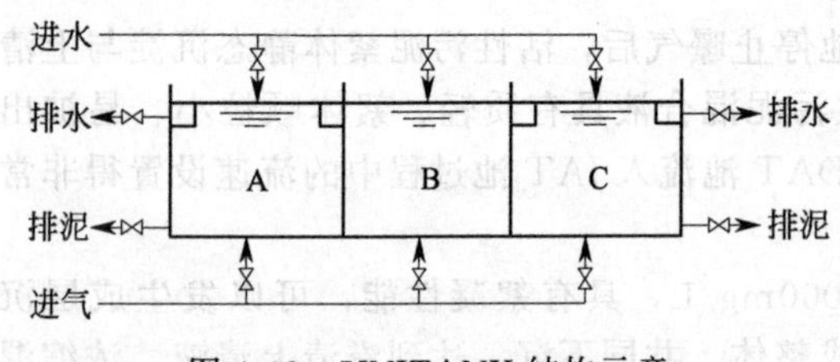

图4-42 UNITANK结构示意

每个单元都配有曝气系统（或是表面曝气或是微气泡曝气），位于外侧的两个单元（A、C）还设有固定出水堰及剩余污泥排放口，用于排水和排放剩余污泥。这两个单元既可作为曝气反应池又可作为沉淀池，每个单元均可单独进水。中间池（B）只作曝气池。

类似于传统的活性污泥系统，UNITANK工艺采用的是周期性的连续运行方式，一个运行周期包括两个主要时期和两个较短的过渡时期。但整体来看，系统是连续进水和出水，基本恒水位运行，不需要滗水器。

第一个主要运行周期是：进入单元A的废水在那里进行曝气并与活性污泥混合，有机化合物被活性污泥吸附及部分分解，此过程被称为积聚。活性污泥/污水混合液从单元A流到处于持续曝气状态的单元B中，活性污泥将进一步地降解（消化）在单元A中所摄入和吸附的有机化合物，此过程称为再生。最后混合液体流入单元C，此单元既没有曝气也没有搅拌，从而创造出安静的环境实现污泥的沉降。污泥在重力作用下发生沉降，澄清水从单元C的出水堰排出系统外，剩余污泥从单元C的底部排出。

为了防止污泥在单元A和单元B中被冲洗掉及在单元C中积累，水流方向在120～180min后就会被改变，从而进入第二个主要运行周期。

除了水流方向相反之外，第二个主要运行周期与第一个主要运行周期是一样的。废水首先进入曝气的单元C并经单元B流到单元A，现在单元A作为沉淀单元，在此单元内既没有曝气也没有搅拌。污泥在重力作用下发生沉降，澄清水从单元A的出水堰排出系统外，剩余污泥从单元A的底部排出。

在每个主要运行周期后都有一个较短的过渡时期，这一时期的作用是将曝气单元转换成沉淀单元。废水进入单元B，而此时两个外侧单元均处于沉淀状态。通过此种方式，为下个主要运行周期（水流方向改变）做准备，以保证连续地流出沉淀良好的清液。

(2) UNITANK工艺的优缺点

UNITANK工艺兼备了活性污泥和SBR两种工艺的优点，并且在一定程度上克服了两种工艺的缺点，主要表现在以下几个方面。

① 从半个周期看，UNITANK具备传统活性污泥法的特性，具备专门的曝气池（A段或C+B段）和二沉池（C段或A段），恒水位运行、出水堰出水，运行稳定，处理效果好，但是无须污泥回流和混合液回流，减少了设备数量和动力消耗。从整个周期看，A段或C段间歇进水、间歇曝气，可以根据情况调整运行周期和曝气时间，设置缺氧段，并且从整体看，反

应器由一个构筑物构成，不设置专门的二沉池，充分反映了 SBR 灵活性强、工艺流程简单、投资低的特点。

② 与传统的 SBR 相比，UNITANK 恒水位运行，反应器的容积利用率达到 100%，高于其他 SBR 法。UNITANK 采用出水堰连续出水，不使用滗水器，进一步简化设备，降低了反应器整体的故障率，并且 A、C 段作为沉淀池使用时一般都采用辐流沉淀设计，出水堰口负荷远小于滗水器，出水质量好。

③ UNITANK 最显著的优点就是其非常紧凑的结构形式，所有的水池都是矩形的，与传统的圆形水池相比，矩形水池间可采用公用隔墙，减少了混凝土的使用量。矩形水池可实现紧凑的、节省空间的组件设计。完全以组件形式建立的 UNITANK 可应用到其他的处理工艺中，如厌氧或物理-化学预处理、生物营养物的去除、污泥处理等。

此外，UNITANK 能够实现高级处理，它是一个稳定的和可控制的工艺过程，处理效率高，可应用高级在线检测及自动控制仪器和设备。所有的控制设备，如低压仪表盘、检测仪表和 PLC 被集中在 UNITANK 的控制单元以实现工艺的自适应和智能控制，减少了对连续监控的需要。

正由于 UNITANK 工艺具有上述多种优点，因此虽然其在 20 世纪 90 年代才产生，但已在世界各地两百多个项目中得到了成功应用。我国首先引进在澳门应用，如澳门半岛污水处理厂、路环污水处理厂都采用了 UNITANK，应用比较成功。目前国内规模最大的 UNITANK 工程是南京城北污水处理厂，设计规模为 $400000m^3/d$。

然而，UNITANK 工艺同时也有其固有缺点。

① A、C 段交替作为进水段和出水段，如果设计或控制不当，可能会造成进水未充分处理就被作为出水排出反应器，影响处理效果。

② A、C 段设置出水槽，在作为进水段时由于水位高，出水槽被淹没，当作为出水段时出水槽中残留的沉淀物会增加初期排水中悬浮物含量，一般要设置专门的储水池储存初期排水，再用专门的水泵提升到 B 段，增加了控制的复杂程度。

③ 在应用中还发现 UNITANK 工艺的另一个缺点是 A、B、C 三格的污泥量分配不均，A、C 格污泥浓度高，B 格污泥浓度低，如果设计不当，污泥浓度差距较大，会降低 B 格的使用效率。

(3) UNITANK 其他组合工艺

① UNITANK 两段好氧工艺　UNITANK 两段好氧系统是由两个相邻的矩形反应池组成的，每个反应池被分成三个单元部分。每个反应器代表一个氧化阶段。UNITANK 两段好氧系统是由一个高负荷段和一个低负荷段组成的，在第一个高负荷段，能够获得 75%～85%的 BOD 去除率，而在经过低负荷段后总的去除率可达 98%～99%。

高负荷段和低负荷段的不同可实现微生物群体的不同。高负荷段的微生物群落是由快速生长的细菌种群组成的，它们能够以一种非常有效的方式适应环境（污泥负荷、基质、温度、pH 等）的变化。它们仅消耗可生物降解的有机物。此段具有污泥停留时间短的特点。

在其后的低负荷段的反应器内是缓慢生长的细菌群落，它们能有效地降解低浓度的、较难生物降解的有机物。反应器内自由游动的细菌被原生动物所捕食，因此，出水的悬浮固体和 BOD 浓度是很低的。此段具有污泥停留时间长的特点。

在负荷极度变化和毒物的冲击下，第一段是一个理想的缓冲器。通过第一段（高负荷段）的运行，可保护第二段（低负荷段）中更加敏感的细菌免受有机物超负荷和毒物冲击的影响，从而获得高质量的出水。

a. 工作原理。UNITANK 两段好氧由两个串联的 UNITANK 单段系统组成，如图 4-43 所示。UNITANK 两段好氧的周期运行如图 4-44 所示。

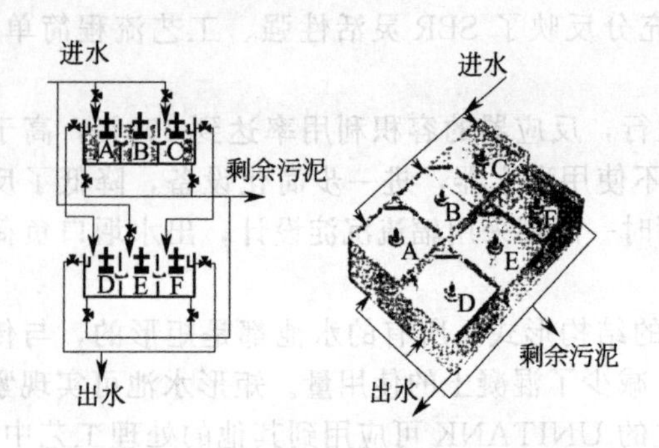

图 4-43 UNITANK 两段好氧水力流程

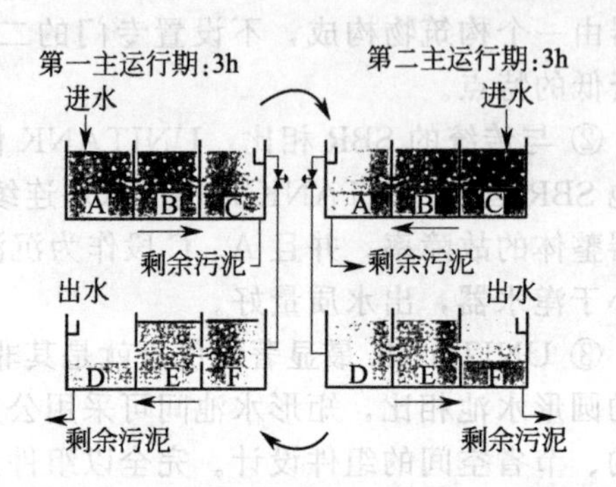

图 4-44 UNITANK 两段好氧的周期运行

第一个主要运行周期：在此周期中，废水进入左侧的外侧单元（A），在此单元内进行曝气。有机化合物被吸附并部分通过活性污泥降解（积聚）。混合液体（即污泥/水的混合物）从单元 A 的右侧流入连续曝气的中心单元 B 中。在这里，污泥将进一步降解有机化合物（再生）。最后，混合液体到达单元C，此单元既没有曝气也没有搅拌，以创造安静的条件进行污泥沉淀，污泥借助重力沉降并从液体中分离出来。一直到这里，工艺过程与 UNITANK 单段好氧是完全相同的。从单元 C，经过部分净化的废水被排放到第二段的曝气单元 F。在这里，剩余的有机化合物（更加难降解的）将被吸附和代谢。

混合液体从单元 F 流到连续曝气的中心单元 E（进一步降解有机化合物）。最后混合液体流到单元 D，在此单元内进行污泥沉淀（没有曝气）。最终出水通过出水堰排放。

第二个主要运行周期：除了水流方向被 180°转换以外，第二个主要运行周期与第一个主要运行周期是一样的。废水进入曝气的单元 C，混合液体经中心单元 B（曝气）流到沉淀单元 A（没有曝气），经过部分净化的废水流入第二段的曝气单元 D 中。经过位于中心的单元 E（总是处于曝气状态），污泥/水的混合液体流到沉淀单元 F（没有曝气），通过此单元排放最终的出水。

b. 两段运行的优点。UNITANK 两段好氧运行的优点如下：以较小的反应器容积实现较大的处理能力；较低的能量需求；工艺运行具有灵活性；可串联或并联运行；低负荷的情况下可关闭一段，仍能保持较高的处理效率；第一段是在高负荷下工作的抗冲击的缓冲器，而第二段是在低负荷下工作的高效深度处理单元；相应有两种不同的微生物群落，每个群落都有它自身的特异性。

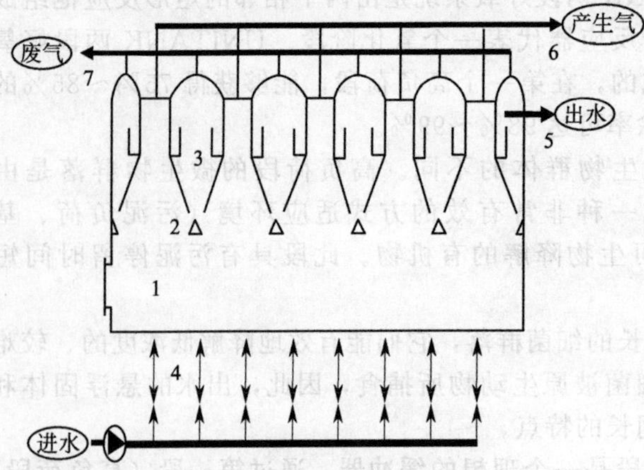

图 4-45 UNITANK 厌氧处理上向流厌氧污泥床反应器（UASB 反应器）

1—污泥床；2—污泥层；3—三相分离器；4—进水口；5—出水排放；6—产气；7—生物气

② UNITANK 厌氧处理。

a. 工艺原理。UNITANK 系统的甲烷反应器是一个上向流的反应器，如图 4-45 所示。反应器的建立依据以下原则：如果将剧烈的搅拌忽略掉，厌氧污泥已经或将要具有良好的沉淀性能，因此在反应器内没有机械搅拌设备。污泥和废水的良好混合和接触是通过生成生物气而在反应器内获得自然搅拌和系统进水口的特殊设计而实现的，使得废水在反应器的底部进行均匀分配。从生物气流中分离泥/废水的混合物以防止污泥被冲洗掉，因此需设置一个安静的污泥沉淀区。废水经泵抽送到反应器的底部。

在反应器内，厌氧生物污泥将有机化合物降解为生物气，主要是 CH_4 和 CO_2 的混合气体，并生成少量的新污泥。在进行了生物气和污泥-水混合物的分离以后，废水流到一体的沉淀池中。在这里污泥进行沉降并重新循环至反应器。处理的废水在反应器的顶部经出水堰流出。

b. UNITANK 厌氧处理的组成。UNITANK 系统的甲烷反应器配有进水口系统，包括内部沉淀池、圆盖顶的三相分离器和进行出水排放的出水堰。

进水口系统：进水口系统的功能是实现废水在反应器底部的均匀分配。

三相（气-液-固）分离器：此装置是甲烷反应器必备的一个部分。在这里生成的生物气从污泥-水的混合液中分离出来，污泥-水的混合液进入沉淀区，进行污泥沉淀。沉淀后的污泥重新回到反应器中。生物气被收集到气体收集器及圆盖顶中，然后在其自身压力作用下流出，或被燃烧掉或作为能源进行回收。

出水堰：出水经出水溢流堰流出反应器。厌氧处理是部分处理，其 COD 的去除率只有 80%～85%。由于低的污泥产量，几乎没有什么营养物的去除。

③ 去除氮的二段 UNITANK 工艺　比利时 Seghers Better Technology for Water 公司的 UNITANK 二阶段去除营养物的厌氧-好氧系统结合了不同的技术，以获得良好的出水水质。此系统被分成不同的阶段：废水调节、厌氧前处理和好氧后处理，其中包括对氮的生物去除以及通过氧化还原电位控制处理过程。

a. 废水调节。考虑到通常遇到的工业废水的水质、水量变化大，为了进行成功的生物处理，需要对废水进行调节。UNITANK 系统中由下面一些调节步骤组成：用粗格筛和细格筛筛分过滤废水；在缓冲池中均化废水；控制和调整 pH 值及其他的调节，如去除油脂、特定的解毒单元。对于更加危险的废水，尤其对于含有高浓度悬浮固体的废水，开发了生物调节池（BCT）。BCT 由一个矩形池构成，矩形池被分成三个水力上相连的隔间，其中每个隔间都能配水和混合。外侧的两个隔间可当沉淀池用，因此在这两个隔间中配有漂浮的溢流堰出水和一个排泄沉淀污泥的出口。

BCT 的功能是：缓冲废水；去除悬浮固体，（部分地）水解截留的悬浮固体及（部分地）预酸化。

在半工业化试验规模的基础上已经对啤酒废水的 BCT 运行进行了测试，其结果为：生物调节池出水中悬浮固体的浓度保持得相当稳定，并且低于 150mg/L，不受进水悬浮固体的限制。截留的悬浮固体被部分水解，不溶解的 COD 转化为溶解的 COD，以便在后续的厌氧前处理中利用。BCT 中保持的生物固体浓度约是 $10kg/m^3$，其污泥表现出某种甲烷微生物的活性。在 BCT 中进行了 10%～30%的酸化，BOD 和 COD 被第一次去除，以 COD 值计的去除率是 15%～40%。

b. 厌氧前处理。以生物厌氧处理作为第一步，使 COD 和 BOD 得以大部分去除。为达到此目的，大多数情况下采用上向流厌氧污泥床技术，此项技术对 COD 和 BOD 的去除取决于废水的性质，如啤酒废水的 COD 去除率达 75%～85%，BOD 的去除率达 80%～90%。

c. 好氧后处理生物除氮。UNITANK 系统中，好氧处理系统由一个矩形池构成，它被分成三个水力上相连的隔间，这三个隔间都配有进水系统，并且能被曝气或混合。外侧的两个隔间可作为沉淀池，因此配有溢流堰出水和一个排泥器以排出沉淀下来的污泥。

在这个装置中可以分为两个主要阶段和两个中间阶段。在营养物质去除装置中运行方式有所改变。在主要运行周期进行周期性的曝气和搅拌以产生交替的好氧、厌氧和缺氧状态。采用时间控制法的 UNITANK 系统对营养物质能达到很好的去除。

生物脱氮工艺中，好氧（曝气）条件下有机氮化合物和无机氮化合物能被氧化成亚硝酸盐和硝酸盐。在缺氧（搅拌）条件下，亚硝酸盐和硝酸盐经反硝化反应生成 N_2。在 UNITANK 系统中进行了有 ORP（氧化还原电位）控制和没有 ORP 控制的生物脱氮情况的测试，发现采用 ORP 控制，出水可以获得低的总氮值，出水的总氮值低于 10mg/L、氨氮低于 1mg/L、硝酸盐氮低于5mg/L。如果在反硝化中外加碳源，采用ORP控制可以对外加BOD实现更加优化的投加，并且水中未被处理的BOD和COD要比没有采用ORP控制的还要低。

总之，UNITANK二阶段厌氧-好氧生物脱氮系统结合了不同的技术，能有效获得低BOD、COD和氮值的良好出水水质。

4.4.6 射流式SBR工艺

射流式SBR是在SBR领域内的创新，一个投资小、出水水质高的系统，弥补了最初间歇反应池的不足之处。曝气是由大孔喷射混合器来完成的（这在传统系统中应用也很多），它不仅能提高氧的利用率，而且不会堵塞，管理也很简单，只要使用一个程序化的操作台便能完成所有功能的操作。其示意如图4-46所示。

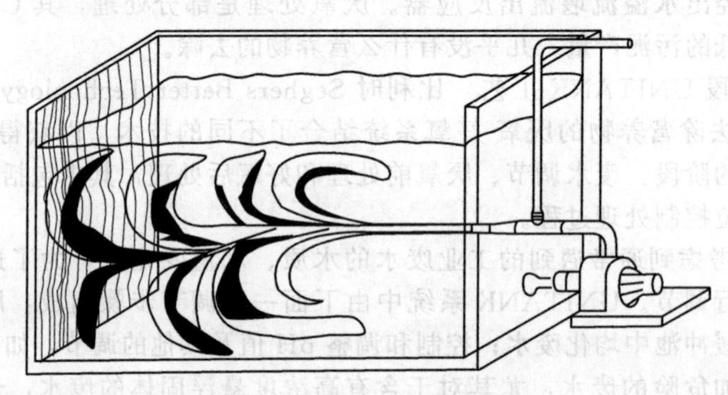

图4-46 射流式SBR示意

在这个系统中，没有沉淀池，无须设污泥循环泵和泵站或空间工程，所以基建投资小；池体可用钢筋混凝土或钢结构；无须设旋转桨板、齿轮驱动装置或水下轴承，所以维修费用低；相应的能耗也很低。

在曝气时，池内污水通过内设喷嘴被泵带到吸气室，与吸入的吸气混合（空气通过吸气管吸入），然后从一个大喷嘴射入池内，在不断搅动污水的同时，产生细小气泡，保证了水中有充足的溶解氧。只需混合时，空气管可关闭。

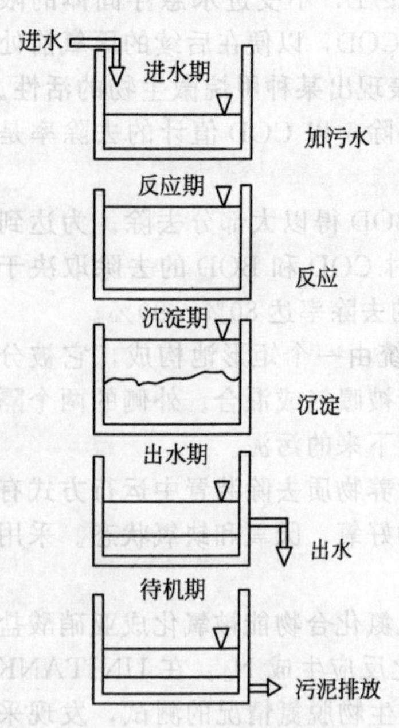

图4-47 单池SBR示意

(1) 射流式SBR工艺的特点

射流式SBR从根本上说是一个单池系统，能在同一个池子内完成全部过程。处理中可以使用多个SBR池，这取决于处理水量的大小。

每个SBR池安装有喷射曝气器和挡板来完成所有的处理过程——生物氧化、沉淀、硝化、反硝化。这些过程按五个阶段依次完成：进水期、反应期、沉淀期、出水期、待机期（兼氧进水）。按照控制程序，进水期包括生物接触、混合和曝气（至少部分时间曝气，但为了提高沉淀或反硝化效果，在进水期可能需要停止曝气）；在反应期曝气和混合可以调整；然后是沉淀期；上部的澄清水在出水期排出；在待机期可以一边等待一边进水，并对剩余污泥曝气。

在SBR系统中，不同的SBR池运行模式也不同，但进水都是从第一个处于待机期的单元开始。一个单池SBR系统通过调整可以连续进水或间歇进水，如图4-47所示。

在单池系统中由于污泥产量低，所以污泥的排放次数少；而在多池系统中，由于污泥产量高，排放可以多到一个周期一次。

射流式 SBR 是一个灵活的处理系统，可应用于各种不同大小的处理厂处理不同性质的污水，满足不同的出水要求。射流式 SBR 有矩形池、圆形池和氧化沟。在投资有限的情况下，射流式 SBR 具有运行可靠且容易控制等特点，尤其适用于以下情况：①系统进水的有机负荷或水力负荷变化大；②要求管理工作少；③出水要求严格控制，如对某些特种物质的去除；④中、小型社区和食品加工厂等废水处理。

(2) 射流式 SBR 的主要组成

射流式 SBR 的主要组成部分如下。

① 混合器和曝气器。喷嘴通过曝气和不曝气喷射，提供好氧曝气和缺氧混合，通常一个池有两个喷管，一用一备。

② 出水系统。其作用是排走处理后的水，使出水不含被截留的泡沫，且不受沉淀污泥的影响；对雨季时的高峰流量进行处理；及时排走污泥以防反应期污泥的过度积累。

③ 排放控制系统。采用一种新型、可靠的系统，能满足各种排放要求。用虹吸、水泵、阀门来达到各种运行自动化的要求。

④ 控制台。根据选择好的程序，对曝气和出水控制阀门进行时序控制。在启动时应选择好适当的顺序，不过操作员可以很容易地重新设置。

⑤ 格栅。进水经格栅过滤，以防止喷嘴或水泵被阻塞。

(3) 射流式 SBR 的优点

① 喷射混合效果好，提高了处理的稳定性。高的反应动力提高了生物活性，增强了反应。内在的平衡能力能承受有机物或有毒物质的冲击负荷。处理时不排水，使在出水之前水质能够达到或超出规定的标准。

② 设计使用折板和时序反应池，防止了短流，加快了生物絮凝沉淀，增强了底物的利用。

③ 按时序运行，有助于承受冲击负荷，也使沉淀池的表面积大大增加，有利于固液分离。

④ 自动化控制，可以灵活地处理负荷变化情况或根据生产时间来运行，不需要操作人员来管理。

⑤ 无须设置传统的溢流式沉淀池，并且剩余污泥的控制更简单，同时也省去了污泥回流泵站，以及难以控制的普通污泥回流系统。

⑥ 所有的设备都可以方便地操作，没有伸长的转动轴和经常维修的齿轮驱动设备。应急的潜水泵可以就地使用。

⑦ 该系统比传统法更安全，不需要在池面上工作，没有露在外面的旋转设备。

⑧ 喷嘴工作时由于将所有的水泵能量都转化为混合液的能量，所以是高效节能的。

⑨ 避免了堵塞、泼溅、冰冻等表面曝气存在的问题。

4.4.7 改良型间歇活性污泥过程

尽管 SBR 有许多优点，尤其是高效去除氮、磷的功能，以及易于实现在计算机程序控制下自动运行，应用日趋广泛。但 SBR 也有其固有缺点，即因为其间歇运行的性质所以需要反复进行进水注入和出水排出的控制。对于中小型污水处理厂来说，由于安装的 SBR 池数有限，实现上述进水/出水的控制问题不大，但是对于大型污水处理厂来说，SBR 池的数目可能增加得很多，致使进水注入/澄清水排出反复操作的控制系统变得非常复杂，而且安装和运行费用昂贵。另外，间歇排水需要较大容积的接纳或调节水池，整个处理系统的水头损失大，而且由于 SBR 池中水位波动很大，因此降低了其利用效率和设备利用率；在间歇运行中必然需要高峰氧。

改良型间歇活性污泥过程（modified sequencing batch reactor，MSBR）工艺可以看作是

AAO工艺和SBR工艺的组合，由两个SBR反应器、曝气池、厌氧池、缺氧池组成，一般设计成矩形。图4-48所示是MSBR（CSBR）系统的平面布置示意。该系统由5个水力连接的生物反应池组成，池1～池3分别为缺氧池、厌氧池和好氧池。这些池串联运行，混合液连续地流经池1、池2和池3，与连续流活性污泥系统一样。经预处理的原生废水以两点进水的方式同时连续地流入池1和池2。池4和池5是相同的，交替地进行周期性的操作，一个池在进行澄清水排出时，另一个池则进行污泥回流、批式处理和静止沉淀。当池4作为澄清水排放池时，静止沉淀的澄清水由此排出，而此时池5则依次进行污泥回流、批式处理和静止沉淀。在污泥回流阶段，开启池5中的污泥回流泵，将混合液送入池1，同时池3的混合液以与污泥回流泵相同的流量进入池5。在污泥回流阶段可进行间歇式曝气以提高脱氮效率。

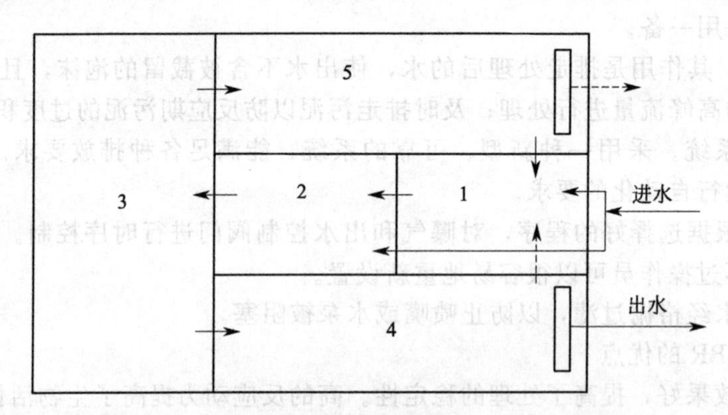

图4-48 MSBR（CSBR）5池组成的平面布置示意

1—缺氧池；2—厌氧池；3—曝气好氧池；4—回流活性污泥处理/静止沉淀池；5—澄清水排放池

污泥回流阶段结束后，池5中的污泥回流泵停止运行，使池5停止混合液的进、出，变成隔离池，并对其中的混合液进行曝气和搅拌混合处理。在这批混合液处理阶段结束时停止曝气和搅拌，由此形成静止沉淀的环境，让最后的处理水跟活性污泥分离，为该池作为沉淀澄清水的排出池做好准备。

在池5中进行如上操作程序的同时，池4（澄清水排放池）中上一个周期产生的沉淀澄清水通过从池3连续进入的混合液的置换作用而连续排出。在澄清水排放期间，所有设备（曝气、搅拌设备和污泥回流泵）均停止运行。在池5完成沉淀澄清后，池4和池5的功能交换并开始下一个运行周期。在整个系统中水位永远保持恒定。

图4-48所示只是MSBR（CSBR）工艺的一种布置形式，还可根据不同的处理要求做成多种构型的系统。如果只要求去除BOD和SS，则采用三池即可。为了达到高效的去除氮、磷效果和优良的出水水质，可采用9池配置的MSBR（CSBR）系统。

与普通的间歇进水、间歇排水和连续流、恒定水位的活性污泥法相比，这种新型连续进水和恒定水位的MSBR（CSBR）工艺具有如下优点。

① 采用连续进水和连续排出澄清水的运行方式，可避免开/停进水控制和所有与普通SBR所采用的间歇进水和间歇排出澄清水以及序批式运行有关的麻烦和缺点。

② 采用恒定的水位，可避免普通SBR采用变水位运行所具有的所有弊端。

③ 提供了空间序批式的缺氧、厌氧和好氧阶段的运行方式，这是普通连续流恒定水位活性污泥法生物去除氮、磷的基础。

④ 省去了普通连续流活性污泥法所需要的二次沉淀池以及所有其他有关处理构筑物和设备。

⑤ 像SBR一样，进行分批的静止沉淀以有效地将最后的处理水跟活性污泥分离。

⑥ 提供缺氧和好氧阶段的时间序批运行方式，这是普通SBR生物脱氮的基础。

MSBR（CSBR）工艺目前已成功用于提高城市污水处理厂的运行效果和获得高质量出水的污水回用厂。

4.4.8 SBR工艺对高浓度难降解有机废水的适应性

由于SBR工艺具有工艺流程简单、投资低、运行灵活、适应能力强等特点，应用非常广泛，在高浓度难降解有机废水处理工程中的应用也非常成功，尤其是在工业废水治理项目中，其优势明显，除以上提及的共性特点外，SBR工艺对高浓度难降解有机废水的适应性还表现在以下方面。

① 缓冲（稀释）能力强，能够接纳较高浓度的废水。由于SBR工艺采用批操作，并且大都采用完全混合流态或部分完全混合流态，反应器中大量处理后的废水可以对进入反应器的原废水进行充分稀释，即使进水COD浓度高达5000～6000mg/L甚至更高，反应器仍然可以正常运行。

② 同一反应器可以完成水解酸化功能。通过厌氧段的设置可以实现高浓度难降解废水的水解酸化过程，降低部分污染物浓度的同时还提高废水的可生化性。

参 考 文 献

[1] 唐受印，戴友芝．水处理工程师手册［M］．北京：化学工业出版社，2001.
[2] 买文宁．生物化工废水处理技术及工程实例［M］．北京：化学工业出版社，2002.
[3] 王宝贞，王琳．水污染治理新技术——新工艺、新概念、新理论［M］．北京：科学出版社，2004.
[4] 张可方，李淑更．小城镇污水处理技术［M］．北京：中国建筑工业出版社，2008.
[5] 周正立，张悦．污水生物处理应用技术及工程实例［M］．北京：化学工业出版社，2006.
[6] 张大群，王秀朵．DAT-IAT污水处理技术［M］．北京：化学工业出版社，2003.

第5章 好氧生物膜法处理技术

生物膜法又称固定膜法，是与活性污泥法并列的一种废水好氧生物处理技术。这种处理技术的实质是使细菌和真菌一类的微生物和原生动物、后生动物一类的微型动物附着在滤料或某些载体上生长繁育，并在其上形成膜状生物污泥——生物膜。与活性污泥法一样，生物膜法主要去除废水中溶解性和胶体状的有机污染物，同时对废水中的氨氮还具有一定的硝化能力。废水与生物膜接触，废水中的有机污染物作为营养物质，被生物膜上的微生物所摄取，废水得到净化，微生物自身也得到繁衍增殖。与活性污泥法不同的是，生物膜法是使微生物聚集生长在人为设置的填（滤）料上，并形成一定厚度的生物膜，废水流经生物膜时，生物膜上的微生物摄取废水中的有机物而生长繁殖，当生物膜老化后自然脱落，并从水中分离出来。也就是说，生物膜法是靠微生物的分解代谢和分离老化的生物膜两条途径使废水得以净化的。事实上，生物膜法和活性污泥法是不能完全分开的，采用生物膜法，特别是采用接触氧化法时，生物膜是去除污染物的主体，但是活性污泥在曝气池中也存在，活性污泥的作用也对污染物的去除有贡献。

因为生物膜法要人为设置填（滤）料，所以使用规模受到限制，一般适用于小型污水处理厂和部分工业废水处理项目，常用的生物膜法工艺有生物滤池（塔）、生物转盘、生物接触氧化法、好氧生物流化床、曝气生物滤池等。

5.1 好氧生物膜法的基本原理

5.1.1 生物膜的形成过程

含有营养物质和接种微生物的废水与滤料或某种载体流动接触，在经过一段时间后，微生物会附着在后者的表面增殖和生长而形成一种膜状污泥，此即为生物膜。

随着时间的推移，生物膜的厚度不断增加，溶解氧不能透入的内部深处将转变为厌氧状态，由此出现厌氧膜，生物膜逐渐成熟，其标志是：生物膜沿水流方向的分布，在其上由细菌及各种微生物组成的生态系统以及其对有机物的降解功能都达到了平衡和稳定的状态。成熟生物膜都是由厌氧膜和好氧膜组成的，好氧膜是有机物降解的主要场所，其厚度一般为 2mm。从开始形成到成熟，生物膜要经历潜伏和生长两个阶段，一般的城市污水，在 20℃左右的条件下大致需要 30 天的时间。

随着厌氧膜中的代谢产物增多，厌氧膜与好氧膜之间的平衡被破坏，气态产物不断逸出，减弱了生物膜在填料上的附着能力，使之成为老化生物膜，净化功能变差，且易于脱落。老化的生物膜脱落，新生的生物膜又会生长起来，新生生物膜的净化功能较强。

5.1.2 生物膜的结构

图 5-1 所示是附着在生物滤料上生物膜的构造。生物膜是高度亲水的物质，在废水不断在其表面更新的条件下，在其外侧总是存在着一层附着水层。生物膜又是微生物高度密集的物质，在膜的表面和一定深度的内部生长繁殖着大量的各种类型的微生物和微型动物，并形成有机污染物—细菌—原生动物的食物链。生物膜在其形成与成熟后，由于微生物不断增殖，生物膜的厚度不断增加，增厚到一定程度后，在氧不能透入的内侧深部即将转变为厌氧状态，形成厌氧性膜。这样，生物膜便由好氧和厌氧两层组成。好氧层的厚度一般为 2mm 左右，有机物的降解主要在好氧层内进行。从图 5-1 可以看出，在生物膜内、外，生物膜与水层之间进行着多种物质的传递过程。空气中的氧溶解于流动水层中，从那里通过附着水层传递给生物膜，供微生物用于呼吸；废水中的有机污染物则由流动水层传递给附着水层，然后进入生物膜，并通过细菌的代谢活动而被降解。这样就使废水在其流动过程中逐步得到净化。微生物的代谢产物如水等则通过附着水层进入流动水层并随其排走，而 CO_2 及厌氧层的分解产物如 H_2S、NH_3 以及 CH_4 等气态代谢产物则从水层逸出进入空气中。当厌氧层还不厚时，它与好氧层保持着一定的平衡与稳定关系，好氧层能够维持正常的净化功能，但当厌氧层逐渐加厚并达到一定程度后，其代谢产物也逐渐增多，这些产物向外侧逸出时，必须要透过好氧层，使好氧层生态系统的稳定状态遭到破坏，从而失去了这两种膜层之间的平衡关系，又因气态代谢产物的不断逸出，减弱了生物膜在滤料（填料）上的固着力，处于这种状态的生物膜即为老化生物膜，老化生物膜净化功能较差而且易于脱落。生物膜脱落后生成新的生物膜，新生生物膜必须在经过一段时间后才能充分发挥其净化功能。比较理想的情况是：减缓生物膜的老化进程，不使厌氧层过分增长，加快好氧膜的更新，并且尽量使生物膜不集中脱落。

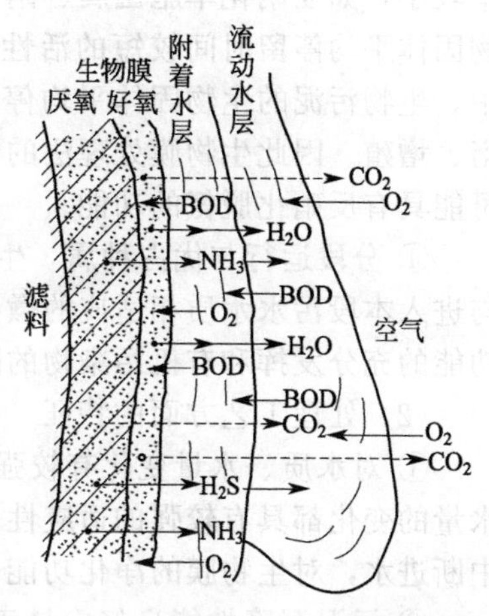

图 5-1 生物滤料上生物膜的构造

5.1.3 生物膜处理法的主要特征

与活性污泥法相比，生物膜法具有以下特征。

(1) 微生物方面的特征

① 参与净化反应微生物的多样化　生物膜处理法的各种工艺都具有适于微生物生长栖息、繁衍的安静稳定环境，在生物膜上的微生物无须像活性污泥那样承受强烈的搅拌冲击，易于生长增殖。生物膜固着在滤料或填料上，其生物固体平均停留时间（污泥龄）较长，因此在生物膜上能够生长世代时间较长、比增殖速率很小的微生物，如硝化菌等。在生物膜上还可能大量出现丝状菌，而且没有污泥膨胀现象。线虫类、轮虫类以及寡毛虫类等微型动物出现的频率也较高。在生物膜上生长繁殖的生物类型广泛，种属繁多，食物链长且较为复杂。

② 生物的食物链长　在生物膜上生长繁殖的生物中，动物性营养者所占比例较大，微型动物的存活率也高。这就是说，在生物膜上能够栖息高次营养水平的生物，在捕食性纤毛虫、轮虫类、线虫类之上还栖息着寡毛虫类和昆虫，因此，在生物膜上形成的食物链要长于活性污

泥上的食物链。正是这个原因，在生物膜处理系统内产生的污泥量也少于活性污泥处理系统。污泥产量低是生物膜处理法各种工艺的共同特性，并已为大量的实际数据所证实。一般说来，生物膜处理法产生的污泥量较活性污泥处理系统少 1/4 左右。

③ 能够存活世代时间较长的微生物　硝化菌和亚硝化菌的世代时间都比较长，比增殖速率较小，如亚硝化单胞菌属、硝化杆菌属的比增殖速率分别为 $0.21d^{-1}$ 和 $1.12d^{-1}$。在一般生物固体平均停留时间较短的活性污泥处理系统中，这类细菌是难以存活的。在生物膜处理法中，生物污泥的生物固体平均停留时间与废水的停留时间无关，硝化菌和亚硝化菌也得以繁衍、增殖。因此生物膜处理法的各项处理工艺都具有一定的硝化功能，采取适当的运行方式还可能具有反硝化脱氮的功能。

④ 分段运行与优占种属　生物膜处理法多分段进行，在正常运行的条件下，每段都繁衍与进入本段污水水质相适应的微生物，并形成优占种属，这种现象非常有利于微生物新陈代谢功能的充分发挥和有机污染物的降解。

(2) 处理工艺方面的特征

① 对水质、水量变化有较强的适应性　生物膜处理法的各种工艺，对流入原废水水质、水量的变化都具有较强的适应性，这种现象已为多数运行的实际设备所证实，即使有一段时间中断进水，对生物膜的净化功能也不会造成致命的影响，通水后能够较快地得到恢复。

② 污泥沉降性能良好，易于固液分离　由生物膜上脱落下来的生物污泥所含动物成分较多，密度较大，而且污泥颗粒个体较大，沉降性能良好，易于固液分离。但如果生物膜内部形成的厌氧层过厚，则在其脱落后将有大量的非活性的细小悬浮物分散于水中，使处理水的澄清度降低。

③ 能够处理低浓度的废水　活性污泥处理系统不适宜处理低浓度的废水，如原废水的 BOD 值长期低于 50～60mg/L，将影响活性污泥絮凝体的形成和增长，净化功能降低，处理水水质较差。但是生物膜处理法对低浓度废水也能够取得较好的处理效果，运行正常可使 BOD_5 为 20～30mg/L 的原废水的 BOD_5 值降至 5～10mg/L。

④ 易于维护运行、节能　与活性污泥法处理系统相比，生物膜处理法的各种工艺都是比较易于维护管理的，而且动力费用较低，去除单位质量 BOD 的耗电量较小。

生物膜法处理设备的类型很多，按生物膜与废水的接触方式分为填充式和浸渍式两类。在填充式中，废水和空气沿固定的填料或转动的盘片表面流过，与其上生长的生物膜接触，典型设备有生物滤池和生物转盘。在浸渍式中，生物膜载体完全浸没在水中，通过鼓风曝气供氧。如载体固定，则称为接触氧化法；如载体流化，则称为流化床。

5.2 好氧生物滤池工艺

生物滤池（aerated filter，AF）是在污水灌溉的实践基础上发展起来的人工生物处理法，首先于 1893 年在英国试验成功，从 1900 年开始应用于废水处理中。主要有以下几种形式：普通生物滤池、高负荷生物滤池、塔式生物滤池、淹没式生物滤池、活性生物滤池等。

5.2.1 好氧生物滤池的基本原理

(1) 基本结构

生物滤池内设置固定滤料，当废水自上而下流过滤料时，由于废水不断与滤料相接触，因此微生物就会在滤料表面附着生长和繁殖，并逐渐形成生物膜。

生物膜是由多种微生物组成的一个生态系统，能从废水中吸取有机污染物及其他营养物质，在其代谢过程中获得能量，并合成新的细胞物质，而在此过程中，废水得了净化。

(2) 工艺流程

在生物滤池净化废水的过程中，滤料表面的生物膜会由于自然老化而脱落，与出水一同被带出生物滤池，影响出水水质。因此在生物滤池之后一般需设置二沉池，使出水中的生物膜或其他悬浮物在其中沉淀下来，保证出水水质。其基本流程如图 5-2 所示。

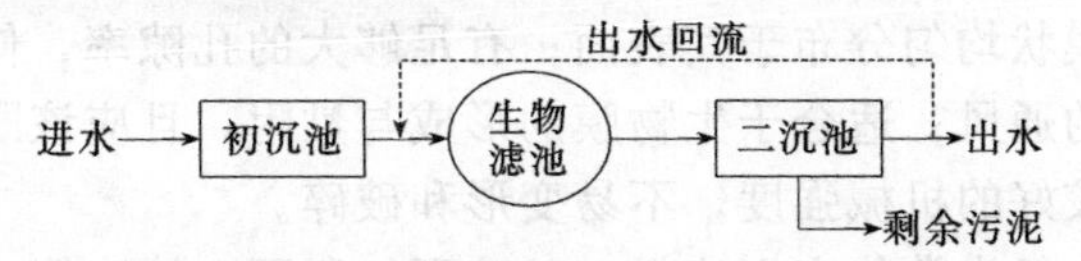

图 5-2 生物滤池的基本流程

与活性污泥工艺的流程不同的是，在生物滤池中常采用出水回流，而基本不会采用污泥回流，因此从二沉池排出的污泥全部作为剩余污泥进入污泥处理流程进行进一步的处理。

5.2.2 普通生物滤池的构造

普通生物滤池一般主要由滤床（池体与滤料）、布水装置和排水系统三部分组成，如图5-3所示。

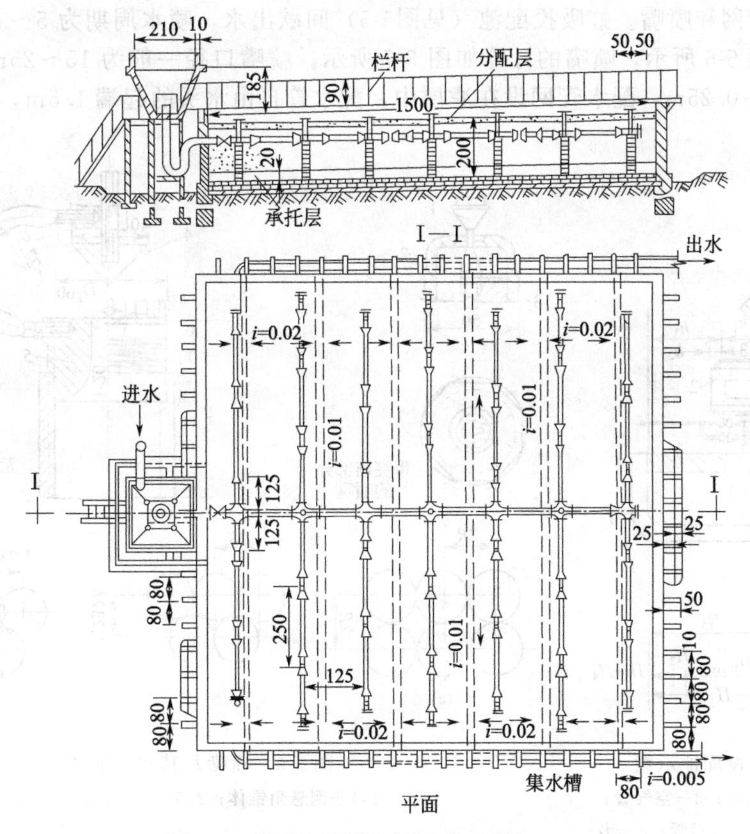

图 5-3 普通生物滤池的构造（单位：cm）

(1) 池体

在 20 世纪三四十年代以前，普通生物滤池的池体多为方形或矩形；在出现了旋转布水器之后，则大多数的生物滤池均采用圆形池体，主要是便于运行，也有些普通生物滤池仍采用方形或矩形。

普通生物滤池一般要求池壁高于滤料表面0.5～0.9m。池壁有带孔洞的和不带孔洞的两种。带孔洞的池壁有利于滤料的内部通风，但在冬季易受低气温的影响；在寒冷地区，有时需要考虑防冻、采暖或防蝇等措施。池壁的通风面积应大于滤池面积的1%，床面敞露。

(2) 滤料

生物滤池中的滤料是生物膜赖以生长的载体，其主要特性有：大的表面积，有利于微生物的附着；能使废水以液膜状均匀分布于其表面；有足够大的孔隙率，使脱落的生物膜能随水流到池底，同时保证良好的通风；适合于生物膜的形成与黏附，且应该既不被微生物分解，又不抑制微生物的生长；有较好的机械强度，不易变形和破碎。

生物滤池中的滤料一般为拳状实心滤料，如碎石、卵石、炉渣等。工作层滤料的粒径一般为25～40mm，厚1.3～1.8mm；承托层的粒径一般为70～100mm，厚0.2m。

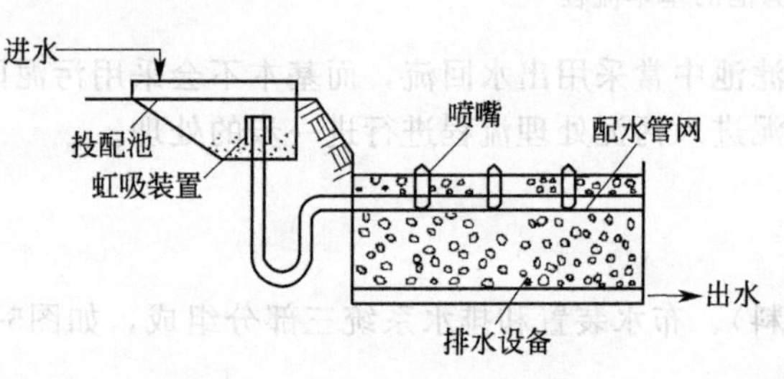

图5-4 固定式喷嘴布水系统

(3) 布水装置

布水装置的作用是将废水均匀地喷洒在滤料上，主要有两种类型：固定式布水装置和旋转式布水装置。普通生物滤池多采用固定式喷嘴布水系统。

固定式喷嘴布水系统如图5-4所示，包括投配池、配水管网和喷嘴。虹吸投配池（见图5-5）间歇出水，喷水周期为5～10min。喷嘴及其布置形式如图5-6所示，喷嘴的计算如图5-7所示。喷嘴口径一般为15～25mm，喷嘴高出滤料表面0.15～0.25m，配水管网设在滤层中，配水管自由水头的起端1.5m，末端0.5m。

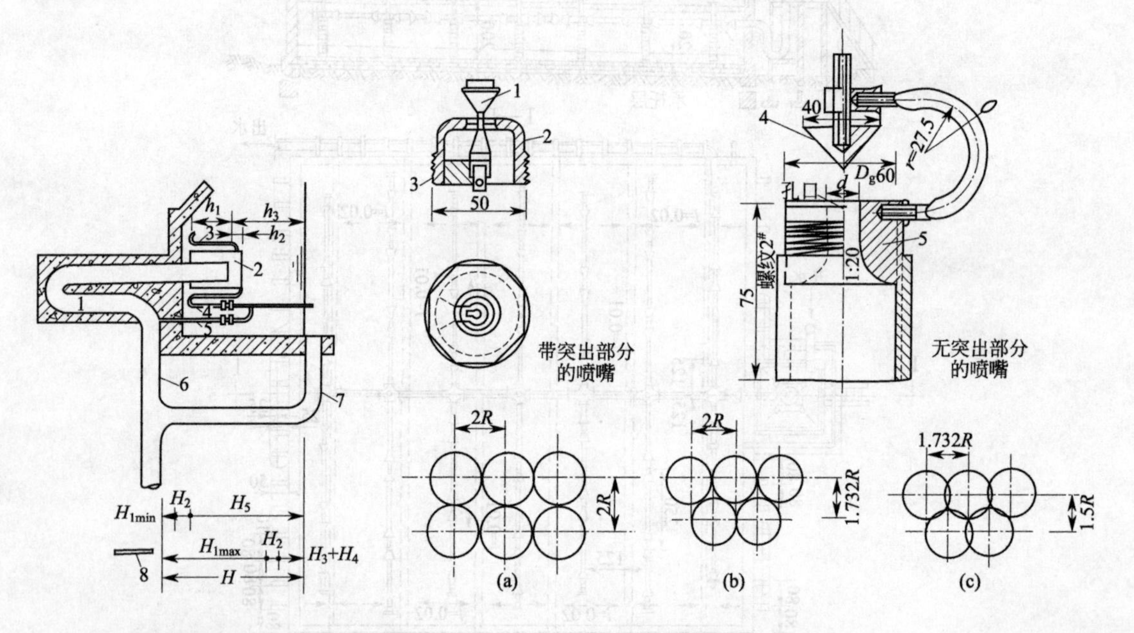

图5-5 虹吸投配池示意

1—虹吸管；2—倒筒；3—空气管；4—压力调整管；5—连接管；6—出水干管；7—溢流管；8—喷嘴

图5-6 喷嘴及其布置形式

1,4—倒悬角锥体；2,5—喷头；3—支座

(4) 排水系统

普通生物滤池的排水系统处于滤床的底部，其作用：一是收集、排出处理后的废水；二是保证良好的通风。排水系统一般由渗水顶板、集水沟和排水沟所组成，如图5-8所示。渗水顶板的作用是支撑滤料，排出滤后水，进入空气，其排水孔的总面积应不小于滤池表面积的

20%；渗水顶板的下底与池底之间的净空高度一般应在0.6m以上，以利于通风，一般在出水区的四周池壁均匀布置进风孔。集水沟宽0.15m，间距2.5～4m，坡度0.5%～2%。为了通风良好，总排水沟的过水断面积应不小于其总断面的50%，沟内流速应大于0.7m/s，以免发生沉积和堵塞现象。

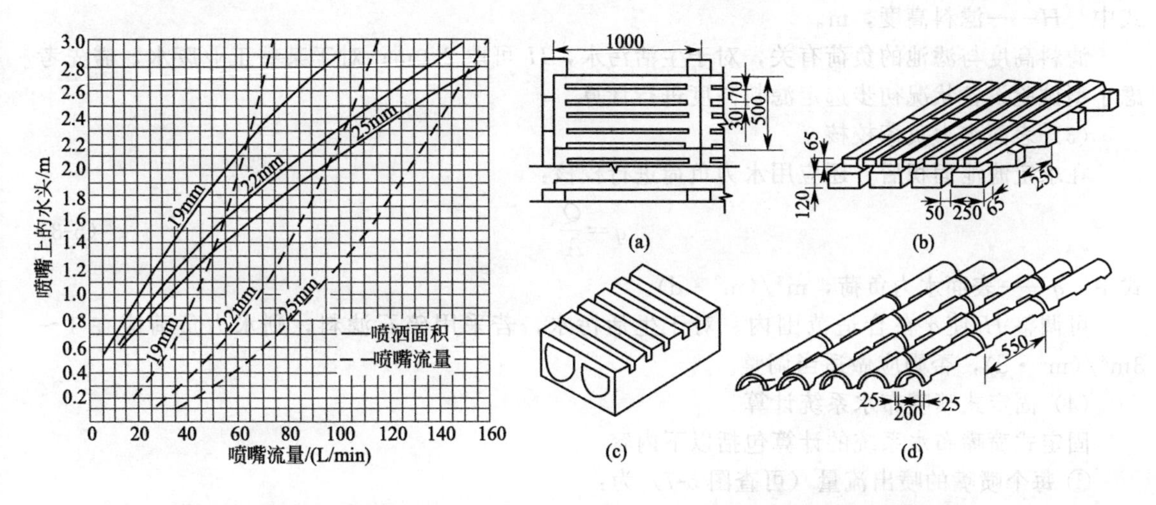

图5-7　喷嘴计算

（注：曲线上的数据为喷嘴直径）

图5-8　生物滤池的排水装置

对于小型普通生物滤池，池底可不设汇水沟，而全部做成1%的坡度坡向总排水沟。

在池底四周设通风孔，其总面积不得小于滤池表面积的1%。

普通生物滤池一般用于处理废水流量不高于1000m^3/d的小城镇废水或有机工业废水。其优点是：①处理效果良好，BOD_5的去除率可达95%以上；②运行稳定，易于管理，节省能源。主要缺点是：①占地面积大，不适于处理大水量的废水；②滤料易堵塞，预处理不够充分或生物膜季节性大规模脱落时，都可能使滤料堵塞；③滋生蚊蝇，恶化环境；④喷嘴喷洒废水时会散发出臭味。由于上述缺点，普通生物滤池有日渐被淘汰的趋势，但其设计思路仍可作为其他类型生物滤池设计的参考。

5.2.3　普通生物滤池的设计与计算

普通生物滤池的设计计算包括以下内容。

(1) 滤料总体积V

滤料总体积V(m^3)为：

$$V=\frac{QS_0}{N_v} \tag{5-1}$$

式中　Q——进水平均日流量，m^3/d，一般采用平均流量，若流量小且变化大时，采用最大流量；

S_0——原废水BOD_5的浓度，mg/L；

N_v——滤池容积负荷（以去除量计），$gBOD_5/(m^3 \cdot d)$，见表5-1。

表5-1　冬季污水平均温度为10℃时滤料的容积负荷

年平均气温/℃	3～6	6.1～10	>10
容积负荷/[$kgBOD_5/(m^3 \cdot d)$]	100	170	200

注：1. 若冬季污水平均温度T不低于6℃，则上表数值再乘以$T/10$。

2. 当处理生活污水和工业污水的混合污水时，滤料的容积负荷应考虑工业污水的影响。

3. 对于工业污水或混合污水，一般应通过试验确定滤料的容积负荷。

(2) 滤床有效面积A

滤料体积求定后，可按下式计算滤池的有效面积A(m^2)：

$$A=\frac{V}{H} \tag{5-2}$$

式中 H——滤料高度，m。

滤料高度与滤池的负荷有关，对于生活污水，H可取2.0m；对于某些工业废水，需先考虑小型试验设备状况初步选定滤料高度进行计算。

(3) 表面水力负荷校核

在求定滤池面积后，还应用水力负荷进行校核：

$$q=\frac{Q}{A} \tag{5-3}$$

式中 q——表面水力负荷，$m^3/(m^2 \cdot d)$。

可调整H使q在合适范围内。对于生活污水，若采用碎石滤料，则水力负荷应在1～3$m^3/(m^2 \cdot d)$，否则应做适当调整。

(4) 固定式喷嘴布水系统计算

固定式喷嘴布水系统的计算包括以下内容。

① 每个喷嘴的喷出流量（可查图5-7）为：

$$q=\mu f\sqrt{2gH_1} \tag{5-4}$$

式中 q——每个喷嘴的喷出流量，m^3/s；

μ——流量系数，μ=0.60～0.75；

f——喷嘴孔口有效面积，m^2；

H_1——喷嘴孔口自由水头，m；

g——重力加速度，m/s^2。

② 投配池最大出水量为：

$$Q_{max}=q_{max}n \tag{5-5}$$

式中 Q_{max}——投配池最大出水量，m^3/s；

q_{max}——每个喷嘴的最大流量，m^3/s；

n——每个滤池喷嘴总个数，个。

③ 每个滤池喷嘴总个数为：

$$n=n_1n_2 \tag{5-6}$$

式中 n_1——每排喷嘴个数，个；

n_2——每个滤池喷嘴排数，排。

④ 每排喷嘴个数为：

$$n_1=\frac{B}{L_1} \tag{5-7}$$

式中 B——滤池宽度，m；

L_1——喷嘴间距，m，$L_1=1.732R$；

R——喷洒面积半径，m，$R=\sqrt{\frac{f_0}{1.61}}$；

f_0——每个喷嘴的喷洒面积，m^2，可查图5-7。

⑤ 每个滤池喷嘴排数为：

$$n_2=\frac{L}{L_2} \tag{5-8}$$

式中 L——滤池长度，m；

L_2——喷嘴排距，m，$L_2=1.5R$。

⑥ 投配池的总水头为：

$$H=H_{1\max}+\sum h \tag{5-9}$$

$$\sum h=H_2+H_3+H_4 \tag{5-10}$$

式中　H——投配池的总水头，m；

$H_{1\max}$——最远一个喷嘴所需的最大自由水头，m；

H_2——配水管最大沿程水头损失和局部水头损失之和，m；

H_3——虹吸管水头损失，m；

H_4——投配池水头损失，m。

初步设计时，$\sum h$ 可按 $(0.25\sim0.3)H$ 计。

⑦ 投配池容积为：

$$V=(Q_m-Q_0)t_1\times60 \tag{5-11}$$

式中　V——投配池容积，m^3；

Q_m——投配池平均出水量，m^3/s；

Q_0——投配池最大进水量，m^3/s；

t_1——喷嘴喷洒时间，min。

⑧ 投配池平均出水量为：

$$Q_m=\frac{Q_{\max}+Q_{\min}}{2}\times1.1 \tag{5-12}$$

式中　$Q_{\min}$——投配池最小出水量，m^3/s；

1.1——系数。

⑨ 投配池最小出水量为：

$$Q_{\min}=1.5Q_0 \tag{5-13}$$

⑩ 投配池最大进水量为：

$$Q_0=\frac{QK_z}{86400n'} \tag{5-14}$$

式中　K_z——流量总变化系数；

Q——平均日污水量，m^3/d；

n'——投配池个数，个。

⑪ 投配池工作深度为：

$$H_5=H-(H_{1\min}+H'_2) \tag{5-15}$$

式中　H_5——投配池工作深度，m；

$H_{1\min}$——最小流量时喷嘴的自由水头，m，为防止喷嘴堵塞，$H_{1\min}\geqslant0.2$m；

H'_2——最小流量时投配池及管路的水头损失，m。

⑫ 最小流量时喷嘴的自由水头为：

$$H_{1\min}=H_{1\max}\left(\frac{Q_{\min}}{Q_{\max}}\right)^2 \tag{5-16}$$

式中　$H_{1\min}$——最小流量时喷嘴的自由水头，m；为防止喷嘴堵塞，$H_{1\min}\geqslant0.2$m；

$H_{1\max}$——最大流量时喷嘴的自由水头，m；

$Q_{\min}$——投配池最小出水量，m^3/s；

$Q_{\max}$——投配池最大出水量，m^3/s。

⑬ 最小流量时投配池和管路的水头损失为：

$$H'_2=H_2\left(\frac{Q_{\min}}{Q_{\max}}\right)^2 \tag{5-17}$$

⑭ 投配池充满的延续时间为：

$$t_2=\frac{V}{60Q_0} \tag{5-18}$$

式中 t_2——投配池充满的延续时间（即喷嘴喷洒间歇时间），min。

⑮ 投配池工作周期为：

$$t=t_1+t_2 \tag{5-19}$$

式中 t——投配池工作周期（即喷嘴喷水周期），min；

t_1——喷嘴喷洒时间，min。

5.2.4 高负荷生物滤池

与普通生物滤池的不同之处在于，高负荷生物滤池在平面上多呈圆形。滤料直径增大，多采用40～100mm。

5.2.4.1 高负荷生物滤池的构造与特征

高负荷生物滤池主要由滤料、布水器、集水沟和渗水装置组成，其构造如图5-9所示。

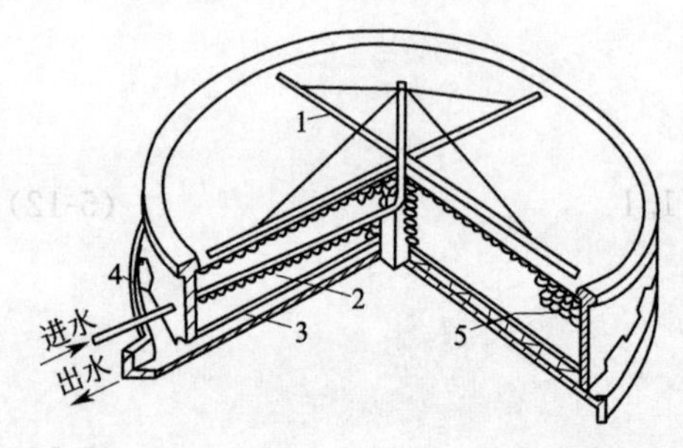

图5-9 高负荷生物滤池构造示意

1—旋转布水器；2—滤料；3—集水沟；4—总排水沟；5—渗水装置

（1）滤料

高负荷生物滤池可采用实心拳状滤料。滤料层由底部的承托层（厚0.2m，无机滤料粒径70～100mm）和其上的工作层（厚1.8m，无机滤料粒径40～70mm）两层充填而成。当滤层厚度超过2.0m时，一般应采用人工通风措施。近年来多用塑料滤料，主要由聚氯乙烯、聚乙烯、聚苯乙烯、聚丙烯、酚醛玻璃钢等加工成波纹板、蜂窝管、环状及空心柱等复合式滤料，这些滤料的特点是比表面积大、孔隙率高、质轻、强度高、耐腐蚀。表5-2列出了两种塑料滤料的规格及参数。

表5-2 塑料滤料主要规格与性能

形 式	规格/mm	比表面积/(m^2/m^3)	孔隙率/%	密度/(kg/m^3)
立体波纹式	梯形断面			
	30×65	198	＞90	70左右
	40×85	150	＞93	60左右
	50×100	113	＞96	50左右
蜂窝式	孔径(内切圆)/mm			
	19	201	＞98	36～38
	25	153	约99	26～28
	32	122	约99	21～23
	36	98	＞99	20～22

（2）布水器

高负荷生物滤池一般采用图5-10所示的旋转布水器进水。旋转布水器主要由固定不动的进水竖管、配水短管和可以转动的布水横管组成。布水器直径比滤池直径小0.1～0.2m。布水器的横管距离滤料表面为0.15～0.25m，其数目多为2～4根。横管沿一侧的水平方向开设10～15mm的布水孔，孔间距应使每孔服务面积相等，每根横管上的孔位置应错开。当布水孔向外喷水时，在反作用力推动下布水横管旋转，旋转速率一般为0.5～9r/min。

5.2.4.2 高负荷生物滤池的过程控制

高负荷生物滤池与普通生物滤池存在着不同的过程控制。首先，高负荷生物滤池大幅度提

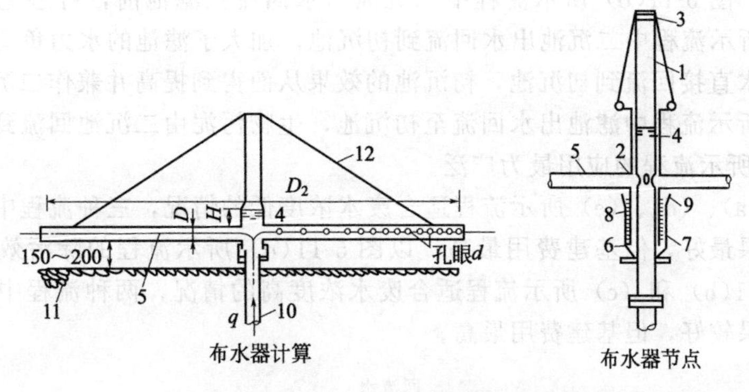

图 5-10 旋转布水器

1—固定竖管；2—出水孔；3—轴承；4—转动部分；5—布水横管；6—固定环；7—水银；8—滚珠；9—甘油；10—进水管；11—滤料；12—拉杆

高了滤池的负荷率，其BOD容积负荷高于普通生物滤池6～8倍，水力负荷则高达10倍；其次，高负荷生物滤池的高滤率是通过限制进水BOD_5值和运行上采取水回流等技术措施达到的；再次，高负荷生物滤池的进水BOD_5值必须低于200mg/L，否则需用处理水回流加以稀释。利用处理水回流不仅具有加大水力负荷、均化与稳定进水水质、抑制滤池蚊蝇滋生和减轻散发臭味的作用，还可及时冲刷过厚和老化的生物膜，从而使生物膜迅速更新并经常保持较高的活性。

回流水流量Q_R与原废水流量Q之比为回流比R，其计算式为：

$$R=\frac{Q_R}{Q} \tag{5-20}$$

喷洒在滤池表面上的总流量Q_T为：

$$Q_T=Q+Q_R \tag{5-21}$$

总流量Q_T与原废水流量Q之比F称为循环比，计算式为：

$$F=\frac{Q_T}{Q}=1+R \tag{5-22}$$

采取处理水回流措施，原废水的BOD值（或COD值）被稀释，进入滤池废水的BOD浓度可根据下式计算：

$$S_a=\frac{S_0+RS_e}{1+R} \tag{5-23}$$

式中 S_a——喷洒在滤池中废水的BOD值，mg/L，若以BOD_5计，一般不高于200mg/L；

S_0——原废水的BOD值，mg/L；

S_e——滤池处理水的BOD值，mg/L；

R——回流比，%，常采用0.5～3.0，但有时也高达5～6倍。

5.2.4.3 高负荷生物滤池的处理流程

在高负荷生物滤池的运行中，多采用处理水回流，其优点是：①增大水力负荷，促使生物膜脱落，防止滤池堵塞；②稀释进水，降低有机负荷，防止浓度冲击，使系统工作稳定；③向滤池连续接种污泥，促进生物膜生长；④增加水中溶解氧，减少臭味；⑤防止滤池滋生蚊蝇。缺点是：①水力停留时间缩短；②降低进水浓度将减慢生化反应速率；③废水中某种（些）污染物在高浓度时可能抑制微生物生长。

通过调整采用处理水回流措施，可使高负荷生物滤池具有多种多样的处理流程类型，图5-11所示为单池组成的处理流程类型。

图5-11(a) 所示流程中滤池出水直接向滤池回流，并由二沉池向初沉池回流生物污泥，利

于生物膜的接种；图 5-11(b) 所示流程中二沉池出水回流到滤池前，可避免加大初沉池的容积；图 5-11(c) 所示流程中二沉池出水回流到初沉池，加大了滤池的水力负荷；图 5-11(d) 所示流程中滤池出水直接回流到初沉池，初沉池的效果从而得到提高并兼作二沉池，可免去二沉池；图 5-11(e) 所示流程中滤池出水回流至初沉池，生物污泥由二沉池回流到初沉池。其中图 5-11(a) 和 (b) 所示流程的应用最为广泛。

其中图 5-11(a)、(d)、(e) 所示流程适合废水浓度低的情况，三种流程中以图 5-11(e) 所示流程的除污效果最好，但基建费用最高；以图 5-11(d) 所示流程的除污效果最差，但基建费用最低。图 5-11(b) 和 (c) 所示流程适合废水浓度高的情况，两种流程中以图 5-11(c) 所示流程的除污效果较好，但基建费用最高。

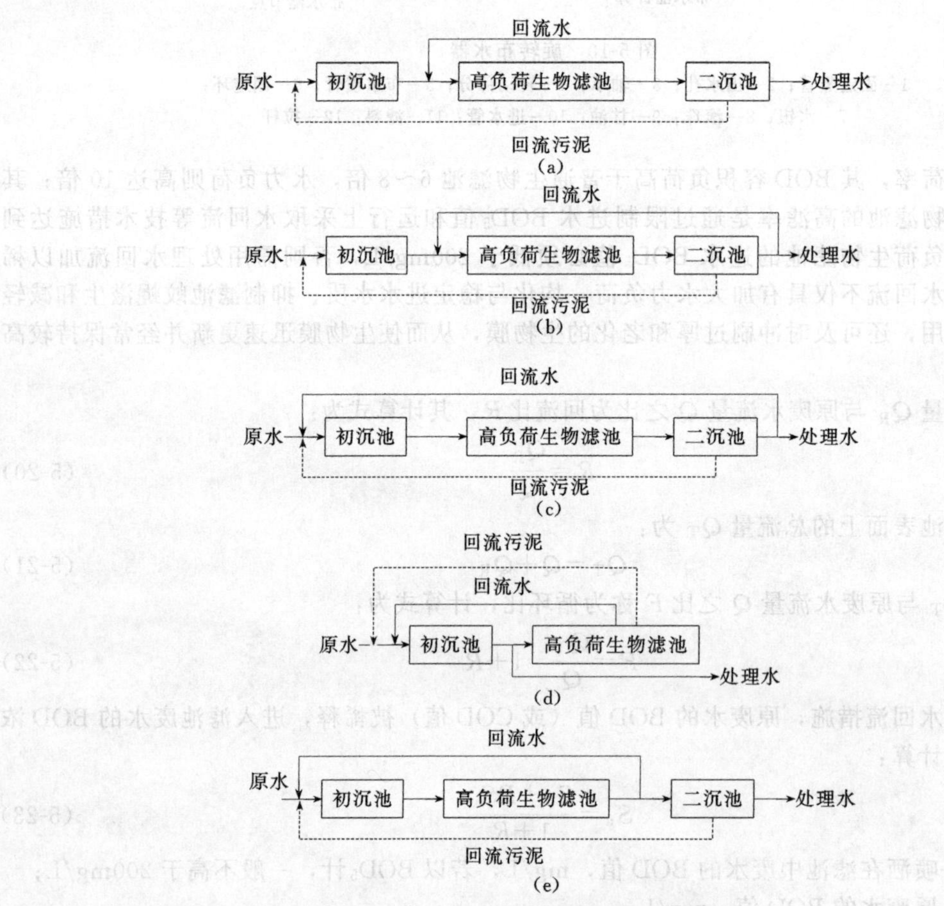

图 5-11 高负荷生物滤池单池流程示意

工程应用中，当废水浓度较高，或者对处理水质要求较高时，直接从滤池出水回流有利于污泥接种，但滤层易堵塞。为了提高整体工艺的处理效果，避免单池高度过大，可考虑两段滤池串联处理系统。另外，有些地方条件不允许提高滤池高度时，可采用两段滤池系统。两段滤池串联处理系统有多种形式，如图 5-12 所示。

在图 5-12 中，图 (d) 所示流程中间沉淀池的作用是减轻第二段滤池的负荷，避免堵塞。两段高负荷生物滤池串联系统不仅可达到有机底物去除率高达 90%以上的效能，而且滤池中能发生硝化反应，出水中也能含有硝酸盐和溶解氧。在两段高负荷生物滤池串联系统中，两级滤池负荷率不均造成生物膜生长不均衡是主要弊端，体现在：一段滤池负荷高，生物膜生长快，脱落后易堵塞滤池；二段滤池负荷低，生物膜生长不佳，滤池容积利用率不高。为了解决这一弊端，可以采用两级滤池交替配水的方式，即两级串联的滤池交替作为一级滤池和二级滤池，此时，两滤池滤料粒径应相同，构筑物高程上也应考虑水流方向互换的可能性。此外，还需增设泵站，增加建设成本是交替配水系统的主要缺点。

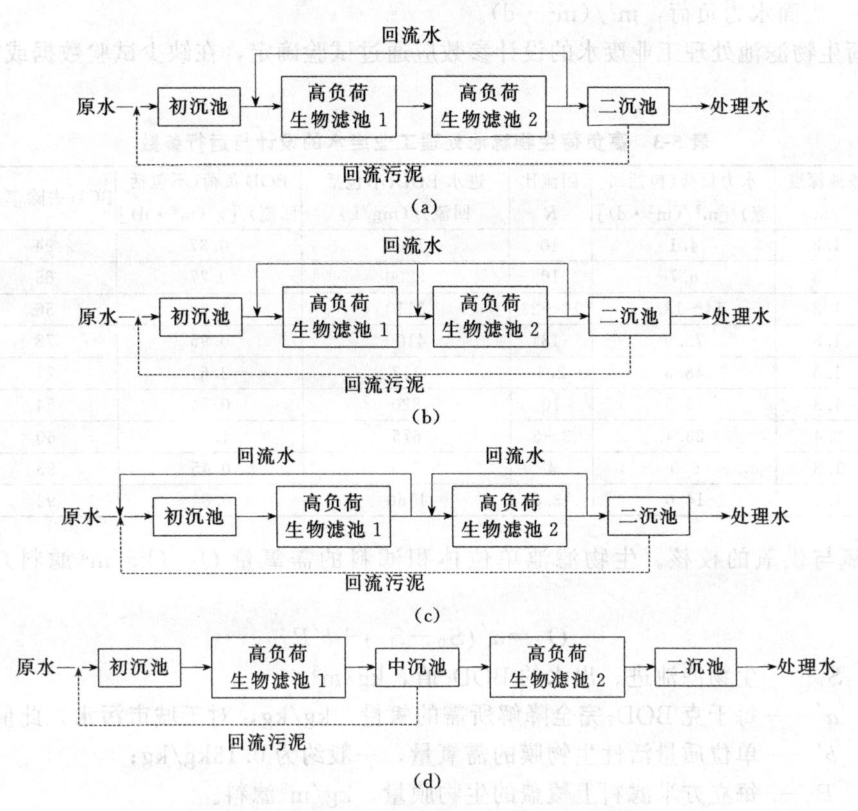

图5-12　高负荷生物滤池两段串联流程示意

5.2.4.4　高负荷生物滤池的设计计算

高负荷生物滤池的设计与计算内容主要包括两方面：一是滤料体积、滤池深度、滤池表面积的计算；二是旋转布水器的设计与计算。

(1) 滤料体积及滤池具体尺寸的计算

① 进入滤池的有机物浓度。在进行工艺计算前，首先应当确定进入滤池的废水经回流后的有机物浓度，可按下式进行计算：

$$S_a=\frac{S_0+RS_e}{1+R}$$

式中　S_0、S_e——原废水和沉淀出水的有机物浓度，mg/L；

R——回流比。

② 滤料总体积 $V(m^3)$ 为：

$$V=\frac{(1+R)QS_a}{N_v} \tag{5-24}$$

式中　Q——进水平均日流量，m^3/d；

N_v——滤池容积负荷（以去除量计），$gBOD_5/(m^3 \cdot d)$，见表5-1。

③ 滤床有效面积 $A(m^2)$ 为：

$$A=\frac{V}{H} \tag{5-25}$$

式中　H——滤料高度，m；

④ 表面水力负荷校核如下：

$$q=\frac{(1+R)Q}{A} \tag{5-26}$$

式中　q——表面水力负荷，$m^3/(m^2 \cdot d)$。

高负荷生物滤池处理工业废水的设计参数应通过试验确定，在缺少试验数据或资料时，可参考表 5-3。

表 5-3　高负荷生物滤池处理工业废水的设计与运行参数

工业类别	滤池深度/m	水力负荷(包括回流)/[$m^3/(m^2 \cdot d)$]	回流比 R	进水 BOD(不包括回流)/(mg/L)	BOD 负荷(不包括回流)/[$g/(m^3 \cdot d)$]	BOD 去除率/%	温度/℃
化学	1.8	4.1	10	1800	0.37	94	夏季
化学	1.8	6.7	10	2200	0.77	65	冬季
制药	1.2	14～18.7	10～23	3110	1.98	56	不定
制药	1.8	72.9	18	4100	0.95	78	不定
牛皮纸厂	1.8	48.6	2.4	117	2.61	27	14
纸板	1.8	15.9	10	820	0.74	54	27
酿造	2.4	23.4	3～5	675	1.17	60	—
酿造	1.8	6.0	4	700	0.45	93	—
奶类	1.2	14.0	13.5	1160	0.84	92	20

⑤ 需氧与供氧的校核。生物滤池单位体积滤料的需氧量 O_2（kg/m^3 滤料）可按下式计算：

$$O_2=a'(S_0-S_e)+b'P \tag{5-27}$$

式中　S_0、S_e——生物滤池进、出水的 BOD_5 值，kg/m^3；

a'——每千克 BOD_5 完全降解所需的氧量，kg/kg，对于城市污水，此值取 1.46；

b'——单位质量活性生物膜的需氧量，一般约为 0.18kg/kg；

P——每立方米滤料上覆盖的生物膜量，kg/m^3 滤料。

生物膜量 P 是难以精确计算的，除了废水水质、负荷率等因素能够影响其值外，活性生物膜厚度的不同和其沿滤池深度分布的不同也给 P 值的计算带来了难度。P 值应通过实测取得，沿滤池的深度，按池上层、池下层分别测定，取其平均值作为设计、运行数据。

生物膜好氧层的厚度通常被认为在 2mm 左右，含水率按 98% 考虑。

生物膜量 P 值的计算方式如下：如滤料的粒径以 50mm 计，球形率为 $\phi=0.78$，则每立方米滤料的表面积为 $80m^2$，如滤池上层生物膜厚为 2mm（含水率 98%），经过计算，每立方米滤料上的活性生物量为 3.2kg；滤池下层生物膜厚如按 0.5mm 计，则按以上计算，每立方米滤料上的生物膜量为 0.8kg。此时滤池中每立方米滤料上的活性生物膜量的平均值为 (3.2kg+0.8kg)/2=2kg。

Heukelekian 实测表明，用于处理城市污水的普通生物滤池的生物膜量为 4.5～7.0kg/m^3，高负荷生物滤池的生物膜量为 3.5～6.5kg/m^3。

高负荷生物滤池的供氧是在自然条件下，通过池内外空气的流通而转移到水中并进而扩散传递到生物膜内部的。影响滤池通风状况的主要因素有滤池内外温差、风力、滤料种类及废水布水量等。滤池内外温差能决定空气在滤池内的流速和流向等，滤池内外温差和空气流速的经验关系式为：

$$v=0.075\Delta T-0.15 \tag{5-28}$$

式中　v——空气流速，m/min；

ΔT——滤池内外温差，℃。

由式(5-28) 可以看出，当 $\Delta T=20$℃时，$v=0$，空气停止流通。一般情况下，$\Delta T=6$℃，按式(5-28) 计算 $v=0.3m/min=432m/d$，即每立方米滤料每天通过的空气量为 $432m^3$。因每立方米空气中氧气含量为 0.28kg，则向生物膜提供的氧量约为 121kg，若生物膜对氧气的利用率为5%，则实际上能利用的氧量为6.06kg。当考虑每立方米滤料BOD负荷率为1.2kgBOD_5/(m^3·d)、去除率为90%时，由式(5-28)可求得每立方米滤料的需氧气量为1.94kgBOD_5/(m^3·d)，可见供氧是充足的。运行正常、通风良好的生物滤池中，空气流通供氧即可满足其需氧要求。

(2) 旋转布水器的计算

① 每架布水器的最大设计污水量为

$$Q_{imat}=\frac{QK_z}{n} \tag{5-29}$$

式中　Q_{imat}——每架布水器的最大设计污水量，m^3/s；

Q——平均日污水量，m^3/d；

K_z——总变化系数；

n——滤池个数。

② 每根布水横管上布水小孔个数为：

$$m=\frac{1}{1-\left(1-\dfrac{4d^2}{D_2}\right)} \tag{5-30}$$

式中　m——每根布水横管上的布水小孔数，个；

d——布水小孔直径，mm；

D_2——布水器直径，mm。

③ 布水小孔与布水器中心的距离为：

$$r_i=R\sqrt{\frac{i}{m}} \tag{5-31}$$

式中　r_i——布水小孔与布水器中心的距离，m；

R——布水器半径，m，$R=\dfrac{D_2}{2}$；

i——布水横管上的布水小孔从布水器中心开始的排列序号。

④ 布水器转速为：

$$n=\frac{34.78\times10^6}{md^2D_2}Q_{imat} \tag{5-32}$$

式中　n——布水器转速，r/min。

⑤ 布水器水头损失为：

$$H=\left(\frac{Q_{imat}}{n_0}\right)^2\left(\frac{256\times10^6}{m^2d^4}+\frac{81\times10^6}{D_1^4}+\frac{294D_2}{k^2\times10^3}\right) \tag{5-33}$$

式中　H——布水器水头损失，m；

n_0——每架布水器横管数，根；

D_1——布水横管直径，mm；

d——布水小孔直径，mm；

k——流量模数，L/s，见表5-4。

表5-4　流量模数 k 值

布水横管直径 D_1/mm	50	63	75	100	125	150	175	200	250
k 值/(L/s)	6	11.5	19	43	86.5	134	200	300	560

5.2.5　塔式生物滤池

塔式生物滤池是在普通生物滤池和高负荷生物滤池的基础上发展起来的。轻质滤料的研制

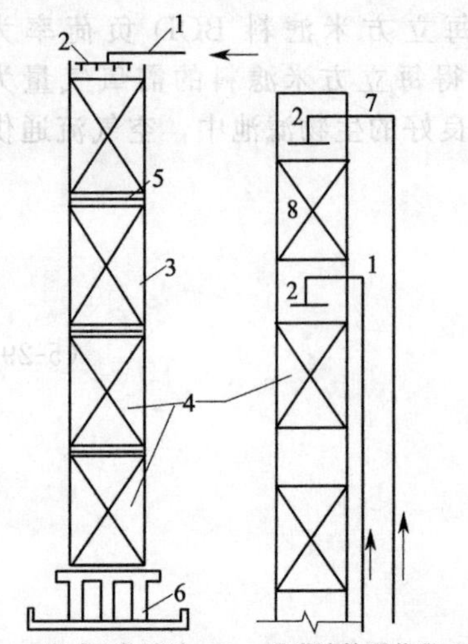

(a) 塔式生物滤池 (b) 二段塔滤的吸收段示意

图 5-13 塔式生物滤池

1—进水管；2—布水器；3—塔身；4—滤料；5—填料支承；6—塔身底座；7—吸收段进水管；8—吸收段填料

成功，使滤床高度可以大幅度提高，使塔式生物滤池的工程应用逐步可行。

(1) 塔式生物滤池的构造

塔式生物滤池与一般生物滤池相似，在平面上多呈圆形，一般高达 8～12m，直径 1～3.5m，塔高为塔径的 6～8 倍。

塔式生物滤池的构造如图 5-13 所示，由塔身、滤料、布水系统以及通风和排水系统组成。塔身用钢板焊制或用钢筋混凝土及砖石筑成，一般沿高度分层建造，在分层处设格栅，格栅承托在塔身上，这样可使滤料荷重分层负担，每层高不宜大于 2m，每层都设有检修孔，以便更换滤料。塔身壁上开有测温孔和观测孔（门），以便测量池内温度和观察池内生物膜的生长情况和滤料表面布水的均匀程度。

为了避免风吹影响废水的均匀分布，塔顶上缘应高出最上层滤料表面 0.5m 左右。塔顶可以敞开或封闭（接尾气吸收或利用系统）。

滤料一般为轻质滤料，如纸蜂窝（密度 20～25kg/m^3）、玻璃布蜂窝和聚氯乙烯斜纹波纹板（密度 140kg/m^3）等。滤料应分层组装，用钢格栅支承，每层约高 2m，层间距为 0.2～0.4m。

塔式生物滤池用的布水装置与普通生物滤池和高负荷生物滤池相似，大中型塔式生物滤池多采用电动机驱动或水流的反作用力驱动的旋转布水器，小型塔式滤池多采用固定式喷嘴布水装置，也可使用多孔管和溅水筛板布水。

塔式生物滤池的底部要留出 0.4～0.6m 左右高度的空间，周围留有通风孔，以满足自然通风。通风孔的总有效面积不得小于滤池面积的 7.5%～10%，这种塔形构造使得滤池内部形成较强的拔风状态，因此通风良好。必要时加设机械通风，风机按气水比 100～150 选型。塔底设集水池，集水池最高水位与最下层滤层底面之间的间距不得小于 0.5m（通风口高度）。

(2) 塔式生物滤池的特征

塔式生物滤池内废水从上向下滴落，水力负荷高，池内水流紊动强烈，废水、空气、生物膜三者的接触非常充分，加快了污染物质的传质速率。

塔式生物滤池也为高负荷生物滤池，其负荷远比一般高负荷生物滤池高，其水力负荷可达 800～200m^3/(m^2·d)，为一般高负荷生物滤池的 2～10 倍；BOD 容积负荷可达 1000～2000gBOD_5/(m^3·d)，为一般高负荷生物滤池的 2～3 倍。由于塔式生物滤池的水力负荷较高，生物膜营养充足，生长迅速，且高水力负荷使生物膜受到强烈的水力冲刷，从而生物膜不断脱落、更新，使得生物膜能够保持较好的活性。但是，为避免生物膜生长较快所造成的滤料层堵塞现象，需将进水的 BOD_5 控制在 500mg/L 以下，否则需采取处理水回流稀释措施。

对于具体的污水，塔式生物滤池的负荷应通过试验确定设计负荷。当无实际资料时，对于以生活污水为主的城市污水，可参照图 5-14 选用（$BOD_{20}\approx1.5BOD_5$）。当缺乏污水冬季平均温度资料时，可由年平均气温推算：当年平均气温分别为＜3℃、3～6℃、＞6℃时，对应的污水冬季平均温度分别为 8～10℃、12℃、14℃。滤料层高依进水浓度按图 5-15 选用。

塔式生物滤池的占地面积较其他生物滤池大大缩小，对水质、水量的适应性强，但废水提升费用大，而且池体过高使得运行管理不便，只适宜于小水量废水的处理。

(3) 塔式生物滤池的设计

塔式生物滤池的个数应不少于 2 个，并按同时工作设计。

滤塔总高度可按下式计算：

$$H_0=H+h_1+(m-1)h_2+h_3+h_4 \tag{5-34}$$

式中 H——滤料层总高，m；

h_1——超高，常取 0.5m；

h_2——滤层间距，m；

h_3——滤料底层与集水池最高水位距离，m；

h_4——集水池最高水深，m；

m——滤料层数。

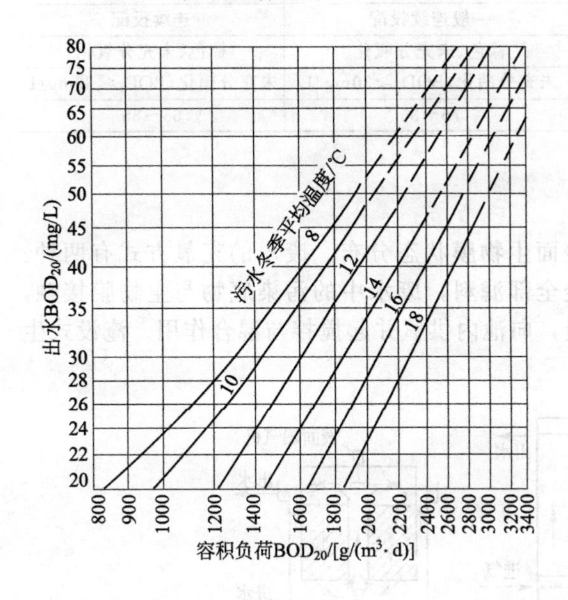

图 5-14 塔式生物滤池容积负荷与出水 BOD 的关系

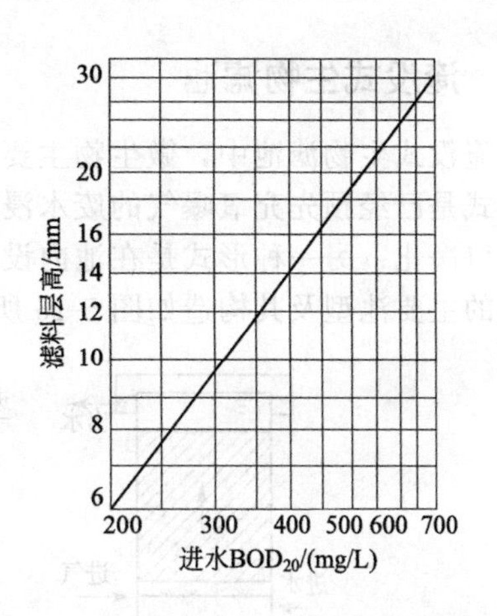

图 5-15 进水 BOD_{20} 与滤料层总高度的关系

国内部分塔式生物滤池处理工业废水的参数见表 5-5。

表 5-5 国内部分塔式生物滤池的运行参数

废水性质	滤　料	水力负荷 /[m³/(m²·d)]	BOD负荷 /[g/(m³·d)]	毒物负荷 /[g/(m²·d)]	进水浓度 /(mg/L)	出水浓度 /(mg/L)	去除率 /%
生活污水	ϕ22mm 纸蜂窝	100	1410		BOD_5 26～103	11.6～39.8	21.0～85.6
丙烯腈废水	上、中层 ϕ23mm 玻璃布蜂窝，下层 ϕ50～80mm 炉渣	46.6	3520	总 CN185	总 CN33.1 BOD_5 630	7.9 211.0	76.1 50.6
腈纶废水	ϕ19mm 纸蜂窝，ϕ25mm 玻璃布蜂窝	104.0	1420～3670		AN115～269 BOD_5 150～378	0.1～2.2 13～89	99.0 90.0
含氰废水	碎砖、碎保温砖	31.2		CN160	CN40	4～10	90～97
甲醛含酸废水	塑料波形填料	100～200			120～142	41～62	54～68
腈纶厂废水	酚醛玻璃钢蜂窝	8～12	2.5～3.0（设计值）		AN150～200， BOD_5 300～350		
医院污水	纸蜂窝、炉渣		75～550		BOD_5 7～27		

普通生物滤池、高负荷生物滤池和塔式生物滤池的比较见表 5-6。

表 5-6 普通生物滤池、高负荷生物滤池和塔式生物滤池的比较

项　目	普通生物滤池	高负荷生物滤池	塔式生物滤池
表面负荷/[m³/(m²·d)]	0.9～3.7	9～36(包括回流)	16～97(不包括回流)
BOD_5负荷/[kg/(m³·d)]	0.11～0.37	0.37～1.084	高达 4.8
深度/m	1.8～3.0	0.9～2.4	8～12 或更高
回流比	无	1～4	回流比较大
滤料	多用碎石等	多用塑料滤料	塑料滤料

续表

项　目	普通生物滤池	高负荷生物滤池	塔式生物滤池
比表面积/(m^2/m^3)	43～65	43～65	82～115
孔隙率/%	45～60	45～60	93～95
蝇	多	很少	很少
生物膜脱落情况	间歇	连续	连续
运行要求	简单	需要一定技术	需要一定技术
投配时间的间歇	不超过 5min	一般连续投配	连续投配
剩余污泥	黑色、高度氧化	棕色、未充分氧化	棕色、未充分氧化
处理出水	高度硝化，BOD_5≤20mg/L	未充分硝化，BOD_5≥30mg/L	未充分硝化，BOD_5≤30mg/L
BOD_5去除率/%	85～95	75～85	65～85

5.2.6 淹没式生物滤池

在淹没式生物滤池中，微生物主要以滤料表面生物膜状态分布。废水的充氧方式有两种：一种形式是已经预先充氧曝气的废水浸没并流经全部滤料，废水中的污染底物与生物膜接触，从而得以净化；另一种形式是在池内设曝气装置，向池内供氧并起搅拌与混合作用。淹没式生物滤池的主要池型及其构造如图 5-16 所示。

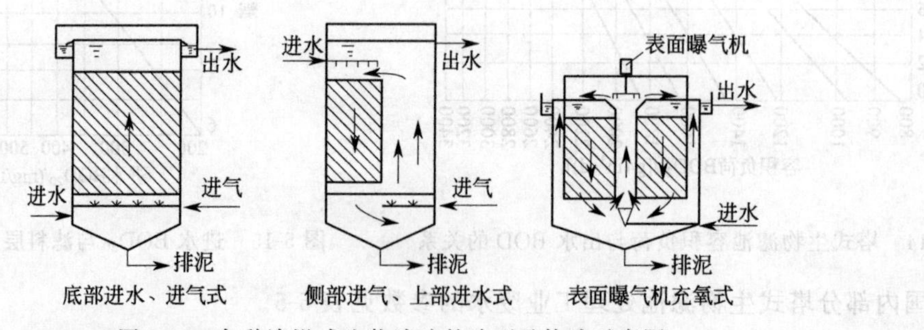

图 5-16　各种淹没式生物滤池的池型及构造示意图

5.2.6.1 淹没式生物滤池的池型

淹没式生物滤池的池型主要有三种：一是底部进水、进气式，此为气水同向流的升流式，也可改造成顶部进水、底部出水、底部进气的气水异向流的降落式；二是侧部进气、上部进水式；三是采用表面曝气机充氧式。前两种方式较常用。

在底部进水、进气式或底部进气、顶部进水的淹没式生物滤池中，废水和空气都均匀、直流穿过滤料层，滤料直接受到水流和气流的搅动，加速了生物膜的脱落和更新，生物膜活性较高，不但利于废水中污染底物的净化，而且利于防止滤料层发生堵塞。一般对于底部进水、底部进气、顶部出水的淹没式生物滤池而言，池体包括配水区 1～1.5m、承托层 0.2～0.5m、滤料层 2.5～4.5m、清水区 1.0～1.5m、超高 0.5m 等，滤池总高度为 5.0～8.0m；顶部进水、底部进气淹没式生物滤池的池体包括底部布气层 0.6～0.7m、承托层 0.2～0.5m、滤料层 3.0～3.5m、进水区 0.5～0.6m、超高 0.5m 等，总高度约为 5.0～6.5m。

在侧部进气、上部进水式淹没式生物滤池中，废水从滤料层上部进入滤池，空气从滤料床一侧进入，气流在池内的循环运动带动部分水流在池内循环，不仅多次充氧，而且与料层的生物膜多次接触，利于污染物质的降解。但由于气流未直接进入料床，因此气流和水流对滤料层的搅动、冲刷强度较弱，生物膜脱落和更新较慢。

在表面曝气充氧式淹没式生物滤池中，在池外侧区域为滤料层，中间底部进水，在池顶部安装曝气装置，池中心区域为曝气区。表面曝气充氧式淹没式生物滤池中，利用水流形成循环运动，带动气流多次接触滤料表面的生物膜，提高污染物质的净化效果，该方式较侧部进气、上部进水式滤池的水流循环更加均匀。

5.2.6.2 淹没式生物滤池的构造特征

淹没式生物滤池主要由池体、滤料层、布气系统、进出水系统和排泥管道等组成。考虑到滤料层堵塞时进行冲洗的操作，还可布置反冲洗系统，包括反冲洗水和反冲洗气的管道布置。

(1) 淹没式生物滤池的滤料

对淹没式生物滤池滤料的要求主要有：①水力特性方面，要求比表面积大、孔隙率高、水流通畅、阻力小；②生物膜附着方面，要求滤料外观形状规则、尺寸均一、表面粗糙度大等，由于微生物多带负电，滤料表面电位越高，生物附着性越强，而且微生物为亲水物质，因此亲水性滤料表面易于附着生物膜；③滤料的生物和化学稳定性要求较高，要求其经久耐用、不溶出有害物质、不产生二次污染。

按照滤料形状划分，可分为波纹板、板状、网状、盾状、圆环辐射状、蜂窝状、束状、筒状、列管状以及不规则粒状等；按材质划分，可分为塑料、玻璃钢、纤维、砂粒、碎石、无烟煤、焦炭、矿渣及瓷环等。其中玻璃钢或塑料滤料表面光滑，生物膜附着力差、易老化，且在实际使用中往往容易产生不同程度的滤料堵塞；波纹板、板状等滤料比表面积小、不易挂膜；虽然不规则粒状滤料水流阻力大，但比表面积大，易于挂膜。

(2) 淹没式生物滤池的布气系统

淹没式生物滤池的布气系统包括正常运行时所需的曝气系统和进行气水联合反冲洗时的供气系统两部分。

曝气系统的设计必须根据工艺计算所需供气量来进行，所供气量的必备条件是向滤池中提供足够的溶解氧以满足生物膜的高活性和对有机底物及氨氮的高去除率。常用的曝气形式为鼓风曝气，该方式氧的吸收率较高。目前有淹没式生物滤池专用曝气器和空气扩散装置，如单孔膜滤池专用曝气器，可按一定要求安装在空气管道上，空气管道又被固定在承托板上，曝气器一般都设计安装在滤料承托层里，距承托层约0.1m，使空气通过曝气器并流过滤层时可达到30%以上的氧利用率。

淹没式生物滤池最简单的曝气装置为穿孔管，穿孔管属于大中气泡型，氧利用率较低，仅为3%～4%，其优点是不宜堵塞、造价低。穿孔管的孔眼直径一般为5mm左右，孔眼中心距为10cm。

在实际工程中，充氧曝气和反冲洗曝气可采用同一套布气管路，但由于充氧曝气的需气量比反冲洗时需气量小，因此配气不易均匀。为了保持正常运行，最好将正常充氧曝气和反冲洗布气管分开，以满足各自供气的要求。

布气管可设在滤料层下部或一侧，穿孔管上孔眼均匀布置，达到布气均匀的运行要求后，还应考虑滤料层发生堵塞时可适当加大气量或提高冲洗能力。当利用表面曝气机曝气时，应考虑滤料层堵塞时可加大转速、加快循环回流以提高冲刷能力。

(3) 淹没式生物滤池的布水系统

对于升流式淹没式生物滤池，其进水装置可采用配水滤头或滤板，同时在底部设置配水室。配水室的作用是在滤池正常运行和反冲洗时使水在整个滤池截面上均匀分布，它由位于滤池下部的缓冲配水区和承托滤板组成。在气水联合反冲洗时，缓冲配水区还可起到均匀配气作用，气垫层也在滤板下的区域中形成。

除了采用滤板和配水滤头的配水方式外，小型淹没式生物滤池也可采用穿孔管的配水方式(管式大阻力配水方式)，穿孔管配水装置由一根干管及若干支管组成，废水或反冲洗水由干管均匀进入各支管，干管的进口流速为1.0～1.5m/s，支管的进口流速为1.5～2.5m/s，支管间距为0.2～0.3m，开孔比为0.2%～0.25%，支管上有间距不等的布水孔，管上孔眼直径为9～12mm，孔眼间距为70～300cm左右，水流喷出孔眼的流速一般为2m/s。

(4) 淹没式生物滤池的出水系统

淹没式生物滤池的出水装置可选择周边出水堰式、单侧堰式或穿孔管出水。周边出水堰式更利于出水均匀，从而减轻对池内水流、气流的扰动。在大中型废水处理工程中，为了工艺布置方便，常采用单侧堰式出水，并将出水堰设计为60°的斜坡，以降低出水口处的水流流速，在出水堰口设置栅形稳流板，使反冲洗时有可能被带到出水口的滤料与稳流板碰撞，使其流速降低而沉降、沿斜坡下滑回落池中。

(5) 淹没式生物滤池的反冲洗系统

当淹没式生物滤池的滤料采用较密集型的滤料如粒状、圆环辐射状、蜂窝状等滤料时，滤料上生物膜及其截留的颗粒及胶体污染物仅依靠正常运行时水流和气流的冲刷不易脱落和更新，久而久之易造成滤料层堵塞，此时需采用反冲洗操作。对于滤料层空隙率较高的淹没式生物滤池而言，仅定期采用水力反冲洗即可满足要求，但对于滤料层空隙率较低、滤料碎而密集的淹没式生物滤池，为提高反冲洗效果，需要采用气水联合反冲洗操作。

淹没式生物滤池的气水联合反冲洗系统与给水处理系统的V形滤池类似，工程中常用滤板及固定其上的长柄滤头实现。常用的气水联合反冲洗操作为三段式气水反冲洗，首先降低滤池内的水位并单独气洗，而后采用气水联合反冲洗，最后采用单独水洗；另一种高效率的反冲洗方式为气水脉冲式反冲洗，可以是固定连续水冲流量，采用脉冲气冲方式，也可以固定连续气冲流量，采用脉冲水冲方式。研究表明，采用连续水冲、脉冲气冲的反冲洗方式较三段式常规气水联合反冲洗更高效、节能。反冲洗过程中必须掌握好冲洗强度和冲洗时间，既要使截留物质冲洗出滤池，又要避免对滤料过分冲刷，使生长在滤料表面的生物膜大量脱落而影响处理效果。

5.2.6.3 淹没式生物滤池的设计与计算

气水直流式的淹没式生物滤池在工程上应用较多，常采用不规则粒状滤料，有气水同向流形式，也有气水异向流形式，也称为曝气生物滤池，其设计和计算内容如下。

根据对滤池除碳（降解有机底物）和硝化效能的要求不同，分为除碳滤池和硝化滤池两种，不同效能淹没式生物滤池的设计和计算有差别。

(1) 除碳淹没式生物滤池的设计与计算

滤池的设计与计算内容包括滤料体积、滤池具体尺寸（包括滤料层横截面积、滤池高度）及布水、布气系统等。

① 滤料体积及滤池具体尺寸的计算　滤料体积计算方法常采用有机底物容积去除负荷法，即以BOD容积去除负荷N_{rv}[$kgBOD_5/(m^3$ 滤料·d)]为计算标准。

利用BOD容积去除负荷N_{rv}计算滤料体积V时，可按下式计算：

$$V=\frac{Q(S_0-S_e)}{N_{rv}} \tag{5-35}$$

式中　N_{rv}——BOD容积去除负荷，$kgBOD_5/(m^3$ 滤料·d)；

S_0、S_e——滤池进、出水的BOD浓度，kg/m^3；

Q——滤池进水流量，m^3/d。

根据国内工程实例，对于城市污水二级处理，N_{rv}取值为$2\sim4kgBOD_5/(m^3$ 滤料·d)，当要求出水BOD_5浓度分别为30mg/L和10mg/L时，相应的N_{rv}取值分别为$4kgBOD_5/(m^3$ 滤料·d)和$\leqslant2kgBOD_5/(m^3$ 滤料·d)；对于酿造废水，建议N_{rv}取值为$3\sim5$ $kgBOD_5/(m^3$ 滤料·d)。

在确定滤料体积V后，根据滤料层高度H为2.5～4.5m，可按下式计算滤料层横截面积A：

$$A=\frac{V}{H} \tag{5-36}$$

为了避免单座滤池横截面积过大而增加反冲洗的供水、供气量，同时不利于布水、布气均匀，所以单池横截面积过大时必须分格设计。但若分格过多造成单池面积过小，也会增加工程土建投资。对于中等规模的城市污水厂，一般单池横截面积 $a \leqslant 100\text{m}^2$。在求定滤料层总横截面积 A 后，单池横截面积 a 可按下式计算：

$$a=\frac{A}{n} \tag{5-37}$$

式中　n——分格数。

滤池总高度包括配水区 h_1、承托区 h_2、滤料层 H、清水区 h_3、超高 h_4 等，即滤池总高度为：

$$H_0=H+h_1+h_2+h_3+h_4 \tag{5-38}$$

废水流过滤料层的空塔时间 t_0 可按下式计算：

$$t_0=\frac{V}{Q}=\frac{AH}{Q} \tag{5-39}$$

设滤料层的空隙率为 ε，则废水流过滤料层的实际停留时间为：

$$t=\varepsilon t_0 \tag{5-40}$$

② 供气系统的计算与设计　供气系统的计算与设计包括供气量计算和供气系统设计两大部分，前者包括生物膜需氧量计算、滤池实际需氧量计算、供气量计算三部分；后者包括空气扩散装置的选定和设计、空气管道的计算与设计、鼓风机选型及鼓风机房的设计三部分。

除碳生物滤池中生物膜的需氧量 O_2 包括降解有机底物所需的氧量和微生物自身降解所需的氧量，可按式（5-27）计算：

$$O_2=a'(S_0-S_e)+b'P$$

式中　S_0、S_e——生物滤池进、出水的 BOD_5 值，kg/m^3；

a'——每千克 BOD_5 完全降解所需的氧量，kg/kg，对于城市污水，此值取 1.46；

b'——单位质量活性生物膜的需氧量，一般约为 0.18kg/kg；

P——每立方米滤料上覆盖的生物膜量，kg/m^3 滤料。

有人提出，除碳淹没式生物滤池的需氧量可用下式计算：

$$O_2=0.82\frac{Q(S_0-S_e)}{QS_0}+0.32\frac{QC_0}{QS_0} \tag{5-41}$$

式中　O_2——降解单位质量 BOD 所需的氧量，kg/kg；

Q——滤池进水流量，m^3/d；

S_0——生物滤池进水的 BOD_5 浓度，kg/m^3；

S_e——生物滤池出水的 BOD_5 值，kg/m^3；

C_0——生物滤池进水的悬浮物浓度，kg/m^3。

在求定生物膜需氧量 O_2 后，可进一步确定滤池的实际需氧气量，需要进行水温、水压及氧的水质转移系数等修正，并进一步计算供气系统的供气量。

淹没式生物滤池的空气扩散装置常采用穿孔管或专用曝气器。空气扩散装置的选定需考虑氧利用率 E_A 和动力效率 E_P 高、不易堵塞、构造简单、便于安装等因素，还要结合废水水质、地区条件和滤池水深等。

③ 配水系统的设计　曝气生物滤池的配水系统一般采用小阻力配水系统，多采用滤头、格栅式、平面孔式类型。

④ 反冲洗系统的设计　淹没式生物滤池中生物膜的厚度一般控制在 300～400μm，此时生物膜活性高，处理效果好。当生物膜厚度超过这一范围时，需要进行反冲洗操作。在生物膜不断增厚的过程中，滤料层内截留的颗粒物质和胶体物质的量也逐步增加，滤料层空隙逐步减小，水流通过滤料层的水头损失也逐步增大，严重时出现脱落生物膜或被截留物质穿透滤层的现象，反映为出水水质下降。滤料层水头损失的增加和出水水质的恶化皆可作为确定运行周期的依据，以判断是否采取反冲洗操作。实际工程中需根据试验以两种方式确定的最短运行周期

为依据。一般地，对于大粒径滤料床，可以出水水质的恶化为判断依据，而对于小粒径滤料床（如粒径小于5mm），则以滤料层水头损失的增加作为判断依据。

目前常用的反冲洗方式为气水联合反冲洗。根据工程经验，对于处理城市污水的除碳淹没式生物滤池，其三段式气水联合反冲洗中反冲洗水速为15～25m/h，反冲洗气速为60～80m/h，运行周期为24～48h。反冲洗气、水强度或流速可试验确定，也可参照给水滤池的参数确定。由于淹没式生物滤池的反冲洗在清除脱落生物膜和截留悬浮物的同时，要求不损伤生物膜，因此淹没式生物滤池的反冲洗气、水强度或流速可取给水滤池相应参数的下限；反冲洗时间的长短以满足脱落生物膜或悬浮物脱离滤料层并不损伤生物膜为前提，一般为5～20min。

淹没式生物滤池的运行周期与滤料的粒度、进水SS和BOD浓度、滤池有机负荷及废水水温等多种因素有关，对于除碳滤池，由于进水为初沉池或水解池出水，有机底物浓度和负荷皆较高，因此生物膜增长和脱落速率快，进水悬浮物截留量较多，需要频繁反冲洗，即运行周期短；而对于硝化滤池，如二级出水的硝化滤池，有机碳含量低、异养菌受到抑制，而硝化菌本身生长速率较慢，因此生物膜增长和脱落较慢，不需要频繁反冲洗，即运行周期长。

⑤ 污泥产量计算　除碳淹没式生物滤池中污泥产量为去除BOD而增长的生物膜量和滤料层截留废水中悬浮物量之和，由于除碳滤池进水有机底物浓度高，生物膜自身氧化量较少，因此可忽略不计。由于滤料层所截留废水的悬浮物有一部分经水解后作为BOD被降解，其余部分被截留于滤料层中，工程实践和研究表明，最终截留于滤料层内、未被降解的悬浮物为所截留总量的80%左右。

根据以上分析，可得除碳淹没式生物滤池的污泥产量ΔX为：

$$\Delta X=\alpha Q(S_0-S_e)+Q(C_0-C_e)\times 80\% \tag{5-42}$$

式中　ΔX——除碳淹没式生物滤池的污泥产量，kg/d；

Q——除碳淹没式生物滤池的进水流量，m^3/d；

S_0、S_e——除碳淹没式生物滤池的进、出水BOD浓度，kg/m^3；

C_0、C_e——除碳淹没式生物滤池的进、出水SS浓度，kg/m^3；

α——除碳淹没式生物滤池去除每千克BOD的产泥量，一般取0.6kgVSS/kgBOD。

淹没式生物滤池去除每千克BOD的产泥量可参照表5-7进行估算。

表5-7　淹没式生物滤池产泥量ΔX的工程参考值

N_v/[kgBOD/(m^3·d)]	1.0	1.5	2.0	2.5	3.0	6.6	3.9
ΔX/(kgTSS/kgTBOD)	0.18	0.37	0.45	0.52	0.58	0.70	0.75

（2）硝化淹没式生物滤池的设计与计算

硝化淹没式生物滤池主要用来对常规二级除碳生物处理出水中的氨氮进行硝化处理，其中常规二级除碳生物处理工艺可以是常规活性污泥过程，也可以是除碳淹没式生物滤池。

① 滤料体积及滤池具体尺寸的计算　硝化淹没式生物滤池的滤料体积可以氨氮的表面去除负荷$q_{NH_3\text{-}N}$[gNH_3-N/(m^2滤料·d)]作为计算标准，滤料的表面积是指滤料与废水接触的总面积S，而非滤料层的横截面积A。$q_{NH_3\text{-}N}$值的选定与废水中氨氮的浓度、废水温度、供氧量和滤池水力负荷有关。在出水氨氮浓度<2mg/L、水温T=10℃时，完全硝化淹没式生物滤池适宜的氨氮表面负荷$q_{NH_3\text{-}N}$为0.4gNH_3-N/(m^2滤料·d)；在一般滤料（如塑料滤料）中，水温T=10～20℃时，适宜的氨氮表面负荷$q_{NH_3\text{-}N}$为0.5～1.0gNH_3-N/（m^2滤料·d）。

确定了$q_{NH_3\text{-}N}$后，可求出所有滤料的总表面积为：

$$S=\frac{Q(N_0-N_e)}{q_{NH_3\text{-}N}} \tag{5-43}$$

式中　S——所有滤料的总表面积，m^2；

Q——滤池进水量，m^3/d；

N_0、N_e——进、出水中的氨氮浓度，$mgNH_3\text{-}N/L$；

$q_{NH_3\text{-}N}$——氨氮表面负荷，$gNH_3\text{-}N/(m^2$ 滤料·d)。

所需滤料体积 V 可按下式计算：

$$V=\frac{S}{S'} \tag{5-44}$$

式中 V——所需滤料体积，m^3；

S'——单位体积滤料的表面积，m^2/m^3 滤料。

计算出滤料体积 V 后，选定滤料层高度 H 为 2.5～4.5m，则可按下式计算滤料层的横截面积 A：

$$A=\frac{V}{H} \tag{5-45}$$

若滤料层横截面积过大，则应考虑分格，单格滤料层的横截面积为：

$$a=\frac{A}{n} \tag{5-46}$$

硝化淹没式生物滤池总高度的计算同除碳淹没式生物滤池。

② 供气量的计算　在硝化滤池中，微生物的需氧量 Q_2 包括降解有机物所需的氧量和硝化所需的氧量两部分：

$$O_2=Q(S_0-S_e)+4.6Q(N_0-N_e) \tag{5-47}$$

式中 O_2——硝化淹没式生物滤池和微生物需氧量，kgO_2/d；

Q——硝化淹没式生物滤池的进水流量，m^3/d；

S_0、S_e——硝化淹没式生物滤池进、出水的 BOD_5 浓度，kg/m^3；

N_0、N_e——硝化淹没式生物滤池进、出水的氨氮浓度，$kgNH_3\text{-}N/L$。

硝化淹没式生物滤池的实际需氧量、供气量和供气系统的设计与除碳淹没式生物滤池相同。

③ 需碱量的计算　由于硝化过程消耗碱度，使系统的 pH 值下降，所以当系统中碱度不足时，需要人为补充以促进硝化反应的顺利进行。

硝化淹没式生物滤池的配水系统、出水系统、反冲洗系统等的设计均与除碳淹没式生物滤池相同。

5.2.7 影响生物滤池功能的主要因素

(1) 滤床的比表面积和孔隙率

生物膜是生物膜法的主体，滤料表面积越大，生物膜的表面积也越大，生物膜的量就越多，净化功能就越强；孔隙率大，则滤床不易堵塞，通风效果好，可为生物膜的好氧代谢提供足够的氧；滤床的比表面积和孔隙率越大，扩大了传质的界面，促进了水流的紊动，有利于提高净化功能。

(2) 滤床的高度

在滤床的不同高度位置，生物膜量、微生物种类、去除有机物的速率等方面都是不同的：滤床的上层，废水中的有机物浓度高，营养物质丰富，微生物繁殖速率快，生物膜量多且主要以细菌为主，有机污染物的去除速率高；随着滤床深度的增加，废水中的有机物量减少，生物膜量也减少，微生物从低级趋向高级，有机物的去除速率降低。有机物的去除效果随滤床深度的增加而提高，但去除速率却随深度的增加而降低。

(3) 有机负荷与水力负荷

有机负荷单位为 $kgBOD_5/(m^3 \cdot d)$。

水力负荷包括：水力表面负荷即滤速，$m^3/(m^2 \cdot d)$ 或 m/d；水力容积负荷，$m^3/(m^3 \cdot d)$。

在有机负荷较高时，生物膜的增长也会较快，可能会引起滤料堵塞，此时就需要调整水力负荷。当水力负荷增加时，可以提高水力冲刷力，维持生物膜的厚度，一般是通过出水回流来解决。

(4) 回流

对于高负荷生物滤池与塔式生物滤池，常采用回流，其优点有：①不论原废水的流量如何波动，滤池均可以得到连续投配的废水，因此其工作比较稳定；②可以冲刷去除老化的生物膜，降低膜的厚度，并抑制滤池蝇的滋生；③均衡滤池负荷，提高滤池的效率；④可以稀释和降低有毒有害物质的浓度以及进水有机物的浓度。

(5) 供氧

生物滤池一般是通过自然通风来保证供氧的。影响生物滤池自然通风的主要因素有：池内温度与气温之差、滤池高度、滤料孔隙率及风力等，滤池堵塞也会影响通风。

5.2.8 前处理——Actiflo 工艺

生物滤池（AF）在与活性污泥工艺（AS）联用进行生物处理时，通常是在高负荷活性污泥法之后作为生物处理单元，相当于 A-B 法中的 B 段，但 AF 无需设置二次沉淀池，其产生的剩余污泥量少，定量反冲洗后将反冲洗废水送至初沉池进行处理即可，因此 AS-AF 处理流程具有简短、高效的特点。

在只用 AF 进行生物处理的情况下，其前面应进行强化一级处理，为此研发了 Actiflo 工艺。

Actiflo 工艺是一种很紧凑、高效的物理化学处理方法，它能够有效地去除悬浮固体、磷和 COD。它集合了加重絮凝和斜板沉淀的优点，悬浮固体去除率达 80%以上。由于 AF 对前处理的要求比较高，常规的一级处理——普通沉淀池出水往往不能满足 AF 进水水质的要求，因此采用 Actiflo 工艺。

(1) 基本原理

污水首先流经细格栅去除颗粒污染物，然后向其出水中投加金属盐（铁或铝盐）混凝剂，使一些溶解性的物质如磷和有机物转化成絮凝沉淀颗粒。根据具体情况，混凝剂或加入管道中，或加入混凝池中。

经初步混凝的污水进入喷射池中，池中加入微砂，使其完全混合于水中。砂为普通的石英砂，其颗粒为 60～180μm。水由喷射池连续地流入，向其中加入有机聚合物混凝剂。混凝剂与微砂结合使初步颗粒形成大的可沉淀絮凝物。絮凝是在缓慢搅拌中形成的，可防止絮凝物被破碎。

絮凝后出水被送入斜板沉淀池中，其中絮凝物由于微砂的加重作用而加快沉淀，这就可使该池中的上向流速比普通沉淀池大 30～80 倍。在废水处理中这一工艺的典型上向流速为 80～120m/h。水通过斜板最终从出口处的溢流堰流出。

污泥与微砂从斜板沉淀池底部抽出，并用泵送回水力旋流分离器进行砂、泥分离。分离的微砂再送回喷射池中予以回用，而污泥则单独处理。

(2) 优点

Actiflo 工艺具有如下优点。

① 紧凑。加重絮凝沉淀池的总停留时间不足 15min，向上的水流速度按在斜板顶部的水表面积计算，达到 130m/h。

② 反应时间短。惰性微砂逗留在絮凝池，一旦混凝剂加入，混合器启动，水流混合开始，

它便立即反应。

③ 灵活性。Actiflo 可处理的水量范围为设计能力的 10%～100%，药品消耗率取决于进水流量。

④ 出水浓度稳定。不管进水情况如何，出水的悬浮物浓度几乎保持不变。

⑤ 污泥的可处理性。污泥具有良好的脱水性，可使其增厚且易于浓缩和脱水。

5.3 好氧生物转盘工艺

生物转盘工艺是生物膜法的一种，是在生物滤池的基础上发展起来的，有时又称为转盘式生物滤池，与其他废水处理工艺相比，生物转盘工艺具有能耗较低、处理效果较好等优点。

5.3.1 好氧生物转盘的构造

在生物转盘中废水处于半静止状态，而微生物则在转动的盘面上。转盘 40%的面积浸没在废水中，盘面低速转动。盘面上生物膜的厚度与废水浓度、性质及转速有关，一般为 0.1～0.5mm。

生物转盘的主要组成单元有盘体、接触反应槽、转动轴与驱动装置等。其净化机理如图 5-17 所示。

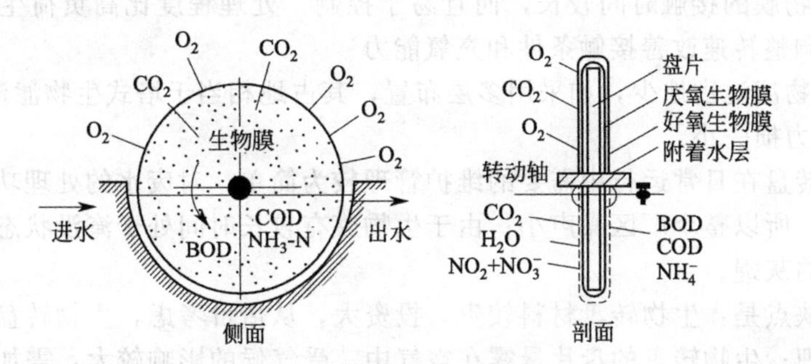

图 5-17　生物转盘的净化机理

（1）盘体

盘体由在一根轴上固定的许多间距很小的圆形或多角形盘片组成。盘片用塑料板、玻璃钢、铝合金或其他材料制成，有平板、凹凸板、波形板、蜂窝、网状板等。盘片厚度为 0.5～1.5mm，直径为 2～5m。盘片之间的净距为：进水段 25～35mm，出水段 10～20mm。

（2）接触反应槽

接触反应槽为平面形状呈矩形、断面形状呈半圆形的水槽。槽两边设有进、出水设备，槽底设有排泥管。大型接触反应槽一般用钢筋混凝土浇制。中小型接触反应槽可用钢板焊制。盘片与反应槽表面的净距不得小于 0.15m，转盘浸没率为 20%～40%。槽容积与盘面积的比值约为 $5\sim9m^3/m^2$（或 m）。

（3）转动轴

转动轴一般采用实心钢轴或无缝钢管等，轴长控制在 5～7m 之间。轴中心与水面的距离不得小于 0.15m。转盘转速为 0.8～3r/min，转盘周速为 15～18m/min。

（4）驱动装置

驱动装置分电力-机械传动、空气传动和水力传动等。多采用电力-机械传动，由电动机、减速箱、V 形皮带等组成。空气驱动转盘，在转盘外缘设抽屉状接气盒，槽内鼓风，空气进入接气盒推动转盘。

5.3.2 好氧生物转盘的工艺特征

与活性污泥相比，生物转盘具有如下优点。

① 操作管理简便，无污泥膨胀及泡沫现象，生产上易于控制。

② 生物转盘具有生物膜法的特点，即生物量较多，对废水的净化效率高，且对废水的水质、水量的适应性较强，多级串联的生物转盘工艺的出水水质较好。生物膜上由各种微生物组成的食物链较长，因此剩余污泥产量较少，转盘污泥产率通常为0.25～0.5kg/kgBOD_5（去除），一般仅为活性污泥法的1/2左右。污泥含水率低，沉淀速度快，沉速可达4.6～7.6m/h。

③ 设备构造简单，无通风、污泥回流及曝气设备，运转费用低，一般电耗为0.024～0.4kW·h/kgBOD_5，约为活性污泥法的1/3～1/2。

④ 反应槽内生物量大，达194g/m^2，可处理高浓度废水，耐冲击能力强。

⑤ 反应槽内停留时间短，一般在1～1.5h，处理效率高，BOD_5的去除率一般可达90%。

⑥ 可采用多层多级布置，占地少。

⑦ 可用转盘实现脱氮。

与生物滤池相比，生物转盘具有如下特点。

① 无堵塞现象。

② 生物膜与废水接触均匀，盘面积利用率高，无沟流现象。

③ 废水与生物膜的接触时间较长，而且易于控制，处理程度比高负荷生物滤池和塔式生物滤池高，可以调整转速改善接触条件和充氧能力。

④ 比普通生物滤池占地少，如采用多层布置，其占地相当于塔式生物滤池。

⑤ 系统的水力损失小。

另外，生物转盘在日常运行中需要的维护管理较为简单，对废水的处理功能稳定可靠，由于无须人工供氧，所以整个厂区噪声小；由于生物膜有较长时间处于淹没状态，因此不会出现生物滤池中常见的灰蝇。

生物转盘的缺点是：生物转盘材料较贵，投资大，从造价考虑，生物转盘仅适用于小水量低浓度的废水处理；生物转盘的盘片暴露在空气中，受气候的影响较大，需加盖防风，有时还需保暖；生物转盘的直径受材质影响，一般都不能很大；为了保证供氧效果，还需有约60%的盘片面积处在水面上，导致废水池深度较浅，因此占地面积大，基建投资较高。

5.3.3 好氧生物转盘的工艺流程与组合

生物转盘工艺与活性污泥法和生物滤池同属于二级生物处理工艺，其基本工艺流程如图5-18所示。

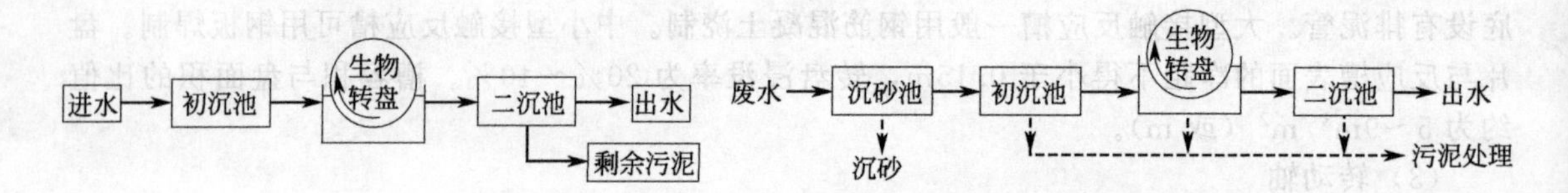

图5-18 生物转盘的工艺流程图　　图5-19 以去除BOD为主要目的的生物转盘工艺流程

在实际工程中，生物转盘的工艺流程可以有多种变化，既可以单独以生物转盘为主体组成废水处理工艺，也可以与其他废水处理工艺形成组合工艺。

(1) 以去除BOD为主要目的的工艺流程

以去除BOD为主要目的的生物转盘工艺与活性污泥法相同，但不需要污泥回流，如图5-19

所示。生物转盘可与初次沉淀池、二次沉淀池合建（上层为转盘，下层为沉淀），在曝气池中增设转盘，使一池多用，以提高处理水质，如图5-20所示。

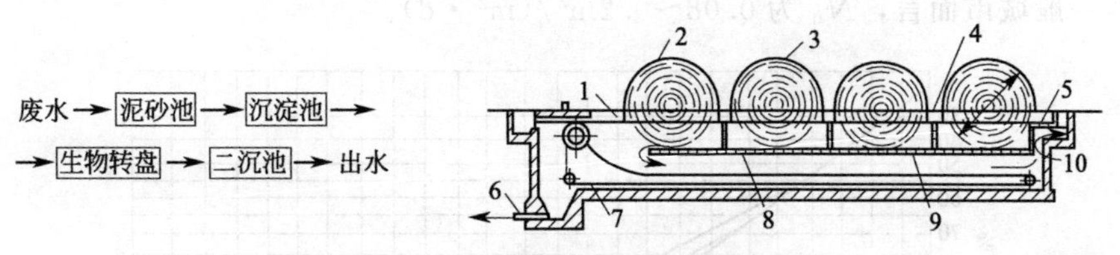

图 5-20 与沉淀池共建的生物转盘

1—水面；2—转盘；3—防护罩；4—隔板；5—进水；6—污泥；7—刮泥机；8—沉淀区域；9—新设底板；10—出水槽

(2) 以深度处理（去除BOD、硝化、除磷、脱氮）为目的的工艺流程

以深度处理为目的的生物转盘工艺流程如图5-21所示。

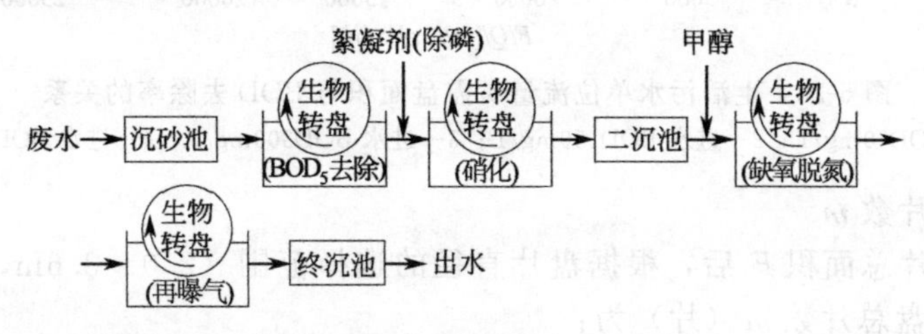

图 5-21 以深度处理为目的的生物转盘工艺流程

5.3.4 好氧生物转盘的设计计算

好氧生物转盘的设计与计算主要包括转盘盘片总面积计算，以此为基础确定盘片总片数、接触反应槽总容积、转轴长度及废水在接触反应槽内的停留时间等。

(1) 盘片总面积 F

转盘盘片总面积的确定通常采用BOD盘片面积负荷 N_A 或盘片面积水力负荷 N_q 为计算标准。其中 N_A 指单位盘片表面积在1d内能接受的，并使转盘达到预期处理效果的BOD量，以 $gBOD_5/(m^2 \cdot d)$ 表示；N_q 是指单位盘片表面积在1d内能接受的，并使转盘达到预期处理效果的废水流量，以 $m^3/(m^2 \cdot d)$ 表示。

① 采用BOD盘片面积负荷 N_A 计算转盘盘片总面积 $F(m^2)$ 为：

$$F=\frac{Q(S_0-S_e)}{N_A} \tag{5-48}$$

式中 N_A——盘面负荷，$gBOD_5/(m^2 \cdot d)$；

S_0——进水的 BOD_5 浓度，mg/L；

S_e——出水的 BOD_5 浓度，mg/L；

Q——平均日污水流量，m^3/d。

研究表明，生物转盘处理城市污水时，BOD盘片面积负荷 N_A 介于 $5\sim20gBOD_5/(m^2 \cdot d)$，而首级转盘的 N_A 不超过 $40\sim50gBOD_5/(m^2 \cdot d)$。国外根据处理水水质的要求不同而确定 BOD_5 盘片面积负荷 N_A，当要求处理水 $BOD_5 \leqslant 60mg/L$ 时，N_A 为 $20\sim40gBOD_5/(m^2 \cdot d)$；当处理水 $BOD_5 \leqslant 30mg/L$ 时，N_A 为 $10\sim20gBOD_5/(m^2 \cdot d)$。

② 采用盘片水力负荷 N_q 计算转盘盘片总面积 $F(m^2)$ 为：

$$F=\frac{Q}{N_q} \tag{5-49}$$

式中　N_q——水力负荷，$m^3/(m^2 \cdot d)$。

盘片面积的水力负荷 N_q 取决于废水的 BOD 值，不同浓度废水单位流量所需盘面积见图 5-22。对一般城市而言，N_q 为 $0.08 \sim 0.2m^3/(m^2 \cdot d)$。

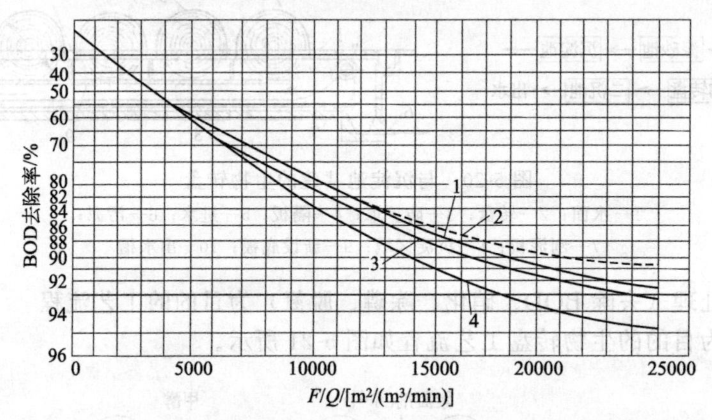

图 5-22　生活污水单位流量所需盘面积与 BOD 去除率的关系

1—进水 BOD80mg/L；2—进水 BOD150mg/L；3—进水 BOD300mg/L；4—进水 BOD500mg/L

（2）转盘总盘片数 m

在求定转盘盘片总面积 F 后，根据盘片直径的选择范围（2.0～3.6m，最大不超过 5m）选定直径 D，则转盘总片数 m（片）为：

$$m=\frac{F}{2a}=\frac{A}{2\times\frac{\pi}{4}D^2}=0.637\frac{F}{D^2} \tag{5-50}$$

式中　D——盘片直径，m；

2——盘片双面均为有效面积；

a——单片盘片的单面表面积。

（3）每组转盘的盘片数 m_1

假定采用 n 级（台）转盘，则每级（台）转盘的盘片数 m_1（片）为：

$$m_1=\frac{m}{n} \tag{5-51}$$

式中　n——转盘组数。

（4）每组转轴有效长度（反应槽有效长度）L

由 m_1 可求定每级（台）转盘的转轴长度 L(m) 为：

$$L=m_1(a+b)K \tag{5-52}$$

式中　a——盘片厚度，m，与盘片材料有关，一般取 0.0001～0.013m；

b——盘片净距，m，一般取 0.02m；

K——考虑废水流动的循环沟道的系数，一般 $K=1.2$。

（5）接触反应槽的有效容积 W

接触反应槽的容积与其断面形状有关，当采用半圆形接触反应槽时，其总有效容积 $W(m^3)$ 为：

$$W=\alpha(D+2c)^2L \tag{5-53}$$

式中　α——系数，取决于转轴中心距水面高度 r（一般为 0.15～0.30m）与盘片直径 D 之比，当 $r/D=0.1$ 时，α 取 0.294，当 $r/D=0.06$ 时，α 取 0.335；

c——转盘盘片边缘与接触反应槽内壁之间的净距，m。

（6）单个反应槽的净有效容积 W'

单个反应槽的净有效容积 $W'(m^3)$ 为：

$$W'=\alpha(D+2c)^2(L-m_1a) \tag{5-54}$$

(7) 每个反应槽的有效宽度 B

每个反应槽的有效宽度 B(m) 为：

$$B=D+2c \tag{5-55}$$

(8) 污水停留时间 t

求定接触反应槽容积 W' 后，在已知废水流量 Q 的情况下，废水在接触反应槽内的停留时间可按下式计算：

$$t=\frac{W'}{Q_1} \tag{5-56}$$

式中 t——污水停留时间，h，一般 $t=0.25\sim2$h；

Q_1——单个接触反应槽的流量，m^3/d。

(9) 转盘转速 n_0

转盘的旋转周速以不超过 20m/min 为宜，但也不能太低，否则水力负荷较大，接触反应槽内废水得不到完全混合。最小转盘转速 n_0(r/min) 可按下式计算：

$$n_0=\frac{6.37}{D}\left(0.9-\frac{W}{Q_1}\right) \tag{5-57}$$

式中 Q_1——每个反应槽的污水流量，m^3/d。

(10) 电动机功率 N_p

电动机功率 N_p(kW) 为：

$$N_p=\frac{3.85R^4n_0^2}{b\times10^{12}}m_0\alpha\beta \tag{5-58}$$

式中 R——转盘半径，m；

m_0——一根转轴上的盘片数；

α——同一电动机带动的转轴数；

β——生物膜厚度系数，当膜厚分别为 0～1mm、1～2mm、2～3mm 时，β 分别为 2、3、4。

城市污水因水质比较稳定，常用水力负荷设计。单位废水流量所需盘面积如图 5-22 所示。对于工业废水，则常用盘面有机物去除负荷设计。图 5-23 表示 BOD 负荷与二级转盘去除量的关系，图 5-24 表示不同进水浓度下有机负荷与出水浓度的关系，可供参考。

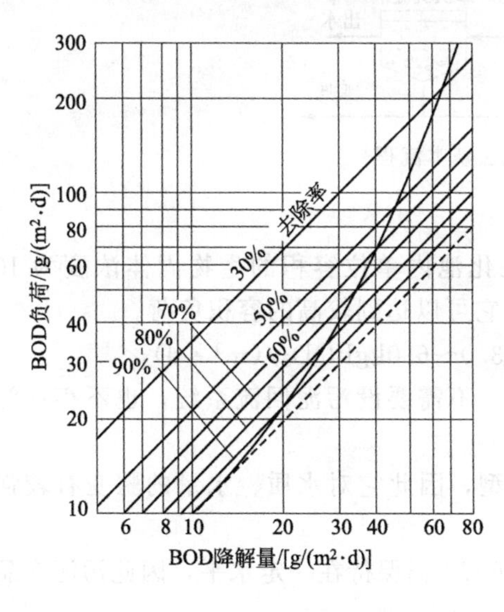

图 5-23 BOD 负荷与 BOD 降解量的关系

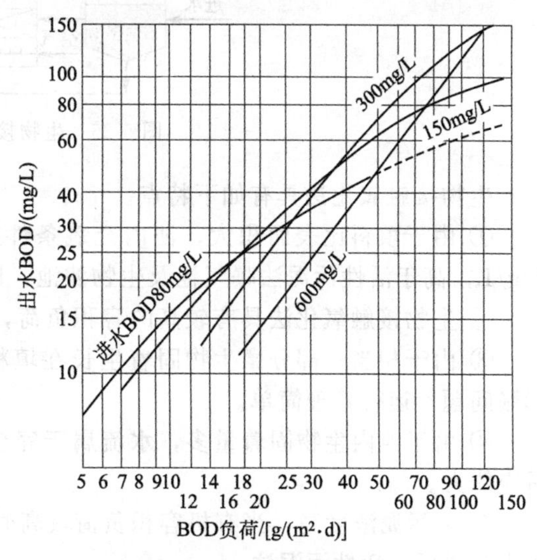

图 5-24 出水 BOD 与 BOD 负荷的关系

国内部分生物转盘处理工业废水装置的运行资料见表 5-8。

表 5-8 国内部分生物转盘处理工业废水的运行资料

废水类型	进水 BOD /(mg/L)	出水 BOD /(mg/L)	水力负荷 /[$m^3/(m^2 \cdot d)$]	BOD 负荷 /[$g/(m^2 \cdot d)$]	COD 负荷 /[$g/(m^2 \cdot d)$]	停留时间/h	水温/℃
含酚	酚 50～250 (152)	—	0.05～0.113 (0.070)		15.5～35.5 (22.8)	1.5～2.7 (2.6)	>15 (10.5)
印染	100～280 (158)	12.8～96 (47)	0.04～0.24 (0.12)	12～23.2 (16.2)	10.3～43.9 (28.1)	0.6～1.3	>10
煤气洗涤	130～765 (365)	15～79	0.019～0.1 (0.055)	7.8～16.6 (12.2)	26.4	1.3～4.0 (2.95)	>20
酚醛	442～700 (600)	100	0.031	7.15～22.8 (15.7)	11.7～24.5 (17.8)	3.0	24

注：括号内数值为平均值。

5.4 生物接触氧化法处理工艺

生物接触氧化法是一种介于活性污泥法与生物滤池之间的生物膜法处理工艺，其工艺流程与活性污泥法的工艺流程相近，即在接触氧化池中也需要从外界通过人工手段为池中的微生物提供氧气；同时，该工艺流程也与生物滤池工艺相近，即在生物反应池中还装有供微生物附着生长的固体状填料物质，在生物反应池中起净化作用的主要是附着生长在填料上的微生物。

生物接触氧化池的曝气池内设有填料，采用人工曝气，部分微生物以生物膜的形式固着生长于填料表面，部分则是絮凝悬浮生长于水中，因此它兼有活性污泥法与生物膜法二者的特点。生物接触氧化法的基本流程如图 5-25 所示，一般生物接触氧化池前要设初次沉淀池，以去除悬浮物，减轻生物接触氧化池的负荷；生物接触氧化池后则设二次沉淀池，以去除出水中挟带的生物膜，保证系统出水水质。

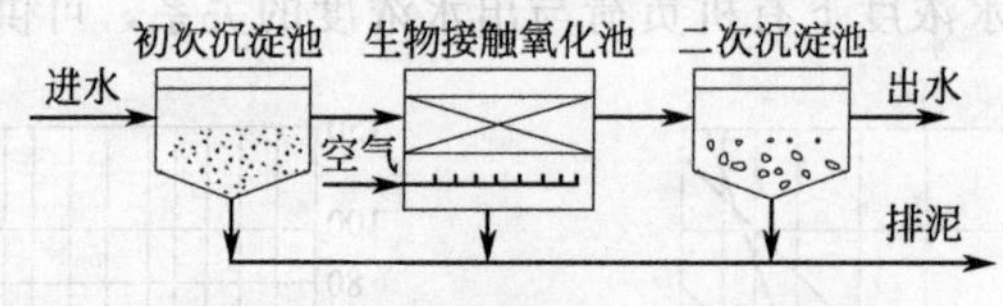

图 5-25 生物接触氧化法基本流程

生物接触氧化法具有如下特点。

① 由于填料比表面积大，池内充氧条件好，氧化池内单位容积的生物固体浓度为 10～20g/L，高于活性污泥法曝气池及生物滤池，因此，它可以达到较高的容积负荷。

② 生物接触氧化法具有较高的容积负荷，可达 3.0～6.0$kgBOD_5/(m^3 \cdot d)$。

③ 由于相当一部分微生物固着生长在填料表面，不需要设污泥回流系统，也不存在污泥膨胀问题，运行管理简单。

④ 由于池内生物固着量多，水流属于完全混合型，因此它对水质、水量的骤变有较强的适应能力。

⑤ 因污泥浓度高，当有机容积负荷较高时，其 F/M 仍保持在一定水平，因此污泥产品可相当于或低于活性污泥法。

生物接触氧化法与生物滤池、活性污泥法主要运行参数的比较见表 5-9。

表 5-9　三种处理工艺主要运行参数的比较

处理工艺	生物量/(g/L)	容积负荷/[kgBOD$_5$/(m^3·d)]	水力停留时间/h	BOD$_5$ 去除率/%	废水种类
生物接触氧化法	10～20	3.0～6.0	0.5～1.5	80～90	城市废水
生物接触氧化法	10～20	1.5～3.0	1.5～3.0	80～90	印染废水
高负荷生物滤池	0.7～7.0	1.2	—	75～90	城市废水
塔式生物滤池	0.7～7.0	1.0～3.0	—	60～85	城市废水
普通活性污泥法	1.5～3.0	0.4～0.9	4～12	85～95	城市废水

5.4.1　生物接触氧化池的构造与形式

生物接触氧化处理系统的基本组成部分是接触氧化池和用于泥水分离的沉淀池或气浮池，其中氧化池是最为主要的。

(1) 生物接触氧化池的构造

生物接触氧化池由池体、填料及支架、曝气装置、进出水装置及排泥管道等组成，图 5-26 所示是其基本构造，图 5-27 所示为各种常用布置形式。

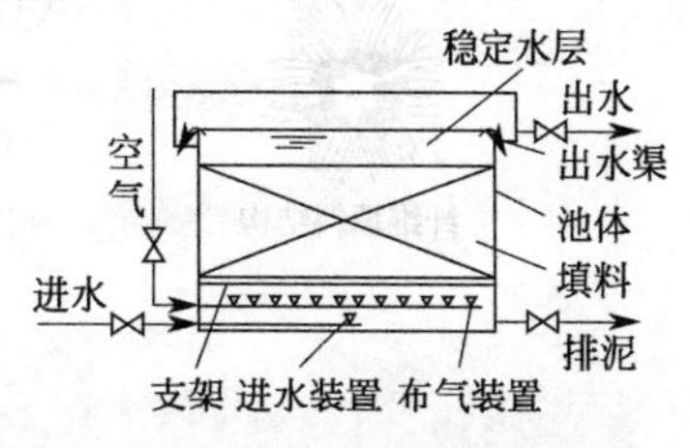

图 5-26　接触氧化池的基本构造

① 池体　接触氧化池的池体在平面上多呈圆形和矩形或方形，用钢板或钢筋混凝土制成。各部位的尺寸为：池内填料高度 3.0～3.5m，分 3 层安装；底部布气层高 0.5～0.7m；填料上部稳定水层高 0.5～0.6m，总高约 4.5～5.0m。

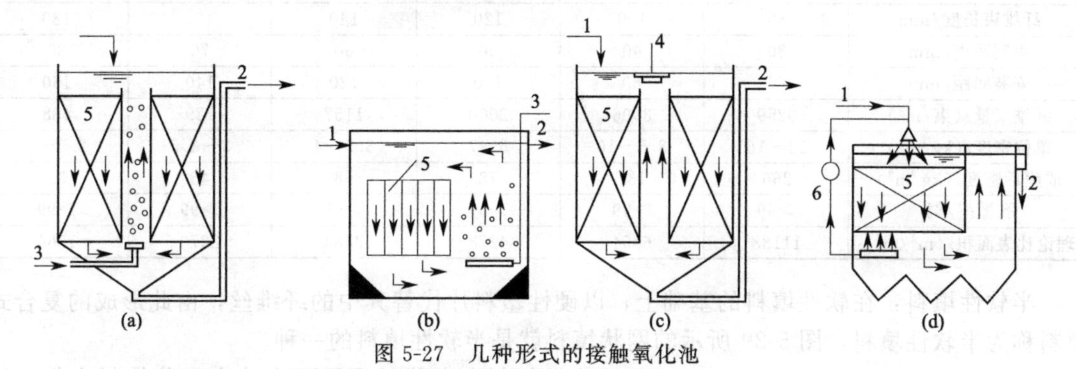

图 5-27　几种形式的接触氧化池

1—进水管；2—出水管；3—进气管；4—叶轮；5—填料；6—泵

② 填料　生物接触氧化池中的填料是微生物的载体，其特性对接触氧化池中生物固体量、氧的利用率、水流条件和废水与生物膜的接触情况等起着重要作用，因此是影响生物接触氧化池处理效果的重要因素。由此可见，填料是接触氧化处理工艺的关键部位，它直接影响处理效果，同时它的费用在接触氧化处理系统的基建费用中占的比例较大，所以选定适宜的填料是具有经济和技术意义的。

填料的种类很多，在形状方面可分为蜂窝状、束状、筒状、列管状、波纹状、板状、网状、盾状、球状、圆环辐射状以及不规则粒状等；按性状分有硬性、半软性、软性等；按材质分则为塑料、玻璃钢、纤维等。生物接触氧化池中常用的填料如下。

硬性填料：由玻璃钢或塑料等经加工制成的波纹板或蜂窝状固体填料，见表 5-10。

表 5-10　蜂窝状玻璃钢填料规格

孔径/mm	密度/(kg/m^3)	壁厚/mm	比表面积/(m^2/m^3)	孔隙率/%	块体规格/mm×mm×mm	适用进水 BOD$_5$/(mg/L)
19	40～42	0.2	208	98.4	700×500×(5～2000)	<100
25	31～33	0.2	158	98.7	800×800×230	100～200
32	24～26	0.2	139	98.9	1000×500×(5～900)	200～300
36	23～25	0.2	110	99.1	800×500×200	300～400

软性填料：由尼龙、维纶、腈纶、涤纶等化学纤维编制而成，又称纤维填料，如图5-28所示，其规格见表5-11。

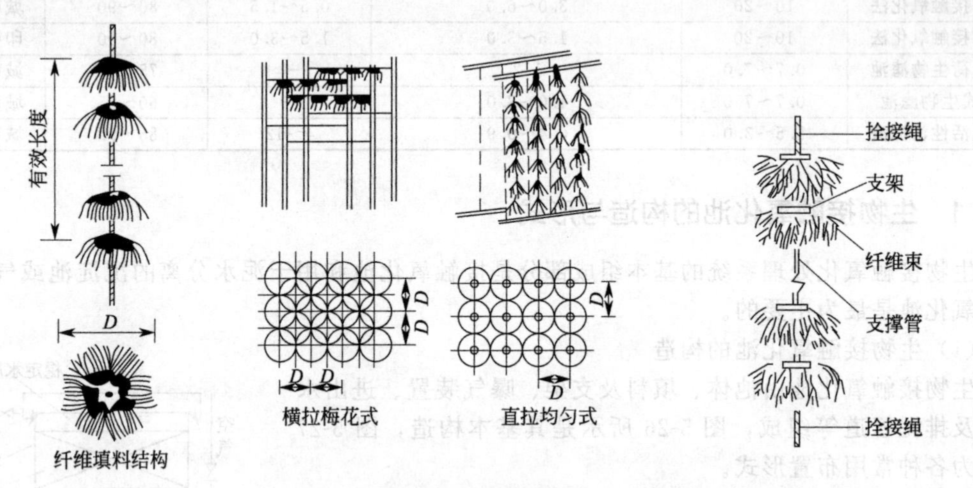

图 5-28 纤维填料

表 5-11 纤维软填料规格

项目	型号					
	A3	B3	C3	D3	E3	F3
纤维束长度/mm	80	100	120	140	160	180
束间距离/mm	30	40	50	60	70	80
安装间距/mm	60	80	100	120	140	160
纤维束量/(束/m^3)	9259	3906	2000	1157	729	488
单位密度/(kg/m^3)	14～16	8.5～10	6～7	3.5～4	3～3.5	2.5～3
成膜后密度/(kg/m^3)	266	137	78	58	45	32
孔隙率/%	>99	>99	>99	>99	>99	>99
理论比表面积/(m^2/m^3)	11188	6954	4273	2884	2270	1564

半软性填料：在软性填料的基础上，以硬性塑料片代替其中的纤维丝，由此形成的复合式填料称为半软性填料，图5-29所示的网状填料就是半软性填料的一种。

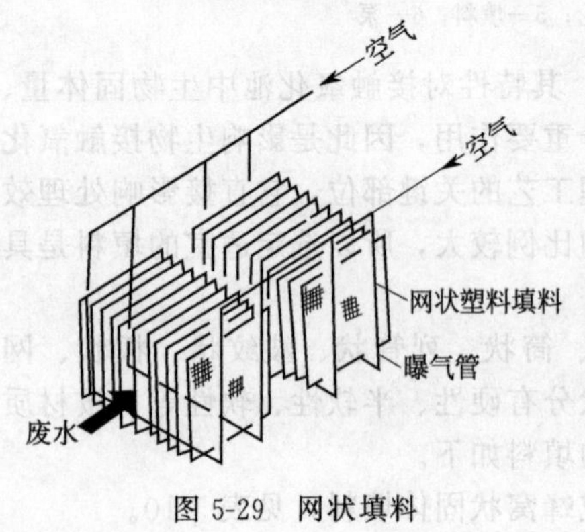

图 5-29 网状填料

上述填料在安装时都需要在池内安装填料支架，这给安装、运行管理、曝气设备的检修与维护等带来了很大的不便。

球状悬浮型填料：球状悬浮型填料在应用过程中不需要填料支架，这种填料用相对密度略小于1的塑料制成，可完全悬浮在接触氧化池中，不需要填料支架，在曝气充氧过程中，填料及其上附着生长的生物膜可以在废水混合液中上下浮动，与废水充分接触，而当曝气停止时，填料则基本上漂浮在水面上。

(2) 生物接触氧化池的形式

根据充氧与接触方式的不同，接触氧化池可分为分流式接触氧化池和直流式接触氧化池。

图5-30所示的分流式接触氧化池就是使废水与载体填料分别在不同的间隔实现充氧和接触。这种类型的优点是：废水在单独的间隔内充氧，进行激烈的曝气和氧的传递过程，而在安装填料的另一间隔内，废水可以缓缓地流经填料，安静的条件有利于微生物的生长繁殖。此外，废水反复通过充氧、接触两个过程进行循环，因此水中的氧比较充足。但缺点是填料间水

流缓慢，水力冲击小，生物膜只能自行脱落，更新速度慢，且易于堵塞。因此，在BOD负荷较高的二级污水处理中一般较少采用。

在图5-31所示的直流式接触氧化池中，直接在填料底部进行鼓风充氧，其主要特点是：在填料下直接布气，生物膜直接受到气流的搅动，加速了生物膜的更新，使其经常保持较高的活性，而且能够克服堵塞的问题。另外，上升气流不断地撞击填料，使气泡破裂，直径减小，增加了接触面积，提高了氧的转移效率，降低了能耗。

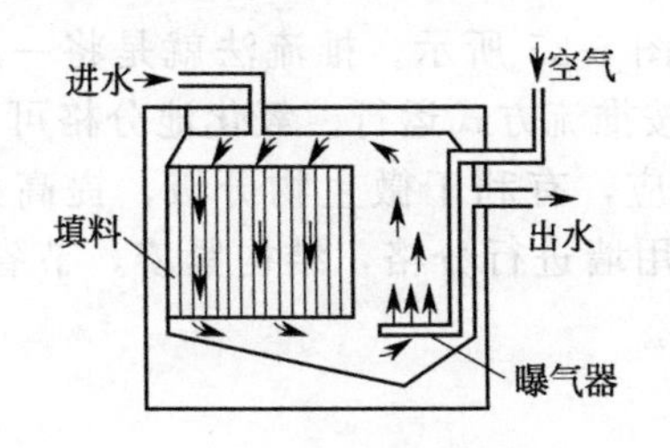

图5-30　分流式接触氧化池

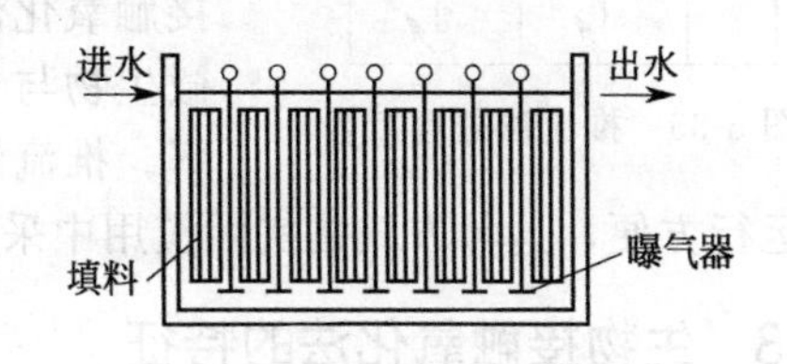

图5-31　直流式接触氧化池

5.4.2　生物接触氧化法处理工艺

生物接触氧化法的处理工艺可以分为一段法、二段法、多段法和推流法。这几种处理工艺各具有其特点和适用条件。

(1) 一段法

一段法处理工艺如图5-32所示，原废水经初次沉淀池预处理后进入接触氧化池，经二次沉淀池泥水分离后作为处理水排放。接触氧化池的流态为完全混合型，微生物处于对数增殖期和减衰增殖期的前段，生物膜增长较快，有机物降解速率也较高。一段法处理工艺流程简单，操作管理方便，投资较省。

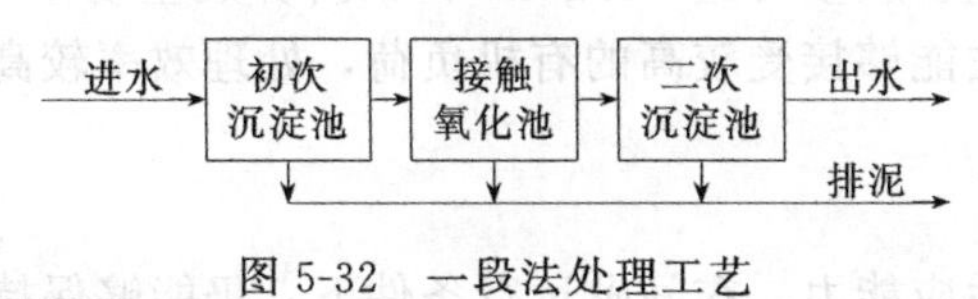

图5-32　一段法处理工艺

(2) 二段法

二段法处理工艺如图5-33所示。二段法处理工艺的每座接触氧化池的流态都属于完全混合型，而结合在一起考虑又属于推流式。在一段接触氧化池内F/M值应高于2.1，微生物增殖不受污水中营养物质的含量制约，处于对数增殖期，BOD负荷率也高，生物膜增长较为迅速。在二段接触氧化池内F/M值一般为0.5左右，微生物增殖处于减衰增殖期或内源呼吸期，BOD负荷率降低，处理水水质提高。二段法更能适应进水水质的变化，使出水水质趋于稳定。

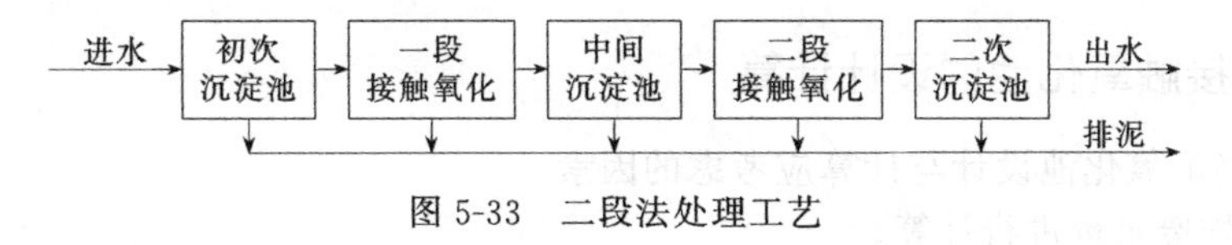

图5-33　二段法处理工艺

(3) 多段法

多段法处理工艺如图5-34所示。多段法是由三级或者三级以上的生物接触氧化池组成的系统。该系统从总体来看其流态可视为推流，但每一座接触氧化池的流态又属于完全混合式。由于设置了多段接触氧化池，在各池间明显形成有机污染物的浓度差，在每池内生长繁殖着在生理功能上适应于该池废水水质条件的微生物群落，产生微生物分级现象，这样有利于提高处理效果，能够获得稳定的处理水质。

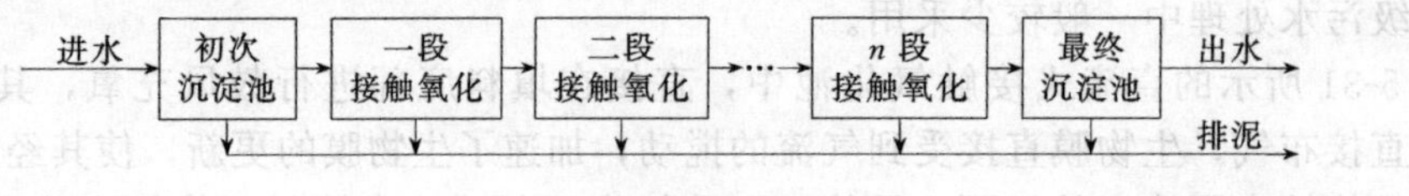

图 5-34　多段法处理工艺

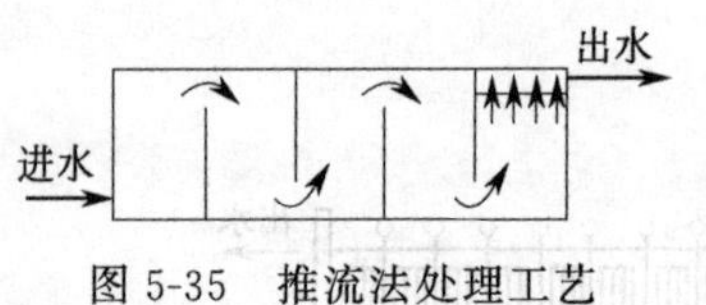

图 5-35　推流法处理工艺

(4) 推流法

推流法处理工艺如图 5-35 所示。推流法就是将一座生物接触氧化池内部分格，按推流方式运行。氧化池分格可使每格微生物与负荷条件相适应，有利于微生物分级，提高处理效率。推流法可以采用共用墙进行分格，结构紧凑，节省投资，维护运行方便，这种方式是实际应用中采用较多的一种。

5.4.3　生物接触氧化法的特征

(1) 工艺方面的特征

① 生物接触氧化法多采用比表面积大、孔隙率高、水流通畅的生物填料，又加上充足的有机物和溶解氧，适于微生物栖息增殖，因此生物膜上的生物是丰富的，除细菌和多种属的原生动物和后生动物外，还能够生长氧化能力强的球衣菌属的丝状菌，而无污泥膨胀现象发生。在生物膜上能够形成稳定的生态系统和食物链。

② 填料表面全部为生物膜所布满，形成了生物膜的主体结构，由于丝状菌的大量滋生，有可能形成一个呈立体结构的密集的生物网，废水在其中通过能够有效地提高净化效果。

③ 由于进行曝气，生物膜表面不断地接受曝气吹脱，这样有利于保持生物膜的活性，抑制厌氧膜的增殖，也有利于提高氧的利用率，因此能够保持较高浓度的活性生物量。根据有关资料，填料表面上的活性生物膜量可达 $125g/m^2$，如折算成生物量浓度则为 13gMLSS/L。正因为如此，生物接触氧化法能够接受较高的有机负荷，处理效率较高，有利于减小反应池容积和占地面积。

(2) 运行方面的特征

对冲击负荷有较强的适应能力，在间歇运行条件下，仍能够保持良好的处理效果，对排水不均匀的企业，更具有实际意义。操作简单，运行方便，易于维护管理，无需污泥回流，不产生污泥膨胀现象。污泥生成量少，污泥颗粒较大，易于沉淀。

(3) 功能方面的特征

生物接触氧化处理技术具有多种净化功能，除有效去除有机污染物外，如运行得当还能用以脱氮和除磷，因此可以作为三级处理技术。

生物接触氧化处理技术的主要缺点是：如设计或运行不当，填料可能被堵塞，此外布水、曝气不易均匀，可能在局部部位出现死角。

5.4.4　生物接触氧化池的设计计算

(1) 生物接触氧化池设计与计算应考虑的因素

① 按日平均废水量进行计算。

② 池座数一般不应少于两座，并按同时工作考虑。

③ 填料层总高度一般取 3m，当采用蜂窝填料时，应分层装填，每层高 1m。

④ 池中污水的溶解氧含量一般应维持在 2.5～3.5mg/L 之间，气水比约为 (15～20)：1。

⑤ 为了保证布水、布气均匀，每格池面积一般应在 $25m^2$ 以内。

⑥ 废水在池内的有效接触时间不得少于 2h。

⑦ 生物接触氧化池的填料体积可按 BOD 容积负荷率计算，也可按接触时间计算。

(2) 接触氧化池填料体积的 BOD 容积负荷率计算法

表 5-12 所列举的是我国采用接触氧化技术处理城市污水及其他有机废水，计算接触氧化池填料体积所采用的 BOD 容积负荷率值。

表 5-12　国内接触氧化池填料体积 BOD 容积负荷率值的建议值

污水类型	BOD 容积负荷率/[kgBOD/(m³·d)]	污水类型	BOD 容积负荷率/[kgBOD/(m³·d)]
城市污水(二级处理)	3.0～4.0	酵母废水	6.0～8.0
印染废水	1.0～2.0	涤纶废水	1.5～2.0
农药废水	2.0～2.5		

BOD 容积负荷率与处理水的水质有密切关系，表 5-13 所列举的是我国在这方面所积累的资料数据，可供设计参考。

表 5-13　BOD 容积负荷率与处理水质的关系数据

污水类型	处理水 BOD/(mg/L)	BOD 容积负荷率/[kgBOD/(m³·d)]	污水类型	处理水 BOD/(mg/L)	BOD 容积负荷率/[kgBOD/(m³·d)]
城市污水	30	5.0	印染废水	50	2.5
城市污水	10	2.0	黏胶废水	10	1.5
印染废水	20	1.0	黏胶废水	20	3.0

① 生物接触氧化池填料的容积按下式计算

$$W=\frac{QS_0}{N_w} \tag{5-59}$$

式中　W——填料的总有效容积，m^3；

Q——日平均废水量，m^3/d；

S_0——原废水 BOD_5 值，g/m^3 或 mg/L；

N_w——BOD 容积负荷率，$gBOD_5/(m^3 \cdot d)$。

② 接触氧化池总面积为：

$$A=\frac{W}{H} \tag{5-60}$$

式中　A——接触氧化池总面积，m^2；

H——填料层高度，m，一般取 3m。

③ 接触氧化池座（格）数为：

$$n=\frac{A}{f} \tag{5-61}$$

式中　n——接触氧化池座（格）数，一般 $n\geqslant 2$；

f——每座（格）接触氧化池面积，m^2，一般 $f\leqslant 25m^2$。

④ 污水与填料的接触时间为：

$$t=\frac{nfH}{Q} \tag{5-62}$$

式中　t——污水在填料层内的接触时间，h。

⑤ 接触氧化池的总高度为：

$$H_0=H+h_1+h_2+(m-1)h_3+h_4 \tag{5-63}$$

式中　H_0——接触氧化池的总高度，m；

h_1——超高，m，$h_1=0.5\sim1.0m$；

h_2——填料上部的稳定水层深，m，$h_2=0.4\sim0.5m$；

h_3——填料层间隙高度，m，$h_3=0.2\sim0.3m$；

m——填料层数；

h_4——配水区高度，m，当考虑需要入内检修时，$h_4=1.5$m，当不需要入内检修时，$h_4=0.5$m。

(3) 接触氧化池接触时间计算法

生物接触氧化处理工艺是微生物反应，BOD去除速率与BOD浓度有关，两者之间呈一次反应关系：

$$\frac{dS}{dt}=-kS \tag{5-64}$$

两侧积分后，得

$$t=K\ln\frac{S_0}{S_e} \tag{5-65}$$

式中 t——接触反应时间，h；

S_0——原污水BOD值，mg/L；

S_e——处理水BOD值，mg/L；

k、K——比例常数。

从式（5-65）可以看出，接触反应时间与原废水水质成正比关系，与处理水水质成反比关系，即对处理水质要求越高（S_e值越低），所需的接触反应时间越长。

对于K值，许多专家根据对生物接触氧化法的研究结果，提出了下列经验公式：

$$K=0.33S_0^{0.46} \tag{5-66}$$

还要考虑这样一个因素，即在接触氧化池内填料的标准充填率为池容积的75%，而实际的充填率为P(%)，于是式（5-66）可改写为：

$$K=0.33\cdot\frac{P}{75}\cdot S_0^{0.46} \tag{5-67}$$

而式（5-65）则可改写为：

$$t=0.33\cdot\frac{P}{75}\cdot S_0^{0.46}\cdot\ln\frac{S_0}{S_e} \tag{5-68}$$

5.5 好氧生物流化床工艺

好氧生物流化床工艺应用于废水始于20世纪70年代，与生物滤池、生物接触氧化、生物转盘等生物膜法工艺相比，好氧生物流化床是一种新型的生物膜法处理工艺。

在好氧生物流化床的反应器中，微生物附着生长的载体是粒径较小、相对密度大于1的惰性颗粒如砂、焦炭、陶粒、活性炭等，废水以较高的上升流速通过反应器，使载体处于流化状态，废水中的污染物通过与载体表面生长的生物膜相接触而被除去，从而实现了净化废水的目的。

5.5.1 载体颗粒流化原理

在生物流化床反应器中，载体颗粒的流化是由上升的水流（或水流与气流共同）造成的。当废水以一定流速通过载体床层时，不同的上升流速会对载体床层产生不同的作用效果。

当上升流速较小时，载体床层处在静止不动的固定状态，载体床层的高度基本保持不变，此时的载体床层被称为固定床。当上升流速增大到一定程度后，载体颗粒间的相对位置将会略有变化，载体床层开始发生膨胀的现象，但就单个载体颗粒来说，仍基本处于固定状态，相邻载体颗粒之间仍保持相互接触，载体颗粒还不能流动，此时被称为膨胀床。当上升流速继续增大时，载体颗粒之间的平衡被打破，不再保持相互接触，整个载体床层将会发生流动，此时就被称为流化床。当上升流速继续增大时，就有可能使载体随出水而被带出反应器，此时就会发生液体输送现象，在水处理工艺中，这种床又被称为移动床或流动床。

根据流体力学原理，固定床与流化床的临界流化速度 u_c 就是床压力降与载体质量相平衡时的流速，即：

$$u_c=\frac{1}{2\lambda}\left[\frac{gd_e^2(\rho_s-\rho)}{\mu}\right] \tag{5-69}$$

式中 u_c——空床线速度，cm/s；

λ——流体摩擦系数，与载体颗粒形状、流化孔隙率有关；

ρ_s、ρ——载体与水的密度，g/cm^3；

d_e——颗粒平均当量直径，cm；

μ——流体黏度，g/(cm·s)；

g——重力加速度，cm/s^2。

单颗粒的自由沉降速率，即最大流化速度 u_t，当雷诺数 $\left(Re=\frac{u_t d_e \rho}{\mu}\right)$ 在 1～500 范围内时，可用下式计算：

$$u_t=\left[\frac{4(\rho_s-\rho)^2 g^2}{225\rho\mu}\right]d_e \tag{5-70}$$

生物膜的密度与载体的密度相比是很小的，其湿润相对密度为 1～1.03。带生物膜后的载体颗粒密度和直径都发生了变化，在计算流化速率时应以实际值代入。带生物膜的载体密度 ρ_{sm} 可用下式计算：

$$\rho_{sm}=\left(\frac{d_e}{d_{em}}\right)^3\rho_s+\left[1+\left(\frac{d_e}{d_{em}}\right)^3\right]\rho_{mw} \tag{5-71}$$

式中 d_{em}——带生物膜的颗粒直径，cm；

ρ_{mw}——生物膜的湿润密度，一般为 1.0～1.03g/cm^3。

流化床中带生物膜载体的临界流化速度 u_c 和最大流化速度 u_t，可将 d_{em} 和 ρ_{mw} 代入式（5-69）求得。设计流化速度在临界值与最大值之间选取。

流化床中载体的膨胀率可定义为：

$$e=\frac{L_e}{L}=\frac{1-\varepsilon_e}{1-\varepsilon} \tag{5-72}$$

式中 L、L_e——膨胀前、后的载体层高度；

ε、ε_e——填充层和膨胀层的孔隙率。

流化时，膨胀层的孔隙率 ε_e 与空床线速度有关。采用 0.46mm 的天然沸石作载体，不同流速下的膨胀率如图 5-36 所示。由图查得对应流速的膨胀率后，再由式（5-72）推算 ε_e。

流化床中的微生物浓度 X 可用下式计算，计算结果如图 5-37 所示。

$$X=\rho_{mw}(1-\varepsilon)\left[1-\left(\frac{d_e}{d_{em}}\right)^2\right] \tag{5-73}$$

式中 X——单位润湿体积生物膜的干重，kgVSS/m^3。

5.5.2 生物流化床的构造

生物流化床主要由床体、载体、布水装置、充氧装置和脱膜装置等组成。

① 床体一般呈圆柱体，平面也有方形。用钢板焊制或钢筋混凝土浇制，其有效高度按空床流速和停留时间计算。床的高径比可在较大范围内采用，一般为（3～4）∶1。采用内循环式

三相流化床时，升流区域面积与降流区域面积相同。流化床顶部的澄清区应按照截留被气体挟带的颗粒的要求进行设计。

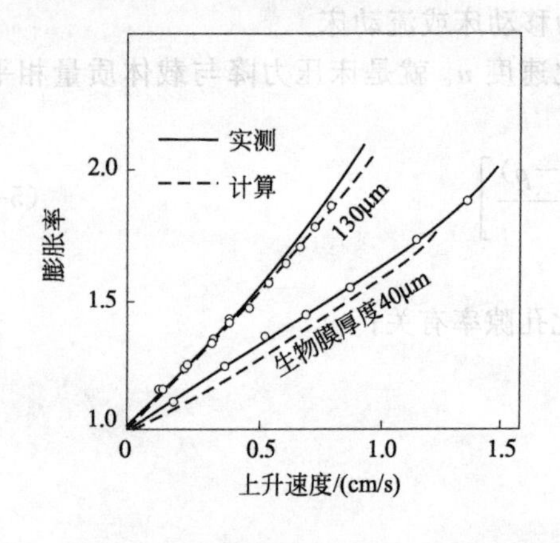

图 5-36 带生物膜的载体膨胀率与上升速度的关系

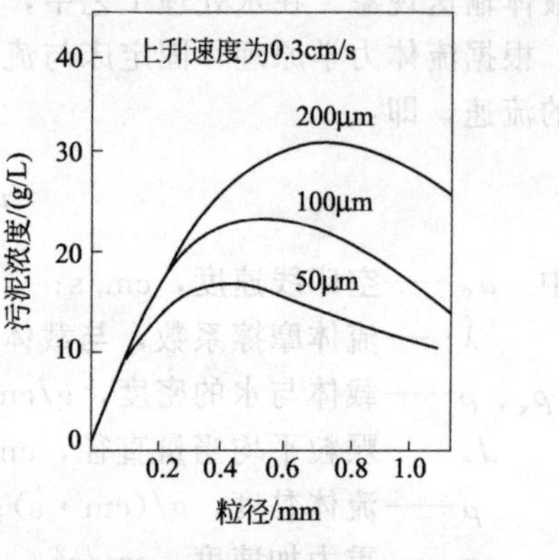

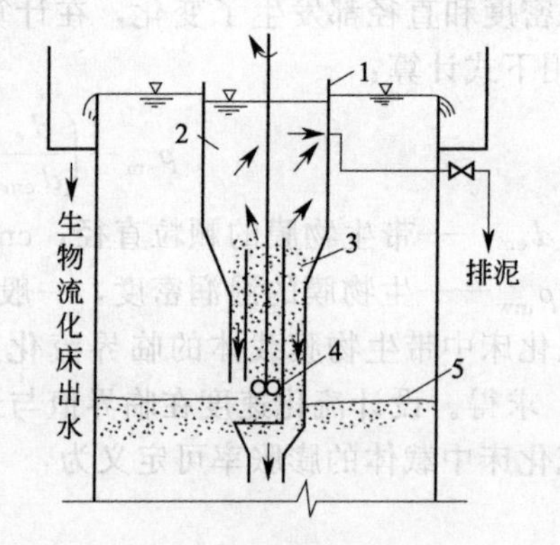

图 5-37 载体粒径与污泥浓度的关系

② 载体粒径一般为 0.2～1mm。相对密度略大于 1，表面应比较粗糙，无毒，稳定。

③ 布水装置常用单层多孔板、砾石多孔板、圆锥底加喷嘴、泡罩布水。

④ 床内充氧装置可用扩散曝气。为了控制气泡大小，有采用减压释放空气的方式充氧的，也有采用射流曝气充氧的。床外充氧设备多用压力溶氧。

⑤ 转刷和叶轮脱膜装置分别如图 5-38 和图 5-39 所示。

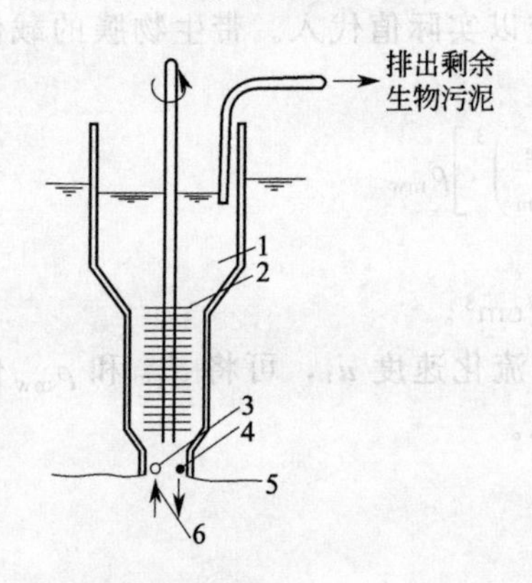

图 5-38 转刷脱膜装置

1—剩余生物污泥；2—脱膜刷子；3—带生物膜的颗粒；4—脱膜后的颗粒；5—膨胀层表面；6—吸入孔

图 5-39 叶轮脱膜装置

1—脱膜装置；2—沉淀分离室；3—去膜载体；4—叶轮搅拌器；5—生物载体膨胀界面

5.5.3 生物流化床的工艺类型

根据供氧方式、脱膜方式及床体结构等的不同，好氧生物流化床可分为两相生物流化床和三相生物流化床。

(1) 两相生物流化床

两相生物流化床是指在其反应器内仅存在液相（废水）和固相（带有生物膜的载体）两相，曝气充氧和脱膜都由在主体反应器之外的设备完成和实现，其工艺流程如图 5-40 所示。

其特点是在生物流化床的主体反应器之外独立设置曝气充氧装置和脱膜装置，在流化床主体反应器内只有固相（带有生物膜的颗粒载体）和液相（含有溶解氧的废水）两相。废水和回流水在充氧设备中与纯氧或空气混合，DO 达 30～40mg/L（氧气源）或 8～9mg/L（空气源），然后进入流化床反应，再由床顶排出。定期用脱膜机对载体机械脱膜。

(2) 三相生物流化床

三相生物流化床是直接向反应器充氧，在反应器内形成气相（曝气充氧的空气）、固相（带有生物膜的颗粒载体）、液相（废水）三相同时共存的生物流化床，不再单设充氧装置，而是直接在反应器内进行曝气充氧，也无需单独设置脱膜装置。其工艺流程如图5-41所示。

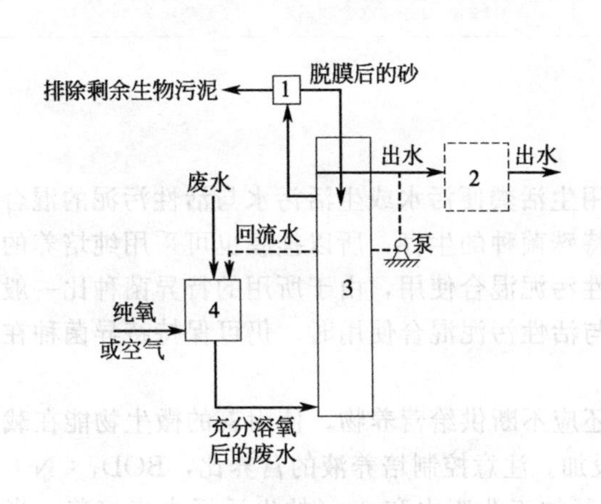

图5-40 固液两相生物流化床流程

1—脱膜机；2—二次沉淀池；3—生物流化床；4—充氧设备

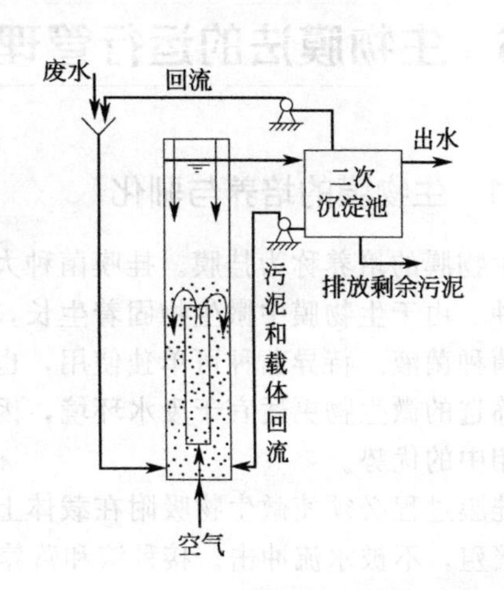

图5-41 三相生物流化床

三相生物流化床的主要特点有：在内循环三相生物流化床反应器中，存在着升流区和降流区。空气由升流区底部进入，使其中的废水和颗粒载体以较高流速上升，到达升流区顶部后部分气泡由水面逸出，混合液的密度增大，由降流区下降回流到反应器的底部，由此形成内循环。

多次循环使反应器内的三相之间充分接触反应，氧转移速率和基质传递效率都很高。顶部一般还设有澄清区，使载体在此发生沉淀后回流进入反应器。在反应过程中由于激烈的紊流和剪切作用而导致部分生物膜脱落，随出水进入二沉池，沉淀后作为剩余污泥进行进一步的处理，出水即可外排。

在实际工程中，常将二沉池与三相生物流化床反应器合建，可简化工艺流程。

5.5.4 生物流化床的优点及问题

与其他好氧生物处理工艺相比，好氧生物流化床在微生物浓度、传质条件、生化反应速率等方面具有如下主要优点。

① 采用相对密度大于1的细小惰性颗粒如砂、焦炭粒、煤粒、陶粒、活性炭等作为流化载体。载体为微生物固着生长提供很大的表面积（如用直径1mm的砂粒，其比表面积可达3300m^2/m^3），使床内能维持极高的生物浓度（一般VSS可达40～50g/L），因此有机物容积负荷较大[一般为10～40kgCOD/(m^3·d)或3～6kgBOD_5/(m^3·d)]，兼具活性污泥法均匀接触条件所形成的高效率和生物膜法耐负荷冲击的优点，运行稳定，占地很少。

② 床内载体呈流化状态，混合强烈，接触充分，有利于反应与传质，载体处于流化或膨胀状态，污泥不会膨胀，床层不会堵塞。床内水力停留时间较短，污泥龄较长，剩余污泥量少。既可用于高浓度难降解废水处理，也可用于低浓度废水处理；既适用于好氧处理，也适用于厌氧处理。

③ 抗冲击负荷能力强，不存在污泥膨胀或滤料堵塞的问题。

④ 适合于处理多种浓度的有机工业废水。

但生物流化床也存在缺点：系统的设计和运行要求较高；实际生产运行的经验较少，对于床体内的流动特征尚无合适的模型描述，在进行放大设计时有一定的不确定性；不适合大流量场合。

5.6 生物膜法的运行管理

5.6.1 生物膜的培养与驯化

生物膜的培养称为挂膜。挂膜菌种大多数采用生活粪便污水或生活污水与活性污泥的混合液接种。由于生物膜中微生物固着生长，适宜于特殊菌种的生存，所以挂膜也可采用纯培养的特异菌种菌液。特异菌种可单独使用，也可与活性污泥混合使用，由于所用的特异菌种比一般自然筛选的微生物更适宜于废水环境，因此，在与活性污泥混合使用时，仍可保持特异菌种在生物相中的优势。

挂膜过程必须使微生物吸附在载体上，同时还应不断供给营养物，使附着的微生物能在载体上繁殖，不被水流冲击。接种液和营养液同时投加。注意控制培养液的营养比，BOD_5：N：P=100：5：1。当处理工业废水时，可先投配20%的工业废水和80%的生活污水来培养，当观察到有一定的处理效果时，可逐步加大工业废水的量，直至100%。

挂膜方法有两种。一种是闭路循环法，即将菌液和营养液从设备一端流入（或从顶部喷淋下来），从另一端流出，将流出液收集在一个水槽中，不断曝气，使菌与污泥处于悬浮状态。曝气一段时间后，沉淀分离，去掉上清液，适当添加营养物和菌种，再回流入反应器，如此形成一个闭路系统。这种方法需要菌种和污泥数量大，而且由于营养物较缺，代谢产物积累，因而成膜时间较长。另一种挂膜方法是连续法，即在菌液和污泥循环1～2次后连续进水，并使进水量逐步增大。这种挂膜法由于营养物供应良好，只要控制挂膜液的流速（在转盘中控制转速），即可保证微生物吸附。

挂膜时应控制较小的负荷，约为正常运行值的50%～70%。

5.6.2 日常管理

生物膜法操作简单，只要控制好进水流量、浓度、温度及所需投加的营养（N、P）等，处理效果一般比较稳定，微生物生长情况良好。在水质水量变化、形成负荷冲击的情况下，出水水质恶化，但当冲击消除后，很快就能恢复正常。

生物滤池运行中应注意检查布水装置及滤料是否堵塞。布水装置堵塞往往是由管道锈蚀或废水吸附物沉积所致。滤层堵塞是由于膜的增长量超过排出量。膜的厚度一般与水温、水力负荷、有机负荷和通风量有关，水力负荷应与有机负荷相配合，使老化生物膜及时冲刷下来。当发现滤池堵塞时应采用高压水表面冲洗，或停用一段时间，让其干燥脱落。有时也可以加入少量氯剂（5mg/L，数小时）杀菌。对于有水封墙和可以封住排水渠的滤池可以淹没滤池1d以上。

生物转盘一般不会堵塞，可以用加大转速来控制膜厚度。生物接触氧化池可能堵塞，应降低进水中悬浮物浓度，堵塞时可增大曝气强度，或采用出水回流，以增大水流循环速度，冲刷生物膜。

在正常运转时，除了应进行有关物理、化学参数的测定外，还应对不同厚度、级数的生物膜进行微生物镜检，观察生物分层及分级情况。

生物膜设备检修或停产期间，应保持膜的活性。对于生物滤池，只需保持自然通风，或打开各层的观测窗（门）；对于生物转盘，可以将氧化槽放空，或用人工营养液培养。停产后，膜内水分大量蒸发，一旦重新开车，可能有大量膜质脱落，因此，开始恢复运转时，水量应逐步增加，防止干化生物膜脱落过多。

5.7　膜生物反应器

膜生物反应器（membrane bio-reactor，简称 MBR）是将膜分离装置和生物反应器结合而成的一种新的污水处理系统。该项技术的研究开发始于 20 世纪 60 年代的美国，但由于膜技术的限制没有形成工程应用，直到 20 世纪末，随着膜技术的进步，膜生物反应器技术首先在日本迅速发展起来，并且开始进入工程应用阶段，目前已被许多发达国家广泛应用于污水处理与废水的再利用。

5.7.1　膜生物反应器的基本原理与特点

传统活性污泥法一般采用重力式沉淀池作为固液分离部分，这就使曝气池内混合液的污泥浓度不可能太高，限制了活性污泥反应器的容积负荷，而且不可避免地会有污泥流失，出水中含有较多悬浮物。膜生物反应器改变了活性污泥的泥水分离方式，不再使用重力式分离，而是引入膜分离技术，使生物反应器中的泥水混合液通过膜设备，在压差作用下，清水被分离出来，微生物被截留并回流到反应器。由于膜的孔径很小，单个细菌也大部分被截留，因此出水清澈，并且反应器内可以保持很高的污泥浓度。

膜分离技术的引入，使活性污泥法的泥水分离技术发生了本质的变化，传统活性污泥法的一些技术瓶颈被打破，膜生物反应器具备的众多突出优点都是基于其良好的固液分离效果的，主要有如下几点。

① 因为分离膜的孔径很小，单个细菌，甚至大分子有机物都可以被截留，出水中基本不含悬浮物，并且极低的 F/M 值也使污染物的去除率提高，出水水质好，有的废水经过处理可以直接达到回用水质标准。

② 曝气池的污泥浓度由传统的 3～5g/L 提高到 20g/L 甚至更高，这就使容积负荷大大提高，减少了反应器容积。

③ 因为废水中的污泥浓度高，反应器 F/M 值很低，有利于污泥好氧消化，剩余污泥产生量少，甚至不产生剩余污泥。

④ 有利于增殖缓慢的微生物如硝化细菌和难降解有机物分解菌的生长，使系统的硝化效率和难降解有机物的降解效率得以提高。

⑤ 膜分离可使微生物完全截留在生物反应器内，实现反应器水力停留时间和固体停留时间的完全分离，使运行稳定。

⑥ 反应器内的污泥量大，耐冲击负荷，对高浓度废水的适应能力强。

当然，膜技术的引入也带来了相应的缺点，这些缺点是限制膜生物反应器迅速广泛应用的新瓶颈。其缺点如下。

① 膜堵塞和膜污染问题很难彻底解决是膜生物反应器广泛应用的主要障碍。活性污泥中的纤维、杂物等折叠缠绕，一些大分子物质与金属离子反应生成凝胶层沉积于膜表面，微生物胞外聚合物等都可能造成膜堵塞和膜的污染，原因非常复杂，它取决于污染物的种类、污染物浓度、温度、pH 值、离子强度、氢键、偶极间作用力等物理和化学参数。膜堵塞和污染问题目前还没有办法彻底解决，只能采用膜清洗的方法来缓解，但是不能完全恢复膜的通量，并且带来操作复杂、成本增加等问题。

② 造价高是目前膜生物反应器工艺的又一个弱点。膜材料价格，特别是用于污水处理的抗污染膜的价格很高，导致膜生物反应器工艺造价偏高，这一问题将随着膜材料市场的发展而逐渐得到缓解。根据水质、水量及处理难易程度的不同，当前膜生物反应器处理工业废水的一次性投资通常在4000～10000元/m^3，应用于中水回用的膜生物反应器的一次性投资为2500～5000元/m^3。

③ 运行成本高也是目前困扰膜生物反应器广泛应用的一个问题。膜生物反应器的运行成本主要体现在膜维护和更换的费用以及能耗两方面。为了保持膜的通量，要经常对膜进行清洗，消耗化学药剂，并且由于膜污染和机械损坏等问题，膜的寿命一般不超过3～5年，甚至更短，造成膜更换频繁，增加水处理的平均成本；动力费用主要是为了保证膜表面错流流速和过滤压力的动能消耗（分置式膜生物反应器）、污泥回流以及曝气设备的能耗。在分置式膜生物反应器中保证膜表面错流流速和过滤压力的动能消耗和污泥回流的能耗很高，是传统活性污泥法的10～20倍。

5.7.2 膜生物反应器的形式

膜生物反应器主要由膜组件、泵和生物反应器三部分组成，如图5-42所示。生物反应器是污染物降解的主要场所，膜组件中的膜根据膜材料化学组成的不同可分为有机膜和无机膜，根据膜孔径大小的不同可分为微滤膜和超滤膜，按膜形状的不同可分为平板膜、管式膜和中空纤维膜。泵是系统运行的动力来源，根据泵与膜组件的相对位置的不同可分为加压泵和抽吸泵。

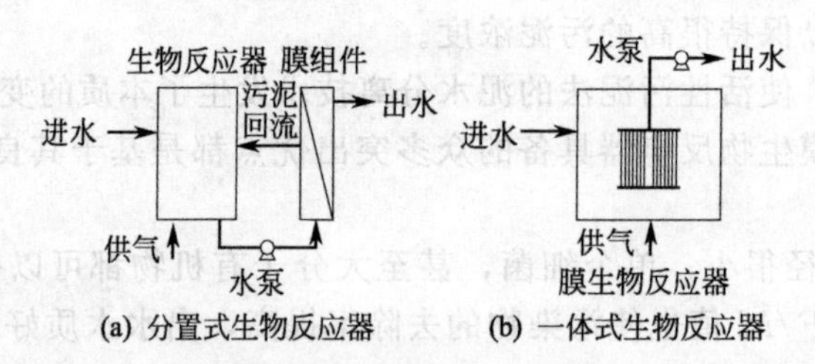

图5-42 膜生物反应器

根据膜组件和生物反应器的组合位置，可将膜生物反应器分为一体式和分置式两大类。

(1) 一体式膜生物反应器

一体式膜生物反应器起源于日本，主要用于处理生活污水和粪便污水，其工艺流程如图5-43所示，膜组件直接置于生物反应器中，膜表面的错流是由空气搅动产生的。曝气器设置在膜组件的正下方，混合液的气流搅动在膜表面产生剪切应力，在这种剪切应力的作用下，膜表面的浓差极化层变薄，积累的胶体颗粒减少，从而减缓膜的堵塞。靠抽吸泵抽吸出水。

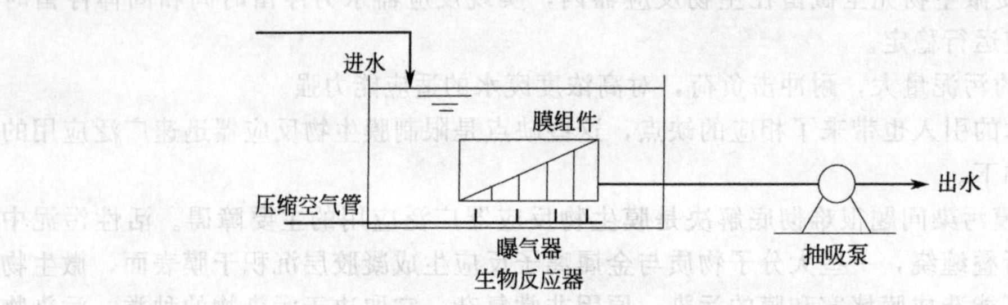

图5-43 一体式膜生物反应器工艺流程

一体式膜生物反应器的特点如下。

① 结构紧凑，体积小。

② 设备简单，只需要水泵、曝气器，不需要混合液回流泵，因而工作压力小，动力消耗小。一体式膜生物反应器每吨出水的动力消耗为 0.2～0.4kW·h，约是分置式的 1/10。

③ 节省了液体循环至膜分离以及截留的固体返回到生物反应器的费用，因而运行成本低。

④ 过膜压力小，沿着纤维长度方向基本分布均匀，堵塞率低。

⑤ 一体式膜生物反应器的膜通量低于分置式的膜通量。

但是一体式膜生物反应器也有其弱点。由于膜表面的流速小，因而膜污染相对严重，膜清洗频率高，更换周期短成为一体式膜生物反应器的最大问题。为了有效防止膜生物反应器的膜污染，可以在膜组件下方进行高强度的曝气，靠空气和水流的搅动来延缓膜污染；也可在反应器内设置中空轴，通过其旋转带动轴上的膜随之转动，在膜表面形成交叉流，防止膜污染。另外，在较大规模的应用中容易在反应器中形成污泥分布不均的现象，靠近膜组件的地方污泥浓度高，远离膜组件的地方污泥浓度低。为使反应器的污泥均匀分布，仍需设置污泥回流系统。

(2) 分置式膜生物反应器

分置式膜生物反应器是指膜组件与生物反应器分开设置，两者通过泵与管线连接构成。在反应器内设有循环管路，混合液经泵增压后进入膜组件，在压力作用下混合液中的液体透过膜，成为系统处理水排出系统，而包括活性污泥在内的悬浮物、大分子物质等被膜截留，随浓缩液回流到生物反应器内。这种类型的膜生物反应器是最早应用的膜生物反应器，其工艺流程如图 5-44 所示。

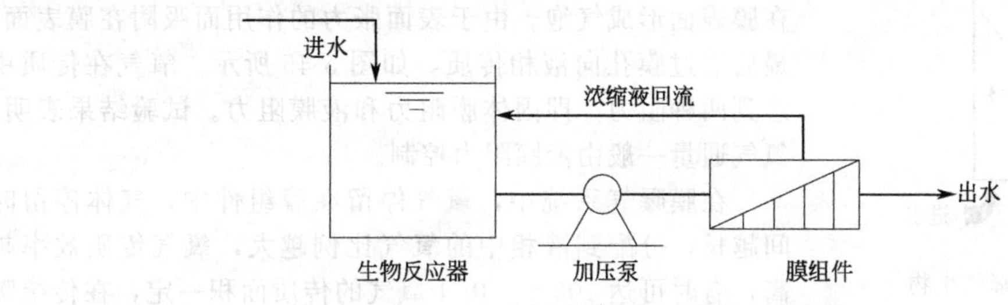

图 5-44 分置式膜生物反应器工艺流程

分置式膜生物反应器具有以下特点。

① 组装灵活，各种不同种类的生物反应器与膜组件可以相互结合，形成多种形式的分置式膜生物反应器。

② 易于控制，便于设备的安装，膜组件的清洗、维护、更换及增设等。

③ 易于大型化，分置式系统可以建成大规模的工业化系统，不受生物反应器的限制。

④ 透水率可以相对增大，因为膜组件在有压条件下工作，膜通量较大，而且泵的工作压力可在膜组件的承受压力范围内灵活调节，从而可最大限度地增大透水率。

⑤ 易于对现有的工艺进行改造。

其缺点是：为了减缓膜污染、膜更换和膜清洗，分置式膜生物反应器需要用水泵将混合液以较高的流速（3～6m/s）和较高的压力压入膜组件，在膜表面形成错流冲刷，并且回流污泥。在此条件下，动力消耗较大，系统的运行费用较高，每吨出水的能耗为 2～10kW·h，是传统活性污泥法的 10～20 倍。为解决能耗较高的问题，有人对上述生物膜反应器进行了改造，通过逆转膜或膜表面区域的叶轮来产生混合液的错流，这样就避免了大量的混合液回流，缓解了能耗高的问题。

按膜生物反应器的类型分为好氧膜生物反应器和厌氧膜生物反应器。按膜组件在反应器中的作用可分为三种：固液分离膜生物反应器、无气泡（bubbleless）膜曝气生物反应器（MABR）和萃取膜生物反应器（extractive membrane bioreactor，EMBR）。固液分离膜生物反应器是唯一商品化的膜生物反应器，广泛用于处理各种工业废水、生活污水及垃圾渗滤液。EMBR 和 MABR 未得到大规模的开发，目前正处于开发和研究阶段。

(1) 膜曝气生物反应器

在常规的好氧生物处理工艺中，细菌对氧的利用效率很低，有80%～90%的氧随着空气从活性污泥混合液中逸出而未被利用。溶解氧浓度低会导致好氧过程的失败，特别是对于那些难降解的、负荷波动大和浓度高的废水。用纯氧取代空气供氧会使总的传质动力增加5倍，但用常规曝气系统进行纯氧曝气会使纯氧大量流失于大气中。

膜曝气生物反应器是采用疏水性致密可透气的多孔复合膜，将氧转移给生物反应器中的降解性微生物，而不形成气泡。膜通常还充当膜/液接触面上生物膜生长的支撑介质。污水在生物膜的外表面上流动，膜反向扩散，与膜壁上附着生长的生物膜及其吸附的污染物接触并发生生物氧化降解，这样使氧得到充分利用。MABR工艺中通常采用高纯氧，也有人使用空气进行了研究。

在MABR工艺中，生物膜能够截留高浓度活性微生物，而且氧转移到生物膜的速率较高，因此用MABR替代传统工艺处理需氧量高的污水极具吸引力。

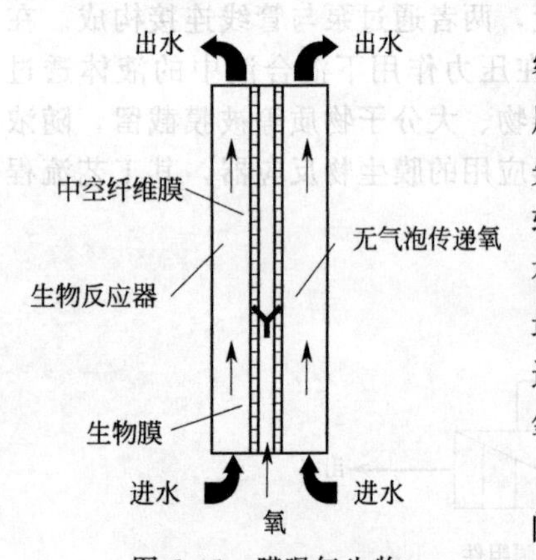

图 5-45 膜曝气生物反应器工作原理示意

目前曝气膜生物反应器采用的膜有两种，即透气性致密膜和疏水性微孔膜，空气或氧气透过这两种膜向液相传质的机理有所不同。当氧气透过致密膜时，在气相侧，它先吸附在高分子聚合物上，进而向液相侧扩散，此时气压较高。当氧气透过微孔膜时，在气压较低的情况下，氧气在膜表面形成气泡。由于表面张力的作用而吸附在膜表面，最后通过膜孔向液相传质，如图5-45所示。氧气在传质中遇到两种阻力，即固体膜阻力和液膜阻力。试验结果表明，氧气通量一般由液膜阻力控制。

在膜曝气系统中，氧气停留在膜组件中，气体停留时间越长，分配到液相中的氧气比例越大，氧气传质效率越高，有时可达100%。由于氧气的传质面积一定，在传统曝气系统中影响气泡大小和停留时间的因素对其没有影响，因而系统供氧更稳定。选择不同的膜表面积和气压能满足生物反应器的各种需氧量。

由于无泡供氧，这种曝气器可用于含挥发性有毒有机物或发泡剂的工业废水处理系统，膜曝气系统尤其适用于曝气池活性污泥浓度很高、需氧量很大的系统。另外，如果曝气池也可以在有压工况下运行，曝气器的膜还有疏散CO_2的功能。

板框式、管式、中空纤维式膜均可用于MABR工艺，膜的比表面积从板框式的$10m^2/m^3$到中空纤维式的$5108m^2/m^3$，远远大于接触生长的生物反应器。

研究大多选用中空纤维膜，中空纤维膜装于垂直的管式膜件束中，氧气供至纤维束的底部，末端封闭。其内腔为气相，纤维丝外侧为处理的废水，为氧的传递和生物膜增长提供了大的表面积，而在生物反应器内部仅占了较小的容积（20%～4%）。通过中空纤维中微孔膜的气泡氧的质量传递，氧利用率能达到约100%，这是氧的溶解性以及附着在膜壁上的生物膜与氧密切接触的结果。

有些研究考虑了压力驱动式中空纤维膜和管式膜以死端和交叉流两种方式运行的效能，表明从生物反应器中溢出的CO_2有利于死端和交叉流两种方式的运行，尽管未得出定量的去除效果。运行过程中，纤维束发生流化，互不干扰地进行飘动，使这一处理过程不易被堵塞。

克兰菲尔德（Cranfield）大学水科学院的研究证明，在高效消化过程中氧的利用率可达到100%。高浓度啤酒废水（2500mg/LCOD）的中试设备处理试验表明，在完全混合和推流的水力流态下，具有高的有机物去除负荷和去除效率，而且也很稳定。在推流式的运行中能耗较低，初步试验达到的标准曝气动力效率为$75kgO_2/(kW·h)$，而活性污泥法用空气和纯氧曝气的普通曝气动力效率仅为 0.6～5.5kgO_2/(kW·h)。膜曝气生物反应器在如此高的动力效率下，有机物的去除负荷达到了 27kgCOD/(m^3·d)，去除效率达 81%。

MABR 的构型有一体式和分置式两种，在多数研究中常采用一体化的 MABR。外置式的 MABR 是通过管式矽树脂上附着的生物膜来降解挥发性的有机碳，从而防止了挥发性有机物扩散到气相中。在该工艺中生物膜反应器和膜曝气装置间需要高速循环来提高氧的扩散和传递效率。

MABR 的运行方式有连续和间歇两种，通常仅有生物膜附着于膜上的 MABR 工艺以连续式运行，而附加支撑介质的工艺则以间歇式运行。采用间歇式 MABR 与活性炭床联用处理废水中的 VOCs，其有机物和 2-氯酚的去除率分别可达 15.5kg/(m^3·d) 和 20kg/(m^3·d)。通过吸附 VOCs 的活性炭上的微生物降解，活性炭床能够确保每个循环开始时废水中的 VOCs 浓度降至微生物生存阈值以下。

MABR 工艺已用于处理各种废水，但多数研究表明该工艺尤其适用于处理需氧量高的废水、可生物降解性的 VOCs 单池生物膜系统及同时硝化和（或）降解有机碳的废水。

(2) 萃取膜生物反应器

1994 年，英国学者 Andrea Livingston 研究出了萃取膜生物反应器（EMBR）。EMBR 是用膜将废水与活性污泥隔离开，废水在膜腔内流动，膜具有选择透过性，能萃取废水中的挥发性有机物，如芳烃、卤代烃等。这些污染物先在膜中溶解扩散，以气态形式离开膜表面后溶解在膜外的混合液中，最终作为活性污泥中的专性细菌的底物而被分解成 CO_2、H_2O 等无机小分子物质。由于膜的疏水性，废水中的水及其他无机物均不能透过膜向活性污泥中扩散，如图 5-46 所示，这样使污染物从废水经过膜进入生物反应器所需的传质动力只靠有机物在生物反应器中的生物降解产生的浓度梯度来维持。营养物介质的无机成分在管式硅膜的外侧流动，因而不受管内废水的有害性质影响。因此，生物反应器中的条件能够优化，以保证高的生物降解负荷。

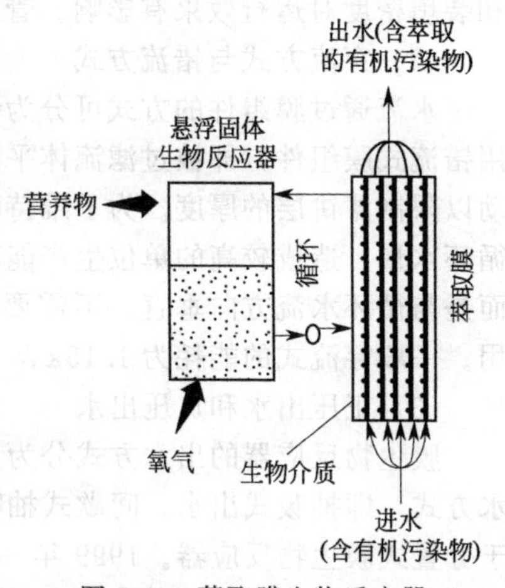

图 5-46 萃取膜生物反应器（EMBR）工作原理示意

浙江大学徐又一等研发了用萃取膜反应器从高浓度氨氮废水中回收氨氮的工艺。高氨废液首先用生石灰调 pH 值至 10.5，然后使其流经中空纤维的腔中，该反应器中空纤维束的外部逆向流通过稀硫酸溶液；氨气（NH_3）从膜内向膜外释放，与硫酸反应生成硫酸铵，经过一定运行周期后，便可以硫酸铵的形式回收氨氮。这一工艺已付诸实际应用。

英国的 Andrea Livingston 及其研究组在帝国理工学院已成功地应用这种 EMBR 从具有高盐度和 pH 的极端有害的工业废水中萃取和降解有毒的挥发性有机污染物，如氯乙烯、氯苯、氯胺和甲苯。现在英国的一些工厂包括 Hillsone ICI 及 Urethone 中正在进行 EMBR 中试设备的运行试验。

随着膜/废水界面上生物膜的生长，有人在 EMBR 中采用超滤膜来从废水中分离缺乏生物性营养物的液态有毒化合物，废水中的污染物基质通过生物膜沿反方向扩散到营养物溶液中（含磷酸盐缓冲液和矿物盐），然后再转移通过膜，如 3-氯苯进水浓度为 470mg/L 时，去除负荷率为 0.24kg/（m^3·d），去除率为 99.5%。另外，Diels 等于 1993 年用 EMBR 工艺来提高 Cd 和 Zn 的生物吸收及用于以后的再生和浓缩，膜为聚砜和 ZnO_2 的复合材料。

5.7.3 膜的技术性能及参数

影响膜生物反应器稳定运行的因素不仅包括常规生物动力学参数，如污泥浓度、污泥负荷等，还包括膜分离的相关参数，如膜材料的性质、操作方式、水力条件等，其中生物动力学参数主要影响膜生物反应器的处理效果，膜分离参数主要影响膜生物反应器的处理能力。

(1) 膜材料及膜组件的选择

膜生物反应器主要涉及微滤、超滤、纳滤及反渗透四种膜材料，以一般有机物为去除目标的膜生物反应器大都采用微滤膜。应用于膜生物反应器的膜材料既要有良好的成膜性、热稳定性、化学稳定性，同时还应有较高的水通量和较好的抗污染能力。目前，国内外常用的方法是膜材料改性或膜表面改性。

另一方面需要考虑的因素是膜的孔径。由于曝气池中活性污泥由聚集的微生物颗粒构成，其中一部分污染物被微生物吸收或黏附在微生物絮体和胶质状的有机物表面，尽管粒子的直径取决于污泥的浓度、混合状态以及温度条件，但这些粒子仍存在着一定的分布规律。考虑到活性污泥的状态与水通量，最好选择 0.1～0.4μm 孔径的膜。

膜组件的形式有中空纤维膜组件、管式膜组件和平板膜组件。中空纤维膜组件由于造价低，维护方便，目前被广泛应用。中空纤维膜组件以帘式膜组件为主，中空纤维的长度、直径和装填密度对运行效果有影响。管式膜的造价较高，卷式膜一般用在分置式反应器中。

(2) 穿流方式与错流方式

水流通过膜组件的方式可分为错流方式和穿流方式两种。早期的分离式膜生物反应器均采用错流式膜组件，即被过滤流体平行于过滤表面，与滤液交错流动，由此产生剪切力或湍流流动以限制滤饼层的厚度。为了维持稳定的透水率，膜面流速一般大于 2m/s，这就需要较高的循环水量，造成较高的单位生产能耗。穿流式膜组件的特点是膜纤维不与循环水流方向平行，而是与循环水流方向垂直，不需要较高的进液速率就可产生湍流效果，起到冲刷膜纤维的作用。一般穿流式的能耗为 1.15kW·h/m^3，比错流式的能耗 6.5kW·h/m^3 小得多。

(3) 正压出水和负压出水

膜生物反应器的出水方式分为正压出水和负压出水两种。一体式膜生物反应器常用负压出水方式，即抽吸式出水，间歇式抽吸出水方式可以有效减缓膜污染的发展速度。正压出水常用于分置式膜生物反应器。1999 年一种新型的一体式膜生物反应器——重力淹没式膜生物反应器在日本出现，利用膜组件上部混合液的高度差所产生的压差将水压出膜组件，实现了一体化膜生物反应器的正压出水。

(4) 恒压和恒流模式

保持恒定的产水量还是保持恒定的操作压力，即采用恒压模式还是恒流模式运行对运行效果也有影响，采用恒流模式在运行初期可以避免膜面过度污染，有利于长期稳定运行。

(5) 操作压力和膜通量

操作压力和膜通量是膜组件在一定条件下的固有特性，也是膜分离系统的重要运行参数。操作压力对膜通量和膜污染都有影响，许多研究者认为存在临界压力值，当操作压力低于临界压力值时，膜通量随压力的增大而增加，高于此值则会引起膜表面污染加剧，而且膜通量随压力的变化并不明显。不同的膜具有不同的临界压力值，且随膜孔径的增大而减小，微滤膜操作压力为 120kPa 左右，超滤膜的操作压力为 160kPa 左右。

(6) 膜面流速

膜面流速的增大可以增大膜表面的水流扰动，减少污染物在膜表面的积累，提高膜通量。但膜面流速并非越高越好，高膜面流速可以使污染层变薄，可能造成膜不可逆污染。

5.7.4 膜生物反应器的控制条件

(1) MLSS 浓度

膜生物反应器最主要的特征之一就是在高污泥浓度下运行，高污泥浓度对容积负荷、处理效果、污泥产率都有有利影响，但是过高的污泥浓度会加速膜污染，增大混合液黏度，进而降低膜通量。MLSS对通量的影响很复杂，同时受到操作压力、曝气强度、温度等众多因素的影响。一般推荐在10000～20000mg/L之间。

(2) 曝气强度

在一般的好氧生物反应器中，曝气的主要目的是为反应器内的微生物的生命活动提供充分的氧，在一体式膜生物反应器中曝气强度与膜通量有着密切关系：当曝气强度足够大时，MLSS由10g/L变化到35g/L时，MLSS与膜通量没有明显的相关性，但如果降低曝气强度，MLSS对膜通量产生一定的影响，因此增加曝气强度有利于减缓膜污染。

5.7.5 膜生物反应器的应用

膜生物反应器在废水处理领域中的应用研究始于20世纪60年代的美国，但当时由于受膜生产技术的限制，膜的使用寿命很短，水通量小，使其在实际应用中遇到障碍。20世纪70年代后期，日本对膜分离技术在废水处理中的应用进行了大力开发和研究，使膜生物反应器开始走向实际应用。

目前膜生物反应器应用较多的是日本，最重要的应用领域是中水回用。到20世纪90年代中期，日本就有39座这样的中水回用厂在运行，最大的处理能力达500m^3/d。目前日本的膜生物反应器（含在建）数量占全球总量的66%，应用中的膜生物反应器98%以上是好氧的，其中的55%以上是一体式膜生物反应器。膜生物反应器在其他国家的应用也逐渐展开，目前荷兰、英国、比利时、德国、奥地利等国家都建有上万吨规模的膜生物反应器污水处理厂。20世纪90年代以来，膜生物反应器的处理对象不断拓宽，除中水回用、粪便污水处理以外，膜生物反应器在工业废水处理中的应用也得到了广泛关注，如处理食品工业废水、水产加工废水、养殖废水、化妆品生产废水、染料废水、石油化工废水等，均获得了良好的处理效果。

有关膜生物反应器的研究在我国起步较晚，始于20世纪90年代初，但是发展很快，清华大学、南京工业大学、同济大学、中国科学院生态环境研究中心、天津大学等单位开展了许多这方面的研究，研究对象从生活污水扩展到石化污水、高浓度有机废水、食品废水、啤酒废水、港口污水、印染废水等。目前，已有膜生物反应器用于生活污水回用、医院废水处理、石化废水处理、制药废水处理的工程实例。

总体来说，膜生物反应器具有很高的处理效率，但也存在造价高、费用高、膜污染等问题，这些有待于研究解决。在水资源日益紧张的今天，膜生物反应器作为一种新型高效的水处理技术已受到各国水处理工作者的重视，随着膜技术的发展、新的膜材料的出现和膜材料价格的降低，膜生物反应器的应用将更加广泛。

参考文献

[1] 唐受印，戴友芝．水处理工程师手册[M]．北京：化学工业出版社，2001.
[2] 买文宁．生物化工废水处理技术及工程实例[M]．北京：化学工业出版社，2002.
[3] 王绍文，罗志腾，钱雷．高浓度有机废水处理技术与工程应用[M]．北京：冶金工业出版社，2003.
[4] 王宝贞，王琳．水污染治理新技术——新工艺、新概念、新理论[M]．北京：科学出版社，2004.
[5] 周正立，张悦．污水生物处理应用技术及工程实例[M]．北京：化学工业出版社，2006.
[6] 张可方，李淑更．小城镇污水处理技术[M]．北京：中国建筑工业出版社，2008.
[7] 王郁，林逢凯．水污染控制工程[M]．北京：化学工业出版社，2008.

第6章

有机废水的厌氧生物处理

厌氧生物处理是一种低成本的废水处理技术，是把废水的处理与能源的回收利用相结合的一种技术。厌氧生物处理是利用厌氧微生物的代谢过程，在无需提供氧气的情况下把有机物转化为无机物和少量的细胞物质，因此厌氧生物处理技术既有效，又简单，且费用低廉。该技术能将污染环境的有机物转变成使用方便的沼气，且具有工艺能耗低、污泥生成量少等突出特点，越来越受到人们的广泛重视。这种处理方法对于低浓度有机废水是一种高效省能的处理工艺；对于高浓度有机废水，不仅是一种省能的治理手段，而且是一种产能方式。废水厌氧生物处理技术可以作为能源生产和环境保护产业的一个核心组成部分，特别在当今世界由于环境污染严重、能源短缺、土地贫瘠化等问题，全世界都非常关注厌氧生物处理技术的发展。

6.1 有机废水厌氧生物处理的基本过程

有机废水的厌氧生物处理在早期又被称为厌氧消化、厌氧发酵，是指在厌氧条件下由多种(厌氧或兼性)微生物的共同作用，使有机物分解并产生 CH_4 和 CO_2 的过程。

6.1.1 厌氧生物处理的生物化学过程

有机废水厌氧生物处理是在无分子氧条件下通过厌氧微生物（包括兼氧微生物）的作用，将废水中的各种复杂有机物分解转化为甲烷、二氧化碳等物质的过程。其与好氧过程的根本区别在于不以分子态的氧为受氢体，而是以化合态的氧、碳、硫、氮等为受氢体。

有机物（$C_nH_aO_bN_c$）厌氧消化过程的化学反应通式可表达为：

$$C_nH_aO_bN_c+\left(2n+c-b-\frac{9sd}{20}-\frac{ed}{4}\right)H_2O\longrightarrow$$

$$\frac{ed}{8}CH_4+\left(n-c-\frac{sd}{5}-\frac{ed}{8}\right)CO_2+\frac{sd}{20}C_5H_7O_2N+\left(c-\frac{sd}{20}\right)NH_4^++\left(c-\frac{sd}{20}\right)HCO_3^- \quad (6\text{-}1)$$

括号内的符号和数值为反应的平衡系数，其中，$d=4n+a-2b-3c$。s 值代表转化成细胞的部分有机物，e 值代表转化成沼气的部分有机物。

设 $$s+e=1 \quad (6\text{-}2)$$

s 值随有机物成分、厌氧反应器中污泥龄 θ_c（d）和微生物细胞的自身氧化系数 K_d（d^{-1}）

而变化：

$$s=a_c\frac{1+0.2K_d\theta_c}{1+K_d\theta_c} \tag{6-3}$$

式中　0.2——细胞不可降解的系数；

a_c——转化成微生物细胞的有机物的最大系数值。

几种废物厌氧消化的 a_c 值（以 COD 计的比值）如表 6-1 所示。

表 6-1　几种废物组分厌氧消化的 a_c 值

废物组成	碳水化合物	蛋白质	脂肪酸	生活污水污泥
化学分子式	$C_6H_5O_5$	$C_{16}H_{24}O_5N_4$	$C_{16}H_{32}O_2$	$C_{10}H_{19}O_3N$
a_c	0.28	0.08	0.06	0.11

厌氧生物处理是一个相互影响、相互制约、同时进行的极其复杂的微生物化学过程，依靠三大主要类群的细菌，即水解产酸细菌、产氢产乙酸细菌和产甲烷细菌的联合作用完成。对于厌氧过程的机理，目前有两种理论：一种是三阶段理论；一种是四菌群学说。

（1）厌氧消化的三阶段理论

20 世纪 30—60 年代，很多研究者认为，有机物的厌氧消化过程可以分为酸性发酵和碱性发酵两个阶段，这就是当时甚至直到现在仍被普遍接受的“厌氧消化的两阶段理论”，对厌氧微生物学进行深入研究后，发现将厌氧消化过程简单地划分为上述两个过程不能真实反映厌氧反应过程的本质，因此，Bryant 提出了厌氧消化过程的“三阶段理论”。

第一阶段是水解发酵阶段，复杂的大分子、不溶性的有机物在水解发酵细菌的作用下，首先分解成小分子、溶解性的简单有机物，如碳水化合物经水解后转化为较简单的糖类物质：

$$\begin{matrix}\text{多糖(如纤维素)}\\\text{低聚糖}\end{matrix}\xrightarrow[\text{细胞外酶}]{\text{水解}}\text{单糖}\xrightarrow[\text{产酸细菌}]{\text{酸化}}\text{脂肪酸}+\text{醇类}+CO_2+H_2 \tag{6-4}$$

蛋白质被转化为氨基酸：

$$\text{蛋白质}\xrightarrow[\text{细胞外酶}]{\text{水解}}\text{氨基酸}\xrightarrow[\text{产酸细菌}]{\text{酸化}}\text{脂肪酸胺}+NH_3+CH_4+CO_2+H_2S \tag{6-5}$$

$$\text{蛋白质}\downarrow\quad \text{肽}\rightarrow\text{胨}\rightarrow\text{多肽}\rightarrow\text{二肽}\uparrow\text{氨基酸}$$

脂肪等物质被转化为脂肪酸和甘油等：

$$\text{脂肪}\xrightarrow[\text{细胞外酶}]{\text{水解}}\text{长链脂肪酸甘油}\xrightarrow[\text{产酸细菌}]{\text{酸化}}\text{短链脂肪酸}+\text{丙酮酸}+CH_4+CO_2 \tag{6-6}$$

这些简单的有机物继续在产酸细菌的作用下转化为乙酸、丙酸、丁酸等脂肪酸以及某些醇类物质。由于简单碳水化合物的分解产酸作用要比含氮有机物的分解产氨作用迅速，因此蛋白质的分解在碳水化合物分解后产生。

含氮有机物分解产生的 NH_3 除了提供合成细胞物质的氮源外，在水中部分电离，形成 NH_4HCO_3，具有缓冲消化液 pH 值的作用，因此有时也把碳水化合物分解后的蛋白质分解产氨过程称为酸性减退期，反应为：

$$NH_3\xleftrightarrow{+H_2O}NH_4^++OH^-\xrightarrow{+CO_2}NH_4HCO_3 \tag{6-7}$$

$$NH_4HCO_3+CH_3COH\longrightarrow CH_3COONH_4+H_2O+CO_2 \tag{6-8}$$

第二阶段是产氢产乙酸阶段，在产氢产乙酸菌的作用下，第一阶段产生的各种有机酸被分解转化成 H_2 和乙酸。在降解奇数碳素有机酸时还形成 CO_2，如：

$$\underset{\text{(戊酸)}}{CH_3CH_2CH_2CH_2COOH}+2H_2O\longrightarrow\underset{\text{(丙酸)}}{CH_3CH_2COOH}+\underset{\text{(乙酸)}}{CH_3COOH}+2H_2 \tag{6-9}$$

$$\underset{\text{(丙酸)}}{CH_3CH_2COOH}+2H_2O\longrightarrow\underset{\text{(乙酸)}}{CH_3COOH}+3H_2+CO_2 \tag{6-10}$$

第三阶段是产甲烷阶段，产甲烷细菌将前两阶段中所产生的乙酸、乙酸盐和 H_2、CO_2 等转化为 CH_4，同时还会有少量的 CO_2 生成。此过程由两组生理上不同的产甲烷菌完成，一组把氢和二氧化碳转化成甲烷，另一组从乙酸或乙酸盐脱羧产生甲烷，前者约占总量的1/3，后者约占2/3，反应为：

$$4H_2+CO_2 \xrightarrow{\text{产甲烷菌}} CH_4+2H_2O\text{(约占 1/3)} \tag{6-11}$$

$$\left.\begin{array}{l} CH_3COOH \xrightarrow{\text{产甲烷菌}} CH_4+CO_2 \\ CH_3COONH_4+H_2O \xrightarrow{\text{产甲烷菌}} CH_4+NH_4HCO_3 \end{array}\right\}\text{(约占 2/3)} \tag{6-12}$$

上述三个阶段的反应速率依废水性质而异，在含纤维素、半纤维素、果胶和脂类等污染物为主的废水中，水解易成为速率限制步骤；简单的糖类、淀粉、氨基酸和一般的蛋白质均能被微生物迅速分解，对于含这类有机物为主的废水，产甲烷易成为速率限制步骤。

虽然厌氧消化过程可分为上述三个阶段，但在厌氧反应器中，三个阶段是同时进行的，并保持某种程度的动态平衡，这种动态平衡一旦被pH值、温度、有机负荷等外加因素所破坏，则首先使产甲烷阶段受到抑制，其结果会导致低级脂肪酸的积存和厌氧进程的异常变化，甚至会导致整个厌氧消化过程停滞。

(2) 厌氧消化的四菌群学说

在 Bryant 提出"三阶段理论"的同时，Zeikus 也提出了"四菌群学说"。该理论认为复杂有机物的厌氧消化过程有四大类群不同的厌氧微生物共同参与，分别是水解发酵菌、产氢产乙酸菌、同型产乙酸菌、产甲烷菌，其中的同型产乙酸菌是四菌群学说与三阶段理论最大的不同之处，其功能是将部分 H_2 和 CO_2 转化为乙酸，因此，同型产乙酸菌又被称为耗氢产乙酸菌。但进一步的研究表明，由 H_2 和 CO_2 通过同型产乙酸菌合成的乙酸的量很少，一般认为仅占厌氧消化系统中总乙酸量的5%左右。

实际上，四菌群学说与三阶段理论在很大程度上对厌氧消化过程的认识是相同的，现在一般将两者合称为"三阶段四菌群"理论。有机物的厌氧消化过程可以描述为"三阶段四菌群"生物化学过程，如图6-1所示。

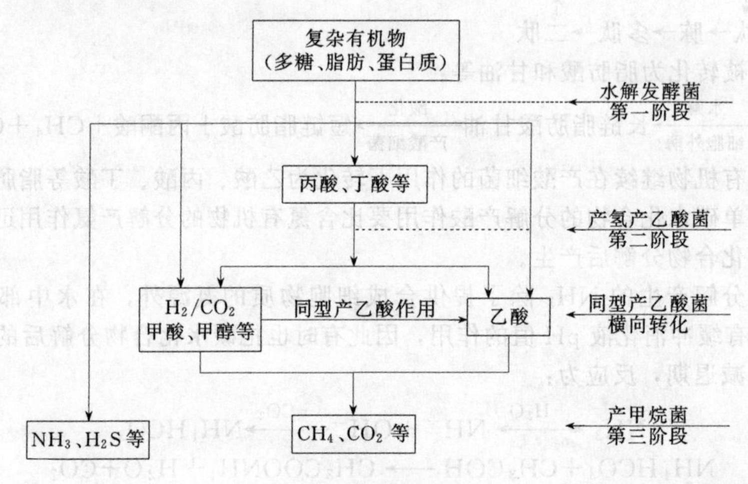

图 6-1 有机物厌氧发酵过程

由图6-1可以看出，有机物的厌氧消化过程包括水解、酸化和产甲烷过程三个阶段。第一阶段是在水解发酵菌的作用下，把碳水化合物、蛋白质与脂肪等复杂有机物通过水解与发酵转化成脂肪酸、H_2、CO_2 等产物；第二阶段是在产氢产乙酸菌的作用下，把第一阶段的产物转化成 H_2、CO_2 和乙酸；第三阶段是通过两组生理上不同的产甲烷菌的作用，把第二阶段的产物转化为 CH_4 和 CO_2 等产物。一组把 H_2 和 CO_2 转化成甲烷，即：

$$4H_2+CO_2 \longrightarrow CH_4+2H_2O \quad (6\text{-}13)$$

另一组是把乙酸脱羧转化为甲烷，即：

$$CH_3COOH \longrightarrow CH_4+CO_2 \quad (6\text{-}14)$$

厌氧发酵过程中还存在一个横向转化过程，即在产氢产乙酸菌的作用下，把 H_2/CO_2 和有机基质转化为乙酸。

实际上，利用厌氧生物处理工艺处理含有多种复杂有机物的废水时，在厌氧反应器中发生的反应远比上述过程复杂得多，参与反应的微生物种群也会更丰富，而且会涉及许多物化反应过程。

6.1.2 厌氧生物处理过程中的主要微生物

厌氧生物处理过程是一个由多种厌氧微生物共同参与的复杂过程。根据代谢的差异，可将厌氧消化过程中参与发酵的细菌分成4类菌群，即水解发酵细菌群、产氢产乙酸细菌群、同型产乙酸细菌群和产甲烷细菌群。

(1) 水解发酵细菌群

水解发酵微生物包括细菌、真菌和原生动物，统称为水解发酵细菌。在厌氧消化系统中，水解发酵细菌的功能主要有两个方面：

① 将大分子不溶性有机物水解成小分子的水溶性有机物，水解作用是在水解酶的催化作用下完成的。水解酶是一种胞外酶，因此水解过程是在细菌细胞的表面或周围介质中完成的。发酵细菌群中仅有一部分细菌种属具有分泌水解酶的功能，而水解产物一般可被其他的发酵细菌群所吸收利用。

② 发酵细菌将水解产物吸收进细胞内，经细胞内复杂的酶系统的催化转化，将一部分有机物转化为代谢产物，排入细胞外的水溶液里，成为参与下一阶段生化反应的细菌群吸收利用的物质。

厌氧消化系统中发酵细菌最主要的基质是纤维、碳水化合物、脂肪和蛋白质。这些复杂有机物首先在水解酶的作用下分解为水溶性的简单化合物，其中包括单糖、甘油脂肪酸及氨基酸等。这些水解产物再经发酵细菌的胞内代谢，除产生无机物 H_2、CO_2、NH_3 及 H_2S 外，主要转化为一系列的有机酸和醇类等物质而排泄到环境中去，这些代谢的有机物中最多的是乙酸、丙酸、丁酸、乙醇和乳酸等，其次是戊酸、已酸、丙酮、异丙酮、丁醇、琥珀酸等。

发酵细菌群根据其代谢功能主要有以下几类。

① 纤维素分解菌　参与对纤维素的分解，这类细菌利用纤维素并将其转化为 H_2、CO_2、乙醇和乙酸。纤维素的分解是厌氧消化的重要一步，对消化速率起着制约作用。

② 碳水化合物分解菌　这类细菌的作用是将碳水化合物水解成葡萄糖。以具有内生孢子的杆状菌占优势，丙酮、丁醇梭状芽孢杆菌能分解碳水化合物产生丙酮、乙醇、乙酸和 H_2 等。

③ 脂肪分解菌　这类细菌的功能是将脂肪分解成简单脂肪酸，以弧菌占优势。

④ 蛋白质分解菌　这类细菌的作用是将蛋白质水解形成氨基酸，进一步分解成硫醇、NH_3 和 H_2S，以梭菌占优势。

发酵细菌大多数为异养型细菌群，对环境条件的变化有较强的适应性。此外，发酵细菌的世代期短，数分钟至数十分钟即可繁殖一代。

(2) 产氢产乙酸细菌群

产氢产乙酸菌能把第一阶段的发酵产物脂肪酸等转化为乙酸、H_2、CO_2 等产物的一类细菌。产氢产乙酸细菌的代谢产物中有分子态氢，所以体系中氢分压的高低对代谢反应的进行起着重要的调控作用。通过甲烷细菌利用分子态氢以降低氢分压对产氢产乙酸细菌的生化反应起着重要作用，一旦甲烷细菌因受环境条件的影响而放慢对分子态氢的利用速率，其结果必然是降低产氢产乙酸细菌对丙酸、丁酸和乙醇的利用。这也说明了厌氧发酵系统一旦出现问题，经常出现有机酸积累的原因。

(3) 同型产乙酸细菌群

在厌氧消化系统中能产生乙酸的细菌有两类：一类是异养型厌氧细菌，能利用有机基质产生乙酸；另一类是混合营养型厌氧细菌，既能利用有机基质产生乙酸，也能利用 H_2 和 CO_2 产生乙酸，反应如下：

$$2H_2+2CO_2 \longrightarrow CH_3COOH+2H_2O$$

前者属于发酵细菌，后者称为同型产乙酸细菌。同型产乙酸细菌能通过利用氢而降低氢的分压，不仅对产氢的发酵细菌有利，同时对利用乙酸的产甲烷菌也有利。

(4) 产甲烷细菌群

参与厌氧消化第三阶段的菌种是甲烷菌或称为产甲烷菌，是甲烷发酵阶段的主要细菌，属于绝对的厌氧菌。甲烷菌的能源和碳源物质主要有 H_2/CO_2、甲酸、甲醇、甲胺和乙酸，主要代谢产物是甲烷。

6.1.3 厌氧细菌种群之间的关系及动态平衡

(1) 厌氧细菌种群之间的关系

厌氧消化是一个多种群多层次的混合发酵过程，在这个复杂的生态系统中，细菌种群之间存在着相互依存、相互影响和相互制约的关系。

在参与有机物逐级厌氧降解的 4 种菌群中，由于发酵细菌群、产氢产乙酸细菌群和同型产乙酸细菌群都产生有机酸，因而又将其统称为产酸菌。

产酸菌通过水解和发酵，将各类复杂有机物转化为甲烷菌赖以生存的有机物和无机基质甲酸、甲醇、甲胺、乙酸、H_2/CO_2、NH_3、H_2S 等产物，产酸菌是甲烷菌的营养物质的供应者。甲烷菌对产酸菌代谢产物的吸收利用和转化使产酸菌正常的代谢得以进行，原因是产物在环境中的积累对相应的生化反应起到反馈抑制作用。

在厌氧发酵中有一些产氢产乙酸细菌种群存在，但在平衡良好的系统中却未发现有氢的积累，其原因是产甲烷菌能很快把氢转化为甲烷。根据研究成果，较高浓度的氢有可能抑制产氢产乙酸菌的生命活动，因此甲烷菌和产氢菌就构成一对共生体。产氢产乙酸菌和甲烷菌的共生，从热力学上为产氢产乙酸菌的代谢创造了适宜条件，同时也为产甲烷菌提供了基质乙酸和氢。

(2) 厌氧细菌种群的动态平衡

有机物转化为甲烷是一个多阶段的复杂的生物化学过程，甲烷化是这个过程的最后阶段。甲烷菌的营养和产能底物如乙酸、H_2、CO_2 和 NH_3 等均为前阶段的代谢产物，前阶段代谢的稳定和顺利进行为甲烷化阶段不断提供营养和产能底物。在正常情况下，处理设备内部各个区域中乙酸、H_2、CO_2 和 NH_3 等均保持在一定的浓度范围内，沼气的产生和废水的处理效率也稳定在一定水平上。在这种情况下，产酸菌和甲烷菌的总代谢能力达到了平衡。在平衡条件下，处理设备内的有机物组成和浓度既适合于产酸菌，也适合于甲烷菌的生长，两大类细菌的生命活动呈现出协调共存。

在某些情况下，如处理设备超负荷，反应液中的有机物浓度提高，刺激产酸菌的生长，产酸菌繁殖速率大大高于甲烷菌，产酸菌过快繁殖的结果使反应液中有机酸大量积累，导致 pH 值下降。这时反应液已不适宜于甲烷菌的生长，于是沼气产量下降，沼气中甲烷含量下降，出水 COD 和挥发酸（VFA）增加，严重时甲烷菌完全受到抑制，废水厌氧处理过程失败。对于大部分天然有机物，由于含有有机氮，在沼气发酵中由于产氨菌的活动，酸碱度能达到自然的平衡。为了不使产酸菌群发展到对甲烷菌有抑制的程度，在实际操作中应特别重视介质 pH 值和有机负荷的控制。因此，在生产实践中对厌氧处理系统负荷的提高应采取较为缓慢的渐进方式，如在工业有机废水的厌氧处理试验中，负荷每次提高 20%左右并经历 15 天的稳定阶段较为可行，过高过快地提高负荷有可能破坏发酵过程的平衡，从而导致整个厌氧处理系统的失败。

为了使各类细菌在其群体中保持适当的比例，特别是保持产酸菌和甲烷菌之间的适当比例，可以通过调节发酵设备的负荷、pH 值、温度和环境因素，对发酵工艺加以控制，达到控制微生物群体组成的目的。微生物群体内部的动态平衡是厌氧处理设备稳定运行的重要因素，如当有机负荷提高时，刺激着产酸菌的生长，增大有机酸的产量，提高反应液中有机物酸浓度，有机酸浓度在某一范围内的增长刺激甲烷菌的增长，使沼气的产量增加，从而使系统在一定范围内仍保持平衡；当负荷降低时产酸菌的数量减少，将在新的基础上与有机负荷达到平衡。正是厌氧微生物群体这种动态平衡使得厌氧处理设备能够在一定的负荷范围内波动。

在厌氧发酵过程中，除了设备的缓冲能力之外，微生物群体与有机负荷以及微生物群体内部的动态平衡是保证处理设备稳定运行的重要因素。

6.2 厌氧生物处理过程的影响因素

厌氧发酵系统中参与生化反应的细菌主要有发酵细菌群、产氢产乙酸细菌群、同型产乙酸细菌群和产甲烷细菌群。从生理特性看，可将其分为产酸细菌和产甲烷细菌两大类。产酸细菌总的特点是能吸收利用的营养物质种类多，生化反应速率高，世代期短而繁殖快，对环境条件的适应能力强。产甲烷细菌的特点恰好相反，能吸收利用的营养物质为数不多，生化反应速率低，繁殖慢，对环境条件的适应能力差。由此可见，产甲烷阶段是整个厌氧发酵过程的速率限制阶段，而产甲烷细菌所需要的环境条件是整个厌氧发酵过程中应重点考虑的环境条件。实际上产甲烷细菌所需的最佳环境条件和厌氧发酵细菌种群所共同需要的环境条件之间还存在着一些差异，区分这些差异对控制工艺系统的正常运行是十分必要的。

一般认为影响厌氧过程的主要因素有两类，一类是工艺条件，包括废水成分、微生物量（污泥浓度）、负荷率（有机负荷、营养比例、水力负荷）、混合接触状况等；另一类是环境因素，如温度、pH 值、碱度、氧化还原电位、有毒物质等。这些因素都应是工艺可控条件，它们相互之间是紧密相关的。

6.2.1 工艺条件

(1) 废水成分

废水是厌氧生物处理的对象，它的成分与厌氧生物处理的效果有着直接的关系。有机废水的可生化性是厌氧生物处理的基本条件，在工程上废水的可生化性通常采用 BOD_5/COD 比值来判断，一般认为：$BOD_5/COD \leqslant 0.3$，即可进行生物处理；$BOD_5/COD = 0.3 \sim 0.6$，认为生化性较好，宜于生物处理；$BOD_5/COD \geqslant 0.6$，认为生化性良好，最适于生物处理。

① 营养比例　参与废水生物处理的微生物不仅要从废水中吸收营养物质以取得能源，而且要用这些物质合成新的细胞物质，因此厌氧生物处理需要考虑消化系统所必需的氮、磷以及其他微量元素等。

为了满足厌氧发酵微生物的营养要求，在工程中主要是控制进入厌氧反应器原水的碳、氮、磷的比例，因为其他营养元素不足的情况较少见。不同的微生物在不同的环境条件下所需的碳、氮、磷的比例不完全一致。一般来说，处理含天然有机物的废水时不用调节，在处理化工废水时，特别要注意使进料中的碳、氮、磷保持一定比例。大量试验表明，C∶N∶P＝(200～300)∶5∶1为宜，其中C以COD计算，N、P以元素含量计算。此比值大于好氧法中的100∶5∶1，这与厌氧微生物对碳素营养成分的利用率较好氧微生物低有关。在碳、氮、磷比例中，碳氮比例对厌氧消化的影响更为重要。研究表明，合适的碳氮比应为（10～18）∶1，如图6-2和图6-3所示。

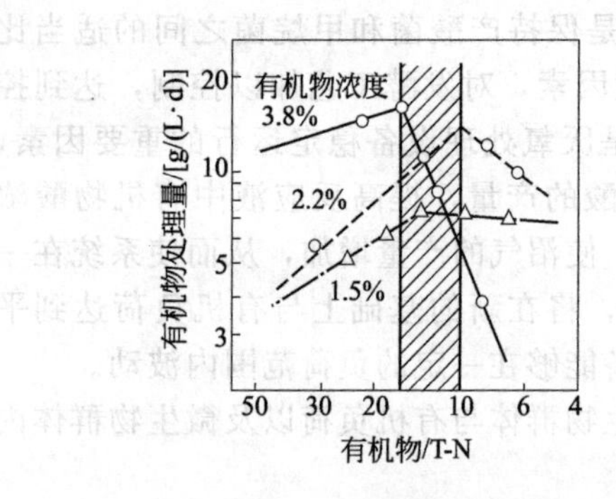

图6-2 氮浓度与处理量的关系

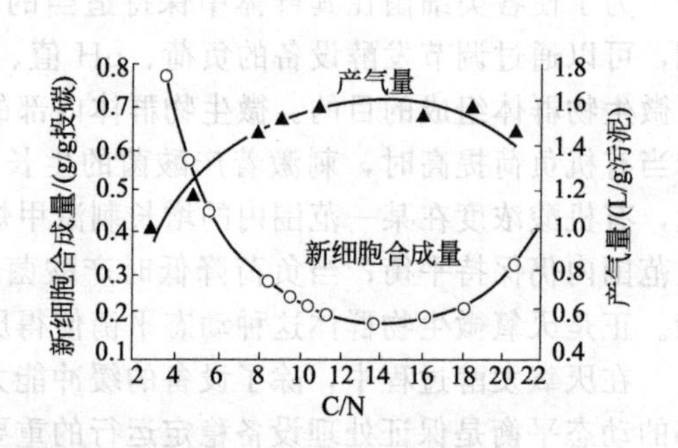

图6-3 碳氮比与新细胞合成量及产气量的关系

在厌氧处理时提供氮源，除满足合成菌体所需之外，还有利于提高反应器的缓冲能力。若氮源不足，即碳氮比太高，则不仅厌氧菌增殖缓慢，而且消化液的缓冲能力降低，pH值容易下降。相反，若氮源过剩，即碳氮比太低，氮不能被充分利用，将导致系统中氨的过分积累，pH值上升至8.0以上，而抑制产甲烷菌的生长繁殖，使消化效率降低。

添加NH_3-N因提高了消化液的氧化还原电位而使甲烷产率降低，所以氮素以加入有机氮和NH_4^+-N营养物为宜。

② 硫酸盐与硝酸盐　研究表明，厌氧处理有机废水时生物氧化的顺序是：反硝化、反硫化、酸性发酵、甲烷发酵等。只有在前一种反应条件不具备时才进行后一种反应。在厌氧发酵过程中，始终存在着硝化细菌、反硝化细菌、反硫化细菌，虽然硝化细菌为专性好氧菌，但它能在厌氧环境中存活下来，硝化作用能够发生在氧浓度低于6μmol的环境中。因此必须严格控制厌氧反应器进水中的SO_4^{2-}、NO_3^-含量，才能使反应器保持有利于甲烷发酵的运行状态。

③ 重金属　工业废水中常含有重金属，微量的重金属对厌氧细菌的生长可能会起到刺激作用，但当其过量时却有抑制微生物生长的可能性。一般认为重金属离子可与菌体细胞结合，引起细胞蛋白质变性并产生沉淀。在重金属的毒性大小排列次序上，研究表明，Ni＞Cu＞Pb＞Cr＞Cd＞Zn。

在厌氧生物处理中重金属离子的毒性阈限浓度报道不一，其主要原因在于受到研究的基本条件与控制参数的影响；另一方面，当重金属与硫化物在反应器中并存时，它们之间可以进行络合反应生成不溶性的硫化物沉淀，于是当试验中存在这种条件时，就可使厌氧反应器忍受的重金属浓度大大提高。此外，毒物的浓度并不等于毒物负荷，在毒物浓度相同的情况下，如果反应器中微生物量多，则相应单位微生物量所忍受的毒物负荷就少。这种现象也可以从重金属离子对微生物毒性的毒理中得到解释。如厌氧生物反应器中微生物浓度高，引起细菌细胞蛋白质变性而产生沉淀的菌体数占总的活菌数比例就少，相对来说在反应器中剩余的活性微生物就多，在引起细菌细胞蛋白质变性的同时，重金属离子也相对去除，而剩余的活性微生物可立即得到生长与繁殖，很快就可使反应器复苏。所以在生物量保持较高浓度的新型厌氧生物处理反应器中，有可能忍受更高的重金属离子浓度。

④ 促进剂　在生物处理中某些物质是微生物细胞合成所必需的，适当的含量可以加速细胞的合成；还有些物质可以促进生物化学反应的进程，起到催化作用。如反应器内投加活性炭有明显的促进厌氧消化进程的功效，加快挥发性固体的分解，减少污泥的产率，增大沼气产

量，改良出水水质和污泥的脱水性能。对于毒性有机废水的厌氧处理，活性炭还有缓解作用。

添加某些酶制剂能促进厌氧消化过程，提高有机物的转化速率，例如投加纤维素酶可以促进纤维素的分解。

(2) 厌氧活性污泥

厌氧微生物是厌氧消化过程的作用者，在生物处理中有机基质与微生物之间关系最为密切，生物反应器中的活性微生物持有量高，反应器的转化效率以及允许承受的处理负荷率就高。

准确计量污泥中生物体的含量在技术上困难很大，因而一般以其中悬浮固体（SS）或挥发性悬浮固体（VSS）间接表示微生物量，当污泥中的非挥发组分和挥发组分有固定的比例关系时，采用SS代表VSS在测定技术上更为简便，但当比较几种污泥的活性功能时，采用VSS比SS更能准确地反映问题的实质。

由于厌氧微生物生长缓慢，为加速厌氧反应器的启动过程，需投加含有各种厌氧微生物的接种污泥，应尽量选择含产甲烷菌多的污泥作为接种物，如城市污水厂的消化污泥与各种厌氧污泥、好氧污泥或者经脱水的厌氧污泥和好氧污泥（含水率70%～80%）等。在选择时应尽量采用与所处理废水的特征有机物相似的污泥作为接种物。一般来说，启动采用间歇式进料方式，根据接种污泥的活性和有机废水的特性，初次投料负荷在0.05～0.5kgCOD/kgVSS之间选取，待运行正常后再逐渐提高进料负荷。

污泥浓度的大小对消化装置处理能力的影响很大。一般而言，单位有效容积中的微生物量越多，消化装置的最大处理能力也就越大。

厌氧活性污泥主要由厌氧微生物及其代谢和吸附的有机物、无机物组成。厌氧活性污泥的浓度和性状与消化的效能有密切关系。性状良好的污泥是厌氧消化效率的基础保证。厌氧活性污泥的性质主要表现为它的作用效能与沉淀性能。前者主要取决于活微生物的比例及其对底物的适应性和活微生物中生长速率低的产甲烷菌的数量是否达到与不产甲烷菌数量相适应的水平。活性污泥的沉淀性能是指污泥混合液在静止状态下的沉降速率，它与污泥的凝聚性有关。与好氧生物处理一样，厌氧活性污泥的沉淀性能也以SVI衡量。在上流式厌氧污泥床反应器中，当活性污泥的SVI值为15～20mL/g时，污泥具有良好的沉淀性能。

厌氧生物处理时，废水中的有机物主要靠活性污泥中的微生物分解去除，因此在一定范围内，活性污泥浓度越高，厌氧消化的效率也越高。但达到一定程度后，效率的提高不再明显，这主要是因为：①厌氧污泥的生长率低、增长速度慢，积累时间过长后，污泥中无机成分比例增高，活性降低；②污泥浓度过高有时易于引起堵塞而影响正常运行。图6-4和图6-5分别说明了污泥浓度与最高处理量和产气量之间的关系。

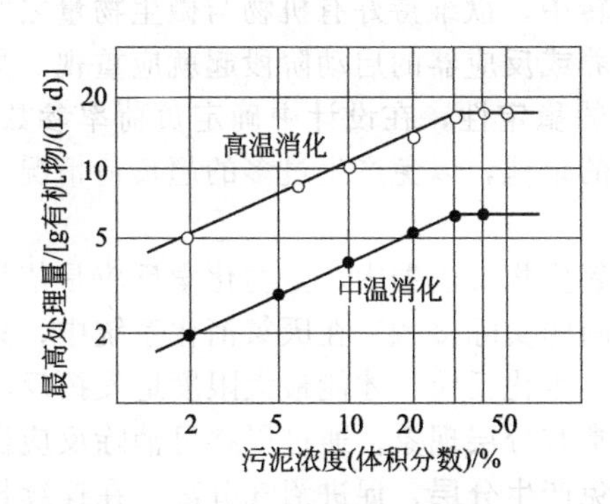

图6-4 消化反应器内污泥浓度与最高处理量之间的关系（乙醇蒸馏废水）

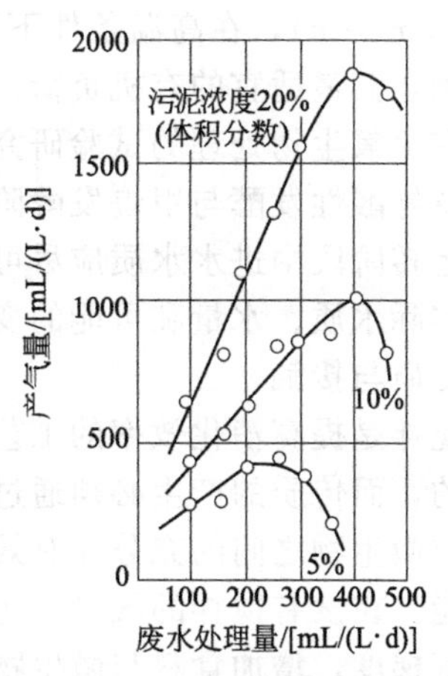

图6-5 消化反应器内污泥浓度与产气量的关系（洗毛废水，中温消化）

(3) 负荷率

负荷率直接反映了有机基质与微生物量之间的平衡关系，是生物处理中最主要的控制参数。负荷率有 3 种表示方法：容积负荷率、污泥负荷率、投配率。

① 容积负荷率 N_v 反应器单位有效容积在单位时间接纳的有机物量称为容积负荷率，单位为 kgCOD/(m^3·d) 或 $kgBOD_5$/(m^3·d)。

② 污泥负荷率 N_s 反应器内单位质量的污泥在单位时间内接纳的有机物量，称为污泥负荷率，单位为 $kgBOD_5$/(kgMLSS·d)、$kgBOD_5$/(kgMLVSS·d) 或者 kgCOD/(kgMLSS·d)、kgCOD/(kgMLVSS·d)。

③ 投配率 每天向单位有效容积投加的新料的体积，称为投配率，单位为 m^3/(m^3·d)。投配率的倒数为平均停留时间或消化时间。投配率有时也用百分数表示，如 0.05m^3/(m^3·d) 的投配率可以表示为 5%，其消化时间为 20d。

污泥负荷率 N_s 即时反映了有机物与微生物之间的供需平衡关系，因而最能直观和确切地表示这种供需关系的参数量是污泥负荷率，但要准确计量某些反应器中的污泥量是较为困难的，因而工程上常用容积负荷这一参数。

有机负荷是影响厌氧消化效率的一个重要因素，直接影响产气量和处理效率。在一定范围内，随着有机负荷的提高，产气率即单位质量物料的产气量趋向下降，而消化反应器的容积产气量则增多，反之亦然。对于具体应用场合，进料的有机物浓度是一定的，有机负荷或投配率的提高意味着停留时间缩短，则有机物分解率将下降，势必使单位质量物料的产气量减少。但因反应器相对的处理量增多了，单位容积的产气量将提高。

厌氧处理系统正常运行取决于产酸与产甲烷反应速率的相对平衡。一般产酸速率大于产甲烷速率，若有机负荷过高，则产酸率将大于用酸（产甲烷）率，挥发酸将累积而使 pH 值下降，破坏产甲烷阶段的正常运行，严重时产甲烷作用停顿，系统失败，并难以调整复苏。此外，有机负荷过高，则过高的水力负荷还会使消化系统中污泥的流失速率大于增长速率而降低消化效率。这种影响在常规厌氧消化工艺中更加突出。相反，若有机负荷过低，物料产气率或有机物去除率虽可提高，但容积产气率降低，反应器容积将增大，使消化设备的利用效率降低，投资和运行费用提高。

有机负荷值因工艺类型、运行条件以及废水废物的种类及其浓度而异。在通常情况下，常规厌氧生物处理工艺在中温条件下处理高浓度工业废水的有机负荷为 2～3kgCOD/(m^3·d)，在高温条件下处理高浓度工业废水的有机负荷为 4～6kgCOD/(m^3·d)。上流式厌氧污泥床反应器、厌氧生物滤池、厌氧流化床等厌氧生物处理工艺的有机负荷在中温条件下为 5～15kgCOD/(m^3·d)，在高温条件下可高达 30kgCOD/(m^3·d)。在处理具体废水时，最好通过试验来确定其最适宜的有机负荷。

无论在厌氧生物处理的试验研究中还是在实际运转中，欲维持好有机物与微生物量之间的平衡，维持好酸性发酵与甲烷发酵阶段的平衡，从培养或反应器的启动阶段起就应重视。另一方面，在运转阶段中进水水质应尽可能保持一定程度的稳定性，在设计中确定负荷率参数时，也应根据实际水质、水量和可能的变化幅度留有充分的余地，以免产生过多的超负荷情况。

(4) 传质与接触

混合搅拌是提高消化效率的工艺条件之一。在厌氧生物反应器中，生物化学反应是依靠传质而进行的，而传质的产生必须通过基质与微生物之间的实际接触。在厌氧消化系统中，只有实现基质与微生物之间的充分而有效的接触，才能发生生化反应，才能最大限度地发挥反应器的处理效能。在没有搅拌的厌氧消化反应器中，料液常有分层现象。通过搅拌可消除反应器内的物料浓度梯度，增加食料与微生物之间的接触，避免产生分层，促进沼气分离。在连续投料的消化池中，还使进料迅速与池中原料液相混合，如图 6-6 所示。

采用搅拌措施能显著提高厌氧消化的效率，如图 6-7 所示，因此在传统厌氧消化工艺中，也将有搅拌的消化反应器称为高效消化反应器。但是对于混合搅拌的程度与强度尚有不同的观点，如对于混合搅拌与产气量的关系，有资料说明，适当搅拌优于频频搅拌，也有资料说明，频频搅拌效果较好。一般认为，产甲烷菌的生长需要相对较宁静的环境，消化池的每次搅拌时间不应超过1h。也有人认为消化反应器内的物质移动速度不宜超过0.5m/s，因为这是微生物生命活动的临界速度。搅拌的作用还与污水废水的性状有关。当含不溶性物质较多时，因易于生成浮渣，搅拌的功效更加显著；对于含可溶性废物或易消化悬浮固体的污水，搅拌的功效相对小一些。

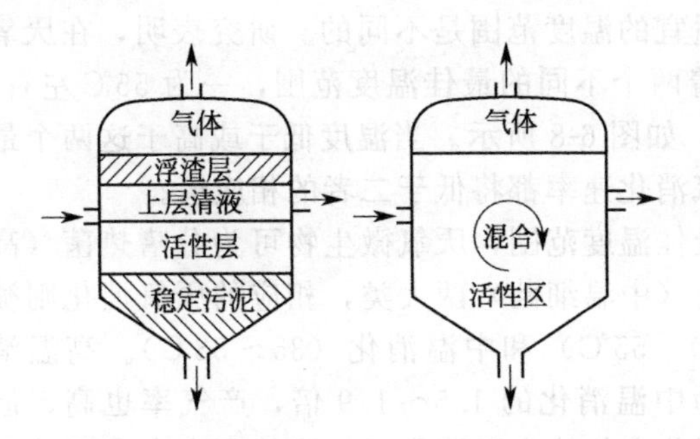

图6-6　厌氧反应器的静止与混合状态

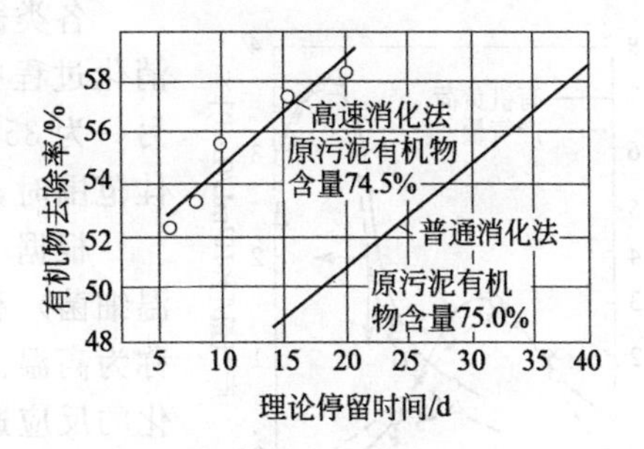

图6-7　普通厌氧消化法与高速消化法和有机物去除率的关系

反应器的构造不同，实现接触传质的方式也不一样，归纳起来大致有三种接触传质方式，即人工搅拌接触、水力流动接触和沼气搅动接触。

① 人工搅拌接触　人工搅拌接触就是利用外加的机械力、水力或气力对反应器中的反应液进行人工搅拌混合，普通厌氧消化池、厌氧接触工艺系统中的生物反应池均采用这种接触方式。

在普通厌氧消化池中，可采用水力提升器进行水力循环搅拌，也可采用沼气进行气力循环搅拌，或采用螺旋桨进行机械循环搅拌，从效能上看以沼气循环搅拌为最佳，机械搅拌次之，水力循环搅拌最差。在厌氧接触系统中，进行连续的搅拌可以实现反应液的完全混合，加速生化反应的进行。

② 水力流动接触　水力流动接触就是进水以某种方式流过厌氧生物膜层或厌氧生物污泥层，实现基质与微生物的接触传质。前者的典型代表为厌氧生物滤池，后者的典型代表为升流式厌氧污泥床反应器。

在厌氧生物滤池内，水流从上到下或从下到上流过滤料层，实现微生物与基质的接触。水流速度大时，传质阻力小，可以通过出水回流来改变水流速度，强化基质与微生物的接触和传质效果。在升流式厌氧污泥床反应器内，当进水穿过污泥床而上升时，实现微生物与基质的接触，由于进水速度小难以均匀分配，所以这种接触方式是不充分的。为了强化接触传质，可采用脉冲方式进水，在进水点形成了强度较大的股流，并在其周围产生小范围的涡流和环流，增强接触传质效能。

③ 沼气搅动接触　所有厌氧生物反应器内都有沼气产生，厌氧生化反应中产生的气体以分子状态排出细胞并溶于水中，当溶解达到过饱和时，便以气泡形式析出，并就近附着于疏水性的污泥固体表面。最初析出的气泡十分微小，随后许多小气泡在水的表面张力作用下合并成大气泡。沼气泡的搅动接触有两种形式：a. 在气泡的浮力作用下，污泥颗粒上下移动，与反应液接触；b. 大气泡脱离污泥固体颗粒而上升时，起到搅动反应液的效果。当反应器的负荷率较大时，单位面积上的产气量就大，气泡的搅动接触作用十分明显。

对于大多数厌氧生物反应器，以上的三种接触方式可能有其中两种接触方式同时存在，如升流式厌氧污泥床反应器内既有水力流动接触又有沼气搅动接触。

6.2.2 环境因素

(1) 温度

温度是影响微生物生命活动过程的重要因素之一，对厌氧微生物及厌氧消化过程的影响尤为显著。温度主要通过对酶活性的影响而影响微生物的生长速率与对基质的代谢速率，因而与有机物的处理效率和污泥的产生量有关。温度还影响有机物在生化反应中的流向，因而与沼气产量和成分有关，并影响污泥的成分与性能等。

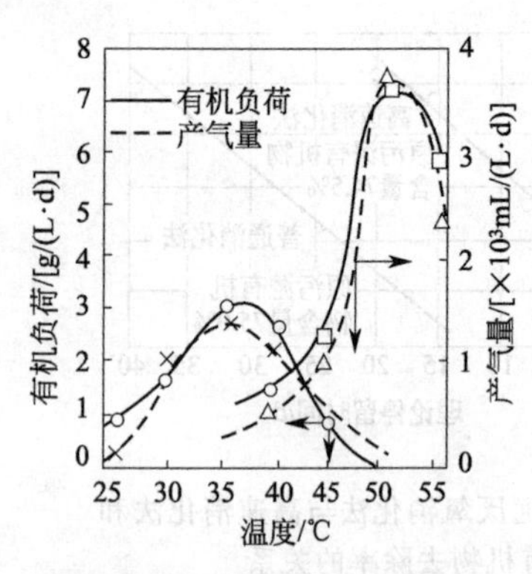

图 6-8 温度对消化的影响

各类微生物适宜的温度范围是不同的。研究表明，在厌氧消化过程中存在着两个不同的最佳温度范围，一为 55℃左右，另一为 35℃左右，如图 6-8 所示。当温度低于或高于这两个最佳范围时，其厌氧消化速率都将低于二者的相应值。

根据不同的最佳温度范围，厌氧微生物可为分嗜热菌（高温细菌）和嗜温菌（中温细菌）两大类，相应的厌氧消化则被称为高温消化（50～55℃）和中温消化（35～38℃）。高温消化的反应速率约为中温消化的 1.5～1.9 倍，产气率也高，但气体中甲烷所占百分率却较中温消化低。当处理含有病原菌和寄生虫卵的废水或污泥时，采用高温消化可取得较理想的卫生效果，消化后污泥的脱水性能也较好，但采用高温消化需要消耗较多的能量，当处理废水量很大时，往往是不宜采用的。

温度的急剧变化和上下波动不利于厌氧消化。研究表明，在厌氧消化过程中，温度在 10～35℃范围内，甲烷的产率随温度升高而提高；温度在 35～40℃范围内，甲烷的产率最大；温度高于 40℃时的甲烷产率呈下降趋势。温度低于最优范围时，温度每下降 1℃，消化速率下降 11%。短时间升降 5℃，沼气产量将明显下降，同时会影响沼气中的甲烷含量，尤其是高温发酵对温度变化更为敏感。因此，在厌氧反应器的运行管理中，应采取一定的控温措施，尽可能控制温度变化不超过 2～3℃/h。

(2) pH 值和碱度

pH 值是影响厌氧消化微生物生命活动过程的重要因素之一。一般认为 pH 值对微生物的影响主要表现在以下几个方面：①各种酶的稳定性均与 pH 值有关；②pH 值直接影响底物的存在状态，而其对细菌细胞膜的透过性就有所不同，如当 pH<7 时，各种脂肪酸多以分子状态存在，易于透过带负电的细胞膜；而当 pH>7 时，一部分脂肪酸电离成带负电的离子，就难以透过细胞膜；③透过细胞膜的游离有机酸在细胞内重新电离，改变胞内 pH 值，影响许多生化反应的进行及 ATP 的合成。

参与厌氧消化的产酸菌和产甲烷菌所适应的 pH 值范围并不一致。产酸菌所能适应的 pH 值范围较宽。在最适宜的 pH 值范围 6.5～7.0 时，生化反应能力最强。pH 值略低于 6.5 或略高于 7.5 时也有较强的生化反应能力。产甲烷菌所能适应的 pH 值范围较窄，各种产甲烷菌要求的最适宜 pH 值各不相同，如消化反应器中几种常见中温菌的最适宜 pH 值分别为：甲酸甲烷杆菌 6.7～7.2，布氏甲烷杆菌 6.9～7.2，巴氏甲烷八叠球菌 7.0。可见中温甲烷细菌的最适宜 pH 值为 6.7～7.2。

在反应器正常运行时，pH 值一般应在 6.0 以上，在处理因含有机酸而使 pH 值偏低的废水时，正常运行时的 pH 值可以略低，如 4.0～5.0；若处理因含无机酸而使 pH 值低的废水，则应将进水的 pH 值调到 6.0 以上，具体控制要根据反应器的缓冲能力决定。

厌氧消化反应液的实际 pH 值主要由溶液中的酸性物质及碱性物质的相对含量决定，而其稳定性则取决于溶液的缓冲能力。厌氧消化反应液中的酸碱物质有两方面的来源：原废水中存在的酸碱物质和生化反应中产生的酸碱物质。一般来说采用厌氧生物处理的绝大多数有机工业废水和污泥，其中所含酸碱物质主要是一些弱酸和弱碱，由其形成的pH值大多在6.0～7.5之间，有些有机废水的pH值可能低至4.0～5.0，但因酸性物质多是有机酸，随着厌氧消化反应的不断进行，它们会不断减少，pH值会自然回升，最终维持在中性附近。在厌氧消化过程中会产生各种酸性和碱性物质，它们对消化反应液的pH值往往起支配作用。

消化液中产生的酸性物质主要为挥发性脂肪酸和溶解的碳酸。挥发性脂肪酸是碳水化合物和脂类物质经发酵细菌和产氢产乙酸细菌的作用而形成的不同层次的代谢产物，绝大多数为乙酸、丙酸、丁酸，它们的电离常数比较接近，产生的pH值效应相差不大，一般消化反应液中的挥发性脂肪酸浓度为每升含几十毫克至几千毫克，通常为1000～4000mg/L。沼气中的CO_2约为15%～35%，由其形成的分压为0.15～0.35atm（1atm=101325Pa），在此分压下的CO_2溶解量为172～400mg/L。此外消化反应液中的H_2S和H_3PO_4等物质因浓度不大又是弱酸，对pH值的贡献不大。

消化液中形成的碱性物质主要是氨氮，它是蛋白质、氨基酸等含氮物质在发酵细菌脱氨基作用下形成的，它在酸性条件下多以NH_4^+的形式存在，而在碱性条件下多以NH_3的形式存在。以NH_4^+形态存在时，与之保持电性平衡的OH^-起中和H^+的作用，消化反应液中的总氨浓度以50～200mg/L为宜，一般不宜超过1000mg/L。厌氧消化反应液的适宜pH值为6.5～7.5。

厌氧反应器中的碳酸氢盐碱度宜介于1000～5000mg/L之间，在2500～5000mg/L之间时能提供较大的缓冲能力，即使有机酸大量增加，pH值的下降幅度也不会太大。如果反应器中碱度及缓冲能力不够时，厌氧消化过程中所产生的有机酸将会使反应器消化反应液的碱度和pH值下降到抑制产甲烷反应的程度。对于缓冲能力很低的反应器适当添加碳酸盐，有提高沼气产量、控制pH值和碱度、沉淀有毒金属、提高污泥沉淀性能与处理效果等作用。

由此可见，在厌氧处理中，除控制进水的pH值以外，废水的pH值主要取决于代谢过程中自然建立的缓冲平衡，取决于VFA、碱度、CO_2、氨氮之间的平衡。在实际操作中就是控制进水的有机负荷，由于反应器具有一定的缓冲能力，在正常运行时进水pH值可以略低，如在处理酒精废水时，进水pH值为3.9～4.5；处理醋酸生产废水时，进水pH值为4.5～5.0左右。

厌氧处理运行中，沼气的产量及组分直接反映厌氧消化的状态。在沼气中一般测不出氢气，含有氢气意味着反应器运行不正常。在反应器稳定运行时，沼气中的甲烷、二氧化碳含量基本是稳定的，此时甲烷含量最高、CO_2含量最低，产气率也是稳定的。若反应器进水浓度、水量较稳定，则反应器所产生的沼气量及其组分也是基本不变的。当反应器受到某种冲击时，其沼气组分就会变化，甲烷含量降低、CO_2含量增加、产气量减少。在工程中沼气计量可以直接读出，沼气中的甲烷、CO_2分析也较容易，因此监测反应器的沼气产量与组分是控制反应器运行的一种简便易行的方法，其敏感程度常优于pH值的变化。

（3）氧化还原电位

厌氧环境是严格厌氧的产甲烷菌繁殖的最基本条件之一，厌氧环境的主要标志是发酵液具有低的氧化还原电位，其值应为负值。某一化学物质的氧化还原电位是该物质由其还原态向其氧化态转化时的电位差。一个体系的氧化还原电位是由该体系中所有形成氧化还原电对的化学物质的存在状态决定的。体系中氧化态物质所占比例越大，其氧化还原电位就越高，形成的环境就越不适于厌氧微生物的生长；反之，体系中还原态物质所占比例越大，其氧化还原电位就越低，形成的厌氧环境就越适于厌氧微生物的生长。

不同的厌氧消化系统要求的氧化还原电位值不尽相同，同一系统中不同细菌群要求的氧化还原电位也不尽相同。高温厌氧消化系统要求适宜的氧化还原电位为－500～－600mV，中温厌氧消化系统要求的氧化还原电位应低于－300～－380mV。产酸细菌对氧化还原电位的要求不严格，甚至可在＋100～－100mV的兼性条件下生长繁殖，而产甲烷细菌最适宜的氧化还原电位为－350mV或更低。

厌氧细菌对氧化还原电位敏感的原因主要是菌体内存在易被氧化剂破坏的化学物质以及菌体缺乏抗氧化的酶系，如产甲烷细菌细胞中的F_{420}因子就对氧极其敏感，受到氧化作用时即与酶分离而使酶失去活性；严格的厌氧菌都不具有超氧化物歧化酶和过氧化物酶，无法保护各种强氧化状态物质对菌体的破坏作用。

一般情况下氧在发酵液中的溶入是引起发酵系统氧化还原电位升高的最主要和最直接的原因。但除氧以外，其他一些氧化剂或氧化态物质的存在同样能使体系中的氧化还原电位升高，当其浓度达到一定程度时，同样会危害厌氧消化过程的进行。由此可见，体系中的氧化还原电位比溶解氧浓度更能全面反映发酵液所处的厌氧状态。

控制低的氧化还原电位主要依靠以下措施：①保持严格的封闭系统，杜绝空气的渗入，这也是保证沼气纯净及预防爆炸的必要条件；②通过生化反应消耗进水中带入的溶解氧，使氧化还原电位尽快降低到要求值。有关资料表明，废水进入厌氧反应器后，通过剧烈的生化反应，可使系统的氧化还原电位降到－200～－100mV，继而降至－340mV，因此在工程上没有必要对进水施加特别的耗资昂贵的除氧措施，但应防止废水在厌氧处理前的湍流曝气和充氧。

6.3 厌氧生物处理工艺的发展

厌氧消化工艺有多种分类方法。按微生物生长状态分为厌氧活性污泥法和厌氧生物膜法；按投料、出料及运行方式分为分批式、连续式和半连续式；根据厌氧消化中物质转化的总过程是否在同一反应器中并在同一工艺条件下完成，又可分为一步厌氧消化和两步厌氧消化等。

厌氧活性污泥法包括普通消化池、厌氧接触工艺、升流式厌氧污泥床反应器等。厌氧生物膜法包括厌氧生物滤池、厌氧流化床、厌氧生物转盘等。

6.3.1 厌氧活性污泥法

(1) 厌氧消化池

随着好氧活性污泥法、好氧生物滤池等好氧生物处理工艺的开发和推广应用，厌氧生物处理被认为效率低、水力停留时间（HRT）长、受温度等环境条件影响大，因此处于一种被遗忘的状态。但随着好氧生物处理工艺的广泛应用，产生的剩余污泥也越来越多，其稳定化处理的主要手段是厌氧消化。

1927年，首次在消化池中加上加热装置，使厌氧消化的产气速率显著提高；随后，又增加了机械搅拌器，反应速率进一步提高；20世纪50年代初又开发了利用沼气循环的搅拌装置。带加热和搅拌装置的消化池被称为高速消化池，至今仍是城市污水处理厂中污泥处理的主要技术。

厌氧消化池主要应用于处理城市污水厂的污泥，也可应用于处理固体含量很高的有机废水。它的主要作用是：①将污泥中的一部分有机物转化为沼气；②将污泥中的一部分有机物转化为稳定性良好的腐殖质；③提高污水的脱水性能；④使得污泥的体积减小1/2以上；⑤使污泥中的致病微生物得到一定程度的灭活，有利于污泥的进一步处理和利用。

(2) 厌氧接触法

1955年，Schroepeter提出了厌氧接触法，主要是在参考好氧活性污泥法的基础上，在高速消化池之后增设二沉池和污泥回流系统，并将其应用于有机废水的处理，处理能力能得到显著提高。应用于食品包装废水的处理标志着厌氧技术应用于有机废水处理的开端。厌氧接触法的工艺特点如下。

① 增加了污泥沉淀池和污泥回流系统，这是与高速厌氧消化池最大的不同。

② 设有真空脱气装置。由于消化池内的厌氧活性污泥具有较高活性，进入沉淀池后可能继续产生沼气，影响污泥的沉淀，因此在混合液进入沉淀池之前，一般需要使混合液首先通过一个真空脱气装置，将附着在污泥表面的细小气泡脱除。这与好氧活性污泥工艺具有很大差别，在好氧活性污泥工艺中，混合液中的好氧活性污泥一般不会产生气泡，因此无需设置真空脱气器。

③ 由于增设了污泥沉淀与污泥回流，使系统的水力停留时间（HRT）与污泥停留时间（SRT）得以分离，可以在水力停留时间（HRT）较短的运行条件下获得较高的污泥停留时间（SRT）。

在厌氧接触法工艺中，最大的问题是污泥的沉淀，因为厌氧污泥上一般总是附着有小的气泡，且由于污泥在二沉池中还具有活性，还会继续产生沼气，有可能导致已下沉的污泥上浮。因此，必须采取有效的改进措施，主要有真空脱气设备（真空度为500mmH_2O，1mmH_2O=9.80665Pa）和增加热交换器（使污泥骤冷，暂时抑制厌氧污泥的活性）。

（3）升流式厌氧污泥床反应器（UASB）

升流式厌氧污泥床反应器（upflow anaerobic sludge blanket reactor，UASB）是由荷兰Wageningen农业大学的Gatze Lettinga教授于20世纪70年代初开发出来的。与其他厌氧生物反应器相比，UASB反应器的主要工艺特征如下。

① 三相分离器的设置　三相分离器是UASB反应器中最关键的设备之一，设置在反应器的中上部，其主要功能是：收集厌氧反应过程中所产生的沼气，拦截和滞留厌氧活性污泥，保证出水水质。

② 进水布水系统的设置　均匀布水系统也是UASB反应器的关键设备之一，设置在反应器底部，其主要功能是：保证进水均匀分配在整个反应器的截面上，保证厌氧污泥均匀接触原废水；避免局部超负荷和局部酸化。

③ 颗粒污泥的形成　厌氧颗粒污泥的形成是UASB反应器最突出的特点，也是其获得极高处理效能的前提之一。在UASB反应器内能形成具有良好沉降性能和较高厌氧活性的厌氧颗粒污泥，因而在反应器底部能够形成污泥床或污泥层。

因此，在处理有机废水时，与其他高效厌氧反应器如厌氧接触法工艺和厌氧生物滤池工艺等相比，UASB反应器具有如下主要特点。

① 污泥浓度高，污泥龄长　颗粒污泥的形成，使反应器内的污泥浓度可高达50gVSS/L以上；颗粒污泥良好的沉降性能，以及三相分离器较高的固液分离效果，可使污泥龄达到30d以上。

② 容积负荷高　由于污泥浓度很高，因此UASB反应器可具有很高的容积负荷，所需HRT很短。

③ 适合于处理多种废水　UASB反应器适合于处理各种不同类型的废水。在早期，UASB反应器的主要处理对象是各种高、中浓度的有机工业废水，目前，UASB反应器在处理低浓度的城市污水和生活污水方面也具有很好的发展前景。

④ 处理效果高，出水水质好　在UASB反应器内设置有三相分离器和沉淀区，集生物反应和沉淀分离于一体，因此其结构紧凑，出水水质好。

⑤ 结构简单　与厌氧生物滤池相比，UASB反应器内无须填充填料，节省了费用，而且提高了容积利用率。与厌氧接触法工艺相比，UASB反应器内部无须设置搅拌设备，因为当其在较高容积负荷下运行时，进水所产生的上升水流以及沼气所形成的上升气流就可以起到搅拌作用。

（4）内循环厌氧（IC）反应器

内循环（internal circulation，IC）厌氧反应器是在UASB反应器的基础上发展起来的高效厌氧生物反应器，它被两层三相分离器分隔成第一厌氧反应区、第二厌氧反应区、沉淀区以及气液分离器，通过升流管、降流管将第一厌氧反应区与气液分离器相连。实际上是由两个上下重叠的UASB反应器串联而组成的，由下部的第一个UASB反应器产生的沼气作为提升混合液的内动力，使部分混合液通过升流管上升到气液分离器，脱气后的混合液再通过降流管回流到第一厌氧反应区的底部，由此实现了第一厌氧反应区内混合液的内循环，使废水获得了强化预处理。上部的第二个UASB反应器对废水继续进行后处理，使出水达到预期的处理要求。

与其他高效厌氧生物反应器相比，内循环厌氧反应器具有如下优点：

① 有机负荷高，基建投资省，占地面积小。

② 抗冲击负荷的能力强，运行稳定性好。

③ 内循环无需外加动力。

虽然内循环厌氧反应器具有如此多的优点，但其内部结构比较复杂，对工艺设计的要求较高，而且在其运行管理过程中所需要的技术水平也较高，这在一定程度上限制了内循环厌氧反应器的大量推广应用。

(5) 厌氧膨胀颗粒污泥床（EGSB）反应器

厌氧膨胀颗粒污泥床（expanded granular sludge blanket，EGSB）反应器也是在UASB反应器的基础上发展起来的新一代更高效的厌氧反应器。与UASB反应器相比，它们最大的区别在于反应器内液体上升流速的不同，在UASB反应器中，水力上升流速一般小于1m/h，污泥床更像一个静止床，而EGSB反应器通过采用出水循环，水力上升流速一般可超过5～10m/h，所以整个颗粒污泥床是膨胀的。EGSB反应器这种独有的特征使它可以进一步向着空间化方向发展，反应器的高径比可高达20或更高。因此对于相同容积的反应器而言，EGSB反应器的占地面积大为减少，同时出水循环的采用也使反应器所能承受的容积负荷大大增加，最终可减小反应器的体积。除反应器主体外，EGSB反应器的主要组成部分有进水分配系统、气-液-固三相分离器以及出水循环部分。

作为对UASB反应器的改进，EGSB反应器在处理低温低浓度污水、高浓度有毒性的工业废水方面有着优势。

6.3.2 厌氧生物膜法

厌氧生物膜法主要具有如下特点：微生物不呈悬浮生长状态，而是呈附着生长状态；有机容积负荷 N_v 大大提高，水力停留时间（HRT）显著缩短。厌氧生物膜法工艺最初应用于高浓度有机工业废水的处理，如食品工业废水、酒精工业废水、发酵工业废水、造纸废水、制药工业废水、屠宰废水等；后来也开始应用于城市废水的处理。如果与好氧生物处理工艺进行串联或组合，还可以同时实现脱氮和脱磷，并对含有难降解有机物的工业废水具有较好的处理效果。

(1) 厌氧生物滤池（AF）

厌氧生物滤池（anaerobic filter，AF）是一个内部填充有可供厌氧微生物附着生长的填料的厌氧反应器。根据废水在厌氧生物滤池中流向的不同，可分为升流式厌氧生物滤池、降流式厌氧生物滤池和升流式混合型厌氧生物滤池三种形式。

从工艺运行的角度看，厌氧生物滤池具有以下特点：

① 厌氧生物滤池中的厌氧生物膜的厚度约为1～4mm。

② 与好氧生物滤池一样，其生物固体浓度沿滤料层高度而变化。

③ 降流式较升流式厌氧生物滤池中的生物固体浓度的分布更均匀。

④ 厌氧生物滤池适合于处理多种类型、浓度的有机废水，其有机负荷为0.2～16kgCOD/(m^3·d)。

⑤ 当进水的COD浓度过高（>8000～12000mg/L）时，应采取出水回流的措施；减少碱度的要求；降低进水COD浓度；增大进水流量，改善进水分布条件。

与传统的厌氧生物处理工艺相比，厌氧生物滤池的突出优点是：生物固体浓度高，有机负荷高；污泥停留时间（SRT）长，可缩短水力停留时间（HRT），耐冲击负荷能力强；启动时间较短，停止运行后的再启动也较容易；无需回流污泥，运行管理方便；运行稳定性较好。其主要缺点是易堵塞，会给运行造成困难。

（2）厌氧膨胀床和厌氧流化床

厌氧膨胀床反应器（anaerobic expanded bed reactor）和厌氧流化床反应器（anaerobic fluidized reactor）是固体流态化技术在废水生物处理中的应用，其特点是：

① 流态化技术强化了厌氧生物反应器中的传质过程，提高了反应速率；

② 采用小粒径颗粒物作为微生物附着生长的载体，比表面积大，微生物浓度高；

③ 流态化的实现避免了固定床生物膜反应器（如好氧或厌氧生物滤池）易堵塞的缺点。

因此，厌氧膨胀床反应器和厌氧流化床反应器具有很高的废水处理效率、很高的有机容积负荷和较小的占地面积。

厌氧膨胀床反应器与厌氧流化床反应器的区别是反应器内的水力上升流速和生物膜颗粒载体的膨胀率不同。

（3）厌氧生物转盘

厌氧生物转盘的基本原理和构造与好氧生物转盘类似，即主要由盘片、传动轴与驱动装置、反应槽等部分组成。

在厌氧生物转盘中，转盘盘片的所有部分全部浸没在废水中。厌氧微生物附着生长在转盘的表面，形成厌氧生物膜，转盘在废水中转动的过程中，盘片表面的厌氧微生物就会从废水中摄取生长代谢所需要的有机物和其他营养物质，并最终转化为甲烷和二氧化碳。

与其他厌氧生物膜反应器类似，在厌氧生物转盘反应器中，厌氧细菌主要附着生长在转盘盘片的表面，以生物膜的形式存在于反应器中，因此可以保持较长的污泥停留时间。

厌氧生物转盘的主要特点是：微生物浓度高，有机负荷高，水力停留时间短；废水沿水平方向流动，反应槽高度小，节省了提升高度；一般不需回流；不会发生堵塞，可处理含较高悬浮固体的有机废水；多采用多级串联，厌氧微生物在各级中分级，处理效果更好；运行管理方便；但盘片的造价较高。

6.3.3 两相厌氧消化工艺

两相厌氧消化工艺是在20世纪70年代后期随着厌氧微生物学的研究不断深入应运而生的，它着重于工艺流程的变革，而不是像上述多种现代高速厌氧反应器那样着重于反应器构造的变革。

其基本出发点是：在单相厌氧反应器中，存在着脂肪酸的产生与被利用之间的平衡，维持两类微生物之间的协调与平衡十分不易；两相厌氧消化工艺就是为了克服单相厌氧消化工艺的上述缺点而提出的；两个厌氧反应器中分别培养发酵细菌和产甲烷菌，并控制不同的运行参数，使其分别满足两类不同细菌的最适生长条件；厌氧反应器可以采用前述任一种反应器，二者可以相同也可以不同。

在两相厌氧工艺中，最本质的特征是实现相的分离，主要方法有：①化学法，通过投加抑制剂或调整氧化还原电位，抑制产甲烷菌在产酸相中的生长；②物理法，采用选择性的半透膜使进入两个反应器的基质有显著的差别，以实现相的分离；③动力学控制法，利用产酸菌和产甲烷菌在生长速率上的差异，控制两个反应器的水力停留时间，使产甲烷菌无法在产酸相中生长。目前应用最多的相分离方法是最后一种，即动力学控制法。但实际上很难做到相的完全分离。

与常规的单相厌氧生物处理工艺相比，两相厌氧工艺主要具有如下优点：

① 有机负荷比单相工艺明显提高。

② 产甲烷相中的产甲烷菌活性得到提高，产气量增加。

③ 运行更加稳定，承受冲击负荷的能力较强。

④ 当废水中含有 SO_4^{2-} 等抑制物质时，其对产甲烷菌的影响由于相的分离而减弱。

⑤ 对于复杂有机物（如纤维素等），可以提高其水解反应速率，因而提高了其厌氧消化的效果。

6.4 厌氧生物处理技术的主要特征

厌氧生物处理技术应用于废水处理，在应用范围、占地、生态与能源等方面都具有显著的特点，是一种值得推广的技术，但厌氧生物处理方法用于大规模的工业废水处理尚不完善，仍具有一定的局限性。

6.4.1 厌氧生物处理技术的优点

与废水的好氧生物处理相比，废水的厌氧生物处理工艺具有以下主要优点。

① 厌氧生物处理工艺在处理废水的同时能够产生沼气，通过沼气的利用实现资源和能源的有效回收，推动生态的良好循环。从严格意义上讲，废水中的有机污染物是人们在各项生产、生活活动过程中流失的或无法利用而“放错了地方”的资源，如果不加以合理利用或处置，就会对自然生态和人类自身造成污染和侵害，而通过这种方式加以利用，有效提高了资源的利用效率，同时减轻甚至消除了污染。因此，可以说厌氧生物处理工艺是一项节约能源、符合生态平衡要求的技术。

② 厌氧生物处理工艺可以直接处理高浓度有机废水，而不需要像多数好氧生物处理工艺一样需要大量的稀释水。随着水资源的日益紧缺，生产企业节水意识的不断提高，排水量逐渐减少，废水浓度不断提高，厌氧生物处理工艺恰恰在此时能够适应这一水质的变化，充分发挥其工艺优势。

③ 厌氧生物处理工艺相对于好氧生物处理工艺剩余污泥产生量少，处理同样数量的废水仅产生相当于好氧生物处理 1/10～1/6 的剩余污泥，而且污泥高度无机化，污泥脱水容易，污泥处置费用低，有时还可用作农肥或新运行厌氧反应器的接种污泥。这是由于在厌氧生物处理过程中废水中的大部分有机污染物都被用来产生沼气（包括甲烷和二氧化碳）了，用于细胞合成的有机物相对来说要少得多；同时，厌氧微生物的增殖速率比好氧微生物低得多，产酸菌的产率系数一般为 0.15～0.34kgVSS/kgCOD，产甲烷菌的产率系数仅为 0.33kgVSS/kgCOD 左右，而好氧微生物的产率系数约为 0.25～0.6kgVSS/kgCOD。

④ 厌氧生物处理工艺对营养物的需求量较小。一般好氧生物处理工艺对主要营养需求的比例为 BOD_5：N：P＝100：5：1，而厌氧生物处理工艺的比例关系为（350～500）：5：1。由于高浓度有机废水多数含有较丰富的碳、氮和磷以及多种微量元素，因此采用厌氧生物处理工艺常常不需添加营养物。

⑤ 厌氧生物处理工艺设备负荷高，占地少，投资省。一般情况下，厌氧生物反应器的容积负荷要比好氧法高得多，特别是新型高速厌氧生物反应器更是如此，因此其反应器体积小、占地少，相应投资也更省，这一优点对于人口稠密、地价昂贵的地区是非常重要的。

⑥ 厌氧生物反应器中的污泥可以在停止进水的情况下保持良好的活性至少一年以上，而

恢复进水后很快就能达到原来的负荷水平，这一特点使其能够间断性或季节性地良好运行，非常适合一些季节性生产行业，如糖厂、酒厂等的需要。

⑦ 厌氧生物处理工艺具有较好的处理难生物降解有机废水的能力。厌氧微生物具有对某些好氧微生物不能降解的有机物进行降解或部分降解的功能，因此，对于某些含有难降解有机物的废水，利用厌氧工艺进行处理可以获得更好的处理效果，或者可以利用厌氧生物处理工艺作为预处理工艺，提高废水的可生化性，然后再利用好氧生物处理工艺继续进行处理，可以获得比单独采用好氧生物处理工艺好得多的处理效果。

⑧ 厌氧生物处理技术是非常经济的技术。在废水处理的直接成本方面，一般情况下厌氧生物处理工艺要比好氧生物处理工艺便宜得多，特别是对中等以上浓度（COD＞1500mg/L）的废水更是如此，主要原因在于动力的大量节省、营养物添加费用和污泥脱水费用的减少，即使不计沼气作为能源所带来的效益，厌氧生物处理工艺也能比好氧生物处理工艺节省成本一半以上，如果所产沼气能被利用，则费用更会大大降低，甚至可能会产生一定的利润。

⑨ 厌氧生物处理工艺在处理含氯化溶剂、丙烯酸等挥发性有机物或含表面活性剂的废水时，能够有效避免好氧生物处理工艺过程存在的起泡和将挥发性污染物吹脱到大气中造成二次污染等问题，而且还可以将某些好氧生物无法降解的高氯化脂肪族和芳香族化合物有效消化，从而降低废水中氯化有机物的毒性，这一点在因为氯漂白而使废水中含有大量氯化有机物的制浆和造纸废水的非甲烷化厌氧生物处理过程中得到了证实。

6.4.2 厌氧生物处理技术的缺点

尽管厌氧生物处理工艺的优点是非常具备竞争力的，但它也不可避免地存在着自身的缺点，毕竟厌氧生物处理技术应用于大规模工业废水处理的发展尚不充分，还有很多需要进一步完善的地方。

① 厌氧生物处理过程中所涉及的生化反应过程较复杂，因为厌氧消化过程是由多种不同性质、不同功能的厌氧微生物协同工作的一个连续的生化过程，不同种属间细菌的相互配合或平衡较难控制，因此在运行厌氧生物反应器的过程中需要很高的技术水平。

② 厌氧微生物特别是其中的产甲烷菌对温度、pH 值等环境因素非常敏感，会使得厌氧生物反应器的运行和应用受到很多限制。

③ 虽然厌氧生物处理工艺在处理高浓度的工业废水时常常可以达到很高的处理效果，但一般情况下，厌氧生物反应器的出水浓度比较高，很难直接达到排放要求，需要采用好氧生物处理工艺进一步处理才能达到二级以上的排放标准。

④ 厌氧微生物对有毒物质比较敏感，同时由于进水浓度高，废水中相应的各种有毒物质浓度也比较高，因此，如果对废水中有毒物质的状况了解不够或操作不当，可能会导致厌氧生物反应器运行失稳。不过随着各种有毒物质对微生物影响情况、微生物可驯化性以及有毒物质预处理技术等各方面的研究进展，这一问题正在逐步得到解决。

⑤ 当废水中含有浓度较高的含硫化合物尤其是硫酸盐时，采用厌氧生物处理工艺由于会产生大量的硫化物，会对正常的厌氧生物处理过程产生不利影响，如果控制不好，甚至会导致运行的失败，同时产生的沼气中 H_2S 的浓度升高，必须进行有效净化才能利用。这一系列的问题会导致厌氧生物处理系统非常复杂，进一步增加了操作管理的难度和运行的成本。

⑥ 厌氧生物处理工艺产生的沼气是很好的能源，但由于它的主要成分甲烷的爆炸极限很低，在空气中浓度达到 5%～15%，遇火花就会发生爆炸，因此，厌氧生物处理系统的防火、防爆要求较高，相应会增加废水处理站与周围设施的安全间距、设备投资以及运行管理的难度。

⑦ 厌氧生物处理过程中会产生硫化氢、氨、硫醇、吲哚等恶臭气味物质，虽然产物收集系统可将其中大部分收集并处理，但相当一部分会随着厌氧生物反应器的出水而释放出来，如不采取收集和处理手段，会造成影响更大的恶臭污染，而且硫化氢、氨等还具有一定的毒性和腐蚀性。

⑧ 一般来说，厌氧生物处理工艺对废水中氨氮的去除效果较差，除了厌氧细菌在其生长过程中需要吸取部分氨氮作为其合成细胞物质时所需要的氮源外，厌氧生物处理过程不会导致废水中氨氮浓度的降低，而且在通常情况下，原废水中含有的有机氮还会由于厌氧降解而被转化为氨氮，最终导致厌氧生物反应器的出水中氨氮浓度与进水相比还会略有升高。

但最新的研究表明，氨氮也可以在厌氧条件下被转化为氮气，但是必须在进水中同时提供适量的亚硝酸盐，这样的一种新工艺就是目前废水生物脱氮领域内的一个研究热点，称为“厌氧氨氧化”工艺。但该工艺的运行成功需要多方面的专门技术，不是在普通厌氧生物反应器内就会自发进行的。

⑨ 厌氧微生物增殖较慢，因而厌氧生物反应器的初次启运过程缓慢，一般需要 8～12 周时间。虽然这个问题可通过增加接种污泥量的方式加以解决，但会增加相应的工作量和费用。

⑩ 厌氧微生物在低温条件下的动力学速率低，对于一些温度较低的废水，需要对废水进行加热升温才能满足正常运行的要求。因此一般厌氧生物反应器采用中温（35～38℃）或高温（50～55℃）方式运行。如果能充分利用某些废水的高温条件进行高温厌氧生物处理，则既可减少降温费用，又可提高厌氧生物处理的效率。

⑪ 对于浓度较低的碳水化合物废水如啤酒废水，采用厌氧生物工艺时可能需要补充碱度，增加一定的药剂费用。

6.5 厌氧生物处理过程的动力学

厌氧生物反应器的类型和运行方式不同，其动力学方程也不一样。常用的动力学模型有如下几种。

6.5.1 稳态的完全混合反应器

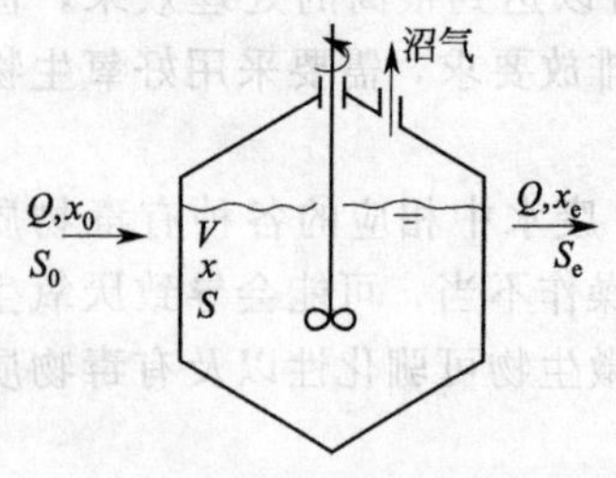

图 6-9 稳态的完全混合厌氧生物反应器

稳态的完全混合厌氧生物反应器的工作条件如图 6-9 所示，传统的厌氧生物处理系统的运行方式与此相似。图 6-9 中 Q 为进水流量，V 为反应器容积，S_0、S 和 S_e 分别为进水中、反应器内和出水中的底物浓度，x_0、x 和 x_e 分别为进水中、反应器内和出水中的微生物（污泥）浓度。

对于稳态的完全混合反应器，$x_e=x$，$S_e=S$。如果假设进水中不含活性微生物，即 $x_0=0$，则反应器的水力停留时间 θ 为：

$$\theta=\frac{V}{Q} \tag{6-15}$$

而微生物固体的停留时间 θ_c（污泥龄）为：

$$\theta_c=\frac{Vx}{Qx_e}=\frac{V}{Q}=\theta \tag{6-16}$$

即污泥龄和水力停留时间相等，这时可以用控制废水流量来控制污泥龄。加大流量将使 θ_c 减小。

由系统污泥的物料平衡，可导出污泥浓度的计算式为：

$$x=\frac{Y(S_0-S_e)}{1+K_d\theta_c} \tag{6-17}$$

式中　Y——污泥理论产率，kg（生物量）/kg（降解的 BOD_5）；

K_d——污泥内源呼吸率，d^{-1}。

为了在厌氧生物反应器中保持高的微生物浓度，应使 θ_c 尽量大。由于 $\theta_c=\frac{S_0}{L_v}$，则反应器的容积有机负荷 $L_v=\frac{QS_0}{V}=\frac{S_0}{\theta_c}$，因此在一定的容积有机负荷下，为了增大 θ_c，就必须提高进水中的有机物浓度 S_0。

在废水的厌氧生物处理实践中，如果采用此类厌氧生物反应器，S_0 要求在 20000mgCOD/L 以上。如以 S_0＝20000mgCOD/L，L_v＝2.0kgCOD/(m^3·d) 为例，则

$$\theta_c=\frac{S_0}{L_v}=\frac{20}{2}\text{d}=10\text{d}$$

假设厌氧生物反应器的 COD 去除率为 90％，每去除 1kgCOD 的微生物增长量为 0.1kg，则 x_e＝0.1×18000mg/L＝1800mg/L。因 $x=x_e$，所以反应器内的生物污泥浓度也应是 1800mg/L。由此可见，在无回流的稳态完全混合反应条件下，即使将进水中的 COD 浓度提高到 20000mg/L，理论上厌氧生物反应器中可维持的微生物浓度仍是很低的。为了提高污泥浓度，在普通厌氧生物反应器的实际运行中，一般采用间歇操作，从反应器中排出消化液之前，停止搅拌，使污泥沉淀；或在消化反应器上部加设分离器，即使连续出水，也可以达到分离生物污泥的目的，此时出水中 $x_e \ll x$。

完全混合反应器的底物去除速率 R 为：

$$R=\frac{Q(S_0-S_e)}{V}=\frac{S_0-S_e}{\theta_c} \tag{6-18}$$

由此可见，若 θ_c 减小，则 R 增大，但如果 θ_c 接近最小值 θ_{cmin}，则系统失去降解有机物的能力，$S_e \rightarrow S_0$，$R \rightarrow 0$。在 $\theta_c>\theta_{cmin}$ 后，R 迅速上升至最大值 R_{max}，而后则随 θ_c 增大而缓慢下降。为了取得一定的处理效率，θ_c 必须大于与此生长率 u_0 对应的值 θ_{cmin}，即：

$$\theta_c>\theta_{cmin}=\frac{1}{u_0}=\frac{K_s+S_0}{u_{max}S_0} \tag{6-19}$$

式中的饱和常数 K_s 和微生物最大比增长速度 u_{max} 为试验值或经验数据。因此，θ_{cmin} 只与 S_0 有关。当 K_s＝5000mgCOD/L、u_{max}＝0.3d^{-1}、t＝30℃时，根据式（6-19）即可求出不同进水 COD 情况下的 θ_{cmin} 值，其结果示于图 6-10，图 6-10 中的阴影部分是不稳定区，根据国内外的经验，设计所采用的 θ_c 一般比 θ_{cmin} 大 2～10 倍，如图 6-10 中虚线所示的范围。

对于 $x>x_e$ 的完全混合厌氧生物处理系统，有机负荷 L_v 可由下式求得：

$$L_v=\frac{S_0}{\theta}=\frac{S_0(x/x_e)}{\theta_c f}=\frac{u_{max}S_0^2 r}{(K_s+S_0)f} \tag{6-20}$$

式中　f——设计采用的安全系数，$f>1$；

x/x_e——污泥停留因素，常记作 r。

从式（6-20）可以看出，当 S_0 一定时，L_v 除了与动力学参数 u_{max}、K_s 有关之外，还直接与 r 有关。随着 r 值增大，所允许的 L_v 增大。当 u_{max}＝0.3d^{-1}、K_s＝5000mgCOD/L、t＝30℃和 f＝3 时，L_v 与 S_0、r 的关系如图 6-11 所示。

6.5.2 有回流的完全混合反应器

厌氧接触法是典型的带污泥回流的系统，如图 6-12 所示。

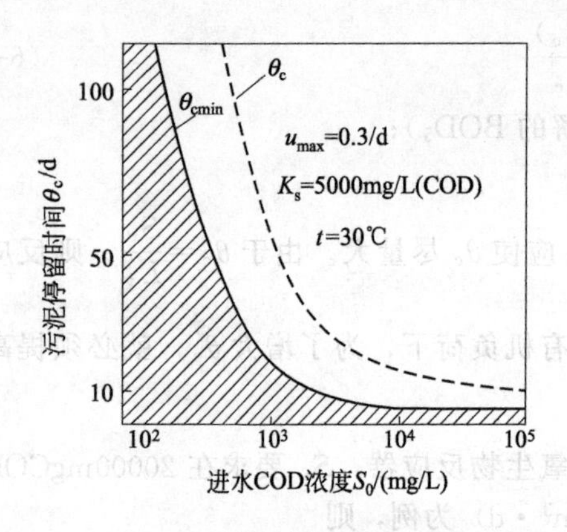

图 6-10 θ_{cmin}和设计采用的θ_c与进水浓度的关系

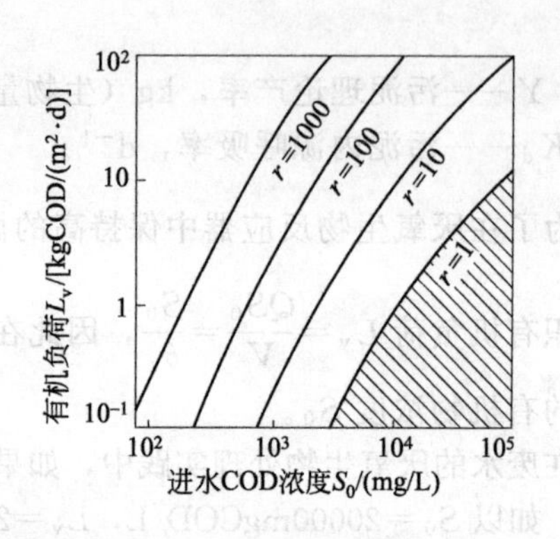

图 6-11 进水有机物浓度（S_0）和污泥停留因素 r 与允许的有机负荷 L_v 的关系

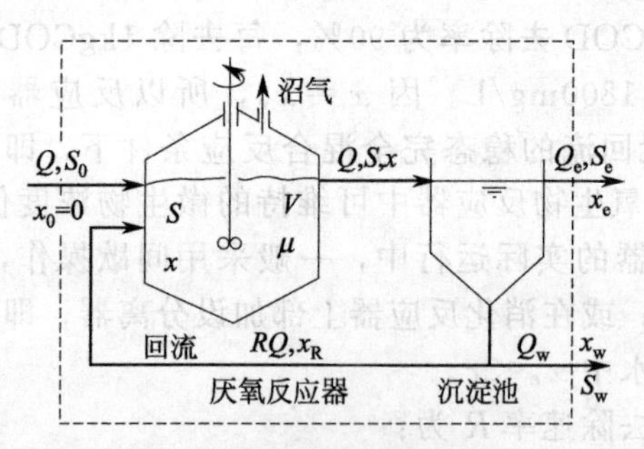

图 6-12 厌氧接触消化工艺

如果该系统只从沉淀池上清液中带走污泥，即 $x_w=Q_w=S_w=0$，则可将厌氧生物反应器与沉淀池视为整体（如图 6-12 中虚框所示），上述无回流条件下推导的动力学方程均可适用。如用式（6-19）分析厌氧接触系统，由于加设沉淀池后，x_e 减小，x 增大，则 r 也增大，因此在相同的 S_0 和 θ 条件下，能使系统承担的有机负荷提高，工作稳定性增大。

如果定期从沉淀池底排出部分剩余污泥，则由厌氧系统的物料衡算，可推出：

$$\frac{1}{\theta_c}=\frac{YKS_e}{K_s+S_e}-K_d=\frac{Q}{V}\left(1+R-R\frac{x_R}{x}\right) \tag{6-21}$$

$$x=\frac{\theta_c Y(S_0-S_e)}{\theta(1+K_d\theta_c)} \tag{6-22}$$

$$S_e=\frac{K_s(1+K_d\theta_c)}{\theta_c(YK-K_d)-1} \tag{6-23}$$

$$\frac{1}{\theta_{cmin}}=Y\frac{KS_0}{K_s+S_0}-K_d \tag{6-24}$$

式中 θ_c——污泥停留时间（泥龄），d；

Y——污泥理论产率，kg（生物量）/kg（降解的 BOD_5）；

K——BOD_5 降解速率常数，d^{-1}；

S_e——沉淀池出水 BOD_5 浓度，mg/L；

K_s——饱和常数，mg/L；

K_d——污泥内源呼吸率，d^{-1}；

Q——反应器的设计流量，m^3/d；

V——反应器的体积，m^3；

R——回流比；

x_R——回流液的浓度，mg/L；

x——反应器流出液浓度，mg/L；

S_0——反应器进水 BOD_5 浓度，mg/L；

θ——水力停留时间，d。

6.5.3 厌氧生物膜反应器

在厌氧生物膜反应器中，有机物的降解经历传质-反应过程，其传递过程可能是该厌氧生物处理过程的速率限制步骤。

对厌氧生物滤池的研究发现，底物的降解与气体的产生主要发生在滤器的底部。随着底部形成的气泡迅速上升，液体向下补充空间，造成液体的上下运动，在滤器内部产生了一定程度的返混。因此，将厌氧滤器当作完全混合反应器处理更为合理。

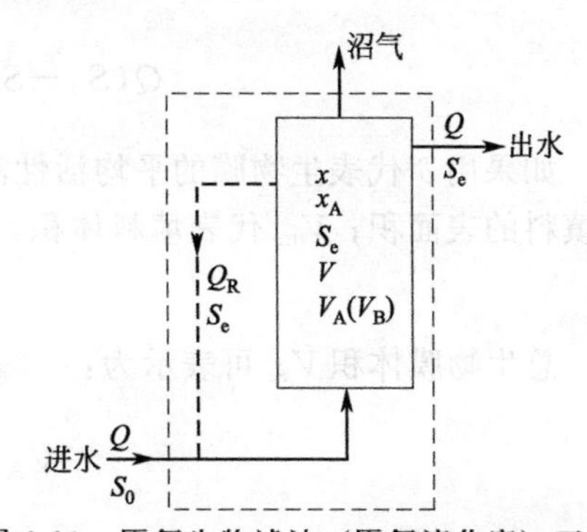

图 6-13 厌氧生物滤池（厌氧流化床）工艺

现假设厌氧生物膜反应器是一个全混均质系统，如图 6-13 所示。对系统内的底物作物料衡算，有：

$$-\frac{dS}{dt}V=QS_0-QS_e-\left[\left(\frac{-dF}{dt}\right)_A V_A+\left(\frac{-dF}{dt}\right)_B V_B\right] \tag{6-25}$$

式中 $\left(\frac{-dF}{dt}\right)_A$——生物膜降解底物的速率；

$\left(\frac{-dF}{dt}\right)_B$——悬浮生长的污泥降解底物的速率；

V_A——附着于填料上的生物膜体积；

V_B——悬浮生长的污泥的体积。

其他符号意义同 6.5.1 节。

由于在厌氧生物滤池中，填料的表面积很大，附着的生物量远大于悬浮的生物量，而且悬浮的污泥主要是一些从填料上脱落的老化生物膜，其活性较差，因而悬浮生物降解的底物量与生物膜去除的底物量相比，可以忽略不计，则式 (6-25) 可简化为：

$$-\frac{dS}{dt}V=QS_0-QS_e-\left(\frac{-dF}{dt}\right)_A V_A \tag{6-26}$$

如果忽略内源代谢产生的污泥量，则生物膜增长与底物利用的关系为：

$$\left(\frac{dx}{dt}\right)_A=Y_A\left(\frac{-dF}{dt}\right)_A \tag{6-27}$$

式中 $\frac{dx}{dt}$——生物膜增长速率；

Y_A——生物膜理论产率，kg，生物量/kg（降解的 BOD_5）。

对生物膜的 Monod 方程可写为：

$$\mu_A=\frac{(dx/dt)_A}{x_A}=\frac{(\mu_{max})_A S_e}{K_{sA}+S_e} \tag{6-28}$$

式中 μ_A——生物膜的比生长速率，s^{-1}；

x_A——生物膜上微生物浓度，mg/L；

$(\mu_{max})_A$——生物膜的最大比生长速率，s^{-1}；

S_e——限制性底物浓度，mg/L；

K_{sA}——饱和常数，即当 $\mu=\frac{1}{2}\mu_{max}$ 时的底物浓度，mg/L。

由式（6-27）和式（6-28）可得：

$$\left(\frac{-\mathrm{d}F}{\mathrm{d}t}\right)_A=\frac{\mu_A x_A}{Y_A}=\frac{(\mu_{max})_A x_A}{Y_A}\frac{S_e}{K_{sA}+S_e} \tag{6-29}$$

将式（6-29）代入式（6-26），且在稳态条件下，即 $\frac{\mathrm{d}S}{\mathrm{d}t}=0$，得到：

$$Q(S_0-S_e)=\frac{(\mu_{max})_A}{Y_A}x_A V_A\frac{S_e}{K_{sA}+S_e} \tag{6-30}$$

如果用 δ 代表生物膜的平均活性深度，即生物膜厚度；A_m 代表填料比表面积，即单位体积填料的表面积；V_m 代表填料体积，则生物膜表面积 A 可表示为：

$$A=A_m V_m \tag{6-31}$$

总生物膜体积 V_A 可表示为：

$$V_A=V_m A_m\delta=A\delta=\frac{x_A}{\rho_A}V \tag{6-32}$$

式中 ρ_A——生物膜的密度。

由此，式（6-30）可表示为：

$$\frac{Q(S_0-S_e)}{A}=\frac{(\mu_{max})_A}{Y_A}\frac{\rho_A A\delta}{A}\frac{S_e}{K_{sA}+S_e} \tag{6-33}$$

式（6-33）的左端表示填料生物膜单位表面积的底物降解速率，以 $N_s[ML^{-2}T^{-1}]$ 表示；右端的 $\frac{(\mu_{max})_A}{Y_A}\frac{\rho_A A\delta}{A}$ 表示填料生物膜单位表面积的最大底物降解速率，以 $N_{smax}[ML^{-2}T^{-1}]$ 表示。将 N_s 和 N_{smax} 代入式（6-33），便可得厌氧生物滤池底物降解速率的动力学模式：

$$N_s=\frac{N_{smax}S_e}{K_{sA}+S_e} \tag{6-34}$$

显然，式（6-34）与 Monod 公式形式相同。

如果底物中存在着微生物不可降解的物质，其浓度为 S_n，则式（6-34）可表示为：

$$N_s=\frac{N_{smax}(S_e-S_n)}{K_{sA}+(S_e-S_n)} \tag{6-35}$$

反应动力学参数 N_{smax} 和 K_{sA} 可通过试验确定，对于某种废水和填料，在一定的环境条件下可求得相应的参数值。

生物膜表面面积底物降解速率的模式说明，提高滤池填料的表面面积，即增加生物膜的表面面积，可以提高设备的处理能力。

厌氧流化床同属厌氧生物膜法。由于回流使载体流态化，流化床便处于完全混合型水流流态，只要把反应器与回流设备视为整体，如图 6-13 所示，由厌氧滤池所推导的生物膜表面面积底物降解速率的动力学模式均可适用。

6.5.4 厌氧生物处理过程动力学参数的测定

为了将上述推导的厌氧生物处理过程的动力学方程应用于工程设计，必须确定方程中的有关常数。这些常数值可以在实验室测定，也可以通过整理废水处理厂实际运行数据得到。表 6-2 给出了几种底物厌氧生物处理过程的动力学常数，可供设计时参考。

表 6-2　厌氧生物处理过程的动力学常数

底物种类	K/d^{-1}	K_s/(mg/L)	K_d/d^{-1}	Y/(mgVSS/mgBOD_5)	常数计算基础	θ_{cmin}/d^{-1}	温度/℃
乙酸	3.6	2130	0.015	0.040	COD	7.8	20
乙酸	4.7	869	0.011	0.054	乙酸	4.2	25
乙酸	8.1	154	0.015	0.044	乙酸	3.1	35
丙酸	9.6	32	—	—	丙酸	—	35
丁酸	15.6	5	—	—	丁酸	—	35
合成奶废水	0.38	24.3	0.07	0.37	COD	—	20～25
罐头厂废水	0.32	5.5	0.17	0.76	BOD	—	35

Lawrence根据试验结果指出，温度对Y和k_d值的影响不大，设计时可看作不随温度变化的常数。对于低脂型废水可采用Y=0.044mgVSS/mgBOD_5，K_d=0.019d^{-1}；对于高脂型混合废水，如城市污水污泥，可采用Y=0.04mgVSS/mgBOD_5，K_d=0.015d^{-1}。

参 考 文 献

[1]　唐受印，戴友芝．水处理工程师手册［M］．北京：化学工业出版社，2001.
[2]　买文宁．生物化工废水处理技术及工程实例［M］．北京：化学工业出版社，2002.
[3]　王绍文，罗志腾，钱雷．高浓度有机废水处理技术与工程应用［M］．北京：冶金工业出版社，2003.
[4]　周正立，张悦．污水生物处理应用技术及工程实例［M］．北京：化学工业出版社，2006.
[5]　张可方，李淑更．小城镇污水处理技术［M］．北京：中国建筑工业出版社，2008.
[6]　王郁，林逢凯．水污染控制工程［M］．北京：化学工业出版社，2008.

第7章 厌氧活性污泥法处理工艺

厌氧活性污泥处理系统中，为了促进活性污泥与废水的接触与混合，需要进行机械搅拌或水力搅拌。可通过严格工艺条件以实现不同的厌氧生化过程，以形成不同的厌氧活性污泥处理工艺，如厌氧水解酸化、普通厌氧消化池、厌氧生物接触工艺、升流式厌氧污泥床反应器等。

7.1 厌氧水解酸化

根据微生物的分段厌氧发酵过程理论，厌氧生物处理可分为厌氧水解酸化处理过程和厌氧发酵产甲烷处理过程。前者是将厌氧发酵过程控制在水解酸化阶段，后者是全程厌氧发酵过程。

厌氧水解酸化一般用作有机污染物的预处理工艺，通过厌氧水解酸化可使废水中一些难降解的大分子有机物转化为易于生物降解的小分子物质如低分子有机酸、醇等，从而使废水的可生物降解性得到提高，以利于后续的好氧生物处理。其中生物水解是指复杂的非溶解性有机底物被微生物转化为溶解性单体或二聚体的过程，虽然在好氧、厌氧和缺氧条件下均可发生有机底物的生物水解反应，但作为废水的预处理措施，通常指厌氧条件下的水解；生物酸化是指溶解性有机底物被厌氧、兼性菌转化为低分子有机酸的生化反应。

7.1.1 水解酸化的过程控制

在有机底物的水解酸化过程中，大分子、难降解的有机底物被转化为挥发性脂肪酸（VFA），过程中附带一系列的变化，如 pH 的降低、VFA 浓度升高、溶解性 BOD_5/COD 升高等，而这些转变又取决于适宜的控制条件。

在影响水解酸化过程形成的因子中，最重要的是有机底物的污染负荷。由于污泥负荷受进水底物浓度和水力停留时间的双重调节，并与反应器中的污泥浓度有关，因而最能说明微生物的底物承受程度。在水解酸化的初期，污泥负荷的大小与出水的 pH 值直接相关，进而决定不同的发酵酸化类型。研究表明，当有机底物的污泥负荷小于 1.8kgCOD/(kgMLVSS·d) 时，出水 pH＞5.0，这时发酵过程的末端产物主要为丁酸；当有机底物的污泥负荷为 1.8～3kgCOD/(kgMLVSS·d) 时，出水 pH 值在 4.0～4.8 之间，这时出现混合酸发酵类型向乙醇发酵的动态转变；当污泥负荷大于 3kgCOD/(kgMLVSS·d) 时，pH 值降到 4.0 以下，甚至

3.5左右。由于pH=4.0是所有产酸细菌所能承受的下限值，因此在实际工程中，应控制初期运行中有机底物的污泥负荷不超过3kgCOD/(kgMLVSS·d)，以保证发酵酸化过程的顺利形成。

7.1.2　水解酸化池的设计

水解酸化池的设计包括池型选择、池容积及尺寸计算、布水和出水系统设计等。

(1) 池型选择

水解酸化池的池型可根据废水处理厂场地的具体条件而定，可为矩形或圆形，比较而言，矩形池较圆形池更利于平面布置和节约用地。为了便于检修，池子个数一般为2个以上。采用矩形池，池子的长宽比宜为2∶1左右，单池宽度宜小于10m，以利于均匀布水和维修管理。

为了促进废水与池内厌氧活性污泥均匀充分地接触与混合，可从两方面采取措施：一是在池内设机械搅拌装置，可在圆形水解酸化池中部布置或沿矩形水解酸化池的池长布置，如图7-1所示；二是均匀布水，布水管可设置在池子上部或底部，有一管一孔布水（池子上部）、一管多孔布水（池子底部）和分支式布水（池子底部）等形式，如图7-2所示。其中一管多孔布水方式的布水管管径宜大于100mm，管中心距池底20～25cm，孔口流速不小于2.0m/s；分支式布水的出水口向下布置，距池底20cm。以上两种方式可结合使用。

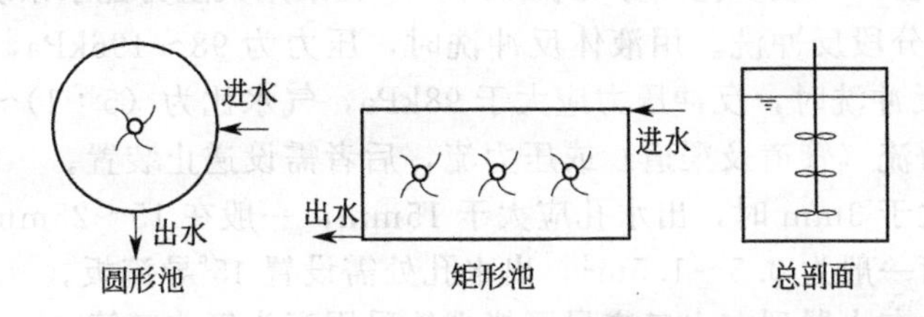

图7-1　水解酸化池内机械搅拌示意

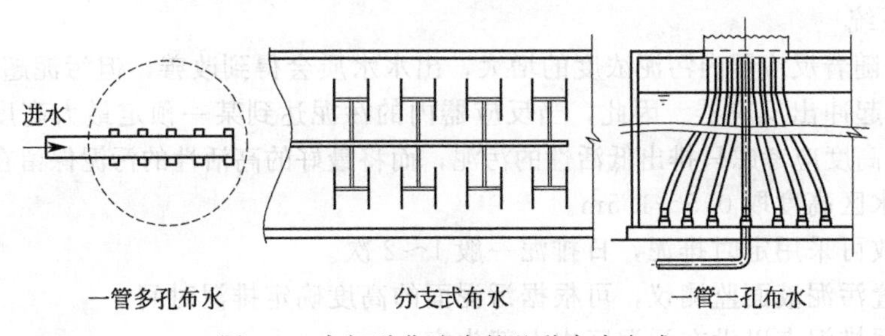

图7-2　水解酸化池内的几种布水方式

水解酸化池的出水系统与好氧活性污泥反应池的出水系统相似，可从池上部直接由出水管出水或溢流堰出水，对于圆形水解酸化池，一般采用周边式溢流堰出水，而对于矩形水解酸化池，一般采用单侧式溢流堰出水。

(2) 池体尺寸计算

水解酸化池的容积V常用水力停留时间（HRT）进行计算，该值可通过试验取得，或参考同类废水的经验值确定。

$$V=Qt \tag{7-1}$$

式中　V——水解酸化池的容积，m^3；

Q——设计废水流量，m^3/h；

t——废水在水解酸化池中的停留时间，h。

利用水力停留时间（HRT）作为池容的设计标准时，应兼顾污泥浓度、有机底物的污泥负荷等参数的适宜范围，与传统厌氧发酵过程中的取值类似。

池子的截面积A可根据设定的上升流速进行计算：

$$A=\frac{Q}{v} \tag{7-2}$$

式中 A——水解酸化池的横截面面积，m^2；

v——废水在水解酸化池内的最大上升流速，m/h，一般取0.5～1.8m/h。

或设定池深后计算A：

$$A=\frac{V}{H} \tag{7-3}$$

式中 H——水深，m，一般为3～5m。

(3) 配水系统

水解酸化池底部可按多槽形式设计，以利于布水均匀与减少死角。厌氧反应器良好运行的重要条件之一是保障污泥与废水之间的充分接触，因此系统底部的布水系统应尽可能均匀。水解反应器进水管的数量是一个关键设计参数，为了使反应器底部进水均匀，有必要采用将进水分配到多个进水点的分配装置。单孔布水负荷的最佳值为0.5～1.5m^2，出水孔处需设置45°导流板。配水系统的形式可参考UASB反应器配水系统的设计。

(4) 管道设计

采用穿孔管布水器（一般多孔或分支状）时，不宜采用大阻力配水系统。需考虑设反冲洗装置，采用停水分池分段反冲洗。用液体反冲洗时，压力为98～196kPa，流量为正常进水量的3～5倍；用气体反冲洗时，反冲压力应大于98kPa，气水比为（5∶1）～（10∶1）。

① 进水采用重力流（管道及渠道）或压力流，后者需设逆止装置。

② 水力筛缝隙大于3mm时，出水孔应大于15mm，一般在15～25mm之间。

③ 单孔布水负荷一般为0.5～1.5m^2，出水孔处需设置45°导流板。

④ 用布水器时从布水器到布水口应尽可能少地采用弯头等非直管。

其他要求参见UASB反应器的设计。

(5) 排泥系统

一般来讲，随着反应器内污泥浓度的增大，出水水质会得到改善，但污泥超过一定高度后，污泥将随出水一起冲出反应器。因此，当反应器内的污泥达到某一预定最大高度之后，建议排泥。污泥排泥的高度应考虑只排出低活性的污泥，而将最好的高活性的污泥保留在反应器中。

① 建议清水区高度取0.5～1.5m。

② 污泥排放可采用定时排泥，日排泥一般1～2次。

③ 需要设置污泥液面监测仪，可根据污泥面的高度确定排泥时间。

④ 剩余污泥排泥点以设在污泥区中上部为宜。

⑤ 对于矩形池，应沿池纵向多点排泥。

⑥ 由于反应器底部可能会积累颗粒物质和小砂粒，应考虑下部排泥的可能性，这样可以避免或减少在反应器内积累的砂砾。

⑦ 在污泥龄大于15d时，污泥水解率为25%（冬季）～50%（夏季）。

⑧ 污泥系统的设计流量应按冬季最不利的情况考虑。

(6) 出水收集

水解酸化池的出水堰与UASB反应器的出水装置相同。

7.1.3 水解酸化池的应用

水解反应器可以降低COD总量，同时也可以提高废水的可生化性，将污水中的固体状态大分子的和不易生物降解的有机物降解为易于生物降解的小分子有机物的这一特点，对于难降解有机废水的治理十分重要，水解工艺对城市污水、焦化废水、啤酒废水、印染废水、造纸废水、化工废水和合成洗涤剂废水（ABD、LAS）等各种废水十分有效。利用悬浮物去除率高和去除的悬浮物可在水解池中得到部分消化的特点，在工艺初期开发时主要应用于污水、污泥同时处理；后来，又用于去除高浓度悬浮物和酯类物质，如酒糟废水、活性污泥、乳制品和畜禽粪便废水等。归纳起来，水解池的主要应用如下。

① 水解反应器作为预处理对悬浮性 COD 和脂类有机物有较高的去除率，对城市污水和剩余污泥的悬浮性 COD 去除率分别为 65%和 98%。

② 水解反应器用于预处理奶制品废水，由于乳酸的预酸化作用造成 pH 值降低至 4.0，造成蛋白质和脂类的沉淀。蛋白质和脂类的去除率达 98%。

③ 去除的悬浮 COD 或污泥在水解池内得到富集，对于城市污水、剩余污泥可达到 20～30g/L，奶制品废水可达到 100g/L，其在水解池中得到了部分水解和酸化，但还需进一步稳定。

④ 由于水解池的预处理作用，使得出水主要为溶解性 COD，对于城市污水、剩余污泥和奶制品废水，可以采用 EGSB 反应器在 2.0h 内分别取得 47%、78%和 53%的处理效果，优于传统的 UASB 反应器。

水解处理工艺不仅可以满足技术上的要求，同时在经济方面也有一些优点。水解-好氧工艺与传统活性污泥法相比，在基建投资、能耗和运行费用上分别可减少 37%、40%和 38%。而水解-稳定塘系统与初沉-稳定塘系统相比，在停留时间、占地面积、投资和运行费用方面分别可减少 65%、65%、32%和 36%。

7.2 普通厌氧消化池

普通厌氧消化池也称为传统或常规完全混合厌氧生物反应器（anaerobic complete stirred tank reactor，简称 CSTR），借助于消化池内的厌氧消化污泥来净化有机污染物，已有百余年的历史，主要用来处理城市污水处理厂的好氧活性污泥和含固体物质较多的有机废水。

7.2.1 普通厌氧消化池的工作原理

消化池常用密闭的圆柱形池，如图 7-3 所示。有机废水或污泥定期或连续加入消化池，在消化池中与厌氧活性污泥混合和接触后，通过厌氧微生物的吸附、吸收和生物降解作用，有机废水或污泥中的有机污染物转化为以 CH_4 和 CO_2 为主的气体产物——沼气，从顶部排出，如图 7-4 所示。如处理对象为废水，经沉淀分层后从液面下排出；如处理的对象为污泥，经搅拌均匀后从池底排出。池径一般为几米至三四十米，柱体部分的高度约为直径的 1/2，池底呈圆锥形，以利排泥。一般都有盖子，以保证良好的厌氧条件、收集沼气和保持池内温度，并减少池面的蒸发。

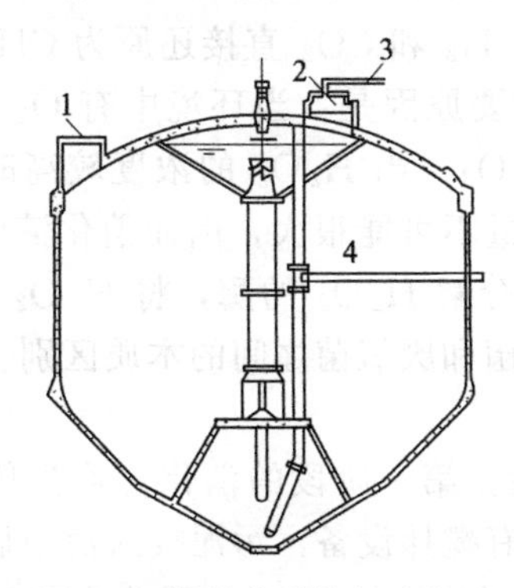

图 7-3 螺旋桨搅拌的消化池

1—检修口；2—集气罩；3—出气管；4—污泥管

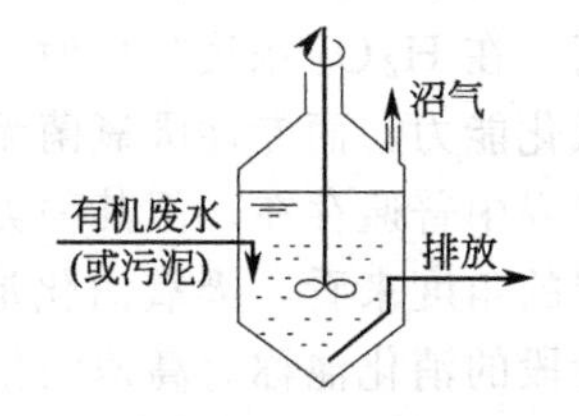

图 7-4 普通厌氧消化池工作原理

厌氧生物处理过程根据其反应步骤可分为三个阶段，如图 7-5 所示。

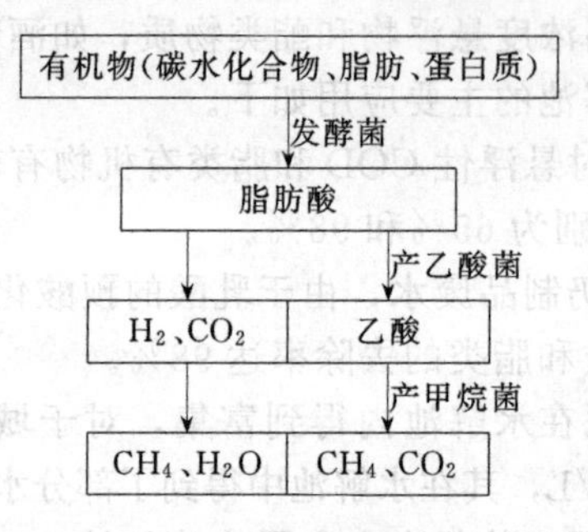

图 7-5 有机物厌氧消化过程示意

(1) 水解阶段

污泥中的有机物成分很复杂，主要包括碳水化合物（主要为淀粉和纤维素）、类脂化合物（主要为脂肪）和蛋白质，这些物质在污泥液中基本上都以固态或胶体存在，细菌无法将其直接吸收至体内。但一些兼性细菌可以向体外分泌胞体酶，将以上大分子的固态和胶态物质水解成细菌可吸收的溶解性物质，产物如下：

$$\text{纤维素或淀粉}\xrightarrow{\text{水解}}\text{葡萄糖}$$

$$\text{脂肪}\xrightarrow{\text{水解}}\text{甘油}+\text{脂肪酸}$$

$$\text{蛋白质}\xrightarrow{\text{水解}}\text{氨基酸}+\text{脂肪酸}$$

另外，水解过程中还伴随有少量的 CO_2 和 NH_3 产生。

(2) 产酸阶段

进行水解的兼性菌完成水解以后，可将水解产物吸入细胞内，继续进行分解代谢。代谢产物主要为 VFA、挥发醇及一些醛酮物质。VFA 通常指少于 6 个碳原子的直链低级脂肪酸，但消化液中的脂肪酸主要为乙酸、丙酸、丁酸，三种酸占 VFA 的 95%以上。三种酸中又以乙酸为主，占总量的 65%～75%。挥发醇主要为甲醇和乙醇。另外，在该阶段内还产生一些 CO_2、NH_3、H_2S 及 H_2。能够进行水解和酸性消化的细菌种类很多，这些细菌统称为产酸菌。产酸菌一般都是兼性菌，在有氧条件下也能存活，并进行生化反应，只是反应产物不同。也有一些产酸菌属于绝对厌氧菌，但数量较少，在该阶段并不起主要作用。

(3) 产甲烷阶段

在该阶段，起主要作用的是产甲烷菌，产甲烷菌能产生甲烷，但由于该类细菌繁殖速率慢，代谢活力不强，只能利用 VFA 这样一些易降解的物质进行代谢产生甲烷。而 VFA 是产酸阶段的主要产物，因此产酸阶段是产甲烷阶段的前提。大部分产甲烷菌将产酸阶段产生的乙酸吸入细胞内进行代谢产生 CH_4，也有少量产甲烷菌能将 H_2 和 CO_2 直接还原为 CH_4。产甲烷菌为专性厌氧菌，氧的存在能使之中毒并失去活性，主要原因是：当环境中有 O_2 存在时，O_2 能与酸性消化阶段产生的 H_2 迅速合成为强氧化剂 H_2O_2。当 H_2O_2 的浓度较高时，对所有类型的细菌均有杀伤作用。由于酸性消化阶段的产 H_2 量不可能很大，因而消化液中 H_2O_2 的浓度不高。在 H_2O_2 浓度较低时，兼性菌会分泌出一种分解 H_2O_2 的酶，将 H_2O_2 分解掉，使之失去氧化能力，而专性厌氧菌无此功能，这就是兼性菌和厌氧菌之间的本质区别。产甲烷菌虽在自然界中普遍存在，但其种类并不多。

从发展的角度来看，厌氧消化池经历了两个发展阶段，第一阶段的消化池称为传统消化池，第二阶段的消化池称为高速消化池。传统消化池内没有搅拌设备，污泥投入池中后难于和原有的厌氧活性污泥充分接触。据测定，大型池的死区高达 61%～77%，因此生化反应速率很慢，要得到较完全的消化，必须有很长的水力停留时间（60～100d），从而导致负荷率很低。传统消化池内分层现象十分严重：液面上有很厚的浮渣层，时间长了会形成板结层，妨碍气体的顺利逸出；池底堆积老化的惰性污泥很难及时排出，在某些角落长期堆存，占去了有效容积；中间的清液含有很高的溶解态有机物，由于难于与底层的厌氧活性污泥接触，其处理效果很差。除以上方面外，传统消化池一般没有人工加热设施，这也是导致其效率很低的重要原因。

后来，为了使进料和厌氧污泥充分接触，并使所产生的沼气气泡及时逸出，消化池内开始采取搅拌措施，即设有搅拌装置。此外，进行中温和高温消化时，常需对消化液进行加热，消化池同时也开始采取加热措施，使消化池大大提高了生化反应速率，从而产生了高速厌氧消化池。为了和以后开发的各种厌氧消化反应器相区别，高速厌氧消化池又称为普通厌氧消化池。经过数十年的开发和完善，普通厌氧消化池已发展为应用最广泛的一种厌氧生物处理构筑物，主要用于处理城市污水处理厂的污泥，也可用于处理 VSS 含量高的有机废水。

7.2.2　普通厌氧消化池的构造

普通厌氧消化池由池顶、池底和池体三部分组成，常用钢筋混凝土筑造。池体可分圆柱形、椭圆形和龟甲形，常用的形状为圆柱形。消化池顶的构造有固定盖和浮动盖两种，国内常用固定盖池顶。固定盖为一弧形穹顶，或截头圆锥形，池顶中央装集气罩。浮动盖池顶为钢结构，盖体可随池内液面变化或沼气储量变化而自由升降，保持池内压力稳定，防止池内形成负压或过高的正压。图 7-6 所示为固定盖式消化池，图 7-7 所示为浮动盖式消化池。消化池池底为倒截圆锥形，有利于排泥。

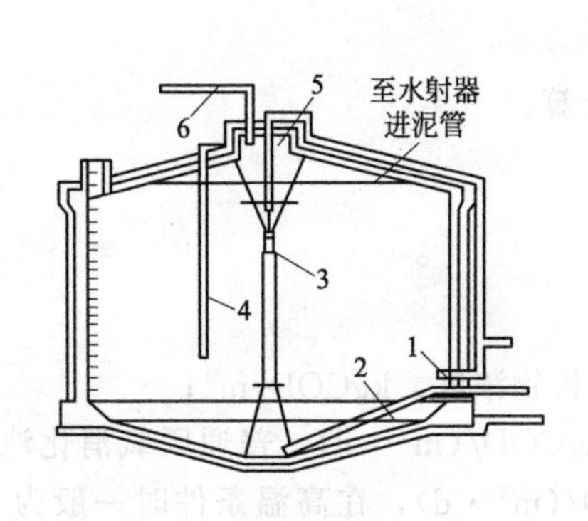

图 7-6　固定盖式消化池

1—进泥管；2—排泥管；3—水射器；4—蒸汽罩；5—集气罩；6—污泥气管

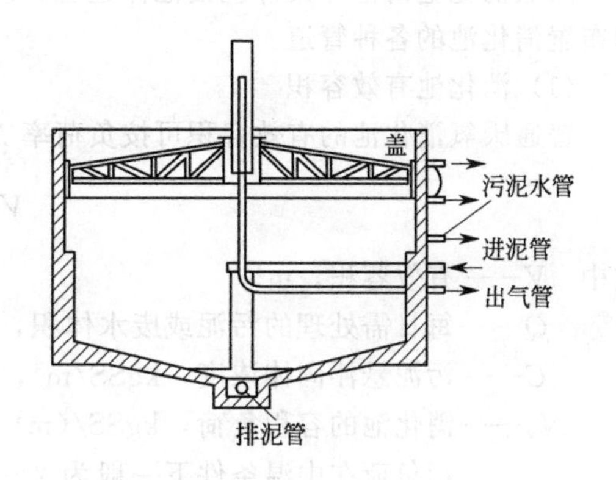

图 7-7　浮动盖式消化池

消化池中消化液的均匀混合对正常运行影响很大，因此搅拌设备也是消化池的重要组成部分。常用搅拌方式有三种：① 池内机械搅拌；② 沼气搅拌，即用压缩机将沼气从池顶抽出，再从池底充入，循环沼气进行搅拌；③ 循环消化液搅拌，即池内设有射流器，由池外水泵压送的循环消化液经射流器喷射，在喉管处造成真空，吸进一部分池中的消化液，形成较强烈的搅拌，如图 7-8 所示。一般情况下每隔 2～4h 搅拌 1 次。在排放消化液时，通常停止搅拌，经沉淀分离后排出上清液。

搅拌设备一般置于池中心。当池子直径很大时，可设若干个均布于池中的搅拌设备。机械搅拌方法有泵搅拌、螺旋桨式搅拌和喷射泵搅拌。

温度是影响微生物生命活动的重要因素之一。在厌氧消化过程中，存在着两个最佳温度范围，一个是 30～35℃；另一个是 50～55℃。当温度低于或高于这两个最佳范围时，其厌氧消化速率都将低于最佳值。为了保证最佳消化速率，消化池一般均设有加热装置。常用加热方式

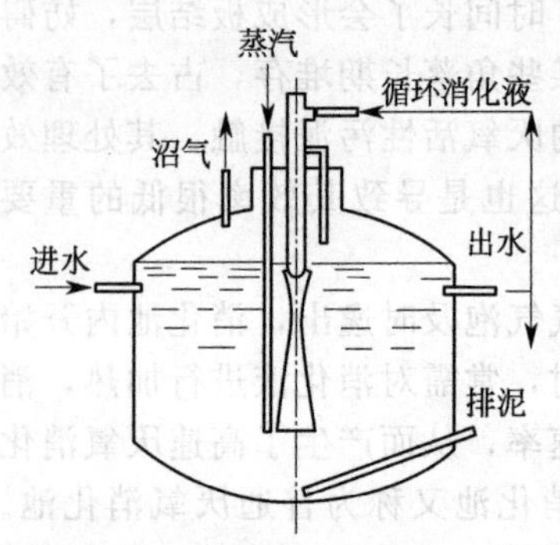

图 7-8 循环消化液搅拌式消化池

有三种：①废水在消化池外先经热交换器预热到设定温度后再进入消化池；②热蒸汽直接在消化器内加热；③在消化池内部安装热交换器。①和③两种方式可利用热水、蒸汽或热烟气等废热源加热。

普通消化池的负荷，中温条件下一般为2～3kgCOD/(m^3·d)，高温条件下为5～6kgCOD/(m^3·d)。

普通厌氧消化池的特点是：可以直接处理悬浮固体含量较高或颗粒较大的料液；在同一个池内实现厌氧发酵反应和液体与污泥的分离，在消化池的上部留出一定的体积以收集所产生的沼气，结构比较简单；进料大多是间歇进行的，也可采用连续进料。但同时也存在缺乏持留或补充厌氧活性污泥的特殊装置的缺点，消化器中难以保持大量的微生物和细菌。对于无搅拌的消化器，还存在料液的分层现象严重、微生物不能与料液均匀接触、温度不均匀、消化效率低等缺点。

7.2.3 普通厌氧消化池的设计计算

普通厌氧消化池应采用水密性、气密性和耐腐蚀的材料建造，通常为钢筋混凝土结构。由于沼气中的H_2S和消化液中的H_2S、NH_3及有机酸等均有一定的腐蚀性，因此池内壁应涂一层环氧树脂或沥青。为了保温，池外均设有保温层。

厌氧消化池的池体设计包括池体选型、确定池体的数目和单池容积、确定池体各部分尺寸和布置消化池的各种管道。

(1) 消化池有效容积

普通厌氧消化池的有效容积可按负荷率N_v进行计算：

$$V=\frac{QC}{N_v} \tag{7-4}$$

式中 V——有效容积，m^3；

Q——每日需处理的污泥或废水体积，m^3/d；

C——污泥悬浮固体浓度，$kgSS/m^3$，或废水有机物浓度，$kgCOD/m^3$；

N_v——消化池的容积负荷，kgSS/(m^3·d) 或 kgCOD/(m^3·d)，普通厌氧消化池的容积负荷在中温条件下一般为 2～3 kgCOD/(m^3·d)，在高温条件时一般为 5～6 kgCOD/(m^3·d)。

消化池的有效容积也可按废水的水力停留时间计算：

$$V=Qt \tag{7-5}$$

式中 t——污泥或废水的水力停留时间，d。

(2) 消化池的座数

考虑到事故或检修，消化池的座数不应少于2座，每座消化池的容积可根据运行的灵活性、结构和地基基础情况决定。消化池的座数为：

$$n=\frac{V}{V_0} \tag{7-6}$$

式中 V_0——单池的有效容积，m^3，对于小型消化池，单池的有效容积小于2500m^3，中型消化池的单池有效容积为5000m^3左右，大型消化池的单池有效容积为10000m^3以上。

确定消化池单池有效容积后，可计算出消化池的构造尺寸。圆柱形池体的直径一般为6～35m，池的高径比为1∶2，池总高与直径比为0.8～1.0。消化池池底坡度一般为0.08。池顶设集气罩，高度和直径常采用2.0m。池顶至少应设2个直径为0.7m的人孔。

厌氧消化池还应设置各种工艺管道，包括污泥管（进泥管、出泥管和循环搅拌管）、上清液排放管、溢流管、沼气管和取样管等，以保证消化池的正常运行。

7.2.4 普通厌氧消化池的应用

厌氧消化池主要应用于处理城市污水厂的污泥，也可应用于处理固体含量很高的有机废水。它的主要作用是：①将污泥中的一部分有机物转化为沼气；②将污泥中的一部分有机物转化为稳定性良好的腐殖质；③提高污水的脱水性能；④使得污泥的体积减小1/2以上；⑤使污泥中的致病微生物得到一定程度的灭活，有利于污泥的进一步处理和利用。

一些工业废水应用普通厌氧消化池进行厌氧处理的运行结果如表7-1所示。

表7-1 普通厌氧消化池处理工业有机废水的半生产性和生产性试验结果

废水来源	消化池体积/m^3	消化温度/℃	进水/($mgBOD_5$/L)	出水/($mgBOD_5$/L)	去除率/%	容积负荷/[$kgBOD_5$/(m^3·d)]	水力停留时间/d
洗羊毛废水	2.2	35	8552	3617	58	0.256	25
酵母生产废水	7288		10000	2000	80	1.73	10.3
有机废水	1974		5000	1500	70	1.66	3.9
罐头生产废水	14.2	33.5～34.5	3210	473	85	1.30	2.45
丁醇生产废水	9500		17000	2420	86	1.83	10.0
乳品厂废水		31	3300	10～20	99.5	0.55	6.0
屠宰场废水	4.2	20	1117	354	68.0	0.56	2.0

最早出现的厌氧消化池是没有搅拌的，微生物与基质混合效果不好，处理效率很低。20世纪40年代在澳大利亚出现了连续搅拌的厌氧消化池，改善了厌氧污泥与废水的混合，提高了处理效率，但同时由于反应器内的完全混合状态导致污泥随出水流失，污泥在反应器中的停留时间（SRT）与废水的停留时间（HRT）是相同的，因此，反应器中的污泥浓度很低，不能大量或高负荷地处理废水，一般浓度较高的废水要得到比较好的处理效果，往往需要在反应器中停留几天甚至几十天。这项工艺主要用于城市污水厂的污泥消化，应用于工业废水处理是不经济的，需要进一步发展。

7.3 厌氧生物接触工艺

普通厌氧消化池用于处理高浓度有机废水时，存在着容积负荷低及水力停留时间长等问题。1955年Schroepter认识到在厌氧处理设备内保持大量厌氧活性污泥的重要性后，提出了采用污泥回流的方式，在普通厌氧消化池之后增设二沉池和污泥回流系统，将沉淀污泥回流至消化池，从而开发了厌氧生物接触工艺（anaerobic contact process，简称ACP），如图7-9所示，并将其应用于食品包装废水的处理，标志着厌氧技术应用于有机废水处理的开端。

7.3.1 厌氧生物接触工艺流程

厌氧生物接触工艺的主要构筑物有普通厌氧消化池、沉淀分离装置等。废水进入厌氧消化池后，依靠池内大量的微生物絮体降解废水中的有机物，池内设有搅拌设备以保证有机废水与厌氧生物的充分接触，并促使降解过程中产生的沼气从污泥中分离出来，厌氧生物接触池流出的泥水混合液进入沉淀分离装置进行泥水分离。沉淀污泥按一定的比例返回厌氧生物消化池，以保证池内拥有大量的厌氧微生物。由于在厌氧消化池内存在大量悬浮态的厌氧活性污泥，从而保证了厌氧生物接触工艺高效稳定的运行。

然而，从厌氧消化池排出的混合液在沉淀池中进行固液分离有一定的困难，一方面是由于混合液中污泥上附着大量的微小沼气泡，易于引起污泥上浮；另一方面，由于混合液中的污泥仍具有产甲烷活性，在沉淀过程中仍能继续产气，从而妨碍污泥颗粒的沉降和压缩。为了提高沉淀池中混合液的固液分离效果，目前采用以下几种方法进行脱气。

① 真空脱气，由消化池排出的混合液经真空脱气器（真空度为 5kPa），将污泥絮体上的气泡除去，改善污泥的沉淀性能。

② 热交换器急冷法，将从消化池排出的混合液进行急速冷却，如将中温消化液从 35℃冷却到 15～25℃，可以控制污泥继续产气，使厌氧污泥有效沉淀。图 7-10 所示是设真空脱气器和热交换器的厌氧生物接触法工艺流程。

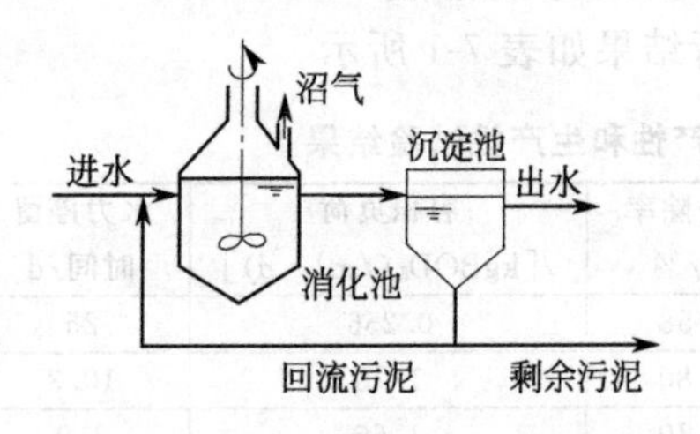

图 7-9　厌氧生物接触工艺流程

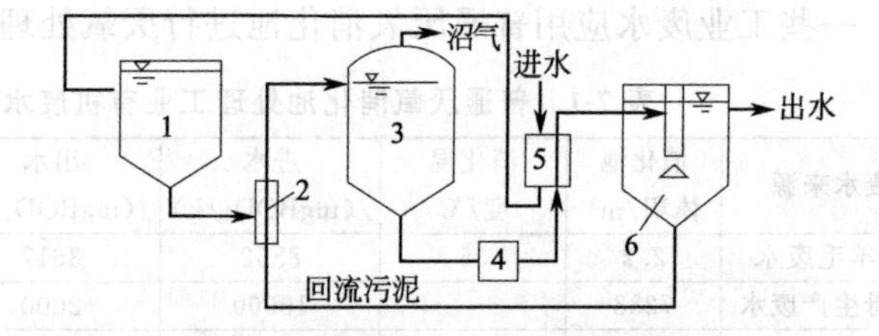

图 7-10　设真空脱气器和热交换器的厌氧生物接触法工艺流程

1—调节池；2—水射器；3—消化池；4—真空脱气器；5—热交换器；6—沉淀池

③ 絮凝沉淀，向混合液中投加絮凝剂，使厌氧污泥易凝聚成大颗粒，加速沉降。

④ 用超滤器代替沉淀池，以改善固液分离效果。此外，为保证沉淀池的分离效果，在设计时，沉淀池内表面负荷应比一般废水沉淀池的表面负荷小，一般不大于1m/h。混合液在沉淀池内的停留时间比一般废水沉淀时间要长，可采用 4h。

厌氧生物接触法的工艺特点如下。

① 增加了污泥沉淀池和污泥回流系统，这是与高速厌氧消化池最大的不同。通过污泥回流，保持消化池内污泥浓度较高，一般为 10～15g/L，耐冲击能力强。

② 设有真空脱气装置。由于消化池内的厌氧活性污泥具有较高活性，进入沉淀池后可能继续产生沼气，影响污泥的沉淀，因此在混合液进入沉淀池之前，一般需要使混合液首先通过一个真空脱气器，将附着在污泥表面的细小气泡脱除。这与好氧活性污泥工艺具有很大差别，在好氧活性污泥工艺中，混合液中的好氧活性污泥一般不会产生气泡，因此无需设置真空脱气器。

③ 由于增设了污泥沉淀与污泥回流，消化池的容积负荷比普通厌氧消化池高，中温消化时，一般为 2～10kgCOD/（m^3·d）；水力停留时间比普通消化池大大缩短，如常温条件下，普通消化池的水力停留时间一般为 15～30d，而厌氧生物接触法的水力停留时间一般短于 10d。

④ 可以直接处理悬浮固体含量较高或颗粒较大的料液，不存在堵塞问题。

⑤ 混合液经沉淀后，出水水质好，但需增加沉淀池、污泥回流和脱气等设备。

厌氧生物接触法还存在混合液难于在沉淀池中进行固液分离的缺点。

7.3.2 厌氧生物接触过程的控制

(1) 厌氧生物接触池的运行温度

根据产甲烷菌对温度的适应性，可将污泥的厌氧消化过程分为中温消化（中温产甲烷菌，30～35℃）和高温消化（高温产甲烷菌，50～55℃）两种类型。中温或高温消化允许的温度变动范围是±(1.5～2.0)℃，当有±3.0℃的变化时，就会抑制消化速率，有±5.0℃的急剧变化时，就会突然停止产气，使有机酸大量积累而破坏厌氧消化，因此运行中要保持池内水温范围稳定。

(2) 酸碱度、pH值和消化液的缓冲作用

为了保持产甲烷菌的活性，需要控制pH值在其最适宜范围（6.8～7.2），以防水解产酸阶段速率超过产甲烷阶段而造成系统pH值降低，影响产甲烷菌的生活环境。在消化系统中，由于消化液的缓冲作用，可在一定范围内避免pH值的剧烈波动。消化液中的缓冲剂是有机物分解过程中产生的CO_2（碳酸）及NH_3（或NH_4^+），一般以NH_4HCO_3存在。因此重碳酸盐（HCO_3^-）与碳酸（H_2CO_3）可组成缓冲溶液。

为了维持缓冲液中重碳酸盐（HCO_3^-）与碳酸（H_2CO_3）的平衡，需保持碱度在2000mg/L以上。由于脂肪酸是甲烷发酵的底物，为了维持产甲烷过程，其浓度也应保持在2000mg/L以上。

(3) 进水水质及负荷

研究和生产实践表明，厌氧生物接触工艺适宜处理COD浓度在2000～10000mg/L、悬浮固体浓度SS在10000～20000mg/L的废（污）水。如果进水中有机底物多为溶解态，SS含量低于10000mg/L，则大量厌氧微生物菌群处于分散状态而易随出水流出二沉池，系统的固体停留时间（SRT）较短，造成消化池内生物量不足，影响处理效率；如果进水SS含量超过20000mg/L，虽然高浓度的SS有利于微生物菌群的附着和聚集，但大量的SS积累会影响污泥的分离，且使污泥中细胞物质比例下降，降低系统底物的污泥负荷率而影响处理效率，因此原废（污）水中SS含量过高时，需要经过固液分离预处理再进入厌氧接触池。

厌氧生物接触工艺的负荷率通常相当于UASB反应器的1/5～1/3。厌氧生物接触池的负荷率低是受其中污泥浓度的限制，如果污泥负荷率过高，在厌氧生物接触池中也会产生类似好氧活性污泥的污泥膨胀问题。一般认为其中的污泥指数SVI应为70～150mL/g，当厌氧生物反应器的污泥负荷率超过0.25kgCOD/(kgVSS·d)时，污泥的固液分离更加困难。

(4) 混合搅拌

为了促进厌氧生物接触池——消化池内厌氧污泥与废水中污染底物的混合与接触，可在消化池内设置机械搅拌装置（搅拌器功率根据经验约为0.005kW/m^3），废水进入消化池后，在连续或间歇的机械搅拌作用下与厌氧污泥充分混合；混合也可以采用射流泵，进水在高压下通过射流泵，在泵的收缩部分由于流速的急剧增大将反应器内的液体与污泥吸入并与进水混合；也可采用低压泵从反应器内抽出液体进行循环或通过所产沼气的回流达到搅拌目的。

(5) 厌氧生物接触池出水的泥水分离

在厌氧生物接触池中不能形成颗粒污泥，只能形成絮状厌氧污泥，消化池中的正压使混合液中溶解气体过饱和，当废水进入沉淀池时，这些气体将释放出来并被絮状污泥吸附，同时厌氧污泥絮体在消化池中吸附的残留有机物在沉淀池中仍继续转化为少量气体，这些气体吸附在污泥上，从而使原来难以沉降的絮状厌氧污泥的沉降更加困难。

针对厌氧污泥不易沉淀的特点，可向厌氧生物接触消化池中投加絮凝剂以加速污泥沉淀；也可通过促进污泥降温的方法阻止污泥继续产气，以改善污泥的沉降性能，方法是将混合液迅速降温5～10℃。据报道，中温消化过程中，消化池的出水温度由35℃骤降到15℃时，可抑制沉淀池污泥产气。

为了强化二沉池的固液分离效果，在二沉池的选型上也可采用斜管/斜板沉淀池以减轻污泥上浮，水力表面负荷一般采用1.0～2.0m^3/(m^2·h)；当选择传统沉淀池时，水力表面负荷不能过高，一般为0.5～1.0 m^3/(m^2·h)；采用膜过滤过程代替沉淀池进行泥、水分离时，水力表面负荷可采用0.005～0.040m^3/(m^2·h)。也可采用固体通量计算，采用传统沉淀池，固体通量可采用2～4kgSS/(m^2·h)；采用斜板沉淀池，固体通量可采用3～6kgSS/(m^2·h)。

由于二沉池水面的大气含氧很难传递到污泥斗中，二沉池污泥斗内仍为较严格的厌氧环境。因此从污泥斗回流至厌氧生物接触池的污泥也为严格的厌氧污泥，保证了厌氧污泥内稳定

的优势菌群结构。

7.3.3 厌氧生物接触工艺的设计

厌氧生物接触工艺设备主要由消化池和沉淀池组成。厌氧生物接触池的设计主要包括池容的计算、浮渣清除系统设置以及沼气收集和储存系统的设计三部分。

(1) 厌氧生物接触池池容的计算

厌氧生物接触池容积的计算可分别采用有机底物容积负荷率、有机底物污泥负荷率和污泥龄等方法。

① 按有机底物容积负荷率计算　厌氧生物接触池单位容积每天承受的有机物量为其有机底物的容积负荷率，可用下式按有机底物的容积负荷率计算池容：

$$V=\frac{QS_0}{N_v} \tag{7-7}$$

式中　V——厌氧生物接触池的计算容积，m^3；

Q——进水流量，m^3/d；

S_0——进水有机底物浓度（以 COD 或 BOD 表示），$kgCOD/m^3$ 或 $kgBOD/m^3$；

N_v——有机底物的容积负荷率，$kgCOD/(m^3 \cdot d)$ 或 $kgBOD/(m^3 \cdot d)$。

一般来说，厌氧生物接触池内有机底物容积负荷率 N_v 的取值范围为 $2\sim4kgCOD/(m^3 \cdot d)$，最佳污泥负荷率 N_{Ts} 为 $0.3\sim0.5$ $kgCOD/(MLSS \cdot d)$，MLSS 值为 3～6g/L，混合液的 SVI 值为 70～150mL/g，回流比 R 为 2～4，消化温度不低于 20℃。

② 按污泥龄计算　按污泥龄计算厌氧生物接触池池容时，可采用下式：

$$V=\frac{\theta_c YQ(S_0-S_e)}{X(1+K_d\theta_c)} \tag{7-8}$$

对于不同类型的废（污）水，需要确定适当的污泥产率系数 Y、衰减系数 K_d、污泥龄 θ_c 和合适的厌氧污泥浓度 X。对于脂肪类物质含量较低的废（污）水，污泥产率系数 $Y=0.0044$，衰减系数 $K_d=0.0019d^{-1}$；对于脂肪类物质含量高的废（污）水，污泥产率系数 $Y=0.04$，衰减系数 $K_d=0.015d^{-1}$。污泥浓度 X(MLVSS) 可取值为 3～6gVSS/L，污泥浓度 X 较高时可达到 5～10gVSS/L。

对于 COD 浓度为 1000mg/L 以上的有机废水，可参考以下设计参数进行设计：容积负荷 $2\sim6kgCOD/(m^3 \cdot d)$，污泥负荷 $0.2\sim0.6kgCOD/(kgVSS \cdot d)$，污泥浓度 $6\sim10kgVSS/m^3$，污泥回流比 0.8～2.0，沉淀池表面水力负荷 $0.1\sim0.5m^3/(m^2 \cdot h)$。

(2) 浮渣清除系统的设置

在处理含蛋白质或脂肪较高的工业废水时，蛋白质或脂肪的存在会促进泡沫的产生和污泥的漂浮，在集气室和反应器的液面可能形成一层很厚的浮渣层，对正常运行造成干扰，如阻碍沼气的顺利释放，或者堵塞出气管，导致部分沼气从沉淀区逸出，进而干扰沉淀区的沉淀效果。

在浮渣层不能避免时，应采取以下措施由集气室排除浮渣层：①通过搅拌使浮渣层中的固体物质下沉；②采用弯曲的吸管通入到集气室液面下方，通过沿液面下方慢慢移动来吸出浮渣；③使用同样的弯管或同一根弯管通过定期进行循环水冲洗或产气的回流搅拌使浮渣层的固体物沉降，这时必须设置冲洗管道或循环水泵（或气泵）。

浮渣层也会在沉降区液面形成，特别是当出水堰板前已设置了挡板时。此时可采用浮沫撇除装置，如刮渣机（构造与沉淀池或气浮池的刮渣机相同）。使用带筛孔的挡板可以选择性地截留上浮的颗粒污泥。

为了防止浮渣引起出水管堵塞或使气体进入沉降室，除了上述措施外，还可通过设计上保证气液界面的稳定高度来控制，即通过水封来控制。

(3) 沼气的收集和储存

高浓度有机废水的厌氧消化均会产生大量沼气，因此在设计时必须同时考虑相应的沼气收集、储存和利用等配套设施。

7.3.4　厌氧生物接触工艺的应用

厌氧生物接触反应器实际上是参照好氧活性污泥法的模式，通过设置后沉淀和污泥回流，实现污泥在反应器中的停留时间大于废水的停留时间，保持反应器中有足够的污泥浓度，提高厌氧消化池的容积负荷和处理效率，不仅缩短了水力停留时间，也使占地面积减少。厌氧生物接触工艺启动容易，对高负荷冲击具有较大的承受能力，运行稳定，管理比较方便，因而可以有效应用于工业废水的处理，而且厌氧生物接触工艺源于完全混合厌氧消化反应器（CSTR），完全混合的反应器形式、体外固液分离、污泥回流的特点，对于高浓度、难降解、高悬浮物或含有毒物工业废水的处理以及应对冲击负荷等情况，具有得天独厚的优势。厌氧生物接触工艺在有机废水处理中的应用如表 7-2 所列。

表 7-2　厌氧生物接触工艺处理有机废水的半生产性和生产性试验结果

废水来源	废水特性				发酵温度	容积负荷/[kgCOD/(m³·d)]	产气量/(m³/kgCOD)	水力停留时间/d	出水特性				处理效率	
	BOD/(mg/L)	COD/(mg/L)	SS/(mg/L)	pH值					BOD/(mg/L)	COD/(mg/L)	SS/(mg/L)	pH值	BOD/%	COD/%
乳品加工混合水	2950	4900	680	2.4～11.0	中温	2.52	0.453	1.83	205	830	410	6.95	93	83
果汁果胶生产废水	750	1060	290	6.9	中温	1.13		0.85	80	180	60	7.0	90	85
麦芽威士忌酒糟	27200	47520	13400	4.77	中温	1.76	0.474	23.52	2120	6115	3380	7.30	92	87
麦芽威士忌废水	18830	33630	7880	4.10	中温	1.03	0.54	32.7		5100	2840	7.61		84
果胶生产		8730	970	2.3	中温	1.56	0.515	5.6		832	334	6.9		90
糖果生产	7000	10130	450	4.4	中温	2.20	0.501	4.62	180	485	180	6.65	92	95
屠宰废水	1381		983	中性	中温	BOD 1.62～3.24		0.5～0.6	129		198	中性	90.8	
制浆和造纸混合废水	5300	15000			中温	5.0	0.260	3.0	720	7700			86.4	48.7

厌氧生物接触反应器提供了使至少部分进水中可降解有机物颗粒水解所必要的污泥龄和水力停留时间，因而它特别适用于较高浓度悬浮固体的制浆造纸厂废水的处理，如机械制浆的白水、利用二次纤维的制浆造纸厂的废水处理。1983 年，瑞典首先将厌氧生物接触反应器应用于亚硫酸盐制浆造纸工业废水的处理，到 1988 年世界上至少已有 6 个制浆造纸厂采用

这项工艺，运行指标为：进水的COD浓度为3500～30000mg/L，BOD_5 浓度为1300～10000mg/L，COD的去除率为40%～85%，BOD_5 的去除率为50%～97%，BOD_5 的容积负荷为1～2kg/(m^3·d)。

Velasco等介绍过生产规模的厌氧生物接触工艺处理草浆黑液的运行情况，草浆黑液与造纸废水混合，混合后废水的COD浓度约为29.2g/L，在3000m^3 的厌氧消化罐中进行处理，其污泥负荷约为0.5kgCOD/(m^3·d)，COD和BOD_5 的去除率分别达到85%和95%，其中相当一部分COD是被污泥吸附或沉淀的。

国内应用厌氧生物接触工艺处理工业废水最成功的是薯干酒精废水的处理。由于薯干酒精废水固液分离比较困难，一直没有有效的手段，采用其他厌氧生物处理工艺形式，过多的悬浮物都会造成不利影响，而厌氧生物接触法的特点得以发挥。采用厌氧生物接触工艺处理薯干酒精废水时，进水的COD浓度可高达50g/L，悬浮物的浓度也在20～50g/L，反应温度为50～70℃，一般容积负荷可达3～6kgCOD/(m^3·d)，COD的去除率为75%～80%。

厌氧生物接触反应器的负荷水平相对较低，在处理一般有机废水时，在中温（25～40℃）条件下，其容积负荷不高于4～5kgCOD/(m^3·d)，水力停留时间（HRT）约在10～20d，其负荷水平只相当于高速厌氧反应器（如UASB反应器）的1/5～1/3，因此，它不能算作高速厌氧反应器，主要原因在于反应器中难以实现很高的污泥浓度。厌氧生物接触反应器内的污泥浓度是通过后置沉淀器中污泥的回流来保证的，一般可达到5～10gVSS/L。要实现更高的污泥浓度是很困难的，这与厌氧生物接触工艺的自身缺陷有关，即厌氧生物接触反应器的出水在沉淀池中固液分离比较困难，这是由于厌氧生物接触反应器的污泥是絮状污泥，脱气效果较差，而出水进入沉淀池时，溶解在水里的气体得以减压释放，同时絮状污泥吸附着的有机物继续转化为气体，这些气体吸附在污泥上，致使污泥难以沉降，回流污泥的浓度较低，而限于动力消耗、反应器设备投资等各方面的因素，污泥回流比不能过高（一般回流污泥流量为进水量的2～3倍），从而使厌氧生物接触反应器很难达到很高的污泥浓度，而且有研究发现，当反应器内污泥浓度超过18gVSS/L时，污泥的分离会更加困难。

污泥的浓度制约着工艺负荷，在高的污泥负荷下，厌氧生物接触工艺也会产生类似好氧活性污泥法污泥膨胀的问题。当反应器的污泥负荷（SLR）超过0.25kgCOD/(kgVSS·d)时，污泥的沉淀就可能发生恶化，如控制不当，可能形成恶性循环，使反应器运行失败。

针对如何提高厌氧生物接触反应器的污泥浓度和改善出水污泥沉降性能的问题，目前还没有令人满意的彻底解决办法，一般采用沉淀前真空脱气的手段。也可采用急剧降低出水温度使产气过程停止的办法，有报道说当出水温度由35℃骤降至15℃时，能明显抑制沉淀池内的气体产生并促进污泥的凝聚沉淀。有的研究者采用过滤甚至膜滤手段来强化固液分离效果。在工程和实际运行中，多采用投加絮凝剂的办法来提高污泥的沉淀效果或者干脆采用浮洗的方法。也有采用更直接的办法的，类似好氧生物接触氧化工艺，在厌氧生物接触反应器中填装各种能够附着厌氧微生物的填料，把污泥"固化"在反应器中，以实现较高的污泥浓度，减少甚至取消污泥回流。日本国木乔提出的ABC（anaerobic bio-contact）工艺就是将塑料填料放置到厌氧消化池中，这种方式可以在一定程度和范围内提高反应器的运行效果，但也不能达到很高的污泥浓度和工艺负荷，原因在于附着生长的污泥达到一定程度后会影响传质效果。

在各种厌氧生物处理工艺中，厌氧生物接触工艺应是对进水悬浮物的容忍度最高的，但也不是无限度的。悬浮物的积累同样会影响污泥的分离和反应器中污泥细胞物质比例下降，从而降低反应器的处理能力和效果。因此，对于含悬浮物较高的废水，采用厌氧生物接触工艺时最好进行适当的固液分离预处理。

随着厌氧生物处理技术的迅速发展，在选用厌氧生物接触工艺时，还应根据实际情况而定，对于含高悬浮物的高浓度、难降解废水的处理，它不失为一种有效的手段。但对该工艺也应作进一步的深入研究，不断完善，以发挥更大的作用。

7.4　升流式厌氧污泥床反应器

升流式厌氧污泥床反应器［upflow anearobic sludge blanket（bed）reactor，简称 UASB］是由荷兰 Wageningen 农业大学的 G. Lettinga 等于 1972—1978 年间开发研制的一项有机废水厌氧生物处理技术，其构造特点是集生物反应、沉淀、气体分离和收集于一体，结构紧凑，处理能力大，无机械搅拌装置等，不仅能用于处理高、中浓度的有机废水，也可用于处理城市污水等低浓度有机废水，因而得到了广泛应用。

7.4.1　升流式厌氧污泥床反应器的构造

升流式厌氧污泥床反应器内没有载体，是一种悬浮生长型的消化器，其构造如图 7-11 所示。主要有两种类型，一种是周边出水，顶部出沼气的构造形式，如图 7-11(a) 所示；另一种是周边出沼气、顶部出水的构造形式，如图 7-11(b)、(c) 和 (d) 所示；当反应器容积较大时，也可以设多个出水口和多个沼气出口的组合形式，如图 7-11(e) 和 (f) 所示。

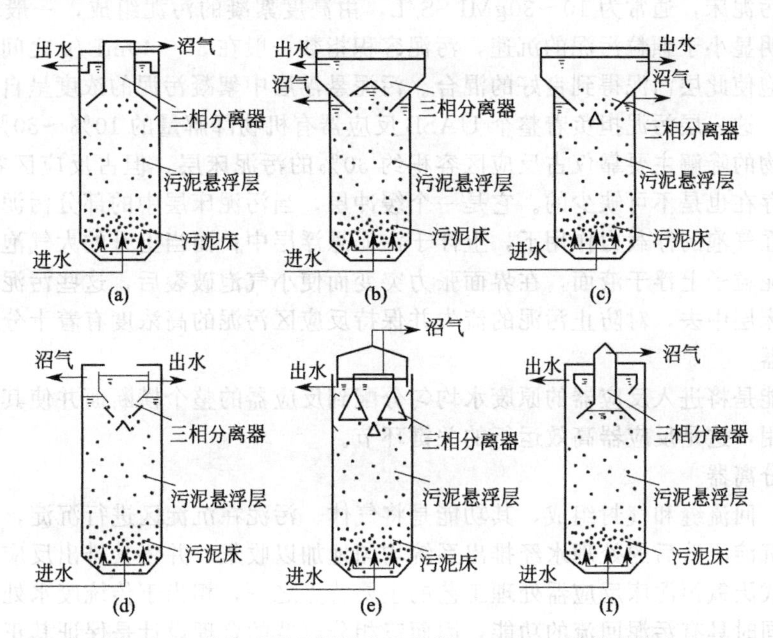

图 7-11　升流式厌氧污泥床反应器（USAB）的基本构造

升流式厌氧污泥床反应器的基本构造主要包括以下几个部分：污泥床、污泥悬浮层、布水器、三相分离器。各组成部分的功能、特点及工艺要求如下。

(1) 污泥床

污泥床位于整个升流式厌氧污泥床反应器的底部，污泥床内具有很高的污泥生物量，其污泥浓度一般为 40～80gMLSS/L，有文献报道可高达 100～150gMLSS/L。污泥床中的污泥由活性生物量占 70%～80%以上的高度发展的颗粒污泥组成，正常运行的 UASB 中的颗粒污泥的粒径一般在 0.5～5mm 之间，具有优良的沉降性能，沉降速度一般为 1.2～1.4cm/s，典型的污泥容积指数（SVI）为 10～20mL/g。颗粒污泥的主体是各类厌氧微生物，包括水解发酵细菌、共生的产氢产乙酸细菌和产甲烷细菌，据测定，细菌数为 1×10^{12}～4×10^{12} 个/gVSS。研究表明，在颗粒污泥表面生物膜的外层中占优势的细菌是水解发酵细菌，内部是产甲烷细菌。细菌的这种分布规律是由环境中的营养条件决定的，颗粒污泥表面的厌氧微生物接触的是废水中的原生营养物质，其中大多数为不溶态的有机物，因而那些具有水解能力及发酵能力的厌氧微生物便在污泥粒子表面滋生和繁殖，其代谢产物的一部分进入溶液，供分散在液流中的游离细菌吸收利用；另一部分则向颗粒内部扩散，使颗粒内部成为下一营养级的产氢产乙酸细菌和产甲烷细菌滋生和繁殖的区域。由于产甲烷菌在颗粒内部的密度大于在颗粒外部溶液本体中的密度，即颗粒内部的生物降解作用大于颗粒外部溶液本体的生物降解作用，因此发酵细菌的代谢产物在颗粒内部的浓度小于在颗粒外部溶液本体中的浓度，这为水解及发酵细菌的代谢产物向颗粒内部扩散提供了有利的动力学条件。可见颗粒污泥实际上是一种生物与环境条件相互依托和优化结合的生态粒子，由此构成了颗粒污泥的高活性。

污泥床的容积一般占升流式厌氧污泥床反应区容积的30%左右，但它对升流式厌氧污泥床反应器的整体处理效率起着极为重要的作用，对反应器中有机物的降解量一般可占到整个反应器全部降解量的70%～90%。污泥床对有机物的有效降解作用使得在污泥床内产生大量的沼气，微小的沼气气泡经过不断的积累、合并而逐渐形成较大的气泡，并通过其上升的作用使整个污泥床层得到良好的混合。

(2) 污泥悬浮层

污泥悬浮层位于污泥床上部，占据升流式厌氧污泥床反应区容积的70%左右，其中的污泥浓度要低于污泥床，通常为10～30gMLSS/L，由高度絮凝的污泥组成，一般为非颗粒状污泥，其沉速要明显小于颗粒污泥的沉速，污泥容积指数一般在30～40mL/g之间，靠来自污泥床中上升的气泡使此层污泥得到良好的混合。污泥悬浮层中絮凝污泥的浓度呈自下而上逐渐减小的分布状态。这一层污泥担负着整个UASB反应器有机物降解量的10%～30%。

尽管有机物的降解主要靠仅占反应区容积约30%的污泥床层，但占反应区容积约70%的污泥悬浮层的存在也是不可缺少的。它是一个缓冲层，当污泥床层中的部分污泥粒子被上升的气泡冲起时，在气泡的浮载力作用下，上浮于污泥悬浮层中；而当上升的大气泡将其上的小气泡冲走，或污泥粒子上浮于液面，在界面张力突变而使小气泡破裂后，这些污泥粒子又会沉降至原来的污泥床层中去，对防止污泥的流失并保持反应区污泥的高浓度有着十分重要的作用。

(3) 布水器

其主要功能是将进入反应器的原废水均匀分配到反应器的整个横断面并使其均匀上升，起到水力搅拌作用，这是反应器高效运行的关键环节。

(4) 三相分离器

由沉淀区、回流缝和气封组成，其功能是将气体、污泥在沉淀区进行沉淀，并经回流缝回流到反应区，沉淀澄清后的处理水经排出系统均匀地加以收集，并将其排出反应器。具有三相分离器是升流式厌氧污泥床反应器处理工艺的主要特点之一，相当于传统废水处理工艺中的二次沉淀池，并同时具有污泥回流的功能，因而三相分离器的合理设计是保证其正常运行的一个重要因素。

升流式厌氧污泥床的池形有圆形、方形、矩形。小型装置常为圆柱形，底部呈锥形或圆弧形，大型装置为便于设置气、液、固三相分离器，一般为矩形，高度一般为3～8m，其中污泥床一般为1～2m，污泥悬浮层一般为2～4m，多用钢结构或钢筋混凝土结构，三相分离器可由多个单元组合而成。当废水流量较小、浓度较高时，需要的沉淀区面积小，沉淀区的面积和池形可与反应区相同；当废水流量较大、浓度较低时，需要的沉淀面积大，为使反应区的过流面积不致太大，可采用沉淀区面积大于反应区，即反应器上部面积大于下部面积的池形。

设置气、液、固三相分离器是升流式厌氧污泥床的重要结构特性，它对污泥床的正常运行和获得良好的出水水质起着十分重要的作用。升流式厌氧污泥床的三相分离器的构造有多种形式，到目前为止，大型生产上采用的三相分离器多为专利产品。图7-12是几种三相分离器的示意图，图中(c)、(d) 所示为德国专利结构，其特点是使混合液上升和污泥回流严格分开，有利于污泥絮凝沉淀和污泥回流。图7-12(c) 所示结构设有浮泥挡板，使浮渣不能进入沉淀区。一般来说，三相分离器应满足以下条件：①沉淀区斜壁角度约为50°，使沉淀在斜底上的污泥不积聚，尽快滑回反应区内；②沉淀区的表面负荷应在0.7m³（m²·h）以下，混合液进入沉淀区前，通过入流孔道（缝隙）的流速不大于2m/h；③应防止气泡进入沉淀区影响沉淀；④应防止气室产生大量泡沫，并控制好气室的高度，防止浮渣堵塞出气管，保证气室出气管畅通无阻。从实践来看，气室水面上总是有一层浮渣，其厚度与水质有关。因此，在设计气室高度时，应考虑浮渣层的高度。此外还需考虑浮渣的排放。

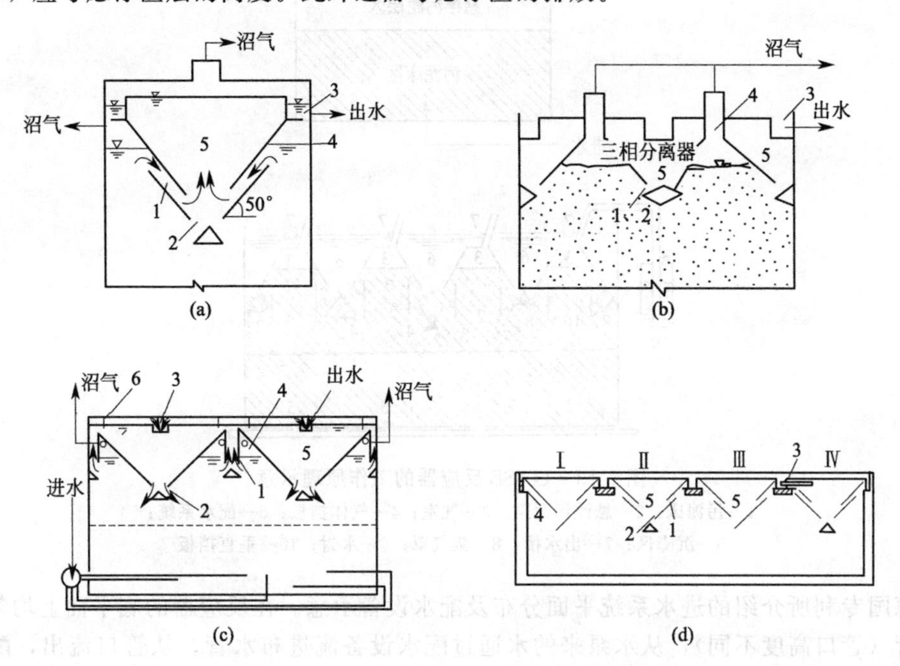

图7-12　几种气、液、固分离器示意图

1—液、固混合液通道；2—污泥回流口；3—集水槽；4—气室；5—沉淀区；6—浮泥挡板

7.4.2 升流式厌氧污泥床反应器的工作原理

升流式厌氧污泥床反应器的工作原理如图7-13所示。在运行过程中，废水通过进水配水系统以一定的流速自反应器的底部进入反应器，水流在反应器中的上升流速一般为0.5～1.5m/h，宜在0.6～0.9m/h之间。水流依次流经污泥床、悬浮污泥层至三相分离器。升流式厌氧污泥床反应器中的水流呈推流形式，进水与污泥床及悬浮污泥层中的微生物充分混合接触并进行厌氧分解，厌氧分解过程中产生的沼气在上升过程中将污泥颗粒托起，大量气泡的产生引起污泥床的膨胀。反应中产生的微小沼气气泡在上升过程中相互结合而逐渐变成较大的气泡，将污泥颗粒向反应器的上部携带，最后由于气泡的破裂，绝大部分污泥颗粒又返回到污泥床区。随着反应器产气量的不断增加，由气泡上升所产生的搅拌作用变得逐渐剧烈，气体便从污泥床内突发性地逸出，引起污泥床表面呈沸腾和流化状态。反应器中沉淀性能较差的絮体状污泥则在气体的搅拌作用下，在反应器上部形成悬浮污泥层；沉淀性能良好的颗粒状污泥则处于反应器的下部形成高浓度的污泥床。随着水流的上升流动，气、水、泥三相混合液上升至三相分离器中，气体遇到挡板折向集气室而被有效地分离排出；污泥和水进入上部的沉淀区，在重力作用下泥水发生分离。由于三相分离器的作用，使得反应器混合液中的污泥有一个良好的沉淀、分离和再絮凝的环境，有利于提高污泥的沉降性能。在一定的水力负荷条件下，绝大部分污泥能在反应器中保持很长的停留时间，使反应器中具有足够的污泥量。

升流式厌氧污泥床的混合是靠上升的水流和消化过程中产生的气泡来完成的，因此，一般采用多点进水，使进水较均匀地分布在污泥床断面上。常采用穿孔管布水和脉冲进水。图7-14

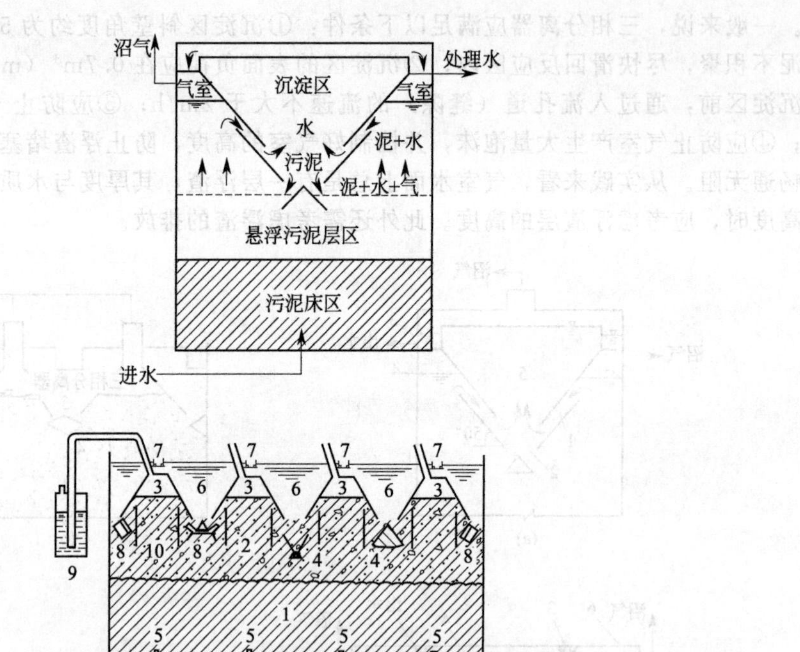

图 7-13 UASB 反应器的工作原理示意

1—污泥床；2—悬浮污泥层；3—气室；4—气体挡板；5—配水系统；6—沉降区；7—出水槽；8—集气罩；9—水封；10—垂直挡板

所示是德国专利所介绍的进水系统平面分布及配水设备示意。在反应器的底平面上均匀设置许多布水管（管口高度不同），从水泵来的水通过配水设备流进布水管，从管口流出，配水设备由一根可旋转的配水管与配水槽构成，配水槽为一圆形环，配水槽分隔为若干单元，每个与一根通进反应器的布水管相连。从水泵来的水管与可旋转的配水管相连接。工作时配水管旋转，在一定时间间隔内，污水流进配水槽的一个单元，由此流进一根布水管进入反应器。这种布水对反应来说是连续进水，而对每个布水点而言，则是间隙进水，布水管的瞬间流量与整个反应器流量相等。

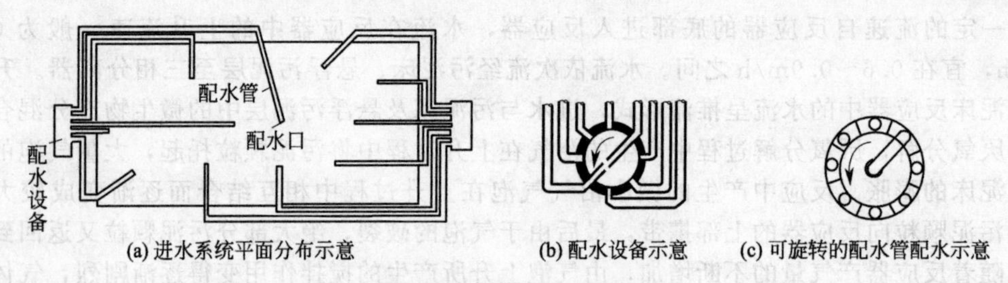

图 7-14 进水系统示意

升流式厌氧污泥床反应器的工艺构造和实际运行具有以下几个突出特点。

① 反应器中高浓度的以颗粒状形式存在的高活性污泥是在一定的运行条件下，通过严格控制反应器的水力学特性以及有机物负荷，经过一段时间的培养而形成的，颗粒污泥特性的好坏直接影响到升流式厌氧污泥床（UASB）反应器的运行性能。

② 反应器内具有集泥、水、气分离于一体的三相分离器，这种三相分离器可以自动将泥、水、气加以分离并起到澄清出水、保证集气室正常水面的功能。

③ 反应器中无需安装任何搅拌装置，反应器的搅拌是通过产气的上升迁移作用而实现的，因而具有操作管理比较简单方便的特性。

7.4.3 升流式厌氧污泥床反应器的工艺特征

与其他厌氧生物反应器相比，升流式厌氧污泥床反应器的主要工艺特征如下。

① 三相分离器的设置　三相分离器是升流式厌氧污泥床反应器中最关键的设备之一，设置在反应器的中上部，其主要功能是：收集厌氧反应过程中所产生的沼气，拦截和滞留厌氧活性污泥，保证出水水质。

② 进水布水系统的设置　均匀布水系统也是升流式厌氧污泥床反应器的关键设备之一，设置在反应器底部，其主要功能是：保证进水均匀分配在整个反应器的截面上，保证厌氧污泥均匀接触原废水；避免局部超负荷和局部酸化。

③ 颗粒污泥的形成　厌氧颗粒污泥的形成是升流式厌氧污泥床反应器最突出的特点，也是其获得极高处理效能的前提之一。在升流式厌氧污泥床反应器内能形成具有良好沉降性能和较高厌氧活性的厌氧颗粒污泥，因而在反应器底部能够形成污泥床或污泥层。

因此，在处理有机废水时，与其他高效厌氧生物反应器如厌氧生物接触工艺和厌氧生物滤池工艺等相比，升流式厌氧污泥床反应器具有如下主要特点。

① 污泥浓度高，污泥龄长　颗粒污泥的形成，使反应器内的污泥浓度可高达 50gVSS/L 以上，其中底部污泥床的污泥浓度为 60～80g/L，悬浮污泥层的污泥浓度可达 4～7g/L。颗粒污泥良好的沉降性能以及三相分离器较高的固液分离效率，可使其污泥龄达到 30d 以上。

② 容积负荷高　由于污泥浓度很高，因此升流式厌氧污泥床反应器可具有很高的容积负荷，所需的水力停留时间很短，中温消化的 COD 容积负荷一般为 10～20kgCOD/(m^3 · d)。

③ 适合于处理多种废水　升流式厌氧污泥床反应器适合于处理各种不同类型的废水。在早期，UASB 反应器的主要处理对象是各种高、中浓度的有机工业废水，目前，升流式厌氧污泥床反应器在处理低浓度的城市污水和生活污水方面也具有很好的发展前景。

④ 处理效果高，出水水质好　在升流式厌氧污泥床反应器内设置有三相分离器和沉淀区，集生物反应和沉淀分离于一体，因此其结构紧凑，出水水质好。

⑤ 结构简单　与厌氧生物滤池相比，升流式厌氧污泥床反应器内无需填充填料，节省了费用，而且提高了容积利用率。与厌氧生物接触工艺相比，升流式厌氧污泥床反应器内部无需设置搅拌设备，当其在较高容积负荷下运行时，进水所产生的上升水流以及沼气所形成的上升气流就可以起到搅拌作用。

同时，升流式厌氧污泥床反应器也存在一些缺点：反应器内有短流现象，影响处理能力；进水中的悬浮物比普通消化池低得多，特别是难消化的有机物固体不宜太高，以免对污泥颗粒化不利或减少反应区的有效容积，甚至引起堵塞；运行启动时间长，对水质和负荷的突然变化比较敏感。

7.4.4 升流式厌氧污泥床反应器的过程控制

UASB 反应器的过程控制包括启动控制和运行控制，其中启动控制主要包括污泥接种、进水控制、颗粒污泥的培养等，运行控制包括废水营养要求、悬浮固体控制、有毒物质的控制、碱度及挥发酸的控制等。

7.4.4.1 UASB 反应器的启动控制

UASB 反应器的启动通常指对一个新建的 UASB 系统以未经驯化的非颗粒污泥接种，使反应器达到设计负荷和有机物去除效率的过程。通常这一过程伴随着颗粒化的完成，因此也称为污泥的颗粒化。

(1) 污泥接种

处理工业废水的 UASB 反应器，在启动前必须投加接种污泥，接种污泥首先选择处理同类废水 UASB 反应器排出的新鲜剩余污泥，反应器启动很迅速，如接种颗粒污泥量达 2～2.2m 高的污泥床区，两周即可达到设计负荷；其次选择厌氧絮体污泥如城市污水厂消化池污泥，接种量以整个反应器容积计，以 6～8kgVSS/m^3 为宜；最后选择好氧污泥，如好氧活性污泥过程的二沉池剩余污泥或生物膜过程的二沉池沉淀污泥，接种量以 8～10kgVSS/m^3 为宜。

由于厌氧微生物，特别是产甲烷菌的增殖很慢，厌氧反应器的启动需要较长时间，这被认为是高速厌氧反应器的一个不足之处。但是一旦完成启动，停止运行后的再次启动可以迅速完成。当使用现有废水处理系统的厌氧颗粒污泥启动时，它比其他任何高速厌氧反应器的启动要快得多。关于 UASB 反应器初次启动的要点见表 7-3。

表 7-3　UASB 反应器初次启动的要点

(1)种泥 ①可供细菌附着的载体物质微粒对细胞的聚集是有益的 ②种泥的比产甲烷活性对启动的影响不大。尽管浓度大于 60gSS/L 的稠消化污泥的产甲烷活性小于较稀的消化污泥，前者却更有利于 UASB 的初次启动 ③添加部分颗粒污泥或破碎的颗粒污泥也可以提高颗粒化过程
(2)启动操作模式 启动中必须相当充分地洗出接种污泥中较轻的污泥，保存较重的污泥，以推动颗粒污泥在其中形成。推荐的要点如下 ①洗出的污泥不再返回反应器 ②当进液 COD 浓度大于 5000mg/L 时采用出水循环或稀释进液 ③逐渐增加有机负荷，有机负荷的增加应当在可降解 COD 能被去除 80%后再进行 ④保持乙酸的浓度始终低于 1000mg/L ⑤启动时稠型污泥的接种量大约为 10～15kgVSS/m^3，浓度小于 40gSS/L 的稀消化污泥的接种量可以略小些
(3)废水特征 ①废水浓度：低浓度废水有利于颗粒化的快速形成，但浓度也应当足够维持良好的细菌生长条件，最小的 COD 浓度应为 1000mg/L ②废水性质：过量的悬浮物阻碍颗粒化的形成 ③废水成分：以溶解性碳水化合物为主要底物的废水比以 VFA 为主要底物的废水颗粒化过程快。当废水含有蛋白质时，应使蛋白质尽可能降解 ④金属离子：高的离子浓度(如 Ca^{2+}、Mg^{2+})能引起化学沉淀($CaCO_3$、$CaHPO_4$、$MgNH_4PO_4$)，由此导致形成灰分含量高的颗粒污泥
(4)环境因素 ①在中温范围，最佳温度为 38～40℃；高温范围为 50～60℃ ②反应器内的 pH 值应始终保持在 6.2 以上 ③N、P、S 等营养物质和微量元素(如 Fe、Ni、Co)应当满足微生物生长的需要 ④毒性化合物应当低于抑制浓度或应给予污泥足够的驯化时间

由表 7-3 可以看出，UASB 系统的初次启动和颗粒污泥的形成过程一般可分为 3 个阶段。

① 第一阶段为启动与污泥活性提高阶段　在此阶段内，反应器的有机负荷一般控制在 2.0kgCOD/(m^3·d) 以下，运行时间约需 1～1.5 个月。在此运行阶段内必须注意以下几点：a. 最初的污泥负荷应采取 0.05～0.2kgCOD/(kgVSS·d)；b. 废水中原有的及处理过程中产生出来的各种挥发酸未能有效分解之前，不应增加反应器的负荷；c. 反应器内的环境条件应控制在有利于厌氧微生物良好繁殖的状态下。同时在 UASB 反应器投产时还需注意使反应器能有效地截留重质污泥并允许多余的稳定性差的污泥随出水流出反应器，在此阶段内，污泥对被处理水的特性逐渐适应，其活性也相应地不断得到提高。

② 第二阶段为颗粒污泥形成阶段　在此阶段内，有机负荷一般控制在 2.0～5.0kgCOD/(m^3·d)。由于有机负荷逐渐提高，那些颗粒比较细小和沉降性能比较差的污泥将随出水流出反应器，而重质污泥则留在反应器内。由于产气及其搅拌作用，截留在反应器内的污泥将在重

质污泥颗粒的表面富集、絮凝并生长繁殖，最终形成粒径为1～5mm的颗粒。在污泥负荷为0.6kgCOD/(kgVSS·d)时，可观察到颗粒污泥的形成。此阶段一般也需要1～1.5个月。

③ 第三阶段为污泥床形成阶段　在此阶段内，反应器的有机负荷大于5kgCOD/(m^3·d)。随着有机负荷的不断提高，反应器内的污泥浓度逐步提高，颗粒污泥床的高度也相应地不断增高，正常运行时，此阶段内的有机负荷可逐渐增加至30～50kgCOD/(m^3·d)或更高。通常当接种污泥充足且操作条件控制得当时，形成具有一定高度的颗粒污泥床需要3～6个月。

(2) 进水控制

UASB启动期间的进水控制包括进水方式及进水pH值、温度控制等。

启动初期的进水方式可采用间歇进水或连续小流量进水，前者可采用出水回流与原水混合，然后间歇脉冲进料，一天进料5～8次；后者采用低于设计流量的连续进水，根据污泥驯化情况逐渐增加进水流量。

启动期间的进水pH值应根据出水pH值进行控制，通常控制在7.5～8.0范围内比较适宜。

通过对回流水加热，将进水温度维持在高于反应器工作温度8～15℃范围，可保证微生物在规定的工作条件下进行正常的厌氧发酵。

7.4.4.2　UASB反应器的运行控制

处理效果良好的UASB反应器内通常可形成大量的颗粒污泥，颗粒污泥内活性生物量占70%～80%，外观为球形或椭球形，呈灰黑或褐黑色，表面包裹肉眼可见的灰白色生物膜。其相关指标为：相对密度1.01～1.05，粒径0.5～3mm（最大可达5mm），沉降速度5～10mm/s，污泥指数SVI值为10～20mL/gMLSS。VSS/SS值为70%～80%，碳、氢、氮含量分别为40%～50%、7%和10%左右。

影响颗粒污泥形成或UASB反应器效能的因素主要有进水水质、接种污泥性质、工艺条件等。

(1) 进水底物的控制

运行中一般控制厌氧反应器中C∶N∶P为（200～300）∶5∶1；且研究表明，采用未经酸化的废水培养颗粒污泥时，其过程要比由挥发酸为主要基质的废水更快；UASB反应器启动时，进水COD的浓度宜控制在4000～5000mg/L。

(2) 进水中SS的控制

UASB反应器与其他厌氧生物处理工艺的明显不同是对进水SS的严格控制。若进水中SS浓度过高，一则不利于污泥与进水中有机底物的充分接触而影响产气；二则容易造成反应器的堵塞。研究表明，进水中SS浓度小于2000mg/L时，可成功地培养颗粒污泥。对于低浓度废水，SS/COD值为0.5时，不影响UASB反应器的处理效果；对于高浓度有机废水，SS/COD须控制在0.5以下。

(3) 有毒有害物质的控制

对厌氧微生物有毒有害的物质包括氨氮、硫酸盐、重金属、碱土金属、二氯甲烷、氰化物、酚类、硝酸盐和氯气等，其中氨氮浓度在50～1500mg/L时，对厌氧微生物有刺激作用；氨氮浓度在1500～3000mg/L时，将产生明显的抑制作用，一般宜将其控制在1000mg/L以下。

废水中硫酸盐含量较高时，一则硫酸盐还原菌会与产甲烷菌竞争氮原子而抑制产甲烷过程；二则是硫酸根还原产生的未离解态硫化氢对微生物毒性很大。研究表明，COD/SO_4^{2-}比值小于10时，硫化物浓度超过100mg/L便可产生抑制作用。一般情况下，UASB反应器中硫酸盐离子浓度不宜大于5000mg/L，运行中COD/SO_4^{2-}应大于10。

(4) 碱度和挥发酸浓度的控制

UASB反应器内碱度的正常范围一般为1000～5000mg/L。碱度不够，则会因缓冲能力不够而使消化液的 pH 值降低；碱度过高，又会导致 pH 值过高。

在 UASB 反应器中，由于缓冲物质的存在，仅根据 pH 值难以判断挥发酸的累积情况，而挥发酸的过量累积将直接影响产甲烷菌的活性和产气量，一般来讲，VFA 的浓度需小于 200mg/L。

7.4.5 升流式厌氧污泥床反应器的设计

设计升流式厌氧污泥床反应器时，首先要根据处理废水的性质和水量选择适宜的池型和确定有效容积及其主要部位的尺寸，其次设计进水配水系统、出水系统和三相分离器，此外还要考虑排泥和刮渣系统。

7.4.5.1 反应器有效容积 *V* 的计算

升流式厌氧污泥床反应器的有效容积 V 为污泥床、悬浮污泥层和沉淀区容积之和，可根据有机底物的容积负荷 N_v 和水力停留时间 t 来计算。

(1) 根据有机底物的容积负荷 N_v 计算有效容积 V

当处理中等浓度和高浓度有机废水时，反应器的有效容积主要决定于有机底物的容积负荷 N_v 和进水浓度。根据有机底物的容积负荷 N_v 计算有效容积 V 时，可按下式进行：

$$V=\frac{QS_0}{N_v} \tag{7-9}$$

式中 V——反应器有效容积，m^3；

Q——废水流量，m^3/d；

S_0——进水有机物浓度，$kgCOD/m^3$ 或 $kgBOD_5/m^3$；

N_v——容积负荷，$kgCOD/(m^3 \cdot d)$ 或 $kgBOD_5/(m^3 \cdot d)$。

容积负荷值与反应器的温度、废水的性质和浓度有关，同时与反应器内是否形成颗粒污泥也有很大关系，对于某种废水，反应器的容积负荷一般应通过试验确定，如有同类型的废水处理资料时，可以作为参考选用。食品工业废水或与其性质相似的其他工业废水，采用 UASB 反应器处理，在反应器内往往能够形成厌氧颗粒污泥，不同反应温度下的进水容积负荷可参考表 7-4，COD 去除率一般可达到 80%～90%。但如果反应器内不能形成厌氧颗粒污泥而主要为絮状污泥，则反应器的容积负荷不可能很高，因为负荷高时絮状污泥将会大量流失，所以进水容积负荷一般不超过 $5kgCOD/(m^3 \cdot d)$。

表 7-4 不同温度的设计容积负荷（一）

温度/℃	设计容积负荷/[$kgCOD/(m^3 \cdot d)$]	温度/℃	设计容积负荷/[$kgCOD/(m^3 \cdot d)$]
高温 50～55	20～30	常温 20～25	5～10
中温 30～35	10～20	低温 10～15	2～5

(2) 根据水力停留时间 t 计算有效容积 V

当处理低浓度（COD<1000mg/L）废水和温度超过 25℃时，反应器有效容积主要取决于水力停留时间，因此可根据水力停留时间 t 计算有效容积 V，即：

$$V=Qt=AH \tag{7-10}$$

式中 t——水力停留时间（HRT），h 或 d；

Q——进水流量，m^3/h 或 m^3/d；

A——反应器横截面积，m^2；

H——反应器有效高度，m。

式(7-10) 中水力停留时间 t 的大小与反应器内污泥类型（絮状污泥或颗粒污泥）和三相分离器的效果有关，并在很大程度上取决于反应器内的温度。不同温度范围可采用的水力停留时间可参照表 7-5。

表 7-5　不同温度的水力停留时间（二）

温度范围/℃	日平均 HRT/h	4～6h 范围的最大值/h	2～6h 范围的最大值/h
16～19	>10～14	>7～9	>3～6
22～25	>7～9	>5～7	>2～3
>26	>6	>4	>2.5

现行生产装置的有效高度常采用 4～6m。低浓度废水的水力停留时间较短，常采用较小的反应器高度，浓度较高的废水水力停留时间长，则常采用较大的反应器高度。

（3）反应器有效高度、直径或长度的计算

确定反应器有效高度后，就可求定反应器的总水平面积，进而确定直径和长宽比。由式(7-10)可得：

$$\frac{Q}{A}=\frac{H}{t} \tag{7-11}$$

式中　$\frac{Q}{A}$——水流在反应器内的上升流速 v_L，而 $v_L=\frac{H}{t}$ 或 $H=v_L t$。根据上升流速 v_L 的取值范围以及进水流量 Q 即可确定反应器的横截面积 A。

根据国内的工程经验，UASB 反应器的高度 H 以 4～6m 为宜，处理浓度较低的废水时一般取下限，处理浓度较高的废水时取上限。为了运行的灵活性，同时考虑维修的可能，一般设两座或两座以上反应器。

由于反应器的水平面积一般与三相分离器的沉淀面积相同，所以确定的水平面积必须用沉淀区的表面负荷来校核，如不适合则必须改变反应器的高度或加大三相分离器沉淀区的面积。

7.4.5.2　反应器进水配水系统的设计

UASB 反应器的进水配水系统主要有树枝管式配水系统、穿孔管式配水系统、多管多点式配水系统。

（1）树枝管式配水系统

树枝管式配水系统的结构如图 7-15 所示。一般采用对称布置，各支管的出水口向下距池底约 20cm。管口对准池底所设的反射锥体，使射流向四周散开，均匀布于池底，一般每个出水口服务面积为 2～4m²，出水口直径采用 15～20mm。这种配水系统的特点是比较简单，配水可基本达到均匀分布的要求。

（2）穿孔管式配水系统

穿孔管式配水系统的结构如图 7-16 所示。配水管中心距可采用 1～2m，出水孔间距也可采用 1～2m，孔径为 10～20mm，常采用 15mm，孔向下可与竖向呈 45°方向，每个出水孔服务面积为 2～4m²，配水管中心距池底为 20～25cm。配水管的直径最好不小于 100mm。为了使穿孔管各孔出水均匀，使出水孔阻力损失大于穿孔管沿程阻力损失，要求出口流速不小于 2m/s，也可采用脉冲间歇进水来增大出水孔流速。

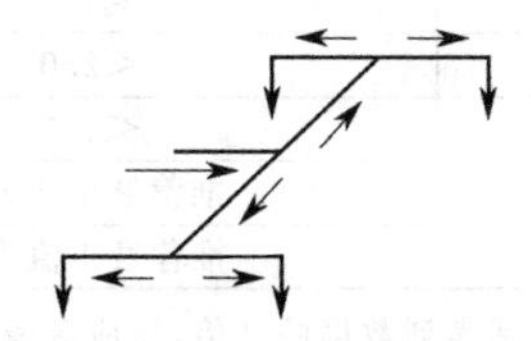

图 7-15　树枝管式配水系统

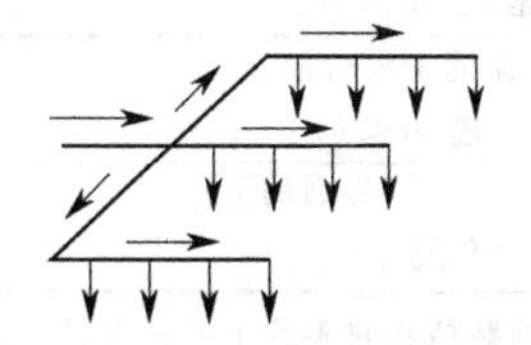

图 7-16　穿孔管式配水系统

（3）多管多点式配水系统

多管多点式配水系统的结构如图 7-17 所示，其特点是一根配水管只服务一个配水点，配水管根数与配水点数相同。只要保证每根配水管的流量相等，即可达到每个配水点流量相等的

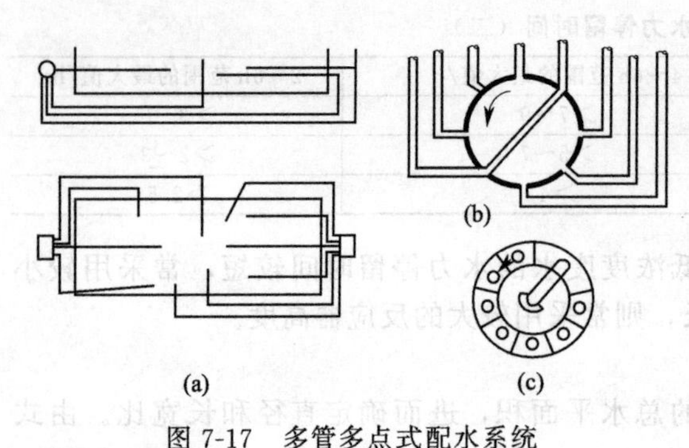

图 7-17 多管多点式配水系统

要求。一般多采用配水渠通过三角堰使废水均匀流入配水管的方式，也可在反应器的不同高度设置配水管和配水点。

7.4.5.3 三相分离器的设计

三相分离器分为单回流缝结构和双回流缝结构，前者如图 7-11 中的（a）、（b）、（c）、（e）、（f）所示，缝内同时存在上升和下降两种流体，互相干扰；后者如图 7-11 中的（d）所示，污泥回流和水流上升经过不同缝隙，互不干扰，分离效果较好。

对于容积较大的 UASB 反应器，其三相分离区由多个单元组成，布置形式如图 7-18 所示。

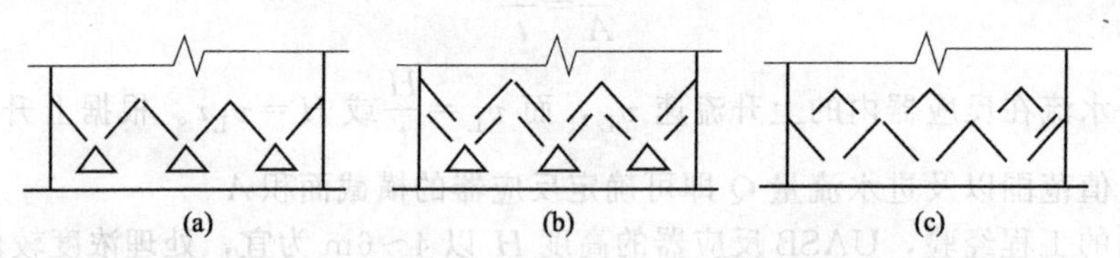

图 7-18 大容积 UASB 反应器内三相分离器的布置形式

在三相分离器设计中，为了防止污泥上浮或细小污泥、悬浮物被洗出，可在出水堰板前设置挡板。

容积负荷一定时，反应器单位截面产气率与反应器高度成正比，因此在较高的反应器设计时，可在三相分离器的集气室内安装喷雾喷嘴以防止浮沫。

设计三相分离器时首先需要确定的问题如下。

① 间隙和出水面的截面积比　影响沉淀区和污泥相中絮体的沉淀速度。

② 分离器相对于出水液面的位置　用于确定反应区和沉淀区的比例，多数 UASB 反应器中污泥区是总体积的 15%～20%。

③ 三相分离器的倾角　该角度可使污泥滑回到反应区，多为 55°～60°。

④ 分离器下气液界面的面积　它确定了沼气的释放速率。适当的释放速率大约是 1～3$m^3/(m^2 \cdot d)$。速率低易形成浮渣层，过高则导致形成气沫层。

不同污泥特性的 UASB 反应器的气、液、固流速的设计值如表 7-6 所列。

表 7-6 UASB 反应器中上升流速推荐设计值

参数	反应器	设计值/(m/h)
沉降区内液体上升流速 v_L(表面负荷)	颗粒污泥床反应器	1.0～2.0
	絮体污泥床反应器	0.4～0.8
反应区内液体上升流速 v_r(水力负荷)	颗粒污泥床反应器	≤10
	絮体污泥床反应器	≤1.5
回流缝中混合液流速 $v_1 < v_2$	颗粒污泥床反应器	<2.0
	絮体污泥床反应器	<1.0
气体在气液界面的上升流速 v_G	颗粒污泥床反应器	推荐最小值为 1
	絮体污泥床反应器	推荐最小值为 1

注：这些流速数值指日平均上升流速，如短期(2～6h)内允许的高峰值可以达到表列数据的 2 倍，反应区流速取值须根据 UASB 反应器的高度确定，高度大则流速大。

除了以上三相分离器设计的前提条件外，要完成一个三相分离器的设计还需要一些基本数据。三相分离器的设计具体包括沉淀区设计、回流缝设计和气液分离设计。图 7-11 中（b）所示的三相分离器为工程中常用类型，故以此为例来进行三相分离器断面的几何设计计算。图

7-19 所示为单元三相分离器设计计算断面的几何尺寸。

(1) 沉淀区设计

三相分离器沉淀区的设计方法与普通二次沉淀池的设计相似，主要考虑两项因素，即沉淀区面积和水深。沉淀区的面积根据废水量和沉淀区的表面负荷确定，一般表面负荷率的数值等于水流的向上流速 v_L，也与污泥颗粒的重力沉降速度 v_s 相等，但方向相反。因通常沉淀区的过水断面与反应区的过水断面相等，所以沉淀区内的水流上升流速 v_L 可用下式计算：

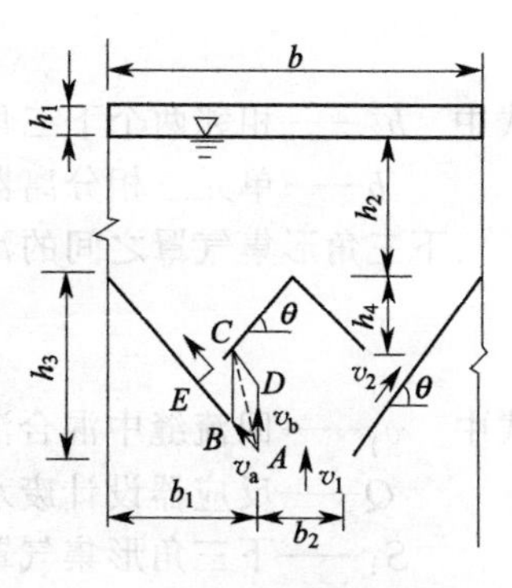

图 7-19　单元三相分离器的几何尺寸关系图

$$v_L = \frac{V}{At} \tag{7-12}$$

式中　v_L——沉淀区内的水流上升流速，m/s；

V——沉淀区的体积，m^3；

A——沉淀区的过水断面；

t——污泥颗粒沉淀时间，s。

悬浮区污泥在进入三相分离器之前，混合液中的污泥上升流速是由沼气上升卷携污泥产生的向上运动速度 v_b、水流上升流速 v_L 和污泥自身重力沉降速度 v_s 三者共同作用的结果。污泥在垂直方向上的流速大小应为 $v_b+v_L-v_s$。当混合液在三相分离器脱气后，污泥在垂直方向上的流速由 v_s 和 v_L 构成。

由图 7-19 可知，在集气罩之间回流缝处最小过水断面面积为 A_{min}，脱气后的混合液通过此断面，水流的向上速度最大。将此处的平均向上流速确定为控制断面平均流速，以 v_{max} 表示，则断面的 v_{max} 与 v_L 的关系为：

$$v_{max} = \frac{A}{A_{min}} v_L \tag{7-13}$$

或

$$v_{max} = \frac{V}{tA_{min}} \tag{7-14}$$

当混合液通过集气罩之间回流缝处最小过水断面时，必须满足 $v_s > v_{max}$ 的条件，污泥才能与处理水分离。如果 $v_L < v_s < v_{max}$，污泥就会在沉降区积累，形成污泥层并增厚上升，最后从出水渠流失。如果 $v_s < v_L$，污泥将直接流失。

在沉淀区的厌氧污泥与水中残余的有机物尚能产生生化反应，有少量的沼气产生，对固液分离有一定的干扰。这种情况在处理高浓度有机废水时可能更为明显，所以建议表面负荷一般应 $<1.0m^3/(m^2 \cdot h)$。三相分离器集气罩（气室）顶以上的覆盖水深 h_2 可采用 0.5～1.0m，集气罩斜面的坡度 θ 应采用 55°～60°，沉淀区斜面（或斗）的高度建议采用 0.5～1.0m。不论何种形式的三相分离器，其沉淀区的总水深应不小于 1.5m，并保证在沉淀区的停留时间为 1.5～2.0h。

(2) 回流缝设计

由图 7-19 可知，三相分离器由上、下两组重叠的三角形集气罩所组成，根据几何关系可得：

$$b_1 = \frac{h_3}{\tan\theta} \tag{7-15}$$

式中　b_1——下三角形集气罩底的 1/2 宽度，m；

θ——下三角形集气罩斜面的水平夹角，一般可采用 55°～60°；

h_3——下三角形集气罩的垂直高，m，当反应器总高度为 5～7m 时，h_3 可采用 1.0～1.5m。

$$b_2=b-2b_1 \tag{7-16}$$

式中 b_2——相邻两个下三角形集气罩之间的水平距离，m，即污泥的回流缝之一；

b——单元三相分离器的宽度，m。

下三角形集气罩之间的污泥回流缝中混合液的上升流速 v_1 可用下式计算：

$$v_1=\frac{Q}{S_1} \tag{7-17}$$

式中 v_1——回流缝中混合液的上升流速，m/h；

Q——反应器设计废水流量，m^3/h；

S_1——下三角形集气罩回流缝的总面积，m^2。S_1 值可用下式表示：

$$S_1=b_2ln \tag{7-18}$$

式中 l——反应器的宽度，即三相分离器的长度，m；

n——反应器的三相分离器单元数。

为了使回流缝的水流稳定，固液分离效果好，污泥能顺利地回流，建议流速 $v_1<2m/h$。

上三角形集气罩下端与下三角形集气罩斜面之间回流缝的水流上升流速 v_2（m/h）可用下式计算：

$$v_2=\frac{Q}{S_2} \tag{7-19}$$

式中 S_2——上三角形集气罩回流缝的总面积，m^2。可用下式表示：

$$S_2=cl\times 2n \tag{7-20}$$

式中 c——上三角形集气罩回流缝的宽度，m，即为图 7-19 中的 C 点至 AB 斜面的垂直距离 CE，建议 $CE>0.2m$。

假定 S_2 为控制断面（A_{min}），一般其面积不低于反应器面积的 20%左右，即 v_2 就是 v_{max}。为了使回流缝和沉淀区的水流稳定，确保良好的固液分离效果和污泥的顺利回流，要求满足下列条件：对于颗粒污泥，$v_1<v_2$（v_{max}）$<2.0m/h$；对于絮体污泥，$v_1<v_2$（v_{max}）$<1.0m/h$。

(3) 气液分离设计

由图 7-19 可知，欲达到气液分离目的，上、下两组三角形集气罩的斜边必须重叠，重叠的水平距离（AB 的水平投影）越大，气体分离效果越好，去除气泡的直径越小，对沉淀区固液分离效果的影响越小。所以，重叠量的大小是决定气液分离效果好坏的关键。重叠量一般为 10～20cm 或由计算确定。

由反应区上升的水流从下三角形集气罩回流缝过渡到上三角形集气罩回流缝再进入沉淀区，其水流状态比较复杂。当混合液上升到 A 点后将沿着 **AB** 方向斜面流动，并设流速为 v_a，同时假定 A 点的气泡以速度 v_b 垂直上升，所以气泡将沿着 v_a 和 v_b 合成速度的方向运动。根据平行四边形法则，有：

$$\frac{v_b}{v_a}=\frac{AD}{AB}=\frac{BC}{AB} \tag{7-21}$$

使气泡分离后进入沉淀区的必要条件是：

$$\frac{v_b}{v_a}>\frac{AD}{AB}=\frac{BC}{AB} \tag{7-22}$$

气泡上升速度 v_b 与其直径、水温、液体和气体的密度、废水的黏滞系数等因素有关。当气泡的直径很小（$d<0.1mm$）时，在气泡周围的水流呈层流状态，$Re<1$，这时气泡的上升速度可用斯托克斯（Stocks）公式计算：

$$v_b=\frac{g}{18\mu}(\rho_L-\rho_g)d^2 \tag{7-23}$$

式中 v_b——气泡的上升速度，cm/s；

d——气泡直径 cm；

ρ_L——液体密度，g/cm^3；

ρ_g——沼气密度，g/cm^3；

g——重力加速度，cm/s^2；

μ——废水的动力黏滞系数，$\mu=\gamma\rho_L$，$g/(cm \cdot s)$；

γ——液体的运动黏度，cm^2/s。

7.4.5.4 出水系统的设计

沉淀区的出水系统通常采用出水渠或出水槽。一般每个单元三相分离器沉淀区设一条出水渠。出水渠的宽度常采用 20cm，水深及渠高由计算确定。出水渠每隔一定距离设三角出水堰。常用的布置形式有两种，如图 7-20 所示。

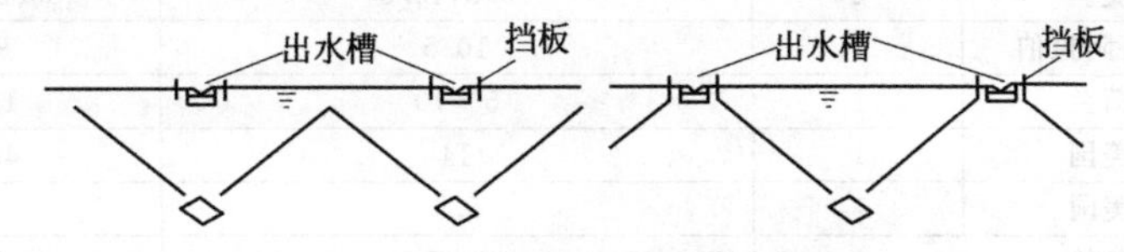

图 7-20 出水渠的布置形式示意

图 7-20 所示出水渠的特点是出水渠与集气罩成一整体，有助于装配和整体安装。当反应器封闭时，总出气管必须通过一个水封，以防漏气和确保厌氧条件。

7.4.5.5 排泥系统的设置

UASB 反应器的排污泥系统必须同时考虑上、中、下不同位置排泥，应根据实际要求，确定在什么位置排泥。排泥位置可以是反应器的 1/2 高度处、三相分离器下 0.5m 处或靠近反应器的底部，前两处排泥管口径可取 100mm；大型 UASB 反应器不设污泥斗，需布多点排泥，一般每个排泥点服务面积为 $10m^2$。当采用穿孔管配水系统时，可把穿孔管兼作排泥管。专设的排泥管管径不应小于 200mm，以防堵塞。

经验认为，可按每去除 1kgCOD 产生 0.05～0.1kgVSS 计算剩余污泥量。

7.4.5.6 出水回流

在处理浓度很高的废水时，为了把进水 COD 控制在 15g/L 以下，必须利用循环设备进行出水回流。出水回流可提高泥、水间的良好接触，减少有毒物质的影响，优化厌氧污泥生长，并可防止酸化。

7.4.6 升流式厌氧污泥床反应器的应用

UASB 反应器是世界范围应用最广泛的厌氧生物反应器，占世界各种厌氧生物处理装置的 2/3 左右。UASB 反应器已应用于包括淀粉废水、啤酒废水、酒精废水、抗生素废水、柠檬酸废水、造纸废水、屠宰废水、生活污水等领域。目前对低浓度废水的试验研究表明，UASB 反应器具有良好的处理效果。表 7-7 所列为国外 UASB 反应器在处理不同种类废水中的应用资料。国内部分 UASB 反应器的运行数据见表 7-8。

表 7-7 国外部分 UASB 反应器的应用实例

废水类型	使用国家	装置数	设计负荷/[kgCOD/(m³·d)]	反应器体积/m³	温度/℃
甜菜制糖	荷兰	7	12.5～17	200～1700	30～35
	德国	2	9.12	2300,1500	30～35
	奥地利	1	8	3040	30～35
	荷兰	8	5～11	240～1500	30～35
土豆加工	美国	1	6	2200	30～35
	瑞士	1	8.5	600	30～35

续表

废水类型	使用国家	装置数	设计负荷/[kgCOD/(m³·d)]	反应器体积/m³	温度/℃
土豆淀粉	荷兰	2	10.3,10.9	1700,5500	30～35
	美国	1	11.1	1800	30～35
玉米淀粉	荷兰	1	10～12	900	30～35
	荷兰	1	6.5	500	30～35
小麦淀粉	爱尔兰	1	9	2200	30～35
	澳大利亚	1	9.3	4200	30～35
	芬兰	1	8	420	30～35
酒精	荷兰	1	16	700	30～35
	德国	1	9	2300	30～35
	美国	1	7.0	2100	30～35
酵母	美国	2	10.8,10.3	5000,1800	30～35
	沙特阿拉伯	1	10.5	950	30～35
	荷兰	1	5～10	1400	23
啤酒	美国	1	14	4600	30～35
	美国	1	5.7	1500	20
屠宰	荷兰	1	3～5	600	24
牛奶	加拿大	1	6～8	450	24
	荷兰	2	8～10	1000,740	24
造纸	荷兰	1	4	740	20
	荷兰	1	5～6	2200	25
蔬菜罐头	荷兰	1	10	375	30～35
	美国	1	11	500	30～35
白酒	泰国	1	15	3000	30～35
城市废水	印度	1	2.3	1200	常温
	哥伦比亚	1	2	6600	常温

表 7-8 国内部分半生产及生产性 UASB 反应器运行数据

废水种类	温度/℃	反应器容积/m³	COD 容积负荷/[kg/(m³·d)]	进水 COD/(mg/L)	COD 去除率/%	研究或应用单位
味精废水	30～32	4.6	5.5	12150	88.5	中国科学院广州能源研究所
酒精过滤液	高温	24	22.3	900～2800	91	北京市环境保护科学研究院、山东酒精总厂
溶剂废醪	52	53	14.8	19870	88	无锡市环境检测中心站、无锡溶剂总厂
柠檬酸废水	35	6	20.3	20000～36000	90	常州市环境科学研究院
酿造废水	常温	64.8	4.2	2000～6000	82.4	北京市环境保护科学研究院
丙丁废醪	35	200	6～8	25000	90	华北制药集团有限责任公司
啤酒废水	常温	6.7	9～13	2000～3000	85	清华大学、北京啤酒朝日有限公司
柠檬酸、庆大霉素螺旋霉素混合废水	38	4×200	11.75	23450	91.2	无锡第二制药厂
啤酒废水	常温	8×240	5～7	1500～3000	85	北京啤酒朝日有限公司、清华大学

7.5 内循环厌氧生物反应器

在多年的研究与应用中，UASB 反应器已成为应用最为广泛的一种厌氧生物反应器，但在 UASB 反应器大量应用于处理多种工业废水的实际运行中发现，在 UASB 反应器处理中低浓度（1500～2000mgCOD/L）废水时，为防止水力上升流速太大而使厌氧污泥大量流失，其容积负荷一般限制在 5～8kgCOD/(m³·d)；而在处理高浓度（5000～9000mgCOD/L）废水时，其容积负荷一般限制在10～20kgCOD/(m^3·d)，以避免由于过高的产气负荷导致厌氧污泥的流失。为此，1985年荷兰Raques公司开发了一种内循环厌氧生物反应器。

内循环（internal circulation，简称IC）厌氧生物反应器是20世纪80年代中期在升流式厌氧污泥床（UASB）反应器的基础上发展开发的新型高效厌氧生物反应器，其进水COD容积负荷可高达20～30kgCOD/(m^3·d)，如此高的容积负荷是对现代高效厌氧反应器的一种突破，有着重大的理论意义和实用价值，并且其COD的去除率可稳定在80%以上，去除有机物的能力远远超过目前已成功应用的厌氧生物反应器，如UASB反应器等，可称为目前处理效能最高的厌氧反应器。

7.5.1　内循环厌氧生物反应器的构造及工作原理

内循环厌氧生物反应器是在UASB反应器的基础上发展起来的高效厌氧反应器，它被两层三相分离器分隔成第一厌氧反应区、第二厌氧反应区、沉淀区以及气液分离器，每个厌氧反应室的顶部设一个气液固三相分离器，如同两个UASB反应器上下重叠串联组成。在第一厌氧反应室的集气罩顶部设有沼气升流管直通IC厌氧生物反应器顶部的气液分离器，气液分离器的底部设一回流管直通至IC厌氧生物反应器的底部。其基本构造如图7-21所示。

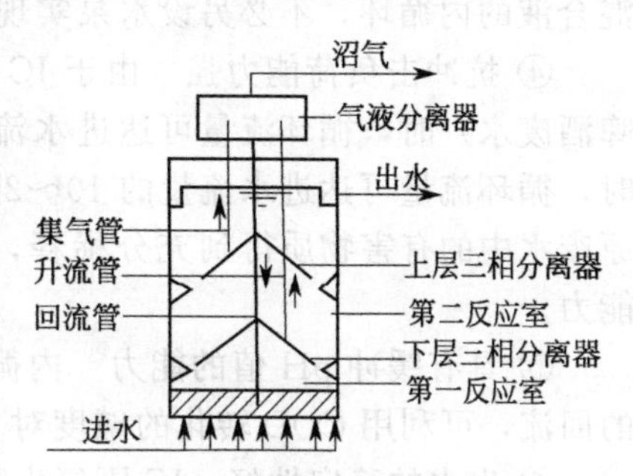

图7-21　IC反应器构造原理

IC厌氧生物反应器的特点是在一个反应器内将有机物的生物降解分为两个阶段，底部一个阶段（第一厌氧反应室）处于高负荷，上部一个阶段（第二厌氧反应室）处于低负荷。进水由反应器底部进入第一厌氧反应室与厌氧颗粒污泥均匀混合，大部分有机物在这里被降解而转化为沼气，所产生的沼气被第一厌氧反应室的集气罩收集，沼气将沿着升流管上升。沼气上升的同时把第一厌氧反应室的混合液提升至IC反应器顶部的气液分离器，被分离出的沼气从气液分离器顶部的导管排走，分离出的泥水混合液将沿着回流管返回到第一厌氧反应室的底部，并与底部的颗粒污泥和进水充分混合，实现了混合液的内部循环。内循环的结果使第一厌氧反应室不仅有很高的生物量、很长的污泥龄，而且具有很大的升流速度，一般为10～20m/h，使该室内的颗粒污泥完全达到流化状态，从而大大提高第一反应室去除有机物的能力。

经过第一厌氧反应室处理的废水会自动进入第二厌氧反应室，被继续进行处理。第二厌氧反应室内的液体上升流速小于第一厌氧反应室，一般为2～10m/h。该室除了继续进行生物反应之外，由于上升流速的降低，还充当第一厌氧反应室和沉淀区之间的缓冲阶段，对防止污泥流失及确保沉淀后的出水水质起着重要作用。废水中的剩余有机物可被第二厌氧反应室内的厌氧颗粒污泥进一步降解，使废水得到更好的净化，提高出水水质。产生的沼气由第二厌氧反应室的集气罩收集，通过集气管进入气液分离器。第二厌氧反应室的混合液在沉淀区进行固液分离，处理过的上清液由出水管排走，沉淀的污泥可自动返回到第二厌氧反应室。

由上可知，IC厌氧生物反应器实际上是由两个上下重叠的UASB反应器串联组成的，用下面第一个UASB反应器产生的沼气作为提升的内动力，使升流管与回流管的混合液产生一个密度差，实现了下部混合液的内循环，使废水获得强化的预处理。上面的第二个UASB反应器对废水继续进行后处理，使出水可达到预期的处理效果。

7.5.2　内循环厌氧生物反应器的特点

与其他高效厌氧生物反应器相比较，IC厌氧生物反应器在运行过程中具有如下特点。

① 具有很高的容积负荷率　IC厌氧生物反应器由于存在着内循环，传质效果好、生物量大、污泥龄长，其进水有机负荷率远比普通的UASB反应器高，一般可高出3倍左右。处理高浓度有机废水，如土豆加工废水，当COD为10000～15000mg/L时，进水容积负荷率可达30～40kgCOD/(m^3·d)。处理低浓度有机废水，如啤酒废水，当COD为2000～3000mg/L时，进水容积负荷率可达20～25kgCOD/(m^3·d)，水力停留时间（HRT）仅为2～3h，COD去除率可达80%以上。

② 节省基建投资和占地面积　由于IC厌氧生物反应器比普通UASB反应器有高出3倍左右的容积负荷，因此IC厌氧生物反应器的体积仅为普通UASB反应器体积的1/4～1/3，所以可降低反应器的基建投资。由于IC厌氧生物反应器不仅体积小，而且有很大的高径比，所以占地面积特别省，非常适合占地面积紧张的企业采用。

③ 沼气提升实现内循环节能　IC厌氧生物反应器以自身产生的沼气作为提升的动力实现混合液的内循环，不必另设水泵实现强制循环，从而可节省能耗。

④ 抗冲击负荷能力强　由于IC厌氧生物反应器实现了内循环，处理低浓度有机废水（如啤酒废水）时，循环流量可达进水流量的2～3倍；处理高浓度有机废水（如土豆加工废水）时，循环流量可达进水流量的10～20倍。因为循环流量与进水在第一反应室内充分混合，使原废水中的有害物质得到充分稀释，大大降低了有害程度，从而提高了反应器的耐冲击负荷能力。

⑤ 具有缓冲pH值的能力　内循环厌氧生物反应器的内循环流量相当于第一级厌氧出水的回流，可利用COD转化的碱度对pH值起缓冲作用，使反应器内的pH值保持稳定。

⑥ 出水的稳定性好　IC厌氧生物反应器相当于上下两个UASB反应器的串联运行，下面一个UASB反应器具有很高的有机负荷率，起粗处理作用，上面一个UASB反应器的负荷率较低，起精处理作用。IC厌氧生物反应器相当于两级UASB工艺处理，比单级UASB反应器处理的稳定性好，出水水质较为稳定。

7.5.3 内循环厌氧生物反应器的过程控制

（1）IC厌氧生物反应器的过程特性

将IC厌氧生物反应器与UASB反应器进行对照分析，发现IC厌氧生物反应器在水力学特性、处理效能、污泥性质方面皆优于UASB反应器。

比较IC厌氧生物反应器与UASB反应器的水力学特性，发现IC厌氧生物反应器内液体的上升流速较UASB反应器增大8～20倍，进水的容积负荷是UASB反应器的3～6倍，污泥负荷为UASB反应器的3～9倍。由于IC厌氧生物反应器的容积负荷、产气量大，因此内部平均剪切速率增高，是UASB反应器的2倍。在处理低浓度废水时，水力停留时间（HRT）可缩短至2～2.5h。在处理同类废水时，IC厌氧生物反应器的高度是UASB反应器高度的3～4倍。

另外，与UASB反应器颗粒污泥相比，IC厌氧生物反应器内颗粒污泥的尺寸较粗且分布较宽，第一厌氧反应室平均颗粒污泥粒径为1.77～1.79mm，在第二厌氧反应室内平均粒径由下向上分别为1.67mm、1.61mm、0.58mm。这是由于IC厌氧生物反应器内的升流速度较大，使细小颗粒更易于被冲刷，使反应器内小颗粒比例减小，而留在反应器内的颗粒获得更多的营养，在长期滞留的情况下颗粒长得更大。

IC厌氧生物反应器内颗粒污泥（<0.5mm）的沉降速度略高于液体的升流速度（$v_L=2.6$mm/s）。在IC厌氧生物反应器的第二厌氧反应室中，由于气体负荷率较低，创造了一个较为平稳的沉淀条件，有利于细小颗粒的滞留。

（2）IC厌氧生物反应器的启动与运行

IC 厌氧生物反应器内的液体内循环流量 Q_w 随着气体流量 Q_g 的增加呈对数关系增长：

$$Q_w=20.55\ln Q_g+9.3735 \tag{7-24}$$

IC 厌氧生物反应器处理 COD 浓度为 750～2500mg/L 废水的底物降解动力学可以用两个模型来描述，第一厌氧反应室内为一级反应全混流模型：

$$t_1=\frac{S_0-S_m}{k_1 S_m}-0.097 \tag{7-25}$$

式中　t_1——第一厌氧反应室水力停留时间，h；

S_0——反应器进水 COD 浓度，mg/L；

S_m——反应器中部取样口的 COD 浓度，mg/L；

k_1——反应速率常数，取 $2.200h^{-1}$。

第二厌氧反应室内为一级反应平推流模型：

$$t_2=k_2\ln\frac{S_m}{S_e}-0.2503 \tag{7-26}$$

式中　t_2——第二厌氧反应室水力停留时间，h；

S_m——反应器中部取样口的 COD 浓度，mg/L；

S_e——反应器出水 COD 浓度，mg/L；

k_2——反应速率常数，取 $1.205h^{-1}$。

第一厌氧反应室的反应速率常数（$k_1=2.200h^{-1}$）大于第二厌氧反应室的反应速率常数（$k_2=1.205h^{-1}$），这说明 IC 厌氧生物反应器的第一厌氧反应室比第二厌氧反应室有更强的底物降解能力。

7.5.4　内循环厌氧生物反应器的应用

综上所述，IC 厌氧生物反应器的主要特点是：解决了污泥负荷高易导致污泥流失的问题，具有一个无外加动力的内循环系统，增加了水力负荷，强化了传质过程；占地面积小，基建投资省，出水水质稳定，耐冲击负荷能力强等，尤其适合于处理浓度较低和温度较低的有机废水。表 7-9 是有关 IC 厌氧生物反应器的应用资料。

表 7-9　IC 厌氧生物反应器的应用运行结果

废水种类	进水 COD 浓度/(mg/L)	容积负荷 /[kgCOD/(m³·d)]	有效容积/m³	反应器高度/m	HRT/h	COD 去除率/%	反应温度/℃	备注
啤酒废水	2000	24	162	20	2.1	80	31	国外
啤酒废水	1600	20	50	22	2.3	85	24～28	国外
啤酒废水	2000	15	400	20.5	2.0			上海
啤酒废水	4300	25～30	70	16	4.2	80	中温	沈阳
土豆加工废水	3500～9000	35～50	17	16.6	4～6	75～90	30～35	国外
土豆加工废水	6000～8000	48	100	15	4	85		国外

7.6　厌氧膨胀颗粒污泥床反应器

升流式厌氧污泥床反应器（UASB）和内循环（IC）厌氧生物反应器的泥水混合来源于进水的混合和产气的扰动，但是对于进水无法采用大的水力和有机负荷的情况，如在低温条件下采用低负荷工艺时，由于在污泥床内的混合强度太小，以致无法抵消短流效应。

厌氧膨胀颗粒污泥床（expanded granular sludge blanket，简称 EGSB）反应器是在 UASB 反应器的基础上改进发展起来的第三代厌氧生物反应器，与 UASB 反应器相比，它们最大的区别在于反应器内液体上升流速的不同，在UASB反应器中，水力上升流速一般小于1m/h，污泥床更像一个静止床，而EGSB反应器通过采用出水循环，水力上升流速一般可超过5～10m/h，所以整个颗粒污泥床是膨胀的，从而保持了进水与污泥颗粒的充分接触，使得它可以用于多种有机废水的处理，并获得了较高的处理效率。EGSB反应器这种独有的特征使它可以进一步向着空间化方向发展，反应器的高径比可高达20或更高。因此对于相同容积的反应器而言，EGSB反应器的占地面积大为减少，同时出水循环的采用也使反应器所能承受的容积负荷大大增加，最终可减小反应器的体积。除反应器主体外，EGSB反应器的主要组成部分有进水分配系统、气液固三相分离器以及出水循环部分。

作为对UASB反应器的改进，EGSB反应器可处理低温和相对低浓度的有机废水，当沼气产率低、混合强度低时，较大的进水动能和颗粒污泥床的膨胀将使其获得比UASB反应器好的运行效果。

7.6.1 厌氧膨胀颗粒污泥床反应器的结构与工作原理

EGSB反应器的结构如图7-22所示。EGSB反应器的主要组成可分为进水分配系统、气液固分离器以及出水循环部分。进水分配系统的主要作用是将进水均匀地分配到整个反应器的底部，并产生一个均匀的上升流速。与UASB反应器相比，EGSB反应器由于高径比更大，其所需要的配水面积会较小，同时采用了出水循环，其配水孔口中的流速会更大，因此系统更容易保证配水均匀。三相分离器仍然是EGSB反应器最关键的构造，其主要作用是将出水、沼气、污泥三相进行有效的分离，使污泥保留在反应器内。

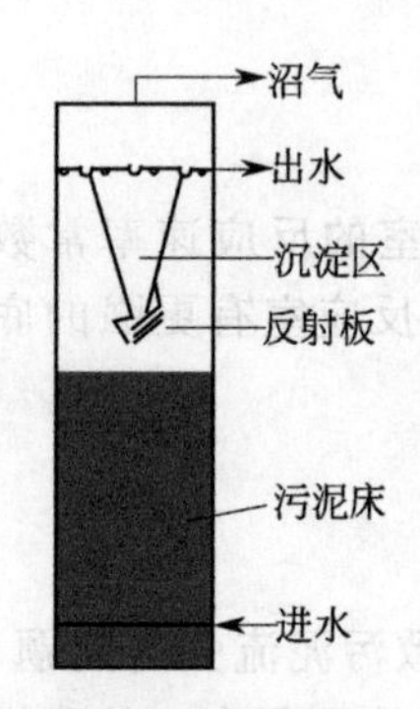

图7-22 EGSB反应器结构示意

与UASB反应器相比，EGSB反应器内的液体上升流速要大得多，因此必须对三相分离器进行特殊的改进。改进可采用以下几种方法：①增加一个可以旋转的叶片，在三相分离器底部产生一股向下水流，有利于污泥的回流；②采用筛鼓或细格栅，可以截留细小颗粒污泥；③在反应器内设置搅拌器，使气泡与颗粒污泥分离；④在出水堰处设置挡板以截留颗粒污泥。

出水循环部分是EGSB反应器与UASB反应器的不同之处，其主要目的是提高反应器内的液体上升流速，使颗粒污泥床层充分膨胀，废水与微生物之间充分接触，加强传质效果，还可以避免反应器内死角和短流的发生。

7.6.2 厌氧膨胀颗粒污泥床反应器的研究与应用

EGSB反应器由于在高的水和气体流速下产生充分混合作用，因此可以保持高的有机负荷和去除效率，因此系统可以采用10～30kgCOD/(m^3·d) 的容积负荷。

EGSB反应器可以应用于：①处理低温低浓度有机废水；②处理中、高浓度有机废水；③处理高硫酸盐的有机废水；④处理有毒性、难降解的有机废水。表7-10是有关EGSB反应器的研究与应用资料。

表7-10 EGSB反应器的研究与应用资料

废水种类	有效容积/m^3	容积负荷 /[kgCOD/(m^3·d)]	水力负荷 /[m^3/(m^2·h)]	气体负荷 /[m^3/(m^2·h)]	COD去除率/%	备注
制药废水	4×290	30.0	7.5	4.5	60	荷兰
酵母废水	2×95	44/28	10.5	4.0～8.0	65	法国
酵母废水	95	40.0	8.0	4.0	98	德国
啤酒废水	780	19.2	5.5	2.7	80	荷兰

续表

废水种类	有效容积/m^3	容积负荷 /[kgCOD/(m^3·d)]	水力负荷 /[m^3/(m^2·h)]	气体负荷 /[m^3/(m^2·h)]	COD去除率/%	备注
化工废水	275	10.0	6.3	3.1	95	荷兰
淀粉废水	1314	20.8	2.8	3.4	90	美国
合成废水	12.9×10^{-3}	41.9	4.0		90	中国

7.7 厌氧折流板反应器

随着对厌氧消化机理研究的不断深入和各种高效厌氧反应器的发展，废水的厌氧生物处理技术已经成为资源和环境保护的核心技术之一。UASB厌氧生物反应器的成功应用极大地促进了其他高效厌氧反应器的发展，厌氧折流板反应器（anaerobic baffled reactor，简称ABR）正是在这种情况下，于20世纪80年代初由McCarty和Bachmann等研究开发的一种新型高效厌氧生物反应器，可有效处理高、中、低浓度的有机废水。

7.7.1 厌氧折流板反应器的结构与工作原理

厌氧折流板反应器的结构如图7-23所示，主要由反应器主体和挡板组成。在反应器内垂直设置的竖向导流板将反应器分隔成串联的几个反应室，每个反应室都是一个相对独立的升流式厌氧污泥床（UASB）系统，其中的污泥可以以颗粒形式或絮状形式存在，废水进入反应器后沿导流板上下折流前进，依次通过每个反应室的污泥床，废水中的有机物通过与微生物充分的接触而得到去除。借助于废水流动和沼气上升的作用，反应室中产生的厌氧污泥在各个隔室内作上下膨胀和沉降运动，但是由于导流板的阻挡和污泥自身的沉降性能，污泥在水平方向的流速极其缓慢，从而使大量的厌氧污泥被截留在反应室中。

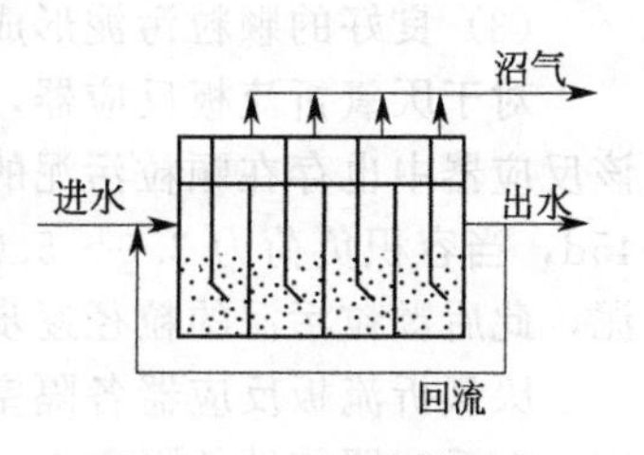

图7-23 ABR结构示意

反应器的水力条件是影响处理效果的重要因素，从构造上ABR可以看作是多个UASB反应器的简单串联，但工艺上与单个UASB反应器有显著不同：UASB反应器可近似地看作一种完全混合式反应器（CSTR），而ABR则更接近于推流式（PF）工艺。从整个ABR来看，反应器内的折流板阻挡了各隔室间的返混作用，强化了各隔室内的混合作用，因而ABR内的水力流态是局部为CSTR流态、整个为PF流态的一种复杂水力流态。随着反应器内分隔数的增加，整个反应器的流态则趋于推流式，如图7-24所示。

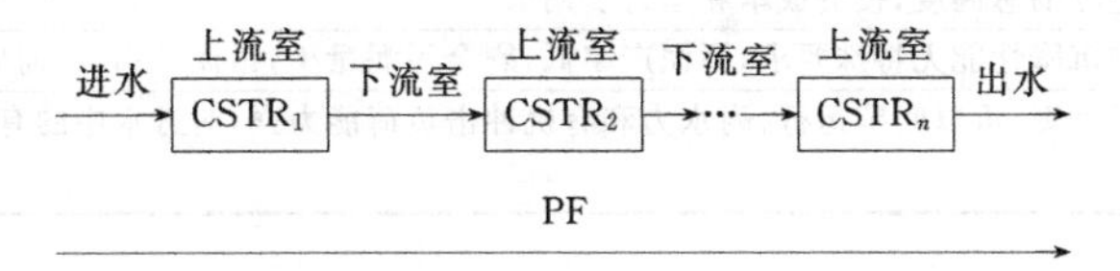

图7-24 厌氧折流板反应器的水力流态

7.7.2 厌氧折流板反应器的主要性能

（1）良好的水力条件

在厌氧折流板反应器中，由于挡板阻挡了各隔室内的返混作用，强化了各隔室内的混合作用，因此整个反应器内的水流形式属于推流式，而每个隔室内的水流则由于上升水流及产气的搅拌作用而表现为完全混合型的水流流态，这种整体上为推流式、局部区域为完全混合式的多个反应器串联工艺对有机底物的降解速率和处理效果高于单个完全混合式反应器。同时，在一定处理能力下所需的反应器容积也较完全混合式反应器低得多。

厌氧折流板反应器相当于把一个反应器内的污泥分配到了多个隔室的反应小区内，每个反应小区的污泥浓度虽然与整个反应器的污泥浓度基本一致，但污泥量被分散了。若反应器内的分隔数为 n，则每个隔室内的污泥量为反应器内污泥总量的 $1/n$，这样一方面提高了污泥与废水的接触和混合程度，提高了反应器的容积利用率；另一方面使得反应器内的污泥在生物相上也由隔室所处的位置不同而呈现出不同的微生物组成，从而使反应器具有较高的抗冲击负荷的能力。

（2）稳定的污泥截留能力

厌氧折流板反应器对污泥的有效截留能力首先取决于其构造特点：一是水流绕折流板流动而使水流在反应器内流经的总长度增加；二是下向流室较上向流室窄使上向流室中水流的上升速度较小；三是上向流室的进水一侧折流板的下部设置了角度约为45°的转角，有利于截留污泥，也可缓冲水流和均匀布水。

其次，反应器内污泥与废水的良好混合接触使得其容积利用率高，因而有利于污泥絮体和颗粒污泥的形成和生长，使反应器内的厌氧微生物在自然形成良好的种群配合的同时，可在较短的时间内形成具有良好沉降性能的絮凝体污泥和颗粒污泥。

由于厌氧折流板反应器具有稳定的污泥截留性能和良好的水力条件，因此即使进水 SS 浓度高达每升数万毫克也不会造成反应器的堵塞问题。研究表明，厌氧折流板反应器中污泥的最小停留时间 θ_{cmin} 可达 65d。

（3）良好的颗粒污泥形成及微生物种群分布

对于厌氧折流板反应器，虽然颗粒污泥的形成并不是其处理效能的主要决定性因素，但在该反应器中也存在颗粒污泥的形成过程，而且生长速率较快，一般情况下，在初期运行的30～45d，当容积负荷为 3.0～5.0kgCOD/(m³·d) 时，即可出现粒径为 0.2～0.5mm 的颗粒污泥，此后颗粒污泥的粒径逐步增大到 2～3mm。

厌氧折流板反应器各隔室内底物浓度和组成不同，逐步形成了各隔室内不同的微生物组成。在反应器前端的隔室内，主要以水解及产酸菌为主，而在较后面的反应器隔室内，则以产甲烷菌为主。对于产甲烷菌，随隔室的推移，其种群由八叠球菌属为主逐步向产甲烷丝状菌属、异养产甲烷菌和脱硫弧菌属等转变。这种微生物组成的空间变化使优势菌群得以良好的生长繁殖，废水中的不同底物分别在不同的隔室被降解，因而处理效能良好且稳定。

厌氧折流板反应器工艺的主要优点见表 7-11。

表 7-11 厌氧折流板反应器工艺的主要优点

指标	优　点
反应器结构	结构简单，无运动部件，无须设置机械混合装置；容积利用率高，造价低；不易堵塞，污泥床膨胀程度较低，因此可降低反应器的总高度，投资成本和运行费用低
生物量特性	对生物体的沉降性能无特殊要求，污泥产率低，剩余污泥量少，污泥龄高，不需后续沉淀池进行泥水分离
工艺的运行	水力停留时间短，可以间歇运行，耐水力和有机冲击负荷能力强，对进水中的有毒有害物质具有良好的承受能力

7.7.3 厌氧折流板反应器的工艺设计

厌氧折流板反应器设计的第一步是选定池型，若主要用于有机物的水解酸化处理或沼气产量较小，可不必收集沼气，而选择敞开式反应池；若主要用于产甲烷发酵处理，且沼气产量较大，需选择封闭式反应池以收集沼气。

沼气收集区由池壁在水面上继续加高、加盖形成，沼气产生后最终蓄积于上部收集区，并由管道输出，应设置浮渣排放口。沼气收集区的高度与 UASB 反应器集气室高度的设定相似，应保证出气管在反应器的运行过程中不被淹没，能畅通地将沼气排出反应器，并防止浮渣堵塞。从实践来看，集气室水面浮渣层的厚度与进水水质有关，在处理难降解的短纤维较多的废水时，浮渣层较厚；当工艺运行良好且产气量较多时，气体的搅拌作用可使浮渣层破碎、沉淀并返回到反应区。总之，在确定集气区高度时应考虑适当的富余高度，并应考虑设置浮渣排放口。

（1）反应器容积计算

反应器容积的计算可采用有机底物容积负荷和水力停留时间的方法。

① 有机底物容积负荷法　采用有机底物容积负荷计算反应器容积时，可按式(7-7) 进行计算。

研究表明，厌氧折流板反应器的有机底物容积负荷最高可达 10～30kgCOD/(m^3·d)，其 COD 去除率可达 70%～80%。

② 水力停留时间法　采用水力停留时间计算反应器容积时，可按式(7-10) 进行计算。

（2）反应器尺寸计算

在确定了厌氧折流板反应器的有效容积后，需要对反应器的具体尺寸做出限定，分别是长度 L、宽度 B、有效水深 H、分隔数 n 及每隔室下向流区和上向流区宽度的比值。

厌氧折流板反应器的有效水深 H 可参照 UASB 反应器或传统厌氧污泥反应器的设计采用 3～6m。

厌氧折流板反应器整体上属于推流式反应器，按照传统推流式活性污泥反应池长宽比的限定，可选择 $L:B\geqslant5$。

由于各隔室属于完全混合式流态，为确保每个隔室中水流的平衡与稳定，每隔室的长度 L/n 和宽度 B 不宜差距过大，可选择 $B:(L/n)=1\sim1.5$。

计算出反应器的有效容积 V，在 3～6m 范围内选定有效水深 H 后，即可根据隔室宽度和长度比值 $B:(L/n)=1\sim1.5$ 和反应器长宽比 $L:B\geqslant5$ 的限定，通过试算法确定反应器的长度 L、宽度 B 和分隔数 n。

在确定各隔室上向流区和下向流区的宽度分配时，需要先确定上向流区的宽度 b_1，则下向流区的宽度可按下式计算：

$$b_2=\frac{L}{n}-b_1 \tag{7-27}$$

由于各隔室的上向流区相当于 UASB 反应器的悬浮污泥层和污泥床，由 UASB 反应器的设计可知，为保证污泥与废水充分混合而又避免污泥流失，对于絮体污泥，可在 0.5～1.5m/h 范围内选择水流上升流速 v_L，一般取值为 0.6～0.9m/h，瞬时值可达 2m/h；对于颗粒污泥，可采用的上升流速 v_L 为 3m/h；对于完全溶解性废水，v_L 的瞬时值可达 6m/h；对于部分溶解性废水，v_L 的瞬时值可达 2m/h。在厌氧折流板反应器的运行中，由于每隔室上向流区的污泥在水流的上升作用下出现膨胀和沉淀，而各隔室的污泥混合较少，为保证各隔室上向流区的污泥不被水流大量冲出，上向流区水流上升流速 v_L 的选择应参照 UASB 悬浮污泥床中水流上升流速的范围。

上向流区的水流上升流速 v_L 确定后，根据已知流量 Q，则可按下式求出上向流区的横断面面积：

$$A=\frac{Q}{v_L} \tag{7-28}$$

上向流区的宽度可按下式进行计算：

$$b_1=\frac{A}{B} \tag{7-29}$$

7.7.4　复合型厌氧折流板反应器

Tilche 和 Yang 等提出复合型厌氧折流板反应器（hybrid anaerobic baffled reactor，简称

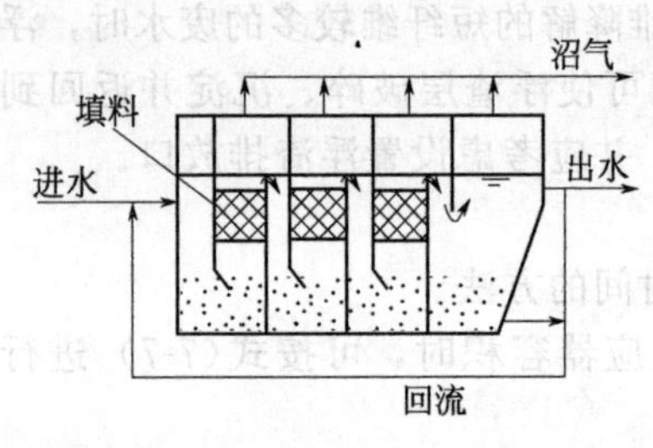

图 7-25 HABR 反应器结构示意

HABR）的结构如图 7-25 所示。复合型厌氧折流板反应器能够提高细菌的平均停留时间，从而可以有效地处理高浓度有机废水。

复合型厌氧折流板反应器的改进主要体现在：①最后一格反应室后增加了一个沉降室，流出反应器的污泥可以沉积下来，再被循环利用；②在每格反应室的顶部设置填料，防止污泥的流失，而且可以形成生物膜，增加生物量，对有机物具有降解作用；③气体被分格单独收集，便于分别研究每格反应室的工作情况，同时也保证产酸阶段所产生的 H_2 不会影响产甲烷菌的活性。

7.7.5 分阶段多相厌氧反应器

分阶段多相厌氧反应器（staged multi-phase anaerobic reactor，简称 SMPA）是 Lettinga 教授在总结和展望未来厌氧生物反应器发展动向时提出的极有前途也极富挑战性的新概念。

厌氧生物处理过程是一系列复杂的生化反应，其中的底物、各类中间产物、最终产物以及各种群的微生物之间相互作用，形成一个复杂的微生态系统，各类微生物间通过营养底物和代谢产物形成共生关系或共营养关系，反应器是微生物生长繁殖的微型生态系统，各类微生物的平稳生长、物质和能量流动的高效顺畅是保持该系统持续稳定的必要条件，如何培养和保持相关微生物的平衡生长已成为新型厌氧生物反应器的设计思路。

Lettinga 教授指出，现有的各类高效厌氧生物反应器中，UASB 是最佳的厌氧生物处理技术，UASB 反应器在世界各国的广泛应用可以作为例证。关于新型高效厌氧生物反应器，Lettinga 教授在推荐膨胀颗粒污泥床反应器（EGSB）的同时，提出了分阶段多相厌氧反应器（SMPA）技术。实际上，SMPA 并非特指某个反应器，而是一种新的工艺思想。

分阶段多相厌氧反应器的理论思路是：①在各级分隔的单体中培养出合适的厌氧细菌群落，以适应相应的底物组分及环境因子；②防止在各个单体中独立发展形成的污泥互相混合；③各个单体内的产气互相隔开；④工艺流程更接近于推流式，系统因而拥有更高的去除率，出水水质更好。

从上述的思路可以看出，分阶段多相厌氧反应器的理论依据来源于对厌氧降解机理的深入理解，分阶段多相厌氧反应理论是两相厌氧反应理论的发展，两相厌氧反应理论可以看作是分阶段多相厌氧理论的特例。Lettinga 教授指出，组成多相厌氧反应的单体反应器既可以是 EGSB 反应器，也可以是 UASB 反应器。

将厌氧折流板反应器（ABR）工艺与 Lettinga 教授提出的分阶段多相厌氧反应器（SMPA）工艺进行对比可以发现，ABR 几乎完全实现了该工艺的思想要点。挡板构造在反应器内形成几个独立的反应室，在每个反应室内驯化培养出与该处的环境条件相适应的微生物群落。如 ABR 用于处理以葡萄糖为基质的废水时，第一格反应室经过一段时间的驯化，将形成以酸化菌为主的高效酸化反应区，葡萄糖在此转化为低级脂肪酸（VFA），而其后续反应室将先后完成各类 VFA 到甲烷的转化。由热力学分析可知，细菌对丙酸和丁酸的降解只有在环境中氢分压较低的情况下才能进行，而有机物酸化阶段是氢的主要来源，产甲烷阶段几乎不产生氢。与单个 UASB 反应器中酸化和产甲烷过程融合进行不同，ABR 有独立分隔的酸化反应室，酸化过程中产生的氢气以产气形式先行排出，因此有利于后续产甲烷阶段中丙酸和丁酸的代谢过程在较低的氢分压环境下顺利进行，避免了丙酸、丁酸过度积累所产生的对产甲烷菌的抑制作用。由此可以看出，ABR 各个反应室中的微生物是随反应器的流程逐渐递变的，递变的规律与底物降解过程协调一致，从而确保相应的微生物拥有最佳的工作活性。同时 ABR 的推流式特性可确保系统拥有更优的出水水质，反应器的运行也更加稳定，对冲击负荷以及进水中的有毒物质具有更好的缓冲适应能力。

值得指出的是，ABR 的推流式特性也有其不利的一面，在同等的总负荷条件下，与单级的 UASB 反应器相比，ABR 的第一格要承受远大于平均负荷的局部负荷，以拥有 4 格反应室的 ABR 为例，其第一格的局部负荷为其系统平均负荷的 4 倍。

7.7.6 厌氧折流板反应器的研究现状和应用

应用厌氧折流板反应器处理高浓度有机废水是厌氧折流板反应器应用前景最为广阔的一个方面。Boopathy 和 Tilche 研究了用厌氧折流板反应器处理高浓度糖浆废水的情况，当进水浓度为 115gCOD/L、容积负荷达到 12.25kgCOD/(m^3 · d) 时，溶解性 COD 的去除率可以达到 82%，产气量为 372L/d。增大进水浓度至 990gCOD/L，容积负荷达到 28kgCOD/(m^3 · d) 时，溶解性 COD 的去除率降低到 50%，产气量达到 741L/d，相当于每单位体积反应器每天产气 5 单位体积。与此同时，反应器内的污泥浓度也从 40g/L 增大到 68g/L。Boopathy 等认为，高产气速率虽然可能会导致污泥膨胀，但污泥沉降性能的提高会抵消高产气速率带来的不利影响。

Nachaiyasit 和 Stuckey 研究了厌氧折流板反应器在浓度冲击负荷和水力冲击负荷条件下的运行特性，厌氧折流板反应器稳定运行时，$T=35$℃，进水浓度为 4000mgCOD/L，水力停留时间 HRT=20h，容积负荷 $N_v=4.8$kgCOD/(m^3 · d)，COD 的去除率在 98%左右。保持水力停留时间（HRT）不变，逐步提高进水浓度至 8000mgCOD/L，容积负荷达 9.6kgCOD/(m^3 · d)，COD 的去除率无明显改变；但当进水浓度提高至 15000mgCOD/L，容积负荷为 18kgCOD/(m^3 · d) 时，COD 的去除率下降至 90%。若保持进水浓度 4000mgCOD/L 不变，缩短水力停留时间（HRT）至 10h，容积负荷为 9.6kgCOD/(m^3 · d)，并保持 14d，COD 去除率降至 90%；继续缩短水力停留时间（HRT）至 5h，容积负荷为 19.2kgCOD/(m^3 · d)，并保持 24d，COD 的去除率仅有 52%；缩短水力停留时间（HRT）至 1h，容积负荷为 96kgCOD/(m^3 · d)，并保持 3h，出水的 COD 浓度迅速上升并接近于进水 COD 浓度。但是当 3h 后水力停留时间（HRT）又恢复至原来的数值时，厌氧折流板反应器就显示了其运行稳定、耐短期冲击负荷能力强的特点，仅过 36h，COD 的去除率就恢复到原来的 98%。Nachaiyasit 等人通过研究认为厌氧折流板反应器独特的结构设计使得实际运行中的 ABR 在功能上可以沿程分为 3 个区域——酸化区、缓冲区、产甲烷区，这种功能上的分区避免了在冲击负荷条件下大部分微生物暴露于很低的 pH 值下，从而提高了 ABR 耐冲击负荷的能力。

ABR 在实际工程中的应用还比较少见。美国哥伦比亚（Columbia）有一套常温下处理生活污水的 ABR 装置，该装置由两个反应器并联组成，每个反应器的体积是 197m^3，实际运行时的工作情况如下：进水浓度为 314mgBOD_5/L，容积负荷为 0.85kgCOD/(m^3 · d)，水力停留时间 HRT=10.3h，COD 的去除率达 70%，SS 的去除率达 80%，实际运行时发现当容积负荷在 0.4～2.0kgCOD/(m^3 · d) 范围内波动时，COD 的去除率基本保持不变。但是雨季水力冲击负荷加剧了污泥的流失，导致处理效率下降。这套 ABR 装置的投资比 UASB 装置节省 20%，仅相当于一座同等规模城市二级污水处理厂投资的 1/6。

有关厌氧折流板反应器的研究及应用情况见表 7-12。

表 7-12 厌氧折流板反应器的研究及应用运行数据

废水类型	隔室数	反应器容积/L	进水浓度/(mgCOD/L)	容积负荷/[kgCOD/(m^3 · d)]	COD 去除率/%	HRT/h	温度/℃
含蛋白质废水	4～8	6.3～10.4	4000～8000	2.5～36	52～98	1.8～81	25～35
城市污水	3	350	264～906	2.14	90	4.8～15	18～28

续表

废水类型	隔室数	反应器容积/L	进水浓度/(mgCOD/L)	容积负荷/[kgCOD/(m³·d)]	COD去除率/%	HRT/h	温度/℃
生活和工业废水	8	394×10³	315	0.85	70	10.3	15
屠宰废水			510～730	0.67～4.73	75～85	2.5～26.4	
糖蜜废水	3	75～150	100000～990000	4.3～28	49～88	138～850	37
蔗糖废水	11	75	344～500	0.7～2.0	85～93	6～12	13～16
威士忌精馏废水	5	6.3	51600	2.2～3.5	90	360	30
制药废水	5	10	20000	20	36～68	24	35
含酚废水	5		2200～3192	1.67～2.5	83～94	24	21
葡萄糖废水	5	6	1000～10000	2～20	72～99	12	35

参 考 文 献

[1] 唐受印，戴友芝．水处理工程师手册［M］．北京：化学工业出版社，2001.
[2] 买文宁．生物化工废水处理技术及工程实例［M］．北京：化学工业出版社，2002.
[3] 王绍文，罗志腾，钱雷．高浓度有机废水处理技术与工程应用［M］．北京：冶金工业出版社，2003.
[4] 周正立，张悦．污水生物处理应用技术及工程实例［M］．北京：化学工业出版社，2006.
[5] 沈耀良，王宝贞．废水生物处理新技术——理论与应用［M］．北京：中国环境科学出版社，2006.
[6] 张可方，李淑更．小城镇污水处理技术［M］．北京：中国建筑工业出版社，2008.
[7] 王郁，林逢凯．水污染控制工程［M］．北京：化学工业出版社，2008.

第8章

厌氧生物膜法处理工艺

厌氧生物膜法工艺包括厌氧生物滤池、厌氧流化床、厌氧生物转盘等。

8.1 厌氧生物滤池

厌氧生物滤池（anaerobic filter，简写为 AF）是 20 世纪 60 年代末由美国斯坦福大学 Mc Carty 在总结过去厌氧法生物处理有机废水工作的基础上开发的第一个高速厌氧反应器。通过附着生长的厌氧微生物，将污泥“固定”在反应器内部，大大延长了反应器内的污泥停留时间（SRT），在保持相同处理效果的情况下，SRT 的提高可大大缩短废水在反应器内的停留时间（HRT），从而可以加快废水的处理速率，减小反应器的体积，实现比较高的工艺负荷。在厌氧生物滤池开发之前，厌氧反应器的容积负荷一般为 2～5kgCOD/(m^3·d)，厌氧生物滤池在处理溶解性有机废水时容积负荷可以高达 10～15kgCOD/(m^3·d)。因此厌氧生物滤池的发展大大提高了厌氧生物反应器的处理效率，使反应器容积大大减小。这种采用生物固定化技术延长污泥停留时间（SRT）、缩短水力停留时间（HRT）的思路贯穿了高速厌氧反应器的发展历程。

8.1.1 厌氧生物滤池的构造

厌氧生物滤池也称为厌氧生物滤器或厌氧固定膜反应器，其与普通生物滤池、高负荷生物滤池及塔式生物滤池的本质不同在于，厌氧生物滤池无通风和供氧系统。厌氧生物滤池与其他滤池的结构相似，只是滤池处于封闭。

图 8-1 所示为厌氧生物滤池的构造示意图。滤池呈圆柱形，池内装放填料，池底和池顶密封。厌氧微生物附着于填料的表面生长，当废水通过填料层时，在填料表面的厌氧生物膜的作用下，废水中的有机物被降解，并产生沼气，沼气从池顶部排出。滤池中的生物膜不断地进行新陈代谢，脱落的生物膜随出水流出池外。根据厌氧生物滤池进水点位置和废水在厌氧生物滤池中流向的不同，厌氧生物滤池可分为升流式厌氧生物滤池、降流式厌氧生物滤池和升流式混合型厌氧生物滤池三种，如图 8-2 所示。

升流式厌氧生物滤池的下部配水空间和滤料缝隙极易生长悬浮厌氧污泥，虽然可增大生物量，提高有机底物的容积负荷，但也易于堵塞滤层，特别是处理悬浮物浓度高的废水时，易造

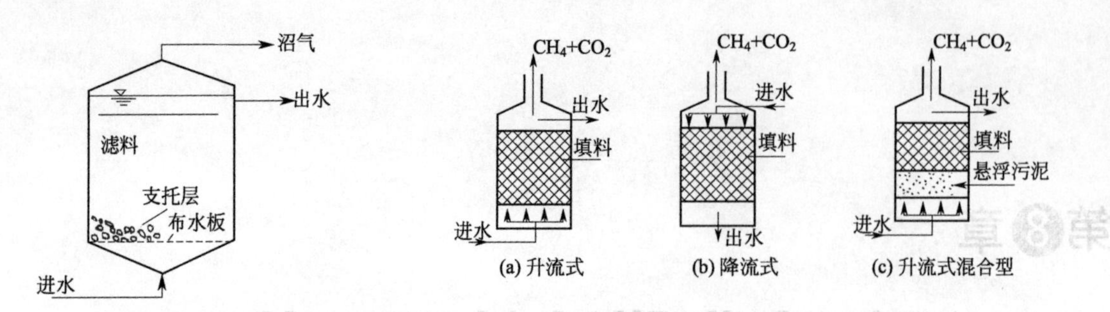

图 8-1 升流式厌氧生物滤池

图 8-2 厌氧生物滤池的三种形式

成水头损失增大、污泥浓度沿滤池深度分布不均、上部滤料不能充分利用等缺点，一般采取处理水回流的方法以避免堵塞。采用处理水回流一方面可以降低进水的有机底物和悬浮物浓度（如 SS 小于 200mg/L），增加系统的碱度，另一方面可以加大水力负荷，加强水流冲刷，减小堵塞的可能性。而降流式厌氧生物滤池的处理水从滤池底部排出，悬浮污泥和脱落生物膜及时被带出滤池，因此堵塞问题不如升流式厌氧滤池严重。

厌氧生物滤池由池体、滤料、布水设备及排水设备等组成。按功能不同可将厌氧生物滤池分为布水区、反应区、出水区、集气区 4 个部分。厌氧生物滤池的中心构造是滤料，滤料的形态、性质及其装填方式对滤池的净化效果及运行有着重要的影响。

厌氧生物滤池填料的比表面积和孔隙率对设备处理能力有较大影响。填料比表面积越大，可以承受的有机负荷越高；滤料是生物膜形成固着的部位，因此要求滤料表面应当比较粗糙便于挂膜，又要有一定的孔隙率以便于废水均匀流动。孔隙率越大，滤池的容积利用系数越高，堵塞越小。因此，与好氧生物滤池类似，厌氧生物滤池对填料的要求为：比表面积大，填充后孔隙率高，生物膜易附着，对微生物细胞无抑制和毒害作用，有一定的强度，且质轻价廉、来源广。滤料的支撑板采用多孔板或竹子板。

厌氧生物滤池的滤料主要有碎石、卵石、焦炭和各种形式的塑料滤料。对于以碎石和卵石等块状物质作为滤料的厌氧生物滤池，滤料层的厚度多不超过 1.2m，因滤料的比表面积仅有 $40\sim50m^2/m^3$，孔隙率为 50%～60%，形成的生物膜较少或生物固体浓度不高，因而承受的有机负荷较低，仅为 $3\sim6kgCOD/(m^3 \cdot d)$，运行中易发生堵塞和短流现象。对于以塑料为滤料的厌氧生物滤池，其滤料层厚度可达 5m 以上，因其比表面积和孔隙率较大，如波纹板滤料的比表面积达 $100\sim120m^2/m^3$，孔隙率达 80%～90%，因此有机负荷较高，在中温发酵条件下的有机负荷可达 $5\sim15kgCOD/(m^3 \cdot d)$。

研究表明，在滤料层高度为 0.8m 时，废水中的大部分有机物可被去除，在滤料层高度为 1.0m 以上时，COD 的去除率几乎不再增加。因此，根据有机底物的降解效能研究，认为浅的滤料层可提供更有效的处理效果。但工程应用中，当滤料层高度小于 2.0m 时，脱落生物膜和悬浮污泥有被冲出滤池的危险而不能保持高的效率，同时由于出水悬浮物太多而使出水水质下降。

进水系统需考虑易于维修而又能使布水均匀，且有一定的水力冲刷强度。对直径较小的厌氧生物滤池常采用短管布水，对直径较大的厌氧生物滤池多用可拆卸的多孔管布水。图 8-3 所示为进水系统的示意。

8.1.2 厌氧生物滤池的工作原理

厌氧生物膜工艺净化有机废水是利用附着于载体表面的厌氧微生物所形成的生物膜净化废水中的有机物，净化过程包括有机物的传质、有机物的厌氧降解和产物的传质三个过程，如图 8-4 所示。

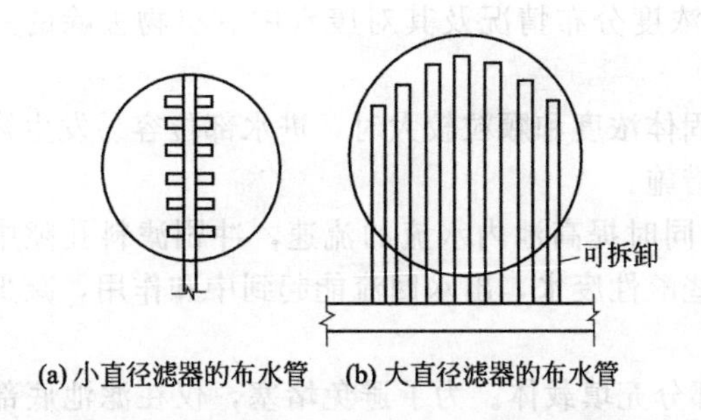

图 8-3 厌氧生物滤池的进水系统示意图

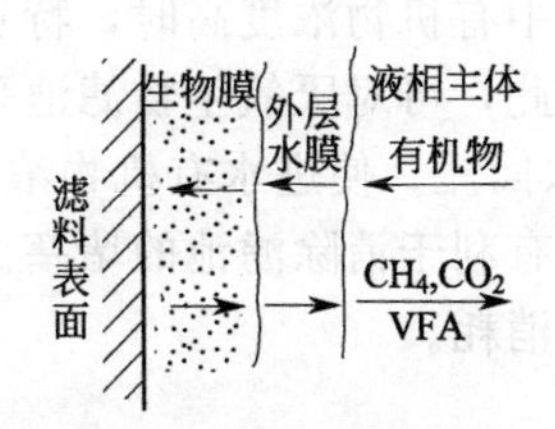

图 8-4 厌氧生物膜降解有机废水的过程

厌氧生物滤池的工作过程为：有机废水通过挂有生物膜的滤料时，废水中的有机物扩散到生物膜表面，并被生物膜中的微生物降解转化为生物气体。净化后的废水通过排水设备排至池外，所产生的生物气体被收集。生物滤池的种类不同，其内部的流态也不尽相同。升流式厌氧生物滤池的流态接近于平推流，纵向混合不明显；降流式厌氧生物滤池一般采用较大的回流比操作，因此其流态接近于完全混合状态。

厌氧生物滤池可以采用投加接种污泥（废水处理厂消化污泥）启动，在投加前可与一定量的废水混合，加入滤池停留 3～5d，然后开始连续进水。启动初期，厌氧生物滤池的容积负荷一般为 1.0kgCOD/(m³ · d)，可以先少量进水，延长废水在滤池中的停留时间来达到该容积负荷。随着厌氧生物膜的成熟，逐步提高进水负荷，一般认为废水中可生物降解的 COD 去除率达到 80%时，即可适当增加负荷，直到设计负荷为止。对于高浓度和有毒有害的废水处理，启动时要适当稀释。

多数厌氧生物滤池在 25～40℃温度条件下运行，当水温降低时，随着厌氧微生物活性减弱，进水有机负荷也要相应减小。当进水有机容积负荷高于 0.2kgCOD/(m³ · d) 时，高温处理较中温处理更有效。但不管采用何种温度范围的厌氧生物滤池工艺，运行中都不宜随意更改，因为各温度范围生长的微生物种群是完全不同的，温度变动对工艺的效能影响很大。

8.1.3 厌氧生物滤池的污泥与微生物分布

在厌氧生物滤池中，厌氧微生物大部分存在于生物膜中，少部分以厌氧活性污泥的形式存在于滤料的孔隙中。厌氧微生物总量沿池高的分布是很不均匀的，在池进水部位高，相应的有机物去除速率快。对于升流式厌氧生物滤池，在其下部，进水浓度高，相对应的微生物的浓度大，有机物去除速率快。随着滤池高度的变化，其废水浓度显著降低，填料上附着的微生物量也显著减少。以塑料材料为填料的厌氧生物滤池在中温条件下处理有机废水，反应器内的污泥浓度分布如图 8-5 所示，COD 的分布如图 8-6 所示。

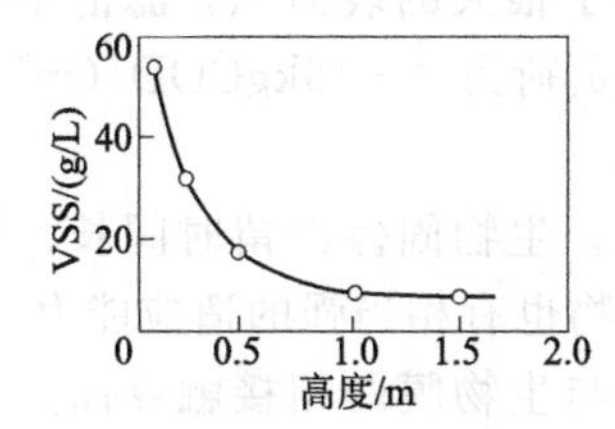

图 8-5 厌氧生物滤器内污泥浓度的分布

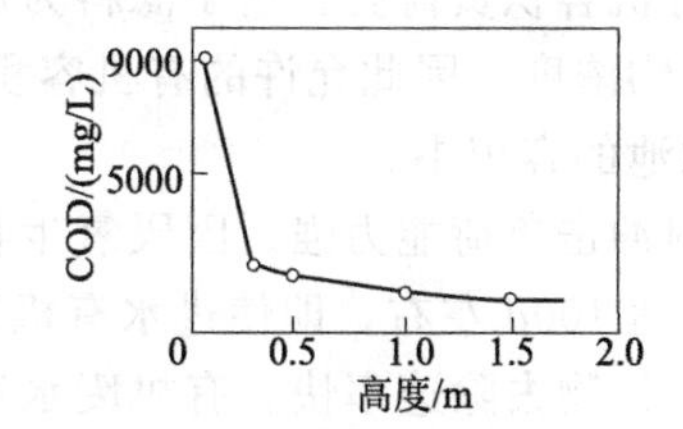

图 8-6 厌氧生物滤器内 COD 浓度的分布

由图 8-5 可知，在厌氧生物滤池的入口处，由于废水中的有机物浓度高，相对应的污泥浓度达到 60gSS/L 以上，有机物去除速率快。图 8-6 表明有机废水通过约 0.5m 的高度，废水中的大部分 COD 已经被去除，进一步的去除十分缓慢。图 8-5 和图 8-6 所示的曲线存在着一定的对应性，综合反映了厌氧生物滤池中的微生物浓度分布情况及其对废水中有机物去除的一致性。

当废水中有机物浓度高时，特别是进水悬浮固体浓度和颗粒较大时，进水部位容易发生堵塞现象。对此，可对厌氧生物滤池采取如下改进措施。

① 出水回流，使进水有机物浓度得以稀释，同时提高池内水流的流速，冲刷滤料孔隙中的悬浮物，有利于消除滤池的堵塞。此外，对某些酸性废水，出水回流能起到中和作用，减少中和药剂的消耗。

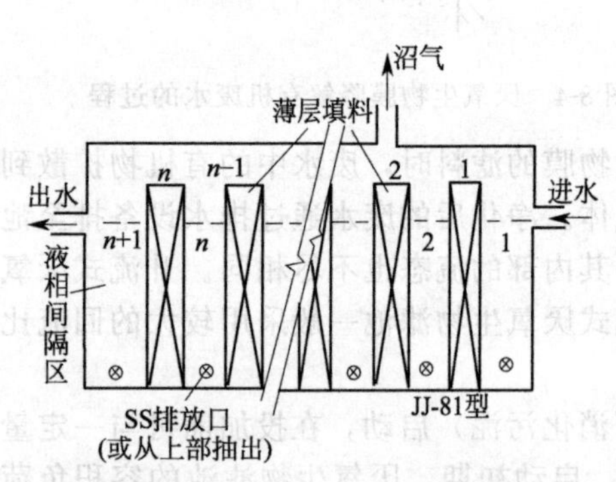

图 8-7 平流式厌氧生物滤池的结构示意

② 部分充填载体。为了避免堵塞，仅在滤池底部和中部各设置一填料薄层，孔隙率大大提高，处理能力增大。

③ 采用平流式厌氧生物滤池，其构造如图 8-7 所示。滤池前段下部进水，后段上部溢流出水，顶部设气室，底部设污泥排放口，使沉淀悬浮物得到连续排除。

④ 采用软性填料。软性填料孔隙率大，可克服堵塞现象。

在厌氧生物滤池内，由于填料是固定的，废水进入反应器内，逐渐被细菌水解酸化，转化为乙酸和甲烷，废水组成在反应器的不同高度逐渐变化，因此微生物种群的分布也呈现规律性：在底部进料处，发酵性细菌和产酸菌占有最大的比例；随着反应器的升高，产乙酸菌和产甲烷菌逐渐增多并占主导地位。

8.1.4 厌氧生物滤池的特点

从工艺运行的角度，厌氧生物滤池具有以下特点。

① 厌氧生物滤池中的厌氧生物膜的厚度约为 1～4mm。

② 与好氧生物滤池一样，其生物固体浓度沿滤料层高度而变化。

③ 降流式较升流式厌氧生物滤池中的生物固体浓度的分布更均匀。

④ 厌氧生物滤池适合于处理多种类型、浓度的有机废水，其有机负荷为 2～16kgCOD/(m^3·d)。

⑤ 当进水 COD＞8000mg/L 或 12000mg/L 时，应采取出水回流的措施；减少碱度的要求；降低进水 COD 浓度；增大进水流量，改善进水分布条件。

厌氧生物滤池在有机废水处理领域具有以下明显的优点。

① 有机容积负荷高。由于滤料为微生物附着生长提供了很大的表面积，滤池中可维持很高的微生物浓度，因此允许的有机容积负荷高，COD 容积负荷为 2～16kgCOD/(m^3·d)，所以生物滤池的容积小。

② 耐冲击负荷能力强。因厌氧生物滤池中污泥浓度高，生物固体停留时间长，平均停留时间可长达 100d 左右，即使进水有机物浓度变化大，微生物也有相当强的适应能力。

③ 有机物去除速率快。有机废水通过滤料层时，废水与生物膜两相接触界面大，强化了传质过程，加速了有机物的生物降解。

④ 微生物以固着生长为主，不易流失，因此不需污泥回流和搅拌设备。

⑤ 启动或停止运行后再启动时间短。厌氧生物滤池填料具有很大的表面积，生物膜生长快，反应器启动时间短。

虽然厌氧生物滤池具有上述诸多优点，但也存在如下一些问题。

① 处理含悬浮物浓度高的有机废水，易发生堵塞，尤其在进水部位更严重，因此该法适用于处理溶解性的有机废水，要求进水 SS<200mg/L。

② 当厌氧生物滤池中污泥浓度过高时，易发生短流现象，减少水力停留时间，影响处理效果。

8.1.5 厌氧生物滤池的工艺设计

厌氧生物滤池的工艺设计内容主要有：滤池的容积及尺寸确定，回流比的计算，布水系统的设计。

(1) 滤池容积的确定

厌氧生物滤池有效容积的计算有两种方法，即水力停留时间法和有机容积负荷率法。

① 水力停留时间法的计算为：

$$V=Qt \tag{8-1}$$

式中 V——厌氧生物滤池的有效容积，m^3；

Q——进入厌氧生物滤池的废水流量，m^3/h；

t——水力停留时间（HRT），h。

按式(8-1) 计算有效容积时，水力停留时间可参考类似有机废水的运行参数。

② 有机容积负荷率法的计算为：

$$V=\frac{QC_0}{N_v} \tag{8-2}$$

式中 C_0——进水 COD 浓度，$kgCOD/m^3$；

N_v——容积负荷率，$kgCOD/(m^3 \cdot d)$。

资料表明，厌氧生物滤池的有机容积负荷率一般在 2～16$kgCOD/(m^3 \cdot d)$ 范围内变化。高浓度有机废水一般选择在 12$kgCOD/(m^3 \cdot d)$ 左右，低浓度有机废水一般为 4$kgCOD/(m^3 \cdot d)$ 左右。当然，确定有机容积负荷率最可靠的方法是通过试验或参考类似有机废水的运行参数。用有机容积负荷率计算有效容积后，要求用水力停留时间进行校核。

(2) 回流比的确定

对于升流式厌氧生物滤池，一般认为废水的 COD 浓度大于 8000mg/L 时，必须采用回流；小于 8000mg/L 时也可以采用回流。升流式厌氧生物滤池采用的最小回流比可按下式计算：

$$R_{min}=C_0/1200 \tag{8-3}$$

式中 R_{min}——最小回流比，回流比（R）为回流水量与原废水量（Q）之比。

对于降流式厌氧生物滤池，一般要求采用更大的回流比。

(3) 布水系统的设计

布水的均匀性对厌氧生物滤池的正常运行起着重要作用。大型生产性厌氧生物滤池的布水通常采用穿孔管，孔口流速比管内流速应相对大一些，一般孔口流速选 1.5～2.0m/s，管内流速选 0.4～0.8m/s，孔口设在布水管的下方两侧，孔口直径应不小于 10mm，以免堵塞。穿孔进水管上部应设置多孔隔板以支承滤料，其与底部的距离视进水管管径而定，一般比管径大 0.3～0.5m。

8.1.6 厌氧生物滤池的应用

国内外对厌氧生物滤池处理工业废水进行了大量的研究。Anderson 在利用中试规模厌氧生物滤池反应器处理棕榈油加工废水（这种废水几乎不能用好氧方法处理）时，有机容积负荷率达到了 6$kgCOD/(m^3 \cdot d)$，水力停留时间（HRT）为 1.3d，COD 的去除率为 81%。中国科学院广州能源研究所采用完全混合式分段填充填料的厌氧生物滤池反应器处理酒精厂酒糟上清液获得了很好的结果，中试进水的COD浓度为3500～15496mg/L，有机容积负荷可达4.36kgCOD/(m^3·d)，水力停留时间（HRT）为1.62～3.67d，COD的去除率为83.4%～92%。上海工业微生物研究所应用厌氧生物滤池反应器处理合成脂肪酸和豆制品生产废水中试研究，进水浓度均超过20g/L，有机容积负荷分别达到了20kgCOD/(m^3·d)和11.1kgCOD/(m^3·d)，水力停留时间（HRT）分别为1d和1.8d，COD的去除率分别为70%和78.4%。

由于悬浮物的存在会加剧厌氧生物滤池反应器的堵塞，所以厌氧生物滤池反应器以处理可溶性有机废水为主，一般控制进水悬浮物大约在200mg/L以下。这在一定程度上限制了厌氧生物滤池反应器的应用。另外大量填料的费用也使其工程造价增加，因而自1972年厌氧生物滤池反应器投入工业应用以来，生产规模的厌氧生物滤池系统应用并不多。据Lettinga教授在1993年估计，国外生产规模的厌氧生物滤池系统大约仅为30～40个，到了1999年，据不完全统计，在全世界的厌氧生物反应器中，厌氧生物滤池反应器大约占8%；而国内工业应用单一厌氧生物滤池反应器的更少，大约仅占生产性厌氧装置的1.4%，其他多是与其他反应器结合使用的情况。有关厌氧生物滤池反应器的应用情况见表8-1。

表8-1　中试和生产规模的厌氧生物滤池的运行情况

废水类型	废水浓度/(gCOD/L)	容积负荷/[kgCOD/(m^3·d)]	HRT/d	温度/℃	COD去除率/%	反应器体积/m^3
化工废水	16.0	16.0	1.0	35	65	1300
化工废水	9.14	7.52	1.2	37	60.3	1300
小麦淀粉	5.9～13.1	3.8	0.9	中温	65	380
淀粉生产	16.0～20.0	6～10		36	80	1000
土豆加工	7.6	11.6	0.68	36	60	205
土豆加工	2.0～10.0	7.7	0.7	>30	80	1700
酒糟废水	42.0～47.0	5.4	8.0	55	70～80	150和185
酒糟废水	16.5	6.1	13.0	40	60	27.0
豆制品废水	24.0	3.3	7.3	中温	72	1.0
豆制品废水	22.0	9.0	2.4	中温	68	1.0
豆制品废水	20.3	11.1	1.8	30～32	78.4	2.5
制糖废水	20.0	5.0～17.0	0.5～1.5	35	55	1500×2
甜菜制糖	9.0～40.0		<1.0	35	70	50和100
糖果厂废水	14.8			中温	97	6.0
食品加工	2.6	6.0	1.3	中温	81	6.0
牛奶厂废水	2.5	4.9	0.5	28	82	9.0
牛奶厂废水	4.0	5.8～11.6	1～2.2	30	73～93	500
屠宰废水	16.5	6.1	3.0	40	60	27.0

随着研究和应用的重点转向更新型厌氧反应器，厌氧生物滤池的应用增加得不多，但它对溶解性高浓度难降解有机废水有效处理的潜力是不容忽视的。

8.2 厌氧附着膜膨胀床和厌氧附着膜流化床反应器

厌氧附着膜膨胀床（anaerobic attached film expanded bed，AAFEB）是固体流态化技术在废水处理中的应用，根据反应器内的水力上升流速与生物膜颗粒载体的膨胀率不同，厌氧附着膜膨胀床可分为厌氧附着膜膨胀床反应器［anaerobic (attached film) expanded bed reactor，简称AEB］与厌氧附着膜流化床反应器［anaerobic (attached film) fluidized bed reactor，简称AFB］，两者的区别是反应器内的水力上升流速和生物膜颗粒载体的膨胀率不同，厌氧流化床反应器的膨胀率更高。习惯上把生物颗粒膨胀率为20%左右的填料床称为膨胀床，膨胀率达30%以上的称为流化床。图8-8所示为厌氧膨胀床和厌氧流化床的工艺流程。

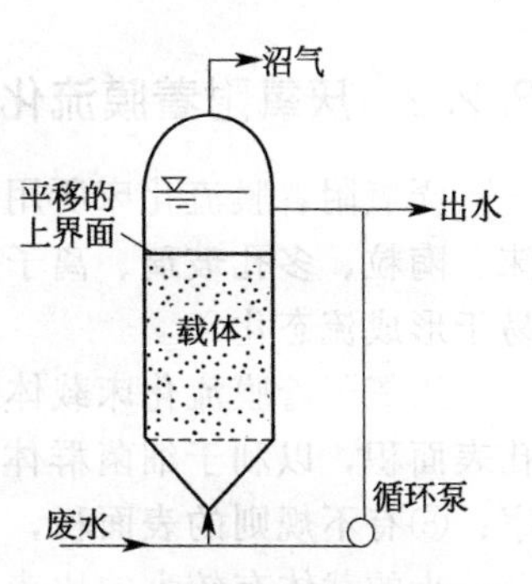

图8-8 厌氧附着膜膨胀床和厌氧附着膜流化床工艺流程

8.2.1 厌氧附着膜流化床的工作原理与特性

厌氧附着膜流化床工艺是借鉴流态化技术的一种生物反应装置，它以小粒径载体为流化粒料，废水作为流化介质，当废水以升流式通过床体时，与床中附着于载体上的厌氧微生物膜不断接触反应，达到厌氧生物降解的目的，产生的沼气于床顶部排出。床内填充细小固体颗粒载体，废水以一定的流速从池底部流入，使填料层处于流态化，每个颗粒可在床层中自由运动，而床层上部保持一个清晰的泥水界面。

在厌氧附着膜流化床系统中依靠在惰性填料微粒表面形成的生物膜来截留厌氧污泥。废液与污泥的混合、物质传递是依靠使这些带有生物膜的微粒形成流态化来实现的。流化床操作的首先要满足条件是：上升流速即操作速度必须大于临界流化速度，需小于最大流化速度。一般来说，最大流化速度要比临界流化速度大10倍以上，所以，上升流速的选取具有充分的余地，实际操作中，上升流速只要控制在1.2～1.5倍临界流化速度即可满足生物流化床的运行要求。

为使填料层膨胀或流态化，一般需用循环泵将部分出水回流，以提高床内水流的上升速度。为降低回流循环的动力消耗，宜选用质轻、粒细的载体。常用的填充载体有石英砂、无烟煤、活性炭、聚氯乙烯颗粒、陶粒和沸石等，粒径一般为0.2～1mm，大多在300～500μm之间。

厌氧附着膜流化床的主要特性如下。

① 采用小粒径颗粒物作为微生物附着生长的载体，比表面积大，可高达2000～3000m^2/m^3左右，使反应器内具有很高的微生物浓度（一般为30gVSS/L左右），因此有机物容积负荷率大，一般在10～40kgCOD/(m^3·d)，水力停留时间短，具有较强的耐冲击负荷的能力，运行稳定。

② 载体处于流化状态，避免了固体床生物膜反应器（如好氧生物滤池或厌氧生物滤池）易堵塞的缺点，对高、中、低浓度的废水均表现出较好的效能。

③ 载体流化时，能保证厌氧微生物与被处理的废水充分接触，两者之间的接触面积大，相对运动速度快，强化了厌氧反应器中的传质过程，提高了反应速率，从而具有较高的有机物净化速率。

④ 由于反应器负荷大，高度与直径比例大，因此占地面积可减少。

⑤ 床内生物膜停留时间长，剩余污泥量少。

因此，厌氧附着膜流化床反应器不仅结构紧凑，而且具有很高的废水处理效率、很高的有机容积负荷率和较小的占地面积，基建投资省。但厌氧附着膜流化床反应器也存在着几个尚未解决的问题：首先，为了实现良好的流态化并使污泥与载体不致从反应器流失，必须使生物膜颗粒保持均匀的大小、形状与密度，但这是无法做到的，因此稳定的流态化也难以保证；其次，为了取得高的上流速度以保证流态化，流化床反应器需要有大量的回流水，这样导致能耗加大，成本上升；再次，对处理系统的设计与运行要求高。因此，厌氧附着膜流化床的工程应用受到了限制。

为了降低动力消耗和防止床层堵塞，可采取如下措施。

① 间歇性流化床工艺，即以固定床与流化床间歇性交替操作。固定床操作时，无需回流，在一定时间间歇后，又启动回流泵，呈流化床运行。

② 尽可能取质轻、粒细的载体，如粒径为20～30μm、密度为1.05～1.2g/cm^3的载体，保持低的回流量，甚至免除回流就可实现床层流态化。

8.2.2 厌氧附着膜流化床载体的特性和要求

厌氧附着膜流化床所用的载体物质较多，有砂、煤、颗粒活性炭（GAC)、网状聚丙烯泡沫、陶粒、多孔玻璃、离子交换树脂和硅藻土等，一般载体颗粒为球形或半球形，因为该形状易于形成流态化。

厌氧附着膜流化床载体通常需要满足以下要求：①可以承受物理摩擦；②可提供较大的微孔表面积，以利于细菌群体附着与生长；③需要最小的流化速度；④增大扩散与物质转移速率；⑤有不规则的表面积，以保持微生物避免摩擦。

小的载体有较大的比表面积和较大的流态化程度，生物膜更易生长，通常载体粒径多在0.2～0.7mm，使用较小的载体可以在启动较短时间内获得相对高的负荷，用0.2mm的载体替代0.5mm相同载体时，反应器效率有明显提高。一般$1m^3$反应器可有$300m^2$左右的表面积，微生物浓度可达8～40gVSS/L，可使反应器体积和所需处理时间减少。采用颗粒活性炭(GAC）时，GAC本身也能吸附有机物，吸附可在膜形成前或膜老化剥落时进行。生物膜可以从液体中和膜内部同时得到营养。活性炭的吸附特性增加了溶解性有机物在载体中的浓度，因此加速了微生物的生长与合成。如采用两个平行的反应器处理500mg/L的乙酸废水进行对比试验，采用同等尺寸的不同载体，两个反应器在稳定状态的运行数据表明，GAC载体反应器的出水挥发性固体和乙酸浓度为7～40mg/L，而砂载体反应器为350～700mg/L。

载体的物理性质对流化床流化特性也有影响，见表8-2。

表8-2　载体物理性质对流化特性的影响

类别	过大时	过小时
粒径	①颗粒自由沉降速度大，为得到一定的接触时间，必增加流化床的高度 ②因水流剪力，生物膜易脱落 ③比表面积下降，容积负荷率低	①操作困难 ②颗粒的雷诺数小于1时，使液膜阻力增加
密度	①颗粒自由沉降速度大，为得到一定的接触时间，必增加流化床的高度 ②因水流剪力，生物膜易脱落 ③膜厚大的颗粒移到流化床上部，使颗粒分层倒过来	①操作困难 ②颗粒的雷诺数小于1时，使液膜阻力增加
粒径分布	①上部孔隙增大 ②生物膜厚度不均匀	有助于颗粒的混合，使流化床内生物膜厚度均匀

厌氧附着膜流化床反应器中形成的生物膜比厌氧生物滤池中的要薄，生物膜结构会因为填料不同而有较大的差异。薄的生物膜有利于物质的传递，同时能够保持微生物的高活性，因此流化床中污泥活性高于厌氧生物滤池。由于流化床中的颗粒不断运动，它的微生物种群的分布趋于均一化，所以与厌氧生物滤池相比仍有很大不同，在流化床中央区域，污泥的产酸活性和产甲烷活性都很高。尽管如此，废水中大部分COD仍然是在反应器底部除去的。

8.2.3 厌氧附着膜流化床反应器的设计

厌氧附着膜流化床反应器设计中一个重要问题是底部进水的均匀布水，因此需要某种形式的布水器。一般以固定在流化床底部的砾石层进行布水。为防止发生堵塞，可以采用锥形布水器，进水向下进入锥形底部。锥体上方设置穿孔的布水板以消除环状水流，起到导向作用。

反应器主体部分一般设计为直径相同的柱体，但有些设计采用倒置的锥形体的设计，废水由进水处较小的横截面向上方流动，反应器内很少出现大的涡流和返流现象，反应器内水的上流速度随反应器高度上升而降低。进水量一旦增加，较低部位的填料与其上的生物膜即膨胀到上方横截面更大的区域。

为了减少厌氧生物处理的水力停留时间，设计时应设法提高厌氧附着膜流化床中微生物浓度。厌氧附着膜流化床中微生物浓度与载体粒径和密度、上升流速、生物膜厚度和孔隙率有关。

流化床内流态化程度由上流速度、载体颗粒形状、大小和密度以及所要求的流态化或膨胀程度所决定。在一定的反应器负荷下，要求的上流速度取决于进液流量与反应器截面积。因此流化床反应器多采用大的回流比和相对高的反应器以提高上流速度。

回流比确定后，流化床的设计与计算内容主要包括流化床床体容积和流化速度的计算。

(1) 流化床处理量 Q_a 的计算

选定回流比后，流化床的处理量可按下式计算：

$$Q_a = Q_0(1+R) \tag{8-4}$$

式中 Q_a——流化床的处理水量，m^3/h；

Q_0——流化床系统的进水量，m^3/h；

R——流化床的回流比。

(2) 流化床床体容积 V 的计算

确定 Q_a 后，厌氧附着膜流化床的床体容积 V 可采用有机底物的容积负荷 N_v 为标准，按下式进行计算：

$$V = \frac{S_0 Q_a}{N_v} \tag{8-5}$$

式中 S_0——进水的BOD浓度，kg/m^3；

N_v——有机底物的容积负荷，$kgBOD_5/(m^3 \cdot d)$。

厌氧附着膜流化床在不同温度下的有机底物容积负荷 N_v 可参照表8-3取值。

表8-3 不同温度下厌氧附着膜流化床及厌氧附着膜膨胀床的有机底物容积负荷 N_v 取值

反应器类别	有机底物的容积负荷 N_v/[kgCOD/(m^3·d)]		
	15～25℃	30～35℃	50～60℃
密度	1～4	4～12	6～18

(3) 厌氧附着膜流化床水头损失 ΔP 的计算

厌氧附着膜流化床的水头损失 ΔP 可按下式计算：

$$\Delta P = \frac{H(\gamma_s - \gamma)}{\gamma}(1-\varepsilon_m) \tag{8-6}$$

式中 ΔP——通过床层的水头损失，m；

H——床层高度，m；

ε_m——床层孔隙率，%；

γ_s——载体颗粒的相对密度；

γ——流体的相对密度。

8.2.4 厌氧附着膜流化床反应器的过程控制

在厌氧附着膜流化床的操作中，比较重要的问题是根据临界流化速度 v_{mf} 和带出速度 v_t 确定流化床内流体的操作上升流速。

(1) 临界流化速度 v_{mf}

一般将填料层膨胀率为5%时的上升流体速度称为临界流化速度，可按下式计算：

$$v_{mf} = \frac{\phi_s^2 d_p^2 \varepsilon_{mf}^3 (\rho_p - \rho_L) g}{150(1-\varepsilon_{mf})\mu} \tag{8-7}$$

式中 v_{mf}——临界流化速度，m/s；

d_p——填料颗粒的有效粒径，m；

ρ_p——载体密度，kg/m^3；

ρ_L——水流密度，kg/m³；

g——重力加速度，取 9.8m/s²；

ε_{mf}——载体开始膨胀时的孔隙率，%，一般取 5%；

ϕ_s——载体球形度，砂 $\phi_s=0.6\sim0.85$，石英砂 $\phi_s=0.554\sim0.628$，碎石块 $\phi_s=0.63$，烟煤 $\phi_s=0.625$，焦炭 $\phi_s=0.35$；

μ——水的动力黏滞系数，kg/(m·s)。

在厌氧附着膜流化床中，载体粒径、密度等物理参数随着生物膜的生长是变化的。假定载体颗粒挂膜前的粒径为 d_p、密度为 ρ_s，挂膜后形成生物膜载体的粒径为 d_T，生物膜部分的密度为 ρ_p，则生物膜载体的密度 ρ_T 为：

$$\rho_T=\frac{G_s+G_b}{V_T} \tag{8-8}$$

式中 ρ_T——生物膜载体的密度，g/cm³；

G_s——载体颗粒质量，g；

G_b——生物膜部分的质量，g；

V_T——生物膜载体的体积 cm³。

由于 $G_s=\rho_s V_s$，$G_b=\rho_b V_b$，则式(8-8) 可变为：

$$\rho_T=\frac{\rho_s V_s+\rho_b V_b}{V_T} \tag{8-9}$$

式中 V_s、V_b——载体颗粒和生物膜部分的体积，cm³。

将粒径 d_p 代入式(8-9)，可得：

$$\rho_T=\frac{\rho_s d_p^3+\rho_b(d_T^3-d_p^3)}{d_T^3} \tag{8-10}$$

利用式(8-9) 可以计算出挂膜后载体颗粒的密度变化。当载体挂膜后，生物膜载体的密度明显下降，相应的临界流化速度也下降。此时，若上升流速不变，则挂膜后床层膨胀度也必定增大，即当膨胀率相同时，挂膜后载体所需的流化速度较低。

(2) 带出速度 v_t

使流态化的载体颗粒被冲出的流动速度的上限称为带出速度 v_t，也被称为最大流化速度，其值接近于载体颗粒的自由沉降速度，可按载体颗粒的自由沉降速度计算。

(3) 操作上升流速

操作上升流速应该介于临界流化速度 v_{mf} 和带出速度 v_t 之间，一般来说，v_t 要比 v_{mf} 大 10 倍以上，所以操作上升流速的选定范围较大。但是，提高上升流速要加大能耗，增加处理费用。由于挂膜后载体的流化速度较未挂膜载体的流化速度低，因此只要使未挂膜的载体颗粒能够达到流化状态，其余挂膜载体就能达到更好的流化状态了。而在反应器底部的分布板上，总是存在着一些未挂膜的或脱膜的载体颗粒，因此在操作中，两种载体颗粒的流化较容易观察和控制。一般来讲，应该以载体颗粒的密度与 d_p 值来计算临界流化速度 v_{mf}。实际的上升流速只要控制在 $(1.2\sim1.5)v_{mf}$，即可满足流化要求。

流化床的启动可采用逐渐增大上流速度的方法，也可采用同时增大有机负荷和进液流量的方法。

8.2.5 厌氧附着膜流化床的研究与应用

厌氧附着膜流化床主要应用于两方面：一是对有机底物的厌氧生化降解；二是对废水进行脱氮处理。

(1) 厌氧附着膜流化床处理废水中的有机底物

厌氧附着膜流化床对废水中的有机底物处理已有大量研究报道。表 8-4 是国外 5 座厌氧附着膜流化床的运行参数，其中两相流化床为产酸相厌氧流化床和产甲烷相厌氧流化床串联系统。由表 8-4 可以看出，由于厌氧附着膜流化床中传质效率高，生物量浓度较传统生物膜系统大，因此对有机底物的降解效能更好。

表 8-4 生产性厌氧附着膜流化床实例

序　　号	No. 1	No. 2	No. 3	No. 4	No. 5
废水种类	清凉饮料	大豆加工	酵母发酵	酵母发酵	KP 纸浆漂白
废水量/(m^3/d)	380	770	4320	120	—
废水 COD 浓度/(mg/L)	6900	12000	3200	3600	700(BOD)
pH 值		6.7～7.1	6.8	7.4	6～3
厌氧消化相数	单相	两相	两相	两相	单相
厌氧流化床容积(流化床有效容积)/m^3	120	360(300)	380(225)	125(80)	
厌氧流化床高度(流化部分)/m		12.5	21(13)	17(12)	
厌氧流化床直径/m		6.1	4.7	3.0	
系列数		2	2	2	1
水力停留时间/h	6	16	2.4	3.2	3～12
活化温度/℃		35	37	37	35±2
COD 去除负荷/[kgCOD/(m^3 · d)]	9.6	12	22	20	
微生物浓度/(kg/m^3)		12	20	20	
残余脂肪酸/(g/L)		600	<100	100	
COD 去除率/%	77	76	70	75	50～60(BOD)

(2) 厌氧附着膜流化床用于废水脱氮处理

厌氧附着膜流化床可通过传统反硝化途径对废水进行异养脱氮处理，也可通过生物膜内厌氧氨氧化过程对废水进行自养脱氮处理。

① 厌氧附着膜流化床反硝化脱氮　美国内华达州 Reno-Sparks 废水厂利用厌氧附着膜流化床对废水进行反硝化脱氮处理，厌氧附着膜流化床进水为硝化生物滤池出水。厌氧附着膜流化床的平均水力停留时间为 13.8min，污泥龄为 8.5d，反硝化能力达 6.4kgNO_3-N/(m^3 · d)，处理厂脱氮效率达 94%，出水总氮平均值为 1.8mg/L。

② 厌氧附着膜流化床用于厌氧氨氧化脱氮　厌氧附着膜流化床还可用于厌氧氨氧化脱氮过程。有研究表明，将污泥硝化出水在实验室规模的短程硝化反应器将大部分氨氮转化为亚硝酸盐氮后，出水进入厌氧氨氧化脱氮流化床进一步脱氮处理，在厌氧附着膜流化床进水 NH_3-H 和 NO_2-N 浓度分别为 199mg/L 和 469mg/L，NH_3-N 负荷和 NO_2-N 负荷分别为 0.24～1.34kgNH_3-N/(m^3 · d) 和 0.22～1.29kgNO_2-N/(m^3 · d)，总氮的污泥负荷为 0.55～0.26kgTN/(kgSS · d) 时，NH_3-N和 NO_2-N 的去除率分别达 88%和 99%。

为了确保厌氧氨氧化反应器中 NO_2^- 和氨氮的相对数量，当原水中的氮主要为氨氮时，需要对原水进行短程硝化处理。有研究指出，在温度高于 25℃的无污泥停留的搅拌槽式反应器中，通过控制供氧可实现高效的 NO_2^- 氧化。

另外，在限制供氧的生物滤池中，可对低碳、高氨氮废水同时实现生物膜好氧区的短程硝化和厌氧区的厌氧氨氧化过程，但对生物膜物性、水力学特性及滤池内溶解氧控制较为严格。

8.2.6 厌氧附着膜膨胀床的研究与应用

厌氧附着膜膨胀床（AAFEB）既可用于处理高浓度有机废水，又可用于处理低浓度有机废水。表 8-5 列出了国外部分厌氧附着膜膨胀床的研究。由表 8-5 可以看出，AAFEB 可以适用于不同浓度有机废水的处理。用 AAFEB 工艺处理 COD 浓度分别为 1718mg/L 和 3469mg/L 的合成有机废水，在水力停留时间为 24h 下，COD 的去除率可达 98%和 98.7%。即使处理 COD 浓度为 6750mg/L 的高浓度合成有机废水，同样可获得很高的效率，水力停留时间 1d，COD 的去除率高达 97%。这说明 AAFEB 在处理高浓度有机废水时，具有独特的高效性和稳定性。

表 8-5 国外部分厌氧附着膜膨胀床的研究情况

废水类型	处理温度/℃	容积负荷/[kgCOD/(m³·d)]	水力停留时间/h	进水 COD 浓度/(mg/L)	COD 去除率/%
人工合成有机废水	55	—	4	3000	80
	55	—	4.5	8800	73
	55	—	3	16000	46
	中温	—	0.75	480	79
	中温	—	24	1718	98
	中温	—	24	3469	98.7
	中温	—	24	6750	97
蔗料	55	0.003	4	—	80
	55	0.016	4.5	—	48
葡萄糖和酵母萃取液	22	2.4	5	—	90
	10	24	0.5	—	45
乳清废水	25～31	8.9～60	4～27	—	80(最大)
纤维素废水	35	6	—	—	85
城市污水	20	—	8	307	93
城市污水	20	—	0.5	307	86

从表 8-5 中也可以看出，在处理低浓度有机废水方面，厌氧附着膜膨胀床同样可获得高效处理。因此，可将厌氧附着膜膨胀床应用于常温条件下低浓度城市污水的处理，经初沉的城市污水，COD 浓度为 88～306mg/L，反应器可承受的最高有机负荷为 4kgCOD/(m³·d)，厌氧附着膜膨胀床内附着的生物膜具有较长时间的活性和稳定性。表 8-5 中所列的用厌氧附着膜膨胀床处理 COD 浓度为 307mg/L 的城市污水，在水力停留时间 8h、温度为 20℃的条件下，COD 的去除率高达 93%，出水的 COD 浓度低于 22mg/L；即使水力停留时间缩短到 0.5h，COD 的去除率仍然有 86%。

对于温度较高的有机废水，采用厌氧附着膜膨胀床工艺，在高温条件下处理，可以取得较高的效率。

8.3 厌氧生物转盘

厌氧生物转盘的构造与好氧生物转盘基本类似，不同之处在于：在厌氧生物转盘中，转盘盘片的大部分（70%以上）或所有部分全部浸没在废水中；为保证厌氧条件和收集沼气，整个生物转盘设在一个密闭的容器内。

8.3.1 厌氧生物转盘的构造及特征

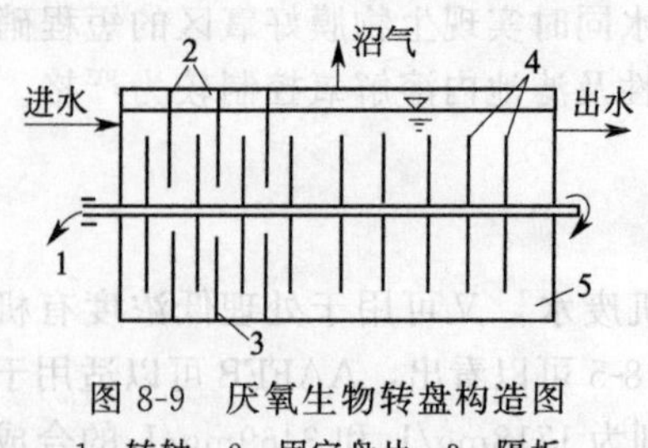

图 8-9 厌氧生物转盘构造图
1—转轴；2—固定盘片；3—隔板；4—转动盘片；5—反应槽

厌氧生物转盘主要由盘片、传动轴与驱动装置、密封的反应槽等部分组成，其构造如图 8-9 所示。厌氧微生物附着生长在转盘的表面，形成厌氧生物膜。废水的净化靠盘片表面的生物膜和悬浮在反应槽中的厌氧菌完成，转盘在废水中转动的过程中，盘片表面的厌氧微生物就会从废水中摄取生长代谢所需要的有机物和其他营养物质，并最终转化为沼气（甲烷和二氧化碳）。产生的沼气从反应槽顶部排出。由于盘片的转动，作用在生物膜上的剪力可将老化的生物膜剥落，在水中呈悬浮状态，随水流出槽外。

与其他厌氧生物膜反应器类似，在厌氧生物转盘反应器中，厌氧细菌主要附着生长在转盘盘片的表面，以生物膜的形式存在于反应器中，因此可以保持较长的污泥停留时间。

单独依靠水力冲刷难以使生物膜脱落，使得生物膜过度生长，过厚的生物膜会影响基质和产物的传递，限制了微生物活性的发挥，也会造成盘片间被生物膜堵塞，导致废水与生物膜接触面积减小。有人研究利用固定盘片和转动盘片相间布置，两种盘片相对运动，避免了盘片间生物膜黏结和堵塞的发生，效果良好。

厌氧生物转盘的主要特点是：

① 厌氧生物转盘内的微生物浓度高，因此有机物容积负荷高，一般在中温发酵条件下，有机底物面积负荷可达 0.04kgCOD/(m^2·d)，水力停留时间短。

② 废水沿水平方向流动，反应槽高度小，节省了提升高度。

③ 一般不需回流，既能节省能量，又便于操作，运行管理方便。

④ 不会发生堵塞，可处理含较高悬浮固体的有机废水。

⑤ 耐冲击能力强，运行稳定。

⑥ 可采用多级串联，使厌氧微生物在各级中分级并处于最佳的生存条件下，处理效果更好。

厌氧生物转盘的有机物容积负荷一般为 20gTOC/(m^3·d)，处理 TOC 为 110～6000mg/L 的生活废水、牛奶废水，TOC 的去除率可达 60%～90%。厌氧生物转盘的最大缺点是盘片的造价较高。

8.3.2 厌氧生物转盘的设计计算

厌氧生物转盘的设计计算主要包括转盘盘片总面积计算，以此为基础确定盘片总片数、接触反应槽总容积、转轴长度及废水在接触反应槽内的停留时间等。

(1) 盘片总面积 F

转盘盘片总面积的确定通常采用 BOD 盘片面积负荷 N_A 或盘片面积水力负荷 N_q 为计算标准。其中 N_A 指单位盘片表面积在 1d 内能接受的，并使转盘达到预期处理效果的 BOD 量，以 $gBOD_5/(m^2 \cdot d)$ 表示；N_q 是指单位盘片表面积在 1d 内能接受的，并使转盘达到预处理效果的废水流量，以 $m^3/(m^2 \cdot d)$ 表示。

① 采用 BOD 盘片面积负荷 N_A 计算转盘盘片总面积 F (m^2) 为：

$$F=\frac{QS_0}{N_A} \tag{8-11}$$

式中 N_A——盘片面积负荷，$gBOD_5/(m^2 \cdot d)$；

S_0——进水的 BOD_5 浓度，mg/L；

Q——平均日污水流量，m^3/d。

② 采用盘片面积水力负荷 N_q 计算转盘盘片总面积 F (m^2) 为：

$$F=\frac{Q}{N_q} \tag{8-12}$$

式中 N_q——盘片面积的水力负荷，$m^3/(m^2 \cdot d)$，对一般城市污水而言，N_q 为 0.08～0.2$m^3/(m^2 \cdot d)$。

(2) 转盘总盘片数 m

在求定转盘盘片总面积 F 后，根据盘片直径的选择范围 (2.0～3.6m，最大不超过 5m) 选定直径 D，则转盘的总片数 m 为：

$$m=\frac{F}{2a}=\frac{A}{2\times\frac{\pi}{4}D^2}=0.637\frac{F}{D^2} \tag{8-13}$$

式中 D——盘片直径，m；

2——表示盘片双面均为有效面积；

a——单片盘片的单面表面积。

(3) 每组转盘的盘片数 m_1

假定采用 n 级（台）转盘，则每级（台）转盘的盘片数 m_1 为：

$$m_1=\frac{m}{n} \tag{8-14}$$

式中 n——转盘组数。

(4) 每组转轴有效长度（反应槽有效长度）L

由 m_1 可求定每级（台）转盘的转轴长度 L（m）为：

$$L=m_1(a+b)K \tag{8-15}$$

式中 a——盘片厚度，m，与盘片材料有关，一般取 0.001～0.013m；

b——盘片净距，m，一般取 0.02m；

K——考虑废水流动的循环沟道的系数，一般 $K=1.2$。

(5) 接触反应槽的有效容积 W

接触反应槽的容积与其断面形状有关，当采用半圆形接触反应槽时，其总有效容积 W（m^3）为：

$$W=\alpha(D+2c)^2L \tag{8-16}$$

式中 α——系数，取决于转轴中心距水面高度 r（一般为 0.15～0.30m）与盘片直径 D 之比，当 $r/D=0.1$ 时，α 取 0.294；当 $r/D=0.06$ 时，α 取 0.335；

c——转盘盘片边缘与接触反应槽内壁之间的净距，m。

(6) 单个反应槽的净有效容积 W'

单个反应槽的净有效容积 W'（m^3）为：

$$W'=\alpha(D+2c)^2(L-m_1a) \tag{8-17}$$

(7) 每个反应槽的有效宽度 B

每个反应槽的有效宽度 B（m）为：

$$B=D+2c \tag{8-18}$$

(8) 污水停留时间 t

求定接触反应槽容积 W'后，在已知废水流量 Q 的情况下，废水在接触反应槽内的停留时间可按下式计算：

$$t=\frac{W'}{Q_1} \tag{8-19}$$

式中 t——污水停留时间，一般 $t=0.25$～2h；

Q_1——单个接触反应槽的流量，m^3/d。

(9) 转盘转速 n_0

转盘的旋转速度以不超过 20r/min 为宜，但也不能太低，否则水力负荷较大，接触反应槽内废水得不到完全混合。最小转盘转速 n_0 可按下式计算：

$$n_0=\frac{6.37}{D}\left(0.9-\frac{W}{Q_1}\right) \tag{8-20}$$

式中 Q_1——每个反应槽的污水流量，m^3/d。

(10) 电动机功率 N_p

电动机功率 N_p 为：

$$N_p = \frac{3.85R^4 n_0^2}{b \times 10^{12}} m_0 \alpha \beta \tag{8-21}$$

式中 R——转盘半径，m；

m_0——一根转轴上的盘片数；

α——同一电动机带动的转轴数；

β——生物膜厚度系数，当膜厚分别为 0～1mm、1～2mm、2～3mm 时，β 分别为 2、3、4。

厌氧生物转盘目前还未应用于实际工程中，还在进行小试和中试研究，主要用于处理高浓度含碳有机废水、反硝化脱氮与除磷和硫酸盐还原脱硫等。

8.4 两相厌氧处理系统

两相厌氧消化系统（two phase anaerobic digestion，简称 TPAD）是 20 世纪 70 年代初由美国戈什（Ghosh）和波兰特（Pohland）开发的厌氧生物处理新工艺，并于 1977 年在比利时首次应用于生产。此后德国相继建造了数套生产性两相厌氧消化装置，其最大日处理能力为 32t。与前述厌氧反应器不同的是，它并不着重于反应器结构的改造，而是着重于工艺的变革。

两相厌氧消化系统是一种厌氧反应器组合的工艺系统。厌氧消化反应分别在两个独立的反应器中进行，每一反应器完成一个阶段的反应，比如一为产酸阶段，另一为产甲烷阶段，所以两相厌氧消化系统又称两段式厌氧消化系统。

8.4.1 两相厌氧消化原理

厌氧消化是一个复杂的生物学过程，复杂有机物的厌氧消化一般经历发酵细菌、产氢产乙酸细菌、产甲烷细菌三类细菌群的纵向转化以及同型乙酸细菌群的横向转化。从生物学的角度来看，由于产氢产乙酸细菌和产甲烷细菌是共生互营菌，因而把产氢产乙酸细菌和产甲烷细菌划为一相，即产甲烷相；而把发酵细菌划为另一相，即产酸相。两相厌氧实际上是前述的多相厌氧（SMPA）的一个特例。

通过对厌氧消化过程中产酸菌和产甲烷菌的形态特性的研究，人们逐渐发现，产酸菌种类繁多，生长快，对环境条件变化不太敏感。而产甲烷菌则恰好相反，专一性很强，对环境条件要求苛刻，繁殖缓慢。这也正是可以把一个厌氧消化过程分为产酸相和产甲烷相两相工艺的理论依据。表 8-6 总结了两类不同细菌群在厌氧消化过程中的相对特性。

表 8-6 产酸相细菌和产甲烷相细菌的特性

项 目	产酸菌	产甲烷菌
种类	多	相对较少
生长速率	快	慢
对 pH 值的敏感性	不太敏感，最佳 pH 值为 5.5～7.0	敏感，最佳 pH 值为 6.8～7.2
氧化还原电位	一般低于＋150～－200mV	低于－350mV(中温)，低于－560mV(高温)
对温度的敏感性	一般性敏感，最佳温度为 20～35℃	敏感，最佳温度为 30～38℃(中温)、50～55℃(高温)
对毒性的敏感性	一般性敏感	敏感
对中间产物 H_2 的敏感性	相对不太敏感	敏感
特殊辅酶	没有特殊辅酶	具有特殊辅酶

两相中起作用的微生物菌群在组成和生理生化特性方面存在很大的差异。第一阶段中占优势的微生物是水解、发酵细菌，其作用是将复杂的大分子有机物分解为简单的小分子单糖、氨

基酸、脂肪酸和甘油，然后再进一步发酵为各种有机酸。这类细菌种类多，代谢能力强，繁殖速度快，倍增时间最短的仅几十分钟，对环境条件的变化也不太敏感。第二阶段主要由产甲烷细菌起作用，将有机酸进一步转化为甲烷，这类细菌种类很少，可利用的基质有限，繁殖速度很慢，倍增时间 10h～6d，又对环境因素如 pH 值、温度、有毒物质的影响十分敏感。因此，人们发现在一个反应器内维持这两类微生物的协调和平衡十分困难。这种平衡实质上是脂肪酸的产生与被利用之间的平衡。它一旦被破坏，就会出现脂肪酸累积、反应器酸化的现象，使产甲烷菌受到抑制，厌氧消化过程不能正常进行，因此反应器的处理能力降低，甚至导致完全失效。

传统的厌氧消化工艺（也称单相厌氧消化）是追求厌氧消化的全过程，而酸化和甲烷化阶段的两大类作用细菌，即产酸菌和产甲烷菌对环境条件有着不同的要求。一般情况下，产甲烷阶段是整个厌氧消化的控制阶段。为了使厌氧消化过程完整进行，就必须首先满足产甲烷相细菌的生长条件，如维持一定的温度、增加反应时间，特别是对于难降解或有毒废水需要长时间的驯化才能适应。传统的厌氧消化工艺把产酸和产甲烷菌这两大类菌群置于一个反应器内，不利于充分发挥各自的优势。

两相厌氧消化工艺就是为克服单相厌氧消化工艺的上述缺点而提出的，其主要特点是把酸化和甲烷化两个阶段分离在两个串联的反应器中，第一个反应器称产酸反应器，或称产酸相；第二个反应器称为产甲烷反应器，或称产甲烷相。两个反应器中分别培养产酸细菌和产甲烷细菌，并控制不同的运行参数，使产酸菌和产甲烷菌各自在最佳环境条件下生长，这样不仅有利于充分发挥其各自的活性，而且提高了处理效果，达到了提高容积负荷率、减小反应容积、增加运行稳定性的目的。

8.4.2 两相厌氧处理系统的相分离

两相厌氧消化的工艺流程如图 8-10 所示，第一个反应器（产酸相）接受待处理的原废水或经过一定预处理的废水，有机物首先经过发酵（水解和产酸）反应器，产生大量的有机酸、醇、H_2 和 CO_2，接着进入第二个反应器（产甲烷相），产生 CH_4 和 CO_2，这种工艺过程稳定，负荷较高。两相厌氧消化工艺中的反应器可以采用任一种厌氧生物反应器，如完全混合反应器、厌氧生物接触反应器、厌氧生物滤池、上流式厌氧污泥床或其他反应器。

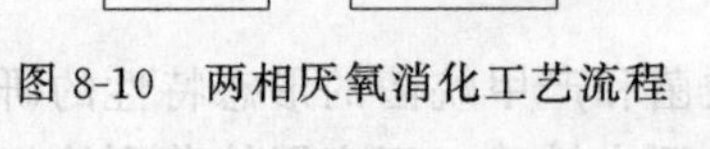

进水 → 产酸相 → 产甲烷相 → 出水

图 8-10 两相厌氧消化工艺流程

按照所处理废水的水质情况，两相厌氧处理系统中的两段反应器可以采用同类型或不同类型的消化反应器。如对于悬浮固体含量多的高浓度有机废水，第一段反应器可选用不易堵塞、效率稍低的反应装置，经水解产酸阶段后的上清液中悬浮固体浓度降低，第二段反应器可采用新型高效消化器，流程如图 8-11 所示。根据不产甲烷菌与产甲烷菌的代谢特性及适用环境条件不同，第一段反应器可采用简易非密闭装置，在常温、较宽 pH 值范围条件下运行；第二段反应器则要求严格密封、严格控制温度和 pH 值范围。

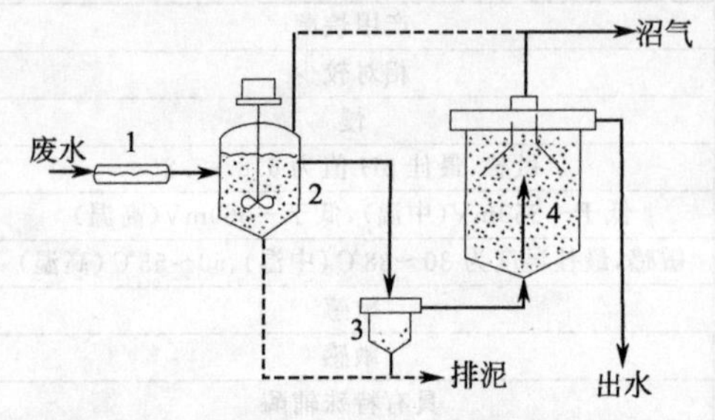

图 8-11 接触消化池-上流式污泥床两步消化工艺流程

1—热交换器；2—水解产酸；3—沉淀分离；4—产甲烷

两相厌氧消化工艺最本质的特征是相的分离，即在产酸相中保持产酸菌的优势，在产甲烷相中保持产甲烷菌的优势。于是人们开始根据两大类细菌群的不同特性探索相分离的途径。目前实现相分离的途径可以归纳为以下 3 种。

① 化学法 在酸化反应器中通过某种措施对产甲烷菌进行选择性抑制，如投加适量的抑制剂、

调整氧化还原电位和 pH 值等，抑制产甲烷菌在产酸相中生长，以实现两类菌群的分离。

② 物理法　采用选择性的半渗透膜使进入两个反应器的基质有显著的差异，以实现相的分离。

③ 动力学控制法　利用产酸细菌和产甲烷细菌在生长速率上的差异，控制两个反应器的水力停留时间、有机负荷等参数，使生长速率慢、世代时期长的产甲烷菌不可能在停留时间短的产酸相中存活。

以上几种相分离途径中，利用动力学参数如水力停留时间、有机负荷等进行相分离是一种最简便、最有效的方法，也是目前使用最普遍的一种方法。

必须说明的是，两相的彻底分离是很难实现的，在产酸相或产甲烷相中总还会有另一类细菌的存在，只是产酸菌或产甲烷菌成为优势菌群而已。

8.4.3　两相厌氧处理系统的特点

进行相分离后，由于产酸相的氢累积，使产物往高级脂肪酸及醇类方向进行，同时给产甲烷菌提供了更适宜的基质，有利于产甲烷相运行。相分离不仅给产甲烷相提供了适宜的环境条件，而且使产甲烷菌的活性提高，因此，与单相厌氧消化工艺相比，两相厌氧消化系统具有如下特点。

① 由于产酸菌和产甲烷菌是两类代谢特性及功能截然不同的微生物，将它们分开培养有利于创造适宜于这两类细菌生长的最佳环境条件，从而提高了它们的活性及其处理能力；前一相为后一相提供更适宜的基质及环境条件，因而使得两相厌氧消化工艺较单相厌氧消化工艺不但抗冲击负荷能力增强、处理效率明显提高，而且运行更加稳定，产气量增多。

② 当废水中含有 SO_4^{2-} 等抑制性物质时，由相分离可减少对产甲烷菌的影响。

③ 对于废水中复杂的碳水化合物（如纤维素等），其水解反应往往是厌氧消化过程的速率控制步骤，采用两相厌氧消化有利于提高其水解反应速率，因而提高了其厌氧消化的效果。

④ 两相厌氧消化工艺需设两个反应器，处理构筑物增加。因有相分离，使运行管理相对复杂。

两相厌氧消化工艺中产酸相的产物组成随被处理的有机基质、温度等因素而变化。当温度为 20～30℃时，处理可溶性碳水化合物（如葡萄糖废水）的产酸相产物以丁酸为主，其次是乙酸，丙酸和乳酸产量很少；当温度提高到 35℃时，乙酸含量提高到首位，丙酸量也有增加，丁酸量则减少。处理含蛋白质较多的豆制品废水时，温度维持在 30～40℃的范围内，产酸相产物中乙酸占脂肪酸总量的 33.9%，其次是丁酸占 24.6%，丙酸和戊酸各占约 20.7%。处理啤酒废水时产酸相产物中乙酸占 57.1%，丙酸占 27.7%，丁酸占 10.1%，戊酸、已酸量很少。

8.4.4　两相厌氧处理过程及反应器

两相厌氧处理系统中反应器的容积一般按有机底物的容积负荷或水力停留时间来计算。有机底物的容积负荷和水力停留时间一般通过试验或参照同类废水已有的经验确定，随废水水质不同及反应器类型不同而异。

一般而言，在中温消化的条件下，酸化反应器的 pH 值宜控制在 5～6，进水脂肪酸（以乙酸计）浓度可达 5000mg/L 左右，COD 浓度降低 20%～25%左右；产甲烷反应器的 pH 值可控制在 6.8～7.5，脂肪酸（以乙酸计）的浓度可降低到 500mg/L，COD 浓度降低 80%～90%，产气率为 0.5m^3/kgCOD 左右。

两相厌氧过程的处理流程及装置的选择主要取决于所处理污染物的理化性质及其生物降解性能，通常有两种工艺流程。

其一是处理易降解的、含低悬浮物的有机工业废水，其中的产酸相反应器一般可以为完全混合式厌氧污泥反应池，或者是升流式厌氧污泥床（UASB）反应器、厌氧生物滤池（AF）等不同的厌氧反应器，产甲烷相反应器主要为UASB反应器、厌氧折流板反应器（ABR）、内循环（IC）厌氧反应器、污泥床滤池（UBF），也可以是厌氧生物滤池等，流程中不必设置沉淀池，流程如图8-12所示。

其二是难降解、含高浓度悬浮物的有机废水或污泥的两相厌氧工艺流程，其中产酸相和产甲烷相反应器均主要采用完全混合式厌氧污泥床反应池，流程中产酸相反应器和产甲烷相反应器后均设置泥、水分离构筑物，如沉淀池。流程如图8-13所示。

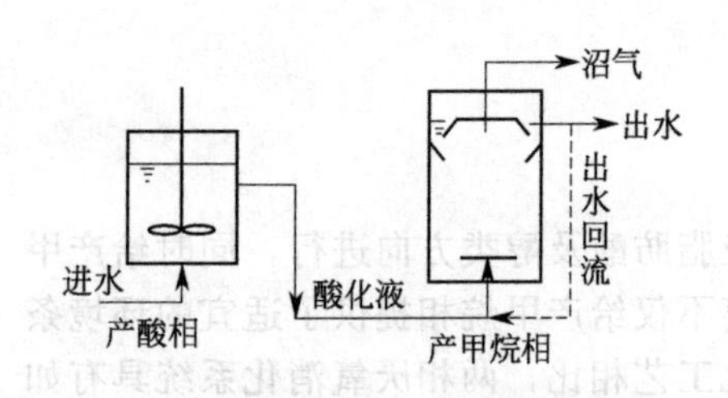

图8-12　处理易降解的低悬浮物有机废水的两相厌氧工艺

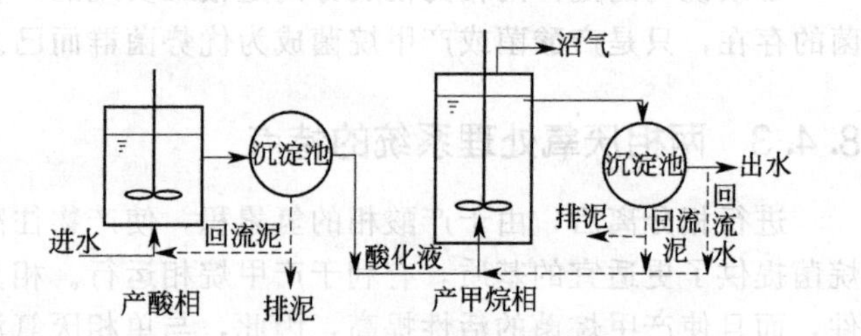

图8-13　处理难降解、高悬浮物有机废水或污泥的两相厌氧工艺

Yeoh等利用高温两相厌氧工艺处理蔗糖糖蜜酒精蒸馏废水，由于该废水的SS含量较高，因此两相均采用完全混合式厌氧污泥系统。研究结果表明，两相厌氧工艺对COD、BOD_5的去除率分别高达65%和85%，其中产酸相反应器可很好地将原水中的有机底物转化为VFA，酸化率可达15.6%。

根据相关研究成果，并结合一些实际运行经验，两相厌氧工艺可考虑采用下列参数进行设计：

① 产酸器与产甲烷器的容积比为1∶(3～5)。

② 产酸器的废水停留时间为4～16h，或容积负荷为25～50kgCOD/(m^3·d)。

③ 产酸消化液的pH值维持在4.0～5.5范围内，发酵温度为25～35℃。

④ 产甲烷反应器的废水停留时间为12～48h，或容积负荷率为12～25kgCOD/(m^3·d)。

⑤ 产甲烷反应器的进水pH值维持在5.5～7.0范围内，发酵温度35℃。

⑥ 系统的COD去除率为80%～90%，BOD_5的去除率大于90%。

⑦ 系统的产气率为0.4～0.5m^3CH_4/kgCOD。

显然，工艺参数值的选择主要取决于被处理废水的性质和浓度。如果废水以含碳水化合物为主且容易酸化，产甲烷反应器与产酸反应器的容积比就应稍大一些；如果废水中含有较多的难降解物质，上述容积比就可稍小一些。工艺参数值应尽可能根据实际试验结果确定。

8.4.5　两相厌氧处理工艺的应用范围

两相厌氧处理过程的工艺特点保证了流程中不同厌氧菌群的最适宜环境条件，解决了不同特性菌群间的矛盾，具有一系列优点，使它具有比单相厌氧工艺更广泛的适用范围。

① 两相工艺适合于处理富含碳水化合物的有机氮含量较低的高浓度废水，如制糖、酿酒、淀粉、柠檬酸等工业废水。在单相厌氧反应器中，产酸菌和产甲烷菌在总体数量上相当，但两者生长繁殖速率相差较大，通常有机酸的产生速率是甲烷产生速率的14倍，所以当用单相厌氧工艺处理富含碳水化合物而有机氮含量较低的废水时，一旦负荷率升高，由于碳水化合物转化为有机酸的速率很快，一部分有机酸不能及时被产甲烷菌代谢而出现积累，同时废水由于有

机氮含量低而使自身缓冲能力很弱，故消化液的pH值下降，对产甲烷菌产生抑制作用，导致产甲烷作用不正常甚至破坏，即所谓的酸败现象，并由于产酸和产甲烷反应在同一反应器中进行，酸败往往不易及时发现；此外，一旦反应器发生酸败现象，恢复正常运行需要较长时间。但是，在两相厌氧工艺中，产酸和产甲烷反应分开在两个反应器中进行，一旦负荷率升高，产酸反应器出水的有机酸浓度较高、pH值低时，就可以在产甲烷反应器外通过加大产甲烷反应器的出水回流量甚至短时间内投加碱性药剂来将pH值调高，同时稀释产酸相出水的有机酸浓度，从而减轻对产甲烷菌的抑制，不至于引起产甲烷反应器发生酸败现象。

② 适合处理有毒工业废水。在以工业废水为处理对象时，废水中可能含有硫酸盐、苯酸、氰、酚、重金属、吲哚、萘等对产甲烷菌有毒害作用的物质。这些废水直接进入单相厌氧反应器时，将对产甲烷菌产生毒性，从而抑制产甲烷作用。但在两相厌氧工艺中，废水进入产酸反应器后，很多种类的产酸菌能改变毒物的结构或将其分解，使毒性减弱甚至消失。如产酸反应的产物H_2S可以与废水中的重金属离子形成不溶性的金属硫化物沉淀，解除重金属离子对产甲烷菌的毒害作用。经过产酸反应器预处理的酸化液再进入产甲烷反应器，就能进行正常的产甲烷反应。

③ 适合处理含高浓度悬浮固体的有机废水。一些工业有机废水含有较高浓度的固体悬浮物，直接采用常规的高效厌氧反应器，如厌氧生物滤池（AF）和升流式厌氧污泥床反应器（UASB）就难以处理。废水中较多的悬浮物质常引起厌氧生物滤池的堵塞。虽然UASB反应器可以允许进水中带有一定量的悬浮物质，但当污泥床中积累大量的原废水中的悬浮物时，颗粒污泥的凝聚、沉淀性能恶化，污泥的产甲烷活性将大大降低，消化液的pH值下降，反应器难以正常运行。但是，这类废水可以用两相厌氧工艺进行处理。废水先进入完全混合式产酸反应器中，在大量产酸菌的水解酸化作用下，废水中的悬浮固体浓度大大降低，再进入后续的高效厌氧反应器进行产甲烷反应，废水就可以得到快速、高效的处理。

④ 适合处理含难降解物质的有机废水。如造纸、焦化工业废水含有较多的难降解芳香族物质，在好氧生物处理工艺中已取得良好的处理效果。在单相厌氧反应器中易积累，到一定浓度时将对产甲烷菌产生抑制作用。但是，这类废水可以用两相厌氧工艺进行处理。废水进入产酸反应器后，有些产酸菌能裂解这些大分子物质并从中获得能源和碳源，或将其水解成易降解代谢的小分子有机物，为后面的产甲烷反应创造条件。

8.4.6 两相厌氧处理工艺的工程应用

在工程应用中，除了最基本的应用即解决产酸菌和产甲烷菌间的矛盾外，更有代表性的应用是用于解决硫酸盐还原菌和产甲烷菌间的矛盾。

(1) 硫酸盐还原菌对产甲烷菌的抑制

硫酸盐还原菌（sulfate reducing bacterium，SRB）在生长的环境条件（如温度、pH值）和底物（如乙酸、H_2）利用方面，与产甲烷菌（methane producing bacterium，MPB）有许多相似之处，因此，厌氧系统中，环境条件是直接影响硫酸盐还原菌与产甲烷菌对碳源竞争的重要因素。

硫酸盐还原菌多数为中温性细菌，少数为高温性细菌。中温性菌的最适温度为30～40℃，高温性菌的最适温度为55～65℃。研究表明，中温范围内，温度变化对硫酸盐还原菌和产甲烷菌的影响相似，而在高温范围内，硫酸盐还原菌对氢和乙酸的利用更占优势，且产甲烷菌对温度变化更敏感。

硫酸盐还原菌可以在pH值为4.5～9.5的范围内生长，在pH值为6.0～9.0的范围内有较高活性，最适pH值范围为7.5～8.5，较产甲烷菌的最适pH值范围（6.5～7.8）宽。当厌氧消化过程中的pH<6.5时，硫化物主要为硫化氢，其对产甲烷菌有毒性抑制，硫酸盐还原

菌仍占竞争优势；若 pH＞8.0，产甲烷菌的活性急剧下降，此时硫酸盐还原菌仍占优势；而在中性环境中，硫酸盐还原菌在与产甲烷菌的竞争中不占优势。

硫酸盐还原菌为严格厌氧微生物，一般氧化还原电位（ORP）在－100mV 以下即可生长，此值远低于产甲烷菌对 ORP 的要求（－350～－600mV）。因此提高厌氧过程的 ORP 有利于硫酸盐还原菌对产甲烷菌的竞争。

营养物质以外的化学物质对硫酸盐还原菌的作用分为促进作用和抑制作用。维生素、铁和 SO_4^{2-} 对硫酸盐还原菌的生长有促进作用；苯酚类物质、抗生素和一些含有类似 SO_4^{2-} 基团的物质如 K_2CrO_4、$NaMnO_4$、Na_2SeSO_4 等对硫酸盐还原菌有抑制作用。

解决硫酸盐还原菌对产甲烷菌的抑制有两种措施。一是投加硫酸盐还原菌抑制剂（如钼酸盐），但长期使用钼酸盐也会对产甲烷菌造成抑制。研究表明，对于间歇式反应器，只有正磷酸盐浓度很高时，钼酸盐才对硫酸盐还原菌有选择性抑制，而对于连续流反应器，不论磷酸盐浓度高低，钼酸盐均为非选择性抑制。二是控制硫化物浓度，削弱其毒性抑制。硫化氢的电离常数（6.8～7.0）接近于厌氧反应器内的 pH 值（7～8），当 pH 值升高时，游离的硫化氢大量离解为 HS^-，则游离硫化氢含量减少；降低硫化物浓度还可通过厌氧工艺技术的改进即两相厌氧处理工艺实现。

(2) 含高硫酸盐废水的两相厌氧处理

该两相厌氧处理工艺是根据产酸菌、硫酸盐还原菌的生长条件与产甲烷菌不同的特点，使产甲烷与产酸、硫酸盐还原两个反应过程分别在两个反应器中完成，如图 8-14 所示。其中产酸、硫酸盐还原相控制 pH 值为 6.0 左右，水力停留时间（HRT）也较短，反应器中以硫酸盐还原菌和产酸菌为主，硫酸盐可在此相内充分地被还原为硫化物；产甲烷相中的 pH 值控制为 7.2～7.8。由于产酸、硫酸盐还原相内混合液经过脱硫处理，出水中的硫化物含量极低，进入产甲烷相后，对产甲烷菌影响较弱。

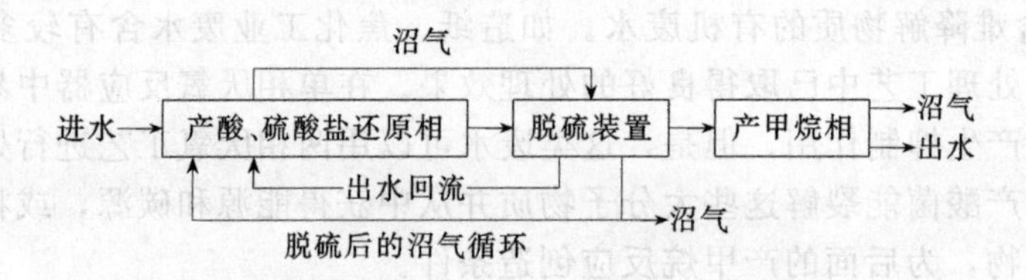

图 8-14 两相厌氧吹脱循环工艺流程

8.5 厌氧复合床反应器

实践表明，一个成功的生物反应器必须具备的条件是：①具有良好的截留污泥的性能，以保证拥有足够的生物量；②生物污泥能够与进水中的有机物进行充分的混合接触，以保证微生物能够充分利用其活性降解废水中的有机物。基于对各类有机物厌氧生物降解机理研究的进展，从厌氧底物生物降解途径和动力学方面着手，分析提高反应器的活性生物量和传质效果的可能措施，并与反应器的设计相结合，可开发新型高效的厌氧生物反应器。

复合厌氧反应器是在一个设备内将两种或两种以上的厌氧反应组合而成的一种更为高效的厌氧处理反应器。从目前的研究成果来看，升流式厌氧污泥床（UASB）反应器和厌氧生物滤池（AF）的复合是一种有机有效的结合。厌氧生物滤池（AF）为生物膜型的厌氧高效生物反应器，其主要问题是填料用量大，造价高，反应器底部易堵塞；UASB 为厌氧活性污泥型的高效厌氧生物反应器，其主要问题是反应器容易发生污泥流失，启动速率慢；由两者复合而成的升流式厌氧污泥床过滤器反应器能充分发挥二者的优良性能而避免二者的不足。

这种将升流式厌氧污泥床反应器（UASB）和厌氧滤池（AF）结合的反应器结构被称为复合床反应器（UASB＋AF），也称为UBF反应器。复合床反应器的结构如图8-15所示，一般是将厌氧生物滤池置于升流式厌氧污泥床反应器的上部，即设备的上部分为厌氧生物滤池，下部分为升流式厌氧污泥床反应器，可以集两者的优点于一体：在反应器下部池底布水系统与滤料层之间留出了一定的空间，以便悬浮状态的絮状污泥和颗粒污泥能在其中生长、累积。当进水依次通过悬浮的污泥层及滤料层时，其中有机物将与污泥及生物膜上的微生物接触并得到稳定。这种结合了升流式厌氧污泥床反应器及厌氧生物滤池特点的反应器具有以下优点：①与厌氧生物滤池相比，减小了滤料层的高度；②与升流式厌氧污泥床反应器相比，可不设三相分离器，因此可节省基建费用；③反应器上部装设固定填料，可充分发挥滤层填料有效截留污泥的能力，提高反应器内的生物量；④反应器下部不装设填料，减少了滤池被堵塞的可能性；⑤对水质和负荷的突然变化和短流现象起缓冲和调节作用，使反应器具有良好的工作特性。

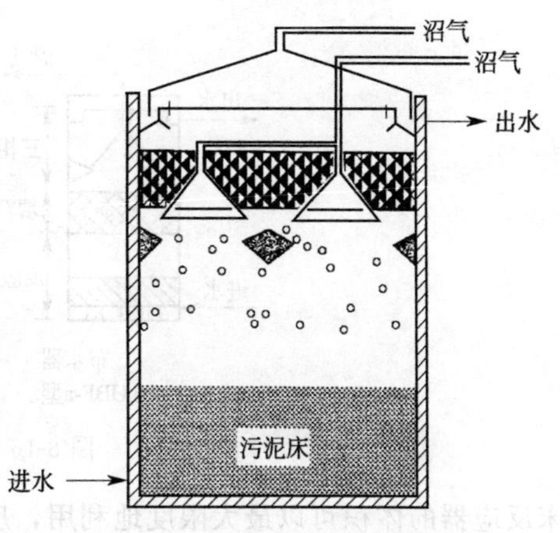

图8-15 UBF厌氧复合床示意图

根据有无三相分离器，升流式厌氧污泥床过滤器又可分为无三相分离器的升流式厌氧污泥床过滤器和有三相分离器的升流式厌氧污泥床过滤器。

8.5.1 无三相分离器的升流式厌氧污泥床过滤器

1984年加拿大的S. R. Guiot等开发了UBF，用来处理制糖废水。在反应器上部1/3容积充填塑料环，其比表面积为$235m^2/m^3$。反应器下部1/3容积为污泥床，有机物容积负荷为$26kgCOD/(m^3 \cdot d)$，COD的去除率大于93%。在负荷高达$51kgCOD/(m^3 \cdot d)$时，COD的去除率仍可达64%。其后，加拿大多伦多附近城市污水处理厂将原有厌氧处理设备改建为$3400m^3$复合床反应器，采用波纹板塑料填料，比表面积为$125m^2/m^3$，波纹板的间距为1.3cm。反应器底部的1/3没有装填料，上部2/3装有填料。处理废水为丁氨二酸废水，进水COD浓度为18000mg/L，停留时间为50h，有机负荷为$6kgCOD/(m^3 \cdot d)$，COD的去除率达80%，没有堵塞和短流情况发生，底部的污泥浓度（VSS）达50～100g/L。

8.5.2 带三相分离器的升流式厌氧污泥床过滤器

带三相分离器的升流式厌氧污泥床过滤器（简称厌氧复合床）主要由布水器、三相分离器、污泥层和填料层组成，其构造如图8-16所示。根据填料在反应器的安装位置，厌氧复合床主要有两种形式：填料层在三相分离器之下，称为厌氧复合床a型，即UBF-a型；填料层在三相分离器之上，称为厌氧复合床b型，即UBF-b型。

厌氧复合床反应器是由升流式厌氧污泥床反应器和厌氧生物滤池构成的复合型反应器，反应器的下部是由高浓度颗粒污泥组成的污泥床，其混合液悬浮固体浓度（MLSS）可达每升数十克甚至上百克，上部是填料及其附着的生物膜组成的滤料层。UASB系统的突出优点是反应器内水流方向与产气上升方向一致，一方面减少了堵塞的机会；另一方面加强了对污泥床层的混合搅拌作用，有利于微生物同进水基质的充分接触，也有助于形成颗粒污泥。反应器上部空间设置的填料，其表面吸附生长的一层生物膜增加了生物量，对COD有20%左右的去除率，使反应器的容积得到了有效利用。同时由于填料的存在，使夹带污泥的气泡在上升过程中与之发生碰撞，加速了污泥与气泡的分离，从而降低了污泥的流失。二者的联合作用使得厌氧复合

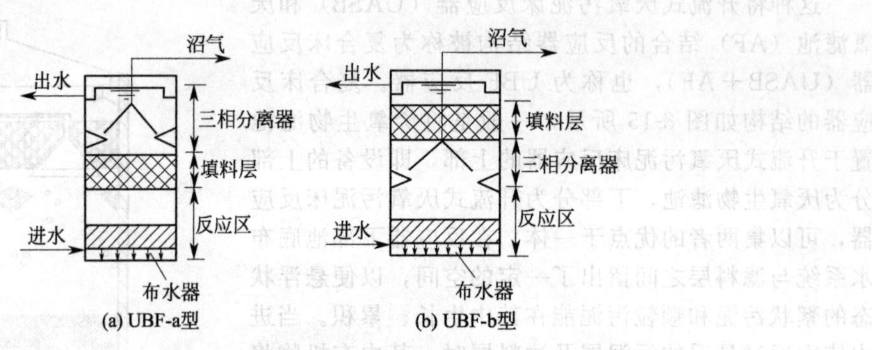

图 8-16　厌氧复合床的构造示意

床反应器的体积可以最大限度地利用，反应器积累微生物的能力大大增强，反应器的有机负荷更高，在厌氧生物处理中反应器中的微生物量和传质效果直接影响着有机物的降解速率和反应器承受有机负荷的能力。而具有高浓度、高活性的生物量正是厌氧复合床反应器的特性，因而厌氧复合床反应器具有处理效率高、启动速度快、运行稳定等显著特点。

厌氧复合床反应器一般均为升流式混合型连续流反应器，有机废水从反应器的底部通过布水器进入，依次经过污泥床、填料层的接触进行生物降解反应后从其顶部排水系统排出，反应过程中产生的沼气通过三相分离器的分离收集后排出。厌氧复合床反应器中填料的体积一般占反应器有效容积的 1/5～1/3，厌氧复合床反应器所用的填料可根据废水的生物反应特性及水力学特性进行选择，常用的有聚氨酯泡沫填料、YDT 弹性立体填料、BIO-ECO 聚丙烯填料、半软性纤维填料、聚乙烯拉西环、陶瓷拉西环、活性炭、焦炭等，其中聚氨酯泡沫填料和 YDT 弹性立体填料是性能优良的生物填料。聚氨酯泡沫填料的比表面积大（$2400m^2/m^3$）和孔隙率高（97%），具有网状结构，微生物能在其上密实而迅速地增殖，是厌氧优势菌群良好的附着体；YDT 弹性立体填料具有比表面积大、孔隙率高、生物附着能力强、生物量大、坚固耐用不结球、水力条件好等特性。

8.5.3 厌氧复合床反应器的研究与应用

厌氧复合床反应器是一种先进、高效的厌氧处理装置，由于下部保持高浓度的污泥层，上部填料上又有大量的生物膜，因此反应器具有良好的工作特性，可在生产中大力推广应用。有关厌氧复合床处理有机废水的研究应用资料见表 8-7。

表 8-7　厌氧复合床反应器处理废水试验及应用资料

废水种类	容积负荷 /[kgCOD/(m^3·d)]	进水浓度 /(gCOD/L)	COD 去除率/%	HRT/d	试验温度/℃	规模/m^3
造纸黑液和糠醛废水	4.5	7326	70.6	1.6	35	15
味精废水	5.4	17150	88.5	3.15	30～32	4.6
糖蜜酒精废水	50	30000	63.2	0.6	30	41.6×10^{-3}
糖蜜酒精废水	13.6	34060	81.1	2.5	32	130
糖蜜味精废水	17	17000	70.3	1	34	9.2×10^{-3}
酒糟废水	6.8	47000	88	5	37	36
药物混合废水	18.6	30000～50000	89.7	2	36	22
抗生素废水	5.0	5000～10000	90.0	16.2	35	600

图 8-17 所示是某制药厂采用的纤维填料厌氧滤池-升流式厌氧污泥床复合厌氧法处理维生素 C 废水的工艺流程，其运行效果见表 8-8。

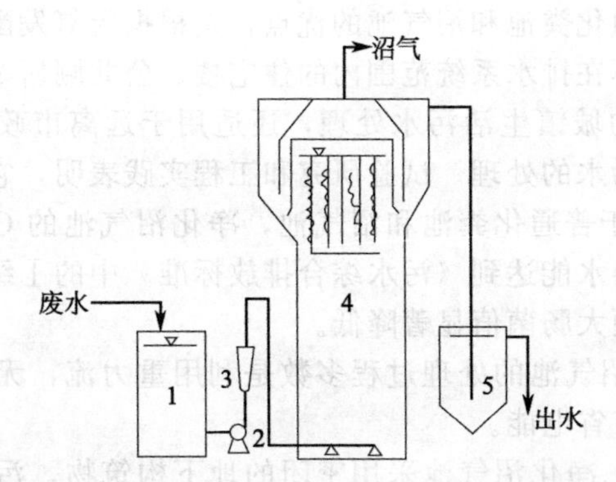

图 8-17 纤维填料厌氧滤池-升流式厌氧污泥床复合厌氧法工艺流程

1—废水箱；2—进水泵；3—流量计；4—复合厌氧反应器；5—沉淀池

表 8-8 厌氧复合床反应器处理维生素 C 废水中试运行效果

COD/(mg/L)		pH 值		COD 去除	容积负荷	水力停留	产气量
进水	出水	进水	出水	率/%	/[kgCOD/(m³·d)]	时间/h	/(m³/kgCOD)
8600～12000 (11000)	1200～2430 (1627)	8.0～9.0 (8.3)	6.6～8.2 (7.6)	78.9～90.9 (84.5)	10.1～12.8 (11.5)	18.0～24.1 (21.5)	0.37～0.45 (0.40)

注：括号内数值为平均值。

图 8-18 和图 8-19 所示分别为Ⅰ型生活污水净化沼气池工艺流程图和Ⅱ型生活污水净化沼气池工艺流程图。污水经格栅、沉砂池后进入 A 区，参照厌氧污泥床设计，分成两室，严格密封且隔绝空气，保持厌氧环境。其功能是分离截留的悬浮物，吸附降解胶体及溶解性有机物。A 区的污染物去除率占全部的 40%。

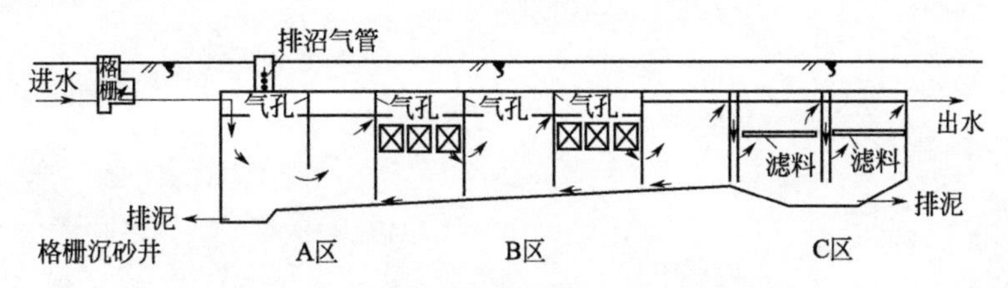

图 8-18 Ⅰ型生活污水净化沼气池工艺流程

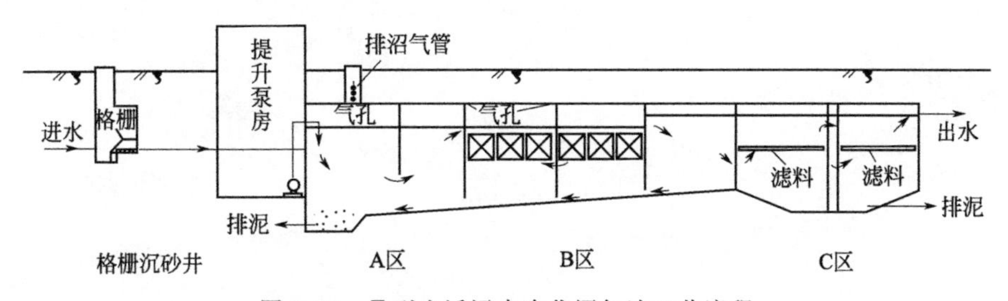

图 8-19 Ⅱ型生活污水净化沼气池工艺流程

污水经 A 区后，其污染物浓度已降低，B 区采用厌氧生物滤池工艺，隔绝空气，利用填料巨大表面上的厌氧微生物膜，进一步代谢降解有机质。B 区分 3～4 室，其中两室设置填料，另 1～2 室为沉淀澄清池。B 区的功能是进一步截留降解污染物质，分离沉淀污泥回流至 A 区，以增大 A 区的污泥浓度。B 区的污染物去除率约占全部的 30%。

B 区后面的 C 区是过滤澄清工艺。C 区与大气联通，分两室，二级过滤，其功能是截留降解少量漂浮的杂质，确保最终出水水质。C 区的污染物去除率约为全部的 30%。

净化沼气池吸取了普通化粪池和沼气池的优点，是根据厌氧发酵的机理研究设计的，它的适用范围广，不仅适用于不在排水系统范围内的住宅楼、公共厕所等粪便的无害化处理，而且适用于下水道系统不完善的城镇生活污水处理，还适用于远离市政下水道系统的宾馆、住宅区、旅游服务网点等生活污水的处理。试验研究和工程实践表明，它的主要特点如下。

① 处理效果好　它优于普通化粪池和沼气池，净化沼气池的COD去除率一般在80%以上，且污泥量少，处理后出水能达到《污水综合排放标准》中的Ⅰ级或Ⅱ级排放标准；能去除99%以上的寄生虫卵，粪便大肠菌值显著降低。

② 动力消耗少　净化沼气池的处理过程多数是利用重力流，无需曝气，比采用常规活性污泥法或好氧生物接触池节省电能。

③ 日常运行管理方便　净化沼气池采用密闭的地下构筑物，污泥一般一年清掏一次，填料和滤料的更换周期为4～5年一次。平时只需做常规的进、出水水质检测，不需要其他管理人员。

④ 具有一定的能源效益　净化沼气池在厌氧消化时产生的沼气还有一定的能源效益。

参考文献

[1] 唐受印，戴友芝．水处理工程师手册 [M]．北京：化学工业出版社，2001.
[2] 买文宁．生物化工废水处理技术及工程实例 [M]．北京：化学工业出版社，2002.
[3] 王绍文，罗志腾，钱雷．高浓度有机废水处理与工程应用 [M]．北京：冶金工业出版社，2003.
[4] 周正立，张悦．污水生物处理应用技术及工程实例 [M]．北京：化学工业出版社，2006.
[5] 张可方，李淑更．小城镇污水处理技术 [M]．北京：中国建筑工业出版社，2008.
[6] 王郁，林逢凯．水污染控制工程 [M]．北京：化学工业出版社，2008.

第9章 厌氧生物处理系统的设计及其运行管理

厌氧生物处理系统不仅能使有机污染物得到处理，而且能产生沼气，具有一定的能源效益，因此得到了广泛的应用。

9.1 厌氧产气量的计算

回收沼气是厌氧生物处理法的主要特点之一，对被处理对象产气量的计算和测定有助于评价试验结果、工艺运转效率及稳定性，工程设计方案比较、能量衡算、经济效益的预测等都建立在产气量计算的基础上。

当废水中的有机物组分已经明确时，可根据有机物厌氧消化过程的化学反应通式(6-1)，算出各种纯底物的单位质量产气量；当废水中的有机物组分复杂，不便于精确地定性定量时，可按 COD 值来计算产气量。但是，由于受诸多因素的影响，实际产气量与理论值之间总有出入。当使用精度要求不高时，可直接采用理论计算值，在特殊情况下，应综合考虑诸因素的影响。

9.1.1 理论产气量的计算

(1) 根据废水有机物化学组成计算产气量

当废水中有机组分一定时，可以利用式(6-1) 计算产气量，对不含氮的有机物也可用以下巴斯维尔 (Buswell 和 Mueller) 通式计算：

$$C_nH_aO_b+\left(n-\frac{a}{4}-\frac{b}{2}\right)H_2O\longrightarrow\left(\frac{n}{2}-\frac{a}{8}+\frac{b}{4}\right)CO_2+\left(\frac{n}{2}+\frac{a}{8}-\frac{b}{4}\right)CH_4 \quad (9\text{-}1)$$

从式(9-1) 可以看出，若 $n=\frac{a}{4}+\frac{b}{2}$，水并不参加反应，如乙醇的完全厌氧分解；若 $n>\frac{a}{4}+\frac{b}{2}$，水是参加反应的，产生的沼气量将超过所分解有机物质的干重，如 1kg 丙酸产沼气量为 1.13kg。

碳水化合物、蛋白质、脂类三类主要有机物的理论产气量见表 9-1。表中气体的体积以在标准条件（0℃、101.33Pa）下计。

表 9-1　三类主要有机物的理论产气量

有机物的种类	产气量/(m^3/kg 干物质)	
	甲烷	沼气
碳水化合物	0.37	0.75
蛋白质	0.49	0.98
脂类	1.04	1.44

(2) 根据 COD 与产气量的关系计算

在实际工程中，被处理对象为纯底物的情况很少见，通常废水中的有机物组分复杂，不便于精确地定性定量，而以 COD 等综合指标表征。为此，了解去除单位质量 COD 的产气量范围对于工程设计颇有实用价值。

COD_{cr}在大多数情况下可以达到理论需氧量（TOD）的 95%以上，甚至接近 100%。因此可根据去除单位质量 TOD 的产气量大体预计出 COD 与产气量的关系。

Mc Carty 指出，可以根据甲烷气体的氧当量来计算废水厌氧消化的产气量。

$$CH_4 + 2O_2 \longrightarrow CO_2 + 2H_2O \tag{9-2}$$

根据式(9-2)，在标准状态下，1mol 甲烷相当于 2mol（或 64g）COD，则还原 1gCOD 相当于生成 22.4/64L=0.35L 甲烷，以 V_1 代表。实际消化温度下形成的甲烷气体体积可以根据查理定理算出：

$$V_2 = \frac{T_2}{T_1} V_1 \tag{9-3}$$

式中　V_2——消化温度 T_2 下的气体体积，L；

V_1——标准条件 T_1 下的气体体积，L；

T_1——标准条件下的温度，273K；

T_2——消化温度，K。

根据 COD 去除量与甲烷气产生量之间的关系，可用下式预测厌氧消化系统的甲烷日产量 V_{CH_4}（m^3/d）：

$$V_{CH_4} = V_2 \left[Q(S_0 - S_e) - 1.42Qx \right] \times 10^{-3} \tag{9-4}$$

式中　$1.42Qx$——每天从反应器排泥所流出的 COD 量；

S_0——进水中的 COD；

S_e——出水中的 COD，包括不能降解和尚未降解的有机物。

一般地，甲烷在沼气中的含量约为 55%～73%，CO_2的含量约为 25%～35%，NH_3的含量约为 1%～2%，H_2S 的含量约为 0.5%～1.5%。由此可得沼气的日产量 V_g 为：

$$V_g = V_{CH_4} \times \frac{1}{P} \tag{9-5}$$

式中　P——以小数表示的沼气中甲烷含量，P 值越大，沼气热值越高。

9.1.2 实际产气率分析

在厌氧消化工艺中，把转化 1kgCOD 所产的沼气或甲烷称为产气率。由于实际产气率受物料的性质、工艺条件以及管理技术水平等多种因素的影响，因此，在不同的场合，实际产气率与理论值会有不同程度的差异。处理装置中的实际产气率（甲烷）的值主要取决于以下因素。

(1) 物料的性质

对于不同基质的底物，去除 1gCOD 的产气量不是常量。通常所称的理论产气率（即去除 1gCOD 产生标准状态下 0.35L 甲烷或 0.7L 沼气）是根据碳水化合物厌氧分解计算的结果，不能代表各种底物的情况。就厌氧分解等当量 COD 的不同有机物而言，脂类（类脂物）的产气量最多，而且其中的甲烷含量也高；蛋白质所产生的沼气量虽少，但甲烷含量高；碳水化合物所产生的沼气量少，且甲烷含量也较低。脂肪酸厌氧消化产气情况表明，随着碳链的增加，去除单位质量有机物的产气量增加，而去除单位质量 COD 的产气量则下降。

(2) 废水的 COD 浓度

废水的 COD 浓度越低，单位有机物的甲烷产率越低，主要原因是甲烷溶解于水中的量不同，如当进水 COD 浓度为 2000mg/L 时，去除 1kgCOD 所产生的甲烷有 21L 溶于水；而当进水中 COD 浓度为 1000mg/L 时，则去除 1kgCOD 所产生的甲烷有 42L 溶于水。图 9-1 中给出了一组碳水化合物污水厌氧消化的试验结果。因此，在实际工程中，高浓度有机废水的产气率能接近理论值，而低浓度有机废水的产气率则低于理论值。

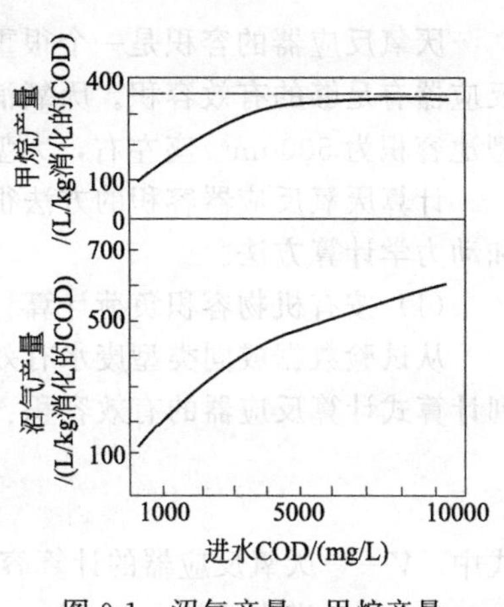

图 9-1　沼气产量、甲烷产量与进水 COD 浓度的关系

(3) 沼气中的甲烷含量

沼气中的甲烷含量越高，其在水中的溶解度越大，因此甲烷的实际产气率越低。如在温度为 20℃ 的条件下，若不考虑其他溶质的影响，当沼气中甲烷含量为 80% 时，甲烷的溶解度为 18.9mg/L；当甲烷含量为 50% 时，其溶解度仅为 11.8mg/L。

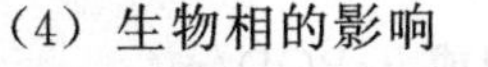

(4) 生物相的影响

产气率还与系统中硫酸盐还原菌及反硝化细菌等的活动有关。若系统中上述菌较多，则由于这些菌会与产甲烷菌争夺碳源，从而使产气率下降。废水中硫酸盐含量越高，使产气率下降越多。

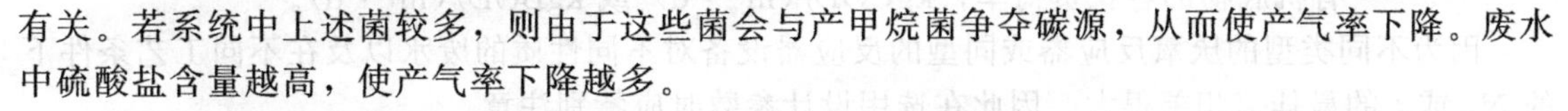

(5) 工艺条件的影响

对于同种废水，在不同的工艺条件下，其去除单位质量 COD 的产气量不同。

(6) 去除的 COD 中用于合成细菌细胞所占的比例

对于等当量 COD 的不同有机物，厌氧消化时用于细菌细胞合成的系数有一定的差异，因此产气率也不是常量。去除的 COD 中用于合成细菌细胞所占的比例越大，则分解用以产生甲烷的比例就越小，从而去除 1kgCOD 的甲烷产量越低。一般情况下，变幅小于 10%。

由此可见，在计算产气量时，需要综合考虑以上各种因素的影响。

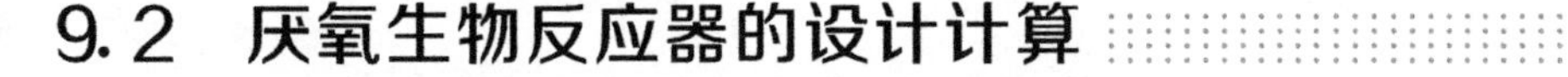

9.2 厌氧生物反应器的设计计算

厌氧生物反应器的设计包括工艺设备的选型、反应器容积的计算和设备构造的确定等。

9.2.1 工艺设备的选型

厌氧生物处理装置的选择，在很大程度上取决于废水中的悬浮物含量、颗粒粒度和厌氧可降解性。如升流式厌氧污泥床反应器和厌氧生物滤池等新型厌氧反应器虽消化效能高，但在处理含悬浮固体物较多的污水时，却不宜采用。随着污水中悬浮物的增加，厌氧生物滤池的处理能力下降，逐渐接近其他厌氧生物处理工艺的处理能力，不仅如此，它还易于引起填料的堵塞。升流式厌氧污泥床反应器可以允许进水带有一定量的悬浮物，但过多的悬浮物将使污泥凝聚、颗粒化性能恶化，比活性下降，设备不能保持正常的流态，进而使处理能力下降，甚至设备堵塞。对于固体物含量较高的料液，宜采用常规厌氧消化池和厌氧生物接触消化工艺，或者采用两相厌氧消化工艺处理。但是，采用厌氧生物接触法处理可溶性废水时，大量微生物处于分散状态，不易与水分离而随沉淀池出水流出系统，这就对维持较长的 θ_c 值造成了困难。对于这类含低悬浮固体、高浓度可溶性有机质的废水，则更适合用升流式厌氧污泥床反应器等高效厌氧反应器处理。

9.2.2 反应器容积的计算

厌氧反应器的容积是一个很重要的设计参数，要完成一定的废水厌氧处理任务，必须保证反应器有足够的有效容积。厌氧消化工艺中一般设两座消化池，小型池容积为 $2500m^3$/座，中型池容积为 $5000m^3$/座左右，大型池的容积大于 $10000m^3$/座。

计算厌氧反应器容积的方法很多，普遍采用的方法有有机物容积负荷法、水力停留时间法和动力学计算方法。

（1）按有机物容积负荷计算

从试验数据或同类型废水有效处理的经验数据中确定一个合适的有机物负荷值 N_v，用下列计算式计算反应器的有效容积：

$$V=\frac{QS_0}{N_v} \tag{9-6}$$

式中 V——厌氧反应器的计算容积，m^3；

Q——进水流量，m^3/d；

S_0——进水有机底物浓度（以 COD 或 BOD 表示），$kgCOD/m^3$ 或 $kgBOD/m^3$；

N_v——有机底物的容积负荷率，$kgCOD/(m^3 \cdot d)$ 或 $kgBOD/(m^3 \cdot d)$。

因为不同类型的厌氧反应器或同型的反应器设备对不同性质的废水以及在不同工艺条件下的 N_v 或 t 的最佳值相差很大，因此在选用设计参数时应特别注意。

（2）按水力停留时间计算

求取水溶解性 COD 的浓度时可基于式(9-7) 进行计算：

$$V=Qt \tag{9-7}$$

式中 V——厌氧反应器的计算容积，m^3；

Q——投入到一级或二级池的污泥量，m^3/d；

t——一级或二级池的停留时间，d。

（3）根据动力学模式计算

可根据前述推导的动力学公式计算厌氧反应器的容积等。如对于厌氧生物接触法，由式(9-6) 可得：

$$V=\frac{YQ(S_0-S_e)\theta_c}{X(1+K_d\theta_c)} \tag{9-8}$$

式中 V——厌氧反应器的计算容积，m^3；

Y——污泥理论产率，kg（生物量）/kg（降解的 BOD_5）；

Q——反应器的设计流量，m^3/d；

S_0——反应器进水 BOD_5 浓度，mg/L；

S_e——沉淀池出水 BOD_5 浓度，mg/L；

θ_c——污泥停留时间（泥龄），d；

X——厌氧污泥浓度，gVSS/L；

K_d——污泥内源呼吸率，d^{-1}。

对于不同类型的废（污）水，需要确定适当的污泥产率系数Y、衰减系数K_d、污泥龄θ_c和合适的厌氧污泥浓度X。对于脂肪类物质含量较低的废（污）水，污泥产率系数$Y=0.0044$，衰减系数$K_d=0.0019d^{-1}$；对于脂肪类物质含量高的废（污）水，污泥产率系数$Y=0.04$，衰减系数$K_d=0.015d^{-1}$。污泥浓度X（MLVSS）可取值为3～6gVSS/L，污泥浓度X较高时可达到5～10gVSS/L。

如果假定所有脂肪酸发酵过程的Y、K_d和K值都相等，则式(9-7)可改写为：

$$(S_e)_{总}=\frac{K_c(1+K_d\theta_c)}{\theta_c(YK-K_d)-1} \tag{9-9}$$

式中 K_c——在废水处理中原有或产生的各种脂肪酸的饱和常数之和，即$K_c=\sum K_s$；

K——BOD_5降解速率常数，d^{-1}。

废水在反应器中的停留时间可由下式计算：

$$t=\frac{S_0-S_e}{KX(S_e-S_n)}=\frac{1}{YK(S_e-S_n)-K_d} \tag{9-10}$$

对于大型的厌氧生物反应器，为了保持反应器的处理效果，可采用多座反应器并联或将反应器进行分格。每座反应池的有效容积为：

$$V_0=\frac{V}{n} \tag{9-11}$$

式中 V_0——每座消化池的有效容积，m^3；

n——消化池的数理，座。

9.2.3 消化池的加热与保温

用热水或蒸汽直接加热的热效率较高，设备投资省，操作简单。虽然投加点局部过热可能影响微生物的活性，但恢复很快。由于增加了冷凝水，池容积一般需增加5%～7%。有关计算如下。

(1) 加热污泥所需热量Q_1

加热污泥所需热量Q_1（kJ/h）为：

$$Q_1=\frac{Q}{24}(T_D-T_s)\times 4180 \tag{9-12}$$

式中 Q——投入消化池的污泥量，m^3/d；

T_D——消化温度,℃；

T_s——入池污泥原有温度,℃。

(2) 池体的耗热量Q_2

池体的耗热量Q_2（kJ/h）为：

$$Q_2=\sum F_1K_1(T_D-T_A)\times 1.2 \tag{9-13}$$

$$K_1=\frac{1}{\frac{1}{\alpha_1}+\sum\frac{\delta}{\lambda}+\frac{1}{\alpha_2}} \tag{9-14}$$

式中 F_1——池体总散热面积，m^2；

T_A——池外介质（空气或土壤）温度,℃；

K_1——池盖、池壁和池底的总传热系数，$kJ/(m^2\cdot h\cdot ℃)$；

α_1——池内对流传热系数，污泥传到钢筋混凝土池壁为$1256kJ/(m^2\cdot h\cdot ℃)$，气体传到钢筋混凝土池壁为$3.14kJ/(m^2\cdot h\cdot ℃)$；

α_2——池外对流（池壁至介质）传热系数，空气介质为$12.5\sim 33.5kJ/(m^2\cdot h\cdot ℃)$，土介质为$2.1\sim 6.3kJ/(m^2\cdot h\cdot ℃)$；

δ——池体各部结构层、保温层的厚度；

λ——池体各部结构层、保温层的热导率。

(3) 加热管、热交换器等的散热量 Q_3

加热管、热交换器等的散热量 Q_3（kJ/h）为：

$$Q_3=\sum(K_2F_2)(T_m-T_A)\times1.2 \tag{9-15}$$

式中 K_2——加热管、蒸汽管、热交换器等的传热系数，kJ/(m²·h·℃)；

F_2——加热管、蒸汽管、热交换器的表面积，m²；

T_m——锅炉出口和入口的热水温度平均值，或锅炉出口和池子入口蒸汽温度的平均值，℃。

(4) 锅炉的选用

当选用热水锅炉时，锅炉的加热面积按下式计算：

$$F_3=(1.1\sim1.2)\frac{Q_{max}}{E} \tag{9-16}$$

式中 F_3——锅炉的加热面积，m²；

Q_{max}——最大耗热量，$Q_{max}=Q_1+Q_2+Q_3$，kJ/h；

E——锅炉加热面的发热强度，kJ/(m²·h)，根据锅炉样本选用。

当选用蒸汽锅炉时，锅炉容量按下式计算：

$$G_1=\frac{G(I-I_1)}{l} \tag{9-17}$$

式中 G_1——锅炉蒸发量，kg/h；

I_1——锅炉给水的含热量，kJ/kg；

I——饱和蒸汽的含热量，kJ/kg；

l——常压时100℃的水汽化热，kJ/kg；

G——实际蒸发量，kg/h，$G=(1.2\sim1.3)\frac{Q_{max}}{I_2}$；

I_2——常压时锅炉产生蒸汽的含热量，kJ/kg；

1.2～1.3——热水供应系统的热损失系数。

(5) 直接注入消化池的蒸汽量

直接注入消化池的蒸汽量为：

$$G'=\frac{Q_{max}}{I-I_D} \tag{9-18}$$

式中 G'——注入消化池的蒸汽量，kJ/h；

I_D——消化温度时的污泥含热量，kJ/kg。

池外加热用套管式水热交换器较好。污泥走管内，流速为1.5～2.0m/s；热水走管套，流速为1～1.5m/s，泥水逆流。因污泥和热水都是强制循环，因此传热系数较高。计算过程如下。

① 套管式泥水热交换器的长度为：

$$L=1.2\frac{Q_{max}}{\pi DK\Delta T_m} \tag{9-19}$$

式中 L——套管的总长度，m；

D——内管的外径，m；

K——传热系数，约2508kJ/(m²·h·℃)。也可按下式计算：

$$K=\frac{1}{\frac{1}{\alpha_1}+\frac{1}{\alpha_2}+\frac{\delta_1}{\lambda_1}+\frac{\delta_2}{\lambda_2}}$$

α_1——加热体至管壁的对流传热系数，选 12142kJ/(m²·h·℃)；

α_2——管壁至被加热体的对流传热系数，选 19679kJ/(m²·h·℃)；

δ_1、δ_2——管壁和水垢的厚度，m；

λ_1、λ_2——管子和水垢的热导率，kJ/(m²·h·℃)，钢管的热导率 λ_1 为 163～209kJ/(m²·h·℃)，水垢的热导率 λ_2 为 8.4～12.5kJ/(m²·h·℃)；

ΔT_m——对数平均温差，℃，$\Delta T_m=\dfrac{\Delta T_1-\Delta T_2}{\ln\dfrac{\Delta T_1}{\Delta T_2}}$；

ΔT_1——热交换器入口的污泥温度（T_s）和出水的热水温度（T'_w）之差；

ΔT_2——热交换器出口的污泥温度（T'_s）和入口的热水温度（T_w）之差。

② 污泥、热水循环量。如果污泥循环量为 Q_s（m³/h），热水循环量为 Q_w（m³/h），则 T'_s、T'_w可按下式计算：

$$T'_s=T_s+\frac{Q_{max}}{1000Q_s} \tag{9-20}$$

$$T'_w=T_w-\frac{Q_{max}}{1000Q_w} \tag{9-21}$$

式中　T_w——一般取 60～90℃，$T_w-T'_w$一般取 10℃；

Q_s——污泥循环量，m³/h；

Q_w——热水循环量，m³/h。

9.2.4　消化池的运行管理

① 控制污泥投加量。对于中温消化，每日投加的固体量不应超过池内固体量的5%。投入污泥的固体含量为2%～4%，一般间歇投加。小流量连续投泥会引起泵和输泥管堵塞。

② 排泥量应与投泥量相当，一般采取间歇重力排泥，排泥时闸口应快速全开，避免管路被泥砂堵塞。

③ 上清液排出量与消化污泥排量有关，应根据经验确定。运行正常时上清液中的固体浓度一般为2000～5000mg/L，最差时也应在1000mg/L以上。上清液一般每天排放数次，有破浮渣设备的消化池，在排上清液前应暂停破浮渣设备的运行，并应防止池内液面下降过多，沼气进入上清液管道。

④ 沼气产量和沼气中甲烷含量是判断消化状态的重要指标，应经常监测。排泥和上清液时，池内会形成负压，应防止空气漏入，池内气压上升时应检查安全阀和水封的工作情况。

⑤ 应经常检查热交换器污泥和热水进出口的温度，发现异常应及时进行调节和维修。

⑥ 注意发现异常现象，并及时采取对策。

厌氧消化过程易于出现酸化，即产酸量与用酸量不协调，这种现象称为欠平衡。厌氧消化作用欠平衡时可以显示出如下的症状：a. 消化液中挥发性有机酸浓度增高；b. 沼气中甲烷含量降低；c. 消化液 pH 值下降；d. 沼气产量下降；e. 有机物去除率下降。诸症状中最先显示的是挥发性有机酸浓度的增高，因此它是一项最有用的监测参数，有助于尽早察觉欠平衡状态的出现。其他症状则因其显示的迟滞性或者因其并非专一的欠平衡症状，因此不如前者那样灵敏有用。

厌氧消化作用欠平衡的原因是多方面的，如有机负荷过高；进水 pH 值过高或过低；碱度过低，缓冲能力差；有毒物质抑制；反应温度急剧波动；池内有溶解氧及氧化剂存在等。

一经检测到系统处于欠平衡状态，就必须立即控制并加以纠正，以避免欠平衡状态进一步发展到消化作用停顿的程度。可暂时投加石灰乳以中和积累的酸，但过量石灰乳能起杀菌作用。解决欠平衡的根本办法是查明失去平衡的原因，有针对性地采取纠正措施。

9.3 沼气的收集与储存

9.3.1 沼气的收集

消化池顶部的集气罩应有足够的容积，并作防腐处理，因沼气中含有H_2S和水分，具有腐蚀性。出气口应高于最高泥面1.5m。沼气管管径按日均产气量选定，按高峰产气量校核，高峰产气量约为平均值的1.5～3倍，若采用沼气循环搅拌，则计算管径时应加循环气量，最小管径100mm。平均气速约5m/s，最大气速为7～8m/s。一般用防腐镀锌钢管或铸铁管。

在沼气管道的适当位置应设水封罐，以便调整和稳定压力，排除冷凝水，在消化池、储气柜、压缩机、锅炉房等构筑物间起隔绝作用。水封罐面积一般为进气管面积的4倍，水封高度为1.5倍沼气压头。

(1) 沼气的产量

按分解的挥发性有机物计，一般为750～1100L/kg（干），或当投入的污泥含水率为96%时，沼气产量为污泥体积的8～12倍。

(2) 沼气管道气压损失

沼气管道的气压损失可按下式进行计算：

$$H=\frac{9.8Q_g^2\gamma L}{C^2d^5} \tag{9-22}$$

式中 H——沼气管道的气压损失，Pa；

L——管道的长度，m；

d——管径，cm；

γ——在温度为0℃、压力为0.1MPa条件下气体的密度，kg/m^3，可取0.85～1.25kg/m^3；

C——摩擦系数，与管材及管径有关；

Q_g——相当于气体密度$\gamma=0.6kg/m^3$时的气体流量，m^3/h，$Q_g=Q_1\sqrt{\frac{\gamma_1}{\gamma}}$；

Q_1——密度为γ_1的气体流量，m^3/h。

管道的局部损失按下式计算：

$$h=\xi\gamma_h\frac{v^2}{2g} \tag{9-23}$$

式中 ξ——局部阻力系数；

γ_h——沼气密度，kg/m^3，γ_h与空气相同，为1.229g/L；

v——沼气流速，m/s。

9.3.2 沼气的储存

沼气的储存一般采用沼气柜或球罐。

沼气柜的容积可按6～8h的平均产气量计算，大处理厂取小值，小处理厂取大值。单级湿式储气柜圆柱部分总高度H（m）按下式计算：

$$H=\frac{V}{0.785D_1^2} \tag{9-24}$$

式中 V——沼气柜计算容积，m^3；

D_1——沼气柜平均直径，m。

储气柜中的压力按下式计算：

$$P=\frac{0.124W}{D_1^2}\left[\frac{0.1636g_1(H-h_1)}{D_1^2H}+h_1(1.293-\gamma_1)\right] \tag{9-25}$$

式中 P——沼气柜中的压力，MPa；

W——浮盖质量，kg；

g_1——浮盖伸入水中的柱体部分质量，kg；

h_1——气柜中气体柱高，m；

γ_1——气体密度，kg/m^3。

单级湿式气柜如图 9-2 所示，高压球罐如图 9-3（小罐 $a=0.2m$，大罐 $a=0.25\sim0.30m$，$b=0.4\sim0.6m$）所示。

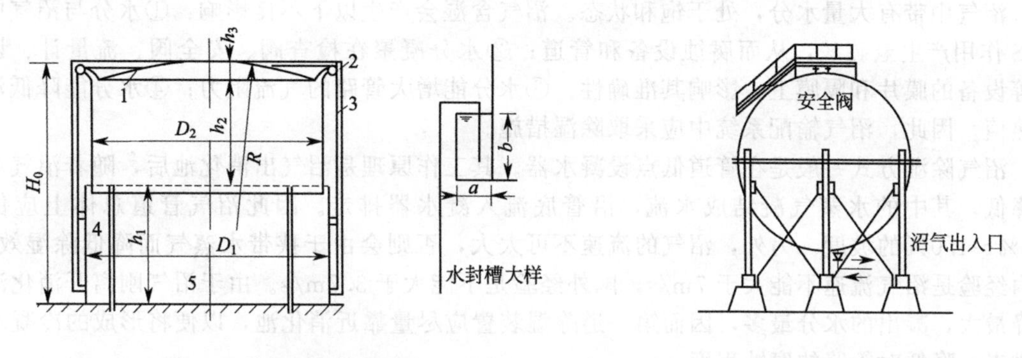

图 9-2 单级湿式储气柜

1—浮盖帽；2—滑轮；3—外轨；4—导汽管；5—储气柜

图 9-3 高压球罐

9.3.3 附属设施及仪表

① 污泥投配池 池容积一般为 12h 的储泥量，至少设 2 个。

② 污泥泵及污泥管道 污泥泵采用防爆电动机，最少 2 台，按自灌方式进行设计。

③ 沼气压缩机 常用回转式鼓风机或活塞式压缩机。采用离心式鼓风机时，可不设除油装置，需选用防爆电动机，压缩机进出口设闸阀和水封罐消声器等。

④ 仪表 消化池中设温度计、液位计、pH 计及压力计等。

9.3.4 沼气的利用系统

(1) 一般用途

沼气无色，热值为 $21\sim25MJ/m^3$，主要成分为 CH_4（约占 55%～75%）和 CO_2（约占 25%～40%）。另外还含有微量 H_2、N_2、NH_3 和 H_2S。其中 H_2S 不仅溶于水产生氢硫酸腐蚀设备管道，同时还是一种有毒气体。H_2S 的来源有两个：一是蛋白质水解后发生脱硫化氢脱氨基反应，生成 H_2S；二是污泥中的硫酸盐发生还原反应，生成 H_2S。H_2S 的含量一般为 0.005%～0.08%，当污水或污泥中含有大量粪便时，由于蛋白质大量增加，沼气中 H_2S 的含量有时会高达 1.0%。

沼气的综合利用途径很广。CH_4 可制造 CCl_4；加氨及氧可合成氢氰酸，再经醇化和酯化，可合成有机玻璃树脂；经氧化可制取甲醛及甲醇。沼气中的 CO_2 可用于生产纯碱或干冰。但到目前为止，沼气的主要利用途径还是在水处理厂内，包括沼气发电、驱动鼓风机或水泵，以及直接采用沼气锅炉进行污泥加热等。烧茶炉或做饭，每人每日约需 1.5m^3沼气，烧锅炉时 1m^3沼气可替代 1kg 煤，作汽车燃料用时，1m^3沼气相当于 0.7L 汽油。

（2）沼气净化

沼气净化主要包括脱硫、除湿和过滤。

脱硫是去除沼气中的 H_2S，有干法和湿法两类。干法脱硫是在脱硫塔内装填多层吸收材料，将 H_2S 吸收并脱去。有多种吸收材料，处理厂常用氧化铁。吸收材料应定期更换，更换周期取决于沼气中 H_2S 的含量。沼气通过填料层的速度宜在 0.6m/min 以下，接触时间大于 2min。干法脱硫占地面积小，维护管理简单，但脱硫率一般较低。当要求较高的脱硫率时，应考虑采用湿法脱硫。

湿法脱硫采用液体吸收剂，吸收剂由吸收塔顶向下喷淋，沼气自塔底送入，在塔板或填料上逆流接触，沼气中的 H_2S 被吸收。常用的吸收剂有 2%～3%的 Na_2CO_3 溶液、稀 NaOH 溶液等。用过的废液应考虑处理或再生回用。湿法脱硫的优点是脱硫效率较高，一般在 90%以上；但运转管理较复杂，占地面积较干法大。

沼气中带有大量水分，处于饱和状态。沼气含湿会产生以下不良影响：①水分与沼气中的 H_2S 作用产生氢硫酸，从而腐蚀设备和管道；②水分凝聚在检查阀、安全阀、流量计、调节器等设备的膜片和隔膜上，影响其准确性；③水分能增大管路的气流阻力；④水分能降低沼气的热值。因此，沼气输配系统中应采取除湿措施。

沼气除湿方式一般是在管道低点设凝水器。其工作原理是沼气出消化池后，随着沼气温度的降低，其中的水蒸气凝结成水流，沿管底流入凝水器排走。因此沼气管道总体上应保持 0.5%～1.0%的坡度。另外，沼气的流速不可太大，否则会由于挟带水蒸气而降低除湿效果。国内经验是沼气流速不能大于 7m/s，国外经验是不能大于 3.7m/s。由于沼气刚离开消化池时温降最大，凝出的水分最多，因而第一道除湿装置应尽量靠近消化池，以便将形成的冷凝水尽快排走，降低对管路的腐蚀程度。

冷凝水应定期及时排出，否则可能增大管路阻力，影响整个沼气利用系统工作的稳定性。冷凝水的排放量与排放次数可以计算得出，也可以在管路上设压力计，压力增大时说明应排放。

有些地区夏季的温度较高，不利于冷凝水的形成，可采用冷却型凝水器，即在凝水器及其附近的管道上设冷水予以冷却，以利于水蒸气的凝结。

沼气中常携带一些杂质，尤其在消化池运行初期或消化状态不稳定时杂质较多，因此进入内燃机前一般应采取过滤措施。滤网可设在沼气管路上，一些发动机在设备内部也设有滤网，应定期清洗。

（3）沼气输配系统的安全

沼气输配系统的安全包括压力控制与防火两方面。

压力是沼气利用系统正常稳定运行的重要参数，一是要保证压力稳定；二是要将压力控制在合适的范围内。低压湿式气柜除储存沼气以外，另外一个重要作用就是保持系统的压力恒定，使压力不随沼气产量的改变而变化。适当调整气柜浮盖的配重块，可将沼气系统的工作压力控制在合适的范围内，常为 $(3\sim4)\times10^3$Pa。

由于气流在管道内受到阻力的影响，消化池气相的实际工作压力要高于气柜的压力。若相差太大，即使气柜工作压力正常，也会使消化池处于超压状态。后者应采取设风机抽取或增大管道直径等措施，降低消化池气相的压力。

储气柜的运行维护中应注意三点。

① 时刻保证压力安全阀处于良好工作状态。如果气柜的进气量大于出气量，浮盖升至高位时压力安全阀不能及时打开泄压，则由于压力超载而损坏气柜。中压球罐常用的工作压力一

般为 0.4～0.6MPa。

② 应保证气柜内水封冬季不结冰，否则将影响浮盖的正常升降或造成沼气的泄漏。

③ 应注意外力对浮盖的影响，并及时采取有效措施。例如，风力较大时，将影响浮盖的正常升降，严重时会损坏气柜。风力特别大时，可在气柜迎风面设移动式风障。遇雪天应及时清除浮盖上的积雪，以免影响气柜的正常工作压力；如果积雪长时间不清，则有可能朝阳部分先融化，造成浮盖压力不均匀，影响其正常升降。另外，当消化系统停止运行时，应将气柜内气体完全放空，严禁气柜载满气体搁置，否则温度升高将会导致气体膨胀而损坏设备。

沼气系统内无论是超压还是负压，都将影响系统的正常运行，或对系统造成某些破坏，产生危险，因此常在系统内的某些部位设压力安全阀和负压防止阀。例如消化池顶部以及气柜浮盖上设有压力安全阀和负压防止阀，实际运行中应对它定期检查，使这些安全装置时刻保持良好，如有可能，应定期送专业单位标定。

沼气与一定比例的空气混合，遇明火或达到燃点之后即开始燃烧。如果沼气系统存在负压，负压防止阀将开启，将使部分空气进入沼气系统，空气与沼气组成的混合气体通过输配系统到达锅炉、发动机和燃烧器等燃烧点后，将在沼气管道内产生回火。严重时会导致沼气泄漏并产生爆炸。爆炸区如图 9-4 所示。因此应在锅炉、发动机和燃烧器之前的沼气管路上设阻火装置。

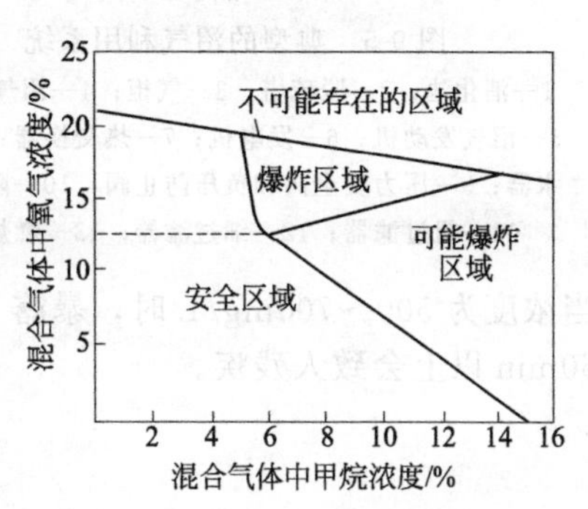

图 9-4　甲烷爆炸范围分布图

常用的阻火装置有三类：铝网阻火器、水封阻火罐和砾石阻火箱。铝网阻火器的原理是用铝丝网迅速吸收和消耗热量，使正在燃烧的气体的温度降至其燃点以下，将火焰熄灭。当沼气内混入的空气较少时，在阻火器与燃烧点之间的管道内会很快将空气耗尽，火焰自动熄灭。但当沼气内混合的空气较多时，火焰会将单层铝网熔化，继续向前燃烧。因此，一些新型的阻火器由多层铝丝网组成，这些丝网一旦熔化，会形成一个封堵，将火焰完全封住。多层丝网阻火器的缺点是阻力大，并且熔化后使系统完全停止工作。阻火器的金属丝网应定期清洗或更换，以降低管道阻力和提高吸热速率。阻火器安装时应尽量靠近燃烧点，以缩短回火距离，一般要求离燃烧点不超过 9m。

水封阻火是沼气经过水层而阻火。水封高度一般应控制在 50～100mm 范围内。

(4) 沼气利用系统

沼气在处理厂内的利用途径主要是作动力燃料，通过沼气发动机和沼气锅炉加以利用。沼气发动机有两种具体的利用形式：①驱动发电机发电，供给厂内使用或送入电网；②直接驱动鼓风机或污水泵，以节省能源。这两种形式各有利弊，前者较后者运行灵活。当用沼气直接驱动鼓风机或水泵时，发动机一般应采用双燃料或备份电动机驱动的鼓风机组。另外，两种形式的机械效率不同。沼气发动机的机械效率一般在 20%～30%，发电机-电动机组的机械效率一般约为 75%，因而采用沼气发电系统时，其总的机械效率约为 15%～23%，即沼气中的能量只有 15%～23%转化成了机械能。当采用发动机直接驱动鼓风机或水泵时，其总机械效率为 20%～30%。对于沼气发动机来说，沼气中的能量除 20%～30%转化成了机械能以外，还有 30%～35%以热量的形式转化到冷却水中，30%～35%以热量的形式随气带走。另有 10%为机体本身热损耗和振动能耗。综上所述，沼气中能量的 60%～70%转化成了热量。实际中，常将这部分热量继续回收，作为消化池加热的热源。一般来说，通过有效的热交换，冷却水中热量的 90%以上、废烟中热量的 60%～70%可被回收用于污泥加热，两者共计 47%～55%，即沼气中能量的 47%～55%被回收用于污泥加热。可见，沼气中能量的实际利用效率为 67%～85%。

沼气锅炉的主要用途是加热消化池污泥，可采用热水锅炉，也可采用蒸汽锅炉，主要取决于消化池的加热方式。沼气锅炉的热效率较高，一般在 90%以上，即能把沼气中能量的 90%转化为热水或蒸汽中的热能对污泥进行加热。

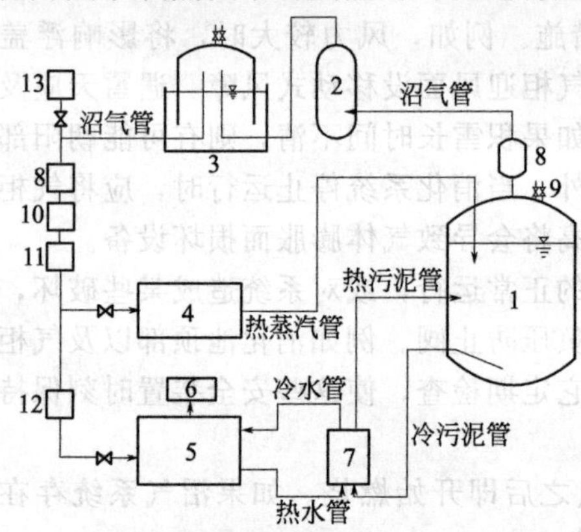

图 9-5 典型的沼气利用系统

1—消化池；2—脱硫塔；3—气柜；4—沼气锅炉；5—沼气发动机；6—发电机；7—热交换器；8—凝水器；9—压力安全阀和负压防止阀；10—阻火器；11—粗过滤器；12—细过滤器；13—燃烧器

沼气燃烧器的燃气量一般应为消化系统的最大产气量，以保证在不利用沼气时，将产生的所有沼气都燃烧掉。废气燃烧器的种类有多种，通常采用自动点火混合式燃烧器。实际运行中应控制进入每台燃烧器的沼气流速不小于火焰的传播速度，否则火焰将熄灭。沼气燃烧产生的火焰传播速度一般为 0.65～0.70m/s。

图 9-5 所示为一典型的沼气利用系统，主要由沼气发动机、沼气管道、湿式气柜、废气燃烧器等部分组成。三种利用沼气发动机的余热加热消化池的流程如图 9-6 所示。

（5）沼气利用系统的运行管理

沼气中的 H_2S 是一有毒气体，其致毒剂量为：当浓度达到 2000mg/L 时，可立即致人死亡；当浓度为 600～1000mg/L 时，在 30min 内会致人死亡；当浓度为 500～700mg/L 时，暴露 30～60min 会致人重残；当浓度为 50～100mg/L 时，暴露 60min 以上会致人残疾。

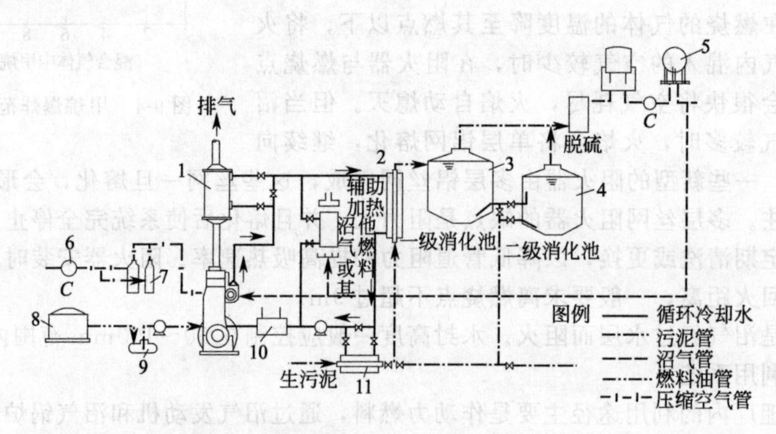

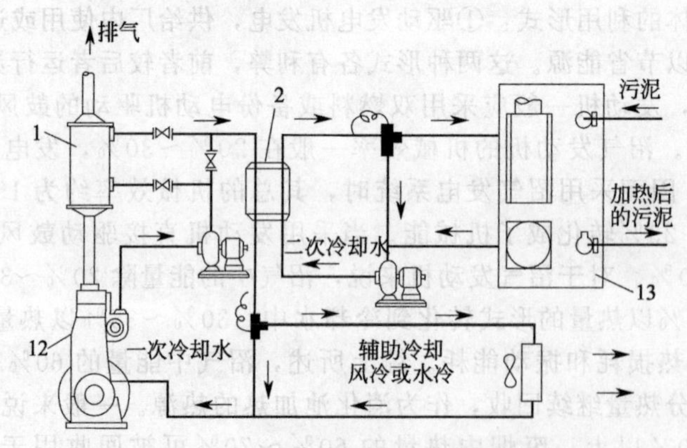

图 9-6 利用沼气发动机的余热加热消化池的流程

1—废热锅炉（废气热交换器）；2—热交换器；3—一级消化池；4—二级消化池；5—高压储气罐；6—空气压缩机；7—启动用的空气瓶；8—储油池；9—燃烧桶；10—润滑油冷却器；11—生污泥加热器；12—沼气发动机；13—污泥加热锅炉

安全运行应注意以下几个方面：定期检查沼气管路系统及设备的严密性，如发现泄漏，应迅速停气修复。检修过的管路或储存设备，重新使用时必须进行气密性试验，合格后方可使用。沼气管路上部不应设建筑物或堆放障碍物，不能通行重型卡车。

沼气储存设备因故需放空时，应间断释放，严禁将储存的沼气一次性排入大气。放空时应认真选择天气，在可能产生雷雨或闪电的天气严禁放空。另外，放空时应注意下风向有无明火或热源（如烟囱）。

沼气系统内所有可能的泄漏点均应设置在线报警装置，并定期检查其可靠性，防止误报。沼气系统区域内一律禁止明火，严禁吸烟，严禁铁器工具撞击或电气焊操作。所有电气装置一律应采用防爆型，操作间内均应铺设橡胶地板，入内必须穿胶鞋。沼气系统区域内应按规定设置消防器材并保证随时可用。操作间内需配防毒面具。沼气系统区域周围一般应设防护栏，建立出入检查制度，严禁打火机等物品带入。

沼气系统区域的所有厂房均应符合国家规定的甲级防爆要求，例如是否有泄漏天窗、门窗与墙的比例、非承重墙与承重墙的比例、等均应符合防爆要求，否则应予以改造。

9.4　厌氧设备的运行管理

9.4.1　厌氧设备的启动

厌氧设备在进入正常运行之前应进行气密性试验，氮气吹扫，然后进行厌氧污泥的培养和驯化。

厌氧生物处理工艺的缺点之一是微生物增殖缓慢，设备启动时间长，若能取得大量的厌氧活性污泥就可缩短投产期。

厌氧活性污泥可以取自正在工作的厌氧处理构筑物或江河湖泊沼泽地、下水道及污水集积腐臭处等厌氧环境中的污泥，最好选择同类物料的厌氧消化污泥，如果采用一般的未经消化的有机污泥自行培养，所需时间更长。一般来说，接种污泥量为反应器有效容积的10%～90%，40～60kgSS/m^3，依消化污泥的来源方便情况酌定，原则上接种量比例增大，会使启动时间缩短；其次是接种污泥中所含微生物种类的比例也应协调，特别要求含丰富的产甲烷细菌，因为它繁殖的世代时间较长。

在启动过程中，控制升温速率为1℃/h，达到要求温度即保持恒温并搅拌；注意保持pH值在6.8～7.8之间。此外，有机负荷常常成为影响启动成功的关键性因素。

启动的初始有机负荷因工艺类型、废水性质、温度等工艺条件以及接种污泥的性质而异。通常是先取较低的初始负荷，继而通过逐步增加负荷而完成启动。有的工艺对负荷的要求格外严格，如厌氧污泥床反应器启动时，初始负荷仅为0.1～0.2kgCOD/(kgVSS・d)（相应的容积负荷则依污泥的浓度而异），至可降解的COD去除率达到80%，或者反应器出水中挥发性有机酸的浓度已较低（低于1000mg/L）的时候，可以每一步按原负荷的50%递增幅度增加负荷。如果出水中挥发性有机酸浓度较高，则不宜再提高负荷，甚至应酌情降低。其他厌氧消化器对初始负荷以及随后负荷递增过程的要求不如厌氧污泥床反应器严格，因此启动所需的时间往往短些。此外，当废水的缓冲性能较佳时（如猪粪液类），可在较高的负荷下完成启动，如1.2～1.5kgCOD/(kgVSS・d)，这种启动方式时间较短，但对于含碳水化合物较多、缺乏缓冲性物质的料液，需添加一些缓冲物质才能高负荷启动，否则易使系统酸败，启动难以成功。

正常的成熟污泥呈深灰到黑色，带焦油气，无硫化氢臭；pH值在7.0～7.5之间，污泥易脱水和干化。当进水量达到要求，并取得较高的处理效率，产气量大，含甲烷成分高时，可认为启动基本结束。

正常的厌氧消化系统指标见表9-2。在污泥培养过程中应对这些指标进行连续检测，并随时调整至最佳范围。

表 9-2 消化污泥培养正常时的指标及参数

项　目	允许范围	最佳范围
pH	6.4～7.8	6.5～7.5
氧化还原电位 ORP/mV	－490～－550	－520～－530
挥发性 VFA(以乙酸计)/(mg/L)	50～2500	50～500
碱度 ALK(以 $CaCO_3$计)/(mg/L)	1000～5000	1500～3000
VFA/ALK	0.1～0.5	0.1～0.3
沼气中 CH_4 含量(体积比)/%	＞55	＞60
沼气中 CO_2 含量(体积比)/%	＜40	＜35

9.4.2 日常管理

启动后，厌氧消化系统的操作与管理主要是通过对产气量、气体成分、池内碱度、pH值、有机物去除率等进行检测和监督，调节和控制好各项工艺条件，保持厌氧消化作用的平衡性，使系统符合设计的效率指标并稳定运行。

① 定期取样分析检测，并根据情况随时进行工艺控制。与活性污泥系统相比，厌氧系统对工艺条件以及环境因素的变化反映更敏感，因此对厌氧系统的运行控制需要更加细心和严格。

② 运行一段时间后，一般应将厌氧池停用并泄空，进行清砂和清渣。池底积砂太多，一方面会造成排泥困难，另一方面还会缩小有效池容，影响消化效果。池顶部液面如积累浮渣太多，则会阻碍沼气自液相向气相的转移。一般来说，连续运行5年以后应进行清砂。如果运行时间不长，积砂积渣就很多，则应检查沉砂池和格栅除污的效果，加强对预处理的工艺控制和维护管理。日本一些处理厂在消化池底部设有专门的排砂管，用泵定期强制排砂，一般每周排砂一次，从而避免了消化池积砂。实际上，用厌氧池的放空管定期排砂也能有效防止砂在厌氧池的积累。

③ 搅拌系统应予以定期维护，沼气搅拌立管常有被污泥及污物堵塞的现象，可以将其他立管关闭，大气量冲洗被堵塞的立管。机械搅拌桨有可能被污物缠绕，一些处理厂的机械搅拌可以反转，定期反转可以摔掉缠绕的污物。另外，应定期检查搅拌轴穿顶板处的气密性。

④ 加热系统应定期维护。蒸汽加热立管常有被污泥和污物堵塞的现象。发生这种现象时，可用大气量进行冲吹。当采用池外热水循环加热时，泥水热交换器常发生堵塞，可用大水量冲洗或拆开清洗。套管式和管壳式热交换器易堵塞，螺旋板式热交换器一般不发生堵塞。可在热交换器前后设置压力表，观测堵塞程度。如压差增大，则说明被堵塞，如果堵塞特别频繁，则应从污水的预处理寻找原因，加强预处理系统的运行控制及维护管理。

⑤ 消化过程的特点使系统内极易结垢。原因是进泥中的硬度（Mg^{2+}）以及磷酸根离子（PO_4^{3-}）在消化液中会与产生的大量 NH_4^+ 结合生成磷酸铵镁沉淀，反应式如下：

$$Mg^{2+} + NH_4{}^+ + PO_4^{3-} \longrightarrow MgNH_4PO_4 \downarrow$$

如果在管内结垢，将增大管道阻力；如果热交换器结垢，则降低热交换效率。在管路上设置活动清洗口，经常用高压水清洗管道，可有效防止垢的增厚。当结垢严重时，最基本的方法是用酸清洗。

⑥ 厌氧池使用一段时间后，应停止运行，进行全面的防腐防渗检查与处理。厌氧池内的腐蚀现象很严重，既有电化学腐蚀也有生物腐蚀。电化学腐蚀主要是消化过程产生的 H_2S 在液相形成氢硫酸导致的腐蚀。生物腐蚀常不引起重视，而实际腐蚀程度很严重，用于提高气密性和水密性的一些有机防渗防水材料，在经过一段时间后常被微生物分解掉，而失去防水防渗

的作用。厌氧池停运放空之后，应根据腐蚀程度，对所有金属部件进行重新防腐处理，对池壁应进行防渗处理。另外，放空厌氧池以后，应检查池体结构变化，是否有裂缝，是否为通缝，并进行专门处理。重新投运时宜进行满水试验和气密性试验。

⑦ 一些厌氧池有时会产生大量泡沫，呈半液半固状，严重时可充满气相空间并带入沼气管路系统，导致沼气利用系统的运行困难。当产生泡沫时，一般说明消化系统运行不稳定，因为泡沫主要是由于CO_2产量太大形成的，当温度波动太大或进泥量发生突变时，均可导致消化系统运行不稳定，CO_2产量增加，导致泡沫产生。如果将运行不稳定因素排除，则泡沫也一般会随之消失。在培养厌氧污泥过程中的某个阶段，由于CO_2产量大、甲烷产量少，因此也会存在大量泡沫。随着产甲烷菌的培养成熟，CO_2产量降低，泡沫也会逐渐消失。厌氧池的泡沫有时是由污水处理系统产生的诺卡氏菌引起的，此时曝气池也必然存在大量生物泡沫，对这种泡沫的控制措施之一是暂不向厌氧池投放剩余活性泥，但根本性的措施是控制污水处理系统内的生物泡沫。

⑧ 消化系统内的许多管路和阀门为间歇运行，因而冬季应注意防冻，应定期检查厌氧池及加热管路系统的保温效果。如果保温效果不佳，应更换保温材料。因为如果不能有效保温，冬季加热的耗热量会增至很大。很多处理厂由于保温效果不好，热损失很大，导致需热量超过了加热系统的负荷，不能保证要求的消化温度，最终造成消化效果的大大降低。

⑨ 安全运行。沼气中的甲烷是易燃易爆气体，因而在消化系统运行中尤其应注意防爆问题。首先所有电气设备均应采用防爆型，其次严禁人为制造明火，例如吸烟、带钉鞋与混凝土地面的摩擦、铁器工具相互撞击、电气焊等均可产生明火而导致爆炸危险。经常对系统进行有效的维护，使沼气不泄漏是防止爆炸的根本措施。另外，沼气中含有的H_2S能导致中毒，沼气含量大的空间含氧量必然少，容易导致窒息。因此在一些值班或操作位置应设置甲烷浓度超标及氧亏报警装置。

9.4.3 运行异常问题的分析与排除

（1）现象一

VFA/ALK升高，说明此时系统已出现异常，应立即分析原因。如果VFA/ALK＞0.3，则应立即采取控制措施。其原因及控制对策如下。

① 水力超负荷　水力超负荷一般是由于进泥量太大，消化时间缩短，对消化液中的产甲烷菌和碱度过度冲击，导致VFA/ALK升高，如不立即采取控制措施，可进而导致产气量降低和沼气中甲烷的含量降低。首先应将投泥量降至正常值，并减少排泥量；如果条件许可，还可将消化池部分污泥回流至一级消化池，补充产甲烷菌和碱度的损失，

② 有机物投配超负荷　进泥量增大或泥量不变，而含固率或有机物浓度升高时，可导致有机物投配超负荷。大量的有机物进入消化液，使VFA升高，而ALK却基本不变，因此VFA/ALK会升高。控制措施是减少投泥量或回流部分二消污泥；当有机物超负荷是由于进水中有机物增加所致时（如大量化粪池污水或污泥进入），则应加强上游污染源的管理。

③ 搅拌效果不好　搅拌系统出现故障，未及时排除，搅拌效果不佳，会导致局部VFA积累，使VFA/ALK升高。

④ 温度波动太大　温度波动太大，可降低产甲烷菌分解VFA的速率，导致VFA积累，从而使VFA/ALK升高。温度波动如因进泥量突变所致，则应增加进泥次数，减少每次的进泥量，使进泥均匀。如因加热量控制不当所致，则应加强加热系统的控制调节。有时搅拌不均匀，使热量在池内分布不均匀，也会影响产甲烷菌的活性，使VFA/ALK升高。

⑤ 存在毒物　产甲烷菌中毒以后，其分解VFA的速率下降，导致VFA积累，使VFA/ALK升高。此时应首先明确毒物的种类，如为重金属类中毒，可加入Na_2S降低毒物浓度；

如为 S^{2-} 类中毒，可加入铁盐降低 S^{2-} 浓度。解决毒物问题的根本措施是加强上游污染源的管理。

(2) 现象二

沼气中的 CO_2 含量升高，但沼气仍能燃烧。该现象是现象一的继续，其原因及控制措施同现象一。现象一发生时系统内的 VFA/ALK 刚超过 0.3，在一定的时间内，还不至于导致 pH 值下降，还有时间进行原因分析及控制，但现象二发生时系统的 CO_2 已经开始升高，此时 VFA/ALK 往往已经超过了 0.5，如果原因分析及控制措施不及时，则会很快导致 pH 值下降，抑制产甲烷菌的活性。如果已确认 VFA/ALK＞0.5，则应立即加入部分碱源，保持混合液的碱度，为寻找原因并采取控制措施提供时间。

(3) 现象三

消化液的 pH 值开始下降，该现象是现象二的继续。出现现象二，但没有予以控制或措施不当时，会导致 pH 值下降。其原因及控制对策与现象一和现象二完全一样。当 pH 值开始下降时，VFA/ALK 往往大于 0.8，沼气中甲烷含量往往在 42%～45%之间，此时沼气已不能燃烧。发生该现象时，首先应立即向消化液内投入碱源，补充碱度，控制住 pH 值的下降并使之回升，否则如果 pH 值降至 6.0 以下，产甲烷菌将全部失去活性，则需放空消化池并重新培养消化污泥。其次，应尽快分析产生该现象的原因并采取相应的控制对策，待异常排除后，可停止加碱。

(4) 现象四

产气量降低。其原因及解决对策如下。

① 有机物投配负荷太低　在其他条件正常时，沼气产量与投入的有机物成正比，投入的有机物越多，沼气产量越多；反之，投入有机物越少，则沼气产量也越少。出现这种情况往往是由于浓缩池运行不佳，浓缩效果不好，大量有机固体从浓缩池上清液流失，导致进入消化池的有机物降低。此时可加强对污泥浓缩的工艺控制，保证要求的浓缩效果。

② 产甲烷菌活性降低　由于某种原因导致产甲烷菌的活性降低，分解 VFA 速率降低，因而沼气产量也降低。水力超负荷、有机物投配超负荷、温度波动太大、搅拌效果不均匀、存在毒物等因素、均可使产甲烷菌活性降低，因而应具体分析原因，采取相应的对策。

(5) 现象五

消化池气相出现负压，空气自真空安全阀进入消化池。其原因及控制对策如下。

① 排泥量大于进泥量，使消化池液位降低，产生真空。此时应加强进排泥量的控制，使进、排泥量严格相等。溢流排泥一般不会出现该现象。

② 用于沼气搅拌的压缩机的出气管路出现泄漏时，也可导致消化池气相出现真空状态，应及时修复管道泄漏处。

③ 加入 $Ca(OH)_2$、NH_4OH、NaOH 等药剂补充碱度，控制 pH 值时，如果投加过量，也可导致负压状态，因此应严格控制该类药剂的投加量。

④ 一些处理厂用风机或压缩机抽送沼气至较远的使用点，如果抽气量大于产气量，也可导致气相出现真空状态，此时应加强抽气量与产气量的调度平衡。

(6) 现象六

消化池气相压力增大，自压力安全阀逸入大气。其原因及控制对策如下。

① 产气量大于用气量，而剩余的沼气又无畅通的去向时，可导致消化池内气相压力增大，此时应加强运行调度，增大用气量。

② 由于某种原因（如水封罐液位太高或不及时排放冷凝水）导致沼气管路阻力增大时，可使消化池压力增大。此时应分析沼气管路阻力增大的原因，并及时予以排除。

③ 进泥量大于排泥量，而溢流管又被堵塞，导致消化池液位升高，可使气相压力增大，此时应加强进排泥量的控制，保持消化池工作液位的稳定。

（7）现象七

消化池排放的上清液含固量升高，水质下降，同时还使排泥浓度降低。其原因及控制对策如下。

① 上清液排放量太大，可导致含固量升高。上清液排放量一般应是每次进泥量的1/4以下，如果排放太多，则由于排放的不是上清液而是污泥，因而含固量升高。

② 上清液排放太快时，由于排放管内的流速太大，会携带大量的固体颗粒一起排走，因而含固量升高，所以应缓慢地排放上清液，且排放量不宜太大。

③ 如果上清液排放口与进泥口距离太近，则进入的污泥会发生短路，不经泥水分离直接排走，因而含固量升高；对于这种情况，应对系统进行改造，使上清液排放口远离进泥口。

（8）现象八

消化液的温度下降，消化效果降低。其原因及控制对策如下。

① 蒸汽或热水量供应不足，导致消化池温度也随之下降。

② 投泥次数太少、一次投泥量太大时，可使加热系统超负荷，因加热量不足而导致温度降低，此时应缩短投泥周期，减少每次投泥量。

③ 混合搅拌不均匀时，会使污泥局部过热、局部由于热量不足而导致温度降低，此时应加强搅拌混合。

9.4.4　分析测量与记录

（1）分析测量

① 流量：包括投泥量、排泥量和上清液排放量，应测量并记录每一运行周期内的以上各值。

② pH值：包括进泥、消化液排泥和上清液的pH值，每天至少测两次。

③ 含固量（%）：包括进泥、排泥和上清液的含固量，每天至少分析一次。

④ 有机分（%）：包括进泥、排泥和上清液干固体中的有机分，每天至少分析一次。

⑤ 碱度（mg/L）：包括测定进泥、排泥、消化液和上清液中的碱度，每天至少一次，小型处理厂可只测消化液中的ALK。

⑥ VFA（mg/L）：测定进泥、排泥、消化液和上清液中的VFA值，每天至少一次，小型处理厂可只测消化液中的VFA。

⑦ BOD_5（mg/L）：只测上清液中的BOD_5值，每两天一次。

⑧ SS（mg/L）：只测上清液中的SS值，每两天一次。

⑨ NH_3-N（mg/L）：包括进泥、排泥、消化液和上清液中的NH_3-N值，每天一次。

⑩ TKN（mg/L）：包括进泥、排泥、消化液和上清液中的TKN值，每天一次。

⑪ TP（mg/L）：只测上清液中的TP，每天一次。

⑫ 大肠菌群：测进泥和排泥的大肠菌群，每周一次。

⑬ 蛔虫卵：测进泥和排泥的蛔虫卵数，每周一次。

⑭ 沼气成分分析：应分析沼气中的CH_4、CO_2、H_2S三种气体的含量，每天一次。

⑮ 沼气流量：应尽量连续测量并记录沼气产量。

（2）记录

通过以上分析数据，计算并记录以下指标。

① 有机物分解率：η（即污泥的稳定化程度），%。

② 分解单位质量有机物的产气量：q_a，m^3/kgVSS。

③ 有机物投配负荷：F_v，kgVSS/($m^3\cdot d$)。

④ 消化时间：t，d。

⑤ 消化温度：T,℃。

另外，还应记录每个工作周期的操作顺序及每一操作的历时。

参 考 文 献

[1] 买文宁．生物化工废水处理技术及工程实例［M］．北京：化学工业出版社，2002.
[2] 唐受印，戴友芝．水处理工程师手册［M］．北京：化学工业出版社，2001.
[3] 张可方，李淑更．小城镇污水处理技术［M］．北京：中国建筑工业出版社，2008.
[4] 周正立，张悦．污水生物处理应用技术及工程实例［M］．北京：化学工业出版社，2006.

第10章 有机废水生物脱氮除磷技术

废水中排放的氮和磷会引起水体的富营养化，主要表现是藻类的过量繁殖，水体呈绿-褐色，将影响水源水质，增加水处理成本，对生物产生毒性。

10.1 营养元素的危害和氮磷的去除方法

营养元素主要是指废水中的氮和磷。利贝格（Liebig）最小值定律指出：植物生长取决于外界供给它所需要的养料中数量最少的那一种，这一定律同样适用于藻类生长。斯托姆（Stumm）曾对藻类的化学成分进行过分析研究，提出藻类的经验组成式为 $C_{106}H_{263}O_{110}N_{16}P$，据此可以计算这些元素所占藻类相对分子质量的质量百分比为：C35.8%、H7.4%、O49.6%、N6.3%、P0.9%。在研究了淡水湖泊水生植物平均化学元素的组成后发现，在植物生长的水环境中氮和磷的含量最低，因此氮和磷是限制水生植物生产量的最主要的营养元素。氮和磷的浓度与藻类增殖存在着正比例关系。

10.1.1 营养元素的危害

废水中的氮和磷一旦进入自然水体，特别是水流比较缓慢的湖泊或海湾等，就会引起水体中藻类的大量繁殖和生长，即所谓的“富营养化”，最终导致水体水质恶化。在我国已经有很多湖泊受到了严重的“富营养化”的危害，如云南昆明的滇池、江苏无锡的太湖等。

另外，水中存在的氨氮会消耗水体中的溶解氧，与水中余氯反应生成氯胺或氮气，增加氯的用量，并且对鱼类有毒害作用。NO_3^- 和 NO_2^- 可被转化为亚硝胺，而亚硝胺是一种具有“三致”效应的物质，饮用水中含有较高浓度的 NO_2^-，可导致婴儿患上一种贫血病——变性血色蛋白症。

防治水体富营养化的根本措施在于截断污染源，即控制氮、磷的输入。但是，一旦富营养化发生之后，就很难对氮加以控制，因为在富营养化水体中，某些藻类可以固定氮，而且死后还会分解、释放出氮，供其他藻类食用。要减少水体的富营养状况，关键是要采取措施，进行物化、生物处理，减少氮、磷被输入水体。

总之，控制氮、磷的输入是防止水体富营养化的有效途径，对城市污水应进行生物脱氮除磷处理，使处理水达到综合污水排放标准，以有效减少城市污水中大量的氮、磷排入水体。另外，也可以直接对水体生态系统采取人工措施进行恢复，如对湖水进行人工曝气或导流、消除，或覆盖底泥、打捞藻类、置换湖水等。

10.1.2 脱氮除磷的物化法

(1) 脱氮的物理化学法

水中的氮素污染物多以氨氮形式存在，根据氨氮浓度及处理要求的不同，可采取以下几种物理化学方法对其加以去除。

① 氨氮的吹脱法　氨氮的吹脱工艺一般适用于较高浓度氨氮的条件。

② 折点加氯法　理论上每氧化 1mgNH_4^+-N 成为氮气，需要消耗 7.61mg 氯气，由于氯气的消耗量较大，因此该工艺主要适用于含有较低浓度氨氮的废水。

③ 选择性离子交换法　斜发沸石具有选择性吸附水中氨氮的功能，因此利用斜发沸石作为去除废水中氨氮的离子交换体，就可以去除水中低浓度的氨氮，该法主要适用于处理较低浓度的氨氮废水。

(2) 除磷的物理化学法

磷在水中主要以无机磷酸盐的形式存在，而磷酸盐可与多种金属离子发生反应而生成沉淀，因此投加化学药剂就可以去除水中的磷。投加的主要化学药剂为铝盐、铁盐和石灰。

10.2 生物脱氮的原理

在自然界，氮化合物是以有机氮（如植物蛋白、动物蛋白、氨基酸、尿素、胺类化合物、硝基化合物等）、氨态氮（NH_3、NH_4^+）、亚硝酸氮（NO_2^-）、硝酸氮（NO_3^-）以及气态氮（N_2）形式存在的。

在未经处理的新鲜废水中，氮有可溶性的，也有非溶性的。在生物处理过程中，大部分的非溶性有机氮转化成氨氮和其他无机氮，却不能有效去除，仅为微生物的生理功能所用，氮和磷同样都是微生物保持正常生理功能所必需的元素，即用于细胞合成。微生物的细胞合成一般可用式(3-2)表示。

按此式可计算出细胞合成所需要的氮量。活性污泥的营养平衡式为 BOD：N：P＝100：5：1。以活性污泥法和生物膜法为代表的废水生物处理技术，其传统的功能是去除废水中呈溶解状态的有机污染物，至于氮、磷等植物性营养物，只能去除由于细菌细胞生理需要而摄取的数量，氮的去除率约 20％～40％，而磷的去除率约 5％～20％。

废水生物脱氮过程实际上是将氮在自然界循环的基本原理应用于废水的生物处理，并借助不同的微生物的共同协调作用以及合理运行控制而取得从废水中脱氮的效果。废水生物脱氮的基本原理就是在有机氮转化为氨氮的基础上，在好氧条件下通过硝化菌的硝化作用，将氨氮转化为亚硝态氮、硝态氮，再在缺氧条件下通过反硝化菌的反硝化作用将硝态氮转化为氮气从水中逸出，从而实现废水脱氮的目的。因此，废水的生物脱氮通常包括氨氮的硝化和亚硝酸氮与硝酸氮的反硝化两个阶段。只有当废水中的氮以亚硝酸盐氮和硝酸盐氮存在时，仅需反硝化（脱氮）一个阶段。

10.2.1 氮在废水中存在的形式与转化

废水中氮存在的主要形式有：①有机氮，如蛋白质、氨基酸、尿素、胺类化合物、硝基化合物等，其含量占总氮量的 40％～60％；②氨态氮（NH_3、NH_4^+），其含量占总氮量的 50％～60％；③亚硝酸盐氮；④硝酸盐氮，亚硝酸盐氮和硝酸盐氮两者的含量仅占总氮量的

0%～5%。水处理时氮的转化过程如图 10-1 所示。

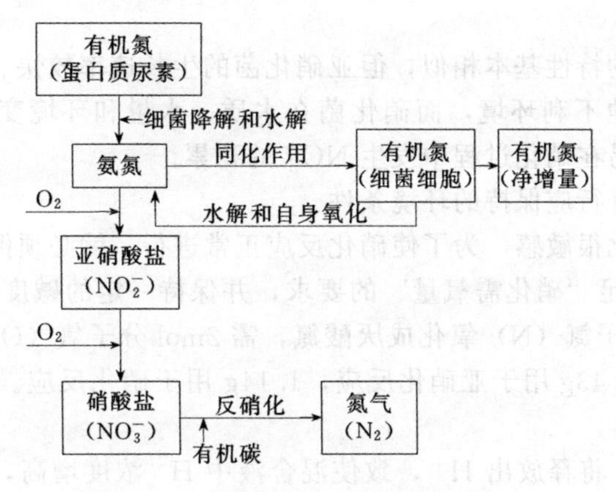

图 10-1　废水生物处理时氮的转化过程

活性污泥法是生物脱氮的主要形式。含氮化合物在微生物的作用下，相继产生下列各项反应。

10.2.2　氨氧化

有机氮化合物在氨化菌的作用下，分解、转化为氨态氮，这一过程称为氨氧化反应。以氨基酸为例，其反应式为：

$$RCHNH_2COOH + O_2 \xrightarrow{\text{氨化菌}} RCOOH + CO_2 + NH_3 \tag{10-1}$$

10.2.3　硝化

氨氮转化的第一个过程是硝化。硝化反应是在好氧状态下，将氨氮转化为硝酸盐氮的过程。硝化反应是由一群自养型好氧微生物完成的，分两个阶段进行。第一阶段是由亚硝化菌(含亚硝酸单胞菌属、亚硝酸螺旋杆菌属和亚硝化球菌属等)将氨态氮(NH_4^+)转化为亚硝酸氮，称为亚硝化反应，反应式为

$$NH_4^+ + \frac{3}{2}O_2 \xrightarrow{\text{亚硝化菌}} NO_2{}^- + H_2O + 2H^+ - \Delta F(\Delta F = 278.42\text{kJ}) \tag{10-2}$$

随后，在硝酸菌(如硝酸杆菌属、螺旋杆菌属和球菌属等)的作用下将亚硝酸氮进一步转化为硝酸氮，称为硝化反应。其反应式为：

$$NO_2^- + \frac{1}{2}O_2 \xrightarrow{\text{硝酸化菌}} NO_3^- - \Delta F(\Delta F = 72.272\text{kJ}) \tag{10-3}$$

两个反应式是释放能量过程，亚硝化菌和硝化菌就是利用这两个反应产生的能量来合成新细菌体和维持正常的生命活动。氨氮转化为硝态氮并不是去除氮而是减少了它的需氧量。如果将上述两个阶段合起来，硝化反应的总反应式为：

$$NH_4^+ + 2O_2 \xrightarrow{\text{亚硝化菌}} NO_3^- + H_2O + 2H^+ - \Delta F(\Delta F = 351\text{kJ}) \tag{10-4}$$

综合氨氧化和细胞体合成的反应方程式可写表示为：

$$NH_4^+ + 1.86O_2 + 1.98HCO_3^- \longrightarrow 0.02C_5H_7O_2N + 0.98NO_3^- + 1.04H_2O + 1.88H_2CO_3 \tag{10-5}$$

(1) 硝化菌

硝化菌是化能自养菌，革兰氏染色阴性，不生芽孢的短杆状细菌，广泛存活在土壤中，在自然界的氮循环中起着重要的作用。这类细菌的生理活动不需要有机性营养物质，从 CO_2 获

取碳源，从无机物的氧化中获取能量。

(2) 亚硝化菌

亚硝化菌与硝化菌的特性基本相似，但亚硝化菌的生长速率较快、世代期较短，较易适应水质、水量的变化和其他不利环境，而硝化菌在水质、水量和环境变化时其生长较易受到影响，在其受到抑制时，易在硝化过程中发生 NO_2^- 的积累。

(3) 硝化反应正常进行应保持的环境条件

硝化菌对环境的变化很敏感，为了使硝化反应正常进行，就必须保持硝化菌所需要的环境条件。① 好氧条件，满足“硝化需氧量”的要求，并保持一定的碱度。由式(10-5)可以看出，在硝化过程中，1mol 原子氮（N）氧化成厌酸氮，需 2mol 分子氧（O_2），即 1g 氮完成硝化反应，需氧 4.57g，其中 3.43g 用于亚硝化反应，1.14g 用于硝化反应。这个需氧量称为硝化需氧量（NOD)。

在硝化反应过程中，将释放出 H^+，致使混合液中 H^+ 浓度增高，从而使 pH 值下降。硝化菌对 pH 值的变化十分敏感，为了保持适宜的 pH 值，应当在废水中保持足够的碱度，以保证反应过程中调节 pH 值的变化，起到缓冲的作用。一般来说，1g 氨态氮（以 N 计）完全硝化，需碱度（以 $CaCO_3$ 计）7.14g。

② 混合液中有机底物含量不应过高，BOD 值应在 15～20mg/L 以下。硝化菌是自养型细菌，有机底物浓度并不是它的生长限制因素，故在硝化反应过程中，混合液中的含 C 有机底物浓度不应过高，一般 BOD 值应在 20mg/L 以下。若 BOD 浓度过高，则会使增殖速率较高的异养型细菌迅速增殖，从而使自养型的硝化菌得不到优势，不能成为优占种属，硝化反应无法进行。

(4) 进行硝化反应应当保持的各项指标

① 溶解氧　氧是硝化反应过程中的电子受体，反应器内溶解氧浓度的高低必将影响硝化反应的进程，在进行硝化反应的曝气池内，据试验结果证实，溶解氧含量不能低于 1mg/L。

② 温度　硝化反应的适宜温度是 20～30℃，15℃以下时，硝化速率下降，5℃时完全停止。

③ pH 值　硝化菌对 pH 值的变化非常敏感，最佳 pH 值是 8.0～8.4。在这一最佳 pH 值条件下，硝化速率、硝化菌最大的比增殖速率可达最大值。

④ 生物固体平均停留时间（污泥龄）　为了使硝化菌群能在连续流反应器系统中存活，微生物在反应器内的停留时间 $(\theta_c)_N$ 必须大于自养型硝化菌最小的世代时间 $(\theta_c)_N^{min}$，否则硝化菌的流失率将大于净增殖率，将使硝化菌从系统中流失殆尽。一般 $(\theta_c)_N$ 的取值，至少应为硝化菌最小世代时间 $(\theta_c)_N^{min}$ 的 2 倍以上，即安全系数应大于 2。$(\theta_c)_N$ 值与温度密切相关，温度低，$(\theta_c)_N^{min}$ 取值应明显提高。

⑤ 重金属及有害物质　除重金属外，对硝化反应产生抑制作用的物质还有：高浓度的 NH_4^+-N、高浓度的 NO_x^--N、有机底物以及络合阳离子等。

10.2.4 反硝化

(1) 反硝化反应过程与反硝化菌

反硝化反应是指硝酸氮（NO_3^--N）和亚硝酸氮（NO_2^--N）在反硝化菌的作用下，被还原成气态氮（N_2），从水中逸出，最终从系统中去除掉的过程。氮的最终去除要通过反硝化过程完成。反硝化菌属于异养型兼性厌氧菌，种类很多，其利用硝酸盐和亚硝酸盐被还原过程产生的能量作为能量来源，但这些反硝化菌是兼性菌，在有分子态溶解氧存在时，反硝化菌将分解有机物来获得能量而不是还原硝酸盐或亚硝酸盐。因此，反硝化过程要在缺氧状态下进行，溶解氧的浓度不能超过 0.2mg/L，否则反硝化过程就停止。在厌氧条件下，以硝酸氮（NO_3^--N）为电子受体，以有机底物（有机碳）为电子供体。在这种条件下，不能释放出更多的ATP，相应合成的细胞物质也较少。

反硝化过程分为两步进行：第一步是由硝酸盐转化为亚硝酸盐，第二步是由亚硝酸盐转化为一氧化氮、氧化二氮和氮气，其转化过程可表示为：

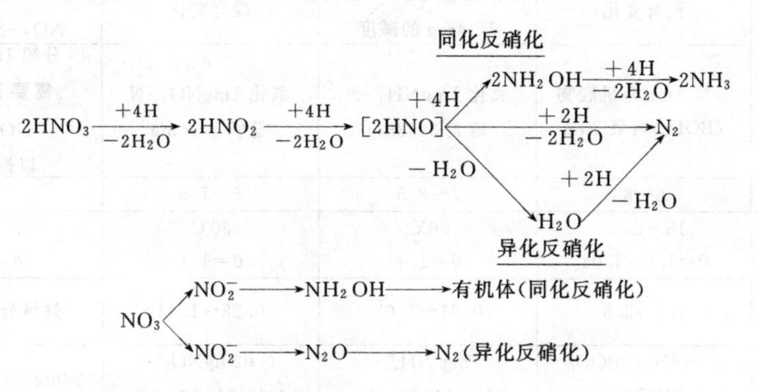

图 10-2　反硝化反应过程（同化反硝化、异化反硝化）

$$NO_3^- \longrightarrow NO_2^- \longrightarrow NO \longrightarrow N_2O \longrightarrow N_2$$

事实上，上述转化过程只是硝酸盐还原过程中的一种途径——异化反硝化，使硝态氮分解成最终产物（气态氮）。在反硝化反应过程中，硝酸氮通过反硝化菌的代谢活动还有另外一条转化途径，即同化反硝化，将硝酸盐转化成氨氮用于细胞合成，最终形成有机氮化合物，成为菌体的组成部分，如图 10-2 所示。

（2）影响反硝化反应的环境因素

① 碳源　在反硝化过程中要有含碳有机物作为该过程的电子供体，即碳源。能为反硝化菌利用的碳源是多种多样的，但从废水生物脱氮工艺来考虑，可分以下几类。

a. 废水中所含碳源。这是比较理想和经济的，优于外加碳源。一般认为，当废水中 $BOD_5/TN>3\sim5$ 时，即可认为碳源充足，无需外加碳源。

b. 外加碳源。当原废水中碳、氮比值过低时，如 $BOD_5/TN<3\sim5$，即需另投加有机碳源，现多采用甲醇（CH_3OH），因为它被分解后的产物为 CO_2 和 H_2O，不留任何难降解的中间产物，而且反硝化速率高。

② pH值　pH值是反硝化反应的重要影响因素，对反硝化菌最适宜的 pH 值是 6.5～7.5，在这个 pH 值条件下，反硝化速率最高，当 pH 值高于 8 或低于 6 时，反硝化速率将大为下降。

③ 溶解氧　反硝化菌是异养型兼性厌氧菌，只有在无分子氧而同时存在硝酸和亚硝酸离子的条件下，它们才能够利用这些离子中的氧进行呼吸，使硝酸盐还原。如反应器内溶解氧浓度较高，将使反硝化菌利用氧进行呼吸，抑制反硝化菌体内硝酸盐还原酶的合成，或者氧成为电子受体，阻碍硝化氮的还原。但是，另一方面，在反硝化菌体内某些酶系统组分只有在有氧条件下才能合成。因此，反硝化菌以在厌氧、好氧交替的环境中生活为宜，溶解氧浓度应控制在0.5mg/L以下。

表 10-1　生物脱氮反应过程各项生化反应特征

生化反应类型	去除有机底物	硝化		反硝化
		亚硝化	硝化	
微生物	好氧菌和兼性菌（异养型细菌）	亚硝化单细胞自养型细菌	硝化菌属自养型细菌	兼性菌、异养型细菌
能源	有机物	化学能	化学能	有机物
氧源（H受体）	O_2	O_2	O_2	NO_3^-、NO_2^-

续表

生化反应类型	去除有机底物	硝化		反硝化
		亚硝化	硝化	
溶解氧	1～2mg/L以上	2mg/L以上	2mg/L以上	0～0.5mg/L
碱度	没有变化	氧化1mgNH_4^+-N需要7.14mg的碱度	没有变化	还原1mgNO_3^--N、NO_2^--N生成3.57g碱度
氧的消耗	分解1mg有机底物(BOD_5)需氧2mg	氧化1mgNH_4^+-N需氧3.43mg	氧化1mgNO_2^--N需氧1.14mg	分解1mg有机物(COD)需要NO_2^--N0.58mg、NO_3^--N 0.35mg,以提供化合态的氧
最适pH值	6～8	7～8.5	6～7.5	6～8
最适水温	15～25℃ $\theta=1.0\sim1.04$	30℃ $\theta=1.1$	30℃ $\theta=1.1$	34～37℃ $\theta=1.06\sim1.15$
增殖速率/d^{-1}	1.2～3.5	0.21～1.08	0.28～1.44	好氧分解的1/2～1/2.5
分解速率	70～870mgBOD/(gMLSS·h)	7mg NH_4^+-N/(gMLSS·h)	0.02mgNO_2^--N/(gMLSS·h)	28mg NO_3^--N/(gMLSS·h)
产率	16%CH_3OH/$C_5H_7O_2N$	0.04～0.13mgVSS/mg NH_4^+-N 能量转换率为5%～35%	0.02～0.07mg/mg NO_2^--N 能量转换率为10%～30%	16%$CH_3OH/C_5H_7O_2N_8$

④ 温度　反硝化反应的适宜温度是20～40℃，低于15℃时，反硝化菌的增殖速率降低，代谢速率也将降低，从而降低了反硝化速率。

在冬季低温季节，为了保持一定的反硝化速率，应考虑提高反硝化反应系统的污泥龄（生物固体平均停留时间θ_c）；降低负荷率；提高废水的停留时间。研究表明，反硝化反应过程的温度系数θ值介于1.06～1.15之间。负荷率高，温度的影响也高；负荷率低，温度的影响也低。

生物脱氮过程中各项生化反应特征列于表10-1。

10.3 生物脱氮工艺与技术

要使废水中的氮最终转化为氮气而从废水中逸出去除，必须先通过好氧硝化作用将氨氮转化为硝态氮，然后在缺氧条件下进行反硝化脱氮。据此可分为合并式和分步式处理工艺，这些工艺从碳源的来源分，可分为外碳源工艺和内碳源工艺；从微生物状态分，可分为悬浮生长型和附着生长型；从工艺流程分，可分为传统工艺和前置反硝化工艺等。

10.3.1 活性污泥脱氮传统工艺

主要是指在传统活性污泥法工艺的基础上，根据生物脱氮的基本原理进行改进后形成的几种生物脱氮工艺。

(1) 三级活性污泥生物脱氮工艺

活性污泥生物脱氮的传统工艺是由巴茨（Barch）开创的所谓的三级活性污泥过程组合的生物脱氮流程，它是以氨化、硝化和反硝化3项反应过程为基础建立的。其工艺流程如图10-3所示。

第一级曝气池为传统活性污泥反应池，其主要功能是去除有机底物（BOD、COD），使有

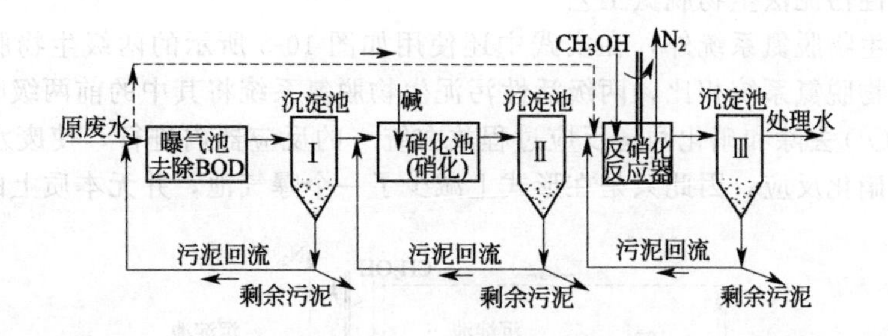

图 10-3　传统活性污泥法生物脱氮工艺（三级活性污泥法流程）

机氮转化为氨氮（NH_3、NH_4^+），即完成氨化过程。经过沉淀后废水的 BOD_5 值已降至较低的程度（15～20mg/L），然后进入第二级硝化曝气池。

在第二级硝化曝气池中进行硝化反应，氨氮（NH_3 及 NH_4^+）被氧化为硝酸盐氮（NO_3^--N）。由于硝化反应要消耗碱度，因此在运行过程中若碱度不足，需要投碱，以防 pH 值下降。

第三级为反硝化反应器，在缺氧条件下使硝酸盐氮（NO_3^--N）还原为气态 N_2 并逸往大气。在这一段应采取厌氧-缺氧交替的运行方式，反应所需的碳源既可采用投加甲醇作为外投碳源，也可引入原废水作为碳源。

在传统三级生物脱氮组合工艺中，含氮有机物的去除与氨化（通过有机底物降解菌完成）、硝化（通过硝化菌完成）、反硝化（通过反硝化菌完成）脱氮反应分别在各自的反应器内完成，并分别设置污泥回流系统。在脱氮反应器中，借助于机械搅拌作用使污泥处于悬浮状态而使其与废水获得良好的混合效果。处理过程中可采用两种方式向脱氮池投加碳源：一是投加甲醇作为外碳源；二是将部分原水引入反硝化脱氮池作为碳源。将部分原水引入反硝化脱氮池作为碳源这种方法一方面降低了除碳曝气池的负荷，另一方面也减少了外碳源的用量，但由于原水中的碳源多为复杂有机物，因而硝酸盐还原菌利用这些碳源进行脱氮的速率将有所下降，而且此时出水中有机底物的去除效果也将有所下降。

当以甲醇作为外投碳源时，其投入量可按下式进行计算

$$C_m = 2.47N_0 + 1.53N + 0.87D \tag{10-6}$$

式中　C_m——必须投加的甲醇量，mg/L；

N_0——初始的 NO_3^--N 浓度，mg/L；

N——初始的 NO_2^--N 浓度，mg/L；

D——初始的溶解氧浓度，mg/L。

采用甲醇作为外投碳源时，为了去除由于投加甲醇而带来的 BOD 值，可在反硝化池后面增设一个曝气池，经处理后，排放处理水，如图 10-4 所示。

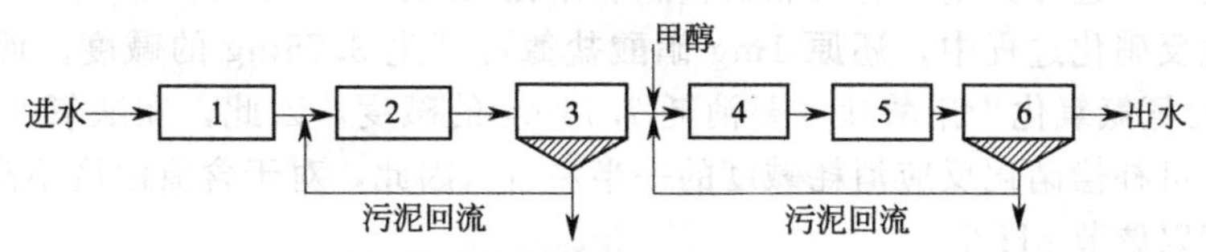

图 10-4　有后曝气池的生物脱氮系统

1—沉砂池；2—沼气池；3—二沉池；
4—反硝化池；5—后曝气池；6—最后沉淀池

由于传统三级生物脱氮组合工艺较易控制运行条件，可同时获得良好的有机底物去除效果和脱氮效果，但同时存在流程较长、处理构筑物较多、基建费用高等不足，近年来已不在工程上采用。

（2）两级活性污泥法生物脱氮工艺

除上述三级生物脱氮系统外，在实践中还使用如图 10-5 所示的两级生物脱氮系统。与三级活性污泥法生物脱氮系统相比，两级活性污泥生物脱氮系统将其中的前两级曝气池合并成一个曝气池，将 BOD 去除和硝化两道反应过程放在统一的反应器内进行，使废水在其中同时实现碳化、氨化和硝化反应，因此只是在形式上减少了一个曝气池，并无本质上的改变。

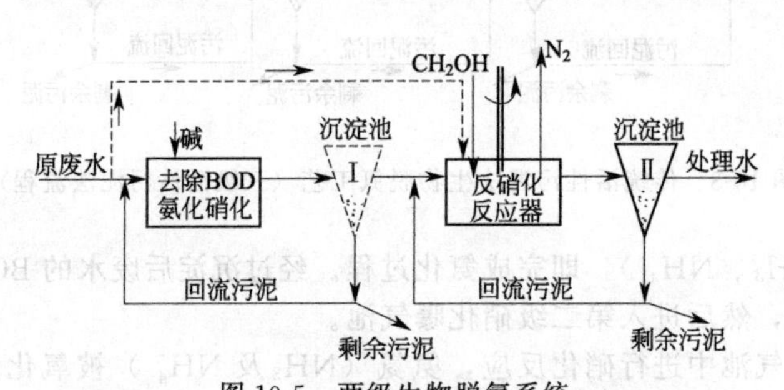

图 10-5 两级生物脱氮系统

（虚线所示为可能实施的另一方案，沉淀池Ⅰ也可考虑不设）

10.3.2 缺氧-好氧活性污泥脱氮组合工艺

在两级活性污泥生物脱氮工艺中，需要外加甲醇作为反硝化的碳源，导致运行费用增加；虽然也可将部分原废水引入反硝化池，利用其中的有机物作为碳源，但残留有机物不能得到有效控制，可能导致出水水质变差。为了简化好氧、缺氧脱氮组合工艺，同时增强缺氧池和好氧池间的液体交换控制，可将缺氧池与好氧池完全分离，沉淀池的污泥回流到缺氧池，并增加了从好氧池至缺氧池的混合液回流，即 20 世纪 80 年代开创的缺氧-好氧活性污泥生物脱氮组合工艺（Anoxic/Oxic，AO），如图 10-6 所示。因缺氧反硝化反应器设置在好氧硝化反应器之前，所以有时也称之为“前置反硝化生物脱氮系统”。

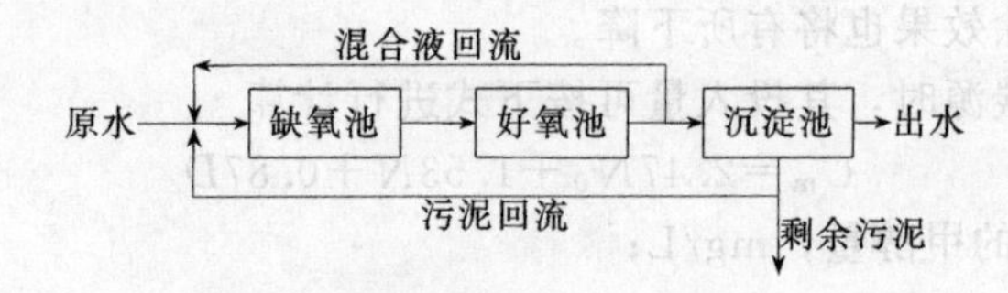

图 10-6 缺氧-好氧活性污泥脱氮工艺

10.3.2.1 工艺流程

在 A/O 组合工艺中，废水首先进入缺氧池，其中的硝酸盐还原菌以废水中的有机底物为碳源，以回流混合液中的硝酸盐氮为电子受体，进行反硝化脱氮反应，无需外加碳源。缺氧池出水进入好氧池中，进行少量的有机底物去除和硝化反应。

由于缺氧池反硝化过程中，还原 1mg 硝酸盐氮可产生 3.75mg 的碱度，而在硝化反应过程中，将 1mg 的氨氮氧化为硝酸盐氮要消耗 7.14mg 的碱度，因此，在缺氧-好氧系统中，反硝化产生的碱度可补偿硝化反应消耗碱度的一半左右。因此，对于含氮浓度不高的废水，可不必另行投加碱度以调节 pH 值。

缺氧-好氧系统（A/O）只有一个污泥回流系统，因而使好氧异养菌、硝酸盐还原菌和硝化菌都处于缺氧-好氧交替的环境中，这样使不同菌属在不同的条件下充分发挥它们的优势。

10.3.2.2 A/O 活性污泥法脱氮系统的影响因素

A/O 活性污泥法脱氮工艺的主要影响因素如下。

（1）硝化段污泥负荷 N_{Ts}

硝化段的主要任务是去除 BOD 和硝化，由于废水中大部分 BOD 已在反硝化段被去除，硝化段的BOD含量已大大降低，活性污泥中以硝化菌为主，因此即使N_{Ts}与传统活性污泥过程相近，也不会造成除碳异养菌对硝化自养菌的强烈抑制，可取$N_{Ts}<$ 0.18kgBOD/(kgMLSS·d)。为防止氮的污泥负荷过高对硝化菌产生抑制，一般要求TKN/MLSS<0.05kgTKN/(kgMLSS·d)。

(2) 反应池内污泥浓度X_T

在A/O组合工艺中，污泥浓度与传统活性污泥过程相近，MLSS为3000～4000mg/L。低于此值，脱氮效果将显著降低。

(3) 污泥回流比R和混合液回流比R_N

在A/O组合工艺系统中，污泥回流主要是维持系统的污泥浓度，向反硝化反应器内提供硝态氮，使其作为反硝化反应的电子受体，从而达到脱氮的目的。污泥回流比不仅影响脱氮效果，而且也影响工艺系统的动力消耗，是一项非常重要的参数。

由于混合液回流也在一定程度上弥补了系统的污泥浓度，因此A/O组合工艺的污泥回流比较传统活性污泥过程的低，R一般为50%～60%；混合液回流是为了将硝化池的硝态氮回流至反硝化池完成脱氮过程。为了保证反硝化效率，又防止带入缺氧池过多的溶解氧（DO），混合液回流比控制在300%～500%之间。

(4) 水力停留时间（HRT）

试验与运行数据证明，硝化反应与反硝化反应进行的时间对脱氮效果有影响。为了取得70%～80%的脱氮率，硝化反应需时较长，其水力停留时间（HRT）一般不应低于6h，而反硝化反应所需时间较短，一般在2h内即可完成，其水力停留时间（HRT）不低于2h即可。硝化与反硝化的水力停留时间之比为（3～4）：1。

(5) 污泥龄θ_c

在A/O组合工艺中，由于存在硝化过程，而系统的污泥回流系统又是单一的，因此污泥龄以硝化污泥的污泥龄为准。为保证在硝化反应器内保持足够数量的硝化菌，应采取较长的污泥龄，一般为$\theta_c \geq 30d$。

(6) 反硝化段有机底物含量

为保证反硝化脱氮过程中碳源的供应（理论BOD_5消耗量为1.72gBOD/gNO_x-N)，一般要求反硝化段的BOD_5/TN>4。

(7) 进水总氮浓度

进水总氮浓度应在30mg/L以下，否则脱氮率将下降到50%以下。

(8) 需氧量、DO、碱度

根据理论计算可知，硝化反应氧化1g氨氮需消耗氧气4.57g，需消耗碱度7.14g；反硝化反应还原1g硝酸盐氮将放出2.6g氧，生成3.75g碱度（以$CaCO_3$计）。碱度过低将限制硝化速率，碱度过高将造成工程浪费。为此，工程中需要根据硝化和反硝化对氧和碱度的消耗与释放进行综合计算，必要时需人为向系统添加碱度；为了保持A段的缺氧环境和O段的好氧环境，需控制A段的DO值不大于0.5mg/L，控制O段的DO值不小于2.0mg/L。

(9) pH值

由于硝化和反硝化过程分别消耗和产生碱度，会影响过程的pH值。高硝化速率出现在pH值7.8～8.4之间，当pH值偏离6.5～7.5时，反硝化过程也会受到很大影响，为了保证运行中良好的硝化和反硝化效能，要求O段好氧池的pH=7.0～8.0，A段缺氧池的pH=6.5～7.5。

(10) 水温

硝化菌的最适宜温度为30～35℃，当水温低于10℃时，硝化速率和有机底物好氧降解速率都将明显下降。硝酸盐还原菌的最适宜温度为20～38℃，当温度低于15℃时，硝酸盐还原菌的生长速率下降，温度低于3℃时硝酸盐还原菌生长基本停止。根据硝化菌和硝酸盐还原菌的适宜温度范围，在工程运行中，系统（硝化池和反硝化池）的温度以 20～30℃为宜。

10.3.2.3 设计计算

(1) 有效池容计算

可参照普通活性污泥过程计算，以有机底物的污泥负荷 N_{Ts} 作为计算标准。池体形状选择后，池体的长、宽、有效水深等具体尺寸也可参照普通活性污泥过程进行计算。

(2) 关于曝气系统需氧量的计算

A/O 组合工艺的需氧量包括有机底物降解的需氧量和硝化需氧量，并考虑细胞合成所需的氨氮和排放剩余污泥时相当的 BOD_5 值，同时还应考虑反硝化过程所放出的氧量与消耗相应量的有机底物作硝酸盐还原菌的碳源所相当的 BOD_5 值，按下式进行计算：

$$O_2=Q\left(\frac{S_0-S_e}{1-10^{-Kt}}\right)-1.42Q'_w\left(\frac{VSS}{SS}\right)+Q\left[4.6(N_0-N_e)\right]-0.56Q'_w\left(\frac{VSS}{SS}\right)-2.6Q\Delta NO_3 \tag{10-7}$$

式中 O_2——去除 BOD_5 和脱氮的生物系统所需氧量，m^3；

Q——系统处理水量，m^3/h；

S_0——进水 BOD 浓度，mg/L；

S_e——出水 BOD 浓度，mg/L；

K——BOD 降解速率常数，d^{-1}；

t——BOD 试验天数，$t=5d$；

Q'_w——剩余污泥排放量，kgSS/d；

N_0——进水氨氮浓度，$mgNH_3\text{-}N/L$；

N_e——出水氨氮浓度，$mgNH_3\text{-}N/L$；

ΔNO_3——还原的 $NO_3^-\text{-}N$ 浓度，$mgNO_3^-\text{-}N/L$。

在式(10-7)中，第一项为降解废水中有机物的需氧量；第二项为剩余污泥排放 BOD_5 物质的需氧量，假设细菌细胞（$C_5H_{10}NO_2$）的相对分子质量为 113，则含碳量为 53.1%，而 1g 碳相当于 $2.67gBOD_5$，故有 53.1%×2.67g=1.42g；第三项为硝化反应的需氧量，硝化 1g 氨氮需氧 4.57g，可按 4.6g 计算；第四项为剩余污泥中含氮物质的需氧量，由细菌细胞相对分子质量及分子式可知，细菌细胞含氮量为 12.4%，则排放的剩余污泥中含氮物质需氧量为 $0.56Q'_w$；第五项为硝态氮还原放出的氧量，1g 硝态氮还原放出 2.6g 氧。

令 $\alpha=\frac{1}{1-10^{-Kt}}$，根据运行经验取 $\alpha=1.0$，同时设 $\frac{VSS}{SS}=0.7$，将式(10-7)中各项合并整理，可得：

$$O_2=Q(S_0-S_e)+4.6Q(N_0-N_e)-1.4Q'_w-2.6Q\Delta NO_3 \tag{10-8}$$

按式(10-9)将式(10-8)中的实际需氧量 O_2 转化为标准需氧量 $O_{2(0)}$：

$$O_{2(0)}=\frac{O_2C_{s(20)}}{\alpha(\beta\rho C_{sb(T)}-C)\times1.024^{(T-20)}} \tag{10-9}$$

式中 $O_{2(0)}$——标准需氧量；

O_2——实际需氧量；

$C_{sb(T)}$——操作温度下池中氧饱和度；

α——系数，$\alpha=\frac{污水中的K_{La}值}{清水中的K_{La}值}$；

K_{La}——氧总转移系数；

β——系数，$\beta=\frac{污水中氧的饱和溶解度C'_s}{清水中氧的饱和溶解度C_s}$；

ρ——系数，$\rho=\dfrac{\text{所在地区实际气压(Pa)}}{1.013\times10^{5}}$；

T——操作温度,℃。

(3) 每日产生的剩余污泥量 ΔX

计算 A/O 组合工艺每日净产生的污泥量为异养菌群增殖产生的污泥量（包括单纯的有机底物降解和反硝化对有机底物的消耗过程）、自养硝化菌群氧化氨氮产生的污泥量、废水中引入悬浮固体形成的污泥量之和。由于好氧段存在硝化过程，因此水力停留时间较长，活性污泥自身氧化而消耗的污泥量不能忽略，因此 A/O 组合工艺每日的剩余污泥量 ΔX 可按下式计算：

$$\Delta X=\alpha Q(S_0-S_e)+\beta Q(N_0-N_e)+Q(C_0-C_e)-bVX \tag{10-10}$$

式中　Q——设计废水流量，m^3/d；

S_0、S_e——进、出水的 BOD_5 浓度，kg/m^3；

N_0、N_e——进、出水中 NH_4^+-N 浓度，kg/m^3；

C_0、C_e——进、出水 SS 浓度，kg/m^3；

α——去除每千克 BOD_5 的产泥量即污泥净增长系数，一般为 0.55VSSkg/kgBOD_5 左右；

β——去除每千克 NH_4^+-N 的硝化污泥产泥量，一般为 0.15kgVSS/kgNH_4^+-N；

b——污泥自身氧化速度，一般为 $0.05d^{-1}$；

V——反应器的体积，m^3；

X——反应器内污泥浓度，kgVSS/m^3。

(4) 混合液回流比 R_N 的确定

A/O 组合工艺的总氮去除率 η_{TN} 为：

$$\eta_{TN}=\frac{TN_0-TN_e}{TN_0}\times100\% \tag{10-11}$$

式中　TN_0——进水总氮浓度，mg/L；

TN_e——出水总氮浓度，mg/L。

则混合液的回流比 R_N 为：

$$R_N=\frac{\eta_{TN}}{1-\eta_{TN}} \tag{10-12}$$

(5) 缺氧池搅拌机的选择

缺氧池宜分成串联的几个方格，每个方格内设置一台机械搅拌机，一般采用水下叶片式桨板或推进式搅拌机，使进水、回流污泥和混合液充分混合接触，以保证反硝化反应的正常进行，防止污泥沉淀。一般认为搅拌机所需功率范围按 3～5W/m^3 选取即可达到要求。

10.3.2.4　A/O 工艺的布置形式

A/O 工艺是目前采用较为广泛的一种生物脱氮工艺，反硝化在缺氧（anoxic）池中进行，硝化在好氧（oxic）池中进行。缺氧池和好氧池可以是两个独立的构筑物，也可以合建在同一个构筑物内，用隔板将两池分开。根据废水水质和脱氮要求以及混合液与污泥回流的方式不同，A/O 脱氮工艺可以有不同的布置形式，如图 10-7 所示。

(1) 分建式 A/O 活性污泥法脱氮系统

图 10-8 所示为分建式缺氧-好氧活性污泥法脱氮系统，即反硝化、硝化与 BOD 去除分别在两座不同的反应器内进行。硝化反应器内的已进行充分反应的硝化液的一部分回流入反硝化反应器，而反硝化反应器内的脱氮菌以原废水中的有机底物作为碳源，以回流液中硝酸盐的氧作为电子受体，进行呼吸和生命活动，将硝态氮还原为气态氮（N_2），无需外加碳源（如甲醇）。

在反硝化反应过程中，还原 1mg 硝态氮能产生 3.75mg 的碱度，而在硝化反应过程中，

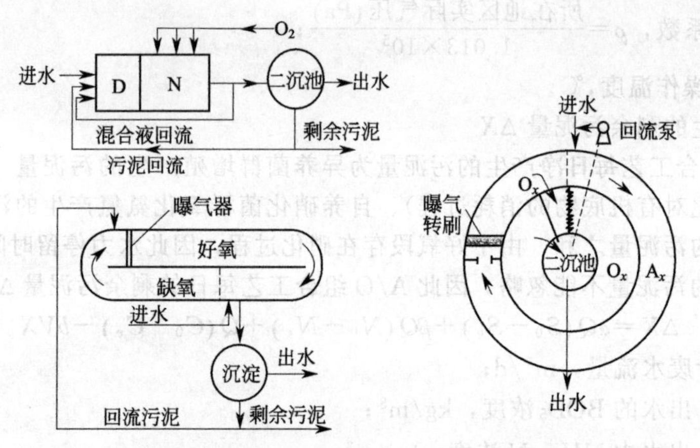

图 10-7 A/O 组合脱氮工艺的不同布置形式

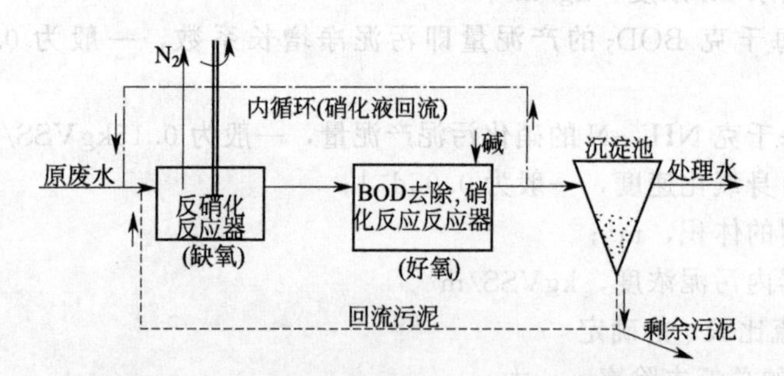

图 10-8 分建式缺氧-好氧活性污泥法脱氮系统

将 1mg 的 NH_4^+-N 氧化成 NO_3^--N，要消耗 7.14mg 的碱度，因此，在缺氧-好氧系统中，反硝化反应所产生的碱度可补偿硝化反应消耗的碱度的一半左右，因此，对于含氮浓度不高的废水（如生活污水、城市污水）可不必另行投碱以调节 pH 值。另外，该系统硝化曝气池在后，使反硝化残留的有机污染物得以进一步去除，提高了处理水水质，而且无需增建后曝气池。

分建式 A/O 活性污泥法脱氮系统的特征是：

① 缺氧反硝化反应器设置在流程前端，而去除 BOD、进行硝化反应的好氧反应器设置在流程后端。

② 直接利用原水中的有机物作为反硝化过程的有机碳源，将回流液中的硝态氮还原为氮气。

③ 反硝化过程中产生的碱度随出水进入硝化反应器，可补偿硝化过程中所需碱度的 50% 左右。

④ 硝化反应器设置在流程后端，可使废水中残留的有机物得以进一步去除，无需增建后曝气池。

⑤ 由于流程比较简单，装置少，无需外加碳源，因此，建设费用和运行费用均较低。

(2) 合建式 A/O 活性污泥法脱氮系统

A/O 活性污泥法脱氮系统还可建成合建式装置，即反硝化反应及硝化反应、BOD 去除都在一座反应器内实施，但中间隔以挡板，如图 10-9 所示。合建式便于对现有推流式曝气池进行改造。

该工艺的主要不足之处是该流程的处理水来自硝化反应器，因此，当处理水中含有一定浓度的硝酸盐时，如果沉淀池运行不当，在沉淀池内会发生反硝化反应，使污泥上浮，使处理水水质恶化。另外，如欲提高脱氮率，则必须加大内循环比 R_N，这样做势必使运行费用增高。

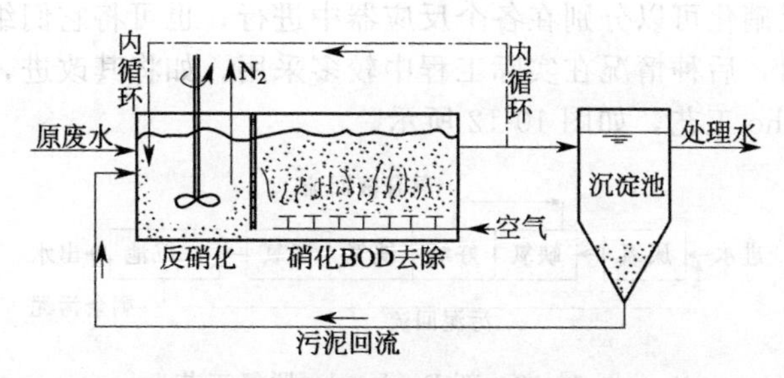

图 10-9　合建式缺氧-好氧活性污泥法脱氮系统

来自曝气池（硝化池）的内循环液含有一定的溶解氧，使反硝化段难于保持理想的缺氧状态，影响反硝化进程，一般脱氮率很难达到 90%。

10.3.3　同步硝化与反硝化工艺

传统的脱氮理论认为，硝化与反硝化反应不能同时发生，硝化反应在好氧条件下进行，而反硝化反应在缺氧条件下完成。近年来国内外的不少研究成果表明存在同步硝化反硝化（simultaneous nitrification and denitrification，简称 SND），即在同一反应器中，相同的操作条件下，硝化、反硝化反应同时进行，打破了传统脱氮观念。图 10-10 所示是同步硝化（N）与反硝化（D）的工艺流程。

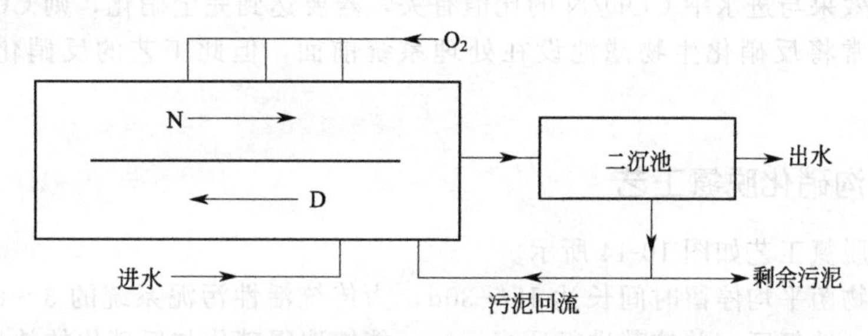

图 10-10　同步硝化和反硝化工艺

SND 避免了 NO_2^- 氧化成 NO_3^- 及 NO_3^- 再还原成 NO_2^- 这两个多余的反应，使曝气需求量降低，节省能耗。在运行过程中，硝化和反硝化在同一个处理构筑物的不同区域中进行，可省去 A/O 组合工艺中硝化段出水混合液的回流，大大简化生物脱氮工艺流程，节省了设备投资。废水在处理构筑物中循环流动，交替地经历好氧和缺氧区，提高了生物脱氮效率。微生物硝化过程中需好氧、消耗碱度、不需要 COD，而反硝化过程则与之相反并互补。厌氧产生碱度，需消耗大量的 COD。在工艺设计上，将进水点设在反硝化区，不必向系统投加外碳源，因此工艺的运行费用低，是一种良好的脱氮工艺。

10.3.4　Bardenpho 脱氮工艺

Bardenpho 脱氮工艺是一种硝化段和反硝化段相互交替组成的工艺，如图 10-11 所示。

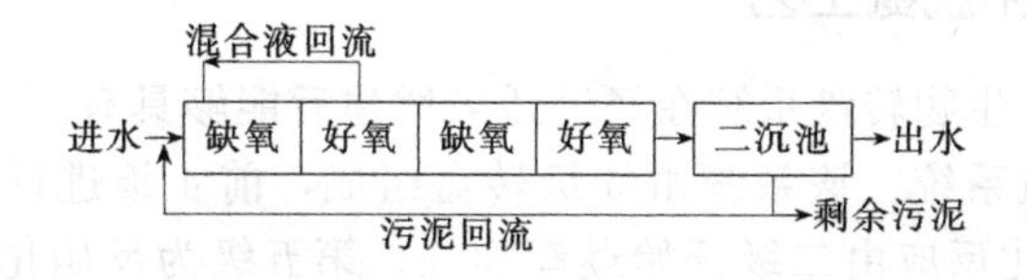

图 10-11　Bardenpho 脱氮工艺

该工艺中硝化与反硝化可以分别在各个反应器中进行，也可将它们组合在一个传统推流式曝气池中的不同区域内，后种情况在实际工程中较多采用。如将其改进，即成为同时具有除磷脱氮功能的新 Bardenpho 工艺，如图 10-12 所示。

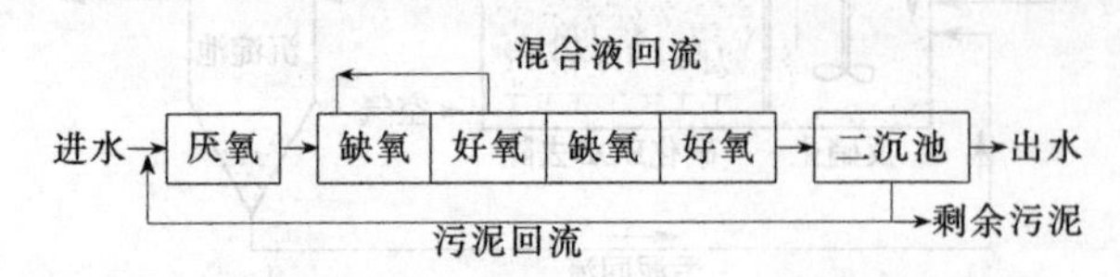

图 10-12 新 Bardenpho 脱氮工艺

10.3.5 生物滤池硝化脱氮工艺

生物滤池硝化脱氮流程如图 10-13 所示。

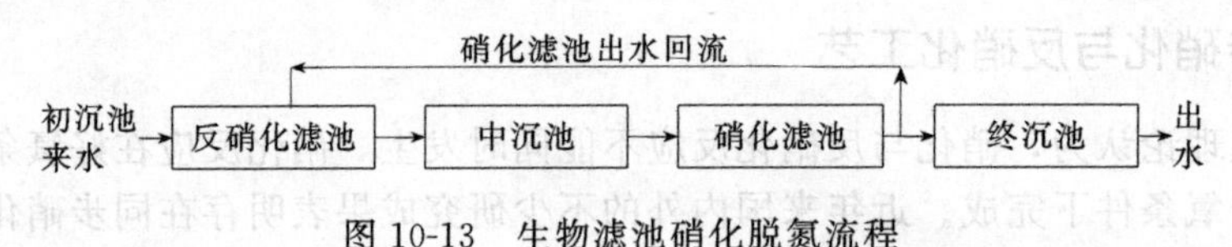

图 10-13 生物滤池硝化脱氮流程

生物滤池在国外的二级生物处理中应用较多，欧洲尤其如此。硝化生物滤池的床层高度一般以 3～4.5m 为宜，最佳水力负荷为 $6m^3/(m^3 \cdot d)$，脱氮负荷为 $0.1kgNH_3\text{-}N/(m^3 \cdot d)$。生物滤池的反硝化效果与进水中 COD/N 的比值有关，若要达到完全硝化，则 COD/N 必须大于 12～14。为此，常将反硝化生物滤池设在处理系统前面，但此工艺的反硝化效果与回流比有关。

10.3.6 氧化沟硝化脱氮工艺

氧化沟硝化脱氮工艺如图 10-14 所示。

氧化沟的生物菌平均停留时间长达 15～30d，为传统活性污泥系统的 3～6 倍，在氧化沟内划分成好氧区、缺氧区，并按其进行适当运行，能够取得硝化与反硝化的效果。原废水中有机污染物可作为反硝化反应的碳源，而在好氧区内，有机污染物被好氧菌所分解，NH_3-N 经硝化反应形成硝酸氮（NO_3^--N），后者则在缺氧区在反硝化作用下还原为气态氮，排放于空气中。

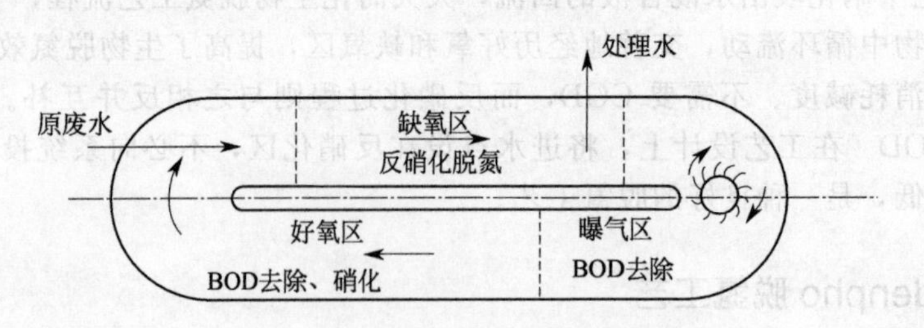

图 10-14 氧化沟硝化脱氮工艺

10.3.7 生物转盘硝化脱氮工艺

在生物膜法处理中，生物转盘系统在经过适当增建后能够具有硝化和脱氮功能。图 10-15 所示为生物转盘硝化脱氮系统。该系统由 6 级转盘组成，前 4 级进行 BOD 去除与硝化反应，BOD 去除由强到弱，硝化反应由二级开始逐渐加强。第五级为反硝化反应器，转盘全部淹没于水中，进行缓慢转动，形成缺氧状态，一般需投加甲醇作为有机碳源。

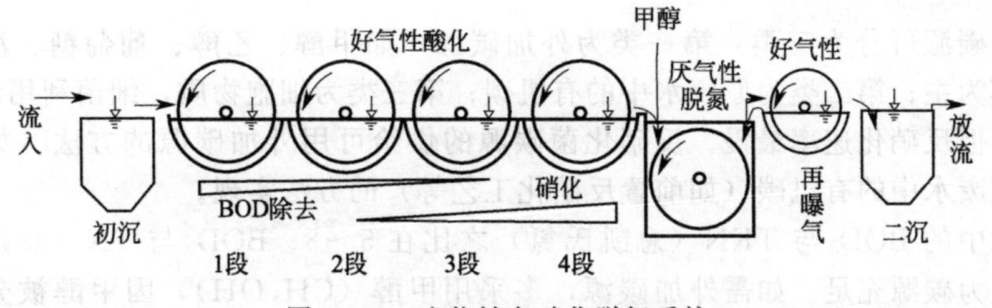

图 10-15 生物转盘硝化脱氮系统

10.3.8 改进的 A-B 工艺

A-B 工艺在欧洲应用较为普通，它具有投资省、运行稳定等优点。此外，通过对该工艺的改进，不仅可有效去除废水中的含碳有机物，而且能有效地实现脱氮效果。德国慕尼黑仅有的两家污水处理厂均采用 A-B 工艺进行脱氮处理。奥地利的 Salzburg 污水处理厂在 A、B 段污泥负荷分别为 4～7kgBOD_5/(kgMLSS·d)和 0.1～0.4kgBOD_5/(kgMLSS·d)的条件下，将 B 段的运行方式分别变换为 A/A/O、UCT 及厌氧-缺氧-好氧-缺氧等几种运行方式，并在厌氧区投加 A 段的厌氧发酵污泥上清液，均实现了良好的脱氮效果。奥地利的某污水处理厂还将 B 段污泥部分回流到 A 段，同时将 A 段污泥部分回流到 B 段，以在 A 段和 B 段中均存在硝化和反硝化菌，也达到了良好的脱氮效果，并将此流程命名为 ADMONT 流程。

10.3.9 废水生物脱氮工艺的运行控制

废水生物脱氮工艺对氮的去除是通过硝化菌和反硝化菌共同的生物作用而实现的，无论采用何种处理工艺，一方面，不同的环境因素都将对处理过程和处理效果产生影响；另一方面，这些因素对工艺运行中硝化菌和反硝化菌作用的影响又是不同的，因此，在废水生物脱氮工艺的设计和运行过程中，必须加以充分的注意。

(1) 硝化反应的影响因素与控制要求

① 好氧条件，并保持一定的碱度。氧是硝化反应的电子受体，反应器溶解氧的高低必将影响硝化反应的进程，溶解氧含量一般维持在 2～3mg/L，不得低于 1mg/L。当溶解氧低于 0.5～0.7mg/L 时，氨的硝化反应将受到抑制。

硝化菌对 pH 值的变化十分敏感。为保持适宜的 pH 值，应在废水中保持足够的碱度，以调节 pH 值的变化，硝化菌的适宜 pH 值为 8.0～8.4。

② 混合液中有机物含量不宜过高，否则硝化菌难以成为占优势的菌种。

③ 硝化反应的适宜温度是 20～35℃。当温度在 5～35℃间由低向高逐渐升高时，硝化反应的速率将随温度的升高而加快，而当低至 5℃时，硝化反应完成停止。对于 BOD 去除和硝化在同一个反应器中完成的脱氮工艺而言，温度对硝化速率的影响更为明显。当温度低于 15℃时即发现硝化速率迅速下降。低温状态对硝化细菌有很强的抑制作用，如温度为 12～14℃时，反应器出水常会出现亚硝酸盐积累现象。因此，温度的控制是很重要的。

④ 硝化菌在反应器内的停留时间，即生物固体的平均停留时间，必须大于最小的世代时间，否则将使硝化菌从系统中流失殆尽。

⑤ 有害物质的控制。除重金属外，对硝化反应产生抑制作用的物质有高浓度 NH_4-N、高浓度有机基质以及络合阳离子等。必须将这些有害物质的浓度控制在一定的水平内。

(2) 反硝化反应的影响因素与控制要求

① 碳源（C/N）的控制。生物脱氮的反硝化过程中，需要一定数量的碳源以保证一定的碳氮比而使反硝化反应能顺利进行。碳源的控制包括碳源种类的选择、碳源需求量及供给

方式。

反硝化的碳源可分为三类：第一类为外加碳源，如甲醇、乙醇、葡萄糖、淀粉、蛋白质等，但以甲醇为主；第二类为原废水中的有机碳；第三类为细胞物质，细菌利用细胞成分进行内源反硝化，但反硝化速率最慢。反硝化菌碳源的供给可用外加碳源的方法（如传统脱氮工艺）或利用原废水中的有机碳（如前置反硝化工艺等）的方法实现。

当原废水中的 BOD_5 与 TKN（总凯氏氮）之比在 5～8、BOD_5 与 TN（总氮）之比大于 3～5时，可认为碳源充足。如需外加碳源，多采用甲醇（CH_3OH），因甲醇被分解后的产物为 CO_2 和 H_2O，不残留任何难降解的产物。

② 对反硝化反应最适宜的 pH 值是 6.5～7.5。pH 值高于 8 或低于 6，反硝化反应的速率将大大降低。

③ 反硝化反应最适宜的温度是 20～40℃，低于 15℃时反硝化反应速率降低。为了保持一定的反应速率，在冬季时可采取降低处理负荷、提高生物固体平均停留时间以及水力停留时间等措施。

④ 反硝化菌属于异养兼性厌氧菌，在无分子氧同时存在硝酸和亚硝酸离子的条件下，一方面，它们能够利用这些离子中的氧进行呼吸，使硝酸盐还原；另一方面，因为反硝化菌体内的某些酶系统组分只有在有氧条件下才能够合成。所以反硝化反应宜于在厌氧、好氧条件交替下进行，溶解氧应控制在 0.5mg/L 以下。

10.4 生物除磷的原理及影响因素

废水中磷的存在形态取决于废水的类型，最常见的是磷酸盐、聚磷酸盐和有机磷。生活废水的含磷量一般在 10～15mg/L 左右，其中 70%是可溶性的。常规二级生物处理的出水中 90%左右的磷以磷酸盐的形式存在。在传统的活性污泥法中，磷作为微生物正常生长所必需的元素用于微生物菌体的合成，并以生物污泥的形式排出，从而引起磷的去除，能够获得 10%～30%的除磷效果。在某些情况下，微生物吸收的磷量超过了微生物正常生长所需要的磷量，这就是活性污泥的生物超量除磷现象，废水生物除磷技术正是利用生物超量除磷的原理而发展起来的。

10.4.1 生物除磷的原理

根据霍尔米（Holmers）提出的化学式，活性污泥的组成是 $C_{118}H_{170}O_{51}N_{17}P$，由此可知，C∶N∶P=46∶8∶1。如果废水中 N、P 的含量低于此值，则需另行从外部投加；如等于此值，则在理论上应当是能够全部摄取而加以去除的。

生物除磷的基本原理是利用一种被称为聚磷菌（也称为除磷菌、磷细菌等）的细菌在厌氧条件下能充分释放其细胞体内的聚合磷酸盐（该过程称为厌氧释磷）；而在好氧条件下又能超过其生理需要从水中吸收磷（该过程称为好氧吸磷），并将其转化为细胞体内的聚合磷酸盐，从而形成富含磷的生物污泥，通过沉淀从系统中排出这种富磷污泥，达到从废水中除磷的效果。聚磷菌的作用机理如图 10-16 所示。

① 在厌氧区内的释磷过程　在没有溶解氧和硝态氮存在的厌氧条件下，兼性细菌通过发酵作用将溶解性 BOD 转化为挥发性有机酸（VFA），聚磷菌吸收 VFA 并进入细胞内，同化合成为胞内碳源的储存物——聚-β-羟基丁酸盐（PHB），所需的能量来源于聚磷菌将其细胞内的有机态磷转化为无机态磷的反应，并导致磷酸盐的释放。

② 在好氧区内的吸磷过程　聚磷菌的活力得到恢复并以聚磷的形态储存超出生长需要的

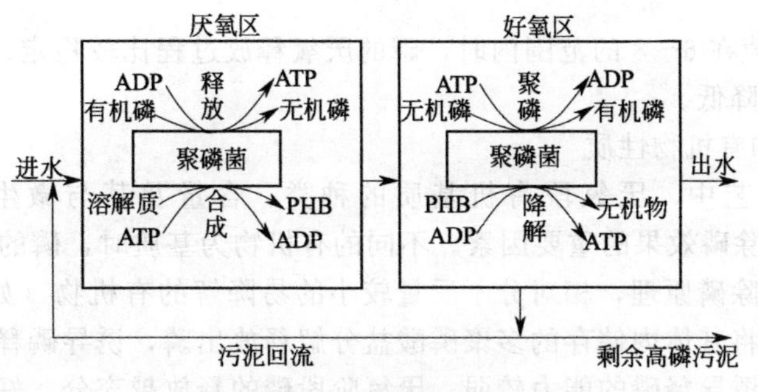

图 10-16　聚磷菌的作用机理

磷量，通过对 PHB 的氧化代谢产生能量用于磷的吸收和聚磷的合成，能量以聚磷酸高能键的形式储存起来，磷酸盐从液相去除。产生的高磷污泥通过剩余污泥的形式得到排放，从而将磷从系统中去除。

由上可知，聚磷菌在厌氧状态下释放磷获取能量以吸收废水中溶解性有机物，在好氧状态下降解吸收的溶解性有机物获取能量以吸收磷，在整个生物除磷过程中表现为 PHB 的合成与分解。三磷酸腺苷（ATP）则作为能量的传递者。PHB 的合成与分解作为一种能量的储存和释放过程，在聚磷菌的摄磷和放磷过程中起着十分重要的作用，即聚磷菌对 PHB 合成能力的大小将直接影响其摄磷能力的高低。正是因为聚磷菌在厌氧-好氧交替运行的系统中有释磷和摄磷的作用，才使得它在与其他微生物的竞争中取得优势，从而使除磷作用向正反应的方向进行。聚磷菌在厌氧条件下能够将其体内储存的聚磷酸盐分解，以提供能量摄取废水中的溶解性有机基质，合成并储存 PHB，这样使得其在与其他微生物的竞争中，其他微生物可利用的基质减少，从而不能很好地生长。在好氧阶段，由于聚磷菌的过量摄磷作用，使得活性污泥中的其他微生物得不到足够的有机基质及磷酸盐，也使聚磷菌在与其他微生物的竞争中获得优势。

10.4.2　生物除磷的影响因素

（1）溶解氧

溶解氧的影响包括两个方面。首先必须在厌氧区中控制严格的厌氧条件，这直接关系到聚磷菌的生长状况、释磷能力及利用有机基质合成 PHB 的能力。由于 DO 的存在，一方面 DO 将作为最终电子受体而抑制厌氧菌的发酵产酸作用，妨碍磷的释放；另一方面会耗尽能快速降解的有机基质，从而减少聚磷菌所需的脂肪酸产生量，造成生物除磷效果差。其次是在好氧区中要供给足够的溶解氧，以满足聚磷菌对其储存的 PHB 进行降解，释放足够的能量供其过量摄磷之需，有效地吸收废水中的磷。一般厌氧段的 DO 应严格控制在 0.2mg/L 以下，而好氧段的溶解氧控制在 2.0mg/L 左右。

（2）厌氧区硝态氮

硝态氮包括硝酸盐氮和亚硝酸盐氮，其存在同样也会消耗有机基质而抑制聚磷菌对磷的释放，从而影响在好氧条件下聚磷菌对磷的吸收。另一方面，硝态氮的存在会被部分生物聚磷菌（气单胞菌）利用作为电子受体进行反硝化，从而影响其以发酵中间产物作为电子受体进行发酵产酸，从而抑制了聚磷菌的释磷和摄磷能力及 PHB 的合成能力。

（3）温度

温度对除磷效果的影响不如对生物脱氮过程的影响那么明显，因为在高温、中温、低温条件下，不同的菌群都具有生物脱磷的能力，但低温运行时厌氧区的停留时间要更长一些，以保证发酵作用的完成及基质的吸收。试验表明，在 5～30℃的范围内，都可以得到很好的除磷效果。

(4) pH值

试验表明，pH值在6～8的范围内时，磷的厌氧释放过程比较稳定。pH值低于6.5时生物除磷的效果会大大降低。

(5) BOD负荷和有机物性质

废水生物除磷工艺中，厌氧段有机基质的种类、含量及其与微生物营养物质的比值(BOD_5/TP)是影响除磷效果的重要因素。不同的有机物为基质时，磷的厌氧释放和好氧摄取是不同的。根据生物除磷原理，相对分子质量较小的易降解的有机物（如低级脂肪酸类物质）易于被聚磷菌利用，将其体内储存的多聚磷酸盐分解释放出磷，诱导磷释放的能力较强，而高分子难降解的有机物诱导释磷的能力较弱。厌氧阶段磷的释放越充分，好氧阶段磷的摄取量就越大。另一方面，聚磷菌在厌氧段释放磷所产生的能量，主要用于其吸收进水中低分子有机基质合成PHB储存在体内，以作为其在厌氧条件压抑环境下生存的基础。因此，进水中是否含有足够的有机基质提供给聚磷菌合成PHB，是关系到聚磷菌在厌氧条件下能否顺利生存的重要因素。一般认为，进水中BOD_5/TP要大于15才能保证聚磷菌有足够的基质需求而获得良好的除磷效果。为此，有时可以采用部分进水和省去初次沉淀池的方法来获得除磷所需的BOD负荷。

(6) 污泥龄

由于生物脱磷系统主要是通过排除剩余污泥去除磷的，因此剩余污泥量的多少将决定系统的除磷效果。而污泥龄的长短对污泥的摄磷作用及剩余污泥的排放量有着直接的影响。一般来说，污泥龄越短，污泥含磷量越高，排放的剩余污泥量就越多，越可以取得较好的脱磷效果。短的污泥龄还有利于好氧段控制硝化作用的发生而利于厌氧段充分释磷，因此，仅以除磷为目的的污水处理系统中，一般宜采用较短的污泥龄。但过短的污泥龄不仅会影响出水的BOD_5和COD，甚至会使出水的BOD_5和COD达不到要求。资料表明，以除磷为目的的生物处理工艺，污泥龄一般控制在3.5～7d。

一般来说，厌氧区的停留时间越长，除磷效果越好。但过长的停留时间并不会太多地提高除磷效果，而且会有利于丝状菌的生长，使污泥的沉淀性能恶化，因此厌氧段的停留时间不宜过长。剩余污泥的处理方法也会对系统的除磷效果产生影响，因为污泥浓缩池中呈厌氧状态会造成聚磷菌的释磷，使浓缩池上清液和污泥脱水液中含有高浓度的磷，因此有必要采取合适的污泥处理方法，避免磷的重新释放。

10.5 生物除磷工艺

废水生物除磷工艺一般由两个过程组成，即厌氧释磷和好氧摄磷两个过程。目前应用的生物除磷工艺主要有在生物除磷基本原理基础上发展起来的弗斯特利普（Phostrip）除磷工艺和厌氧-好氧（An/O）活性污泥法除磷工艺。

10.5.1 弗斯特利普除磷工艺

弗斯特利普（Phostrip）除磷工艺是将生物除磷与化学除磷相结合的一种工艺，即在传统活性污泥过程的污泥回流管线上增设厌氧释磷池和混合反应池，采用生物和化学相结合的方法提高除磷效果。该工艺以生物除磷为主体，以化学除磷辅助去除厌氧释磷后的上清液中的磷酸盐，可以保证释磷后的污泥主要用于对进水中的磷酸盐进行吸收，因此可以达到更高的除磷效果。其工艺流程如图10-17所示。

该工艺各设备单元的功能如下。

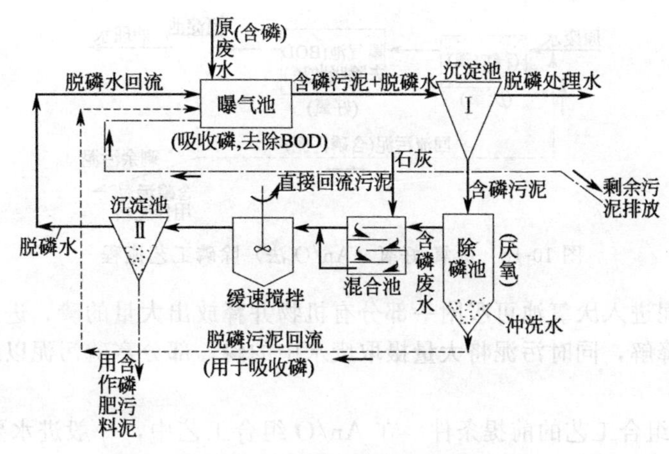

图 10-17 弗斯特利普除磷工艺流程

① 含磷废水进入曝气池，同步进入曝气池的还有由除磷池回流的脱磷但含有聚磷菌的污泥。曝气池的功能是：使聚磷菌过量地摄取磷，去除有机物（BOD 或 COD)，还可能出现硝化作用。

② 从曝气池流出的混合液（污泥含磷，废水已经除磷）进入沉淀池Ⅰ，在这里进行泥水分离，含磷污泥沉淀，已除磷的上清液作为处理水而排放。

③ 含磷污泥进入除磷池，除磷池应保持厌氧状态，即 DO≈0，NO_x^- ≈0，含磷污泥在这里释放磷，并投加冲洗水，使磷充分释放，已释放磷的污泥沉于池底，并回流至曝气池，再次用于吸收废水中的磷。含磷上清液从上部流出进入混合池。

④ 含磷上清液进入混合池，同步向混合池投加石灰乳，经混合后进入搅拌反应池，使磷与石灰反应，形成磷酸钙[$Ca_3(PO_4)_2$]固体物质。此系用化学法除磷。

⑤ 沉淀池Ⅱ为混凝沉淀池，经过混凝反应形成的磷酸钙固体物质在这里与上清液分离。已除磷的上清液回流进入曝气池，而含有大量 $Ca_3(PO_4)_2$ 的污泥排出，这种含有高浓度 PO_4^{3-} 的污泥宜用作肥料。

弗斯特利普除磷工艺已有很多应用实例。其主要特征有：

① 生物除磷与化学除磷相结合，除磷效果良好，处理水中含磷量一般都低于 1mg/L。

② 产生的剩余污泥中含磷量比较高，约为 2.1%～7.1%，污泥回流应经过除磷池。

③ 与完全的化学除磷法相比，所需的石灰用量比较低，一般介于 21～31.8mg/[Ca$(OH)_2$·m^3]。

④ 活性污泥的 SVI 值<100mL/g，污泥易于沉淀、浓缩、脱水，污泥肥分高，丝状菌难于增殖，污泥不膨胀，且易于浓缩脱水。

⑤ 可以根据 BOD/P 的比值来灵活调节回流污泥与混凝污泥的比例。

⑥ 流程复杂，运行管理比较复杂，由于投加石灰乳，致使运行费用也有所提高，基建费用高。

⑦ 沉淀池Ⅰ的底部可能形成缺氧状态而产生释放磷的现象，因此，应当及时排泥和回流。

10.5.2 厌氧-好氧活性污泥除磷工艺

厌氧-好氧活性污泥组合工艺（anaerobic/oxic，An/O）是直接在生物除磷基本原理的基础上设计出来的，其工艺流程如图 10-18 所示。

(1) 工艺流程

An/O 脱磷工艺主要由厌氧池、好氧池、二沉池构成，废水和污泥顺序经厌氧和好氧交替

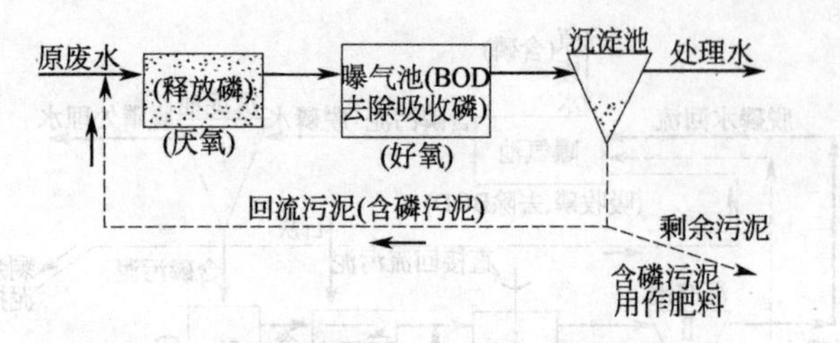

图 10-18 厌氧-好氧（An/O法）除磷工艺流程

循环流动。回流污泥进入厌氧池可吸附一部分有机物并释放出大量的磷，进入好氧池的废水中的有机物得到好氧降解，同时污泥将大量摄取废水中的磷，部分富磷污泥以剩余污泥排出，实现除磷的目的。

① 选择 An/O 组合工艺的前提条件　在 An/O 组合工艺中，一般进水要求有较高含量的易降解有机基质，这是采用 An/O 组合工艺的前提。

设 An/O 活性污泥系统中剩余污泥产量（以 VSS 干重计）的计算可按式(10-13)进行：

$$\Delta X = Y(S_0 - S_e)Q - K_d VX \tag{10-13}$$

式中　ΔX——每日微生物净增殖量（以 VSS 干重计），即剩余污泥产量；

Y——微生物合成产率系数（降解底物所合成的生物量千克数），一般取0.5～0.65；

$(S_0 - S_e)Q$——每日底物降解量；

K_d——微生物内源呼吸时的自身降解速率，d^{-1}，也称为衰减系数，一般取0.05～0.1d^{-1}；

X——废水处理系统内微生物浓度（活性污泥系统内为 MLVSS）；

V——废水处理系统的容积，m^3。

对于 An/O 生物除磷工艺，取 $Y=0.6$，$K_d=0.05d^{-1}$；对于传统活性污泥过程而言，水力停留时间（HRT）取 8h，X 取 2000mgVSS/L；假定 An/O 处理系统对 BOD_5 的去除率为 85%，即 $S_e=0.15S_0$；设进水中的磷浓度为 C，要求 An/O 出水中的磷浓度小于 1.0mg/L，将以上各项代入式（10-13），可得剩余污泥的含磷量为：

$$\frac{Q(C-1)}{\Delta X} = \frac{C-1}{0.51S_0 - 33.3} \tag{10-14}$$

一般污泥中聚磷菌对磷的积累限值为 7%～8%，即：

$$\frac{C-1}{0.51S_0 - 33.3} \leqslant 8\% \tag{10-15}$$

整理式(10-15)可得：

$$S_0 \geqslant \frac{C-1}{0.038} + 69.4 \tag{10-16}$$

我国城市污水的含磷量一般为 3～8mg/L，若取 5mg/L，代入式（10-16），可得 $S_0 \geqslant$ 174.7mg/L。

以上的粗略计算说明，当进水中易降解的基质浓度较低时，对于废水生物除磷是不利的，这对于选择 An/O 组合工艺具有重要的指导意义。

② An/O 组合工艺的特点　在厌氧-好氧生物除磷（An/O）组合工艺中，厌氧池应维持严格的厌氧状态，要求池内基本没有硝态氮（例如硝态氮浓度低于 0.2mg/L），溶解氧浓度低于 0.4mg/L。厌氧池容积一般占总容积的 20%，厌氧池一般分格，每格都设有搅拌器，维持污泥悬浮状态。厌氧池第一格的硝态氮浓度要求在 0.3mg/L 以下，最好为 0.2mg/L 以下，运行中要避免好氧池的硝化混合液进入厌氧池，并控制回流污泥的硝态氮含量。厌氧池分格有利

于抑制丝状菌的生长，产生沉降性能优越的污泥。

好氧池可采用机械曝气或扩散曝气，实际应用中的溶解氧浓度控制在1.0mg/L以上，以保障有机底物的降解和磷的吸收。

该工艺利用聚磷菌厌氧释磷和好氧吸磷的特性，通过排放高含磷污泥达到除磷目的。若进水中的磷与有机底物浓度之比较高，由于有机底物负荷较低，剩余污泥量较少，因而较难达到稳定的处理效果，故该工艺尤其适于进水中磷与有机底物浓度之比很低的情况。由于An/O组合工艺的污泥龄短（2～6d），系统往往达不到硝化，回流污泥也就不会携带硝酸盐至厌氧区。

厌氧-好氧活性污泥系统中强调了进水与回流污泥混合后维持厌氧状态的必要性，这种厌氧状态的维持不仅能促进聚磷菌的选择性增强，而且所产生的污泥基本上无丝状菌，活性高、密实、可快速沉淀。由于丝状菌基本都是好氧菌，厌氧状态对其不利，因此该工艺不仅可有效除磷，而且可改善污泥的性能。

从图10-18可以看出，An/O组合工艺流程简单，既无须投药，也无须考虑内循环，因此，建设费用及运行费用都较低，而且由于无内循环的影响，厌氧反应器能够保持良好的厌氧（或缺氧）状态。

实际运行情况表明，An/O组合工艺具有如下优点。

① 污泥在反应器内的停留时间一般从2～6d，是比较短的。

② 反应器（曝气池）内的污泥浓度一般在2700～3000mg/L之间。

③ BOD的去除率大致与一般的活性污泥系统相同。磷的去除率较好，处理水中的磷含量一般都低于1.0mg/L，去除率在76%左右。

④ 沉淀污泥（剩余污泥）中的含磷率约为4%，具有较高的肥效，可用作农肥。

⑤ 由于整个系统中的活性污泥交替处在厌氧和好氧条件下，混合液的SVI值≤100mL/g，沉降性好，发生污泥膨胀的可能性较小。

同时，经试验与运行实践还发现本工艺具有如下问题。

① 除磷率难以进一步提高，因为微生物对磷的吸收即便是过量吸收，也是有一定限度的，特别是当进水BOD值不高或废水中含磷量较高，即P/BOD值高时，由于污泥的产量低，将更是如此。

② 在沉淀池内容易产生磷的释放，特别是当污泥在沉淀池内停留时间较长时更是如此，应注意及时排泥和回流。

(2) 厌氧-好氧（An/O）生物除磷组合工艺的设计及其影响因素

厌氧-好氧（An/O）生物除磷组合工艺的设计计算中，反应池总有效容积的计算、需氧量及曝气系统的计算等可参照传统推流式活性污泥系统的设计；厌氧段的布置及反应池长、宽、深等具体尺寸计算等可参照缺氧-好氧（A/O）生物脱氮组合工艺的设计。

厌氧-好氧（An/O）生物除磷组合工艺的影响因素如下。

① 有机底物污泥负荷 N_{Ts}　在An/O组合工艺中，由于聚磷菌厌氧释磷时，需要摄取简单有机物为自身碳源PHB，因此为了满足聚磷菌对有机物的摄取，保证良好的除磷效果，有机底物污泥负荷 N_{Ts} 不应小于0.1kgBOD_5/(kgMLSS·d)。

② 污泥浓度 X_T 和污泥回流比 R　在An/O组合工艺中，由于厌氧（An）段和好氧（O）段的活性污泥内微生物菌群都以异养菌为主，因此其浓度 X_T、污泥回流比 R 等参数与仅考虑异养除碳效能的传统活性污泥过程相近，其中MLSS取2700～3000mg/L，R 取50%～100%。

③ 污泥龄 θ_c　在An/O组合工艺中，为了防止硝化过程的发生，其污泥龄仅以满足聚磷菌和除碳异养菌为准，一般 θ_c 取2～6d。

④ 水力停留时间（HRT）　由于An/O组合工艺中的微生物菌群主要为异养菌，其对

BOD_5的去除率大致与传统活性污泥过程相似，反应池内的水力停留时间较短，一般厌氧池An段的HRT为1～2h，好氧池O段的HRT为2～4h，总共3～6h，An段的HRT与O段的HRT的比值一般为1∶(2～3)。

⑤ 溶解性总磷与溶解性BOD_5之比　为了满足聚磷菌厌氧释磷过程中对简单有机底物的需求，要求废水中溶解性总磷与溶解性BOD_5的比值（即$S\text{-}TP/SBOD_5$）不大于0.06，磷的去除率达70%～80%，处理后出水的磷浓度一般小于1.0mg/L。

⑥ 溶解氧DO　在An/O组合工艺中，为了保持厌氧段的厌氧释磷条件，要求其DO浓度约为0mg/L。为了满足好氧段聚磷菌好氧吸磷对DO的需求，要求O段的DO浓度为2mg/L左右。

（3）厌氧-好氧（An/O）生物除磷组合工艺的发展

由于聚磷菌可直接利用的基质多为VFA类易降解有机基质，若原水中VFA类有机基质含量较低，则传统An/O组合工艺除磷的效能将受到影响。针对这一问题，Barnard在传统An/O组合工艺的基础上进行改进，并提出了AP（activated primary）组合工艺，如图10-19所示。

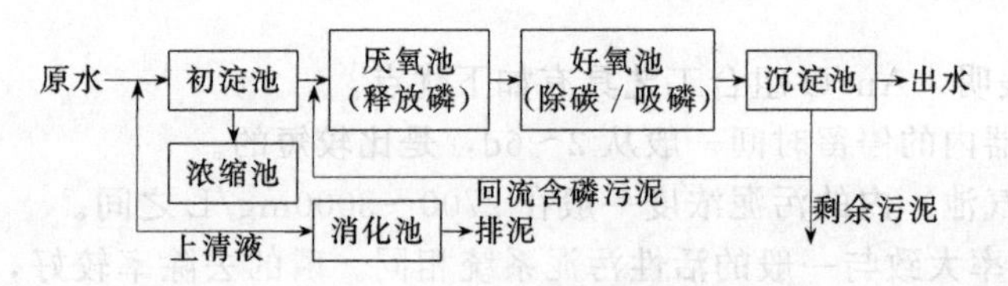

图10-19　AP除磷工艺流程示意

AP组合工艺旨在通过对初沉污泥的发酵产生乙酸盐等利于聚磷菌利用的低相对分子质量有机基质，从而利于后面的An/O系统的良好运行，使厌氧段的水力停留时间缩短至1h或更短。

10.6 同步脱氮除磷工艺

10.6.1 巴顿甫脱氮除磷工艺

巴顿甫（Bardenpho）脱氮除磷组合工艺（barnard denitrogen dephosphorus）是1973年Barnard以高效同步脱氮除磷为目的而开发的脱氮过程单元和除磷过程单元组合的工艺，其工艺流程如图10-20所示。

从图10-20可以看出，各反应单元均有其首要功能，并兼行其他功能。各单元的功能如下。

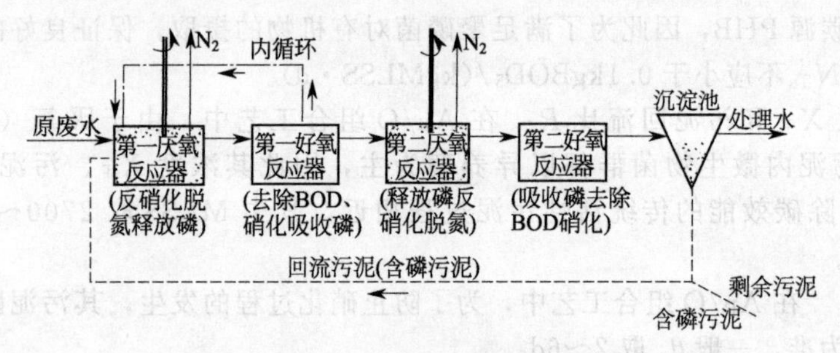

图10-20　巴顿甫同步脱氮除磷工艺

① 原废水进入第一厌氧反应器，本单元的首要功能是脱氮，含硝态氮的污水通过内循环来自第一好氧反应器；本单元的第二功能是污泥释放磷，而含磷污泥是从沉淀池排出回流来的。

② 经第一厌氧反应器处理后的混合液进入第一好氧反应器，它的功能有三：首要功能是去除 BOD，去除由原废水带入的有机污染物；其次是硝化，但由于 BOD 浓度还较高，因此硝化程度较低，产生的 NO_3^--N 也较少；再次是聚磷菌对磷的吸收。按除磷机理，只有在 NO_x^- 得到有效脱除后，才能取得良好的除磷效果，因此，在本单元内，磷吸收的效果不会太好。

③ 混合液进入第二厌氧反应器，本单元的功能一是脱氮，二是释放磷，以脱氮为主。

④ 第二好氧反应器，其首要功能是吸收磷，其次是进一步硝化，再次则是进一步去除 BOD。

⑤ 沉淀池，泥水分离是它的主要功能，上清液作为处理水排放，含磷污泥的一部分作为回流污泥，回流到第一厌氧反应器，另一部分作为剩余污泥排出系统。

从以上可以看出，各反应单元都有其首要功能，并兼行其他功能。无论是去除有机底物、硝化/反硝化反应，还是吸磷/释磷过程均发生两次或两次以上。因此本工艺的脱氮、除磷效果很好。据报道，该工艺在缺氧段、好氧段、厌氧段、好氧段的水力停留时间（HRT）依次为 3h、7h、4h、1h 的情况下，对进水 COD 为 340mg/L、TKN 为 81mg/L 的废水进行处理，可获得出水 COD 为 35mg/L、TKN 为 1.6mg/L、PO_4^{3-}-P 小于 1.0mg/L 的处理效果，即脱氮率可达 90%～95%，除磷率达 97%。但工艺流程复杂、反应器单元多、运行烦琐、成本高是本工艺的主要缺点。

由于系统内未考虑硝酸盐对释磷过程的干扰，二级反硝化及释磷缺乏碳源补充，因此该工艺不适于进水碳源较低的情况。

在 Bardenpho 脱氮除磷组合工艺中，由于回流、废水水质的影响及操作运行上的关系，较难保证厌氧段的厌氧条件，厌氧释磷过程受到削弱。

10.6.2 Phoredox 同步脱氮除磷工艺

针对 Bardenpho 脱氮除磷组合工艺存在的缺点，Barnard 在传统 Bardenpho 脱氮除磷组合工艺（缺氧-好氧-厌氧-好氧）的前端增加厌氧池，进而实现厌氧、好氧强化除磷的效能，并称此类具有厌氧、好氧强化除磷功能的过程为 Phoredox 组合工艺，其工艺流程如图 10-21 所示。

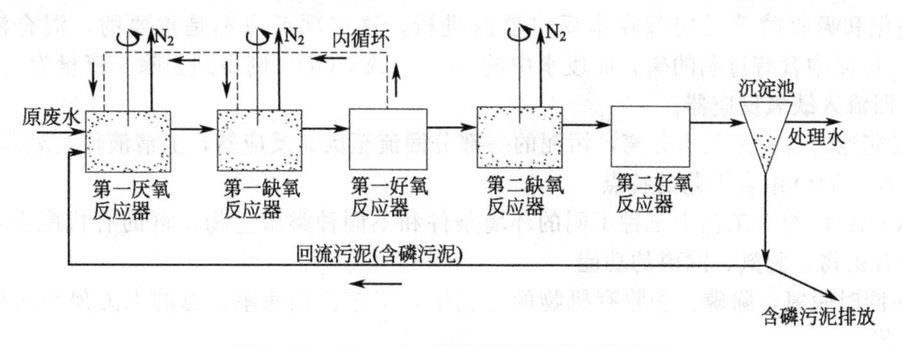

图 10-21 Phoredox 同步脱氮除磷工艺流程

不论是 Bardenpho 脱氮除磷组合工艺还是 Phoredox 脱氮除磷组合工艺，其厌氧池都受出水所含硝酸盐浓度的影响而削弱厌氧释磷过程，而且都具有工艺复杂、反应器单元多，运行烦琐，成本高等缺点。

为了简化除磷工艺流程，逐渐开发了 An/A/O 组合工艺。

10.6.3 An/A/O同步生物脱氮除磷工艺

An/A/O(anaerobic/anoxic/oxic)同步生物脱氮除磷工艺又称厌氧-缺氧-好氧法脱氮除磷工艺，是20世纪70年代由美国的一些专家在厌氧-好氧（An/O）组合除磷工艺基础上开发的同步脱氮除磷的污水处理工艺。其工艺流程如图10-22所示。

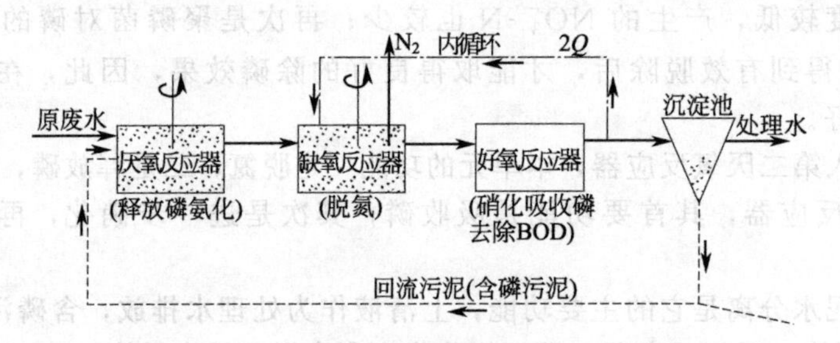

图10-22 An/A/O同步脱氮除磷工艺流程

(1) An/A/O组合工艺流程

在An/A/O组合工艺中，废水首先进入厌氧池，在厌氧环境下，兼性厌氧发酵菌可将废水中可生物降解的大分子有机物转化为挥发性脂肪酸（VFA）类相对分子质量较低的中间发酵产物。聚磷菌将其体内的聚磷酸盐分解，同时释放出能量供专性好氧聚磷微生物在厌氧的“压抑”环境中维持生存，剩余部分的能量则可供聚磷菌从环境中吸收VFA类易降解的有机底物之需，并以PHB的形式在其体内加以储存。随后，废水进入缺氧池，其中的硝酸盐还原菌利用好氧池回流混合液中的硝酸盐以及废水中的有机底物进行硝化，达到同时脱氮除磷的效果。在好氧池，聚磷菌在利用废水中残留的有机底物的同时，主要通过分解其体内储存的PHB所放出的能量维持生长，同时过量摄取环境中的溶解态磷。好氧池中的有机物经厌氧段、缺氧段分别被聚磷菌和硝酸盐还原菌利用后，浓度相当低，这有利于自养硝化菌的生长。

各反应器单元的功能与工艺特征如下。

① 厌氧反应器，原废水进入，同步进入的还有从沉淀池排出的含磷回流污泥，本反应器的主要功能是释放磷，同时部分有机物进行氨化。

② 废水经第一厌氧反应器进入缺氧反应器，本反应器的首要功能是脱氮，硝态氮是通过内循环由好氧反应器送来的，循环的混合液量较大，一般为2Q（Q为原废水流量）。

③ 混合液从缺氧反应器进入好氧反应器——曝气池，这一反应器单元是多功能的，去除BOD、硝化和吸收磷等反应都在本反应器内进行。这三项反应都是重要的，混合液中含有NO_3^--N，污泥中含有过剩的磷，而废水中的BOD（或COD）则得到去除。流量为2Q的混合液从这里回流入缺氧反应器。

④ 沉淀池的功能是泥水分离，污泥的一部分回流至厌氧反应器，上清液作为处理水排放。

(2) An/A/O组合工艺的特点

① An/A/O组合工艺中三种不同的环境条件和不同种类微生物菌群的有机配合，能同时具有去除有机物、脱氮、除磷的功能。

② 在同时脱氮、除磷、去除有机物的工艺中，工艺流程简单，总的水力停留时间少于其他同类工艺。

③ 在厌氧-缺氧-好氧交替运行下，丝状菌不能大量增殖，SVI值一般小于100mL/g，无污泥膨胀现象发生。

④ 污泥中磷的含量较高，一般为2.5%以上，具有很高的肥效。

⑤ 厌氧-缺氧池只需缓慢搅拌，使之混合，而以不增加溶解氧为度，运行费用低。

⑥ 沉淀池要防止发生厌氧、缺氧状态，以避免聚磷菌释放磷而降低出水水质和反硝化产

生氮气而干扰沉淀。

⑦ 脱氮效果受混合液回流比大小的影响，除磷效果受回流污泥中挟带DO和硝酸盐氮的影响，因而脱氮除磷效率受到一定限制。

(3) An/A/O组合工艺过程的影响因素

① 溶解性有机底物浓度的影响　由于厌氧段中聚磷菌只能利用可快速生物降解的有机物，若此类物质浓度较低，聚磷菌则无法正常进行磷的释放和吸收。研究表明，厌氧段进水S-TP和S-BOD_5的比值应小于0.06。

在缺氧段，若有机底物浓度较低，则反硝化脱氮速率将因碳源不足而受到抑制，一般来说，废水中COD/TKN值大于8时，氮的总去除率可达80%，工程设计中也可按照BOD_5/NO_x^--N>4进行控制。

② 污泥龄θ_c的影响　An/A/O组合工艺的污泥龄受两方面影响，其一是硝化菌世代时间的影响，一般为25d左右；其二是除磷主要通过剩余污泥排出系统，要求An/A/O组合工艺中污泥龄不宜过长，应为5～8d。两者权衡，一般An/A/O组合工艺的污泥龄θ_c为15～20d。

③ 溶解氧（DO）的影响　An/A/O组合工艺的溶解氧应满足三方面的要求，即好氧段氨氮完全氧化为硝态氮所需、满足进水中有机底物的氧化所需及好氧段聚磷菌吸磷所需。为防止DO过高而随污泥回流和混合液回流带至厌氧段和缺氧段，造成厌氧不完全而影响聚磷菌的释磷和缺氧段反硝化，一般好氧段的DO浓度在1.5～2.0mg/L，厌氧段的DO浓度小于0.2mg/L。

④ 硝化区和反硝化区容积比的影响　硝化区和反硝化区容积比随进水水质、水温等变化而变化，一般硝化区和反硝化区容积比为(8～7)∶(2～3)，但在水质较差或脱氮要求较高时，该容积比最小为1∶1。

⑤ 有机底物污泥负荷N_{Ts}的影响　好氧池的有机底物污泥负荷N_{Ts}应不超过0.18kgBOD_5/(kgMLSS·d)，否则异养菌数量超过硝化菌而抑制硝化过程；厌氧池的有机底物污泥负荷N_{Ts}应大于0.10kgBOD_5/(kgMLSS·d)，否则聚磷菌底物不足，除磷效果下降。

⑥ 氮的污泥负荷的影响　氮的污泥负荷过高会对硝化菌产生抑制，一般小于0.05kgTKN/(kgMLSS·d)，相应反应池内污泥浓度MLSS取3000～4000mg/L。

⑦ 污泥回流比R和混合液回流比R_N的影响　污泥回流比R一般为25%～100%，如果R太高，污泥将DO和硝态氮带入厌氧池太多，影响其厌氧状态且反硝化产生，会抑制厌氧释磷过程；如果R太低，则维持不了正常的反应器内污泥浓度，影响生化反应速率和处理效率。

虽然提高混合液回流比R_N可以提高反硝化效果，但R_N过大，则大量曝气池的DO将被带入反硝化区，反而破坏了反硝化条件，且动力费用大。一般混合液回流比R_N根据脱氮要求在100%～600%左右。

⑧ 水温的影响　硝化菌生长的最适宜温度为30～35℃，为避免硝化速率和有机底物好氧降解速率明显下降，水温不宜低于10℃；反硝化脱氮的最适宜温度为20～38℃，为避免硝酸盐还原菌的生长速率下降，水温不宜低于15℃。

温度对聚磷菌影响不大，因为聚磷菌有高温菌、中温菌和低温菌三种，其中低温菌又有专性和兼性的，当水温低于10℃时，低温兼性菌占优势，其繁殖速率受温度影响较小。

⑨ 碱度的影响　硝化和反硝化过程分别消耗和产生碱度，影响pH值的变化。硝化过程最适宜的pH值为7.8～8.4，当pH<6或pH>9时，硝化反应将停止；反硝化过程的最适宜pH值为6.5～7.5。当系统碱度不足造成单元池内pH值显著波动时，需人为投加碱度。

⑩ 水力停留时间（HRT）的影响　系统的总HRT为6～8h，由于厌氧段、缺氧段内主要为异养菌群，对污染底物降解速率较快，而好氧段内为除碳异养菌和自养硝化菌，其中自养硝化菌代谢速率较慢，则好氧段HRT较厌氧段和缺氧段要长，三个段的HRT比为：厌氧段∶缺氧段∶好氧段=1∶1∶(3～4)。

⑫ 厌氧段、缺氧段都宜分成串联的几个方格，每个方格内设置一台机械搅拌机，一般用叶片桨板或推进式搅拌机，所需功率按 $3\sim5W/m^3$ 废水计算。

An/A/O 同步生物脱氮除磷工艺主要设计参数见表 10-2。

表 10-2　An/A/O 同步生物脱氮除磷工艺主要设计参数

项目		参数
水力停留时间/h	厌氧反应器	0.5～1.0
	缺氧反应器	0.5～1.0
	好氧反应器	3.5～6.0
污泥回流比/%		50～100
混合液内循环回流比/%		100～300
混合液悬浮固体浓度/(mg/L)		3000～5000
F/M 值/[$kgBOD_5$/(kgMLSS·d)]		0.15～0.7
好氧反应器内浓度/(mg/L)		≥2
BOD_5/P 值		5～15(以大于 10 为宜)

An/A/O 同步生物脱氮除磷工艺存在的问题有：

① 除磷效果难于再提高，污泥增长有一定的限度，不易提高，特别是当 P/BOD 值高时更是如此。

② 脱氮效果难以进一步提高，内循环量一般以 $2Q$ 为限，不宜太高。

③ 沉淀池要保持一定浓度的溶解氧，减少污泥停留时间，防止产生厌氧状态和污泥释放磷的现象出现，但溶解氧的浓度也不宜过高，以防循环混合液对缺氧反应器的干扰。

(4) An/A/O 组合工艺的改进

An/A/O 组合工艺存在的最大问题是难以同时取得良好的脱氮、除磷效果，当脱氮效果好时，除磷效果则差，反之亦然。其原因是回流污泥携带的溶解氧或硝酸盐氮对厌氧释磷仍存在干扰，使其除磷效果受到一定的限制。针对厌氧段硝酸盐干扰释磷的问题，可以考虑做两种改进。

① 将厌氧池和缺氧池互换位置，成为缺氧-厌氧-好氧 A/An/O 组合工艺　缺氧-厌氧-好氧(A/An/O) 组合工艺的流程如图 10-23 所示，废水可通过分点进水，且将缺氧池与厌氧池位置调整，这样不仅避免了废水中碳源少时，因碳源首先满足厌氧聚磷过程而使反硝化碳源不足，使得缺氧反硝化过程受限的现象，还可达到简化流程的目的。

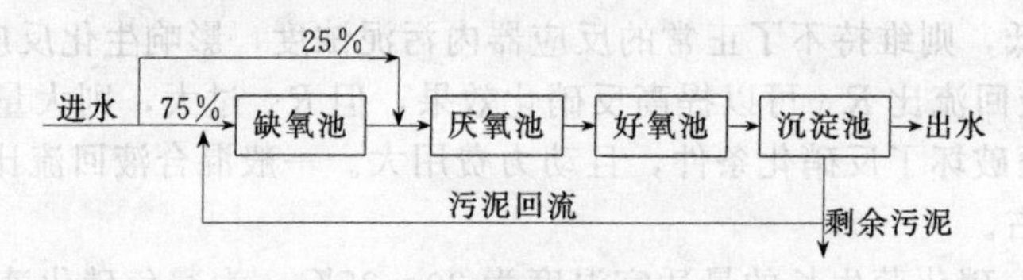

图 10-23　A/An/O 脱氮除磷工艺

缺氧-厌氧-好氧 (A/An/O) 组合工艺将缺氧段置于厌氧段的前面，污泥回流至缺氧池，可将回流污泥内的硝态氮反硝化去除，消除其对厌氧释磷过程的干扰；厌氧池与好氧池紧密相连，使得聚磷菌厌氧释磷后马上进入好氧吸磷过程，提高除磷效能；废水分两股分别进入缺氧池和厌氧池，分别满足了厌氧释磷和缺氧反硝化的碳源需求；通过增大污泥回流比达到可以省去混合液回流的目的，使得工艺简化，能耗降低。

② 在 An/A/O 组合工艺前端设置厌氧/缺氧选择器，成为改良 An/A/O 组合工艺　改良 An/A/O 组合工艺的流程如图 10-24 所示。在厌氧池前设置了厌氧/缺氧调节池，来自二沉池的回流污泥和 10%左右的原水进入该池，水力停留时间 (HRT) 为 20～30min，微生物利用 10%进水中的有机底物去除回流污泥中的硝态氮，消除硝态氮对后续厌氧池释磷的干扰。该工艺处理效果良好，且节省了一个回流系统。

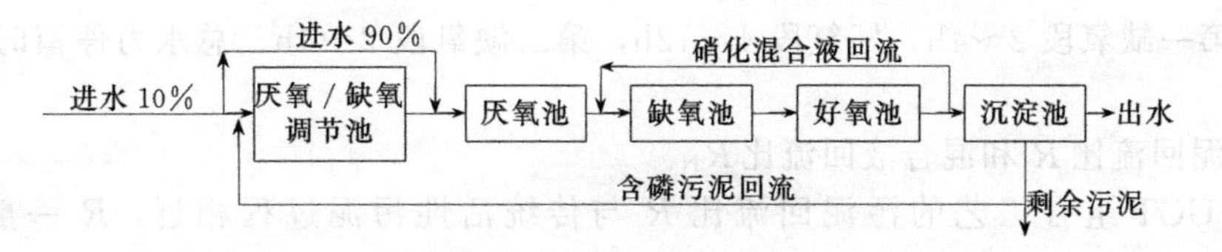

图 10-24　改良型 An/A/O 脱氮除磷工艺流程

10.6.4　UCT 同步脱氮除磷工艺

在前述的两种同步脱氮除磷工艺中，都是将回流污泥直接回流到工艺前端的厌氧池，其中不可避免地会含有一定浓度的硝酸盐，因此会在第一级厌氧池中引起反硝化作用，反硝化细菌将与聚磷菌争夺废水中的有机物而影响除磷效果，因此提出 UCT（university of cape town）同步脱氮除磷工艺。

UCT 同步脱氮除磷工艺的工艺流程如图 10-25 所示。最终沉淀池的污泥回流到缺氧池，通过缺氧反硝化作用使硝酸盐氮大大减少，再增加缺氧池到厌氧池的缺氧池混合液回流，可以防止硝酸盐氮的进入破坏厌氧池的厌氧状态而影响系统的除磷效果。

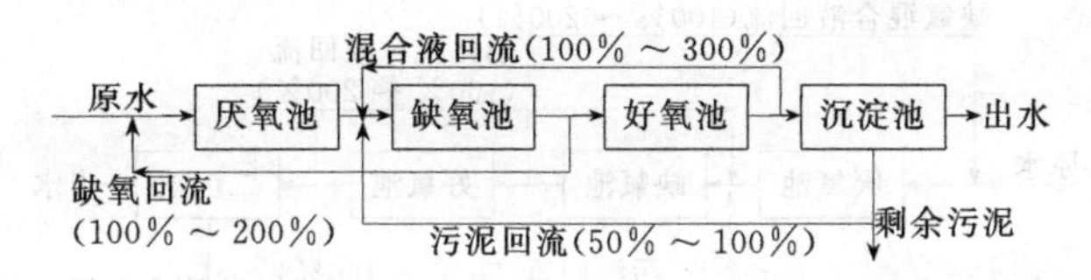

图 10-25　UCT 同步脱氮除磷工艺流程

在 UCT 组合工艺中，好氧池到缺氧池的混合液回流比直接影响到缺氧池出水的硝酸盐氮含量，即影响缺氧池回流到厌氧池的硝酸盐氮含量，由于原水的 TKN/COD 比值不确定，造成混合液回流比的波动将显著影响除磷效果。为了解决混合液回流比的变动对系统效能的影响，提出了改良型 UCT 组合工艺，如图 10-26 所示。

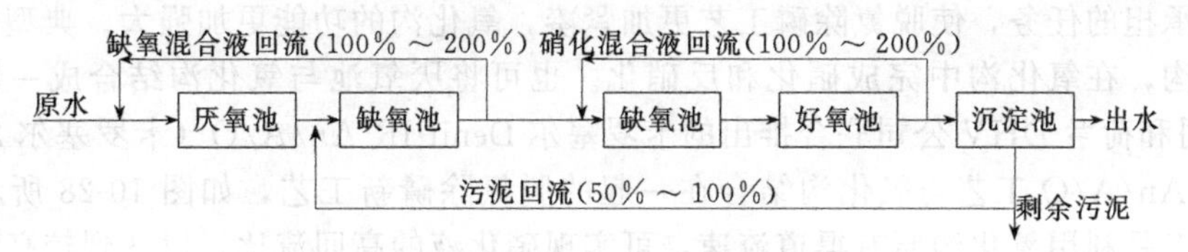

图 10-26　改良型 UCT 同步脱氮除磷工艺流程

改良型 UCT 组合工艺中，缺氧池被分成两部分，第一缺氧池接纳回流污泥，然后由该反应池将污泥回流到厌氧池，这样就基本解决了硝酸盐氮对厌氧释磷的干扰；硝化混合液回流到第二缺氧池，大部分反硝化反应在此完成。

改良型 UCT 组合工艺的影响因素如下。

(1) 有机底物污泥负荷 N_{Ts}

改良型 UCT 组合工艺的有机底物污泥负荷 N_{Ts} 与传统活性污泥过程相近，一般 N_{Ts} 为 0.1～0.2kgBOD_5/(kgMLSS·d)。

(2) 污泥浓度 X_T 和污泥龄 θ_c

改良型 UCT 组合工艺的污泥浓度与传统活性污泥过程相近，一般 MLSS 为 2000～4000mg/L。由于改良型 UCT 组合工艺中存在自养硝化过程，则污泥龄应以满足硝化污泥为准，一般污泥龄 θ_c 为 10～30d。

(3) 水力停留时间（HRT）

为满足各段不同的净化效能，改良型 UCT 组合工艺中各段的水力停留时间分别为：厌氧段 1～2h，第一缺氧段 2～4h，好氧段 4～12h，第二缺氧段 2～4h。总水力停留时间（HRT）为 9～22h。

（4）污泥回流比 R 和混合液回流比 R_N

改良型 UCT 组合工艺的污泥回流比 R 与传统活性污泥过程相近，R 一般取 50%～100%；混合液回流比 R_N 与 An/A/O 组合工艺相近，一般取 100%～300%。

10.6.5 VIP 组合工艺

VIP（virginia initiative plant）是美国的 Randall 教授提出的一种生物除磷工艺，其流程类似于 UCT 组合工艺，但有两点明显的不同之处。

① 厌氧段、缺氧段和好氧段的每一部分都由两个以上的池子组成，其释磷和吸磷的速率很快。

② 其污泥龄比 UCT 组合工艺短，负荷比 UCT 组合工艺高，因而运行速率高，除磷效率高，所需反应设备容积小。其设计污泥龄一般为 5～10d，而 UCT 组合工艺的污泥龄则为 13～25d。图 10-27 为 VIP 生物除磷组合工艺流程。

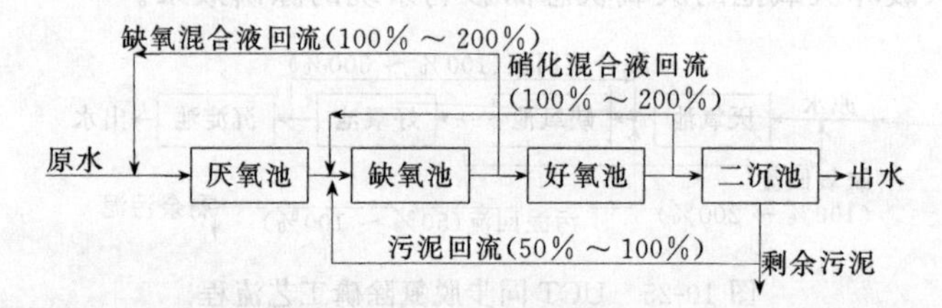

图 10-27 VIP 生物除磷组合工艺流程

10.6.6 氧化沟脱氮除磷工艺

脱氮除磷的氧化沟是把氧化沟与其他的脱氮除磷工艺结合起来，用氧化沟来实现本应由多个反应器来承担的任务，使脱氮除磷工艺更加紧凑，氧化沟的功能更加强大。典型的结合方式为单独氧化沟，在氧化沟中完成硝化和反硝化。也可将厌氧池与氧化沟结合成一体，如美国 EMICO 公司和荷兰 DHV 公司联合推出的卡罗塞尔 Denit IR An/A/O（卡罗塞尔 2000）工艺就是一种将 An/A/O 工艺与氧化沟结合在一起的脱氮除磷新工艺，如图 10-28 所示。这种工艺的最大优点是利用氧化沟原有渠道流速，可实现硝化液的高回流比，以达到较高程度的脱氮效率，同时不需要任何回流提升动力。前置厌氧池又达到了同时脱氮除磷的目的。

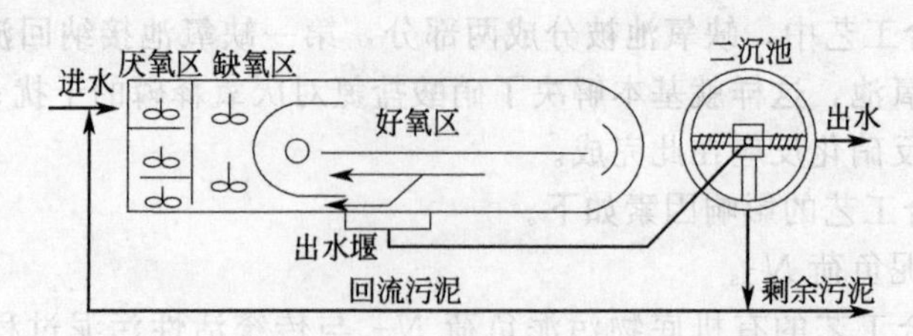

图 10-28 卡罗塞尔 Denit IR An/A/O 工艺流程

10.6.7 SBR 脱氮除磷工艺

SBR 法处理工艺可根据具体净化要求，通过不同控制手段而比较灵活地运行。SBR 工艺的每一个完整的操作过程包括 5 个阶段：进水期、反应期、沉淀期、排水排泥期、闲置期。SBR 工艺不仅可以很容易地实现好氧、缺氧及厌氧状态交替的处理条件，而且很容易在好氧条件下增大曝气量、反应时间和污泥龄来强化硝化反应及聚磷菌过量摄磷的顺利完成；也可在缺氧条件下方便地通过投加原污水（或甲醇等）或提高污泥浓度等方式以提供有机碳作为电子供体使反硝化过程更快完成。由于其良好的工艺性能和灵活的操作，使其易于引入厌氧-缺氧-好氧过程，成为脱氮除磷工艺的选择对象。通过改变运行方式，合理分配曝气阶段和非曝气阶段的时间，创造交替进行的厌氧、好氧条件，实现生物脱氮除磷。

10.6.8 废水生物脱氮除磷工艺选择

废水的处理目标决定了所选择的处理工艺，当处理目标分别是去除NH_4^+-N（只需硝化）、TN（硝化和反硝化）及同时脱氮除磷时，工艺的选择是不同的。

（1）废水单独生物脱氮系统的选择与主要参数

当出水仅对NH_4^+-N浓度有要求，而对TN无要求时，采用合并硝化或单独硝化都可满足出水要求，也可考虑采用单一缺氧池的单级活性污泥系统。

当出水对TN有要求时，应同时考虑硝化与反硝化。对于不同的出水TN要求，应考虑选择不同的脱氮工艺，根据出水TN的要求选用表10-3所示的脱氮工艺。常用的废水脱氮工艺的主要设计参数见表10-4。

表10-3 根据出水TN要求选择脱氮工艺

出水TN要求	可选脱氮工艺
8～12mg/L	所有单级活性污泥系统、氧化沟、SBR工艺
6～8mg/L	强化①后的An/A/O、UCT、VIP工艺；Bardenpho工艺、氧化沟、SBR工艺
3～6mg/L	Bardenpho工艺
≤3mg/L	采用多级生物脱氮系统

① 强化措施包括提高从好氧池到缺氧池的回流比，采用保守的设计参数等。

表10-4 废水生物脱氮工艺的主要设计参数

设计参数	取值范围
水力停留时间/h	缺氧段0.5～1.0，好氧段2.5～6
污泥龄/d	3～5
污泥负荷/[kgBOD/(kgMLSS·d)]	0.10～0.70
MLSS/(mg/L)	2000～5000
混合液回流比/%	200～500
污泥回流比/%	50～100

（2）废水单独生物除磷工艺的选择

生物除磷工艺也需要从处理目标来进行选择。当出水仅要求除磷时，宜选用A/O工艺或Phostrip工艺。特别要根据废水水质及具体要求，确定合理的处理工艺方法，以下为工艺选择的几条基本原则。

① 如果进水中易生物降解有机基质的浓度过低，如低于60mg/L，则这种废水难以进行除磷处理，即任何工艺在处理这种废水时都不能获得良好的除磷效果。也就是说，进水中易降解有机基质的浓度不能低于60mg/L。

② 如果进水的COD/TKN>12.5，则采用Phoredox工艺可以较彻底地消除硝酸盐对除磷的影响。

③ 如果9<COD/TKN<12.5，此时宜采用UCT工艺。如用Phoredox工艺则不能完全去除硝酸盐。

④ 如果7<COD/TKN<9，在采用UCT工艺时应严格控制回流比，并严格检查污泥的沉降性能。

⑤ 如果废水的COD/TKN<7，则该废水不宜采用生物除磷法进行处理。

（3）废水生物脱氮除磷工艺的选择

当废水的处理目标为脱氮除磷时，An/A/O、UCT、VIP工艺均可使出水的TP浓度低于

1mg/L，TN的浓度为6～8mg/L；五段Bardenpho工艺和Phoredox工艺也可使出水的TP浓度低于3mg/L，TN浓度为3～6mg/L。生物脱氮除磷工艺的另一个重要指标是废水的BOD/TP，如果BOD/TP＞20，则原污水有充足的碳源有机物，An/A/O和五段Bardenpho工艺可考虑用于满足脱氮除磷要求。若BOD/TP＜20，则需考虑选择VIP或UCT工艺。

参 考 文 献

[1] 唐受印，戴友芝. 水处理工程师手册 [M]. 北京：化学工业出版社，2001.
[2] 买文宁. 生物化工废水处理技术及工程实例 [M]. 北京：化学工业出版社，2002.
[3] 王绍文，罗志腾，钱雷. 高浓度有机废水处理技术与工程应用 [M]. 北京：冶金工业出版社，2003.
[4] 周正立，张悦. 污水生物处理应用技术及工程实例 [M]. 北京：化学工业出版社，2006.
[5] 张可方，李淑更. 小城镇污水处理技术 [M]. 北京：中国建筑工业出版社，2008.
[6] 王郁，林逢凯. 水污染控制工程 [M]. 北京：化学工业出版社，2008.

第11章 废水的自然生物处理系统

废水的自然生物处理系统一般包括稳定塘系统、土地处理系统和人工湿地系统，是一种废水处理与利用相结合的实用技术。

11.1 稳定塘处理系统

生物稳定塘也称氧化塘，是一类利用天然净化能力的生物处理构筑物，一般为在有条件的地方，对天然湖泊或塘洼地进行整修，用塘内生长的微生物处理城市污水和工业污水。

11.1.1 生物稳定塘的特点

作为污水处理和再利用技术，稳定塘具有一系列较为显著的优点。

① 能充分利用地形，结构简单，建设费用低。采用污水处理稳定塘系统，可以利用旧河道、河滩、沼泽、峡谷、废弃的水库及无农业利用价值的荒地等地段建设，结构简单，大都以土石结构为主，在建设上也具有施工周期短、易于施工和基建投资少等优点。污水处理与利用生态工程的基建投资约为相同规模常规污水处理厂的1/5～1/3。

② 可实现污水资源化和污水回收及再用，实现水循环，既节省了水资源，又获得了经济收益。稳定塘处理后的污水可用于农业灌溉，也可在处理后的污水中进行水生作物和水产的养殖，将污水中的有机物转化为水生作物、鱼、水禽等物质，形成多级食物网的复合生态系统。如使用得当，会产生明显的经济、环境和社会效益。

③ 处理能耗低，运行维护方便，成本低。风能是稳定塘系统的重要辅助能源之一，经过适当的设计，可在稳定塘中实现风能的自然曝气充氧，从而达到节省电能降低处理能耗的目的。此外，在稳定塘中不需要复杂的机械设备和装置，这使稳定塘的运行更稳定并保持良好的处理效果，而其运行费用仅为常规污水处理系统的1/5～1/3。

④ 美化环境，形成生态景观。可将净化后的污水引入人工湖中用作景观和游览的水源，由此形成的处理与利用生态系统不仅将成为有效的污水处理设施，而且还将成为现代化生态农业基地和游览胜地。

⑤ 污泥产量少。稳定塘污水处理技术的另一大优点是产生的污泥量较小，仅为活性污泥法所产生污泥量的1/10，前端处理系统中产生的污泥可以送至该生态系统中的藕塘和芦苇塘或附近的农田，

作为有机底肥加以使用和消耗。前端带有厌氧塘或兼性塘的塘系统通过其底部的污泥发酵坑沉积污泥发生酸化、水解和甲烷发酵，从而使有机固体颗粒转化为液体或气体，可以实现污泥的零排放。

⑥ 能承受污水水量大范围的波动，其适应能力和抗冲击能力强。我国许多城市的污水BOD浓度小于100mg/L，使活性污泥法尤其是氧化沟无法正常运行，而稳定塘不仅能有效地处理高浓度有机污水，如BOD_5可高达1000～10000mg/L，而且可以处理低浓度污水，如BOD_5浓度低于100mg/L，甚至低于60mg/L。

其缺点是占地面积过多，处理效果受气候的影响，如过冬问题、春秋季翻塘问题等；如果设计或运行不当，可能形成二次污染，如污染地下水、产生臭气等。但与传统污水处理技术相比，稳定塘系统具有独特的优势，如表11-1所示。

表 11-1 稳定塘处理系统与常规污水处理法的比较

An/A/O 活性污泥法	氧化沟法	污水处理与利用生物稳定塘系统
工艺复杂，处理构筑物多，运行麻烦	工艺流程简单，处理构筑物较少，运行较简单	工艺流程简单，运行稳定可靠，操作简便，无污泥回流，可连续运行多年而不排出、处理和处置污泥
基建投资高	基建投资省，比常规活性污泥法少15%～20%	基建费用低，占地面积大
运行费用高	运行费用高，比常规活性污泥法高20%～25%	运行费用很低，其出水作为农田灌溉用水，能有一定的经济收入
处理低浓度污水时难以高效除氮、磷	低浓度废水处理效果差，原水BOD_5浓度低于100mg/L时难以正常运行	适应污水浓度范围大，抗冲击负荷能力强。处理与利用相结合，能实现污水资源化
当C、N、P比例适宜时能脱氮、除磷	能脱氮、除磷，如卡罗塞尔2000型	能脱氮、除磷

11.1.2 稳定塘系统的运行原理

稳定塘以太阳能为初始能源，通过在塘中种植水生植物进行水产和水禽的养殖，形成人工生态系统，在太阳能（日光辐射提供能量）作为初始能源的推动下，通过塘中多条食物链的物质迁移、转化和能量的逐级传递、转化，将进入塘中污水中的有机污染物进行降解和转化，最后不仅去除了污染物，而且以水生植物和水产（如鱼、虾、蟹、蚌等）、水禽（如鸭、鹅等）的形式作为资源回收，净化的污水也可作为再生水资源予以回收再用，使污水处理与利用结合起来，实现污水的资源化。其工作示意图如图11-1所示。

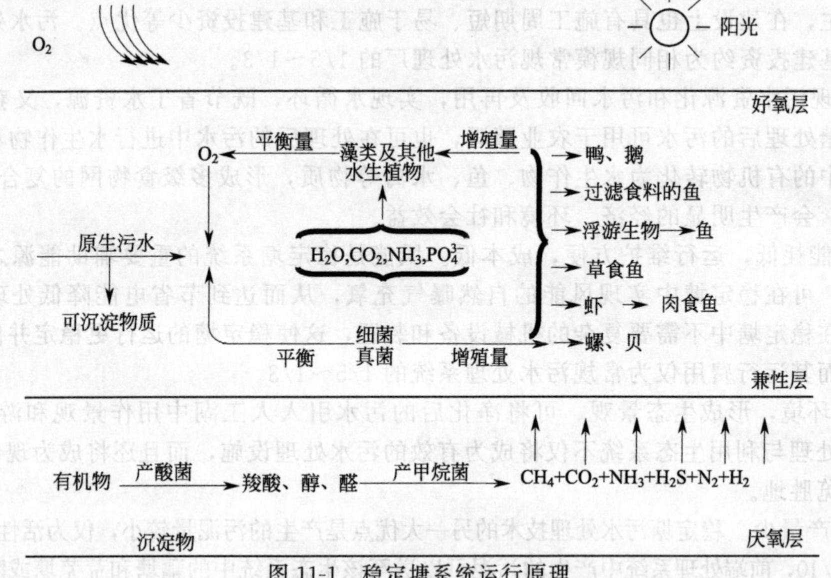

图 11-1 稳定塘系统运行原理

人工生态系统利用种植水生植物及养鱼、鸭、鹅等形成多条食物链。其中，不仅有分解者生物即细菌和真菌，生产者生物即藻类和其他水生植物，还有消费者生物，如鱼、虾、贝、螺、鹅、野生水禽等，三者分工协作，对污水中的污染物进行更有效的处理与利用：细菌和真菌在厌氧、好氧和兼性环境中将有机物降解为二氧化碳、氨氮和磷酸盐等；藻类和其他水生植物通过光合作用将这些无机产物作为营养物吸收并增殖其机体，同时放出氧，供好氧菌继续氧化降解有机物；增长的微型藻类和细菌、真菌作为浮游动物（如轮虫和水蚤等）的饵料而使其繁殖，它们又作为鱼的饵料而使鱼繁殖；小型鱼类又作为鸭的精饲料使鸭生长，也利于大型经济鱼类的生长和繁殖；小型藻类还会被螺、蚌、虾等捕食，大型藻类（如鸭草和沉水性植物，如金鱼藻、茨藻、黑藻等）和其他水生植物为草食性鱼类和鸭、鹅等所消耗。由此可形成许多条食物链，并构成纵横交错的食物网生态系统。如果在各营养级之间保持适宜的数量比和能量比，就可建立良好的生态平衡系统。污水进入这种生态塘后，其中的有机污染物不仅被细菌和真菌降解净化，而且其降解的最终产物（一些无机化合物）还作为碳源、氮源和磷源，以太阳能为初始能源，参与到食物网中的新陈代谢过程，并从低营养级到高营养级逐渐迁移转化，最后转变成水生作物、鱼、虾、鹅、鸭等产物，从而获得可观的经济效益。

城市污水及多种工业污水可利用稳定塘进行处理。采用稳定塘是否为最优选择需视当地是否具备适宜的条件而定。一般需具备两个条件：①当地有可供使用的土地，最好是无农业利用价值的荒地，地价较低；②当地的气候适于稳定塘运行。首先应考虑气温，气温高适于塘中微生物的生长和代谢，使污染物质的去除率高，从而可减少占地面积，降低投资。当然，我国东北、美国的阿拉斯加、北欧和加拿大的严寒地区也建设了不少稳定塘，同样可达到处理废水的目的。占地虽多，但如果有闲置土地可资利用，也是合理的。其次应考虑日照及风力等气候条件。兼性塘和好氧塘需要光能以供给藻类进行光合作用。适当的风速和风向有利于塘水混合。

11.1.3　稳定塘的种类及工艺流程

根据塘中微生物的反应类型，用于污水处理的生物塘可分为4种：好氧塘、兼性塘、厌氧塘和曝气塘。好氧微生物所需要的溶解氧，在好氧塘和兼性塘中主要由藻类通过光合作用和水面自然复氧提供；在曝气塘中由表面曝气机或空气扩散器提供。各种稳定塘的比较见表11-2，可根据当地情况，经全面技术、经济比较后选用。用于处理传统三级处理出水（BOD_5浓度为30mg/L）的氧化塘称为深度处理塘，以满足受纳水体或回用的要求。

表11-2　各种稳定塘比较

项目	好氧塘	兼性塘	厌氧塘	曝气塘
优点	基建投资和运转维护费低；管理方便；处理程度高	基建投资和运转维护费最低；管理方便；处理程度高；耐冲击负荷较强	占地省（因池深大）；耐冲击负荷；所需动力少；储存污泥的容积较大；作为预处理设施时，可大大减小后续兼性塘和好氧塘的容积	体积小，占地省；无臭味；处理程度高；耐冲击负荷强
缺点	池容大，占地多；可能有臭味；需要对出水中的藻类进行补充处理	池容大，占地多；可能有臭味；夏季运转时经常出现漂浮污泥层；出水水质有波动	对温度要求高，臭味大	运转维护费高；出水中含固体物质高；起泡沫
适用条件	适于去除营养物；处理溶解性有机物；处理二级处理后的出水	适于处理城市污水与工业污水；为处理小城镇污水最常用的处理系统	适于处理高温、高浓度污水	适于处理城市污水与工业污水

稳定塘可采用不同的工艺流程，典型流程如图11-2所示。

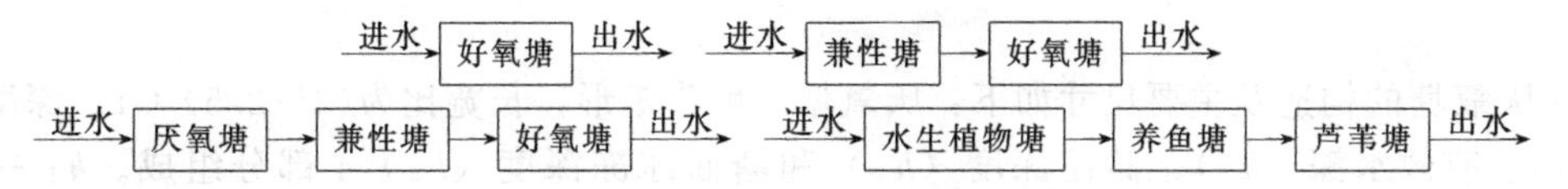

图11-2　稳定塘工艺流程

稳定塘的工艺要点如下。

① 根据城市规划，在有湖塘洼地可供利用、气温适宜和日照良好的地方，可采用稳定塘。

② 污水在进入生物塘前宜经过沉淀处理。如果污水只经过初次沉淀，所需的串联稳定塘不少于4级；如果污水是经过生化处理的，所需的串联稳定塘为2～3级。

③ 生物塘可接在其他生物处理流程后作深度处理，也可用于单独处理污水。

④ 多级生物塘宜布置可按并联运行，也可按串联运行。采用多级生物塘串联时，宜设置回流设备，回流比为1∶6。

⑤ 生物塘一般采用矩形，其长宽比不宜大于3；也可采用方形或圆形。

⑥ 生物塘体宜采用下列规定：堤坝最小宽度1.8～2.4m；外坡横竖比为(4∶1)～(5∶1)；内坡横竖比为(3∶1)～(2∶1)。应在内坡上堆防冲乱石，加衬砌或铺砌。建议衬砌的最小值，在生物塘的水面以上和水面以下均为0.5m。

⑦ 生物塘的超高不应小于0.9m。

⑧ 生物塘的进水口布置：对于圆形或方形生物塘，宜设在接近中心处；对于矩形生物塘，宜设在1/3池长处。

⑨ 生物塘出水口的布置：应考虑能适应塘内水深的变化，宜在不同高度的断面上设置可调节的出流孔口或堰板。

⑩ 各级生物塘的每个进出水口均设置单独的闸门；各级生物塘之间应考虑超越设施，以便轮换清除塘内污泥。

⑪ 塘底应略具坡度，坡向出口方向；拐角处应做成圆角。

⑫ 在生物塘的出口前宜设置浮渣挡板，但在深度处理塘出口前不应设置挡板，以免截留藻类。

⑬ 应防止污染地下水源和周围大气，妥善处置塘内底泥，一般应考虑塘底止水的衬里处理。

⑭ 在多级生物塘后可设养鱼塘，其水质需符合《渔业水体水质标准》(GB 11607—1989)。

11.1.4 厌氧塘

厌氧塘即为在无氧状态下净化污水的塘，一般在污水的BOD_5浓度高于300mg/L时设置，通常置于塘系统首端，其功能旨在充分利用厌氧反应高效低耗的特点去除有机负荷，改善原污水的可生化降解性，保障后续塘的有效运行。因此，该塘的设计不以出水达到常规二级处理水平为目的，而以用尽可能少的占地面积达到尽可能高的有机物去除为宗旨，以减轻后续塘的有机负荷。厌氧塘最合理的构造形式应能保证其水力停留时间（HRT）跟污泥停留时间（SRT）不同，为此应在塘底设置污泥发酵坑，并且将预处理污水经管道送入污泥发酵坑的底部，然后自下而上地流经污泥发酵坑，以UASB反应器的工作原理处理污水，再流经厌氧塘主体。这样可大大提高COD和BOD的去除效率。也可在厌氧塘中设置生物膜载体填料，在其上附着生长生物膜，它不仅使塘中的生物量大为增加，而且其在塘中的停留时间远大于水力停留时间。

(1) 一般规定

① 厌氧塘前应设置格栅，格栅间隙不大于20mm。厌氧塘前宜设置普通沉砂池，至少需设两格。处理含油脂量高的废水时，厌氧塘前应设置除油设备。一般多采用重力分离法。

② 进水水质与传统二级处理的要求相同。有害物质容许浓度应符合《室外排水设计规范》(GB 50014—2006) 的规定。进水硫酸盐的浓度不宜大于500mg/L，进水BOD_5∶N∶P=100∶2.5∶1。

③ 厌氧塘的构造及主要尺寸如下：厌氧塘一般为矩形，长宽比为(2～2.5)∶1。深度由超高（h_1）、有效水深（h_2）、储泥深度（h_3）和塘面冰冻深度（h_4）4部分组成。h_1一般为0.6～1.0m，塘增大，超高应相应增加。h_2可采用2.0～5.0m。h_3的设计值≥0.5m。城市污

水厌氧塘的污泥量按每人每年 50L 计，最好能取得同类城市的实测值。h_4 因绝大部分包括在 h_2 中，设计时可不单独计算。

④ 堤坝坡度按垂直：水平计，堤内坡度为(1.5：1)～(1：3)，堤外坡度为(1：2)～(1：4)。塘底采用平底。

⑤ 厌氧塘进口设在塘的底部，高于塘底 0.6～1.0m。如进水含油脂较多，则进水管直径≥300mm。厌氧塘出水管应位于水面下，淹没深度≥0.6m，应在浮渣层或冰冻层以下。

⑥ 厌氧塘至少应有两座，采用并联，以使其中之一可临时停止运行。单塘面积不得大于 8000～40000m^2。

一般厌氧塘为敞口塘，能否全塘处于厌氧状态取决于塘的有机负荷。

（2）厌氧塘的设计方法及计算

厌氧塘的设计计算方法有两种：有机负荷法和完全混合数学模型法。有机负荷法是一种经验方法；采用完全混合数学模型的关键是如何获得合理的反应速率常数，若常数选择不当，则会导致计算结果偏离当地的实际情况。

① 有机负荷法　厌氧塘的有机负荷法有三种：a. BOD 表面负荷，$kgBOD_5/(10^4m^2 \cdot d)$，我国厌氧塘最小容许负荷北方为 300$kgBOD_5/(10^4m^2 \cdot d)$，南方为 800$kgBOD_5/(10^4m^2 \cdot d)$；b. BOD 容积负荷，$kgBOD_5/(m^3 \cdot d)$，城市污水一般采用 0.2～0.4$kgBOD_5/(m^3 \cdot d)$，我国肉类加工废水厌氧塘中试结果为 0.22～0.53$kgBOD_5/(m^3 \cdot d)$；c. VSS 容积负荷，$kgVSS/(m^3 \cdot d)$。处理含 VSS 很高的废水时，其厌氧塘除以 BOD 容积负荷为指标进行设计外，也可采用 VSS 容积负荷。不同废水的建议 VSS 负荷为：家禽粪尿废水 0.063～0.16$kgVSS/(m^3 \cdot d)$，奶牛粪尿废水 0.166～1.12$kgVSS/(m^3 \cdot d)$，猪粪尿废水 0.064～0.32$kgVSS/(m^3 \cdot d)$，挤奶间废水 0.197$kgVSS/(m^3 \cdot d)$，屠宰废水 0.593$kgVSS/(m^3 \cdot d)$。

② 完全混合数学模型法　可用下式计算厌氧塘：

$$\frac{S_e}{S_0}=\frac{1}{1+Kt} \tag{11-1}$$

式中　S_0、S_e——厌氧塘进、出水的 BOD_5 浓度，mg/L；

t——厌氧塘停留时间，d；

K——厌氧反应速率常数，d^{-1}，K 值与废水性质、BOD 负荷、水温、水力停留时间等多种因素有关，根据厌氧塘的实际运行数据，可归纳得出如下经验式：

$$K=0.0275e^{0.1199T} \tag{11-2}$$

式中　T——塘水温度，℃，该式数据的适用范围为：进水的 BOD_5 浓度 80～400mg/L，BOD 表面负荷 300～2000$kgBOD_5/(10^4m^2 \cdot d)$，水力停留时间 1～6d。

③ 矩形塘的计算　对于图 11-3 所示的具有斜边和圆角的矩形厌氧塘，其有效容积可按下式进行计算：

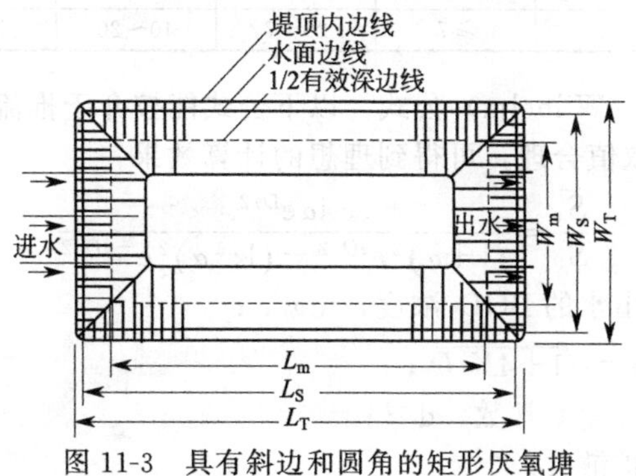

图 11-3　具有斜边和圆角的矩形厌氧塘

$$V=[LW+(L-2Id)(W-2Id)+4(L-Id)(W-Id)]d/6 \tag{11-3}$$

式中 V——塘的有效容积，m^3；

L——塘的水面长度，m；

W——塘的水面宽度，m；

I——边坡系数，I=水平边/垂直边；

d——塘的有效深度（h_2+h_3），m。

计算单塘总容积时，只需把塘的水面长度 L 改为塘的总长度 L_T、把塘的水面宽度 W 改为塘的总宽度 W_T、把塘的有效深度 d 改为塘的总深度 d_T，再将这些参数代入式(11-3)中，即可求得单塘的总容积。L_T、W_T 和 d_T 的计算方法如下：

$$d_T=h_1+h_2+h_3 \tag{11-4}$$

$$L_T=L+2Ih_1 \tag{11-5}$$

$$W_T=W+2Ih_1 \tag{11-6}$$

11.1.5 兼性塘

兼性塘是指在其上层藻类光合作用比较旺盛，溶解氧较为充足，呈好氧状态，其中层呈缺氧（兼性）状态，而塘底层为沉淀污泥，处于厌氧状态的净化污水的塘，也是目前世界上应用最为广泛的一类塘，适宜处理 BOD_5 浓度在 100～300mg/L 之间的污水。由于厌氧、兼性和好氧反应功能同时存在其中，因此兼性塘既可与其他类型的塘串联构成组合塘系统，也可以自成系统来达到出水达标排放的目的。

(1) 一般规定

① 假如兼性塘作为稳定塘系统的第一级，则进水的预处理及进水水质要求与厌氧塘相同，只是兼性塘进水的 BOD_5：N：P=100：5：1。

② 兼性塘常采用矩形，长宽比为(3：1)～(4：1)；超高 h_1=0.6～1.0m；有效水深 h_2=1.2～2.5m；储泥厚度 $h_3 \geqslant$0.3m；冰冻厚度 h_4 随地区气温而定，h_4 包含在有效水深 h_2 中，一般不单独计算。塘内坡度为(1：2)～(1：3)，塘外坡度为(1：2)～(1：5)，坡度（1：3）才可能有利于使用割草机。

③ 塘系统中兼性塘一般不少于 3 座。在串联中第一座塘的面积较大，约占兼性塘总面积的 30%～60%。当设计规模较大时，可采用几个平行的串联系统。单塘面积太大会造成布水不匀或波浪较大等问题，因此一般规定单塘面积以不超过 8000～40000m^2 为宜。

(2) 兼性塘的设计方法及计算

① BOD 表面负荷法 兼性塘一般按 BOD 表面负荷计算，建议采用表 11-3 所列的设计参数。

表 11-3 城市废水兼性塘 BOD 表面负荷及水力停留时间

冬季平均气温/℃	>15	10～15	0～10	−10～0	−20～−10	<−20
BOD_5表面负荷/[$kgBOD_5/(10^4m^2 \cdot d)$]	70～100	50～70	30～50	20～30	10～20	<10
水力停留时间/d	≥7	20～7	40～20	120～40	150～120	180～150

② 维纳-维廉（Wehner-Wilhelm）公式 以下公式能按介于推流和完全混合流之间的任意流态设计稳定塘，若参数取值合理，可得到理想的计算效果：

$$\frac{S_e}{S_0}=\frac{4\alpha e^{D/2}}{(1+\alpha)^2 e^{\alpha D/2}-(1-\alpha)^2 e^{-\alpha D/2}} \tag{11-7}$$

式中 S_0、S_e——进水和出水的 BOD_5 浓度，mg/L；

α——系数，$\alpha=\sqrt{1+4KtD}$；

K——一级反应速率常数，d^{-1}；

D——无量纲扩散数；

t——水力停留时间，d。

不同水温的一级反应速率常数可按式(11-8)计算：

$$K_T=K_{20}1.09^{(T-20)} \tag{11-8}$$

式中　K_T、K_{20}——塘最低运行水温（T）和20℃时的反应速率常数，d^{-1}；

T——最低运行水温，℃。

K_T 值与 BOD_5 剩余百分数（$100S_e/S_0$）的关系可由图 11-4 查出，查图时先要根据设计兼性塘的实际流态确定扩散数 D，最理想的是使用实测值，过去大量稳定塘的实测 D 值范围为 0.1～2.0，大多数小于 1.0。

③ 验算好氧层深度　兼性塘的水面以下需保证有一个好氧层，可用 BOD_5 表面负荷验算好氧层深度。图 11-5 是 BOD_5 负荷与维持好氧层深度的关系图。

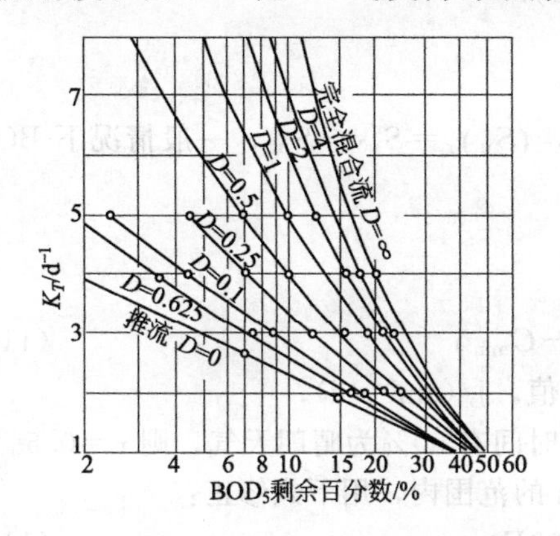

图 11-4　K_T 值与 BOD5 剩余百分数的关系曲线

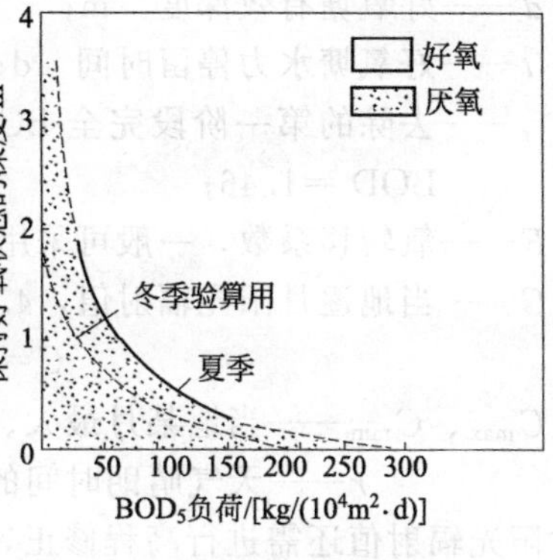

图 11-5　BOD_5 表面负荷与好氧层深度关系图

11.1.6　好氧塘

全部塘水都呈好氧状态，由好氧微生物起降解有机污染物与净化污水的作用。适于处理 BOD_5 浓度低于 100mg/L 的污水，通常与其他塘（通常是兼性塘或曝气塘）串联组成塘系统，在部分气候适宜的地区也可自成系统。

(1) 好氧塘的种类

好氧塘可分为如下几种。

① 高负荷好氧塘　采用此类塘的目的是处理废水的同时又产生藻类，其特点是有效深度浅、水力停留时间短、有机负荷高。

② 普通好氧塘　使用此类塘的目的是处理废水，其特点是有机负荷较低、停留时间长。

③ 深度处理好氧塘　串联在已达二级处理排放标准的处理系统之后，进行深度处理。此类塘的特点是有机负荷低、水力停留时间短。

好氧塘多用于串联在其他稳定塘后作进一步处理，若用于单独处理，废水在进入好氧塘前宜进行沉砂及沉淀预处理。

(2) 好氧塘的构造

好氧塘多采用矩形塘，长宽比为 $L:W=(3\sim1):(4\sim1)$。超高 $h_1=0.6\sim1.0$m；有效水深，对于高负荷好氧塘，$h_2=0.3\sim0.45$m，对于普通好氧塘和深度处理塘，$h_2=0.5\sim1.5$m。塘内坡度(1：2)～(1：3)，塘外坡度(1：2)～(1：5)。

好氧塘一般不得少于 3 座，规模很小的塘系统不得少于 2 座。

好氧塘的单塘面积不得大于 8000～40000m^2。

(3) 好氧塘的设计方法与计算内容

① BOD 表面负荷法　好氧塘的设计参数见表 11-4。

表 11-4　好氧塘的典型设计参数

设计参数	BOD_5表面负荷/[$kgBOD_5/(10^4m^2 \cdot d)$]	水力停留时间/d	有效水深/m	pH 值	温度范围/℃	BOD_5去除率/%	藻类浓度/(mg/L)	出水SS/(mg/L)
高负荷好氧塘	80～160	4～6	0.3～0.45	6.5～10.5	5～30	80～95	100～260	150～300
普通好氧塘	40～120	10～40	0.5～1.5	6.5～10.5	0～30	80～95	40～100	80～140
深度处理好氧塘	＜5	5～20	0.5～1.5	6.5～10.5	0～30	60～80	5～10	10～30

② 奥斯瓦尔德（Oswald）法　可按下式计算：

$$\frac{d}{t}=0.028\frac{FC}{(S_u)_r} \tag{11-9}$$

式中　d——好氧塘有效深度，m；

t——好氧塘水力停留时间，d；

$(S_u)_r$——去除的第一阶段完全 BOD（即 BOD_u），$(S_u)_r=S_{u0}-S_{ue}$，一般情况下 BOD_u/BOD ＝1.46；

F——氧转移系数，一般可采用 1.5～1.6；

C——当地逐月阳光辐射值，4.18J/($cm^2 \cdot d$)。

$$C=C_{min}+r(C_{max}-C_{min}) \tag{11-10}$$

式中　C_{max}、C_{min}——当地某月最大、最小阳光辐射值，J/($cm^2 \cdot d$)；

r——天气晴朗时间的比例，如日照时间有 50%为晴朗天气，则 $r=0.5$。

对阳光辐射值还需进行高程修正，对海拔 3300m 的范围内，用下式修正：

$$C_D=C(1+0.0033E) \tag{11-11}$$

式中　C_D——设计阳光辐射值，4.18J/($cm^2 \cdot d$)；

E——地面高程，m。

③ 按维纳-维廉（Wehner-Wilhelm）公式设计　方法与兼性塘相同。

11.1.7　曝气塘

曝气塘是设有曝气充氧设备的好氧塘和兼性塘，其有机物和营养物的容积负荷比普通兼性塘或好氧塘大得多，适于土地面积有限，不足以建设成靠风力自然复氧为特征的塘系统。其设计目标是使出水达到二级出水排放标准。曝气塘通常与后置的最后净化塘（或称熟化塘）串联组成曝气塘-多级净化塘系统，能达到高的出水质量。

（1）一般规定

① 完全混合曝气塘出水的污泥可回流也可不回流。有污泥回流的曝气塘实质上是活性污泥法的一种变型，其进水中固态 BOD 在其出水中仍残留 1/3～1/2，在出水排放前应除去这些固体，所以沉淀应该是曝气塘的必要组成部分。沉淀的方法可以用沉淀池，也可在塘中用挡板分隔出静止区用于沉淀，还可在曝气塘后设置兼性塘，既用于进一步处理出水，又可将沉于兼性塘的污泥在塘底进行厌氧消化。

② 曝气塘的 BOD_5表面负荷一般为 1～30kg/($10^4m^2 \cdot d$)，曝气塘的水力停留时间 $t=3$～10d。兼性塘的水力停留时间有可能超过 10d。

③ 曝气塘的有效水深为 2～6m。一般不得少于 3 座，通常按串联方式运行。

④ 曝气塘多采用表面曝气机进行曝气，也可用鼓风曝气。北方结冰期间，表面曝气机难以运行，所以宜采用鼓风曝气。完全混合曝气塘所需的功率约为 0.05～0.15kW/m^3，表面曝气机应不少于 2 台，每台表面曝气机至少应有三个锚固点。表面曝气机的下方塘底应铺牢固的衬里，例如混凝土面层。完全混合曝气塘单位塘容积所需功率虽小，但因水力停留时间长、塘

的容积大，所以每处理$1m^3$废水所消耗的功率大于常规活性污泥法。

(2) 曝气塘的设计方法及计算内容

① 完全混合曝气塘　完全混合曝气塘可按一级反应动力学模型进行设计。

a. n级等容积串联塘的数学模型如下：

$$\frac{S_n}{S_0}=\frac{1}{(1+K_C t/n)^n} \tag{11-12}$$

式中　S_n、S_0——第n级塘出水和进水的BOD_5浓度，mg/L；

K_C——完全混合一级反应速率常数，设n级塘中20℃时的K_C值均为$0.25d^{-1}$；

t——塘系统的总水力停留时间，d；

n——塘的串联级数，一般$n\leqslant 4$。

非等容积串联塘的完全混合模型如下：

$$\frac{S_n}{S_0}=\frac{1}{(1+K_{C_1}t_1)}\frac{1}{(1+K_{C_2}t_2)}\frac{1}{(1+K_{C_3}t_3)}\cdots\frac{1}{(1+K_{C_n}t_n)} \tag{11-13}$$

式中　K_{C_1}、K_{C_2}、K_{C_3}、…、K_{C_n}——各塘完全混合一级反应速率常数，是稳定塘设计的关键参数，最好通过试验或由类似工程取得，若无更全面的资料，可假定为同一数值，按$2.5d^{-1}$进行计算；

t_1、t_2、t_3、…、t_n——各塘的水力停留时间，d。

研究表明，等容串联稳定塘的处理效率优于非等容串联塘系统。

塘的串联级数（n）对塘规模有较大影响。在达到同一处理效果的情况下，增加n可以减少曝气塘的总停留时间t（即减少曝气塘的总容积）。理论上n值越大，稳定塘越接近推流式反应器，但实际上，当串联级数$n>4$后，串联处理效率提高不大。

b. 水温对反应速率的影响。水温对反应速率的影响可用式(11-8)表示，其中的温度系数应为1.085。

塘中水的混合和大气温度对塘中水温的影响可用曼西尼及巴哈特（Mancini-Barnhart）公式计算：

$$T_W=\frac{AfT_a+QT_b}{Af+A} \tag{11-14}$$

式中　T_W——塘水温，℃；

T_a、T_b——气温和塘进水温度，℃；

A——塘的水面面积，m^2；

f——比例系数，一般取0.5；

Q——废水的设计流量，m^3/d。

完全混合曝气塘在设计时可采用试算法：先假定一个水温，根据此水温求得反应速率常数，再求得水力停留时间，从而求得塘容积及塘面积。利用式(11-14)算出水温T_W。如果开始假设水温与最后算得水温的误差低于或等于容许误差，则计算结果有效，否则应再假设一个水温，重新试算，直至误差符合要求。

c. 曝气塘的人工曝气一般采用表面曝气。对于完全混合曝气塘，搅拌使塘中固体物质呈悬浮状态所耗的动力远大于充氧所需的动力，因此应根据搅拌混合的要求决定输入的动力。一般参照生产厂提供的图表去确定。当资料缺乏时也可取$2.96\sim5.9kW/1000m^3$。定出表面曝气机的总功率后，需确定每个塘中表面曝气机的台数。选用数个小型表面曝气机比采用一个或两个大型表面曝气机的效果好，而且维修时对全塘影响小，更具有运行灵活的优点。表面曝气机在塘中根据完全混合影响圈交搭设置。

② 部分混合曝气塘　在部分混合曝气塘中，不要求保持全部固体处于悬浮状态，部分固

体沉淀并进行厌氧消化。对这类塘的曝气仅为了供给进水BOD生物降解的需氧量。设计完全混合曝气塘时所考虑的各种因素也同样适用于部分混合曝气塘，但是因为缺乏更合理的设计反应速率常数，所以仍采用完全混合曝气塘的方法及公式来设计部分混合曝气塘，唯一的区别是反应速率不同。

部分混合曝气塘的反应速率常数 K_{pm} 最好经过中试或小试取得。建议的 K_{pm} 值为：温度为20℃时，$K_{pm}=0.276d^{-1}$；温度为1℃时，$K_{pm}=0.138d^{-1}$。用这两个数值算出温度系数$\theta=1.036$。

部分混合曝气塘中设置曝气装置的主要目的是充氧，使部分曝气塘保持适当的好氧条件。由于串联的部分混合曝气塘系统中的有机物逐渐减少，所以曝气装置的功率也逐渐减小。需氧量的计算方法及公式与活性污泥系统相同。

图11-6所示为利用污泥循环方式处理小型罐头加工厂废水的曝气塘示意。

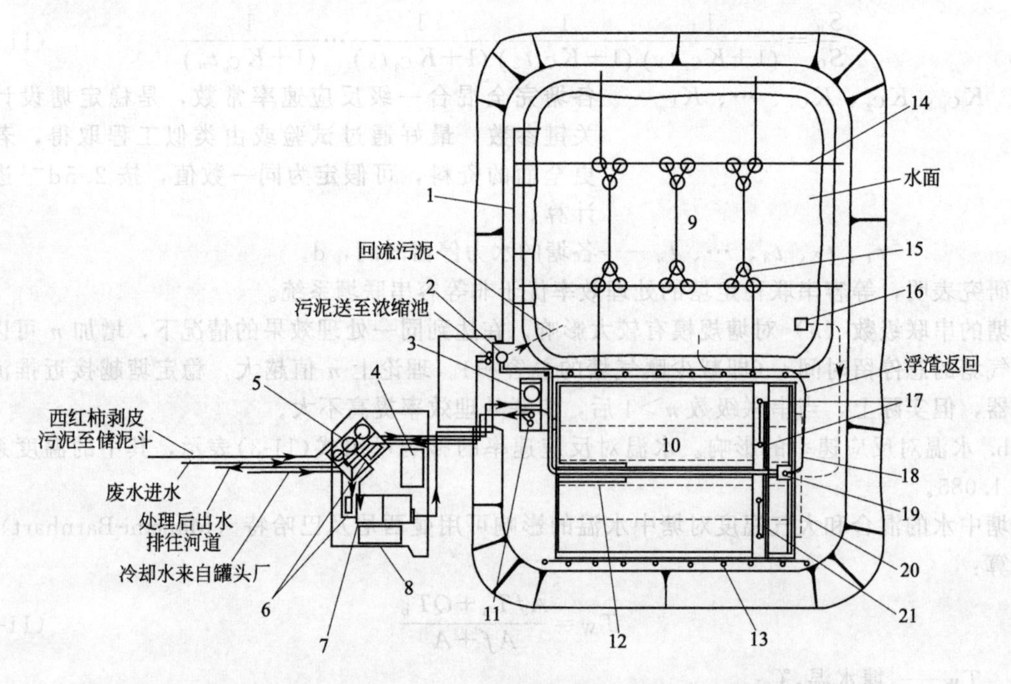

图11-6 采用污泥循环方式处理小型西红柿罐头加工厂废水的曝气塘布置

1—废水进水支管；2—污泥溢流池；3—冷却塔；4—控制室；5—振动筛下部储泥斗；6—污泥浓缩池；7—pH调节槽；8—酸储槽；9—曝气池；10—沉淀池；11—出水坑及水泵；12—出水堰；13—供移动桥用电缆车；14—电缆带；15—浮筒曝气机；16—浮动式溢流槽；17—污泥回流泵；18—浮渣槽；19—清渣坑及泵；20—进泥支管；21—移动桥式除泥机械

11.1.8 深度处理塘

深度处理塘设置在二级处理工艺之后，其进水BOD、COD和SS的大致浓度为：$BOD_5\leqslant30mg/L$，$COD\leqslant120mg/L$，$SS\leqslant60mg/L$。出水的水质根据出水的最终处置和重复利用的要求而定。

表11-5 好氧塘型和兼性塘型深度处理塘的设计参数

深度处理塘类型	BOD_5表面负荷/[$kgBOD_5/(10^4m^2\cdot d)$]	水力停留时间/d	水深/m	BOD_5去除率/%
好氧塘	20～60	5～25	1～1.5	30～55
兼性塘	100～150	3～8	1.2～2.5	40

深度处理塘可使用好氧塘、兼性塘或曝气塘，其设计参数见表11-5。

11.1.9　稳定塘的塘体设计

稳定塘应尽量利用现有坑洼湖塘并适当修整改造。塘体设计需要考虑以下因素。

① 塘的平面形状一般为矩形，长宽比为(3～4)∶1。完全混合曝气塘也可采用正方形。

② 堤顶需有足够的宽度，以便割草机或其他维护设备及车辆通行。堤顶宽度一般最小为1.8～2.4m，允许机动车辆行驶的堤顶宽度不得小于3m。堤岸的外坡度为1∶(2～5)。坡度为1∶3或更平缓时割草机才能正常运行。堤内坡度为1∶(2～3)。

③ 塘底应尽可能平整，竣工高程差不得超过0.15m，并充分夯实。在曝气塘表面曝气机的正下方塘底应用混凝土加固。塘底如位于砂质土壤上，应采取防渗措施。

④ 塘体应考虑防止波浪的冲击，防浪衬砌应在设计水位上、下0.5m；防雨水冲击的衬砌不仅要铺盖到水位以上0.5m，而且宜做到堤顶。外坡可做简易的衬砌。还应防止掘地动物的破坏，如采用整体性好的材料加固衬砌等。

⑤ 稳定塘的水中含各种污染物，一旦渗漏量较大就可能污染地下水源，稳定塘出水若需再利用，则渗漏会造成水资源的损失。塘体的衬砌及土质不同，其渗漏率差别很大，如表11-6所列。

表11-6　不同衬面的渗漏率

材质	砂石	松土	挖方土	水泥土（连续湿润）	喷枪混凝土	沥青混凝土	素混凝土	素土夯实	外露式预制沥青板	外露式合成薄膜
厚度/cm	—	—	—	—	3.8	10.2	10.2	91	1.3	0.11
估计最小渗漏率(6m水深,使用1年后)/(cm/d)	244	122	30.5	10.2	7.6	3.8	3.8	0.76	0.08	0.003

一般水工的防护及防渗措施原则上都适用于稳定塘工程。选择时应十分慎重，因为有些防渗措施的工程费用较高，采用后会抵消稳定塘工程造价低的优点。

(1) 稳定塘中细菌的去除

城市废水中常见的细菌有大肠菌群、志贺氏菌属、伤寒菌、葡萄球菌属、酵母、真菌等。稳定塘对上述细菌有良好的去除效果。塘的水温、阳光的强度和光照时间、进水成分、pH值的变化、塘的串联座数、水力停留时间（HRT）等皆会影响细菌的去除效果。

在设计计算塘的去除细菌效果时，多以大肠杆菌（FC）为指标。推流式稳定塘中FC的降低率与水力停留时间（HRT）的关系可表达如下：

$$\frac{M_e}{M_0}=10^{-K_M t} \tag{11-15}$$

式中　M_0、M_e——进、出水的FC数；

t——水力停留时间，d；

K_M——FC灭活速率常数，当水温为25℃时，$K_M \approx 0.1\text{d}^{-1}$。

n级串联的完全混合塘对FC的灭活率可用下式计算：

$$\frac{M_e}{M_0}=\frac{1}{1+K_T t_1}\frac{1}{1+K_T t_2}\frac{1}{1+K_T t_3}\cdots\frac{1}{1+K_T t_n} \tag{11-16}$$

式中　K_T——水温为T时FC的灭活速率常数，一般为$0.7 \sim 3.0\text{d}^{-1}$。

(2) 防护及防渗做法

① 在采取任何防护和防渗措施以前，必须保证塘体土方工程的质量，除去松土和对塘体不利的植被，填方必须保证夯实。素土夯实，塘体在运行初期渗漏率稍高，过一段时间即会明显下降。渗漏率下降的原因是废水中的SS和微生物沉淀及微生物繁殖造成的封堵作用。建议

在防渗要求不高的稳定塘工程中，采用素土夯实并利用这种“自然防渗”作用。

② 防浪堆可采用15～20cm的大卵石堆砌，若有鼠害，需用水泥砂浆砌筑。

③ 块石稳定性优于卵石护坡，用干砌块石护坡及浆砌块石护坡，一般厚度为30cm。

④ 混凝土板护坡造价较高，但整体性能优于卵石或块石。预制混凝土板多用六角形，每边长0.3～0.4m，厚约0.15m；也可用边长为0.5～1.5m的正方形板。混凝土标号为200。板下铺碎石垫层，寒冷地区铺非黏性土防冻层。板间一般用水泥砂浆砌，大型板可在缝间置5～10mm厚沥青板条。现浇板一般每边长5～10m，一般加钢筋，缝间加沥青板条。

⑤ 就地取材的砂土、砂壤土、壤土和风化页岩粉渣再加水泥，水泥与土的体积比一般为(10～15)∶(90～85)，加适量水，拌匀压实。厚度一般为0.6m，水平宽度为2～3m。施工时分层压实，每层压实厚0.15m。

⑥ 用高温沥青喷洒或沥青膜；或沥青膜上覆盖卵石层，再用热沥青胶结；或用预制沥青板等制作防渗衬面。

⑦ 膨润土是一种天然土壤，有遇水膨胀的特性，与水接触后24h即开始水化，膨胀4～5倍，约48h水化完成，其土颗粒变成体积为原来10～30倍的凝胶体，起防渗作用。

⑧ 用塑料薄膜作防渗衬面，常用的塑料是聚氯乙烯和聚乙烯，也可使用丁基橡胶、氯丁橡胶等防渗薄膜。这类薄膜也可加尼龙压片或其他贴面织品加固，做法是先将薄膜预先粘接成大片，然后将薄膜铺在塘中垫层上，垫层需平整，铺平后再将大片薄膜粘成整体，最后在薄膜上覆盖保护层。保护材料可用土、砂或卵石，也可在一层土或砂上再盖一层卵石。薄膜在堤顶需固定，以免被掀起破坏。固定的方法较多，如用螺栓固定，或者开沟安放薄膜后再还土夯实。

(3) 稳定塘的附属设备

① 进出口。

a. 进口设计应尽量避免在塘内产生短流、沟流、返混和死区，使塘内水流尽可能接近推流，以增加进水在塘内的平均停留时间。

b. 进出口应尽量使塘的横断面上配水或集水均匀。宜采用多点进水和出水。

c. 进口和出口之间的直线距离应尽可能大。

d. 进出口至少应距塘水面0.3m。厌氧塘进水应接近底部的污泥层。

e. 进口至出口的方向应避开常年主导风向。

② 塘与塘之间的连接管必须通过水力计算，使设计水量能顺利通过。连通管需有足够的坡度，以免在管中积泥。

③ 曝气塘的充氧设备。

a. 人工充氧设备同活性污泥法。

b. 当进水高程与塘内水面高程有足够高差时，可利用此高差进行跌水充氧。当高差较大时，可建造多级跌水。

(4) 稳定塘系统的平面布置原则

稳定塘土方工程占工程造价的50%～60%，为减少土方量，设计时应充分利用地形。预处理设备（格栅、泵房、沉砂池、沉淀池等）宜集中，并力求布置紧凑，构筑物之间净距一般采用5～10m。变电所应靠近提升泵站。各稳定塘应靠近，以公用堤坝连接。这样可减少占地面积并减少塘间管渠的长度。为及时排除暴雨水以确保堤坝安全，最后一级稳定塘出口应设溢流堰，暴雨时雨水能溢流泄出。各塘堤坝应高出附近地面，以免暴雨时大量雨水汇入稳定塘。山区稳定塘的排洪沟应尽量利用原有排洪沟。新建排洪沟应沿集水线布置。为防止洪水冲刷稳定塘的堤坝，排洪沟外沿与稳定塘堤坝外坡角的距离不小于20m。为便于检修，根据需要可设置塘的放空管及超越管。塘系统内部道路一般采用单行车道，宽度为3.5m；个别主干道宽6～8m。管理用房宜接近预处理设备，尽量布置在夏季主导风向上方，考虑远期发展，留有余地。

11.2 高效新型塘

由兼性塘、曝气塘、好氧塘和厌氧塘四种普通型塘以多种不同的组合方式组成的普通塘系统（也称常规塘系统），基建投资省，运行维护费用低，运行效果稳定，去除污染效能好且有广谱性，既能有效去除BOD、COD，又能部分地去除氮、磷等营养物。由厌氧塘→兼性塘→最终净化塘或称熟化塘（好氧塘），或厌氧塘→曝气塘→兼性塘→最后净化塘等组成的多级串联塘系统，不仅有很高的COD和BOD去除率和较高的氮、磷去除率，还有很高的病原菌、寄生虫卵和病毒去除率，其代表性的去除率为99.9%～99.99999%（即3～6的对数去除率）。此外，这些多级塘系统借助于种类繁多的厌氧菌、兼性菌和好氧菌的共同作用，比常规生物处理系统如活性污泥法能更有效地去除多种难以降解的有机化合物。因此，在美国有许多塘系统用于处理油、石油化工、有机化工、制浆造纸和纺织印染等难降解的废水。目前塘系统已成为美国中小城镇（社区）的主要污水处理设施之一，在水污染治理中起着重要的作用。

但是，这些普通塘系统有一些缺点和局限性影响了其推广应用。其缺点主要如下。

① 其水力负荷率和有机负荷率低和水力停留时间长，如厌氧塘、兼性塘和最终净化塘的水力停留时间往往为数十天，甚至数月至半年之久，占地面积大。因此，在可用土地缺少和地价昂贵的地方，难以推广应用。

② 由于藻类繁殖，往往使普通塘系统的出水含有较高浓度的SS和BOD_5，而超过规定的排放标准。为此需采用除藻技术，加设相应的处理设施，如筛滤、过滤、混凝沉淀、溶气上浮等，从而大大增加了塘系统的基建费用和运行费用。

③ 厌氧塘和兼性塘在有机负荷过高或翻塘时因酸性发酵而产生的臭味，会恶化周围环境，引起附近居民的恶感、不满和抗议。

因此，从20世纪70年代开始，美国着手研究和开发了一些新型的单元塘和塘系统。它们与普通单元塘和塘系统相比，具有如下一些优点和特点。

① 水力负荷率和有机负荷率较大，水力停留时间较短，甚至很短，如只有数天。

② 节省能源。

③ 基建和运行费用较低。

④ 能实现水的回收和再用以及其他资源的回收。

11.2.1 两级曝气功率的多级串联曝气塘系统

(1) 多塘串联系统与单塘系统相比的优点

图11-7表示出在英格兰进行一项研究的结果：一座处理生活污水的活性污泥法处理厂出水，在两个塘系统中进行净化，其中一个为单塘系统，另一个为4塘串联系统。在这两个塘系统中，出水悬浮固体浓度在前2d的停留时间中一直下降，此后由于藻类增殖而开始上升，但需注意的是，在单塘系统中出水TSS的增加比4塘串联系统快得多。这一现象可用出水在该系统内的停留时间分布来解释。从图11-7的曲线可以得出这一结论：在最终净化塘中出现藻类增殖之前可以采用的最长停留时间为2d，而且多塘串联的形式即使在出现藻类增殖时也能予以较好地控制，即在前4～5d内没有显著的增殖。

(2) 曝气塘→最终净化塘系统

在实施联邦水污染控制法1977年修正案之前，在美国建造了许多如图11-8所示的塘系统，并且至今大都在正常运行，其处理能力大都低于3785m^3/d，城市污水经格栅后，流入第

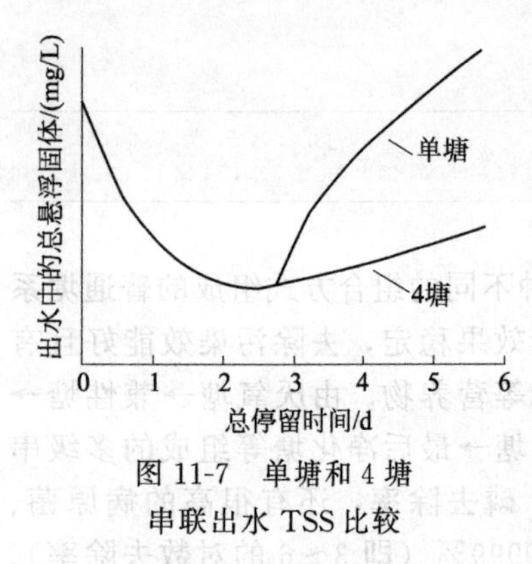

图 11-7 单塘和 4 塘串联出水 TSS 比较

一塘中以 1～6W/m³的功率水平进行曝气，然后流入第二个塘中，在不曝气的条件下进行净化。其出水一般进行氯化后排放。

这种塘系统的运行结果发现，其水的总悬浮固体（TSS）浓度相当高，多数塘系统的出水 TSS 在 50%的情况下为 50mg/L 左右，而且其中有的塘系统的出水 TSS 在 90%的情况下大于 100mg/L。这样大的悬浮固体浓度是曝气塘和最后净化塘中藻类增殖的结果。出水中高的 TSS 浓度还会导致 BOD_5浓度增高。

许多塘系统的实际运行结果证明，出水的 TSS 浓度每增加 1mg/L，其 BOD_5相应增加 0.3～0.5mg/L。

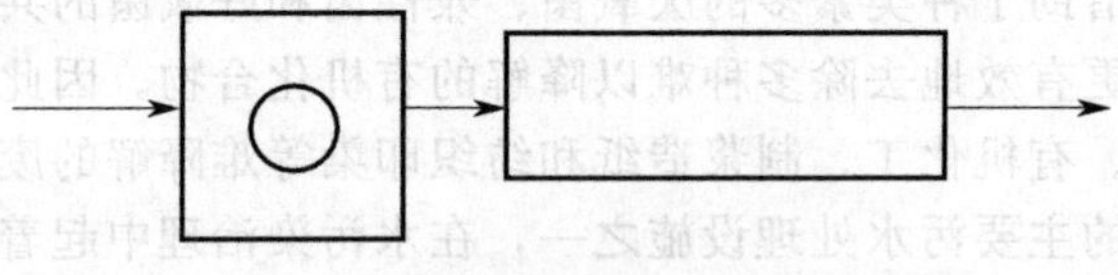

图 11-8 曝气塘→最终净化塘系统

（3）两级曝气功率多级串联曝气塘系统（DPMC）原理

美国克莱姆逊大学环境系统工程系的 L. G. Rich 等研究开发了这种塘系统，其示意图如图 11-9 所示。对于处理生活污水而言，这种系统由第一塘即高功率曝气塘（约 5W/m³）和其后的 3 个低功率曝气塘（1～2W/m³）串联组成。在第一个塘中应用较大的曝气功率以使所有的悬浮固体都处于悬浮状态。在其后的 3 个塘中采用低的曝气功率，以实现两种功用：一是使第一个塘的出水悬浮固体的可沉部分沉淀下来，在塘底形成沉积层；二是往塘的水层中供氧，以使水中剩余的溶解性有机物和塘底沉积的有机物及其厌氧降解中间产物进行好氧降解。

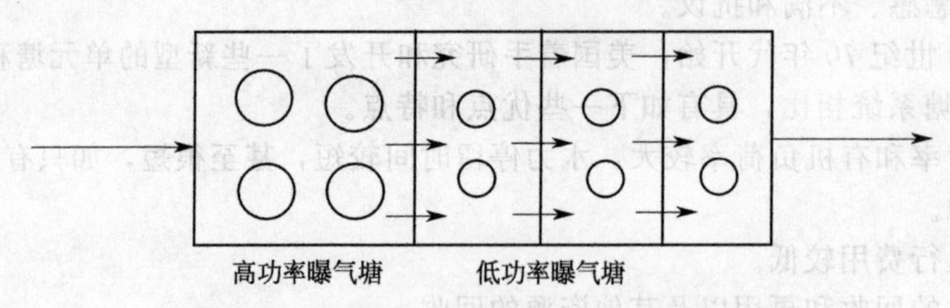

图 11-9 两级曝气功率多级串联塘系统示意

这种塘系统在设计和运行中应考虑如下几个问题：藻类控制、使固体悬浮和氧化降解有机物所需的曝气功率、水力停留时间、温度影响、沉积污泥消化等。

11.2.2 高级组合塘系统

高级组合塘系统（advanced integrated pond system，AIPS）是由美国加州大学伯克莱分校土木与公共卫生学院的 W. J. Oswald 教授研发的，其最简单的形式由高效兼性塘（AFP）、高负荷藻塘（HRP）、藻沉淀塘（ASP）和熟化塘（MP）各一个串联组成的，如图 11-10 所示。这种系统可以将污水处理到其出水水质达到甚至超过一些常规二级处理厂的出水水质。

AIPS 的经济性体现在以下几个方面：反应器使用土石结构的塘体，其造价较低，可以很经济地建筑巨大容积的反应器。如果高效兼性塘设计合理，就无须逐日排放污泥，甚至可以做到连续运行多年而不排泥，而且寄生虫卵（世界卫生组织最关心的事项）也被永久去除。AIPS 中的四个塘单元之间的连接可通过合理的设计来消除塘内水流短路，这就会提高灭菌效

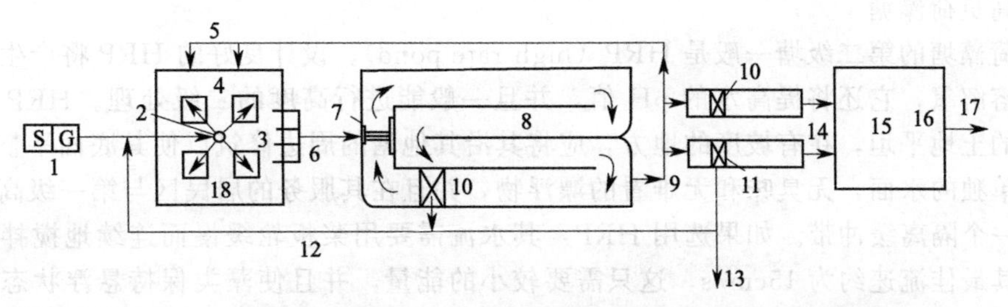

图 11-10　污水处理和氧、水、营养物回收及再用的高级组合塘系统

1—格栅和沉砂池；2—配水池；3—污泥发酵坑；4—高效兼性塘；5—充氧水回流；6,14—低水位出水；7—桨板混合器；8—高负荷藻塘；9,16—高水位出水；10—沉淀藻储存坑；11—藻沉淀塘；12—沉淀藻回流；13—藻回收；15—熟化塘；17—水再用；18—补充曝气

果和减少化学消毒剂的使用量。如果用高负荷藻类作为该系统的第二单元，其中增殖的微型藻以低廉的费用产生大量的氧，其出水可循环回流至高效兼性塘中以控制臭味，同时促进重金属的沉淀，而且有助于消毒和氨氮的去除。在该塘中用桨板轮搅拌混合是很经济的，并且增加了可沉淀藻类的选择。通过提高 pH 值促进了藻类的沉淀。在桨板轮搅拌的表面上和高的 pH 值条件下，氨也会挥发逸出。

普通稳定塘（CSP）需占用大面积的土地，一般为 $1hm^2$（$1hm^2=10^4m^2$）塘面接纳和处理 500～1000 人的污水量，而使用 AIPS，$1hm^2$ 的塘面积能处理 2500～5000 人的污水量，因此，在相同处理能力下，AIPS 需要的土地比普通稳定塘小得多。所有的废水处理系统都需要出水的排放，但 AIPS 塘出水只需要较小的附加土地面积，因为它们把处理与排放合在一起。

在基建投资方面，AIPS 的造价仅为相同处理能力且处理效果较差的常规处理系统的一半甚至 1/3。这方面节省的费用比增加土地面积的费用或用较长出水排放管道的费用，或者两者之和都要大。另外，AIPS 所使用的土地总有其使用价值，将来如果开发和使用比 AIPS 更有效的系统时，可立即以较小的费用来予以使用。

(1) 高效兼性塘（advanced facultative pond，AFP）

AIPS 中最重要的一项开发是在其高效兼性塘中采用的污泥发酵坑。如果这些坑有足够的深度并筑起适当的高围墙，就会阻挡风力或挟带溶解氧的水流的侵入。未沉淀的原生污水直接进入这些坑中便会发生沉淀和复杂的厌氧降解反应而导致甲烷发酵，于是进水中有 70％以上的 BOD 可能在这些坑中被除去。在这些坑的四周和上部是普通兼性塘，其表面因藻类增殖而为好氧区。这层产氧表层会使厌氧坑中可能产生的讨厌臭气的逸出减少到最低限度。

发酵坑的另一个功能是它能促进可沉淀固体的沉淀并予以容纳。在坑处于厌氧状态时，污水中悬浮颗粒的表面聚集了产酸菌和产甲烷菌群落，当在其表面上释出气体时，该固体颗粒可能因附着了气泡而上浮。如果这些颗粒上浮到足够的高度（3～4m），气泡在上升中因减压而不断膨胀，在到达好氧区之前便破裂而不再附着在颗粒上，于是这些挟带厌氧菌的颗粒重新沉降而与缓慢上升的进水逆向接触。这样，全部污水流量以这种方式通过强化的厌氧反应器，其中不溶的和溶解的有机物被吸附并转化为 CO_2、水、甲烷、氢气和氨气。虽然在这些深的厌氧坑中其降解作用非常近似于上向流厌氧污泥床反应器（UASB），但是不需要排出污泥，也不会发生污泥堵塞问题，而 UASB 反应器在运行疏忽时，易被塑料袋和压实的污泥堵塞或发生水流的短路，因而需要频繁地排出污泥和进行其他维护。因此，在高效兼性塘中，UASB 反应器的主要优点都得以实现，而缺点很少，且费用低廉。

在高效兼性塘中厌氧发酵坑的上向流速度一般取 2～3m/d，这一速度被认为小于大多数寄生虫卵的沉降速度，因此它们不可能转移到该系统的第二、第三个塘或出水中。

（2）高负荷藻塘

高负荷藻塘的第二级塘一般是 HRP（high rate pond）。设计良好的 HRP 将产生大量剩余的藻类和溶解氧，它还将提高水的 pH 值，并且一般能进行高度的二级处理。HRP 必须保持较大面积的土地平坦，在有坡度的地方，应将其沿其他塘的周边修筑以使其底面平整，由此形成了一个单独的水面，无臭味和无难看的漂浮物，并且在其服务的居民区与第一级高效兼性塘之间形成一个隔离缓冲带。如果选用 HRP，其水流需要用桨板轮缓慢而连续地搅拌混合并使其流动，其最佳流速约为 15cm/s，这只需要较小的能量，并且使藻类保持悬浮状态而不使细菌固体处于悬浮状态，宜于将细菌絮体保持接近于塘的底部，这是因为降解 BOD 物质和产生 CO_2 供藻类光合用所需的细菌，其增殖在 HRP 的表层会受到高 pH 值的抑制。

线性混合有助于抗捕食的藻种处于再悬浮和再增殖状态，从而可防止塘中的藻类被捕食生物破坏。因此，虽然一些新塘可能遇到捕食生物的麻烦，但是熟化的高负荷塘很少有严重的捕食问题。

桨板轮是 HRP 中最适宜的水流混合装置。用桨板轮进行水流混合，每天 $1hm^2$ 水面只需 10kW・h 的能耗。搅拌混合后，悬浮的藻类在 HRP 中每公顷水面上每天产生 O_2 100～200kg，而桨板轮的单位能耗，即藻类生产 1kgO_2 仅为 1/20～1/10kW・h。在常规处理系统中机械曝气充氧每传输 1kgO_2 需耗电能 0.5～1kW・h，它们的不同之处是藻类充当机械，而太阳能供光合产氧。经过长期运行后，仅电能的节省将比对 HRP 的附加费用还要多。

（3）藻沉淀塘

HRP 的出水从其表面流入藻类沉淀塘（algae setting pond，ASP）中，可将水温最高和 pH 值最高的水，即病原菌最少的水流入藻类沉淀塘或溶气上浮分离器（DAF）中。

在高负荷藻类塘中连续搅拌运行数月之后，一些依靠搅拌才能保持悬浮的藻的种属被培育出来。一旦离开搅拌的环境，它们便迅速沉淀并沥析出清的上清液。在温暖的气候下，这种上清液含最大或然数（MPN）应小于 10^3/mL。根据世界卫生组织（WHO）基准，当生活污水净化到含细菌 MPN 为 10^3/mL 或更少的出水时，即符合灌溉非生食作物的标准。

在藻类沉淀塘底部收集的藻类可用泵抽出，并用作液态浓缩肥料，也可让其呆在沉淀塘底部数年之久。如果设置两个沉淀塘，最好其中一个能定期地使藻类脱水，干燥的藻作为可储存和可运输的肥料。另外，在合适的情况下，可使用聚合物和溶气上浮装置对藻类进行浓缩。

浓缩的藻类污泥将不含任何寄生虫卵，且富含氮、磷、钾，用作高等植物的肥料比消化污泥更有优势。实际上，因为它们含营养物过于丰富，以至于只能有控制地适量使用。溶气上浮装置的出水，其藻类固体含量往往很低，藻类沉淀塘的出水应从水面下适当的深度处排出，以使沉淀或上浮的藻类不会被出水挟出而进入熟化塘中。

（4）高效熟化塘

高效熟化塘（advanced maturation ponds，AMP）的主要任务是对进水在停留期间内进行进一步的灭菌处理，以便安全排放。几乎所有的灌溉系统都需要对净化回收水进行储存以控制其应用的时间。在这种情况下，AMP 有双重任务和作用：一是进一步灭菌，二是对回用水进行储存。一般 AMP 的容积越大，停留时间越长，水质将会越好，而且可以在其中放养可供食用的鱼和无脊椎动物。到 AIPS 流程的这一点，污水内原来存在的微生物和有机污染物几乎全部被去除、减少或氧化。如果原初废水硬度高（即钙、镁含量高），由于这些离子在塘中发生部分沉淀而有所软化，所以净化后的废水虽然呈微绿色和含钠量较高，但将易于渗滤于地下水中，微生物的污染来自野生水禽，因为它们往往更喜欢到 AIPS 中而不到沼泽地或其他湿地中去。

11.3 废水土地处理

废水土地处理是在废水灌溉基础上发展起来的，两者既有密切联系，又有显著差别，见表11-7。

表11-7　废水土地处理和废水灌溉农田的区别

废水土地处理	废水灌溉农田
①以控制水污染、净化污水为目标 ②以土地为处理构筑物，利用土壤-植物系统净化废水，达到一定水质目标，实质上为生态工程系统 ③对进水的水量、水质有严格要求，要进行一定的预处理 ④通过试验研究确定设计运行参数，采用适宜负荷与运行条件 ⑤对系统进行有效管理与维护，保证处理效果 ⑥能终年稳定运行 ⑦有收集系统，对出水有控排放和利用 ⑧对周围环境设施有监测系统	①以作物对水肥资源的利用为目标 ②以灌水定额、灌溉制度及废水农田排放标准为依据控制灌溉水的水量和水质 ③无专门的设计运行参数，一般不经过科学的设计 ④不能解决废水的终年运行问题(如雨季及冬季)，往往不能进行终年废水灌田 ⑤出水不加收集，不能有控排放与利用 ⑥无专设的环境监测系统

11.3.1 废水土地处理系统的组成

废水土地处理系统一般由以下部分组成：①废水的预处理设施；②废水的调节与储存设施；③废水的输送、布水及控制系统；④土地净化；⑤净化出水的收集与利用系统。各部分以土地净化为核心组成一个统一而完整的工程系统，以最大限度地利用自然和环境条件来处理废水，使之再生回用。

废水土地处理系统是一个十分复杂的综合净化过程，其净化机理见表11-8。

表11-8　废水土地处理系统的净化机理

净化作用	作用机理
物理过滤	土壤颗粒间的孔隙能截留、滤除废水中的悬浮颗粒。土壤颗粒的大小，颗粒间孔隙的形状、大小、分布及水流流送通道的性质都影响物理过滤效率。土壤堵塞主要由悬浮颗粒太多太大，溶解性有机物被微生物代谢生成产物以及有机物厌氧分解等造成。堵塞的控制方法有：加强管理，掌握好灌水(湿期)与休田落干(干期)的交替轮换周期，使其能恢复土壤的载污过滤能力
物理吸附和物理沉积	土壤中黏土矿物等能吸附土壤中的中性分子——由非极性分子之间范德华力所致。废水中的部分重金属离子在土壤胶体表面由于阳离子交换作用而被置换、吸附并生成难溶态物被固定于矿物的晶格中
物理化学吸附	金属、离子与土壤中的无机胶体和有机胶体由于螯合而形成螯合化合物；有机物与无机物的复合化而生成复合物；重金属离子与土壤进行阳离子交换而被置换吸附；某些有机物与土壤中重金属生成可吸性螯合物而固定于土壤矿物的晶格中
化学反应与沉淀	重金属离子与土壤的某些组分进行化学反应生成难降解化合物而沉淀，如调节并改变土壤的氧化还位电位能生成难溶性硫化物；改变pH值能生成金属氢氧化物；另外一些化学反应能生成金属磷酸盐和有机重金属等而沉积在土壤中
微生物的代谢和有机物的分解	土壤中含有大量异养型微生物，能对土壤颗粒中悬浮有机固体和溶解性有机物进行生物降解。厌氧状态时厌氧菌能对有机物进行发酵分解，对亚硝酸盐和硝酸盐进行反硝化脱氮

11.3.2 废水土地处理的工艺

废水土地处理工艺主要有5种：①慢速渗滤（SR）；②快速渗滤（RI）；③地表漫流（OF）；④湿地（WL）；⑤地下渗滤（UG）。这5种工艺的设计要点见表11-9。由这5种基本工艺可组成若干复合处理系统，如OF-WL、OF-RI、RI-SR、WL-OF等。

各种土地处理系统净化污水的出水水质见表11-10。

表 11-9 土地处理工艺的典型设计要点比较

项目	慢速渗滤	快速渗滤	地表漫流	湿地	地下渗滤
废水投配方式	人工降雨（喷灌）；地面投配（面灌、沟灌、畦灌、淹灌、滴灌等）	通常采用地面投配	人工降雨（喷灌）、地面投配	地面布水人工降雨	地下管道布水
水力负荷/(m/s)	0.5～6	6～125	3～20	3～30	2～27
周负荷率/(cm/7d)	1.3～10	10～240	6～40	2～64	5～50
最低预处理要求	一般沉淀或酸化池	一般沉淀或酸化池	沉砂和拦杂物、粉碎	格栅、筛滤、沉淀	化粪池一级处理
要求灌水面积/[10^4m^2/($100m^3$·d)]	6.1～7.4	0.8～6.1	1.7～11.1	1～27.5	1.3～15
投配废水的去向	蒸发、渗滤	主要经渗滤	地面径流、蒸发、少量渗滤	径流、下渗、蒸散	下渗、蒸散
是否需要种植植物	需要谷物、牧草、林木	可要可不要	需要牧草	需要芦苇	草皮、花卉等
适用土壤	具有适当渗水性，灌水后作物生长良好	具有快速渗水性，如亚砂土、沙质土	具有缓慢渗水性，如黏土、亚黏土等		
地下水位最小深度	约1.5m	约4.5m	未有规定	无规定	2.0m
对地下水质的影响	可能有一些影响	一般会有影响	可能有轻微影响	一般会有影响	影响不太大
BOD_5负荷率/[kg/(10^4m^2·a)]，[kg/(10^4m^2·d)]	2×10^3～2×10^4 50～500	3.6×10^4～32.5×10^4 150～1000	1.5×10^4 40～120	1.8×10^4 18～140	
场地条件	种作物不超过20% 不种作物不超过40%	不受限制	2%～8%		
土壤渗滤速率	中等	高	低		
地下水埋深/m	0.6～3.0	布水期：≥0.9 干化期：1.5～3.0	不受限制		
气候	寒冷季节需蓄水	一般不受限制	寒冷季节需蓄水		
系统特点					
运行管理	种作物时管理严格	简单	比较严格		
系统寿命	长	磷可能限制寿命	长		
对土壤影响	较小	可改良沙荒地	小		
对地下水影响	小	有影响	无		
可能的限制组分或设计参数	土壤的渗透性或地下水硝酸盐	一般为水力负荷	BOD、SS或N	BOD、SS或N	土壤的渗透性或地下水硝酸盐

表 11-10 各种废水土地处理类型的出水水质（典型值）

废水水质指标	慢速渗滤		快速渗滤		地表漫流		湿地		地下渗滤		新型快速渗滤（人工土壤）	
	平均值	最高值	平均值	最高值	平均值	最高值	平均值	最高值	平均值	最高值	平均值	最高值
BOD_5/(mg/L)	<2	<5	5	<10	10	<15	10～20	<30	<2	<5	5	<20
SS/(mg/L)	<1	<5	2	<5	10	<20	10	<20	<1	<5	10	<5
TN/(mg/L)	3	<8	10	<20	5	<10	10	<20	3	<8	20	<25
NH_3-N/(mg/L)	<0.5	<2	0.5	<2	<4	<8	5～10	<15	<0.5	<2	—	—
TP/(mg/L)	<0.1	<0.3	1	<5	4	<6	4	<10	<0.1	<0.3		
大肠菌群/(个/L)	0	$<1\times10^2$	1×10^2	$<2\times10^3$	2×10^3	2×10^4	4×10^5	$<4\times10^6$	0	$<1\times10^2$	—	

11.3.3　土地处理法的运行管理

运用土地处理法净化废水应考虑以下主要事项。

（1）废水特性

了解废水的特性是设计和操作土地处理系统的基础。废水中所含的污染物必须是可生物降解的，污染物的浓度不能对土壤微生物产生毒害作用。有些物质经过土壤颗粒的吸附、离子交换作用而富集会达到毒害水平，对此应进行预防。废水中不应含有严重改变土壤结构，特别是破坏土壤渗透性、通气复氧特性的物质，不应含有能对地下水产生不良影响的物质，还不应含有对作物生长发育有危害作用的物质，如硼、盐类等物质。

国外实践表明，城市污水和食品加工废水、纸浆造纸废水、纺织印染废水、制革加工废水、生物制品废水、木材加工废水、化肥工业废水、石油炼制废水等用土地处理是技术可行且经济合理的。

（2）土地处理场地

场地调查与选址对土地处理系统非常重要。调查不充分、资料不足常导致错误抉择，使工程失败。因此，首先要从地质、气象、农业、水文、环保等有关部门取得尽可能充分的资料，并进行适当的现场勘测与试验，包括试坑、钻孔、测定水力传导系数和渗滤速率等。

土地处理场地评价因子及评分见表 11-11。

（3）植物

表 11-11　土地处理场地评价

评价因子		慢速渗滤系统		地表漫流系统	快速渗滤系统
		农业型	森林型		
土层深度/m	0.3～0.6	×	×	0	×
	0.6～1.5	3	3	4	×
	1.5～3.0	8	8	7	4
	＞3.0	9	9	7	8
地下水最小埋深/m	＜1.2	0	0	2	0
	1.2～3.0	4	4	4	2
	＞3.0	6	6	6	6
渗透系数/(cm/h)	＜0.5	1	1	10	×
	0.15～0.5	3	3	8	×
	0.5～1.5	5	5	6	1
	1.5～5.0	8	8	1	6
	＞5.0	8	8	×	9
地形坡度/%	0～5	8	8	8	8
	5～10	6	8	5	4
	10～15	4	6	2	1
	15～20	0	5	×	×
	20～30	0	4	×	×
	30～35	1	2	×	×
	＞35	1	0	×	×
目前及未来的土地利用	工业区	0	0	0	0
	居民密度高/城市	0	0	0	0
	居民密度低/城市	1	0	1	1
	森林区	1	4	1	1
	农业区或空地	4	3	4	4
综合性总评	低	＜15	＜15	＜16	＜16
	中等	15～25	15～25	16～25	16～25
	高	25～35	25～35	25～35	25～35

注：表中数字为评分值，×表示不适宜。

土地处理系统中的植物被用于：①吸收废水中的氮和磷；②保持和增加吸水率和土壤的透气性；③减少冲刷；④作为微生物的介质（地表漫流）。对于快速渗滤系统，主要要求耐水植物，这有助于保持高的渗滤速率。对于地表漫流系统，需要有各种耐水的温季和寒季多年生牧草。对于慢速渗滤系统，选择植物时除应考虑植物的特性和性质外，还应考虑：①植物对营养成分的吸收能力；②对土壤高湿度条件的允许极限；③消耗水量和灌溉要求；④获得收益的可能性；⑤对土壤渗滤速率的影响；⑥对废水水质的要求及其毒性的影响；⑦对管理的要求等。

以下是某些作物的有关特性：①藕的吸氮速率高[350kgN/(hm^2·a)]、耐寒持久、生长慢，干物产量为13000kg/(hm^2·a)；②高羊茅草适于作饲料、不耐寒、属于果园牧草；③紫苜蓿属于多年生豆科植物，适于作饲料，生长持久，干物产量为15770kg/(hm^2·a)，吸氮能力为504kg/(hm^2·a)，吸磷能力为39kg/(hm^2·a)，但要求排水良好；④玉米的吸氮能力为174kg/(hm^2·a)，吸磷能力为19kg/(hm^2·a)，适于地下水深1.5～2m处；⑤硬木材适宜于森林型慢速渗滤系统；⑥芦苇、宽叶香蒲、灯芯草、水葱、鹿草等适宜于湿地处理系统。

(4) 对环境的影响

① 非灌溉期间污水若不经储存排入地表水体，则会造成地表水污染。NH_3-N会对鱼特别是幼鱼生长有不良影响。P的浓度大于1mg/L会引起停滞水体的富营养化。

② 氮对地下水的影响最大，有机污染物也是潜在污染物。化学品漏入地下水中，可能对人体健康造成危害。快速渗滤系统可能不能彻底滤除微生物，也存在潜在危险。

③ 采用污水灌溉可能影响作物的生长、产品和品质，重金属和化学品可能在作物的某些部分富集。

④ 重金属在土壤中积累会影响土壤的特性和使用。

⑤ 土地处理场可能滋生蚊蝇，污水飞沫可能传染病菌，操作人员直接接触污水可能罹致疾病。应当根据人群接近场区的程度、处理场地大小、当地气候条件等确定是否需要设置缓冲区和对废水进行消毒。

(5) 土地处理的限制组分与限制设计参数

土地处理系统作为一个生态系统，由土壤-植物以及土壤-微生物和土壤-动物组成。不同含量的污染物（废水成分）对该生态系统产生不同的影响。也就是说，一个特定的土地处理系统对污水中的化学成分具有不同的同化容量。于是，对于该土地处理系统就需要确定一个限制组分（LLC）和限制设计参数（LDP）。当系统能满足该组分时，其他组分也自然能满足。当然水量因素也包含在LLC之内，有时也能作为一个限制因素。各类土地处理工艺的可能限制组分或限制设计参数见表11-9。

土地处理规划设计一般分为四阶段：第一阶段，通过试验求出土壤-植物系统对污水主要组分的临界同化容量，然后确定一个或几个LLC，据此求出所需土地面积。第二阶段，重点是对土壤-植物系统LLC进行分析研究，选择和设计土壤-植物系统组成部分（如作物选择、污水投配方式等），然后进行多方案的经济分析评价，最后确定利用土壤-植物系统LLC的单位费用。第三阶段，重点是通过污染源内部控制LLC，包括通过生产工艺改革、采用无废少废工艺技术、节水减污、综合利用、发展用水-排水封闭、循环系统削减、控制LLC，实行LLC排放总量控制与削减。如有需要再辅以终端预处理，即通过进入土地处理前的预处理以深入控制LLC。在对比分析污染源内部控制及各种预处理方案的基础上，确定去除单位LLC所需的费用。第四阶段，以土地处理系统总体效益为目标函数，对土壤-植物系统与污染源污染物（LLC）总量控制与削减，包括终端预处理控制LLC，进行综合分析，以确定两者各自控制LLC的合理承担部分，以求获得最高总体效益。

污水在土地处理前的预处理及其使用控制条件见表11-12。

表 11-12　土地处理前的预处理及其使用控制条件

废水预处理程度	土地处理系统	使用的控制条件
原废水 （未经预处理）	慢速渗滤系统 地表漫流系统	只有当污水中污染物浓度不高时才可使用，仅适于限制公众接触的、隔离的地区，作物不能直接为人食用
一级处理	慢速渗滤系统 快速渗滤系统	适用于限制公众接触的、隔离的地区，作物不直接为人食用
二级处理及 二级处理＋消毒	慢速渗滤系统	对粪便大肠杆菌应控制在<100MPN/100mL，作物不直接供人生食。若二级处理是完全处理能加消毒，则可适用于与公众接触的场所，如公园、高尔夫球场等。粪便大肠杆菌、BOD、SS 均应严格控制，以满足感官美学上的要求
二级或高于 二级处理	慢速渗滤系统 快速渗滤系统	适用于控制公众接触的、隔离地区，可提高系统的渗透滤速率及脱氮程度

11.4　人工湿地污水处理技术

人工湿地（constructed wetland，CW）是一种由人工建造和监督控制的、与沼泽地类似的地面，它利用自然生态中的物理、化学和生物的三重协同作用来实现对污水的净化作用。这种湿地系统是在一定长宽比及底面坡度的洼地中，由土壤和按一定坡度充填一定级别的填料（如砾石等）混合结构的填料床组成的，废水可在填料床床体的填料缝隙中流动，或在床体的表面流动，并在床体的表面种植具有处理性能好、成活率高、抗水性强、生长周期长、美观及具有经济价值的水生植物（如芦苇、茳芏等），形成一个独特的动植物生态系统，对废水进行处理。当床体表面种植芦苇时，称其为芦苇湿地系统。在湿地系统的设计过程中，应尽可能增加水流在填料床中流动的曲折性以增加系统的处理稳定性和处理能力。在实际设计过程中，常将湿地多级串联、并联运行，或附加一些必要的预处理、后处理设施而构成完整的污水处理系统。

在地表流人工湿地中，污水一般呈推流的方式流动，因而湿地的长宽比一般大于 3，而且其长度也一般大于 20m。潜流人工湿地系统的长宽比一般小于 3。湿地床的深度则可根据具体的地形、污水水质及湿地所种植植物的类型及其根系的生长深度来确定，原则上应保证绝大部分污水在植物根系中流动。在美国，采用芦苇湿地系统处理城市污水时，湿地床的深度一般为 0.6～0.75m，而德国多为 0.6m。湿地床的坡降及填料表面坡降与水力坡降和所用填料的级别有关，一般在 1%～8%。

11.4.1　人工湿地的类型

根据湿地中主要植物形式，人工湿地可分为：浮游植物系统、挺水植物系统、沉水植物系统。其中沉水植物系统还处于实验室研究阶段，其主要应用领域在于初级处理和二级处理后的深度处理。浮游植物系统主要用于 N、P 去除和提高传统稳定塘的效率。目前人工湿地系统一般都是指挺水植物系统。挺水植物系统根据废水流经的方式，可分为地表流湿地（surface flow wetland，SFW）、潜流湿地（sub-surface flow wetland，SSFW）和垂直流湿地（vertical flow wetland，VFW）。

（1）地表流湿地

地表流湿地系统也称水面湿地系统（water surface wetland），如图 11-11 所示。在地表流湿地系统中，污水在湿地的表面流动，水位较浅，多在 0.1～0.6m 之间。这种系统与自然湿地最为接近，污水中的绝大部分有机污染物的去除是依靠生长在植物水下部分的茎、秆上的生物膜来完成的，因而这种系统难以充分利用生长在填料表面的生物膜和生长丰富的植物根系对污染物的降解作用，其处理能力较低。同时，这种湿地系统的卫生条件较差，易在夏季滋生蚊蝇、产生臭味而影响湿地周围的环境，因而在实际工程中应用较少。但这种湿地系统具有投资低的优点。

（2）潜流湿地

潜流湿地系统也称渗滤湿地系统（infiltrationwetlant），如图 11-12 所示。在潜流湿地系统中，污水在湿地床的内部流动，因而一方面可以充分利用填料表面生长的生物膜、丰富的植物根系及表层土地和填料截留等的作用，以提高其处理效果和处理能力；另一方面则由于水流在地表以下流动，因而具有保温性较好、处理效果受气候影响小、卫生条件较好的特点。潜流湿地系统是目前研究和应用比较多的一种湿地系统，但这种湿地系统的投资要比地表流系统高些。

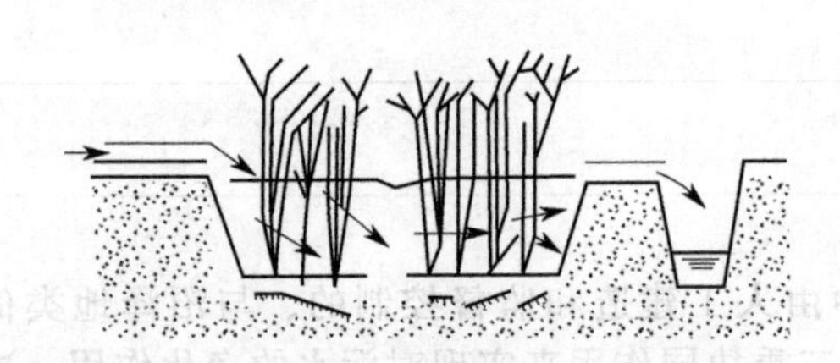
图 11-11 地表流湿地系统

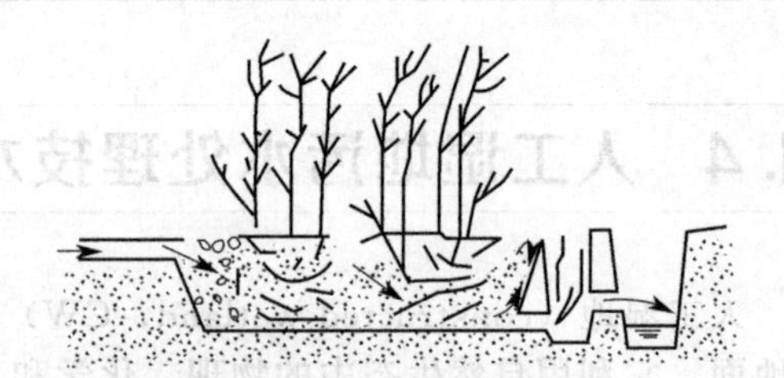
图 11-12 潜流湿地系统

在潜流湿地系统的运行过程中，污水经配水系统（由卵石构成）在湿地的一端均匀地进入填料床植物的根区。根区填料层由三层组成：表层土壤、中层砾石和下层小豆石。在表层土壤种植有具有上述特点的耐水性植物，如芦苇、茳芏（俗称席草）、蒲草和大米草等。这些植物生长有非常发达的根系，可以深入到表土以下 0.6～0.7m 的砾石层中，并交织成网与砾石一起构成一个透水性良好的系统。同时，这些植物根系具有较强的输氧能力，可使根系周围的水环境中保持较高浓度的溶解氧，供给生长在砾石等填料表面的好氧微生物的生长、繁殖及对有机污染物的降解所需。经过净化后的出水由湿地末端的集水区中铺设的集水管收集后排出处理系统。由于这种工艺利用了植物根系的输氧作用，因此也将其称为污水处理的根区方法（root zone method，RZM），而这种人工构造的系统也称为根区处理床。一般情况下，这种人工湿地的出水水质优于传统的二级生物处理。

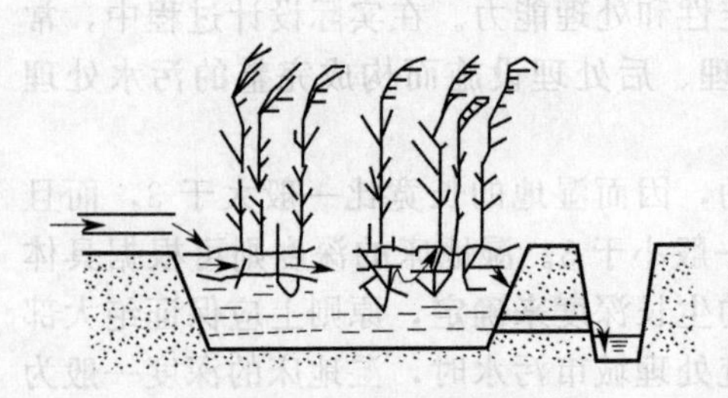
图 11-13 垂直流湿地系统

（3）垂直流湿地

垂直流湿地系统如图 11-13 所示，系统中的水流综合了地表流湿地系统和潜流湿地系统的特性，水流在填料床中基本上呈由上而下的垂直流，水流流经床体后被铺设在出水端底部的集水管收集而排出处理系统。这种系统的基建要求较高，较易滋生蚊蝇，目前已不多用。

11.4.2 人工湿地的净化原理

人工湿地对废水的处理综合了物理、化学和生物的三种作用。湿地系统成熟后，填料表面和植物根系将由于大量微生物的生长而形成生物膜。废水流经生物膜时，大量的 SS 被填料和植物根系阻挡截留，有机污染物则通过生物膜的吸收、同化及异化作用而被去除。湿地床系统中因植物根系对氧的传递释放，使其周围的环境中依次呈现出好氧、缺氧和厌氧状态，保证了废水中的氮、磷不仅能被植物和微生物作为营养成分而直接吸收，而且还可以通过硝化、反硝化作用及微生物对磷的过量积累作用将其从废水中去除，最后通过湿地床填料的定期更换或栽种植物的收割而使污染物最终从系统中去除。人工湿地中物质的传递及转化过程，因湿地床中不同部位含氧量的差异而有所不同，如图 11-14 所示。

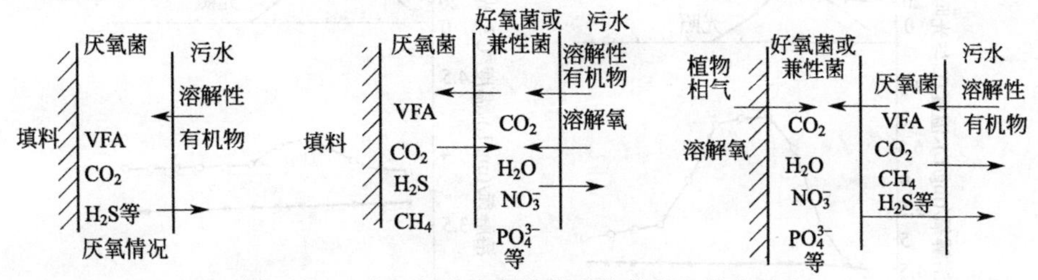

图 11-14　人工湿地中各种物质的传递和转化过程

(1) 系统中氧的变化

人工湿地中的氧主要是通过植物根系的光合作用对氧的释放、进水中挟带的氧以及水面的更新作用而获得，如图 11-14 所示。湿地植物通过光合作用产生的氧，一部分通过植物的运输组织和根系的输送作用释放到湿地环境中。氧在湿地系统中的输送过程及其分布状态如图 11-15 所示（以芦苇床湿地为例）。植物根系的这种输氧作用使得根系周围形成一个好氧区域，其中形成的好氧生物膜对氧的利用使离根系较远的区域呈现出缺氧状态，而在离根系更远的区域则呈现出完全的厌氧状态。这些溶解氧含量不同的区域分别有利于大分子有机物及氮、磷的去除。

湿地中的氧可以作为好氧微生物氧分解有机污染物的电子受体，最终以二氧化碳的形式释放到系统外的环境。此外，湿地床内部溶解氧的存在对于好氧微生物的硝化作用和聚磷菌的过量聚磷作用也是必不可少的。

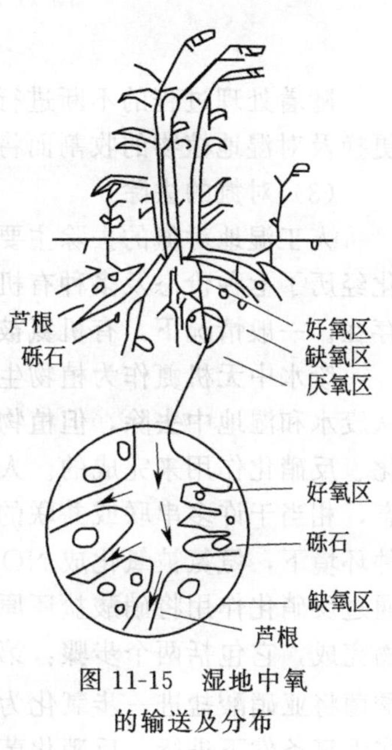

图 11-15　湿地中氧的输送及分布

在湿地系统处理污水之前，随光照强度的增加以及光照时间的延长，芦苇根区的氧化还原电势（ORP）逐渐升高。在夜间由于无光照，芦苇根区的 ORP 又逐渐降低。这说明芦苇叶片通过光合作用产生的氧是通过芦苇的茎和根系输送到其地下部分的。芦苇由于光合作用产生的氧通过根状茎和不定根向水中传递而使水中的溶解氧浓度升高。溶解氧在水中有积累效应，到天黑时（20：00）累积量达到最大值。夜间，由于芦苇根系的呼吸作用和缺乏光照以及床体中微生物的代谢作用，水中的溶解氧浓度下降，如图 11-16(a)所示。根据一天内湿地床中溶解氧的累积量可以计算出芦苇向水体的供氧能力。在湿地系统处理污水的过程中，床体内的溶解氧在一天内的变化很小，这是由于床体内微生物在氧化降解污染物的过程中对氧的消耗，使芦苇通过茎和根向根系输送的氧不能在水中积累，如图 11-16(b)所示。

(2) 对有机物的去除

人工湿地的显著特点之一是其对有机污染物较强的降解能力。废水中的不溶性有机物通过湿地的沉淀、过滤作用，可以很快地被截留而被微生物利用；废水中的可溶性有机物则可通过植物根系生物膜的吸附、吸收及生物降解过程而被分解去除。国内有关城市污水的研究表明，在进水浓度较低的条件下，人工湿地系统对 BOD_5 的去除率可达 85%～95%。对 COD 的去除率可达 80%以上，处理出水中的 BOD_5 浓度在 10mg/L 左右。北京市环境科学研究院的研究结果还表明，废水中的不溶性 BOD_5（占废水总 BOD_5 的 50%左右）和 COD 可在进水的 5m 内被迅速地去除，而 SS 则可在进水的 10m 内去除 90%左右。

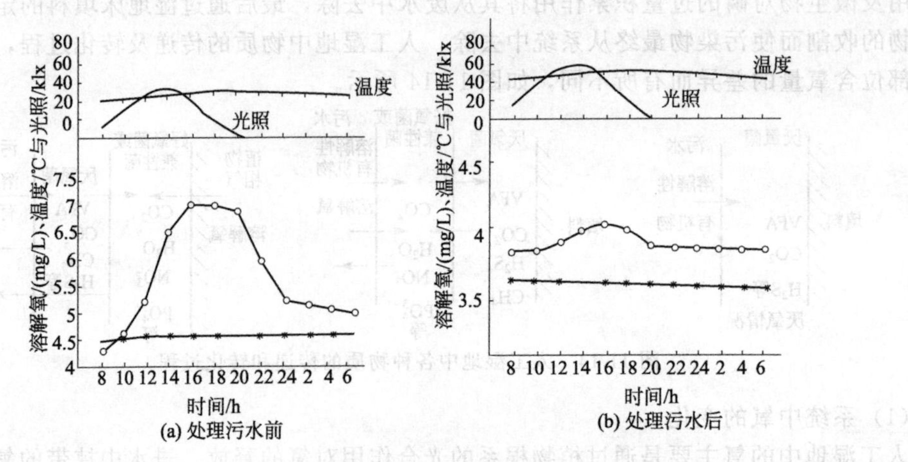

图 11-16　芦苇湿地中溶解氧在一天内随光照温度变化

-*-空的对照；-○-芦苇湿地

随着处理过程的不断进行，湿地床中的微生物相应地繁殖生长，通过对湿地床填料的定期更换及对湿地植物的收割而将新生的有机体从系统中去除。

(3) 对氮的去除

人工湿地对氮的去除主要靠微生物的氨化、硝化和反硝化作用。氮在湿地系统中的循环变化经历了七种价态及多种有机、无机形式的转换。原废水中的氮基本以有机氮和氨氮两种形式存在。一般情况下，有机氮被微生物分解成氨氮，所以人们更关心无机氮的去除。

废水中无机氮作为植物生长过程中不可缺少的物质可以直接被植物吸收并通过植物的收割从废水和湿地中去除，但植物直接吸收只占很少的一部分。主要的去除途径是通过微生物的硝化、反硝化作用来完成的。人工湿地中的溶解氧呈区域性变化，连续呈现好氧、缺氧及厌氧状态，相当于许多串联或并联的 An/A/O 处理单元，使硝化和反硝化作用可以同时进行。在这种环境下，氨氮被氧化成 NO_2^- 和 NO_3^-，其机理是通过硝化作用先将氨氮氧化成硝酸盐，再通过反硝化作用将硝酸盐还原成气态氮从水中逸出。硝化作用在好氧环境下由自养型好氧微生物完成，它包括两个步骤：第一步由亚硝酸菌将氨氮转化为亚硝酸盐（NO_2^-），第二步则由硝酸菌将亚硝酸盐进一步氧化为硝酸盐（NO_3^-）。亚硝酸菌、硝酸菌通称为硝化菌。反硝化作用在无氧条件下进行，反硝化菌利用硝酸盐中的氧进行呼吸，氧化分解有机物，将硝态氮还原为 N_2 或 N_2O，并从系统中逸出。

所以人工湿地比传统活性污泥处理系统（一般无法完成反硝化作用）具有更强的氮处理能力，而能耗比 An/A/O 系统则节省得多。为了提高人工湿地去除氨氮的效率，Green 采用人工充气的办法来增加湿地中的溶解氧，以此提高硝化能力，结果大大提高了氨氮的去除率。但由于溶解氧气增加的同时抑制了反硝化作用的进行，从而使硝态氮的去除率有所下降。如何在提高氨氮的去除率的同时保证硝态氮的去除率是增强人工湿地除氮效果的一个难点。与 BOD 和 COD 的去除相比，人工湿地中的硝化过程较慢，当 BOD 和 COD 值较高时，有限的溶解氧常被用于去除有机物的反应中，明显的硝化反应只有在 BOD 降低到一定程度才能进行。而反硝化作用又需要从有机质中获取碳源，当污水有机物含量很低时，反硝化过程又不易进行。因此解决这一矛盾是提高人工湿地对氮的去除率的另一难点。

(4) 对磷的去除

人工湿地对磷的去除是通过植物的吸收、微生物的积累及湿地床的物理化学等几方面共同作用完成的。污水中的无机磷一方面在植物的吸收和同化作用下被合成为 ATP、DNA 和 RNA 等有机成分，通过对植物的收割而将磷从系统中去除。但是，植物的吸收作用只占很少的一部分，加入系统中的磷主要存留在土壤中，留存于植物体和凋落叶中的很少。磷的另一去除途径是微生物对磷的正常同化吸收，聚磷菌对磷的过量积累，通过对湿地床的定期更换而将其从系统中去除。在传统的二级污水处理工艺中，微生物对磷的正常同化吸收一般只能去除进水中磷含量的4.5%～19%，因而微生物对磷的去除主要是通过聚磷菌的过量摄磷作用而实现的。由于人工湿地中植物的光合作用及呼吸作用（即所谓的光反应和暗反应）的交替进行，致使系统中交替地出现好氧和厌氧条件，进而利于对磷的去除。

Reddy在研究中发现在人工湿地中70%～87%的磷可能通过沉淀或吸附反应而降解，pH值将起到十分重要的作用。研究发现：可溶性的无机磷化合物很容易与土壤中的Al、Fe、Ca等发生吸附和沉淀反应，其中土壤与Ca易于在碱性条件下发生作用，而与Al、Fe主要是在中性或酸性环境条件下发生反应。一般认为磷酸根离子主要通过配位体交换而被吸附到Fe和Al离子的表面。Zhu等研究了Mg、Al、Fe、Ca与P的吸附关系，指出Ca与P的吸附相关性最强。Geller也认为Ca与Al、Fe相比对P具有更强的结合能力。与此同时，大量的研究发现废水中的P只是被吸附停留在土壤的表面。研究还发现这种吸附沉淀反应也不是永久地沉积在土壤里，至少部分是可逆的。美国学者Richardson认为EPA湿地系统对P的最大吸收能力一般为每年不超过1g/m^2，即所谓的“1g规则”。籍国东等在研究中发现，当废水中TP的浓度较低时，人工湿地不但不会去除废水中的P，还会使湿地出水P的浓度增加。增加的P主要来自湿地介质的释放。

11.4.3　人工湿地的工艺流程

人工湿地系统一般作为二级生物处理工艺应用，其所要求的一级处理方法要根据废水的类型、性质及处理规模来具体确定。当处理生活污水时，一般采用化粪池作为人工湿地的预处理方法；当处理其他工业废水时，则一般采用沉淀池作为人工湿地的预处理方法。

人工湿地本身的工艺流程有多种形式，其常用的有四种：推流式、回流式、阶梯进水式和综合式，如图11-17所示。其中阶梯进水式可以避免填料床前部的堵塞问题，有利于床后部的硝化脱氮作用的发生。回流式可以对进水中的BOD_5和SS进行稀释，增加进水中的溶解氧浓度并减少处理出水中可能出现的臭味问题。出水回流同样还可以促进填料床中的硝化和反硝化脱氮作用。综合式一方面设置了出水回流，另一方面还将进水分布到填料床的中部，以减轻填料床前端的负荷。

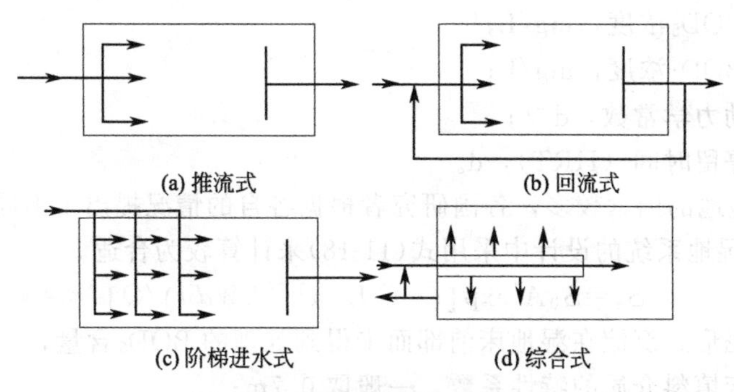

图11-17　人工湿地的基本流程

人工湿地的运行方式可根据其处理规模的大小进行多种方式的组合，一般有单一式、串联式、并联式和综合式等。图11-18所示为人工湿地工艺的不同组合方式。此外，人工湿地还可与氧化塘系统串联组合，图11-19所示为深圳白泥坑人工湿地与氧化塘系统串联组合的处理工艺系统。

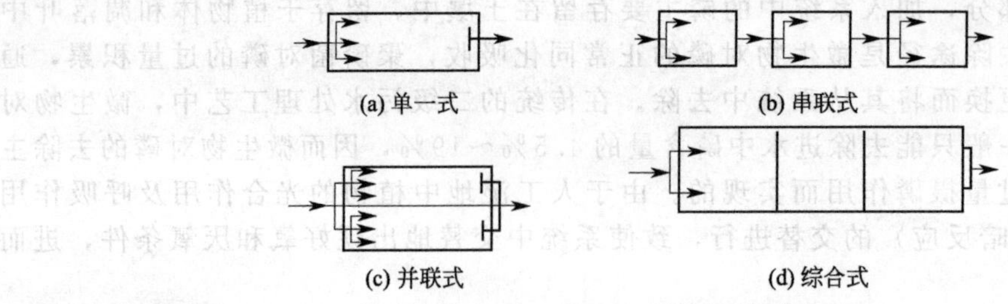

图 11-18 人工湿地的不同组合方式

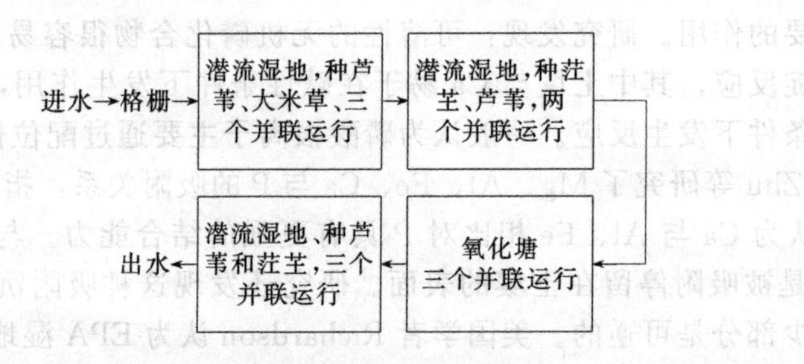

图 11-19 人工湿地与氧化塘系统串联组合的处理工艺流程

11.4.4 人工湿地系统的工艺设计

人工湿地污水处理技术还处于开发阶段，尤其在我国还没有比较成熟的设计参数，其工艺设计也还处于探索研究阶段。

人工湿地系统的设计受很多因素的影响。这些影响因素主要是：水力负荷、有机负荷、湿地床的构造形式、工艺流程及其布置方式、进水系统和出水系统的类型和湿地所栽种植物的种类等。由于不同国家及不同地区的气候条件、植被类型以及地理情况各有差异，因而大多根据各自的情况，经小试或中试取得有关数据后进行人工湿地的设计。

(1) 地表流湿地系统的设计

在地表流人工湿地处理系统中，污水在填料床中的流动一般按推流方式考虑，因而在设计过程中，可将其看作是一个推流式反应器。有机污染物在系统中的反应可按一级动力学方程来表达。在稳态条件下，污染物的去除可用式(11-17)表示：

$$S_e = S_0 \exp(-Kt) \tag{11-17}$$

式中 S_e——出水 BOD_5 浓度，mg/L；

S_0——进水 BOD_5 浓度，mg/L；

K——反应动力学常数，d^{-1}；

t——水力停留时间（HRT），d。

由于影响人工湿地的因素较多，各国研究者根据各自的情况提出了不同的计算方法，其中 Reed 建议在地表流湿地系统的设计中采用式(11-18)来计算较为合适。

$$S_e = S_0 A' \exp[(-C' K_T \alpha^{1.75} LWdn)/Q] \tag{11-18}$$

式中 A'——以污泥形式沉淀在湿地床前部而未得到处理的 BOD_5 含量，一般取 0.52mg/L；

C'——湿地床填料介质的特性系数，一般取 0.7m；

α——微生物活动的比表面积，一般为 15.7m^2/m^3；

L——湿地床的长度，m；

W——湿地床的宽度，m，一般 $L/W \geqslant 3$；

d——湿地床的设计水深，m，一般为 0.1～0.6m；

n——湿地床的孔隙率，与所用的填料粒径大小有关；

Q——湿地系统设计处理流量，m^3/d；

K_T——设计水温下的反应动力学常数，d^{-1}，$K_T=K_{20}\times(1.05\sim1.0)^{(T-20)}$；

T——设计水温，℃。

K_{20}是一个受多种因素影响的参数，其中主要有污染物的性质及浓度、水力负荷、填料介质的粒径和栽种植物的类型及生长情况等，目前尚不能将这些因素对K_{20}的影响作全面分析，有关研究结果也只能作参考。以BOD_5为例，在不同进水浓度和水力负荷条件下的K_{20}值有较大的不同。有研究报道在$0.39\sim2.89d^{-1}$，有的报道则在$0.45d^{-1}$左右。因此，K_{20}是人工湿地系统设计中的一个重要参数，有待深入研究。

当湿地床的底坡或水力坡度等于或大于1%时，式(11-18)可表示为式(11-19)的形式：

$$S_e=0.52S_0\exp[(C'K_Te^{1.75}LWdn)/(0.63S^{1/3}Q)] \tag{11-19}$$

人工湿地的有机负荷随污水的性质不同及具体工艺构造形式的不同而有很大的差异，其变化为$0.0018\sim0.11kgBOD_5/(m^2\cdot d)$。在人工湿地的设计过程中一般不将有机负荷作为设计依据，而常作为工艺设计的校核指标。Reed指出，为确保处理系统处于好氧条件下运行（以避免因厌氧造成对环境卫生和植物生长的不良影响），地表流湿地系统的最高有机负荷不宜超过$0.11kgBOD_5/(m^2\cdot d)$。此外，为避免因进水集中在湿地的前部而造成部分有机物的沉积，破坏前部的运行条件，可采用阶梯进水方式，让一部分污水从湿地床的1/3处进入系统。

(2) 潜流湿地系统的设计

在潜流湿地系统中，污水在由土壤、砾石和豆石等组成的填料床中的流动有两种方式。当湿地床中所用填料的粒径不大而且污水充满填料缝隙并处于饱和状态时，水流的流动为层流；当湿地床中所用填料的粒径较大时，则有可能因扰动作用而使水流的流动成非层流状态。

当水流处于层流状态时，一般用达西（Darcy）定律来描述，即：

$$Q=K_sAS \tag{11-20}$$

式中 K_s——潜流渗透系数，$m^3/(m^2\cdot d)$；

A——湿地床横截面积，m^2；

S——水流扰动系数。

目前还比较难以准确确定渗透系数K_s的值。欧洲的有关研究指出，对于以砾石为填料的湿地床系统，K_s值一般为$10^{-3}m^3/(m^2\cdot s)$，而美国的经验则认为K_s值不宜大于$10^{-4}m^3/(m^2\cdot s)$。

一般认为，当填料床中水流的渗流雷诺数大于$1\sim10$时，就不宜用Darcy定律来描述了，尤其是当采用的填料粒径较大时，则需要考虑水流的扰动作用了。此时宜用厄刚（Ergun）公式来描述，即：

$$S=\alpha v+\beta v^2 \tag{11-21}$$

$$\alpha=150\mu\frac{1-\varepsilon}{D_p\varepsilon}\frac{2}{\rho g} \tag{11-22}$$

$$\beta=1.75\frac{1-\varepsilon}{D_p\varepsilon g} \tag{11-23}$$

式中 μ——动力黏滞系数；

ρ——水的密度；

g——重力加速度；

ε——填料介质的孔隙率；

D_v——填料的平均粒径；

v——流速，$v=\dfrac{Q}{A\varepsilon}$，一般在$20\sim280m/d$之间。

此外，英国目前常用Kikuth推荐的设计公式(11-24)进行湿地系统的设计：

$$A_s = 5.2Q\ln(S_0 - S_e) \tag{11-24}$$

式中 A_s——湿地床的表面积，m^2。

其余符号的意义同式(11-17)、式(11-18)。

利用上述公式并根据所用填料的粒径可以计算确定湿地床的有关尺寸。

湿地床的设计深度（d），一般要根据所栽种的植物的种类及其根系的生长深度来确定，以保证湿地床中必要的好氧条件。对于芦苇湿地系统，用于处理城市或生活污水时，湿地床的深度一般在0.6～0.7m；而用于处理较高浓度有机工业废水时，湿地床的深度一般在0.3～0.4m之间。为保证湿地床深度的有效使用，在运行的初期应适当将水位降低以促进植物根系向填料床的深度方向生长。

湿地床的底坡一般在1%或稍大些，最大可能达8%，具体应根据所采用的填料来确定。如对于以砾石为填料的湿地床，其底坡一般为2%。

一般认为，湿地床的横截面积与水力负荷有关而与微生物对污染物的降解过程无关，湿地床的长度与水力停留时间及对污染物的处理程度有关。湿地床的长、宽可以根据具体计算及当地的具体情况因地制宜确定。对地表流湿地系统而言，为保证水流在湿地床中呈推流的形式流动，其长宽比（L/W）应控制在3∶1以上，可高达10∶1以上；对于潜流湿地系统而言，其长宽比则应控制在3∶1以下，大多在1∶1。湿地床的长度一般在20～50m之间，长度过长易造成湿地床中的死区，而且使水位的调节变得困难，不利于植物的栽培。

除上述几种设计方法外，还有一种根据植物的供氧能力（P_O）计算的设计方法，通过对湿地床在处理污水之前湿地中氧的积累量来计算植物（如芦苇）的供氧能力。通常，人工湿地植物的输氧能力（T_O）在5～45$gO_2/(m^2 \cdot d)$之间，一般为20$gO_2/(m^2 \cdot d)$。处理过程中污水的需氧量（R_O）可用式(11-25)进行估算。植物的供氧能力可用式(11-26)来估算。根据式(11-26)可以确定湿地床的表面积A_s。在实际设计中，一般对计算所得的A_s乘以一个安全系数（一般为2）。

$$R_O = 1.5Q(S_0 - S_e) \tag{11-25}$$

$$P_O = \frac{A_s T_O}{1000} \tag{11-26}$$

(3) 人工湿地的其他设计问题

在人工湿地的有关工艺尺寸确定后，还需考虑系统设计中的一些其他问题，如场地的选择、栽种植物的类型、进出水系统的布置、填料的使用、湿地床的水位控制和对地下水污染的防止等问题。

① 场地的选择　人工湿地处理工艺所需的占地面积与传统的二级生物处理法相比要大些。有资料表明，处理单位体积的污水，人工湿地的用地面积为传统二级生物处理法的2～3倍。因此，采用人工湿地工艺处理污水时，应因地制宜确定场地，尽量选择有一定自然坡度的洼地或经济价值不高的荒地，一方面减少土方工程量、利于排水、降低投资，另一方面防止对周围环境的影响。

② 栽种植物的类型　在人工湿地系统的设计过程中，应考虑尽可能地提高湿地系统的生物多样性。因为生态系统的物种越多，其结构组成越复杂，则其稳定性越高，因而对外界干扰的抵抗能力也就越强。这样可提高湿地系统的处理能力，延长湿地系统的使用寿命。

在湿地植物物种的选择上，可根据耐污性、生长能力、根系的发达程度以及经济价值和美观要求等因素来确定，同时也要考虑因地制宜。可用于人工湿地的植物有芦苇、茳芏（席草）、大米草、水花生、稗草等几种，但目前最常用的是芦苇。芦苇的根系较为发达，是具有巨大比表面积的活性物质，其生长可深入到地下0.6～0.7m，且具有良好的输氧能力。采用芦苇作为湿地植物时，应注意选取当地的芦苇种，以保证其对当地气候环境的适应性。芦苇的栽种可采用播种的方法，也可采用移栽插种的方法。移栽插种法比较经济快捷，其具体方法是将有芽苞的芦苇根剪成长10cm左右，将其埋入4cm深的土中并使其上端露出地面。插种的最佳期是秋季，但早春也可以。插植密度一般为1～3株/m^2。

③ 进出水系统的布置　湿地床的进水系统应保证配水的均匀性，一般采用多孔管和三角堰等配水装置。进水管应比湿地床高出0.5m，以防因床表面淤泥和杂草的积累而影响配水。同时应定期清理沉淀物和杂草等，保持系统配水的均匀性。湿地床的出水系统一般根据对床中水位调节的要求，出水区的末端和砾石填料层的底部设置穿孔集水管，并设置旋转弯头和控制阀门以调节床内的水位。

④ 填料的使用　湿地床由三层组成：表层土层、中层砾石层和下层小豆石层。湿地床表层土壤可就近采用当地的表层土，如能利用钙含量在2～2.5kg/100kg的土壤则更好。在铺设表层土时，要将地表土壤与粒径为5～10mm的石灰石掺合，厚度为0.15～0.25m。表层以下采用粒径在0.5～5cm的砾石（或花岗岩碎石）铺设，其铺设厚度一般为0.4～0.7m，有时也采用粒径为5～10mm（或12～25mm）的石灰石填料。由于表层土壤在浸水后会产生一定的沉降作用，因而设计时填料上层的高度宜高于设计值10%～15%。如果最终设计湿地床的厚度为0.6m，则实际铺设时应将其控制在0.7m左右为宜。填料本身对生物处理的影响不大，但对含磷和重金属离子的废水而言，如能采用花岗岩作为床体填料，则有利于填料中Ca、Fe成分与磷的反应和离子交换作用。

⑤ 湿地床的水位控制　由于湿地床的进水水位是基本保持不变的，因而为了保证水在床体内以推流的形式流动，须对床体中的水位加以控制。对于目前应用较多的潜流湿地系统而言，水位控制有如下几个基本要求：a. 当系统接纳最大设计流量时，其进水端不能出现雍水现象，以防发生地表流；b. 当系统接纳最小设计流量时，出水端不能出现填料床面的淹没现象，以防出现地表流；c. 为有利于植物的生长，床中水面浸没植物根系的深度应尽可能均匀。

湿地床的底坡不一定等于床体中的水面线坡度，但设计的过程中应考虑尽量使水坡度与底坡基本一致。图11-20所示为由出水端控制的湿地床水面线。由图11-20可知，当进水达最大流量时，为使进水端不出现地表流，出水端的水位须控制在F点；而当进水量为最小时，为维持A点的水位，出水端水位须提高到E点。可见，当进水流量在最大至最小流量之间变化时，出水端水位的控制范围在F点和E点的高差。但有时为使系统在调试和系统运行初期利于植物的生长，需将进水端的水位控制在B点时，则要将出水端水位控制在G点。这是在设计中需要加以考虑的。

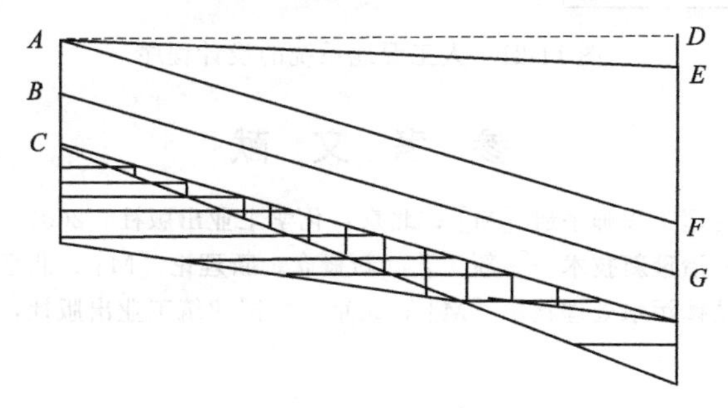

图11-20　出水端水面线控制示意

当由出水端控制水面线时，床体的底坡选择对水面线没有多大的影响，对床体的工程造价和水流流态有较大的影响。如图11-20所示，如果底坡小于BG线的坡度，则将多出横线阴影部分的工程量；如果底坡大于BG线的坡度，则将多出竖线阴影部分的工程量，而且在这部分阴影中的水流易形成大片的死区。因此，湿地床的底坡应尽可能与床体中的水面线坡度一致。

⑥ 对地下水污染的防止　为防止湿地系统因渗漏而造成对地下水的污染，一般要求在工程施工时尽量保持原土层，在原土层上采取防渗措施，如用黏土、膨润土、沥青、油毡等铺设

防渗层等。国外大多采用厚度为0.5～1.0mm的高密度聚氯乙烯树脂薄膜塑料作为防渗材料，为防止床体填料尖角对薄膜的损坏，施工时宜先在塑料薄膜上铺一层细砂。

(4) 人工湿地系统的设计程序

人工湿地系统的设计程序如图11-21所示。

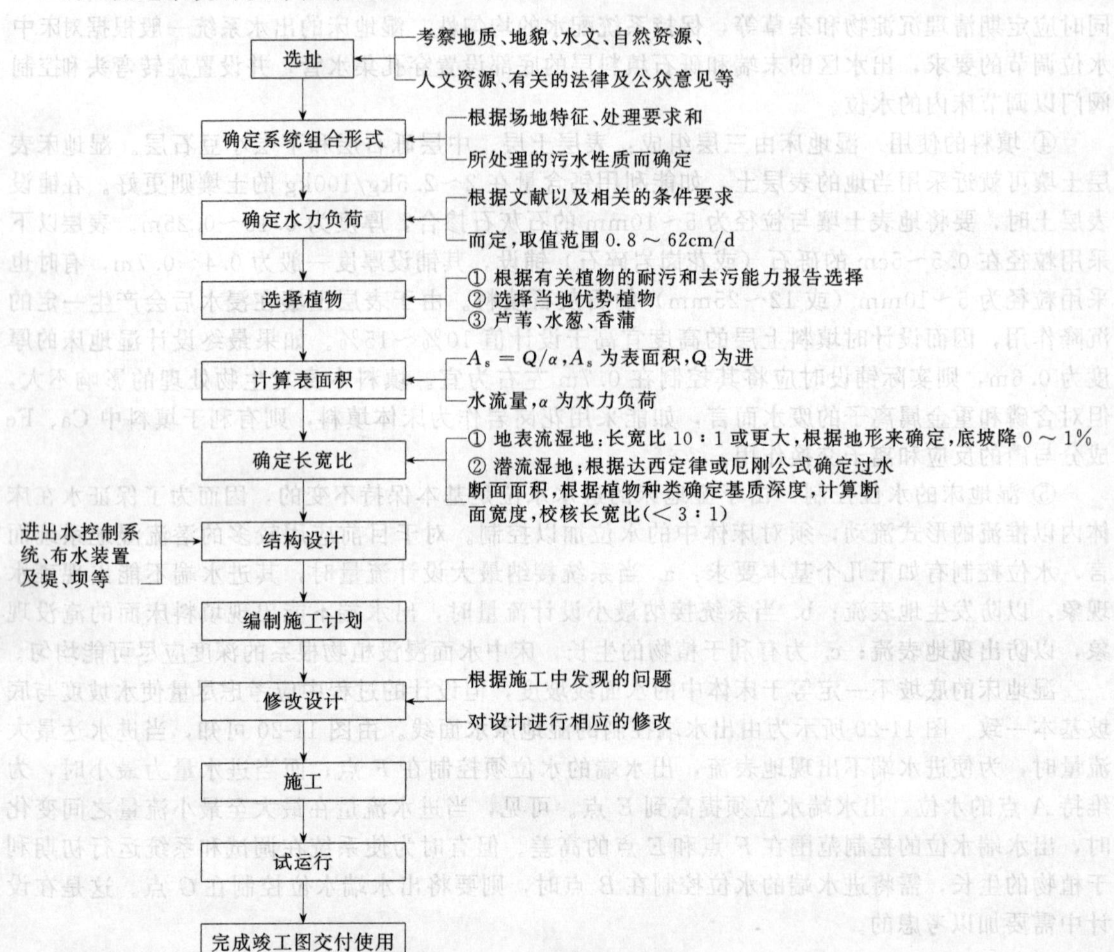

图11-21 人工湿地系统的设计程序

参 考 文 献

[1] 唐受印，戴友芝．水处理工程师手册［M］．北京：化学工业出版社，2001.

[2] 王宝贞，王琳．水污染治理新技术——新工艺、新概念、新理论［M］．北京：科学出版社，2004.

[3] 张可方，李淑更．小城镇污水处理技术［M］．北京：中国建筑工业出版社，2008.